教育部高等学校电子信息类专业教学指导委员会规划教材
高等学校电子信息类专业系列教材·新形态教材

Signals and Systems

信号与系统

任蕾 杨忠根 薄华 金欣磊 张韵农 陈红亮 编著
Ren Lei　Yang Zhonggen　Bo Hua　Jin Xinlei　Zhang Yunnong　Chen Hongliang

清華大學出版社
北京

内容简介

本书是一部系统论述信号与线性系统分析方法的立体化教程(含纸质图书、教学课件和微课视频等)。全书共分6章和8个附录:第1章主要介绍信号的类型及运算、典型信号及其性质,以及系统的概念和分类;第2章重点介绍线性时不变系统的时域分析方法,重点介绍卷积的概念、计算及其应用;第3章是连续信号与系统的频域分析方法,包括傅里叶级数及其性质、傅里叶变换及其性质、连续线性时不变系统的频域分析方法、采样定理、无失真传输等;第4章介绍连续时间信号与系统的复频域分析方法,即拉普拉斯变换及其逆变换、拉普拉斯变换的性质、连续线性时不变系统的复频域分析方法、系统函数的概念和应用、系统稳定性分析方法、连续线性时不变系统模拟方法等;第5章简要介绍离散时间信号与系统的z域分析和频域分析方法,包括z变换及其逆变换和性质、离散线性时不变系统的z域分析方法等;第6章重点介绍系统的状态变量分析方法,主要包括系统状态变量方程的建立和时域及变换域求解。由于学时限制,将线性时不变系统的时域经典方法和基于因果微分定理和因果移序定理的系统时域分析理论分别放在附录A和附录B中呈现,特别是附录B的系统分析理论是笔者多年教学经验的总结,该套理论与经典的时域分析和变换域分析方法是统一的。

为便于读者高效学习,掌握信号与线性系统分析的基本方法。笔者精心制作了完整的教学课件(6章PPT)与丰富的配套视频教程(涵盖核心知识点)服务等内容。

本书既可以作为电子信息、通信工程等相关专业本科生教材,也可为从事相关领域的工作人员提供参考。

图书在版编目(CIP)数据

信号与系统/任蕾等编著. —北京:清华大学出版社,2021.1
高等学校电子信息类专业系列教材.新形态教材
ISBN 978-7-302-54396-1

Ⅰ.①信… Ⅱ.①任… Ⅲ.①信号系统－高等学校－教材 Ⅳ.①TN911.6

中国版本图书馆CIP数据核字(2019)第290427号

责任编辑: 盛东亮 钟志芳
封面设计: 李召霞
责任校对: 时翠兰
责任印制: 吴佳雯

出版发行: 清华大学出版社
网 址: http://www.tup.com.cn, http://www.wqbook.com
地 址: 北京清华大学学研大厦A座 **邮 编:** 100084
社 总 机: 010-62770175 **邮 购:** 010-83470235
投稿与读者服务: 010-62776969, c-service@tup.tsinghua.edu.cn
质量反馈: 010-62772015, zhiliang@tup.tsinghua.edu.cn
课件下载: http://www.tup.com.cn,010-83470236
印 装 者: 三河市铭诚印务有限公司
经 销: 全国新华书店
开 本: 185mm×260mm **印 张:** 19.75 **字 数:** 475千字
版 次: 2021年1月第1版 **印 次:** 2021年1月第1次印刷
印 数: 1～1500
定 价: 69.00元

产品编号:083659-01

高等学校电子信息类专业系列教材

序

FOREWORD

我国电子信息产业销售收入总规模在2013年已经突破12万亿元，行业收入占工业总体比重已经超过9%。电子信息产业在工业经济中的支撑作用凸显，更加促进了信息化和工业化的高层次深度融合。随着移动互联网、云计算、物联网、大数据和石墨烯等新兴产业的爆发式增长，电子信息产业的发展呈现了新的特点，电子信息产业的人才培养面临着新的挑战。

(1) 随着控制、通信、人机交互和网络互联等新兴电子信息技术的不断发展，传统工业设备融合了大量最新的电子信息技术，它们一起构成了庞大而复杂的系统，派生出大量新兴的电子信息技术应用需求。这些"系统级"的应用需求，迫切要求具有系统级设计能力的电子信息技术人才。

(2) 电子信息系统设备的功能越来越复杂，系统的集成度越来越高。因此，要求未来的设计者应该具备更扎实的理论基础知识和更宽广的专业视野。未来电子信息系统的设计越来越要求软件和硬件的协同规划、协同设计和协同调试。

(3) 新兴电子信息技术的发展依赖于半导体产业的不断推动，半导体厂商为设计者提供了越来越丰富的生态资源，系统集成厂商的全方位配合又加速了这种生态资源的进一步完善。半导体厂商和系统集成厂商所建立的这种生态系统，为未来的设计者提供了更加便捷却又必须依赖的设计资源。

教育部2012年颁布了新版《高等学校本科专业目录》，将电子信息类专业进行了整合，为各高校建立系统化的人才培养体系，培养具有扎实理论基础和宽广专业技能的、兼顾"基础"和"系统"的高层次电子信息人才给出了指引。

传统的电子信息学科专业课程体系呈现"自底向上"的特点，这种课程体系偏重对底层元器件的分析与设计，较少涉及系统级的集成与设计。近年来，国内很多高校对电子信息类专业课程体系进行了大力度的改革，这些改革顺应时代潮流，从系统集成的角度，更加科学、合理地构建了课程体系。

为了进一步提高普通高校电子信息类专业教育与教学质量，贯彻落实《国家中长期教育改革和发展规划纲要(2010—2020年)》和《教育部关于全面提高高等教育质量若干意见》(教高〔2012〕4号)的精神，教育部高等学校电子信息类专业教学指导委员会开展了"高等学校电子信息类专业课程体系"的立项研究工作，并于2014年5月启动了《高等学校电子信息类专业系列教材》(教育部高等学校电子信息类专业教学指导委员会规划教材)的建设工作。其目的是为推进高等教育内涵式发展，提高教学水平，满足高等学校对电子信息类专业人才培养、教学改革与课程改革的需要。

本系列教材定位于高等学校电子信息类专业的专业课程，适用于电子信息类的电子信息工程、电子科学与技术、通信工程、微电子科学与工程、光电信息科学与工程、信息工程及其相近专业。经过编审委员会与众多高校多次沟通，初步拟定分批次（2014—2017年）建设约100门课程教材。本系列教材将力求在保证基础的前提下，突出技术的先进性和科学的前沿性，体现创新教学和工程实践教学；将重视系统集成思想在教学中的体现，鼓励推陈出新，采用"自顶向下"的方法编写教材；将注重反映优秀的教学改革成果，推广优秀的教学经验与理念。

为了保证本系列教材的科学性、系统性及编写质量，本系列教材设立顾问委员会及编审委员会。顾问委员会由教指委高级顾问、特约高级顾问和国家级教学名师担任，编审委员会由教育部高等学校电子信息类专业教学指导委员会委员和一线教学名师组成。同时，清华大学出版社为本系列教材配置优秀的编辑团队，力求高水准出版。本系列教材的建设，不仅有众多高校教师参与，也有大量知名的电子信息类企业支持。在此，谨向参与本系列教材策划、组织、编写与出版的广大教师、企业代表及出版人员致以诚挚的感谢，并殷切希望本系列教材在我国高等学校电子信息类专业人才培养与课程体系建设中发挥切实的作用。

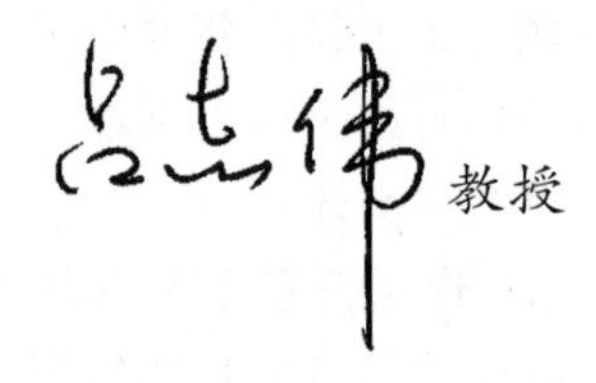
教授

前言
PREFACE

"信号与系统"是电子信息类专业的学科基础课程之一，本教材介绍信号和系统的基本概念、连续和离散时间信号通过线性时不变系统的分析方法，涉及连续时间信号与系统的时域分析、频域分析和复频域分析方法，以及离散时间信号与系统的时域分析、频域分析和z域分析方法，同时，本教材简要介绍系统的状态变量分析方法。"信号与系统"课程是数字信号处理、通信原理、数字图像处理、自动控制原理等相关课程的基础。"信号与系统分析"理论在过去几十年中发展迅速，新理论和方法不断涌现，其应用涉及通信、航空、电路设计、声学、地震学、生物工程、语音信号处理、图像处理、模式识别等领域。

笔者在结合教学实践的基础上，对原教材的内容进行了全面修订，对教材内容进行重新编排与整合。其次，笔者所在团队在原教材和相关教学改革论文中提出的系统分析新方法，将在本书中作为独立的部分以附录的形式呈现，内容以因果微分定理、因果移序定理为核心，分别介绍在连续时间系统和离散时间系统分析中的应用方法，将整个理论体系统一于完整框架下。此外，笔者对原教材部分习题进行修订，特别地，加入了基于MATLAB的部分习题。

除上述外，考虑目前本校"信号与系统"课程为48学时，同时为与数字信号处理课程教学进行衔接，因此在编写过程中做了以下处理：将离散时间傅里叶变换部分进行简化及删减；第1章和第2章采用连续与离散信号和系统并行的模式，后续章节采用先连续后离散的模式进行讲解；拉普拉斯变换和z变换中兼顾双边变换和单边变换。

本教材各章节内容和建议学时如下：

第1章是信号与系统概论。主要讨论信号的概念、分类与基本运算、典型信号及其性质；系统的概念、分类与连接；奇异信号的概念与性质、系统的线性性、时不变性、因果性、稳定性和可逆性的定义与判断，这是本章的难点。本章建议学时为4学时。

第2章介绍线性时不变系统的时域分析方法。主要包括连续与离散线性时不变系统的描述方法以及基于卷积(卷积和)的求解方法。本章还介绍系统零输入响应、零状态响应、全响应、冲激响应和阶跃响应、脉冲响应等概念及其计算方法。卷积(卷积和)的定义与计算是本章的核心，在本章末尾简要介绍了解卷积的概念。本章建议学时为4学时。

第3章是连续时间信号与系统的频域分析。重点讨论连续周期信号的傅里叶级数、连续非周期信号的傅里叶变换及其性质、采样定理、系统频域分析方法、无失真传输等。本章内容是整个课程的核心之一，以傅里叶变换与傅里叶级数为基础的变换域信号与系统分析方法，其物理意义明确，在工程实例中有众多应用。本章建议学时为14学时。

第4章介绍连续时间信号与系统的复频域分析。本章重点讨论连续信号的拉普拉斯变换及性质、逆变换、连续时间系统复频域分析方法、系统函数的概念、系统函数零极点分布对系统响应和系统稳定性的影响、系统模拟方法以及拉普拉斯变换和傅里叶变换的关系。本章建议学时为 12 学时。

第 5 章简要讨论离散时间信号与离散线性时不变系统的 z 域分析方法和频域分析方法。本章重点介绍 z 变换及其逆变换和常用性质、离散线性时不变系统的 z 域分析方法、离散系统模拟、系统稳定性分析等。本章建议学时为 10 学时。

第 6 章简要讨论连续系统和离散系统的状态变量分析方法。本章重点介绍系统状态变量分析方法，包括连续与离散时间系统状态变量描述方法以及时域、频域求解。本章建议学时为 4 学时。

此外，由于学时有限，笔者将线性时不变系统的时域经典分析方法放在附录 A 中，供读者自学。这部分内容主要介绍应用经典的线性常系数微分方程和线性常系数差分方程的一般求解方法来分析线性时不变系统的一般理论。

附录 B 介绍杨忠根老师等提出的系统分析新方法。该方法的理论基础是因果微分定理和因果移序定理，本附录重点介绍以二者为基础的连续和离散时间系统分析新方法，该类方法可将系统时域分析、变换域分析和状态变量分析方法统一于一个理论框架下。本附录是笔者团队教学改革成果的总结与汇总，可帮助读者深刻理解系统时域、变换域分析方法的本质以及二者的联系。

为帮助读者快速浏览常用表格，本教材在附录中增加了常用信号卷积表、常用信号傅里叶变换表、常用信号傅里叶级数表、常用信号的单边拉普拉斯变换表、常用离散时间信号的 z 变换表以及常用 MATLAB 指令表。

由于作者能力有限，书中难免存在不足之处，欢迎读者批评指正。

作　者

2020 年于上海

目录

CONTENTS

第1章 信号与系统概论

CHAPTER 1

1.1 引言

一切事物都处于不断的运动变化中，广义地说，物质的一切运动或状态变化都是一种信号(signal)，即信号是物质运动的表现形式。例如，机械振动产生力信号、位移信号和噪声信号；雷电过程产生声和光信号；大脑和心脏分别产生脑电和心电信号；通信发射机产生电磁波信号；经济学中用来评价和预测社会经济发展等的统计数据信号；银行活期存款和利息以及股市的行情指数等离散时间信号；飞机或船舶在不同位置上的航向信号和速度信号等。在通信系统中，信号是传送消息(message)的工具。所谓消息，就是用某种方式传递的声音、文字、图像、符号等。例如，电话中传送的话音，电报中传送的报文，传真系统传送的图文，广播电台传送的新闻、音乐，电视系统传送的图像序列，示波器测量的电压波形信号，频谱分析仪显示的频谱特性等。受信者从所传递的消息中提取各种有用信息(information)。这就是说，信息内含于信号，信号是信息的载体。人们真正感兴趣的是内含于信号中的信息。信号分析的目的就是要从信号中提取信息，即通过不确定性的减少，从所获得的消息中获取新知识。图1-1至图1-5给出了各类信号的示例图，分别为语音信号、图像信号、ECG

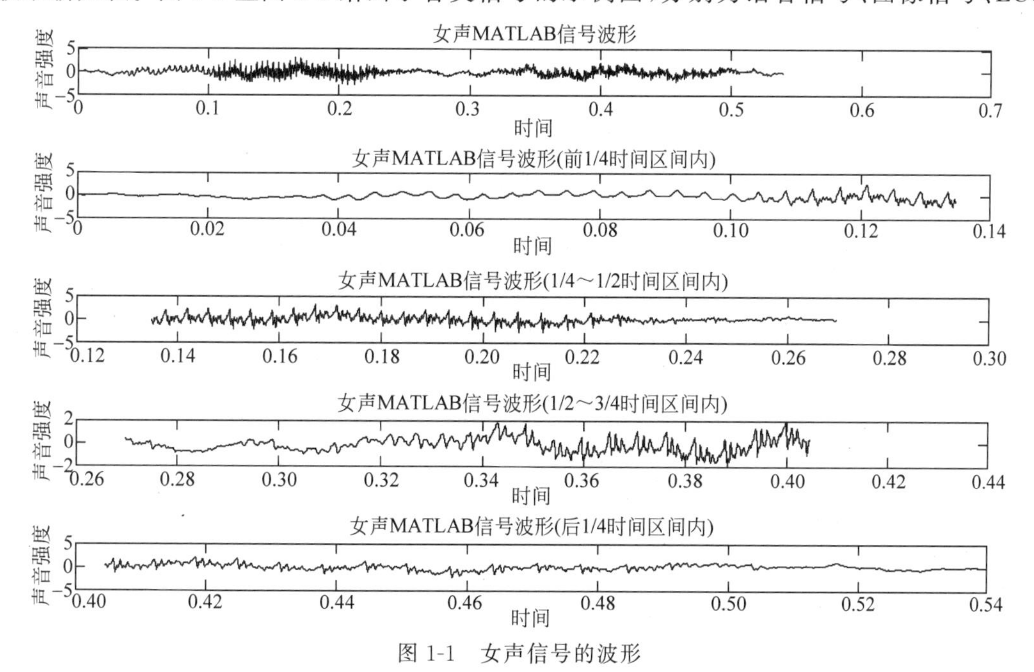

图1-1 女声信号的波形

(electrocardiogram,心电图)信号、太阳黑子数据信号和斐波那契数列。

本课程的研究对象是确定性信号通过线性时不变系统的基本分析方法。

图 1-2 Lena 图像

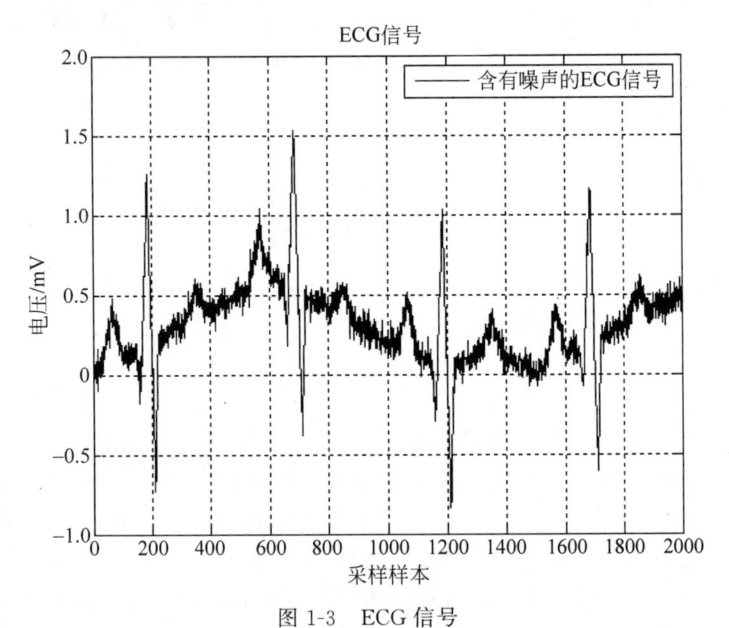

图 1-3 ECG 信号

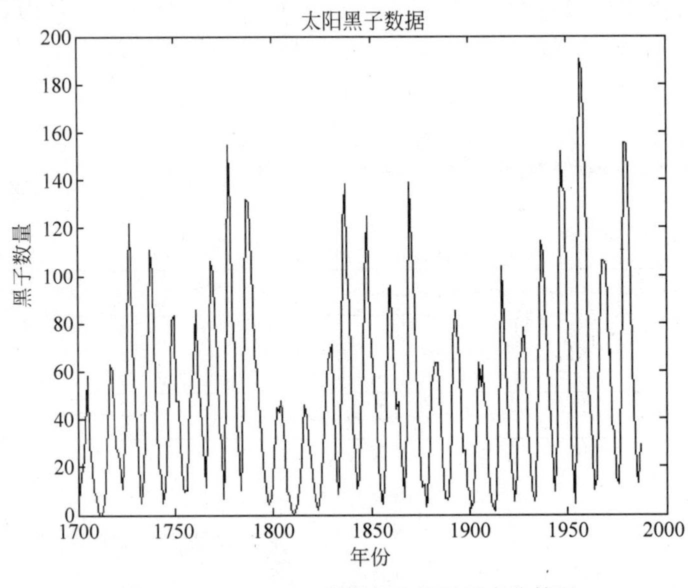

图 1-4 1700—2000 年期间太阳黑子变化情况

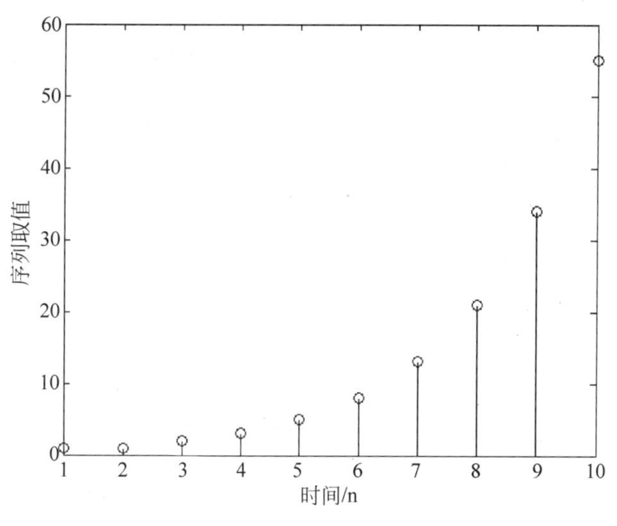

图 1-5 斐波那契数列

1.2 信号的基本概念与分类

微课视频

抽象地讲，在数学上，信号可表示为一个或多个变量的函数。因此，我们可把信号与函数等同起来看待。最常见的信号随时间变化，例如电信号、光信号、声信号、力信号、温度信号等；另一种常见的信号随空间位置变化，如图像信号、电磁场、热场、运动场等。由于电信号易于处理和分析，工程上通常把非电信号转化为电信号，这称为非电量的电信号模拟。由于电信号的重要性，本书主要研究电信号，并把它简称为信号。

信号的分类有很多种方法，按照分类的标准，有如表 1-1 所示的分类。

表 1-1 信号分类

分类标准	确定否	连续否	量化否	周期否	因果否	能量有限否	功率有限否
肯定时	确定性	连续	量化	周期	因果	能量有限	功率有限
否定时	随机性	离散	非量化	非周期	非因果	能量无限	功率无限

1) 确定性信号(deterministic signal)与随机信号(stochastic signal)

如果信号的变化规律是确定的，能用确定的数学函数表示，即对任一确定的时间(或空间)变量，信号有确定的函数值，则称其为确定性信号。如常用的多项式函数、三角函数、指数函数、对数函数等。相反，若信号的变化规律是随机的，不能用确定的数学函数表示，只能用统计规律来描述其随机特性(包括表示的数学函数中含有随机参数情况)，即对任一确定的时间(或空间)变量，信号没有确定的函数值，只能用均值、方差等统计量或概率密度函数来描述，则称其为随机信号。如各种噪声、随机信号等。本书仅研究确定性信号。

图 1-6 给出了几种简单信号的波形，其中图 1-6(a)～(e)是确定性信号，图 1-6(f)是随机信号。

2) 连续时间信号(continuous time signal)与离散时间信号(discrete time signal)

如果信号在一个(可能是无限长的)时间区间内的每一时刻都有取值，即时间 t 取实数值，则称为连续时间信号，如图 1-6(a)、(b)、(c)、(e)、(f)所示。反之，如果信号仅能在一个(可能是无限长的)时间区间内的某些时刻上取值，即时间 $t=n\Delta_t$，其中 n 为整数、Δ_t 为常数，则称为离散时间信号，如图 1-6(d)所示。与离散时间信号密切相关的是采样信号 $f_s(t)=\begin{cases} f(nT) & t=nT, n\text{ 为任意整数} \\ 0 & \text{其他} \end{cases}$，其中 T 为采样间隔。采样信号是仅在采样时刻取信号样本值而在其他时刻取零值的连续时间信号，不是离散时间信号。离散信号是由采样时刻的样本值组成的序列，因此，两者有相同的波形图。离散时间信号与采样信号的差别在于：当 $t\neq nT$ 时，离散信号无定义。

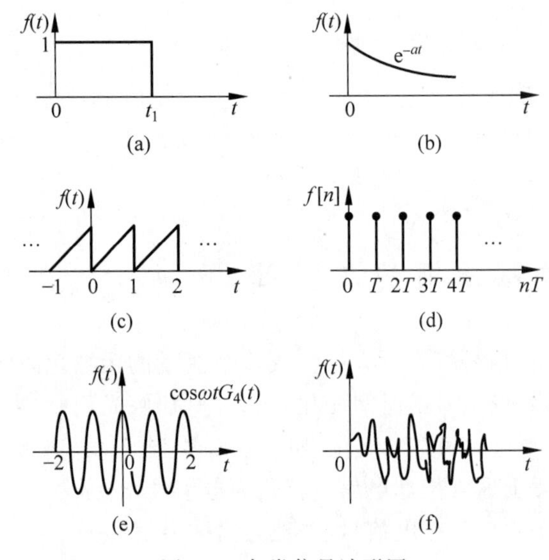

图 1-6 各类信号波形图

类似的，若信号值可连续取值，且为连续时间信号，则该类信号称为模拟信号；反之，若信号值仅取某些离散值，即信号值被量化，且为离散时间信号，则称为数字信号。模拟信号是连续时间信号的子集，而数字信号是离散时间信号的子集。

日产量统计报表、股票变化曲线、气温测量曲线、电影电视信号等，都是离散信号的典型实例。部分离散时间信号是通过对连续时间信号采样得到的，例如对语音信号采样获得的样本集合可构成离散信号。此外，在数值计算中遇到的大量信号，对周期连续信号用具有谐波频率的复正弦正交函数族进行正交采样后得到的傅里叶级数展开式系数集合也是离散信号的实例。在本书中离散信号与序列含义相同，可不加区别地使用。

3) 周期信号(periodic signal)与非周期信号(aperiodic signal)

周期信号是按某一固定周期重复出现的信号。任意连续周期信号都满足条件 $f(t)=f(t+nT)$，其中，T 为满足该式的最小正实数，也称为该信号的基波周期，n 取所有整数。对这类信号，只要给出任一周期内的变化规律，即可确定它在所有其他时刻的取值，如图 1-6(c)所示。任何连续周期信号都可以用式(1-1)描述：

$$f(t)=\sum_{n=-\infty}^{+\infty} f_0(t-nT) \tag{1-1}$$

其中 $f_0(t)=\begin{cases} f(t) & t\in[0,T] \\ 0 & t\notin[0,T] \end{cases}$ 是仅在基本周期内取非零值的有限长信号，即连续周期信号 $f(t)$ 是连续非周期信号 $f_0(t)$ 的周期延拓。

同理，离散周期信号满足条件 $f[n]=f[n+mN]$，其中，N 为满足该式的最小正整数，也称为该离散周期信号的基波周期，m 取所有整数。一般的离散周期信号可以用式(1-2)描述：

$$f[n]=\sum_{m=-\infty}^{+\infty} f_0[n-mN] \tag{1-2}$$

其中 $f_0[n]=\begin{cases} f[n] & n\in[0,N-1] \\ 0 & n\notin[0,N-1] \end{cases}$ 是仅在基本周期内取非零值的有限长序列。

常见的非周期信号是有限持续时间(finite duration)信号，即仅在有限时间区间内存在非零值的信号，如图 1-6(a)、(e)所示。图 1-6(b)是无限持续时间的非周期信号。图 1-6(d)是非周期信号，但从零时刻之后保持周期变化。常见的连续周期信号包括：正弦类信号、采样信号、周期脉冲信号、半波整流信号等，其信号描述分别如下：

$$\delta_T(t)=\sum_{n=-\infty}^{+\infty}\delta(t-nT) \tag{1-3}$$

$$P_T(t)=\sum_{n=-\infty}^{+\infty}G_\tau(t-nT) \tag{1-4}$$

$$S_T(t)=\sum_{n=-\infty}^{+\infty}\sin(\omega_0(t-nT))\left(u(t-nT)-u\left(t-\frac{T_0}{2}-nT\right)\right) \tag{1-5}$$

周期信号在系统分析、信号采样中起到重要作用。判断周期信号的周期是后续信号频域分析的基础，下面分别给出连续时间信号与离散时间信号周期的判断方法。

例 1-1 判断下列信号是否是周期信号？若是，判断其周期。

(1) $f(t)=\sin(4t)+\cos(5t)$；

(2) $f[n]=\sin\left(\frac{\pi}{6}n\right)$；

(3) $f[n]=\cos\left(\frac{4\pi}{5}n\right)$；

(4) $f[n]=\sin[2n]$；

(5) $f[n]=e^{j\frac{2\pi}{N}n}$。

解 (1) 一般的，由有限个正弦类信号线性组合构成的信号，其周期为各信号周期的最小公倍数。本题中两个连续正弦类信号的周期分别为：$\frac{2\pi}{4}$，$\frac{2\pi}{5}$，因此该信号的周期为 2π；

(2) 对离散正弦类信号，只有当 $\frac{2\pi}{\omega_0}=\frac{N}{M}$ 时(N，M 为无公因子的整数)，才是周期信号，否则离散信号不具备周期性，但其包络线仍是周期信号，可视为对连续正弦类信号采样而得。该例的周期为 $N=\frac{2\pi}{\frac{\pi}{6}}=12$；

(3) 同上,对离散正弦类信号,$N=\frac{2\pi}{\frac{4\pi}{5}}\times 2=\frac{5}{2}\times 2=5$;

(4) 由于$\frac{2\pi}{2}=\pi$,为无理数,因此该离散序列不是周期信号;

(5) 由于 $f[n+kN]=e^{j\frac{2\pi}{N}(n+kN)}=e^{j\frac{2\pi}{N}n}\times e^{j2\pi k}=e^{j\frac{2\pi}{N}n}=f[n]$,该离散序列是周期为 N 的序列。

4) 因果信号(casual signal)与非因果信号(non-casual signal)

如果信号在小于零的时刻都取零值,即 $f(t)=0,\forall t<0$,则称为因果信号,如图 1-6(a)、(b)、(d)、(f)所示。反之,称为非因果信号,如图 1-6(c)、(e)所示。需要说明的是,因果信号一定是非周期信号。但为方便起见,又称图 1-6(d)所示的信号为因果周期信号,在第 4 章中我们要分析这种信号。它的特点是,从接入时刻起,信号呈周期变化,可把它看作将周期信号经过因果化处理后得到的信号。该类信号可表示为 $f(t)=\sum_{n=0}^{+\infty}f_0(t-nT)$。当然,由于它是因果信号,所以它仍是非周期信号。

反之,若信号在大于零的时刻都取零值,即 $f(t)=0,\forall t>0$,则称为反因果信号。对离散因果信号和反因果信号也有同样的定义。

因果线性时不变系统的单位冲激响应是因果信号,因果激励信号作用于因果系统的零状态响应也是因果信号。

5) 有界信号(bounded signal)与无界信号(non-bounded signal)

如果信号在所有时刻的取值都有界,即$|f(t)|<+\infty,\forall t\in\Re$ 或$|f[n]|<+\infty,\forall n\in Z$,则称为有界信号,如正弦信号 $f(t)=\sin(t)$,图 1-6 中的所有信号都是有界信号。反之,称为无界信号,如线性增长信号 $f(t)=t$ 和指数增长信号 $f(t)=e^{at},a>0$。

6) 能量信号(energy signal)与功率信号(power signal)

首先信号能量与功率的定义如下所示。

连续时间信号能量:

$$E=\int_{-\infty}^{+\infty}|f(t)|^2dt \tag{1-6}$$

连续时间信号功率:

$$P=\lim_{T\to\infty}\frac{1}{2T}\int_{-T}^{+T}|f(t)|^2dt \tag{1-7}$$

离散时间信号能量:

$$E=\sum_{-\infty}^{+\infty}|x[n]|^2 \tag{1-8}$$

离散时间信号功率:

$$P=\lim_{N\to\infty}\frac{1}{2N+1}\sum_{n=-N}^{n=+N}|x[n]|^2 \tag{1-9}$$

如果信号为有限能量,即信号能量$\int_{-\infty}^{+\infty}|f(t)|^2dt<+\infty$ 或$\sum_{-\infty}^{+\infty}|x[n]|^2<+\infty$,则称为能量有限信号。有限持续时间且有界的信号一定是能量有限信号,反之则未必。另一

方面，如果信号为有限功率，即信号平均功率 $\lim\limits_{T\to\infty}\dfrac{1}{T}\int_{-T/2}^{+T/2}|f(t)|^2\mathrm{d}t<+\infty$ 或 $\lim\limits_{N\to\infty}\dfrac{1}{2N+1}\sum\limits_{n=-N}^{n=+N}|x[n]|^2<+\infty$，且功率不为零，则称为功率有限信号。能量有限信号一定是功率有限信号，反之则未必。例如，$f(t)=\sin(t)$是功率有限信号，却是能量无限信号。此外，部分信号既非能量信号，也非功率信号。例 1-2 给出判断信号是否为能量信号或功率信号的一般方法。

例 1-2　判断下列信号是否是能量信号或功率信号。

(1) $f(t)=\cos(\omega_0 t)$；

(2) $f(t)=\mathrm{e}^{-3t},t\geqslant 0$；

(3) $f(t)=1,-2\leqslant t\leqslant 2$；

(4) $f[n]=\left(\dfrac{1}{2}\right)^n,n\geqslant 0$。

解　判断的基本步骤：

(1) 先计算信号能量，若为有限值则为能量信号；

(2) 计算信号功率，若为有限值且不为零则为功率信号；

(3) 若上述两者均不符合，则既不是能量信号，也不是功率信号。

下面详细解答各题。

(1) 该信号能量无限，但功率有限，因此为功率信号。同理可以证明正弦类信号为功率信号，非能量信号。

$$E=\int_{-\infty}^{+\infty}|f(t)|^2\mathrm{d}t=\int_{-\infty}^{+\infty}\cos^2(\omega_0 t)\mathrm{d}t=\int_{-\infty}^{+\infty}[1+\cos(2\omega_0 t)]/2\mathrm{d}t=+\infty$$

$$\begin{aligned}P&=\lim_{T\to\infty}\frac{1}{2T}\int_{-T}^{+T}|f(t)|^2\mathrm{d}t=\frac{1}{2T}\int_{-T}^{+T}\cos^2(\omega_0 t)\mathrm{d}t\\&=\frac{1}{2T}\int_{-T}^{+T}[1+\cos(2\omega_0 t)]/2\mathrm{d}t=\frac{1}{2T}\int_{0}^{+T}[1+\cos(2\omega_0 t)]\mathrm{d}t=\frac{1}{2}<+\infty\end{aligned}$$

(2) 该信号为单边的指数型信号，其能量为有限值，因此为能量信号。

$$E=\int_{0}^{+\infty}\mathrm{e}^{-6t}\mathrm{d}t=\frac{1}{6}<+\infty$$

(3) 该信号为有限持续时间信号，且信号值有界，其能量为有限值，是能量信号。

$$E=\int_{-2}^{+2}|f(t)^2|\mathrm{d}t=4$$

(4) 该离散时间信号的能量有限，因此是能量信号。

$$E=\sum_{n=-\infty}^{+\infty}|x[n]|^2=\sum_{n=0}^{+\infty}\left(\frac{1}{4}\right)^n=\frac{4}{3}<+\infty$$

1.3　信号的运算

微课视频

信号的运算包括两方面，一是对信号自变量的运算，二是对信号值的运算。信号的运算在实际系统中有重要的物理意义。

1.3.1 信号的平移、翻转和尺度变换

下面将以时间变量为自变量的信号为例，说明常用的三类变换，即信号的平移（time shift）、翻转（time reversal）和尺度变换（time scaling）。$f(t-\tau)$是信号 $f(t)$的平移，其中 τ 为不等于零的常数，当 $\tau>0$ 时，信号右移，此时 $f(t-\tau)$为 $f(t)$的延迟；当 $\tau<0$ 时，信号左移，此时 $f(t-\tau)$为 $f(t)$的超前，示例信号 $f(t)$及其移位后的信号分别如图 1-7(a)～(c)所示。$f(-t)$是信号 $f(t)$的翻转，它把信号 $f(t)$的波形绕纵轴旋转 180 度，示例信号及其翻转信号如图 1-7(d)和图 1-7(e)所示。$f(at)$是信号 $f(t)$的尺度变换，其中常数 $a>0$，当 $a>1$ 时为信号 $f(t)$的压缩；当 $a<1$ 时为信号 $f(t)$的扩展，示例信号及其压扩后的信号分别如图 1-7(f)、图 1-7(g)和图 1-7(h)所示。

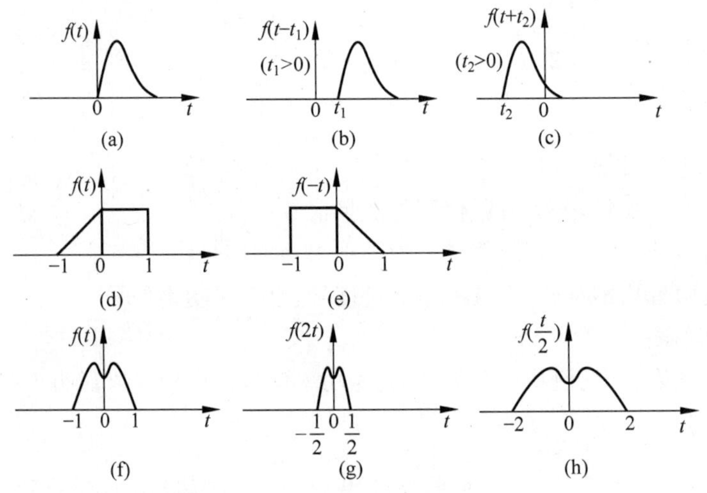

图 1-7 信号时间变量变换示例图

更一般的信号变换是 $f(at-b)$，其中 a、b 为实常数，$f(at-b)$将信号 $f(t)$向右平移 b，再压扩$|a|$倍，如果 $a<0$，还需翻转；也可以将信号 $f(t)$先压扩$|a|$倍，再向右平移$\frac{b}{a}$得到。例 1-3 说明了此运算过程。注意，此处的变换是针对自变量而言的。

信号的时间变量变换是有物理意义的。例如，信号时移：打电话时，听到的话音是一种延时的信号；声纳、地震、雷达信号处理中，常会由于传输距离不同，接收到不同时间延迟后的信号，即信号的时移。信号翻转：录音带倒放得到的信号。信号尺度变换：录像带快放或者慢放就是一种比例变换。

例 1-3 已知信号 $f(t)$的波形如图 1-8(a)所示，试画出 $f(-3t-2)$的波形。

解 信号的时间变量变换有两类基本方法，先平移后尺度，或者先尺度再平移，最后考虑信号翻转，两类方法结果一致。针对该例有：

首先把信号 $f(t)$的波形右移 2，得 $f(t-2)$的波形，如图 1-8(b)所示；然后把信号 $f(t-2)$的波形收缩 3 倍，得 $f(3t-2)$的波形，如图 1-8(c)所示；最后把 $f(3t-2)$的波形翻转，得 $f(-3t-2)$的波形，如图 1-8(d)所示。

也可以把信号 $f(t)$的波形收缩 3 倍，得 $f(3t)$的波形；然后把 $f(3t)$的波形翻转，得到 $f(-3t)$的波形；最后把 $f(-3t)$的波形左移$\frac{2}{3}$，得到 $f(-3t-2)$的波形。两种方法可得到同样的结果，请读者自行验证。

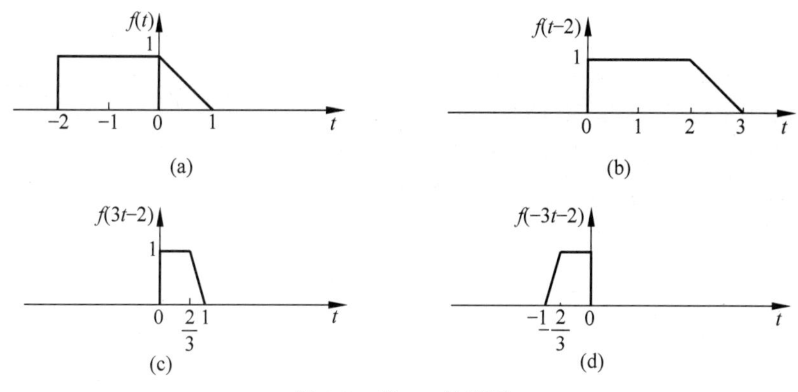

图 1-8　例 1-3 波形图

离散序列的尺度变换与连续信号不同。将序列 $f[n]$的 M(M 为正整数)倍抽取(Decimation)定义为 $f[Mn]$，即在原序列中每隔 $M-1$ 个样本点抽取一个样本；相反，将序列 $f[n]$的 L(L 为正整数)倍内插(Interpolation)定义为 $f[n/L]$，即在原序列相邻样本中插入 $L-1$ 个零点。

例 1-4　已知序列 $f[n]$如图 1-9(a)所示，求 $f[2n]$和 $f\left[\frac{n}{2}\right]$的波形。

解　由于离散时间信号的时间变量为整数，因此时域尺度变换与连续时间信号有区别，时域压缩，相当于对原序列的抽取；而时域扩展，则需要在原序列相邻的样本之间插入相应的零点。因此变换后的序列如图 1-9(b)、(c)所示。

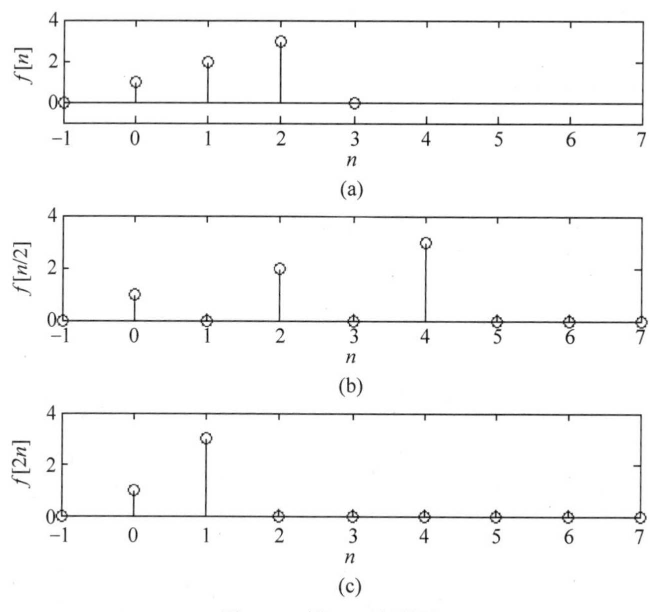

图 1-9　例 1-4 波形图

1.3.2　信号值的运算

信号值的运算可分类为一元运算和多元运算，即时运算和非即时运算，线性运算和非线性运算等。

一元运算是对单输入信号进行的运算,如信号的微分和积分、倍乘常数等。图 1-10 给出了信号微分的例子,图 1-11 给出了信号积分的例子,图 1-12 是对信号进行绝对值运算的例子。多元运算是对多输入信号进行的运算,如两信号的加权和 $y(t)=\alpha f_1(t)+\beta f_2(t)$,其中 α、β 为常数,又如两信号的相乘 $y(t)=f_1(t)\times f_2(t)$。上述运算是实际物理系统的数学描述,例如通过电容的电流是其电压的微分乘以其电容量;而通过电感的电流是其两端电压的积分除以电感量。在通信系统中,调制信号与载波相乘可以实现信号的幅度调制,如图 1-13 所示;而信号传输过程中受到噪声信号的干扰,可视为二者的叠加,如图 1-14 所示。在电路系统中,对信号进行全波整流,相当于对信号执行绝对值运算。

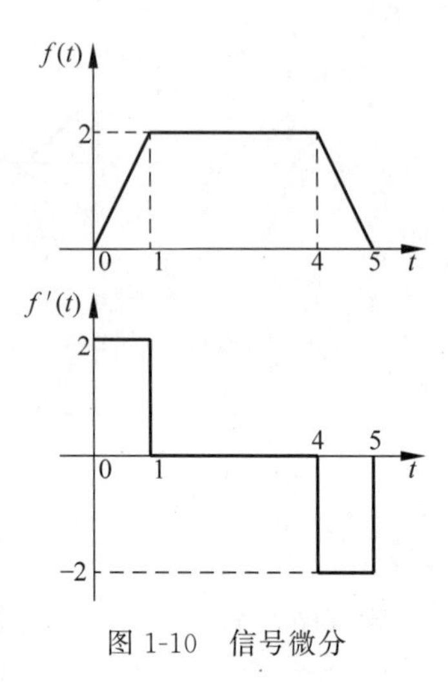

图 1-10 信号微分

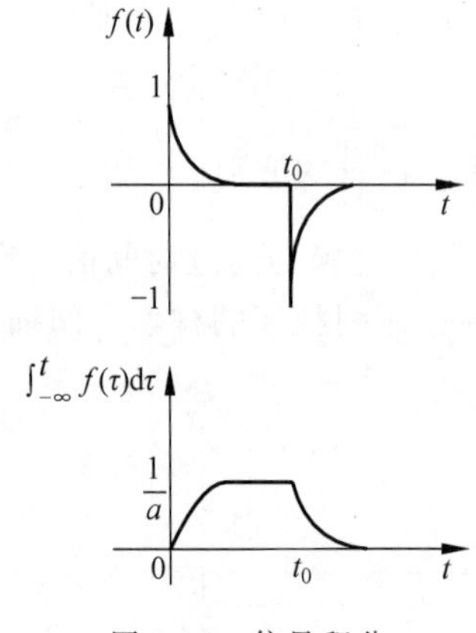

图 1-11 信号积分

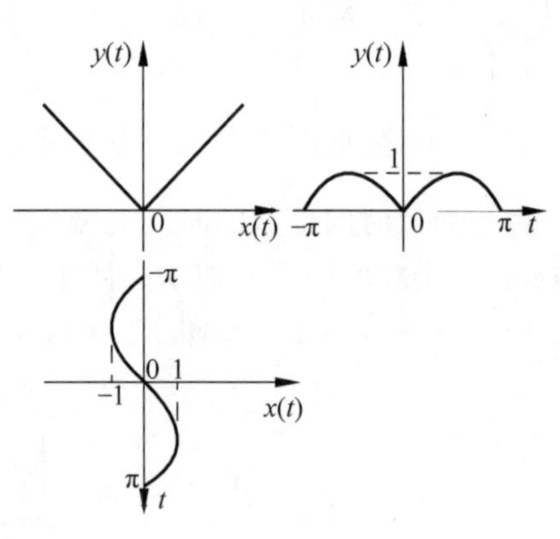

图 1-12 信号的绝对值运算

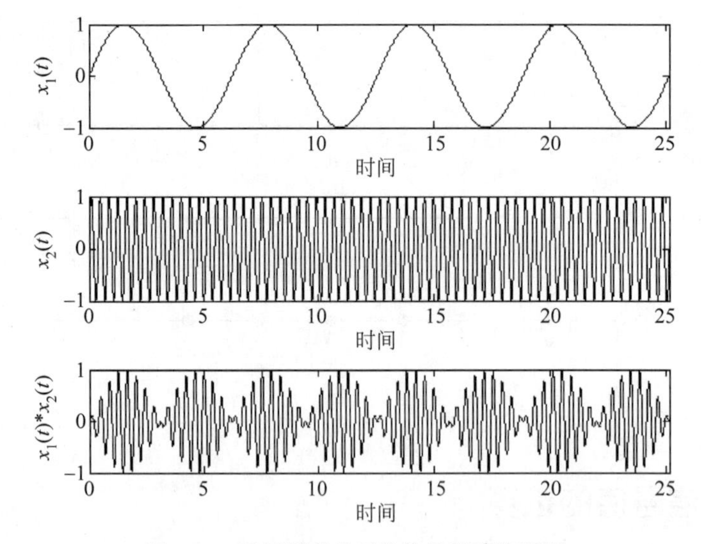

图 1-13 不同频率的正弦信号相乘波形图

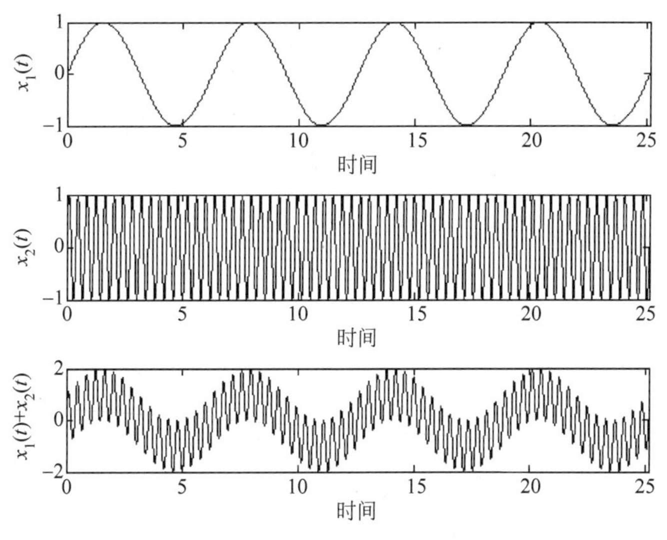

图 1-14　不同频率的正弦信号相加波形图

单信号为输入的即时运算是对该信号的映射变换，其运算结果仅取决于当前时刻的输入信号，通常可用信号的输入-输出转移特性表示，若该特性是线性的，则是线性映射，如 $y(t)=kf(t)+b$，$k\neq0$、b 为常数；否则是非线性映射，如 $y(t)=|f(t)|$。图 1-12 给出了对信号 $f(t)=\sin(t)$ 取绝对值的非线性映射的结果。单个信号的非即时运算使运算结果取决于一段时间区间的输入信号值，它一般由进行此运算的系统特性来描述，如微分方程。多个信号的非即时运算一般由进行此运算的多变量系统特性来描述，例如微分方程组或者差分方程组。

离散时间信号的基本运算也有类似结论，值得注意的是，在多元运算中，当两个或者多个序列的相加或者相乘运算时，其信号值是相同时刻信号值的和或乘积，图 1-15 为离散时间信号运算的示例。

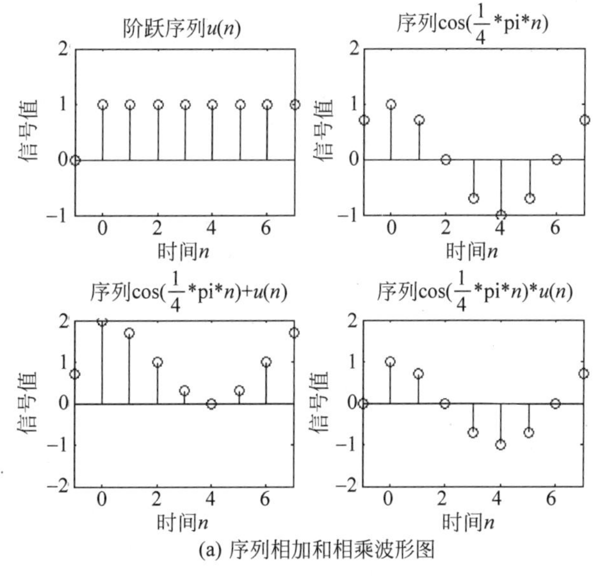

(a) 序列相加和相乘波形图

图 1-15　离散时间信号运算示例图

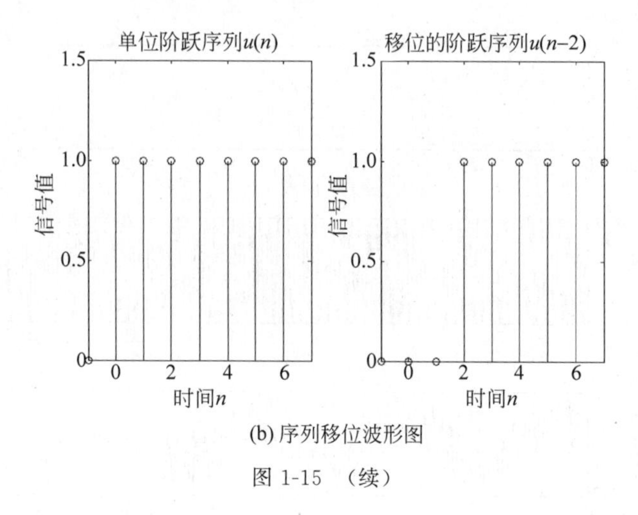

(b) 序列移位波形图

图 1-15 （续）

1.3.3 信号运算的实际应用

1）多径传输问题(Multipath propagation)

通信系统中的多径传输问题可以用式(1-10)描述，即接收到的信号是发送信号及其经过不同时间延迟后信号的线性加权和。

$$y(t)=\sum_{i=0}^{N}w_i f(t-t_i) \tag{1-10}$$

同样的，在数字通信系统中，上述问题可以用式(1-11)描述。

$$y[n]=\sum_{k=0}^{N}w_k f[n-k] \tag{1-11}$$

在雷达信号处理、地震信号处理中，信号移位也有类似的应用。

2）移动平均问题(Moving average)

在股票数据分析、图像平滑滤波等领域，离散数据的移动平均可由式(1-12)描述(此处以一维信号为例)，如图 1-16 所示。其中应用了信号移位和相加运算，即选择一个有限长的时间窗口(或空间区域)，对其中的离散信号进行均值计算。

$$y[n]=\frac{1}{2M+1}\sum_{k=-M}^{M}f[n-k] \tag{1-12}$$

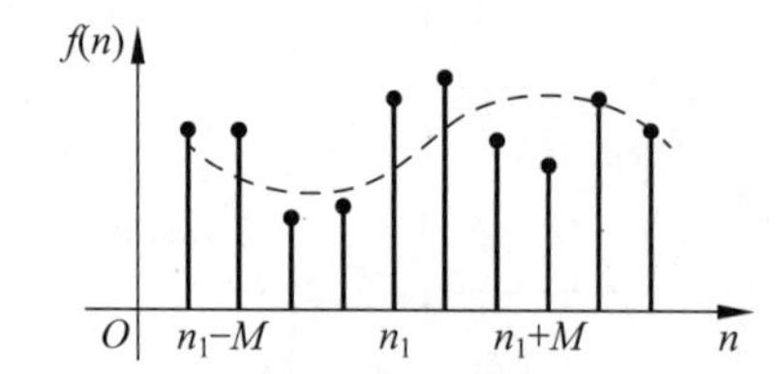

图 1-16 一维离散序列的移动平均示意图

3）图像处理中的基本应用

图像是二维离散信号，其自变量是其像素所在位置。对图像信号进行加、减运算，可以实现图像加噪声、合成、提取图像轮廓等操作。图 1-17～图 1-19 分别表示在图像中加入噪声、图像相加和通过相减提取轮廓的过程。

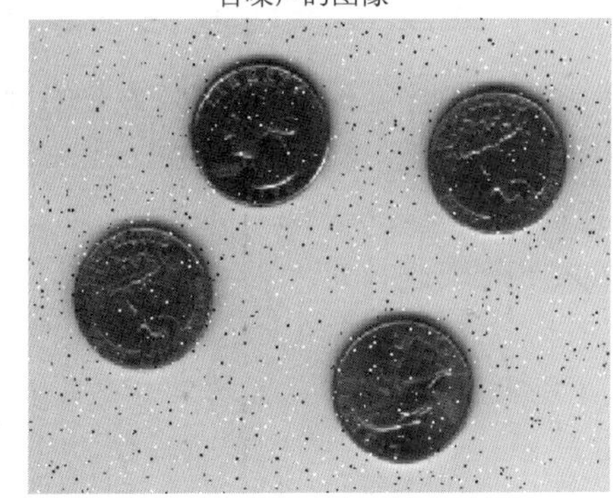

图 1-17 图像加噪声示例图

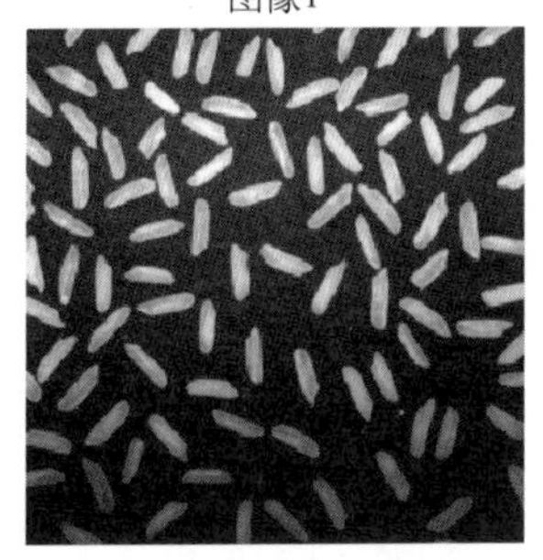

图 1-18 图像合成示例图

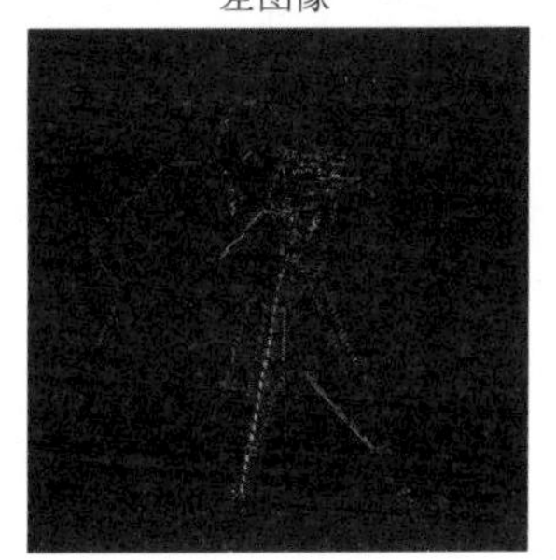

图 1-19 图像相减示例图

1.4 典型信号及其性质

在信号与系统分析中，常用信号主要包括复指数型信号、阶跃信号、冲激信号、单位脉冲信号等，它们在分析与描述实际问题时有重要意义。例如，元素放射性衰变的过程、有阻尼机械系统的响应及阻容串联回路的响应可用指数衰减型信号进行描述，无阻尼振荡回路中的响应信号可以用正弦类信号描述。

下面分别介绍典型的连续时间信号和离散时间信号。

1.4.1 典型连续时间信号及其性质

下面给出一些常见的典型信号，它们分别是指数信号、正弦信号、复指数信号、抽样信号、冲激信号和阶跃信号。

1) 指数信号(Exponential signal)

指数信号的表达式为：

$$f(t)=K\mathrm{e}^{at} \tag{1-13}$$

其中 K、a 是实数。若 $a>0$，信号为指数增长函数；若 $a=0$，信号是直流信号，其值恒等于常量 K；若 $a<0$，信号为指数衰减函数。图 1-20 表示三种情况下的指数信号。指数信号的重要特点是，其微分或积分仍然是同类型的指数信号。

实际系统中常遇到如图 1-21 所示的因果指数衰减信号，可表示为：

$$f(t)=\begin{cases}0 & t<0\\ \mathrm{e}^{-\frac{t}{\tau}} & t\geqslant 0\end{cases} \tag{1-14}$$

其中时间常数 $\tau>0$，因为 $f(\tau)=\dfrac{1}{\mathrm{e}}=0.368$，所以经过时间 τ 后，信号衰减为初值的 36.8%。

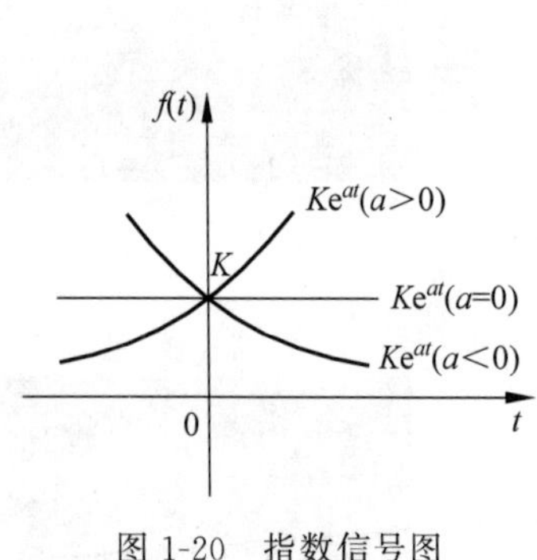

图 1-20 指数信号图

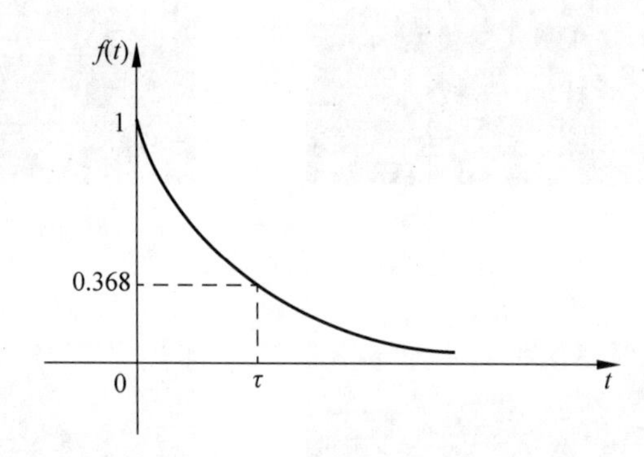

图 1-21 因果指数衰减信号

2) 正弦类信号(sinusoidal signal)

正弦信号和余弦信号仅在相位上相差$\dfrac{\pi}{2}$，统称它们为正弦类信号，可表示为：

$$f(t)=K\sin(\omega t+\phi) \tag{1-15}$$

其中 K 是振幅，ω 是角频率，ϕ 是初始相位。正弦信号的周期 $T=\dfrac{2\pi}{\omega}=\dfrac{1}{f}$，其中 f 是频率。其波形如图 1-22 所示。

在信号与系统分析中存在一类因果指数衰减的正弦信号，波形如图 1-23 所示，其正弦振荡的幅度即包络按指数规律衰减，其表达式为式(1-16)。

$$f(t)=\begin{cases}0 & t<0\\ K\mathrm{e}^{-\frac{t}{\tau}}\sin(\omega t) & t\geqslant 0\end{cases} \tag{1-16}$$

正弦类信号常借助复指数信号来表示。式(1-17)和式(1-18)表示欧拉公式。

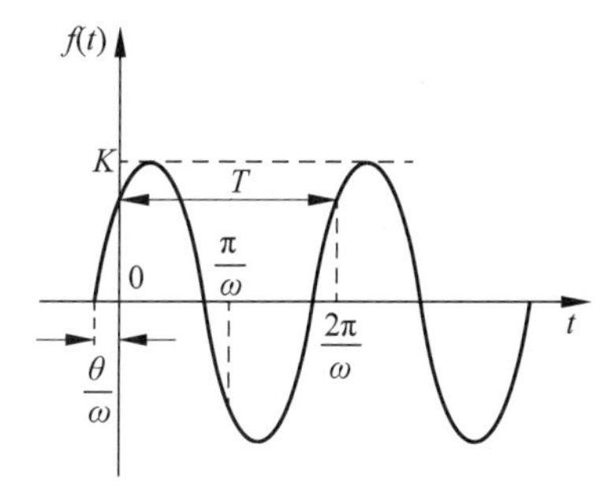

图 1-22　正弦信号

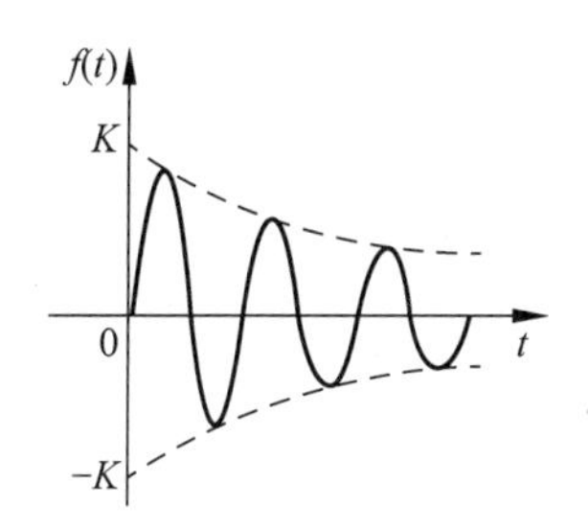

图 1-23　因果指数衰减正弦信号

$$\begin{cases} e^{j\omega t} = \cos(\omega t) + j\sin(\omega t) \\ e^{-j\omega t} = \cos(\omega t) - j\sin(\omega t) \end{cases} \tag{1-17}$$

$$\begin{cases} \cos(\omega t) = \dfrac{1}{2}(e^{j\omega t} + e^{-j\omega t}) \\ \sin(\omega t) = \dfrac{1}{2j}(e^{j\omega t} - e^{-j\omega t}) \end{cases} \tag{1-18}$$

与指数信号相似，正弦类信号对时间的微分或积分仍是正弦类信号。

3）复指数信号(complex exponential signal)

复指数信号是指数因子为复数的指数信号，其表达式为：

$$f(t) = K e^{st}$$

其中

$$s = \sigma + j\omega \tag{1-19}$$

其中，σ 是复频率 s 的实部，ω 是其虚部。上式用欧拉公式展开后，有：

$$f(t) = K e^{(\sigma + j\omega)t} = K e^{\sigma t}\cos(\omega t) + jK e^{\sigma t}\sin(\omega t) \tag{1-20}$$

这表明，一个复指数信号可分解为虚、实两个相位差等于$\frac{\pi}{2}$的指数衰减正弦信号分量。指数因子的实部 σ 表征了正弦振荡幅度的变化情况，$\sigma > 0$ 时呈指数增长，$\sigma < 0$ 时呈指数衰减。指数因子的虚部 ω 表征了正弦振荡的角频率。复指数信号的几个特殊情况是：

(1) 当 $\sigma = 0$ 时，s 为纯虚数，复指数信号退化为复正弦信号 $K e^{j\omega t} = K[\cos(\omega t) + j\sin(\omega t)]$；

(2) 当 $\omega = 0$ 时，s 为实数，复指数信号退化为一般的实指数信号 $K e^{\sigma t}$；

(3) 当 $\sigma = 0$ 并且 $\omega = 0$ 时，s 为零，复指数信号退化为直流信号 K。

复指数信号概括了多种情况，可以用来描述各种基本信号，如直流信号、正弦类信号、指数信号、指数衰减或增长信号、指数衰减或增长的正弦类信号等。使用复指数信号，还可使许多分析和运算得以简化。

在信号分析理论中，复指数信号是一种极其重要的基本信号。拉普拉斯变换就是把信号分解成无穷多个复指数信号的加权和，而傅里叶变换则是把信号分解成无穷多个频率间隔无穷小的复正弦信号的加权和，傅里叶级数是把周期信号分解成无穷多个谐波正弦信号的加权和。

4）抽样信号(sampling signal)

抽样信号定义为：

$$\mathrm{Sa}(t)=\frac{\sin t}{t} \tag{1-21}$$

其波形如图 1-24 所示，它是偶函数，在 t 的正、负两个方向上，振荡幅度都按倒数规律衰减，当 $t=0$ 时取最大值 1，当 $t=n\pi,n=\pm1,\pm2,\cdots$ 时取值为 0，其主瓣宽度 2π 为各副瓣宽度 π 的两倍。

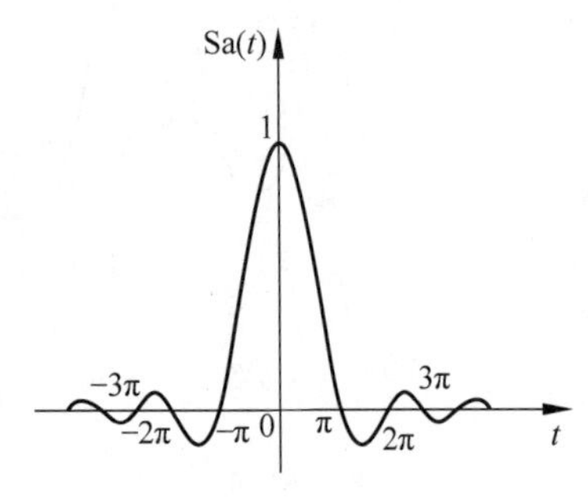

图 1-24 Sa(t)信号

此外，抽样信号的积分具有以下结论：

$$\int_{-\infty}^{+\infty}\mathrm{Sa}(t)\mathrm{d}t=\pi \tag{1-22}$$

该结论将在第 3 章中给予证明。工程中，常以 $\mathrm{sinc}(t)$ 函数代替抽样信号，定义为：$\mathrm{sinc}(t)=\frac{\sin(\pi t)}{\pi t}$，其过零点为不等于零的任意整数。

5）高斯信号(Gaussian signal)

高斯信号定义为：

$$f(t)=E\mathrm{e}^{-\left(\frac{t}{\tau}\right)^2} \tag{1-23}$$

高斯信号也称为钟形信号，在随机信号分析中十分重要。它可用作高斯分布的随机信号的概率密度函数，也用作高斯滤波器的传递函数。

信号与系统分析中还有一类奇异信号(singularity signal)或奇异函数，其信号本身有不连续点(跳变点)或其导数与积分有不连续点。常用的奇异信号包括单位阶跃信号、符号函数、单位冲激信号、冲激偶信号和单位斜变信号。

6）单位阶跃信号(unit step signal)

单位阶跃信号定义为：

$$u(t)=\begin{cases}0 & t<0\\ 1 & t>0\end{cases} \tag{1-24}$$

在跳变点 $t=0$ 处，函数值未定义，或规定 $t=0$ 处的函数值 $u(0)=\frac{1}{2}$，其波形如图 1-25(a)所示。

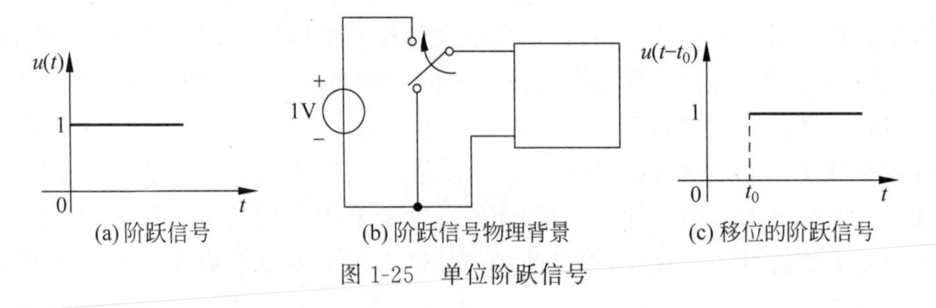

图 1-25 单位阶跃信号

单位阶跃信号的物理背景是：在 $t=0$ 时刻对某电路接入单位电源，并无限持续下去，如图 1-25(b)所示。如果接入电源的时刻推迟到 t_0 时刻(常数 $t_0>0$)，则可用一个如图 1-25(c)

所示的延迟单位阶跃信号表示。

$$u(t-t_0)=\begin{cases}0 & t<t_0\\ 1 & t>t_0\end{cases} \tag{1-25}$$

用阶跃信号与其延迟信号之差可表示一个矩形脉冲信号(也称矩形窗信号),如图 1-26(a)或图 1-26(b)所示,其中图(a)信号表示为:

$$G_{0,T}(t)=u(t)-u(t-T) \tag{1-26}$$

而图 1-26(b)信号表示为:

$$G_T(t)=u\left(t+\frac{T}{2}\right)-u\left(t-\frac{T}{2}\right) \tag{1-27}$$

此处 T 为矩形窗口宽度。

类似地,窗函数可表示为:

$$G_{t_1,t_2}(t)=u(t-t_1)-u(t-t_2) \tag{1-28}$$

表示在 t_1 时刻接入又在 t_2 时刻断开的矩形窗信号。因为:

$$f(t)G_{t_1,t_2}(t)=\begin{cases}f(t) & t\in[t_1,t_2]\\ 0 & t\notin[t_1,t_2]\end{cases} \tag{1-29}$$

所以可以用窗信号截取信号在时间区间$[t_1,t_2]$上的信号段,以便进行如短时傅里叶变换这样的信号分析。图 1-27 为 $e^{-t}G_{0,t_0}(t)$的波形。

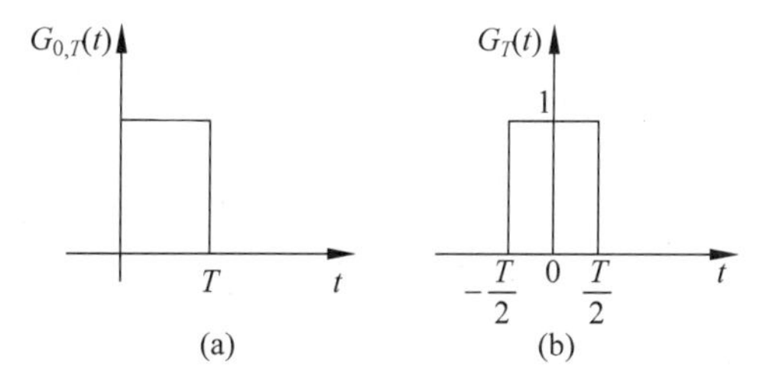

图 1-26 矩形脉冲信号

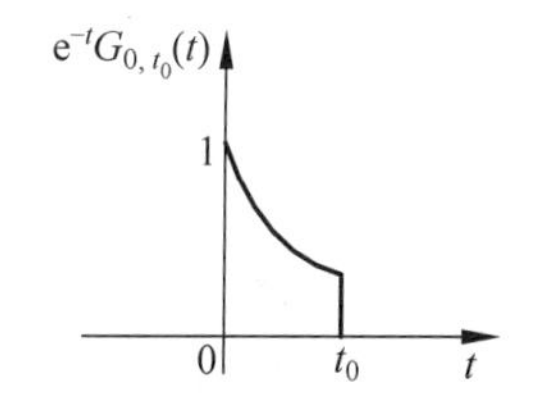

图 1-27 信号段 $e^{-t}G_{0,t_0}(t)$

若分段连续函数 $f(t)$在点集$\{t_i \mid i=1,2,\cdots,N\}$有跳变,则它可表示为一个连续信号 $f_c(t)$与 N 个延迟阶跃信号的加权和,即:

$$f(t)=f_c(t)+\sum_{i=1}^{N}h_i u(t-t_i) \tag{1-30}$$

其中,h_i 是信号在 t_i 时刻的带符号的跳变幅度,向上跳变取正号,否则取负号。

阶跃信号还可以表示信号的因果和反因果分量,即任意信号 $f(t)$有因果与反因果分解:$f(t)=f_+(t)+f_-(t)$,其中,信号的因果分量 $f_+(t)=f(t)u(t)$,反因果分量 $f_-(t)=f(t)u(-t)$。

阶跃信号的尺度性质可表述为 $u(at)=\begin{cases}u(t) & \forall a>0\\ u(-t) & \forall a<0\end{cases}$,这使得 $u(|a|t)=u(t)$和 $u(-|a|t)=u(-t)=1-u(t)$。

阶跃信号还可以用作示性函数或二值化函数。对信号 $f(t)$进行阶跃变换 $u[f(t)]$可以检测 $f(t)$的符号，也可以表示信号具有某种特性的示性函数，即可借用阶跃变换定义示性函数

$$\chi_i\{f(t)\}=\begin{cases}1 & \text{当信号 } f(t) \text{ 具有第 } i \text{ 个特性时} \\ 0 & \text{其他}\end{cases}$$

例如 $\chi\{f(t)\}=u(|f(t)|-Th)$为检验信号 $f(t)$的模值是否大于阈值 Th 的示性函数。当此功能用于图像灰度信号时可以把灰度图像变换为二值化图像。

7）符号函数(signum function)

符号函数定义为：

$$\operatorname{sgn}(t)=\begin{cases}1 & t>0 \\ -1 & t<0\end{cases} \tag{1-31}$$

与阶跃信号相似，在 $t=0$ 处，函数值不作定义，或者在 $t=0$ 处规定函数值 $\operatorname{sgn}(0)=0$。显然，符号函数可用阶跃信号表示为：

$$\operatorname{sgn}(t)=2u(t)-1 \tag{1-32}$$

该函数可用于分类问题中的判决函数。

8）斜变信号(ramp signal)

易知，阶跃信号的积分是斜变信号：

$$r(t)=tu(t) \tag{1-33}$$

如图 1-28 所示。该信号的不同时间平移后的线性加权和可以用来描述分段线性信号。同时，斜变信号的一阶微分为单位阶跃信号。

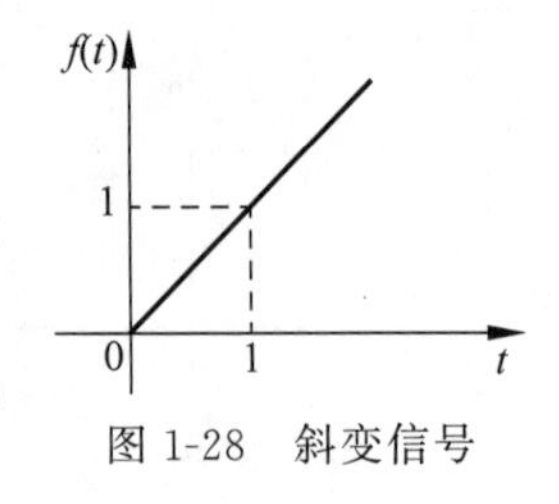

图 1-28　斜变信号

例 1-5　用奇异信号描述如图 1-29(a)、(b)所示的信号表达式。

解　用奇异信号描述该类分段线性信号时，以信号中不连续点或转折点为分界点，将不同时间延迟的奇异信号加权。

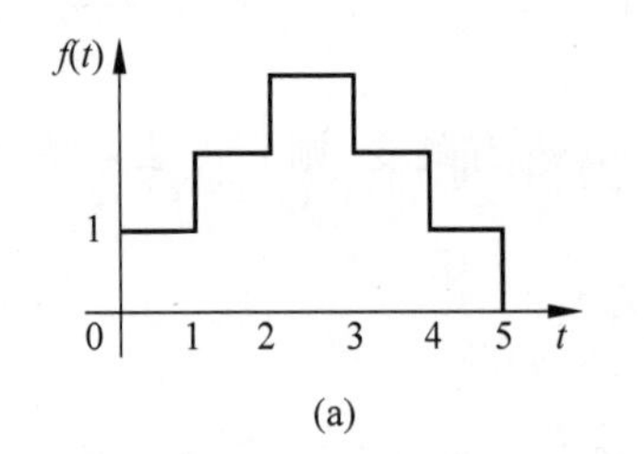

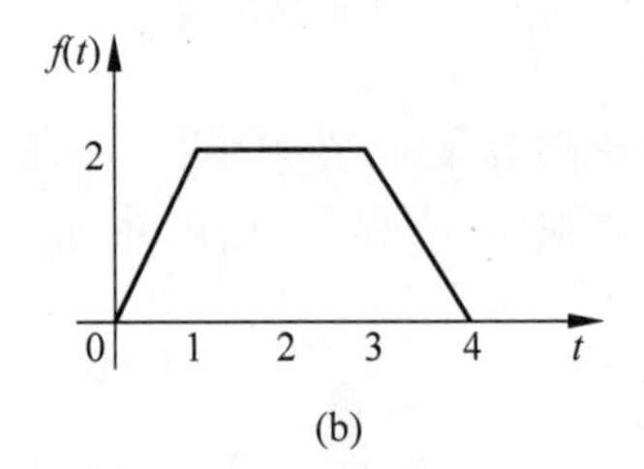

图 1-29　例 1-5 波形图

(1) $f(t)=u(t)+u(t-1)+u(t-2)-u(t-3)-u(t-4)-u(t-5)$；

(2) $f(t)=2r(t)-2r(t-1)-2r(t-3)+2r(t-4)$。

例 1-6　画出信号 $f(t)=u[\cos(t)]$的波形。

解　该函数是将余弦信号的正半周期置 1，负半周期全部置 0，其波形如图 1-30 所示。

9）单位冲激信号(unit impulse signal)

冲激信号 $\delta(t)$是个广义函数，数学上用式(1-34)定义：

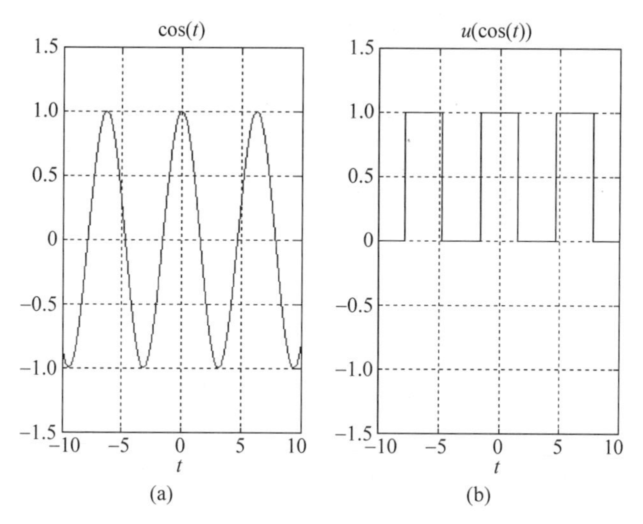

图 1-30　例 1-6 波形图

$$\begin{cases}\delta(t)=0 & t\neq 0\\ \int_{-\infty}^{+\infty}\delta(t)\mathrm{d}t=1 & 其他\end{cases} \tag{1-34}$$

它可用来表示作用时间极短、取值极大、具有单位总体效应的物理现象,例如数字通信中的采样脉冲。总积分值等于 1 表示该瞬间作用具有单位强度。图 1-31 示出了在 t_i 时刻产生强度为 A 的信号 $A\delta(t-t_i)$。

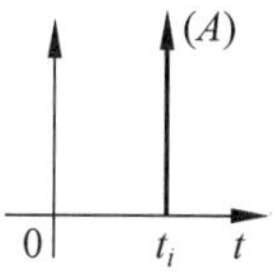

图 1-31　$A\delta(t-t_i)$

冲激信号在信号和系统分析中具有重要作用,其主要性质如下。

性质 1　当且仅当积分区间包括冲激出现时刻 0 时,$\delta(t)$函数的积分值为 1。

$$\int_{t_1}^{t_2}\delta(t)\mathrm{d}t=\begin{cases}1 & t_1<0<t_2\\ 0 & 其他\end{cases} \tag{1-35}$$

性质 2　$\delta(t)$是偶函数,即:

$$\delta(-t)=\delta(t) \tag{1-36}$$

性质 3　$\delta(t)$有赋值特性,即:

$$f(t)\delta(t-t_0)=f(t_0)\delta(t-t_0) \tag{1-37}$$

特殊地,当 $t_0=0$ 时:

$$f(t)\delta(t)=f(0)\delta(t) \tag{1-38}$$

性质 4　$\delta(t)$有抽样特性(也称筛选特性):

$$\int_{-\infty}^{+\infty}\delta(t-t_0)f(t)\mathrm{d}t=f(t_0) \tag{1-39}$$

特殊地,当 $t_0=0$ 时:

$$\int_{-\infty}^{+\infty}\delta(t)f(t)\mathrm{d}t=f(0) \tag{1-40}$$

性质 5　$\delta(t)$是 $u(t)$的微分,反之,$u(t)$是 $\delta(t)$的积分,即:

$$\int_{-\infty}^{t}\delta(\tau)\mathrm{d}\tau=u(t) \tag{1-41}$$

$$\frac{\mathrm{d}u(t)}{\mathrm{d}t}=\delta(t) \tag{1-42}$$

此外,对单位冲激信号进行一阶微分运算,得到信号 $\delta'(t)=\frac{\mathrm{d}}{\mathrm{d}t}\delta(t)$,定义为冲激偶信号,具有下列性质:

$$\int_{-\infty}^{\infty}\delta'(t)\mathrm{d}t=0 \tag{1-43}$$

$$\int_{-\infty}^{\infty}\delta'(t)f(t)\mathrm{d}t=-f'(0) \tag{1-44}$$

$$\int_{-\infty}^{\infty}\delta'(t-t_0)f(t)\mathrm{d}t=-f'(t_0) \tag{1-45}$$

上述性质可用于简化含冲激或冲激偶信号的运算,如例 1-7 所示。

例 1-7 计算下列各式。

(1) $t\delta(t-1)$ (2) $\int_{0_-}^{+\infty}\cos\left(\omega t-\frac{\pi}{3}\right)\delta(t)\mathrm{d}t$

(3) $(1-t)\frac{\mathrm{d}}{\mathrm{d}t}[\mathrm{e}^{-2t}u(t)]$ (4) $\int_{-1}^{2}(t^2+1)\delta(t-3)\mathrm{d}t$

(5) $\int_{0-}^{0_+}\mathrm{e}^{-2t}\delta(-t)\mathrm{d}t$ (6) $\int_{-\infty}^{t}(1-x)\delta(x)\mathrm{d}x$

(7) $\int_{-\infty}^{+\infty}\mathrm{e}^{-t}\delta'(t-1)\mathrm{d}t$ (8) $\mathrm{Sa}[2(t-2)]\delta(t-2)$

解 (1) 根据性质 3,有 $t\delta(t-1)=1\times\delta(t-1)=\delta(t-1)$;

(2) 根据性质 1 和性质 4,有:

$$\int_{0_-}^{+\infty}\cos\left(\omega t-\frac{\pi}{3}\right)\delta(t)\mathrm{d}t=\int_{-\infty}^{+\infty}\cos\left(\omega t-\frac{\pi}{3}\right)\delta(t)\mathrm{d}t=\cos\frac{\pi}{3}=\frac{1}{2};$$

(3) 根据性质 5 和性质 3,有:

$$(1-t)\frac{\mathrm{d}}{\mathrm{d}t}[\mathrm{e}^{-2t}u(t)]=(1-t)[-2\mathrm{e}^{-2t}u(t)+\mathrm{e}^{-2t}\delta(t)]=2(t-1)\mathrm{e}^{-2t}u(t)+\delta(t);$$

(4) 因为 $3\notin$ 区间$[-1,2]$,根据性质 1,有 $\int_{-1}^{2}(t^2+1)\delta(t-3)\mathrm{d}t=0$;

(5) 根据性质 1、2 和 4,有 $\int_{0-}^{0_+}\mathrm{e}^{-2t}\delta(-t)\mathrm{d}t=\int_{0-}^{0_+}\mathrm{e}^{-2t}\delta(t)\mathrm{d}t=\int_{-\infty}^{+\infty}\mathrm{e}^{-2t}\delta(t)\mathrm{d}t=1$;

(6) 根据性质 3 和性质 5,有 $\int_{-\infty}^{t}(1-x)\delta(x)\mathrm{d}x=\int_{-\infty}^{t}\delta(x)\mathrm{d}x=u(t)$;

(7) 根据冲激偶信号性质,有 $\int_{-\infty}^{+\infty}\mathrm{e}^{-t}\delta'(t-1)\mathrm{d}t=-(\mathrm{e}^{-t})'|_{t=1}=-(-\mathrm{e}^{-t})|_{t=1}=\mathrm{e}^{-1}$;

(8) 根据抽样信号性质,有 $\mathrm{Sa}[2(t-2)]\delta(t-2)=\mathrm{Sa}(0)\delta(t-2)=\delta(t-2)$。

例 1-8 写出如图 1-29(a)、(b)所示信号 $f(t)$的微分 $f'(t)$的表达式,并画出波形图。

解 对于式(1-30)所示的信号,其微分为:

$$f'(t)=f_c'(t)+\sum_{i=1}^{N}h_i\delta(t-t_i) \tag{1-46}$$

因此对本例有:

(1) $f'(t)=\delta(t)+\delta(t-1)+\delta(t-2)-\delta(t-3)-\delta(t-4)-\delta(t-5)$,其波形图如

图 1-32(a)所示；

(2) $f'(t)=2u(t)-2u(t-1)-2u(t-3)+2u(t-4)$，其波形图如图 1-32(b)所示，这里使用了$\frac{\mathrm{d}}{\mathrm{d}t}[tu(t)]=u(t)$。

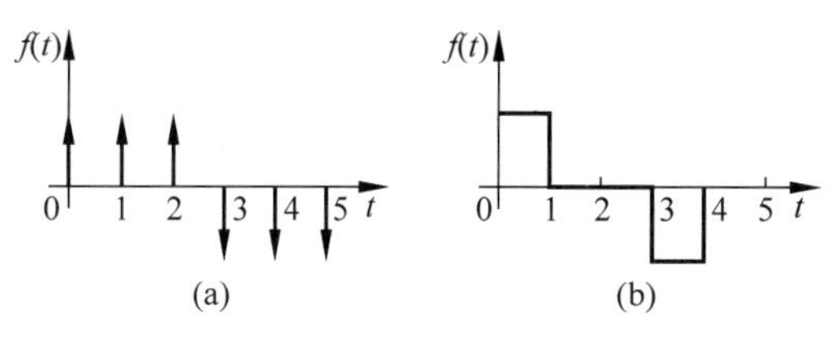

图 1-32　例 1-8 图

除上述性质外，冲激信号还具有以下尺度性质，描述为：

$$\delta(at)=\frac{1}{|a|}\delta(t) \tag{1-47}$$

证明：由阶跃信号的尺度性质，有 $u(|a|t)=u(t)$，对其进行一阶微分，由于冲激信号是阶跃信号的微分，所以有$|a|\delta(|a|t)=\delta(t)$；再由冲激信号的偶函数性质，知$|a|\delta(at)=|a|\delta(|a|t)$；综合上述结果，就有 $\delta(at)=\frac{1}{|a|}\delta(t)$。

冲激函数的检零性质表现为：当冲激函数应用于非线性函数时，具有检测其过零点，并反映过零点处导数的性质，具体描述为：

$$\delta[f(t)]=\sum_{i=1}^{n}\frac{1}{|f'(t_i)|}\delta(t-t_i) \tag{1-48}$$

证明：由于函数在其零点 $t_i, i=1,2,\cdots,n$ 处有 $f(t_i)=0$，则在其零点的小邻域内有线性近似 $f(t)\approx f(t_i)+f'(t_i)(t-t_i)=f'(t_i)(t-t_i)$，这使得 $\delta[f(t)]=\sum\limits_{i=1}^{n}\delta[f'(t_i)(t-t_i)]$；再根据冲激函数的尺度性质，则有 $\delta[f(t)]=\sum\limits_{i=1}^{n}\frac{1}{|f'(t_i)|}\delta(t-t_i)$。这表明，对信号进行冲激变换时，在信号的零点处出现冲激，冲激强度反比于信号的导数模值。

例 1-9　化简下列计算式。

(1) $\delta(2t-2)$　　(2) $u(4t-2)$

(3) $f(t)=\int_{t-t_0}^{t}\delta(\tau)\mathrm{d}\tau$　　(4) $\delta(t^2-1)$

解　根据冲激信号、阶跃信号的性质，可得：

(1) $\delta(2t-2)=\frac{1}{2}\delta(t-1)$；

(2) $u(4t-2)=u\left(t-\frac{1}{2}\right)$；

(3) $f(t)=\int_{t-t_0}^{t}\delta(\tau)\mathrm{d}\tau=\int_{-\infty}^{t}\delta(\tau)\mathrm{d}\tau-\int_{-\infty}^{t-t_0}\delta(\tau)\mathrm{d}\tau=u(t)-u(t-t_0)$；

(4) $\delta(t^2-1)=\frac{1}{|(2t)|_{t=1}|}\delta(t-1)+\frac{1}{|(2t)|_{t=-1}|}\delta(t+1)=\frac{1}{2}\delta(t-1)+\frac{1}{2}\delta(t+1)$。

1.4.2 典型离散时间信号及其性质

1）单位脉冲信号(unit pulse signal)

$$\delta[n]=\begin{cases}1 & n=0\\ 0 & n\neq 0\end{cases} \tag{1-49}$$

它只在 $n=0$ 处取单位值 1，在其余样点上都为零，如图 1-33 所示。它在离散时间系统中的作用，类似于连续时间系统中的单位冲激信号 $\delta(t)$。但它们有本质的区别，尤其要注意，$\delta[n]$在 $n=0$ 时有有界值 1。

2）单位阶跃序列(unit step sequence)

$$u[n]=\begin{cases}1 & n\geqslant 0\\ 0 & n<0\end{cases} \tag{1-50}$$

其波形如图 1-34 所示。它在离散时间系统中的作用，类似于连续时间系统中的单位阶跃信号 $u(t)$。注意，$u(t)$在 $t=0$ 处发生跳变，其数值一般不予定义，而 $u[n]$在 $n=0$ 时明确定义为 1。

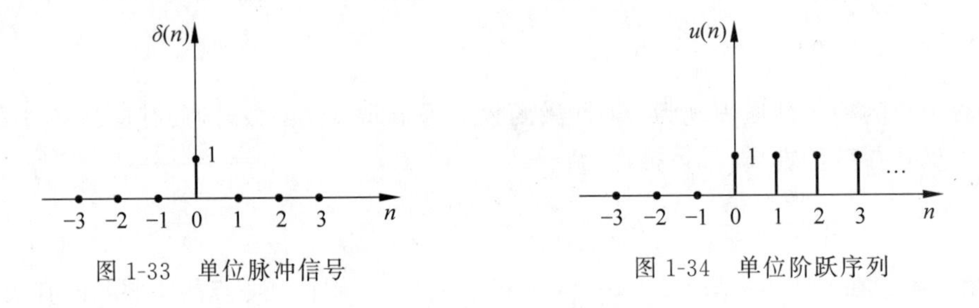

图 1-33 单位脉冲信号　　图 1-34 单位阶跃序列

不难看出，$\delta[n]$和 $u[n]$有如下关系：

$$\begin{cases}\delta[n]=u[n]-u[n-1]\\ u[n]=\sum\limits_{m=0}^{+\infty}\delta[n-m]\end{cases} \tag{1-51}$$

即，单位阶跃序列是单位脉冲序列的累计和，而单位脉冲序列是单位阶跃序列的一阶后向差分。

3）因果指数序列(causal exponential sequence)

$$f[n]=a^n u[n] \tag{1-52}$$

当$|a|>1$ 时，该序列按指数增长；当$|a|<1$ 时，它按指数衰减；当$|a|=1$ 时，它退化为单位阶跃序列 $u[n]$；当 $a<0$ 时，序列值正负摆动。图 1-35 示出了对不同的 a 而言的因果指数序列。

4）因果矩形窗序列(casual rectangular sequence)

$$G_N[n]=u[n]-u[n-N]=u[n]u[N-1-n]=\begin{cases}1 & 0\leqslant n\leqslant N-1\\ 0 & \text{其他}\end{cases} \tag{1-53}$$

该序列是有限长序列，其波形如图 1-36 所示。该序列可以作为观测信号的窗口序列，任意无限持续时间序列与其相乘后变为有限长序列。

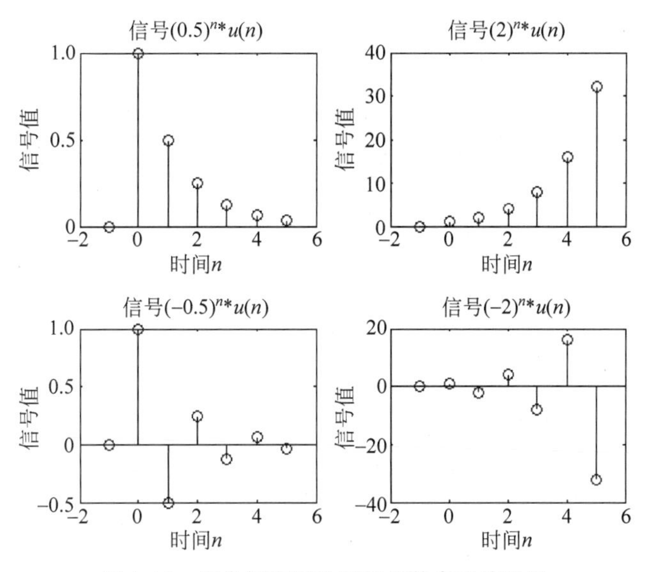

图 1-35 四类情况下的因果指数序列波形图

5）正弦序列(sinusoidal sequence)

$$f[n]=A\sin(\omega_0 n+\varphi) \tag{1-54}$$

该序列在 $\omega_0=0.1\pi, A=1, \varphi=0$ 时的图形如图 1-37 所示。注意，只有当数字频率$\frac{\omega_0}{2\pi}$为有理数时，正弦序列才是周期序列。

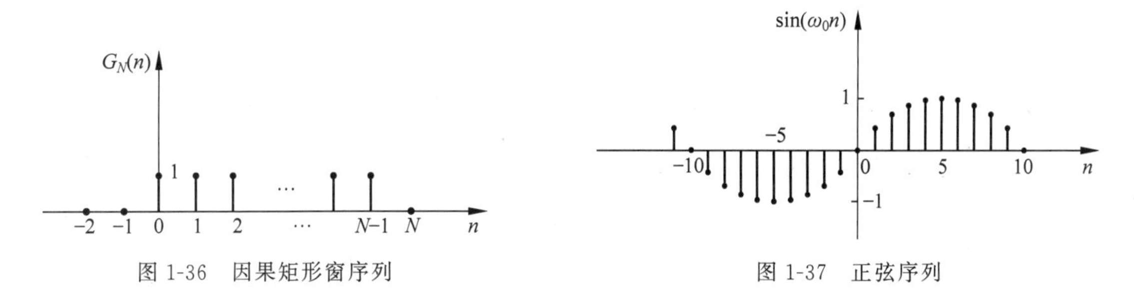

图 1-36 因果矩形窗序列

图 1-37 正弦序列

1.5 信号的分解

信号分解是信号分析中最常用的技术之一。将一般信号分解为简单信号分量之和便于系统分析。根据不同准则有不同的信号分解方法，下面介绍几种常用的信号分解方法。

1.5.1 奇偶分解

任何实信号 $f(t)$ 总可以分解为一个偶分量 $f_e(t)$ 和一个奇分量 $f_o(t)$ 之和，即：

$$f(t)=f_e(t)+f_o(t) \tag{1-55}$$

其中，偶分量 $f_e(t)$ 和奇分量 $f_o(t)$ 为：

$$\begin{cases} f_e(t)=\dfrac{1}{2}(f(t)+f(-t)) \\ f_o(t)=\dfrac{1}{2}(f(t)-f(-t)) \end{cases} \tag{1-56}$$

同时，$f_e(t)=f_e(-t)$ 和 $f_o(t)=-f_o(-t)$。图 1-38 给出了典型示例图。

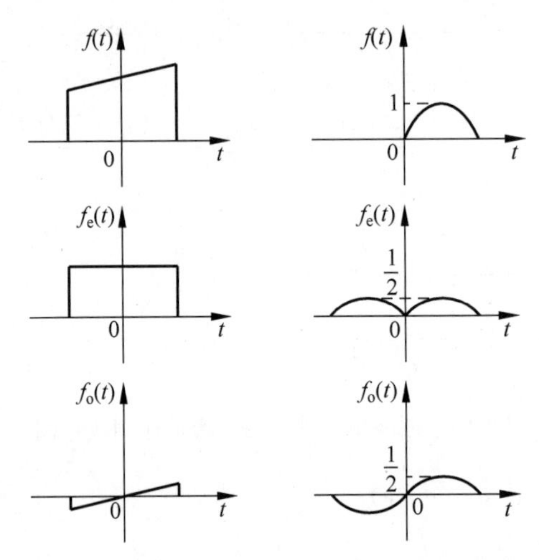

图 1-38 信号奇偶分解示例图

此外，单位阶跃信号的奇偶分解为：

$$u(t)=\frac{1}{2}+\frac{1}{2}\mathrm{sgn}(t) \tag{1-57}$$

可以看出，直流分量一定属于偶分量。对离散时间信号，具有类似的分解方法。

信号的奇偶分解在分析和理解信号的傅里叶变换或傅里叶级数时很有帮助。

1.5.2 交直流分解

任何可积信号总可以分解为一个直流分量和一个交流分量之和，其中直流分量为信号的平均值，交流分量为信号减去其平均值后的值，交流分量的平均值为零，即：

$$f(t)=\bar{f}+\tilde{f}(t) \tag{1-58}$$

其中，均值 $\bar{f}$ 和交流分量 $\tilde{f}(t)$ 为：

$$\begin{gathered} \bar{f}=\lim_{T\to\infty}\frac{1}{T}\int_{-\frac{T}{2}}^{+\frac{T}{2}}f(t)\mathrm{d}t \\ \tilde{f}(t)=f(t)-\bar{f} \end{gathered} \tag{1-59}$$

信号减去其均值的运算称为中心化变换，它是信号分析中常用的一个技术。

例 1-10 求下列信号的直流分量。

(1) $f(t)=\cos^2(\omega_0 t)$　　(2) $f(t)=\sum_{n=-\infty}^{+\infty}G_\tau(t-nT)(T>\tau)$

解 上述信号均为周期信号，因此信号的直流分量就是其在一个完整周期上的直流分量。因此，计算得到：

(1) $f_D(t)=\frac{1}{T}\int_0^T \cos^2(\omega_0 t)\mathrm{d}t=\frac{1}{2T}\int_0^T[1+\cos(2\omega_0 t)]\mathrm{d}t=\frac{1}{2}$；

(2) $f_D(t)=\frac{1}{T}\int_{-\frac{T}{2}}^{\frac{T}{2}} G_\tau(t)\mathrm{d}t=\frac{1}{T}\int_{-\frac{\tau}{2}}^{\frac{\tau}{2}} 1\mathrm{d}t=\frac{\tau}{T}$，定义$\frac{\tau}{T}$为周期脉冲信号的占空比。

1.5.3　正交分解

信号正交分解的核心是把信号分解为完备、正交、能量归一的基信号集合中各个基信号的加权和，它对于信号的分析和综合很有帮助。原则上有无穷多个这样的正交分解，其中最常用的是傅里叶级数分解、傅里叶变换和拉普拉斯变换。其中，傅里叶级数是把周期信号分解成无穷多个谐波正弦信号的加权和，傅里叶变换是把非周期信号分解成无穷多个频率间隔无穷小的复正弦信号的加权和，而拉普拉斯变换是把信号分解成无穷多个复指数信号的加权和。关于正交分解的理论叙述详见参考资源。

1.5.4　实虚部分解

对一般的复数信号，还可以有实部分量与虚部分量分解方法。具体如下：

$$f(t)=f_r(t)+\mathrm{j}f_i(t) \tag{1-60}$$

其中，实部分量为 $f_r(t)=\frac{1}{2}[f(t)+f^*(t)]$，虚部分量为 $f_i(t)=\frac{1}{2\mathrm{j}}[f(t)-f^*(t)]$。

微课视频

1.6　系统的基本概念与分类

1.6.1　系统的基本概念

信号的运算，包括信号的变换、处理、分析和合成等，都是在由硬件和软件组成的系统中进行的。系统可大可小，小到一个简单电路，大到一个复杂的生态系统。大系统可以由若干个小的子系统组成。我们称系统的输入信号为激励(Excitation)，称系统的输出信号为响应(Response)。

系统的实例涵盖了各个领域，可分为人为系统和自然系统。例如，ECG 信号去噪系统，图 1-39 为去噪前后的 ECG 信号波形，通过将混有噪声的 ECG 信号滤波，可以有效地去除噪声，便于后续分析。图像的直方图均衡系统可增强局部对比度，增强输出图像的细节，如图 1-40 所示。其他的例子还包括：简单的机械位移系统、人类听觉系统、计算机显示系统、汽车减震系统、飞机导航系统、一般的通信系统(如图 1-41 所示)、电路系统(如图 1-42 所示)、物联网系统等。两个物理意义完全不同的实际系统，其描述的方式可能一致，即我们探讨的系统分析方法具有一般性。

1.6.2　系统分类

与信号分类相似，系统分类有多种方法。常用的方法有两种，一是按输入输出特性分类，二是按系统特性分类。

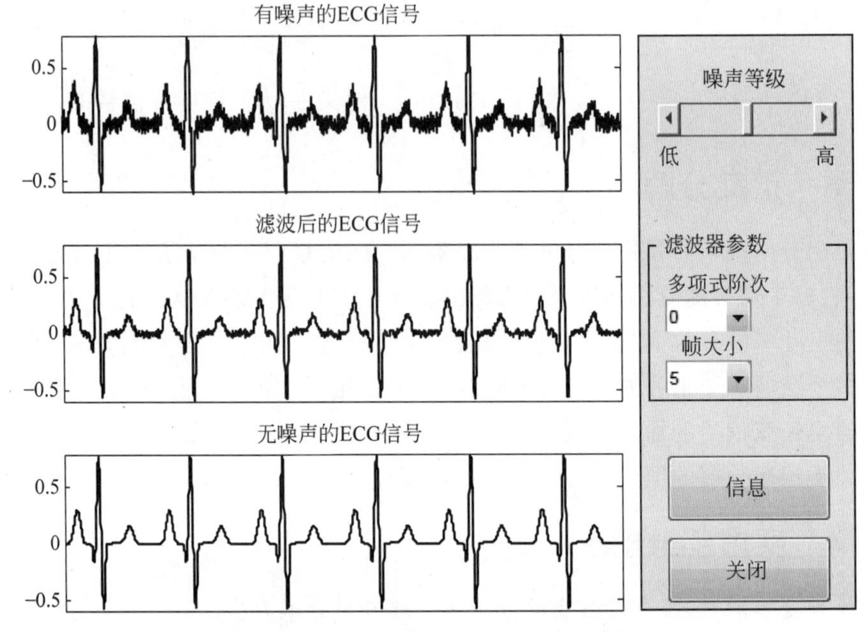

图 1-39 ECG 信号去噪前后波形图

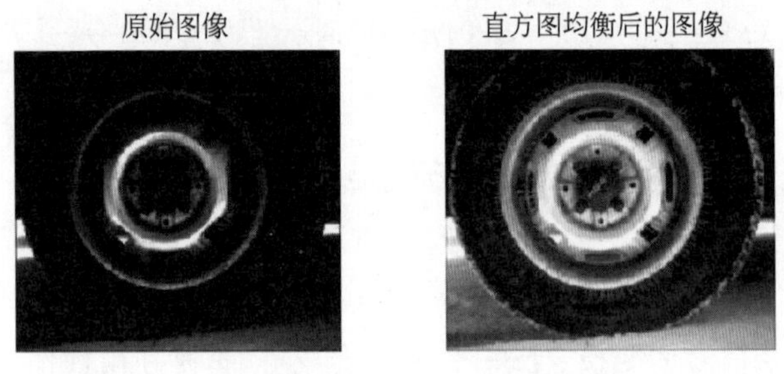

图 1-40 图像直方图均衡系统的输入和输出图像

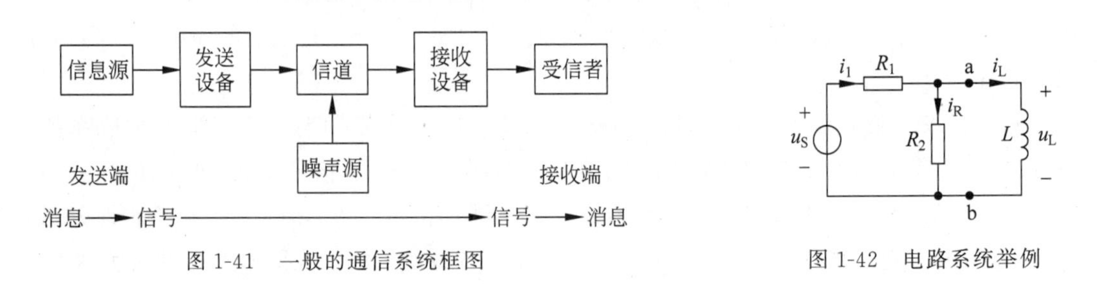

图 1-41 一般的通信系统框图

图 1-42 电路系统举例

1. 按输入输出特性分类

如果系统的输入和输出信号都是连续/离散/数字的，则该系统是连续/离散/数字的。如果输入信号与输出信号是两种不同的信号，例如输入是连续的、输出是离散的，或者相反，输入是离散的、输出是连续的，则称为混合系统，例如模拟-数字(A/D)转换器或数字-模拟(D/A)转换器。注意，一个连续系统的内部可能是离散的，实际上，所有应用于实际环境的计算机控制系统都是这样的系统。从整体上看，它是一个连续系统，而其内部包含传感器、A/D 转换器、计算机、D/A 转换器和执行机构五个子系统，它们分别是连续、混合、数字、混合和连续的，如图 1-43 所示。

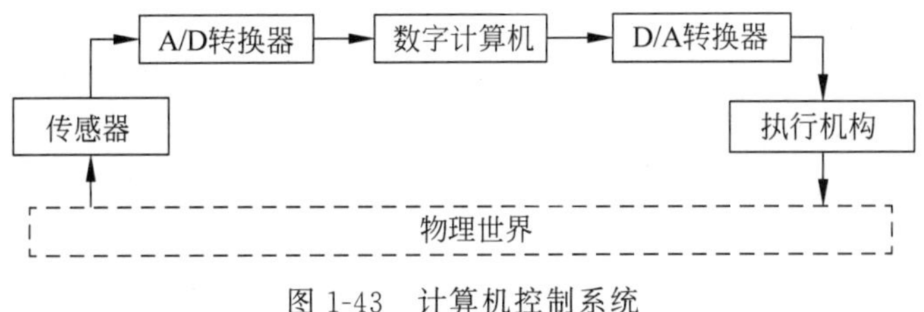

图 1-43　计算机控制系统

2. 按系统特性分类

按系统特性分，有线性或非线性系统、时不变或时变系统、因果或非因果系统、稳定或不稳定系统、可逆与不可逆系统。下面将逐一介绍。

1) 线性系统(linear system)

一个同时满足叠加性和齐次性的系统被定义为线性系统，否则为非线性系统。

(1) 可加性。可加性是指：如果输入 $f_i(t)$，$i=1,2$ 时的系统响应(即输出)为 $y_i(t)$，$i=1,2$，则输入 $f_1(t)+f_2(t)$时的系统响应为 $y_1(t)+y_2(t)$，同时可推广到有限个激励信号叠加的情况。这表示激励作用于系统与加法运算的次序可交换，即无论是先相加后通过系统，还是先通过系统后相加，结果相同，如图 1-44(a)所示。

(2) 齐次性。齐次性是指：如果输入 $f(t)$时的系统响应为 $y(t)$，则输入 $kf(t)$常数 $k\neq0$ 时的系统响应为 $ky(t)$。这表示系统激励作用于系统与常量乘的次序可交换，即无论是先放大激励信号再通过系统，还是激励信号先通过系统再放大响应信号，都有相同的结果，如图 1-44(b)所示。

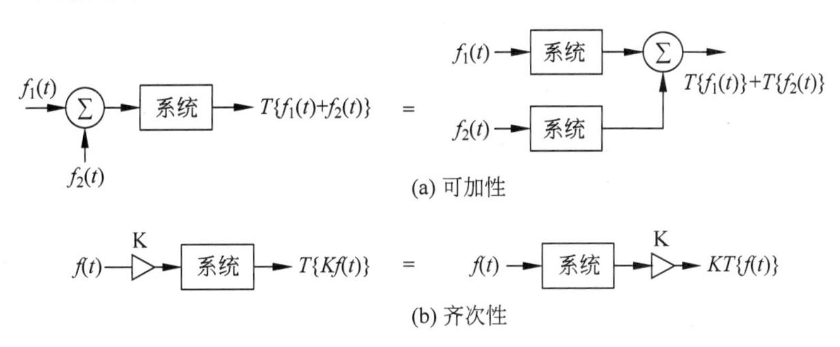

图 1-44　线性系统的可加性(a)和齐次性(b)

(3) 线性性。综合上述讨论，线性性是指：如果输入 $f_i(t)$，$i=1,2$ 时的系统响应为 $y_i(t)$，$i=1,2$，则输入 $a_1f_1(t)+a_2f_2(t)$(a_i 为常数，$i=1,2$)时的系统响应为 $a_1y_1(t)+a_2y_2(t)$。这表示激励信号通过系统与常量加权和的运算次序可交换，即无论是激励信号先加权和再通过系统，还是各激励信号先通过系统再将其各响应进行加权和运算，都会得到相同的结果。对离散时间系统，其线性性的定义与判别同连续时间系统。

系统线性性的判断可使用可加性与齐次性分别判断的两步法，也可使用线性性判断的一步法。注意，只要违反了可加性或齐次性，系统就是非线性的。

系统响应往往是对激励信号的各类运算。若系统响应是激励信号的下列运算或变换，则有如下结论。

(1) 平移、翻转和尺度运算,都是线性的;

(2) 乘常数或与输入无关的变量,即恒增益或变增益放大,是线性的;

(3) 加常数或与输入无关的变量,即固定电平或可变电平偏置,是非线性的;

(4) 微分和积分运算是线性的;

(5) 差分和累积运算是线性的;

(6) 非正比例的即时映射都是非线性的;

(7) 有零初始状态的线性电路或由线性常系数微分方程描述的连续时间系统都是线性的;

(8) 满足初始松弛条件的线性常系数差分方程描述的离散时间系统都是线性的;

(9) 任何含非线性运算的系统,如非线性的微分方程和差分方程或非线性电路系统,都是非线性的。

请读者自行证明。

注意,线性性的要求是很严格的,有非零初始状态的线性电路、有非零初始状态的线性常微分方程描述的连续时间系统、不满足初始松弛条件的常系数线性差分方程描述的离散时间系统都不是上述意义的线性系统。

在实际工程中,有一类系统并不满足线性系统的要求,但是这类系统输出响应的增量与输入信号的增量之间满足线性特性。这类系统称为增量线性系统(incrementally linear systems),有时也称为广义线性系统。例如 $y(t)=x(t)+2$ 描述的系统不满足齐次性和可加性,但却是增量线性系统。

2) 时不变系统(time invariant system)

时不变系统是指:如果输入 $f(t)$时的系统响应为 $y(t)$,则输入 $f(t-t_0)$时的系统响应为 $y(t-t_0)$,其中,延迟时间 $t_0\neq 0$。这表示激励信号通过系统与延迟运算的次序可交换,即无论是先延迟激励信号再通过系统,还是先通过系统再延迟信号,都会得到相同的结果,也就是输入延迟多少时间,输出也延迟多少时间,其他没有改变,如图 1-45 所示。同样的,对离散时间系统时不变性的定义同上。

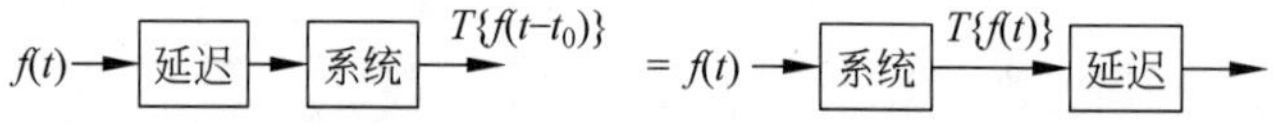

$f(t)$ → [延迟] → [系统] → $T\{f(t-t_0)\}$ = $f(t)$ → [系统] → $T\{f(t)\}$ → [延迟] →

图 1-45 系统的时不变性

若系统响应是激励信号的下列运算或变换,则有如下结论。

(1) 平移是时不变的,但翻转和尺度运算都是时变的。因为对于翻转而言,输入延迟 τ 时,输出延迟 $-\tau$;对于尺度而言,输入延迟 τ 时,输出延迟 $\dfrac{\tau}{a}$;

(2) 乘或加常数,即直流偏置或固定增益放大,是时不变的,而乘或加与输入无关的变量,即交流偏置或时变增益放大,是时变的。因为对于后者而言,所乘或加的与输入无关的变量并不随输入的延迟而延迟;

(3) 微分和下限为 $-\infty$、上限是当前时间变量的积分运算是时不变的,但如例 1-11(6)所证,下限为零的积分却是时变的;

(4) 差分运算和下限为 $-\infty$、上限是当前时间变量的累加运算是时不变的;

(5) 所有即时映射都是时不变的;

(6) 初始状态为零的常参数电路或常系数微分方程及常系数差分方程是时不变的；而具有非零初始状态的电路或微分方程及差分方程是时变的，因为初始状态定义于零时刻，它不会随着输入的延迟而延迟到另一时刻；同样地，变系数微分方程中变系数的时间变量不会因输入的延迟而延迟。

同时满足线性性和时不变性的系统称为线性时不变(Linear Time Invariant，LTI)系统，它是本书的研究对象。

3) 因果系统(causal system)

若某系统在任何时刻的响应仅取决于现在以及过去的激励，则该系统为因果系统，这类系统也称为不可预测系统。当系统是线性的连续时间系统时，其因果性可等价为：若激励 $f(t)=0, \forall t<t_0$，则一定有系统响应 $y(t)=0, \forall t<t_0$(常数 $t_0\neq 0$)，这表示在非零输入激励系统之前系统不会有非零响应，同样地，输出一定要在输入变化之后发生变化。一个因果系统一定是物理可实现系统，反之亦然。对离散因果系统也有类似的定义。

此外，若任意时刻的系统响应仅仅取决于当前时刻的激励信号，则该类系统称为无记忆系统。无记忆系统必定是因果系统，但反之不成立。响应与激励一致的系统称为恒等系统，此类系统是特殊的无记忆系统。同时，若系统响应取决于当前以及过去的激励信号，则称为有记忆系统。

根据此定义，不难知一个因果系统对因果激励信号的响应一定是因果的。各类运算或变换的因果性如下。

(1) 向右平移(即延迟)是因果的，而向左平移(即超前)、翻转(即时间倒转)和尺度运算都是非因果的，因为超前和时间倒转都会使将来发生的事情先于现在出现；

(2) 乘法和加法运算是因果的；

(3) 微分是非因果的，因为它与将来时刻的信号值有关；下限为 $-\infty$ 的积分运算是因果的，因为它与将来时刻的信号值无关；但正如例 1-11(6)所证，下限为零的积分却是非因果的；

(4) 后向差分运算是因果的，前向差分是非因果的，因为后者与未来的激励有关；下限为 $-\infty$、上限为当前时刻的累积运算是因果的；

(5) 所有即时映射都是因果的；

(6) 电路和描述实际物理系统的微分方程都是因果的，因为它们都是物理可实现的。

此外，需要说明一点，部分实际系统并非实时系统，其自变量不是时间变量，例如图像信号的自变量是坐标位置，因此此类信号的因果性不是系统物理可实现的先决条件。

4) 稳定系统(stable system)

由于一个能实际应用的系统必须是稳定的，因此对于稳定性的讨论具有特别重要的意义。本书的系统稳定性讨论是建立在有界输入-有界输出(Bounded Input-Bounded Output，BIBO)意义上的，有关系统渐进稳定的条件请参考相关文献。

BIBO 稳定性是指若系统能对任何有界输入信号产生有界的输出响应信号，则该系统是稳定的，否则是不稳定的。根据此定义，可以总结如下。

(1) 平移、翻转和尺度运算都是稳定的；

(2) 乘或加取值有限的常量或变量的运算是稳定的；

(3) 微分运算是稳定的，而积分运算却是不稳定的，因为有界函数的积分可能无界；

(4) 差分运算是稳定的，而累积运算是不稳定的；

(5) 即时映射在映射函数有界时才是稳定的。

一般的数学运算或物理可实现系统的稳定性判断相当复杂，它与所讨论的问题有关，往往需使用特定领域中的特定判断方法。本书仅限于讨论其中最简单的LTI系统的稳定性，我们将在后续章节分别给出根据LTI系统单位冲激响应(或单位脉冲响应)或系统函数零极点分布进行判别的准则。

5) 可逆系统(invertible system)

若系统在不同的激励信号作用下产生不同的响应，则称此系统为可逆系统。

每个可逆系统都存在一个逆系统，当原系统与其逆系统级联后，输出信号与输入信号相同。判断系统是否可逆，可以从反证法入手。

例如，系统 $r_1(t)=5e_1(t)$ 与 $r_2=1/5e_1(t)$ 互为逆系统；而系统 $r(t)=e^2(t)$ 则不可逆；离散时间系统 $y[n]=f[n]-f[n-1]$ 不可逆；而离散延迟系统 $y[n]=f[n-n_0]$ 可逆。

例 1-11 判断下述系统是不是线性、时不变、因果、稳定的，并说明原因。

(1) 绝对值检波器 $y(t)=|f(t)|$

(2) 幅度调制器 $y(t)=f(t)\cos(2\pi t)$

(3) $y(t)=f(2t)$

(4) $y(t)=3f(t+2)+4$

(5) $y(t)=f(t)-f(t-2)$

(6) $y(t)=\int_0^t f(x)\mathrm{d}x$

(7) 滑动平均系统 $y[n]=\dfrac{1}{2M+1}\sum\limits_{k=-M}^{M}f[n-k]$

(8) $y[n]=2f[n]+1$

(9) $y[n]=f[n]f[n-1]$

(10) $y[n]=\sum\limits_{k=0}^{n+1}f[k]$

解 (1) 因为取绝对值是非线性运算，因此系统一定是非线性的；又因为 $y(t)=|f(t)|$ 时，$y(t-\tau)=|f(t-\tau)|$ 一定成立，所以系统是时不变的；取绝对值是即时运算，使输出仅取决于当前时刻的输入值，因此系统一定是因果的；显然取绝对值是个BIBO运算，因此系统稳定。

(2) 因为 $(a_1f_1(t)+a_2f_2(t))\cos(2\pi t)=a_1f_1(t)\cos(2\pi t)+a_2f_2(t)\cos(2\pi t)=a_1y_1(t)+a_2y_2(t)$，所以系统是线性的；而 $f(t-\tau)\cos(2\pi t)\neq f(t-\tau)\cos(2\pi(t-\tau))=y(t-\tau)$，所以系统是时变的；因为系统执行的是乘一个当前时刻的变量值的运算，因此是因果的；由于所乘值的幅值不大于1，因此系统一定是稳定的。

(3) 因为 $a_1f_1(2t)+a_2f_2(2t)=a_1y_1(t)+a_2y_2(t)$，所以系统是线性的；由于时间标尺的变化使得输入信号的延迟量与输出信号的延迟量不同，使得先延迟 τ、后压缩2倍得到 $f(2t-\tau)$，而先压缩2倍、后延迟 τ 却得到 $y(t-\tau)=f(2(t-\tau))=f(2t-2\tau)$，可见延迟器与通过系统不可交换，所以系统是时变的；因为在 $t>0$ 时，当前时刻 t 的系统输出值取决于将来时刻 $2t$ 的输入值，因此是非因果的；由于函数值域没有变化，因此系统一定是稳定的。

(4) 因为 $y(t)=3(f_1(t+2)+f_2(t+2))+4\neq(3f_1(t+2)+4)+(3f_1(t+2)+4)=y_1(t)+y_2(t)$，所以系统是非线性的；系统仅牵涉信号平移和偏置，因此是时不变的；因为系统牵涉到信号左移使当前时刻 t 的输出值取决于将来时刻 $t+2$ 的输入值，因此是非因果的；由于 $\mathrm{Max}\{|y(t)|\}=\mathrm{Max}\{|3f(t+2)+4|\}\leqslant\mathrm{Max}\{|3f(t)|\}+4$，因此系统稳定。

(5) 由于该例中涉及激励信号的延迟和相减运算，因此该系统是线性、时不变和因果的，且当激励有界时，响应必定有界，因此该系统是稳定的。

(6) 容易证明系统是线性的；由于$\int_0^t f(x-\tau)\mathrm{d}x=\int_{-\tau}^{t-\tau} f(x)\mathrm{d}x \neq \int_0^{t-\tau} f(x)\mathrm{d}x = y(t-\tau)$，因此系统是时变的；$t<0$时$\int_0^t f(x)\mathrm{d}x=-\int_t^0 f(x)\mathrm{d}x$，这表明当$t<0$时，$t$时刻的输出值取决于它的将来时段$(t,0]$中的输入值，因此系统是非因果的；当激励信号$f(t)=u(t)$有界时，输出响应$y(t)=tu(t)$却是无界的，因此系统不稳定。

(7) 滑动平均系统是对激励信号不同延迟后的信号加权和，因此系统是线性的；同时可以证明系统是时不变的；由于滑动平均系统当前时刻的响应与未来的激励有关，因此系统是非因果的；当系统激励有界时，有$|y[n]|=\left|\frac{1}{2M+1}\sum_{k=-M}^{M} f[n-k]\right| \leqslant \frac{1}{2M+1}\sum_{k=-M}^{M} |f[n-k]|<+\infty$，因此系统稳定。

(8) 此例与(4)类似，是非线性、时不变、因果、稳定的离散时间系统。

(9) 由于该系统响应是激励信号与其延迟后信号的相乘，故系统非线性、时不变、因果、稳定。

(10) 根据系统定义，该系统是线性、时不变的；由于当前时刻的响应与未来激励有关，因此系统非因果；当系统激励有界时响应可能无界，因此系统不稳定。

针对系统性质的判断，几个常见运算可总结为表1-2所示的结果。

表1-2　常见运算的系统特性

系统特性	平移	尺度	放大	变量乘	偏置	变量加	微分	积分	非线性映射
线性性	是	是	是	不定	否	不定	是	是	否
时不变性	是	否	是	不定	是	不定	是	不定	是
因果性	不定	否	是	是	是	是	否	不定	是
稳定性	是	是	是	不定	是	不定	是	否	不定

对表1-2的这几个“不定”的情况，有如下说明：

(1) 变量乘或加另一有界信号时，变量乘或加是稳定的，否则是不稳定的；

(2) 如果变量乘或加的另一信号不随输入的延迟而延迟，则变量乘或加是时变的，否则是时不变的；如果另一信号与输入无关，则变量乘或加是线性的，否则是非线性的；

(3) 下限为$-\infty$、上限是当前时间变量的积分运算是因果、时不变的，但下限为常数的积分却是非因果、时变的；

(4) 在平移中，延迟是因果的，而超前是非因果的；

(5) 除了无界非线性映射不稳定外；非线性映射是稳定的。

1.6.3　系统互联

复杂系统一般由简单系统联接构成。系统互联有级联、并联、反馈和混合联接等方式。一个典型的音频系统由一台无线电接收机、放大器和扬声器级联组成；数字控制的飞机由机体、各类传感器、数字自动驾驶仪、飞行调节器组成，以及调节飞机动作的各子系统共同组成；若干个拾音器共用一个放大器和扬声器则是一个简单的并联系统的例子；汽车上的缓慢巡行控制系统是典型的反馈系统，此外，带有反馈的放大电路也是反馈系统的典型实例，如图 1-46 所示。

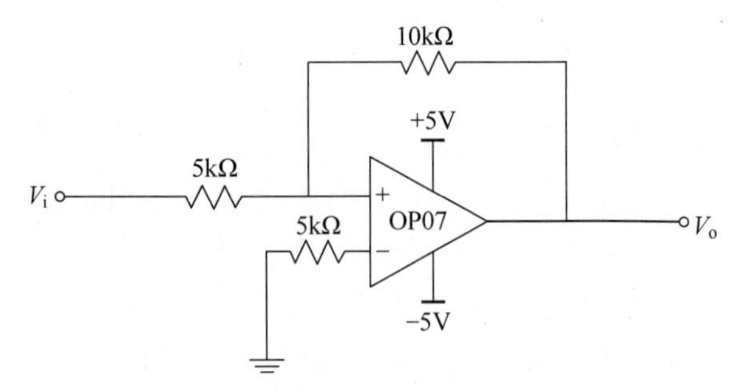

图 1-46 反馈放大电路示例图

系统互联的具体实现方法将在后续章节进行详尽介绍。

1.7 系统分析方法

系统分析是本课程的重要任务之一，根据分析方法的不同，可将其划分为输入-输出分析方法以及状态变量分析方法；根据系统分析的域可分为时域和变换域分析方法，具体如图 1-47 所示。本课程重点介绍系统的变换域分析方法和时域卷积方法。同时，本书还介绍了以因果微分定理和因果移序定理为基础的系统分析新方法，该方法与时域经典方法均在附录中进行详细叙述。

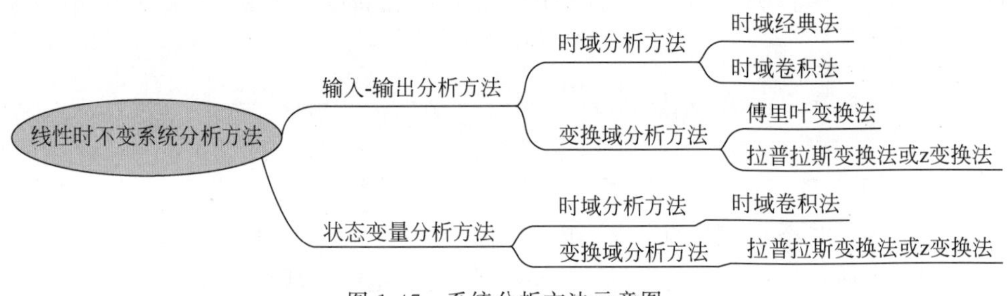

图 1-47 系统分析方法示意图

本章小结

本章是信号与系统课程的基础，其主要内容包括：

1. 信号的分类

(1) 周期与非周期信号；

(2) 连续与离散信号；

(3) 能量与功率信号；

(4) 有界与无界信号；

(5) 因果与非因果信号；

(6) 确定性信号与随机信号。

2. 信号的基本运算

时间变量的运算(平移、翻转、尺度)及信号值的运算(相加、相乘、微分、积分、差分、累加等)。

3. 典型信号及其性质

包括复指数信号、抽样信号、阶跃信号、冲激信号、符号函数等奇异信号的定义和性质;信号波形的描述方法。

4. 信号的分解

信号的正交分解、奇偶分解、直流与交流分解等。

5. 系统的基本概念和分类

系统线性、时不变性、因果性、稳定性及可逆性的定义与判别。

6. 系统分析方法

本书主要研究确定性信号通过线性时不变系统的分析方法,主要包括以下方法。

1) 时域分析方法

(1) 时域经典方法:通过求解描述系统的线性常系数微分方程或差分方程分析系统;

(2) 时域卷积方法:通过时域的卷积或者卷积和求解系统各响应。

2) 变换域方法

(1) 频域分析方法:应用傅里叶变换,在频域中分析线性时不变系统;

(2) 复频域或 z 域分析方法:应用拉普拉斯变换或者 z 变换,分析线性时不变系统。

3) 状态变量分析方法

通过分析描述线性时不变系统的状态变量方程,进而求解系统各类响应并分析系统特性,同样求解也可在时域或变换域中进行。

习题

1-1 判断题 1-1 图所示各信号是否满足周期性和因果性,并指出哪些信号是连续时间信号,哪些是离散时间信号,并给出几个连续与离散时间信号的实际例子,用 MATLAB 画出其波形。

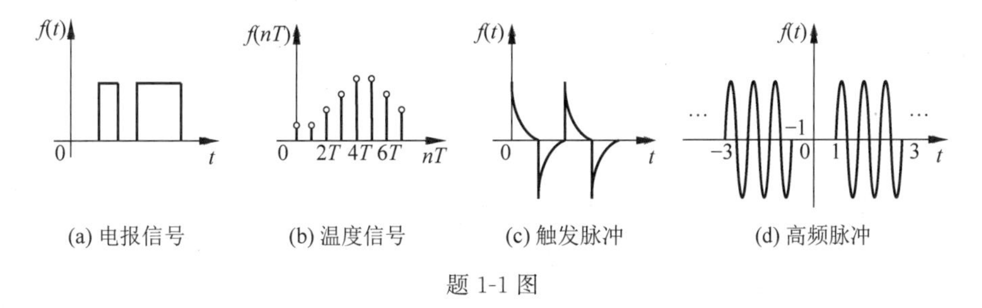

题 1-1 图

1-2 给定题 1-2 图所示信号 $f(t)$,画出下列信号的波形,并利用 MATLAB 绘制原波形及变换后的信号波形,给出实现的程序。

(1) $3f(t-3)$

(2) $f(-t+2)$

(3) $f(2t-3)$

(4) $f\left(-\frac{t}{2}-1\right)$

(5) $\frac{\mathrm{d}}{\mathrm{d}t}f(t)$

(6) $\int_{-\infty}^{t} f(x)\mathrm{d}x$

1-3 对如题 1-3 图所示信号 $f(3-2t)$，画出信号 $f(t)$ 和 $f'(t)$ 的波形，并利用 MATLAB 绘制原波形及变换后的信号波形，给出实现的程序。

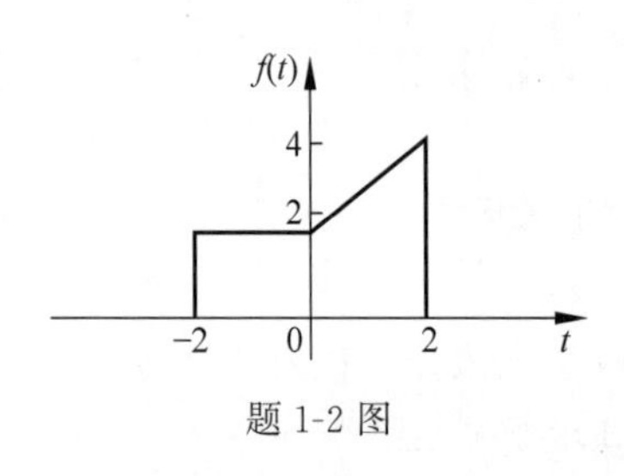

题 1-2 图

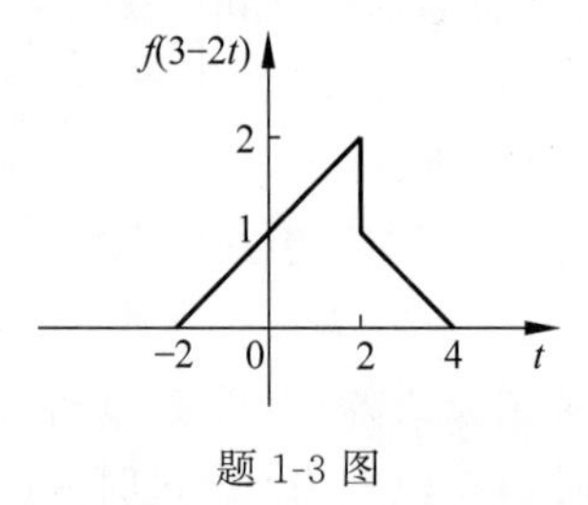

题 1-3 图

1-4 已知信号 $f(t)$，应按下列哪种运算求得信号 $f(t_0-at)$？

(1) $f(-at)$左移 t_0

(2) $f(-at)$右移 t_0

(3) $f(at)$左移$\frac{t_0}{a}$

(4) $f(-at)$右移$\frac{t_0}{a}$

1-5 已知 $f_1[n]=n\times(u[n]-u[n-4])$ 和 $f_2[n]=\left(\frac{1}{2}\right)^n(u[n+3]-u[n-3])$，分别画出下述各序列的波形。并利用 MATLAB 绘制原序列及运算后的序列波形，给出实现的程序。

(1) $f_1[n]+f_2[n]$

(2) $f_1[n]\times f_2[n]$

(3) $f_1[n-1]\times f_2[n+1]$

(4) $f_1\left(\frac{n}{2}\right)$

(5) $f_2(2n)$

(6) $f_1[n]\times f_2[2-n]$

1-6 判断下列信号是否为周期信号，若是，确定其周期。

(1) $f(t)=\cos\left(\frac{\pi}{4}t\right)+\sin\left(\frac{\pi}{3}t\right)$

(2) $f(t)=\sin^2\left(t-\frac{\pi}{3}\right)$

(3) $f(t)=\mathrm{e}^{\mathrm{j}\left(t+\frac{\pi}{4}\right)}$

(4) $f(t)=\cos(t)+\sin(\sqrt{2}t)$

(5) $f(t)=\sum_{n=0}^{+\infty}\delta(t-n)$

(6) $f(t)=\mathrm{sgn}(\cos(\pi t))$

(7) $f[n]=\cos\left(\frac{\pi}{4}n\right)+\sin\left(\frac{\pi}{3}n\right)$

(8) $f[n]=\sin\left(\frac{1}{6}n\right)$

(9) $f[n]=\mathrm{e}^{\mathrm{j}\frac{\pi}{4}(n+1)}$

(10) $f[n]=\mathrm{e}^{\mathrm{j}\frac{\pi}{2}n}$

(11) $f[n]=\cos\left(\frac{5\pi}{16}n\right)+\sin\left(\frac{3}{8}n\right)$

(12) $f[n]=(-1)^n$

1-7　利用 MATLAB 画出信号 $f(t)=\cos\left(\frac{10}{5}\pi t\right)$ 和 $f[n]=\cos\left(\frac{4}{5}\pi n\right)$ 的波形，并阐述它们之间的关系。

1-8　设 $f(t)$ 是一个连续时间信号，并令 $y_1(t)=f(2t)$ 和 $y_2(t)=f(t/2)$。信号 $y_1(t)$ 代表 $f(t)$ 的加速形式，即信号的持续期减了一半；而信号 $y_2(t)$ 代表 $f(t)$ 的减慢形式，即信号的持续期加倍。考虑以下说法，并判断其是否正确。若正确，确定这两个信号基波周期之间的关系；若不正确，给出一个反例。

(1) 若 $f(t)$ 是周期的，$y_1(t)$ 也是周期的；

(2) 若 $y_1(t)$ 是周期的，$f(t)$ 也是周期的；

(3) 若 $f(t)$ 是周期的，$y_2(t)$ 也是周期的；

(4) 若 $y_2(t)$ 是周期的，$f(t)$ 也是周期的。

1-9　已知连续时间信号 $f_1(t)$ 与 $f_2(t)$ 分别是周期为 T_1 和 T_2 的周期信号，试判断信号 $f(t)=f_1(t)+f_2(t)$ 是否为周期信号，若是，求其周期。

1-10　已知离散时间信号 $f_1[n]$ 与 $f_2[n]$ 分别是周期为 N_1 和 N_2 的周期信号，试判断信号 $f[n]=f_1[n]+f_2[n]$ 是否为周期信号，若是，求其周期。

1-11　判断下列信号是能量信号还是功率信号，或两者都不是，若是，则计算其能量或功率。

(1) $f(t)=\mathrm{e}^{-t}(\cos t)u(t)$

(2) $f(t)=\cos(\omega_0 t+\varphi)$

(3) $f(t)=\delta(t+2)-\delta(t-2)$

(4) $f(t)=u(t)$

(5) $f(t)=r(t)-2r(t-1)+r(t-2)$

(6) $f[n]=\left(\frac{1}{2}\right)^n u[n]$

(7) $f[n]=\left(\frac{1}{2}\right)^{|n|}$

(8) $f[n]=\mathrm{e}^{\mathrm{j}\frac{\pi}{3}n}u[n]$

(9) $f[n]=\delta[n]+2\delta[n-1]+2\delta[n-2]-\delta[n-3]+3\delta[n-5]$

1-12 画出下列各信号的波形，并利用 MATLAB 绘制信号波形，给出实现的程序。

(1) $f(t)=(1-\mathrm{e}^{-t})u(t)$

(2) $f(t)=\mathrm{e}^{-|t|}, -\infty<t<+\infty$

(3) $f(t)=u(t+2)-2u(t)+u(t-2)$

(4) $f(t)=(1-|t|)\cdot[u(t+1)-u(t-1)]$

(5) $f(t)=r(t+2)-r(t+1)-r(t-1)+r(t-2)$

(6) $f(t)=u(\sin(\pi t))$

(7) $f(t)=(u(t)-2u(t-4)+u(t-8))\sin(\pi t)$

(8) $f(t)=(5\mathrm{e}^{-t}-5\mathrm{e}^{-3t})u(t)$

(9) $f(t)=\mathrm{e}^{-t}\cos(10\pi t)[u(t-1)-u(t-2)]$

(10) $f(t)=t\mathrm{e}^{-t}u(t)$

(11) $\frac{\mathrm{d}}{\mathrm{d}t}[\mathrm{e}^{-t}\sin t\cdot u(t)]$

(12) $f(t)=\mathrm{Sa}(2t-\pi)$

(13) $f(t)=\mathrm{sgn}(\sin(\pi t))$

(14) $f(t)=u(t^2-1)$

1-13 画出下述各序列的波形，并利用 MATLAB 绘制信号波形，给出实现的程序。

(1) $f[n]=u[n]-u[n-6]$

(2) $f[n]=2\delta[n+1]+2\delta[n]+\delta[n-1]+3\delta[n-2]$

(3) $f[n]=\sin\left(\frac{n\pi}{5}\right)u[n]$

(4) $f[n]=n(u[n]-u[n-6])$

(5) $f[n]=\left(\frac{1}{2}\right)^n\cos\left(\frac{n\pi}{5}\right)u[n]$

(6) $f[n]=\left(\frac{1}{2}\right)^{|n-1|}$

(7) $f[n]=\sum_{k=-\infty}^{+\infty}G_3[n-4k]$

(8) $f[n]=u[n]-2u[n-4]+u[n-8]$

1-14 写出题 1-14 图所示各信号波形的函数式，其中题 1-14(c)图是半波正弦信号。

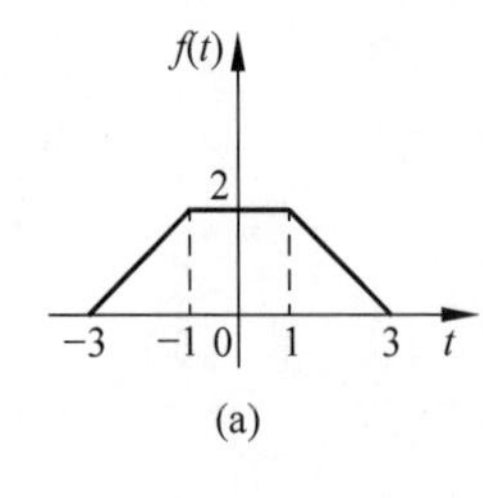

(a)

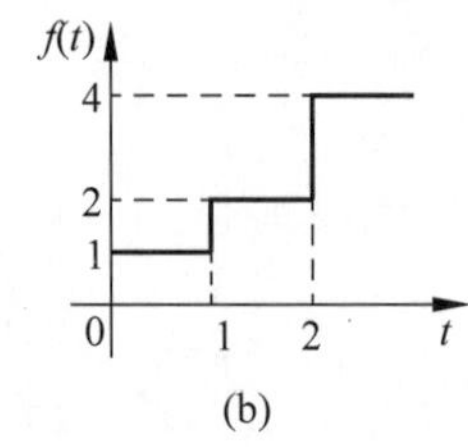

(b)

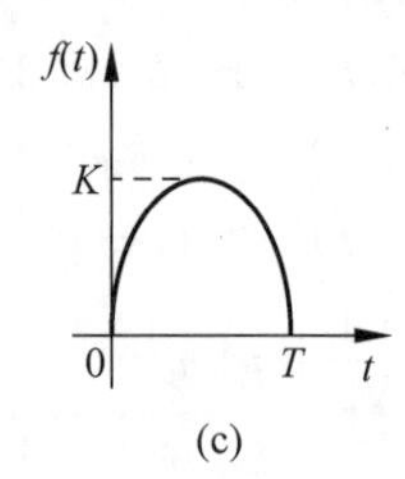

(c)

题 1-14 图

1-15　计算下列各题。

(1) $\int_{-\infty}^{+\infty} f(t-t_0)\delta(t)\mathrm{d}t$　　(2) $\int_{-\infty}^{+\infty} u\left(t-\frac{t_0}{2}\right)\delta(t-t_0)\mathrm{d}t$

(3) $\int_{-\infty}^{+\infty} (\mathrm{e}^{-t}+t)\delta(t+2)\mathrm{d}t$　　(4) $\int_{-\infty}^{+\infty} (\sin t+t)\delta\left(t-\frac{\pi}{6}\right)\mathrm{d}t$

(5) $\int_{-\infty}^{+\infty} \mathrm{e}^{-\mathrm{j}\omega t}(\delta(t)-\delta(t-t_0))\mathrm{d}t$　　(6) $\int_{-1}^{2} (\mathrm{e}^{-t}+t)\delta(t-3)\mathrm{d}t$

(7) $\int_{0_-}^{0_+} (\mathrm{e}^{-t}+t)\delta(-t+3)\mathrm{d}t$　　(8) $\int_{-\infty}^{+\infty} (t^3+t^2-2t+1)\delta(t+1)\mathrm{d}t$

(9) $(1-t)\frac{\mathrm{d}}{\mathrm{d}t}(\mathrm{e}^{-3t}u(t))$　　(10) $\frac{\mathrm{d}}{\mathrm{d}t}\{[\cos t+\sin(2t)]u(t+2)\}$

(11) $\int_{-\infty}^{+\infty} (t^2+2)\delta\left(\frac{t}{2}\right)\mathrm{d}t$　　(12) $\int_{t-t_0}^{t} \delta(\tau)\mathrm{d}\tau$

(13) $\delta(\sin(\pi t))$　　(14) $\int_{-1}^{1} \delta(\tau^2-9)\mathrm{d}\tau$

(15) $\int_{-\infty}^{t} u(\tau)u(2-\tau)\mathrm{d}\tau$

1-16　写出题 1-16 图所示各波形的表示式，求各信号的偶分量和奇分量，并利用 MATLAB 绘制原波形及奇偶分量的波形。

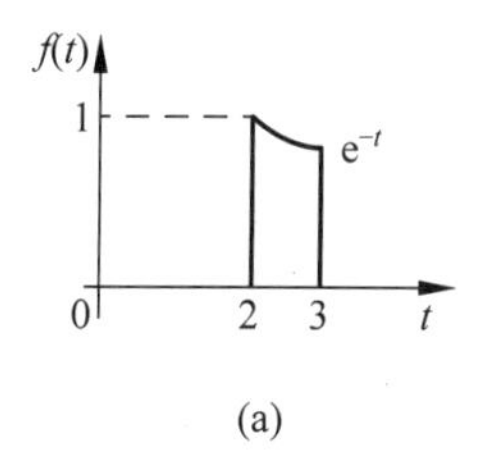

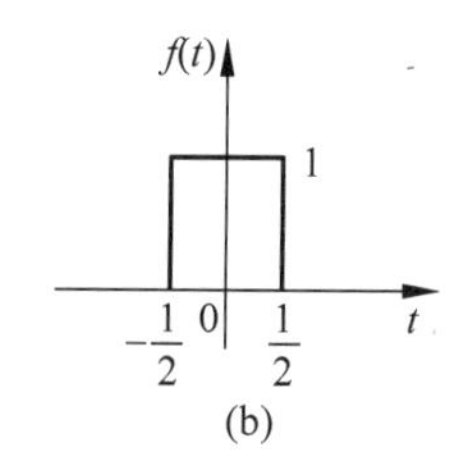

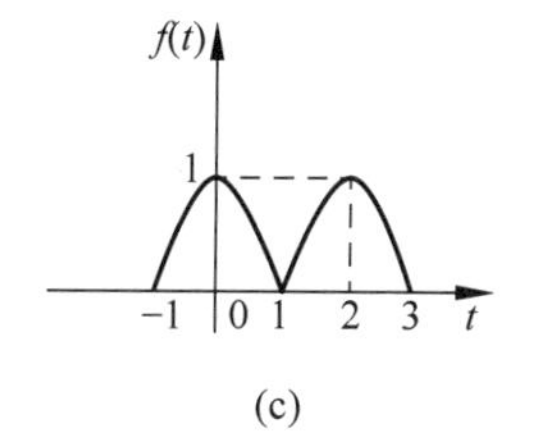

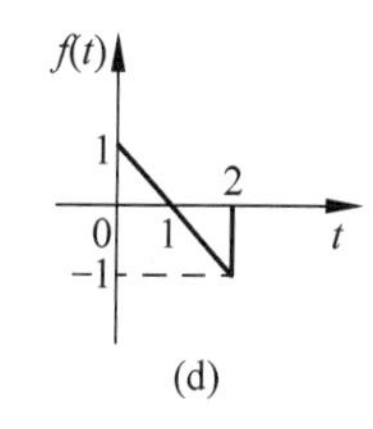

题 1-16 图

1-17　写出题 1-17 图所示各波形的表示式，求各信号的偶分量和奇分量，并利用 MATLAB 绘制原波形及奇偶分量的波形。

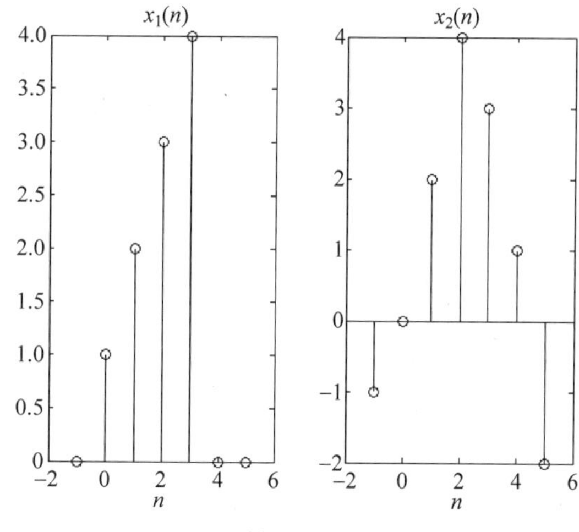

题 1-17 图

1-18 信号可分解为偶分量与奇分量之和。分别对连续时间信号和离散时间信号证明以下结论：

(1) 若 $f(t)=f_{\mathrm{e}}(t)+f_{\mathrm{o}}(t)$,则有 $\int_{-\infty}^{+\infty}|f(t)|^2\mathrm{d}t=\int_{-\infty}^{+\infty}|f_{\mathrm{e}}(t)|^2\mathrm{d}t+\int_{-\infty}^{+\infty}|f_{\mathrm{o}}(t)|^2\mathrm{d}t$；

(2) 若 $f[n]=f_{\mathrm{e}}[n]+f_{\mathrm{o}}[n]$,则有 $\sum_{n=-\infty}^{+\infty}|f[n]|^2=\sum_{n=-\infty}^{+\infty}|f_{\mathrm{e}}[n]|^2+\sum_{n=-\infty}^{+\infty}|f_{\mathrm{o}}[n]|^2$。

1-19 若描述系统激励 $f(t)$ 与响应 $y(t)$ 的关系式如下所示,判断各系统是否为线性的、时不变的、因果的、稳定的。

(1) $y(t)=f(at-b)(a\neq 0,b\neq 0)$

(2) $y(t)=\begin{cases} f(t)+f(t-1), & t\geqslant 0 \\ 0, & t<0 \end{cases}$

(3) $y(t)=\int_0^t f(x)\mathrm{d}x$

(4) $y(t)=f'(t)$

(5) $y(t)=|f(t)|$

(6) $y(t)=f(t)\cos\left(100\pi t+\dfrac{\pi}{4}\right)$

(7) $y(t)=f(t)+\sin(10t)$

(8) $y(t)=\mathrm{Im}[f(t)]$

(9) $y(t)=\sum_{i=1}^{M}a_i f(t-t_i),t_i>0,\forall i$

(10) $y(t)=[f(t)-f(t-2)]\times u[f(t)]$

(11) $y(t)=f(\sin(t))$

(12) $y(t)=f(t)\times f(t+1)$

1-20 若描述系统激励 $f[n]$ 与响应 $y[n]$ 的关系式如下所示,判断各系统是否为线性的、时不变的、因果的、稳定的。

(1) $y[n]=2f[n]+3$

(2) $y[n]=f[n]\cos\left(\dfrac{2n\pi}{5}+\dfrac{\pi}{10}\right)$

(3) $y[n]=(f[n])^2$

(4) $y[n]=\sum_{m=-\infty}^{n}f[m]$

(5) $y[n]=\dfrac{1}{3}[f[n-1]+f[n]+f[n+1]]$

(6) $y[n]=f[n]-f[n-1]$

(7) $y[n]=f[n]\times f[n-2]$

(8) $y[n]=(n+1)f[n]$

(9) $y[n]=f^*[n]$

(10) $y[n]=f_e[n]$

1-21 若描述系统零时刻后激励与响应的微分方程或差分方程如下所示,判断各系统是否为线性时不变系统。

(1) $\dfrac{\mathrm{d}y(t)}{\mathrm{d}t}+10y(t)+5=f(t)$

(2) $\dfrac{\mathrm{d}^2y(t)}{\mathrm{d}t}+3\dfrac{\mathrm{d}y(t)}{\mathrm{d}t}+2ty(t)=\dfrac{\mathrm{d}f(t)}{\mathrm{d}t}+5f(t)$

(3) $y[n-2]+(n+1)y[n-1]+y[n]=f[n]-f[n-1]$

(4) $y[n-2]-3y[n-1]+y[n]=f[n]$

1-22 考虑题 1-22 图中电路,假设 $x(t)$ 是输入电压,$y(t)$ 是输出电压,试问该系统是否为线性系统？并说明原因。

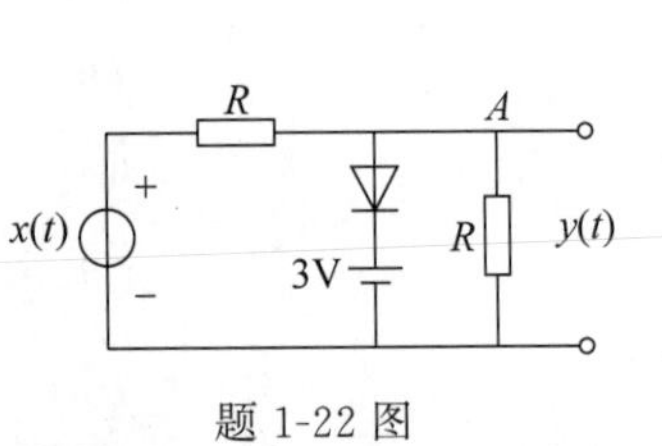

题 1-22 图

1-23 无线通信中多径传输的物理模型可由表达式 $y(t)=\sum_{i=0}^{p}w_i f(t-iT_0),T_0>0$ 描述,判断该系统是否为线性时不变因果系统。

1-24　一般的，雷达或通信接收机所接收的信号会被噪声污染，为减少噪声的影响，在接收机前端执行的信号处理中常常涉及某种形式的积分。请解释：在这样的应用中，为什么用积分而不是微分？

1-25　若线性时不变系统的激励 $f(t)$ 是周期为 T 的周期信号，请证明：系统响应也是周期为 T 的周期信号。同时证明对离散时间系统也有同样的结论。给出一个时不变系统的例子，在输入 $f(t)$ 为非周期时，输出是周期的。

1-26　某线性时不变系统的输入 $x(t)$ 与零状态响应 $y_{zs}(t)$ 如题 1-26 图所示，当激励为题 1-26 图所示的其他信号 $x_1(t)$ 及 $x_2(t)$ 时，求对应的零状态响应。

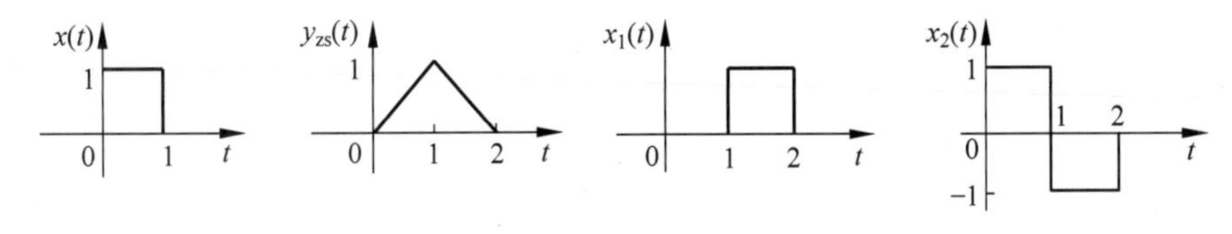

题 1-26 图

第2章 线性时不变系统的时域分析

CHAPTER 2

微课视频

2.1 线性时不变系统的描述

2.1.1 线性时不变系统的描述方法

根据第1章中对线性时不变(LTI)系统分析方法的叙述，LTI系统的描述方法可划分为时域和变换域两大类，如图2-1所示，其中，利用常系数线性微分方程或差分方程、冲激响应或脉冲响应描述LTI系统是时域方法。本章将介绍LTI系统时域的描述以及分析方法，重点是引入卷积、卷积和进行系统分析。

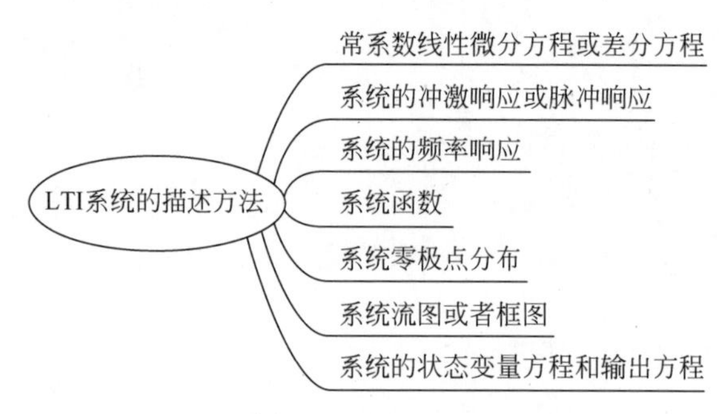

图2-1 线性时不变系统的描述方法

2.1.2 LTI系统微分方程或差分方程的建立

LTI系统是最简单、最常见、应用最广泛的一类系统，这类系统输入-输出特性的数学描述是具有某初始条件的常系数线性微分方程或差分方程，例如RLC串联回路、互感电路系统、机械位移系统、压力传感器系统、通信中的多径传输问题、经济增长、人口预测与控制、回波消除、银行还贷款等。值得注意的是，不同的物理系统，其微分方程的描述形式可能一致，因此可以应用统一的分析方法。

电路系统是最常见的一类系统，其微分方程和初始条件需要根据电路结构、各器件的伏安关系特性、电路的基本理论等来确定，主要包括欧姆定理、基尔霍夫定律(Kirchhoff's Current Law，KCL；Kirchhoff's Voltage Law，KVL)、戴维南定理、叠加原理、互易原理等电路理论。

具体地，KCL定律：若规定所有连接到电路任一节点的支路电流都流入(或流出)该节点，则流入（或流出）电路该节点的电流和等于零，即：

$$\sum_{k=1}^{N_j} i_{jk}(t)=0 \tag{2-1}$$

其中，N_j 是连接到节点 j 的支路个数，$i_{jk}(t)$是连接到节点 j 的第 k 条支路的电流。

KVL 定律：若规定所有连接到电路任一回路的支路压降方向都与该回路的前进方向相同，则该回路的支路压降和等于零，即：

$$\sum_{k=1}^{N_j} u_{jk}(t)=0 \tag{2-2}$$

其中，N_j 是连接到回路 j 的支路个数，$u_{jk}(t)$是连接到回路 j 的第 k 条支路的电压。

当规定电流方向与压降方向相同时，电路的基本元件电阻 R、电容 C 和电感 L 的伏安特性分别如式(2-3)～式(2-5)所示。

$$u_R(t)=Ri_R(t) \tag{2-3}$$

$$u_C(t)=\frac{1}{C}\int_{-\infty}^{t} i_C(t)\mathrm{d}t,\quad i_C(t)=C\frac{\mathrm{d}}{\mathrm{d}t}u_C(t) \tag{2-4}$$

$$i_L(t)=\frac{1}{L}\int_{-\infty}^{t} u_L(t)\mathrm{d}t,\quad u_L(t)=L\frac{\mathrm{d}}{\mathrm{d}t}i_L(t) \tag{2-5}$$

如果考虑在零时刻切换电路激励，则切换后各元件的伏安特性分别如式(2-6)～式(2-8)所示。

$$u_R(t)= Ri_R(t) \tag{2-6}$$

$$u_C(t)= u_C(0)+\frac{1}{C}\int_{0}^{t} i_C(t)\mathrm{d}t,\quad i_C(t)= C\frac{\mathrm{d}}{\mathrm{d}t}u_C(t),\quad \text{其中}\ u_C(0)=\frac{1}{C}\int_{-\infty}^{0} i_C(t)\mathrm{d}t \tag{2-7}$$

$$i_L(t)= i_L(0)+\frac{1}{L}\int_{0}^{t} u_L(t)\mathrm{d}t,\quad u_L(t)= L\frac{\mathrm{d}}{\mathrm{d}t}i_L(t),\quad \text{其中}\ i_L(0)=\frac{1}{L}\int_{-\infty}^{0} u_L(t)\mathrm{d}t \tag{2-8}$$

式(2-6)和式(2-7)表明，电感和电容等储能元件上的初始状态“记忆”了输入在过去阶段中的变化。这意味着，系统初始状态是系统“记忆”了过去阶段的输入并在初始时刻表现的形态，它对系统在切换时刻后的响应与系统过去阶段的输入对此响应的作用相互等效。

如果用 0_- 表示换路时刻的前一瞬间，0_+ 表示换路时刻的后一瞬间，由电容上的电压不能突变和电感上的电流不能突变的原理，有如式(2-9)所示的换路定律。

$$u_C(0_+)=u_C(0_-),\quad i_L(0_+)=i_L(0_-) \tag{2-9}$$

依据上述电路知识，可以建立一个特定电路的微分方程及其初始条件。值得注意的是，在某些特定条件下，电容电压和电感电流会突变。

例 2-1 求图 2-2 所示电路中，以流过电阻 R_1 上的电流 $i(t)$为系统响应的系统微分方程及其初始条件。

解 (1) 建立微分方程。对此电路使用 KCL 和 KVL 后，有 $u_C(t)=e(t)-R_1i(t)$，这使得

$$i_L(t)=i(t)-Cu'_C(t)=i(t)-Ce'(t)+R_1Ci'(t)$$

将其代入 $e(t)-R_1i(t)-R_2i_L(t)=u_L(t)=Li'_L(t)$整理后，有微分方程

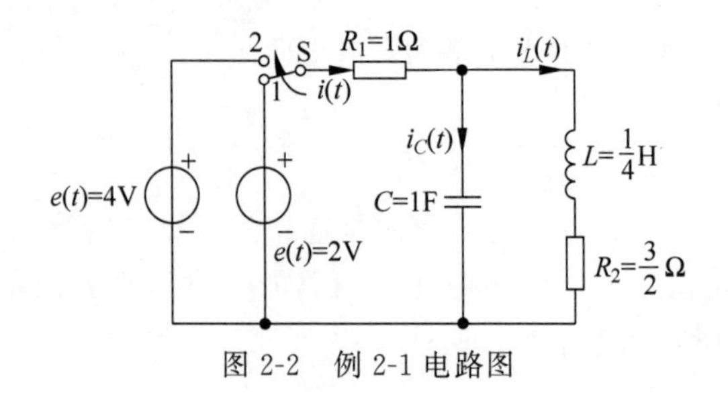

图 2-2 例 2-1 电路图

$$i''(t)+\left(\frac{1}{R_1C}+\frac{R_2}{L}\right)i'(t)+\frac{R_1+R_2}{LR_1C}i(t)=\frac{1}{R_1}e''(t)+\frac{R_2}{LR_1}e'(t)+\frac{1}{LR_1C}e(t)$$

代入元件参数后，有系统微分方程

$$i''(t)+7i'(t)+10i(t)=e''(t)+6e'(t)+4e(t)$$

(2) 确定系统 0_- 的初始条件。由于切换前电路已稳定，所以有：

$$i_L(0_-)=\frac{e_-(t)}{R_1+R_2}=\frac{2}{1+1.5}=0.8\text{A}$$

$$u_C(0_-)=R_2i_L(0_-)=1.5\times0.8=1.2\text{V}$$

这使得 $i(0_-)=\dfrac{e(0_-)-u_C(0_-)}{R_1}=\dfrac{2-1.2}{1}=0.8\text{A}$，同时，显然有 $i'(0_-)=0\text{A/s}$。

(3) 确定系统 0_+ 时刻的初始条件。由式(2-8)，有 $i_L(0_+)=0.8\text{A}$ 和 $u_C(0_+)=1.2\text{V}$，这使得：

$$i(0_+)=\frac{e(0_+)-u_C(0_+)}{R_1}=\frac{4-1.2}{1}=2.8\text{A}$$

$$i'(0_+)=\frac{e'(0_+)-u'_C(0_+)}{R_1}=\frac{1}{R_1}\left[e'(0_+)-\frac{1}{C}(i(0_+)-i_L(0_+))\right]$$

$$=\frac{1}{1}\left[0-\frac{1}{1}(2.8-0.8)\right]=-2\text{A/s}$$

这里得到的初始条件 $i(0_+)$ 和 $i'(0_+)$ 可以在时域经典方法中用于求解系统的全响应。

对部分连续时间系统的分析需通过采样，将其转换为离散时间系统，其物理模型可以用线性常系数差分方程描述。

例 2-2 求近似描述图 2-3 所示 RC 低通网络的离散系统。

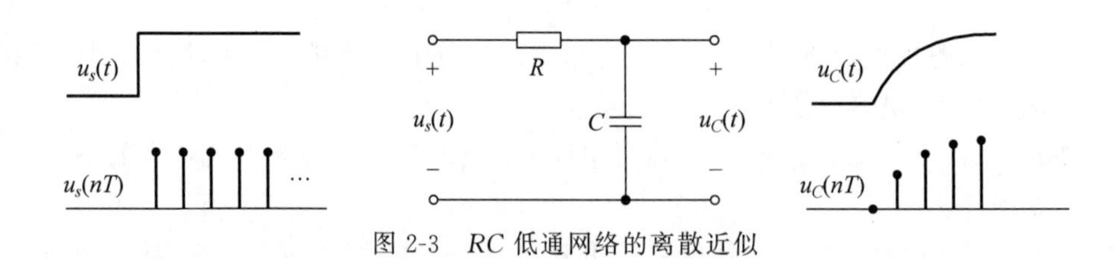

图 2-3 RC 低通网络的离散近似

解 描述此系统的数学模型是一阶微分方程

$$RCu'_C(t)+u_C(t)=u_s(t) \tag{2-10}$$

若等间隔 T 对 $u_C(t)$ 采样，其在 $t=nT$ 各点的采样值为 $u_C(nT)$。由微分的定义知，当

T 足够小时，微分可用前向差分近似，即 $u'_C(nT) \approx \dfrac{u_C((n+1)T)-u_C(nT)}{T}$。把输入 $u_s(t)$也作等间隔采样，其在 $t=nT$ 各点的采样值为 $u_s(nT)$，这样式(2-10)可近似地写为 $RC\dfrac{u_C((n+1)T)-u_C(nT)}{T}+u_C(nT)=u_s(nT)$。

为简化处理，令 $T=1$，此时时间以采样间隔计，经整理后有：

$$u_C[n+1] \approx au_C[n]+bu_s[n], \quad a=1-\frac{1}{RC}, \quad b=\frac{1}{RC} \tag{2-11}$$

这是一个一阶常系数线性差分方程，初始条件 $u_C[-1]=0$。

该实例表明，当采样间隔足够小时，任何微分方程都可用其相应的差分方程近似。事实上，这是数值计算理论的基础，数字计算机就用此原理求解微分方程。

实际中有些系统本身就是一个可用差分方程描述的离散时间系统，如例 2-3 所示。

例 2-3　求描述图 2-4 所示电阻解码网络的离散时间系统。

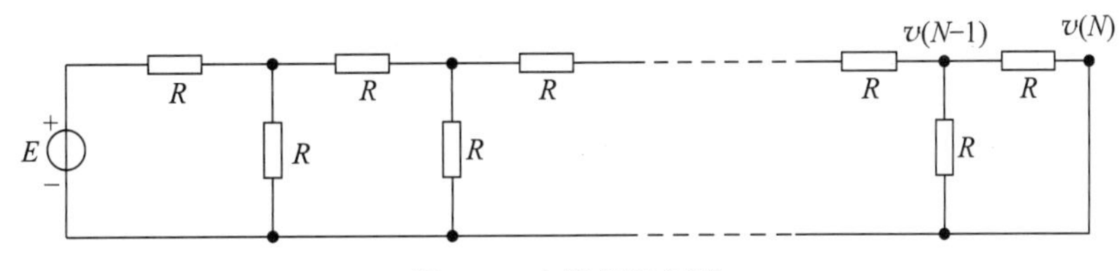

图 2-4　电阻解码网络

解　根据电路结构，对于任一节点 $n-1$，使用 KCL 有 $\dfrac{v[n-1]}{R}+\dfrac{v[n-1]-v[n]}{R}=\dfrac{v[n-2]-v[n-1]}{R}$，经整理后有：

$$v[n]-3v[n-1]+v[n-2]=0 \tag{2-12}$$

这是一个二阶常系数线性差分方程，借助两个边界条件：$v[n]=0$ 和 $v[0]=E$，可求取节点 n 的电压 $v[n]$。

若一个离散系统的数学模型是常系数线性差分方程，且在初始松弛条件下，则该系统是线性时不变离散系统。

差分方程的阶数等于未知序列(响应序列)的最高序号与最低序号之差。输入为 $f[n]$、输出为 $y[n]$的 N 阶线性时不变离散系统，可用式(2-13)的 N 阶常系数线性差分方程描述：

$$\sum_{i=0}^{N} a_i y[n-i]=\sum_{k=0}^{M} b_k f[n-k] \tag{2-13}$$

其中，当 $a_0=1$ 时，有 $y[n]=-\underbrace{\sum_{i=1}^{N} a_i y[n-i]}_{\text{过去输出的加权和}}+\underbrace{\sum_{k=0}^{M} b_k f[n-k]}_{\text{现在和过去输入的加权和}}$，该系统称为自回归移动平均(Auto-Recursive and Moving Average，ARMA)系统。

同样的，对一般的 N 阶连续 LTI 系统，可用式(2-14)的常系数线性微分方程描述：

$$\sum_{i=0}^{N} a_i y^{(i)}(t)=\sum_{k=0}^{M} b_k f^{(k)}(t) \tag{2-14}$$

建立描述 LTI 系统的微分方程或者差分方程后，结合系统的初始条件和激励，即可分析系统的各类响应。附录 A 中给出了时域经典系统分析方法的详细过程。

微课视频

2.2 系统响应的概念与分类

LTI 系统响应按照不同的角度可以划分为零状态响应与零输入响应、暂态响应与稳态响应、自由响应与受迫响应、冲激响应(或脉冲响应)与阶跃响应等。下面分别给出各类响应的定义。

2.2.1 零输入响应和零状态响应

对如图 2-5 所示的电路使用叠加原理易知，系统在 0_+ 时刻后的响应为激励电压源 $e(t)$ 和内部电源 $u_C(0)$、$i_L(0)$分别产生的响应之和，即 $y(t)=y_{zi}(t)+y_{zs}(t)$。其中，在该等效电路中，单独由激励电源产生的响应称为零状态响应(Zero-State Response)$y_{zs}(t)$；而单独由内部电源产生的响应称为零输入响应(Zero-Input Response)$y_{zi}(t)$。也就是说，前者是在零初始状态条件下由输入 $e(t)$产生的响应，后者可等效为微分方程在零输入条件下由初始状态 $i(0_+)$和 $i'(0_+)$产生的响应，因此有如下定义。

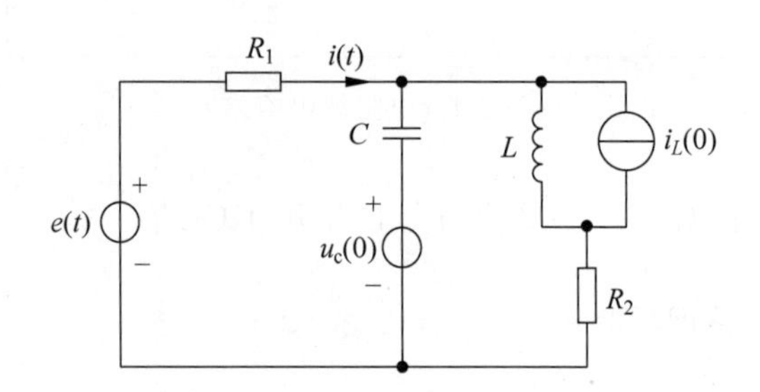

图 2-5 例 2-1 电路的等效电路图

零输入响应：从观察的初始时刻起不再施加输入激励(即零输入)，仅由该系统本身在该时刻具有的初始状态引起的响应 $y_{zi}(t)$。

零状态响应：在初始状态为零(即零状态)的条件下，仅由该系统在初始时刻后的输入引起的响应 $y_{zs}(t)$。

LTI 离散时间系统的零输入响应和零状态响应，也有上述类似的定义。零输入响应和零状态响应之和即系统的全响应。这两类响应时域经典方法的分析思路与全响应类似，详细方法见附录 A。

2.2.2 暂态响应和稳态响应、自由响应和受迫响应

系统全响应中，随着时间趋近于无穷大，逐渐衰减至零的部分定义为系统的暂态响应，而其中不变或者等幅振荡的部分定义为系统的稳态响应。

LTI 系统的特征方程对应的特征根，是该系统的自然频率或称固有频率。全响应中的自由响应分量是与系统特征根对应的分量，受迫响应分量是与系统激励对应的分量。

值得注意的是，系统自由响应并非系统的零输入响应，而是零输入响应与零状态响应的一部分组成的。具体的，我们用例 2-1 的分析结果说明上述各类响应的关系，详细过程见附

录 A。

$$i(t)=i_{zi}(t)+i_{zs}(t)=\underbrace{\left(-\frac{4}{3}e^{-2t}+\frac{2}{15}e^{-5t}\right)u(t)}_{\text{零输入响应}}+\underbrace{\left(\frac{8}{3}e^{-2t}-\frac{4}{15}e^{-5t}+\frac{8}{5}\right)u(t)}_{\text{零状态响应}}$$

$$=\underbrace{\left(\frac{4}{3}e^{-2t}-\frac{2}{15}e^{-5t}\right)u(t)}_{\text{自由响应}}+\underbrace{\left(\frac{8}{5}\right)u(t)}_{\text{受迫响应}}$$

$$=\underbrace{\left(\frac{4}{3}e^{-2t}-\frac{2}{15}e^{-5t}\right)u(t)}_{\text{暂态响应}}+\underbrace{\left(\frac{8}{5}\right)u(t)}_{\text{稳态响应}}$$

一般的，对连续或离散时间系统，当系统特征根没有重根的情况时，其系统响应的划分如下：

$$\begin{aligned}y(t)&=y_h(t)+y_p(t)=\sum_{k=1}^{n}A_k e^{\alpha_k t}u(t)+y_p(t)\\&=y_{zi}(t)+y_{zs}(t)=\underbrace{\sum_{k=1}^{n}A_{zik}e^{\alpha_k t}u(t)}_{y_{zi}(t)}+\underbrace{\sum_{k=1}^{n}A_{zsk}e^{\alpha_k t}u(t)+y_p(t)}_{y_{zs}(t)}\\&=y_t(t)+y_s(t)\end{aligned}\tag{2-15}$$

$$\begin{aligned}y[n]&=y_h[n]+y_p[n]=\sum_{k=1}^{n}(C_k\lambda_k^n)u[n]+y_p[n]\\&=y_{zi}[n]+y_{zs}[n]=\underbrace{\sum_{k=1}^{n}(C_{zik}\lambda_k^n)u[n]}_{y_{zi}[n]}+\underbrace{\sum_{k=1}^{n}(C_{zsk}\lambda_k^n)+y_p[n]}_{y_{zs}[n]}\\&=y_t[n]+y_s[n]\end{aligned}\tag{2-16}$$

附录 A 中给出了详细的 LTI 系统时域经典分析方法，此外，对离散 LTI 系统，还可以应用迭代法求解系统响应。

2.2.3　广义线性系统(增量线性系统)

对例 2-1 的电路，由叠加原理易知：当初始状态为零时，系统的零状态响应对输入信号呈现线性(包括可加性和齐次性)，这称为零状态线性；当输入为零时，系统的零输入响应对系统初始状态呈现线性，这称为零输入线性。但该电路系统本身不是线性系统，只有当系统初始状态为零，系统仅在外来激励作用下才是线性系统。广义线性系统是指，一个既具有零输入响应和零状态响应分解特性，又具有零输入线性和零状态线性的系统。

目前定义的系统全响应，其本质是系统在初始条件下，初始时刻后的输入在初始时刻后产生的响应，它是以某个时刻点作为零时刻定义的。而零输入响应，其反映的是系统在规定的零时刻之前的激励产生的影响，在零时刻之后呈现出的部分响应，此部分详细内容可见附录 B。

使用线性系统的可分解性、零输入线性和零状态线性，可方便地计算广义线性系统的各类响应，下面以例题说明。

例 2-4 一个 LTI 系统在某初始状态下，对激励 $f(t)$和 $2f(t)$的全响应分别为 $y_1(t)=[\mathrm{e}^{-t}+\cos(\pi t)]u(t)$和 $y_2(t)=2\cos(\pi t)u(t)$。试求在该初始状态下，对激励 $3f(t)$的全响应 $y_3(t)$。

解 由于初始状态在三种激励情况下保持不变，所以它们的全响应有相同的零输入响应，变化的仅是零状态响应。根据零状态线性可知，系统对激励 $f(t)$的零状态响应为 $y_{\mathrm{zs}}(t)|_{f(t)}=y_3(t)-y_2(t)=y_2(t)-y_1(t)$，这使得系统对激励 $3f(t)$的全响应为 $y_3(t)=2y_2(t)-y_1(t)=[-\mathrm{e}^{-t}+3\cos(\pi t)]u(t)$。

例 2-5 某二阶 LTI 系统的初始状态是 $x_1(0)$和 $x_2(0)$。已知：当 $x_1(0)=1$ 和 $x_2(0)=0$ 时，系统的零输入响应为 $y_{\mathrm{zi1}}(t)=[\mathrm{e}^{-t}+\mathrm{e}^{-2t}]u(t)$；当 $x_1(0)=0$ 和 $x_2(0)=1$ 时，系统的零输入响应为 $y_{\mathrm{zi2}}(t)=[\mathrm{e}^{-t}-\mathrm{e}^{-2t}]u(t)$；当 $x_1(0)=1$ 和 $x_2(0)=-1$ 时，系统对激励 $f(t)$的全响应为 $y_3(t)=[2+\mathrm{e}^{-t}]u(t)$。试求：当 $x_1(0)=3$ 和 $x_2(0)=2$ 时，系统对激励 $2f(t)$的全响应 $y_4(t)$。

解 定义系统对 $f(t)$的零状态响应为 $y_{\mathrm{zs}}(t)$，初始状态矢量为 $\boldsymbol{X}(0)=\begin{bmatrix}x_1(0)\\x_2(0)\end{bmatrix}$。由零状态线性可知，系统对 $2f(t)$的零状态响应为 $2y_{\mathrm{zs}}(t)$；由 $\boldsymbol{X}_3(0)=\boldsymbol{X}_1(0)-\boldsymbol{X}_2(0)$和零输入线性可知，$y_{\mathrm{zi3}}(t)=y_{\mathrm{zi1}}(t)-y_{\mathrm{zi2}}(t)$，把它代入 $y_3(t)=y_{\mathrm{zs}}(t)+y_{\mathrm{zi3}}(t)$后，有 $y_{\mathrm{zs}}(t)=y_3(t)-y_{\mathrm{zi1}}(t)+y_{\mathrm{zi2}}(t)$；同样，由 $\boldsymbol{X}_4(0)=3\boldsymbol{X}_1(0)+2\boldsymbol{X}_2(0)$和零输入线性，得到 $y_{\mathrm{zi4}}(t)=3y_{\mathrm{zi1}}(t)+2y_{\mathrm{zi2}}(t)$，把它和 $y_{\mathrm{zs}}(t)=y_3(t)-y_{\mathrm{zi1}}(t)+y_{\mathrm{zi2}}(t)$一起代入 $y_4(t)=2y_{\mathrm{zs}}(t)+y_{\mathrm{zi4}}(t)$后，合并同类项，再代入已知条件并合并同类项后，有

$$y_4(t)=2y_3(t)+y_{\mathrm{zi1}}(t)+4y_{\mathrm{zi2}}(t)=[4+7\mathrm{e}^{-t}-3\mathrm{e}^{-2t}]u(t)$$

例 2-6 已知某系统的激励、响应与初始条件符合：$r(t)=2x(0)+|e(t)|$，判断该系统是否为广义线性系统。

解 根据广义线性系统的定义，上述系统的零输入和零状态响应可分解；零输入响应符合线性；但零状态响应是对激励信号进行模运算，不符合线性性；因此整个系统不是广义线性系统。

2.2.4 单位冲激响应(单位脉冲响应)和单位阶跃响应(单位阶跃序列响应)

对线性时不变系统而言，有两个特别有用的零状态响应，即单位冲激响应(单位脉冲响应)和单位阶跃响应(单位阶跃序列响应)。

单位冲激响应是指，LTI 连续系统对单位冲激信号的零状态响应 $h(t)$。即：

$$h(t)=y_{\mathrm{zs}}(t)|_{f(t)=\delta(t)} \tag{2-17}$$

单位阶跃响应是指，LTI 连续系统对单位阶跃信号的零状态响应 $s(t)$。即：

$$s(t)=y_{\mathrm{zs}}(t)|_{f(t)=u(t)} \tag{2-18}$$

单位脉冲响应是指，LTI 离散系统对单位脉冲信号的零状态响应 $h[n]$。即：

$$h[n]=y_{\mathrm{zs}}[n]|_{f[n]=\delta[n]} \tag{2-19}$$

单位阶跃序列响应是指，LTI 离散系统对单位阶跃序列的零状态响应 $s[n]$，简称单位

阶跃响应。即：

$$s[n]=y_{zs}[n]\big|_{f[n]=u[n]} \tag{2-20}$$

系统的单位冲激响应与阶跃响应(或单位脉冲响应与单位阶跃序列响应)是线性时不变系统两个特殊的零状态响应，它们是系统固有的，与系统激励无关。由于单位冲激信号与阶跃信号(或单位脉冲信号与单位阶跃序列)之间存在密切联系，因此根据系统的线性与时不变性，这两个特殊的响应之间具有密切关系。

首先讨论冲激响应与阶跃响应的关系。由于单位冲激信号是单位阶跃信号的微分，而单位阶跃信号是单位冲激信号的积分，且 LTI 连续系统的零状态线性导致系统零状态响应与微积分运算可交换，因此，LTI 连续系统的单位冲激响应是其单位阶跃响应的微分，而单位阶跃响应是单位冲激响应的积分，即：

$$h(t)=\frac{\mathrm{d}}{\mathrm{d}t}s(t),\quad s(t)=\int_{-\infty}^{t}h(\tau)\mathrm{d}\tau \tag{2-21}$$

再讨论脉冲响应与阶跃响应的关系。类似的，对 LTI 离散系统有，由于单位脉冲信号是单位阶跃序列的一阶后向差分，因此，单位脉冲响应是单位阶跃响应的一阶后向差分，而单位阶跃响应是脉冲响应的累积和，即：

$$h[n]=s[n]-s[n-1],\quad s[n]=\sum_{m=-\infty}^{n}h(m) \tag{2-22}$$

2.3　卷积与卷积和、解卷积

2.3.1　卷积与卷积和的定义

为了便于理解，我们以 LTI 离散系统为例引出卷积和的定义。首先，任意离散时间序列均可分解为单位脉冲序列的线性组合，即：

$$f[n]=\sum_{k=-\infty}^{+\infty}f[k]\delta[n-k] \tag{2-23}$$

根据 LTI 系统的单位脉冲响应定义、系统的线性性与时不变性，有：

时不变性　$\delta[n-k]\to h[n-k]$

线性性(齐次性)　$f[k]\delta[n-k]\to f[k]h[n-k]$

线性性(叠加性)　$\sum_{k=-\infty}^{+\infty}f[k]\delta[n-k]\to\sum_{k=-\infty}^{+\infty}f[k]h[n-k]$

即，系统对激励 $f[n]$的响应是脉冲响应的加权和。因此，离散信号的卷积和定义为：

$$\sum_{k=-\infty}^{+\infty}f[k]h[n-k]\triangleq f[n]*h[n] \tag{2-24}$$

该定义式还说明，对于 LTI 离散系统，其零状态响应是激励与单位脉冲响应的卷积和，这一结论是 LTI 系统时域分析的基础。

同样的，对连续信号也有类似的结论，由冲激信号 $\delta(t)$的抽样特性，可把任意连续信号 $f(t)$表示为：

$$f(t)=\int_{-\infty}^{+\infty}f(\tau)\delta(t-\tau)\mathrm{d}\tau \tag{2-25}$$

该式也可认为是对任意连续时间信号的分解。

考虑到因果系统在$-\infty$时刻总是处于零状态，因此，使用 LTI 系统零状态响应的线性时不变性，可得到系统对 $f(t)$的响应：

$$\int_{-\infty}^{+\infty} f(\tau)h(t-\tau)\mathrm{d}\tau \triangleq f(t) * h(t) \tag{2-26}$$

式(2-26)是连续信号卷积的定义式，同时给出结论：LTI 系统的零状态响应是激励信号 $f(t)$与冲激响应 $h(t)$的卷积。

卷积不仅可以计算 LTI 系统的零状态响应，还可以求解线性时变系统的零状态响应。但此时，冲激响应是冲激接入时间 τ 和响应观测时间 t 这两个变量的函数，即线性时变系统的冲激响应为 $h(t,\tau)$。LTI 系统的冲激响应是线性时变系统的特例，此时冲激响应仅与 τ 和 t 的差值有关。

2.3.2 卷积与卷积和的计算

根据上述定义，可以看到卷积(卷积和)在 LTI 系统时域分析中的重要作用，系统的零状态响应可通过卷积(卷积和)求解。下面将从不同角度介绍卷积(卷积和)的计算方法，主要有解析法、图解法、性质法和变换法。本章介绍前三种方法，变换法将在第 4 章和第 5 章中介绍。

微课视频

1. 卷积与卷积和计算的解析法

由卷积(卷积和)的定义不难看出，因果信号或序列的卷积与卷积和可简化，对于连续因果信号的卷积有：

$$\begin{aligned} f_1(t) * f_2(t) &= (f_1(t)u(t)) * (f_2(t)u(t)) \\ &= \int_{-\infty}^{+\infty} f_1(t-\tau)u(t-\tau)f_2(\tau)u(\tau)\mathrm{d}\tau \\ &= u(t)\int_0^t f_1(t-\tau)f_2(\tau)\mathrm{d}\tau \end{aligned} \tag{2-27}$$

对于离散因果序列的卷积和有：

$$\begin{aligned} f_1[n] * f_2[n] &= (f_1[n]u[n]) * (f_2[n]u[n]) \\ &= \sum_{m=-\infty}^{+\infty} f_1[n-m]u[n-m]f_2[m]u[m] \\ &= u[n]\sum_{m=0}^{n} f_1[n-m]f_2[m] \end{aligned} \tag{2-28}$$

同理，对于连续因果信号 $f_1(t)=f_1(t)u(t)$和反因果信号 $f_2(t)=f_2(t)u(-t)$的卷积，有：

$$\begin{aligned} f_1(t) * f_2(t) &= (f_1(t)u(t)) * (f_2(t)u(-t)) \\ &= \int_{\mathrm{Max}\{0,t\}}^{+\infty} f_1(\tau)f_2(t-\tau)\mathrm{d}\tau \\ &= \int_{-\infty}^{\mathrm{Min}\{0,t\}} f_2(\tau)f_1(t-\tau)\mathrm{d}\tau \end{aligned} \tag{2-29}$$

其中，$\mathrm{Max}\{0,t\}$和 $\mathrm{Min}\{0,t\}$分别表示取 0 和 t 的最大值和最小值。

对于离散因果序列 $f_1[n]=f_1[n]u[n]$和反因果序列 $f_2[n]=f_2[n]u[-n]$的卷积

和，有：

$$f_1[n]*f_2[n]=(f_1[n]u[n])*(f_2[n]u[-n])$$
$$=\sum_{m=-\infty}^{m=\text{Min}\{n,0\}} f_2[m]f_1[n-m]$$
$$=\sum_{m=\text{Max}\{n,0\}}^{m=+\infty} f_1[m]f_2[n-m] \tag{2-30}$$

此外，根据卷积定义和冲激信号、脉冲信号的抽样性质，可知：

$$f(t)*\delta(t-t_0)=\int_{-\infty}^{+\infty} f(t-\tau)\delta(\tau-t_0)\mathrm{d}\tau=f(t-t_0) \tag{2-31}$$

$$f[n]*\delta[n-n_0]=\sum_{m=-\infty}^{+\infty} f[m]\delta[n-m-n_0]=f[n-n_0] \tag{2-32}$$

即，信号移位可表示为移位后的冲激或脉冲信号与原信号的卷积。

例 2-7　计算$(\mathrm{e}^{\lambda_1 t}u(t))*(\mathrm{e}^{\lambda_2 t}u(t))$。

解　由式(2-27)可知，$(\mathrm{e}^{\lambda_1 t}u(t))*(\mathrm{e}^{\lambda_2 t}u(t))=u(t)\int_0^t \mathrm{e}^{\lambda_1(t-\tau)}\mathrm{e}^{\lambda_2\tau}\mathrm{d}\tau=u(t)\mathrm{e}^{\lambda_1 t}\int_0^t \mathrm{e}^{(\lambda_2-\lambda_1)\tau}\mathrm{d}\tau$，于是有：

$$(\mathrm{e}^{\lambda_1 t}u(t))*(\mathrm{e}^{\lambda_2 t}u(t))=\begin{cases}\dfrac{\mathrm{e}^{\lambda_1 t}-\mathrm{e}^{\lambda_2 t}}{\lambda_1-\lambda_2}u(t) & \lambda_1\neq\lambda_2\\ t\mathrm{e}^{\lambda t}u(t) & \lambda_1=\lambda_2=\lambda\end{cases} \tag{2-33}$$

当两个信号中，有一个为有限个冲激信号及其移位的加权和时，可用式(2-34)直接计算这两个信号的卷积：

$$f(t)*\sum_{i=1}^{M} w_i\delta(t-t_i)=\sum_{i=1}^{M} w_i f(t-t_i) \tag{2-34}$$

这一结果在多径传输问题中可解释为：多径传输系统的单位冲激响应是$\sum_{i=1}^{M} w_i\delta(t-t_i)$，即延迟后冲激信号的加权和。

例 2-8　计算$(\cos(\omega_0 t))*(\delta(t+1)-\delta(t-1))$。

解　由式(2-34)可知：

$$(\cos(\omega_0 t))*(\delta(t+1)-\delta(t-1))=\cos(\omega_0(t+1))-\cos(\omega_0(t-1))$$

例 2-9　用图解法计算$f_1(t)*f_2(t)$，其中，如图 2-6(a)所示，$f_1(t)=r(t+1)-2r(t)+r(t-1)$，如图 2-6(b)所示，$f_2(t)=\delta(t+1)+\delta(t)+\delta(t-1)$。

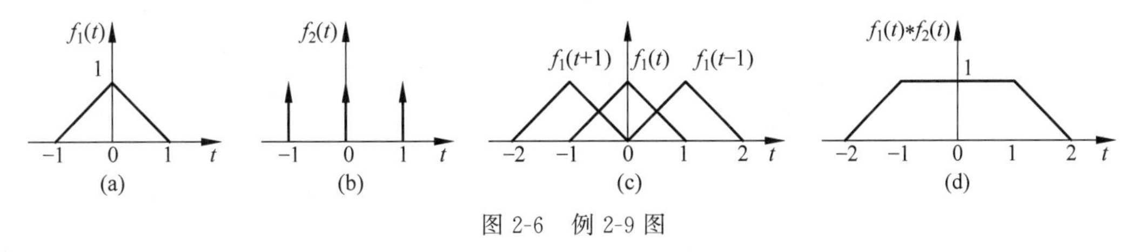

图 2-6　例 2-9 图

解　根据式(2-34)易知，可以把如图 2-6(c)所示的三个三角脉冲相加后，得到如图 2-6(d)所示的计算结果。

例 2-10 计算 $\lambda_1^n u[n] * \lambda_2^n u[n]$。

解 由式(2-28)可知：

$$\lambda_1^n u[n] * \lambda_2^n u[n] = u[n]\sum_{m=0}^{n}\lambda_1^m \lambda_2^{n-m}$$

$$= \lambda_2^n u[n]\sum_{m=0}^{n}(\lambda_1\lambda_2^{-1})^m$$

$$= \begin{cases} \dfrac{\lambda_1^{n+1}-\lambda_2^{n+1}}{\lambda_1-\lambda_2}u[n] & \lambda_1 \neq \lambda_2 \\ (n+1)\lambda_2^n u[n] & \lambda_1 = \lambda_2 \end{cases} \tag{2-35}$$

根据上述结论，可以得到：

$$u(t) * u(t) = tu(t) \tag{2-36}$$

$$u[n] * u[n] = (n+1)u[n] \tag{2-37}$$

上述结论说明，当一阶积分器或累加器的激励为阶跃信号时，其零状态响应是单位斜变信号或序列，也就是对激励的积分或累加。

2. 卷积与卷积和计算的图解法

由卷积与卷积和的定义不难看出，其计算过程包含信号的翻转、平移和加权积分或加权和。下面将用图 2-7(a)所示的信号 $e(t)=G_{-\frac{1}{2},1}(t)$ 和图 2-7(b)所示的信号 $h(t)=\frac{t}{2}G_{0,2}(t)$ 的卷积计算为例，说明图解法的步骤。

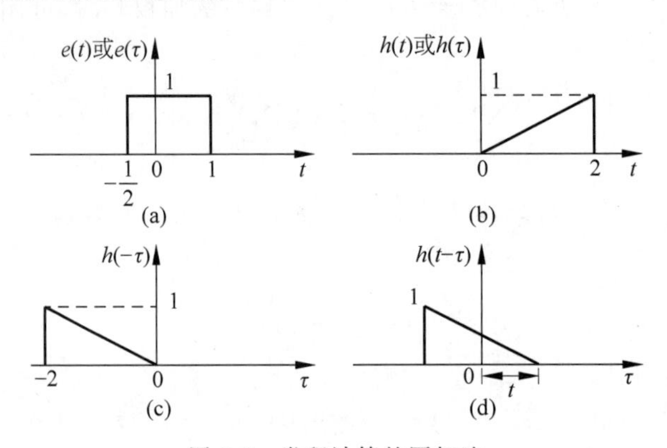

图 2-7 卷积计算的图解法

(1) 变量更换。把信号的时间变量 t 更换成 τ，得 $e(\tau)$ 和 $h(\tau)$，如图 2-7(a)和图 2-7(b)所示；

(2) 翻转。把信号 $h(\tau)$ 翻转成 $h(-\tau)$，如图 2-7(c)所示；

(3) 平移。把翻转后的信号 $h(-\tau)$ 平移 $|t|$($t>0$ 时右移，$t<0$ 时左移)，得到信号 $h(t-\tau)$，如图 2-7(d)所示；

(4) 加权积分。把信号 $h(t-\tau)$ 用 $e(\tau)$ 加权(即把它们相乘)后，对时间变量 τ 进行积分，得到对特定 t 而言的卷积值，如图 2-8 所示。

注意，必须对每个 t 逐点进行上述过程，而且要分段处理各个时间区间。对本例而言，可分为如下时间区间：

① 当 $t\leqslant-\frac{1}{2}$时，如图 2-8(a)所示，由于两图形无重叠区间，使得 $e(t)*h(t)=0$；

② 当$-\frac{1}{2}<t\leqslant1$ 时，如图 2-8(b)所示，由于图形 $h(t-\tau)$的前端与图形 $e(\tau)$在区间 $\left[-\frac{1}{2},t\right]$重叠，使得 $e(t)*h(t)=\frac{1}{4}\left(t+\frac{1}{2}\right)^2$；

③ 当 $1<t\leqslant\frac{3}{2}$时，如图 2-8(c)所示，由于图形 $h(t-\tau)$的前端与图形 $e(\tau)$在区间 $\left[-\frac{1}{2},1\right]$重叠，使得 $e_1(t)*h(t)=\frac{3}{4}\left(t-\frac{1}{4}\right)$；

④ 当$\frac{3}{2}<t<3$ 时，如图 2-8(d)所示，由于图形 $h(t-\tau)$的后端与图形 $e(\tau)$在区间 $[t-2,1]$重叠，使得 $e(t)*h(t)=-\frac{t^2}{4}+\frac{t}{2}+\frac{3}{4}$；

⑤ 当 $t\geqslant3$ 时，如图 2-8(e)所示，由于两图形再次无重叠区间，使得 $e(t)*h(t)=0$。

以上各图中阴影的面积，就是相乘积分后的结果。最后，以 t 为横坐标，以与 t 对应的积分值绘成曲线，就是卷积 $e(t)*h(t)$的波形，如图 2-8(f)所示。

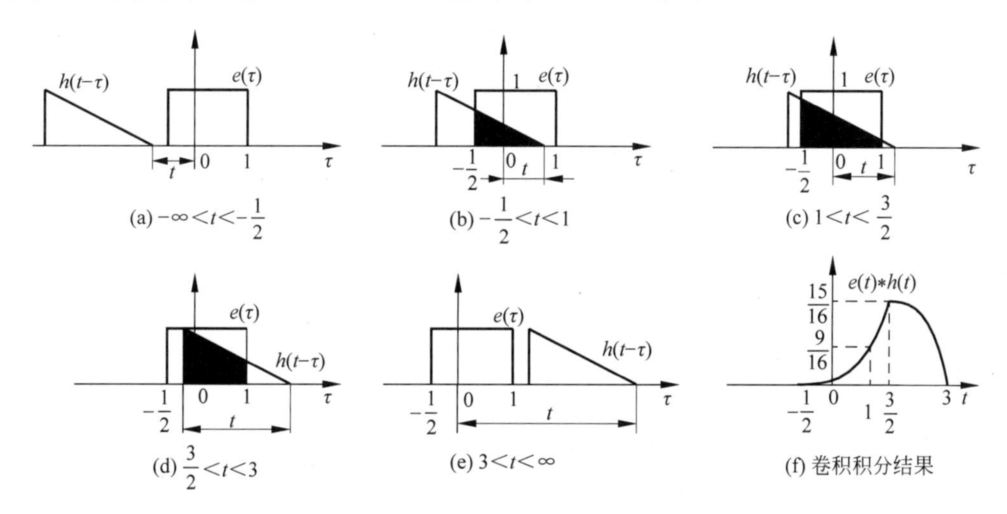

图 2-8 $G_{-0.5,1}(t)$与 $0.5tG_{0,2}(t)$卷积的结果

显然，图解法适用于两个有限长信号(尤其是有限长分段直线信号)的卷积；此外，也适用于求解某个时刻卷积信号值的情况。

离散序列卷积和的图解法过程是类似的。

如图 2-9 所示的是某 LTI 系统的激励序列 $u[n]-u[n-5]$、单位脉冲响应 $u[n]-u[n-5]$以及卷积和的结果。该例可以用卷积和的性质或有限长序列的对位相乘法求解，也可以使用图解法，请读者自行分析求解过程。

2.3.3 卷积与卷积和的性质

卷积与卷积和作为一种数学运算，具有一些特殊的性质，这些性质在信号与系统的分析中有着重要的作用，尤其是能简化信号的卷积计算以及系统的分析和综合。我们首先介绍卷积的性质，卷积和具有类似的性质。

微课视频

(1) 时移性质。若已知 $y(t)=f(t)*g(t)$，则 $y(t-a-b)=f(t-a)*g(t-b)$，即延迟与卷积运算可交换，且卷积后信号的延迟量是参与卷积的各信号延迟量之和。

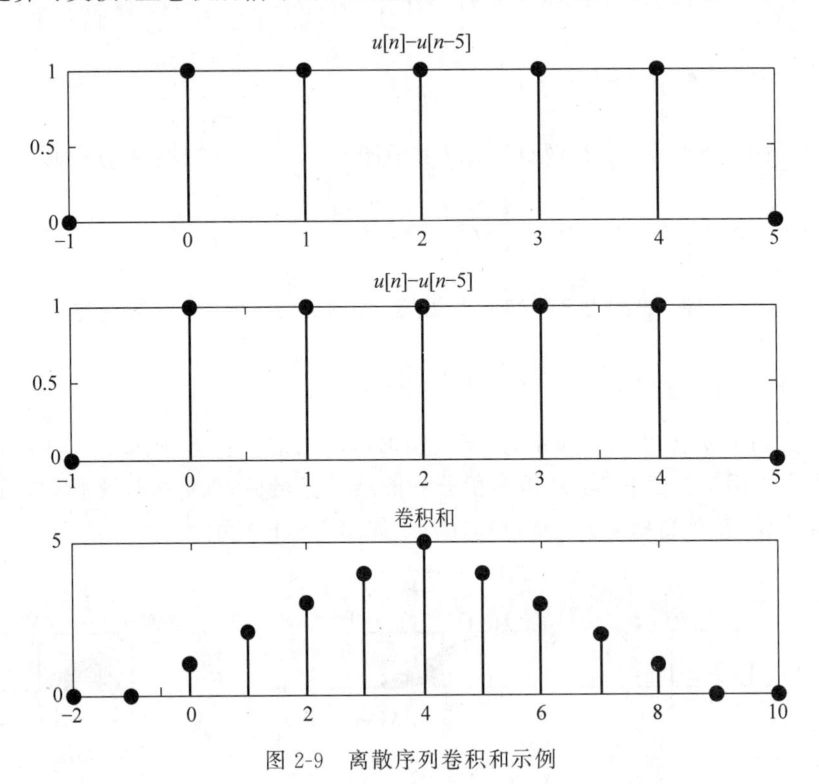

图 2-9 离散序列卷积和示例

例 2-11 计算 $(e^{\lambda t}u(t))*(u(t+1)-u(t-1))$。

解 利用卷积的时移性质和式(2-33)，有

$$(e^{\lambda t}u(t))*(u(t+1)-u(t-1))=(e^{\lambda t}u(t))*u(t+1)-(e^{\lambda t}u(t))*u(t-1)$$

$$=\frac{1}{-\lambda}[(1-e^{\lambda(t+1)})u(t+1)-(1-e^{\lambda(t-1)})u(t-1)]$$

在系统分析中，该性质的实质是线性时不变系统的激励先延迟再通过系统，与激励先通过系统再对其响应延迟是等价的。

与乘法运算相同，卷积运算也服从交换律、分配律和结合律。

(2) 交换律。进行卷积的两个信号是可交换的，即：

$$f_1(t)*f_2(t)=f_2(t)*f_1(t) \tag{2-38}$$

在卷积的定义式中，用变量 $t-\lambda$ 替换变量 τ 可以直接证明该性质。

根据该性质可知，在 LTI 系统分析中，交换系统的激励信号和系统的冲激响应后，可以得到相同的响应，因为 LTI 系统的响应是系统激励与系统冲激响应的卷积，如图 2-10(a)所示。

另外，根据该性质可知，在 LTI 系统实现中，两个级联系统的级联次序是可交换的，因为由两个子系统级联而成的系统冲激响应是这两个子系统的冲激响应的卷积，如图 2-10(b)所示。值得注意的是，卷积的交换律成立的前提是系统必须是线性时不变的，且各卷积运算均是收敛的，否则不能应用交换律。

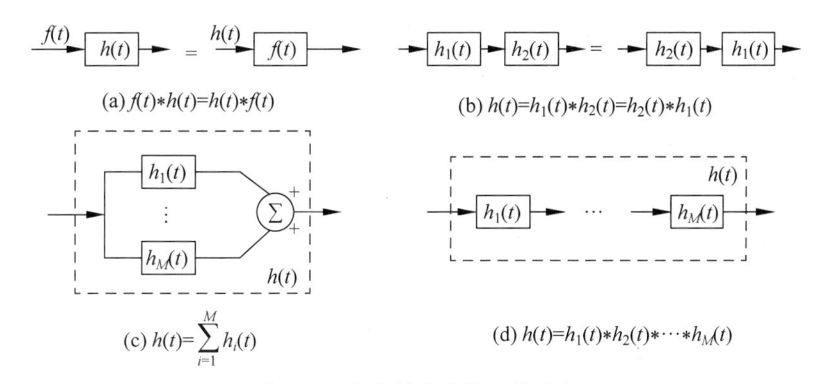

图 2-10　卷积的交换律和分配率

(3) 分配律。进行卷积的两个信号对加法运算是可分配的，即：

$$f_1(t) * (f_{21}(t) + f_{22}(t)) = f_1(t) * f_{21}(t) + f_1(t) * f_{22}(t) \tag{2-39}$$

该性质是指卷积运算与加法运算可交换。它也不难由卷积的定义式直接得到。

根据该性质可知，在LTI系统实现中，当其冲激响应信号可分解为 M 个($M \geqslant 2$)较简单的冲激响应分量信号之和时，即当 $h(t) = \sum_{i=1}^{M} h_i(t), M \geqslant 2$ 时，该系统可用 M 个较简单的子系统的并联实现，因为由 M 个子系统并联而成的系统的冲激响应是这 M 个子系统的冲激响应之和，如图 2-10(c)所示。

(4) 结合律。三个信号的卷积计算与计算次序无关，也就是说，先计算哪两个信号的卷积，然后再与剩下的信号卷积，对计算结果无影响，即：

$$f_1(t) * (f_2(t) * f_3(t)) = (f_1(t) * f_2(t)) * f_3(t) \tag{2-40}$$

由于左右两端都包含了一个二重积分，它们的差异仅在于积分次序不同，因此，很容易通过改变积分次序来证明该性质。

根据该性质可知，当LTI系统的冲激响应信号可分解为 M 个($M \geqslant 2$)较简单的冲激响应分量信号之卷积时，即当 $h(t) = h_M(t) * h_{M-1}(t) * \cdots * h_2(t) * h_1(t)$ 时，该系统可用 M 个较简单的子系统的级联实现，因为由 M 个子系统级联而成的系统的冲激响应是这 M 个子系统的冲激响应的卷积，如图 2-10(d)所示。并且由交换律可知，它们的级联次序对实现结果无影响。

例 2-12　图 2-11 所示的系统由四个子系统组成，各子系统的冲激响应分别为积分器 $h_1(t) = u(t)$，单位延迟器 $h_2(t) = \delta(t-1)$ 和倒相器 $h_3(t) = -\delta(t)$，试求总系统的冲激响应 $h(t)$。

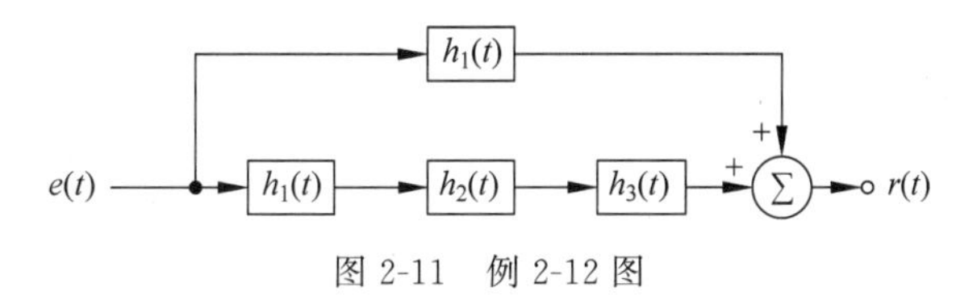

图 2-11　例 2-12 图

解　根据系统串并联时冲激响应的运算规则，有：

$$\begin{aligned} h(t) &= h_1(t) + h_1(t) * h_2(t) * h_3(t) \\ &= u(t) + \delta(t-1) * u(t) * [-\delta(t)] = u(t) - u(t-1) \end{aligned}$$

(5) 微积分性质。需要特别注意的是，卷积运算与乘法运算的微积分性质有明显的差别。

微课视频

微分性质。两个信号卷积后的导数等于其中之一的信号导数与另一信号的卷积，即：

$$\frac{\mathrm{d}}{\mathrm{d}t}[f_1(t)*f_2(t)]=\frac{\mathrm{d}f_1(t)}{\mathrm{d}t}*f_2(t)=f_1(t)*\frac{\mathrm{d}f_2(t)}{\mathrm{d}t} \tag{2-41}$$

该性质是指卷积运算与微分运算可交换，也就是说，由于微分器是一个 LTI 系统，因此它与执行卷积运算的 LTI 系统的级联次序是可交换的。

由卷积定义可证明该性质，先证明第一个等式：

$$\begin{aligned}\frac{\mathrm{d}}{\mathrm{d}t}[f_1(t)*f_2(t)]&=\frac{\mathrm{d}}{\mathrm{d}t}\int_{-\infty}^{+\infty}f_1(t-\tau)f_2(\tau)\mathrm{d}\tau\\&=\int_{-\infty}^{+\infty}\frac{\mathrm{d}f_1(t-\tau)}{\mathrm{d}t}f_2(\tau)\mathrm{d}\tau=\frac{\mathrm{d}f_1(t)}{\mathrm{d}t}*f_2(t)\end{aligned}$$

同理可证式(2-41)的后一等式成立。

例 2-13 计算(1) $(1-\mathrm{e}^{-2t})u(t)*\delta'(t)*u(t)$ (2) $t\mathrm{e}^{-2t}u(t)*\frac{\mathrm{d}}{\mathrm{d}t}[\mathrm{e}^{-t}\delta(t)]$

解 (1)
$$\begin{aligned}(1-\mathrm{e}^{-2t})u(t)*\delta'(t)*u(t)&=(1-\mathrm{e}^{-2t})u(t)*\delta(t)*u'(t)\\&=(1-\mathrm{e}^{-2t})u(t)*\delta(t)*\delta(t)=(1-\mathrm{e}^{-2t})u(t)\end{aligned}$$

(2)
$$\begin{aligned}t\mathrm{e}^{-2t}u(t)*\frac{\mathrm{d}}{\mathrm{d}t}[\mathrm{e}^{-t}\delta(t)]&=t\mathrm{e}^{-2t}u(t)*\frac{\mathrm{d}}{\mathrm{d}t}[\delta(t)]=\frac{\mathrm{d}}{\mathrm{d}t}[t\mathrm{e}^{-2t}u(t)]*\delta(t)\\&=\frac{\mathrm{d}}{\mathrm{d}t}[t\mathrm{e}^{-2t}u(t)]=(1-2t)\mathrm{e}^{-2t}u(t)\end{aligned}$$

积分性质。两个信号卷积后的积分等于其中之一的信号积分与另一信号的卷积，即：

$$\int_{-\infty}^{t}[f_1(\tau)*f_2(\tau)]\mathrm{d}\tau=\int_{-\infty}^{t}f_1(\tau)\mathrm{d}\tau*f_2(t)=f_1(t)*\int_{-\infty}^{t}f_2(\tau)\mathrm{d}\tau \tag{2-42}$$

该性质是指卷积运算与积分运算可交换，也就是说，由于积分器是一个 LTI 系统，因此它与执行卷积运算的 LTI 系统的级联次序是可交换的。

由卷积定义可证明该性质，先证明第一个等式：

$$\int_{-\infty}^{t}[f_1(\tau)*f_2(\tau)]\mathrm{d}\tau=\int_{-\infty}^{t}\int_{-\infty}^{+\infty}f_1(\tau-\lambda)f_2(\lambda)\mathrm{d}\lambda\,\mathrm{d}\tau=\int_{-\infty}^{+\infty}\left[\int_{-\infty}^{t}f_1(\tau-\lambda)\mathrm{d}\tau\right]f_2(\lambda)\mathrm{d}\lambda$$

使用变量替换 $x=\tau-\lambda$ 后，有：

$$\text{上式}=\int_{-\infty}^{+\infty}\left[\int_{-\infty}^{t-\lambda}f_1(x)\mathrm{d}x\right]f_2(\lambda)\mathrm{d}\lambda=\int_{-\infty}^{t}f_1(\tau)\mathrm{d}\tau*f_2(t)$$

利用卷积的可交换性，可证式(2-42)的后一等式成立。

应用类似的推演，可得到卷积的高阶导数和多重积分的运算规律，如下所述。

如果设 $f(t)=f_1(t)*f_2(t)$，则有：

$$f^{(n)}(t)=f_1^{(m)}(t)*f_2^{(n-m)}(t) \tag{2-43}$$

这里 n、m 取整数，取正整数时为导数次数，取负整数时为积分次数。

最常遇到的情况是 $n=0,m=1$ 的特殊情况，此时有：

$$f_1(t)*f_2(t)=f_1'(t)*\int_{-\infty}^{t}f_2(\tau)\mathrm{d}\tau \tag{2-44}$$

需要注意卷积的微积分性质的使用前提，进行微分运算的信号需满足条件：

$$f(t)=\int_{-\infty}^{t} f'(t)\mathrm{d}\tau \tag{2-45}$$

即信号微分后再积分与原信号一致,若信号中包含直流分量,则无法直接应用卷积的微积分性质,可通过分解的方法加以处理。

例 2-14　求信号 $1+u(t)$与 $\mathrm{e}^{-2t}u(t)$的卷积。

解　该题中的第一个信号包含直流分量,不满足式(2-45),因此不能直接用式(2-44)求解,可将信号分解为直流信号与因果信号的和,分别计算卷积,求解过程如下。

$$\begin{aligned}[1+u(t)]*\mathrm{e}^{-2t}u(t)&=1*\mathrm{e}^{-2t}u(t)+\frac{1}{2}(1-\mathrm{e}^{-2t})u(t)\\&=\int_{-\infty}^{+\infty}1\times\mathrm{e}^{-2\tau}u(\tau)\mathrm{d}\tau+\frac{1}{2}(1-\mathrm{e}^{-2t})u(t)\\&=\int_{0}^{+\infty}\mathrm{e}^{-2\tau}\mathrm{d}\tau+\frac{1}{2}(1-\mathrm{e}^{-2t})u(t)=\frac{1}{2}+\frac{1}{2}(1-\mathrm{e}^{-2t})u(t)\end{aligned}$$

信号与冲激信号或阶跃信号的卷积具有十分重要的物理意义,现总结如下。

(1) 信号与冲激信号的卷积。根据上述分析,信号与延迟后的冲激信号的卷积等于延迟后的信号,即冲激信号是延迟系统的单位冲激响应,有:

$$f(t)*\delta(t-t_0)=f(t-t_0) \tag{2-46}$$

(2) 信号与阶跃信号的卷积。根据卷积的积分性质,对式(2-46)积分,有:

$$\begin{aligned}f(t)*u(t-t_0)&=f(t)*\delta^{(-1)}(t-t_0)\\&=(f(t)*\delta(t-t_0))^{(-1)}=f^{(-1)}(t-t_0)\end{aligned} \tag{2-47}$$

这表明,任何信号与阶跃函数的卷积等于该信号的积分,或积分器的单位冲激响应是阶跃信号。

(3) 信号与冲激偶(冲激函数的导数)的卷积。根据卷积的微分性质,对式(2-46)微分,有:

$$f(t)*\delta'(t-t_0)=(f(t)*\delta(t-t_0))'=f'(t-t_0) \tag{2-48}$$

这表明,任何信号与冲激偶的卷积等于该信号的微分,或微分器的单位冲激响应是冲激偶信号。

(4) 信号与冲激信号的 m 阶导数的卷积。推广前述论断,对于一般的情况(m 取正整数时为微分,取负整数时为积分),有:

$$f(t)*\delta^{(m)}(t-t_0)=f^{(m)}(t-t_0) \tag{2-49}$$

这表明,任何信号与冲激的 m 阶导数的卷积等于该信号的 m 阶导数。

在计算卷积的过程中,如果能恰当地使用卷积性质,尤其是使用式(2-45)及式(2-46),就可有效地简化卷积计算,下面用例题说明。

例 2-15　计算矩形脉冲 $f(t)=G_\tau(t)$的自卷积。

解　根据卷积的微积分性质,有:

$$\begin{aligned}f(t)*f(t)&=f'(t)*f^{(-1)}(t)=\left[\delta\left(t+\frac{\tau}{2}\right)-\delta\left(t-\frac{\tau}{2}\right)\right]*\left[r\left(t+\frac{\tau}{2}\right)-r\left(t-\frac{\tau}{2}\right)\right]\\&=[r(t+\tau)-r(t)]-[r(t)-r(t-\tau)]=r(t+\tau)-2r(t)+r(t-\tau)\end{aligned}$$

也可以在图解法中结合卷积的性质求解本题。图 2-12(a)和图 2-12(b)示出了矩形脉冲信号,图 2-12(c)和图 2-12(d)分别示出了矩形脉冲信号的微分和积分信号,图 2-12(e)示出了图 2-12(c)和图 2-12(d)所示信号的卷积结果,即矩形脉冲自卷积后得到宽度加倍了的三角脉冲信号。

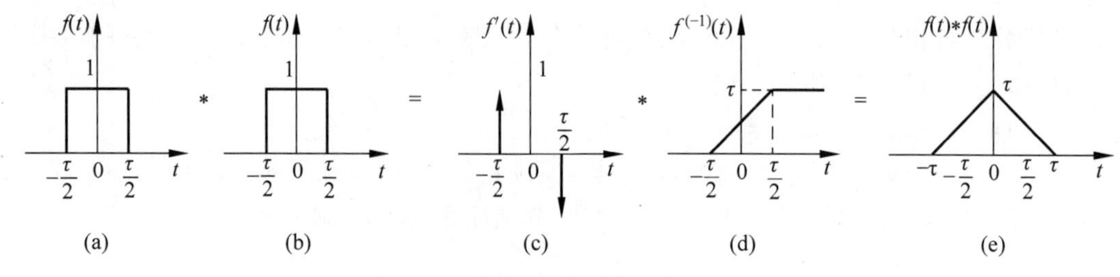

图 2-12 例 2-15 图

例 2-16 计算矩形脉冲 $f_1(t)=u(t+1)-u(t-1)$ 与指数信号 $f_2(t)=2\mathrm{e}^{-2t}u(t)$ 的卷积。

解 对于本例，有：

$$f_1(t)*f_2(t)=f_1'(t)*f_2^{(-1)}(t)=[\delta(t+1)-\delta(t-1)]*[(1-\mathrm{e}^{-2t})u(t)]$$

$$=(1-\mathrm{e}^{-2(t+1)})u(t+1)-(1-\mathrm{e}^{-2(t-1)})u(t-1)$$

图 2-13(a)和图 2-13(b)分别示出了 $f_1(t)$ 和 $f_2(t)$，图 2-13(c)和图 2-13(d)分别示出了 $f_1(t)$ 的导数信号 $f_1'(t)$ 和 $f_2(t)$ 的积分信号 $f_2^{(-1)}(t)$，图 2-13(e)示出了图 2-13(c)和图 2-13(d)所示信号的卷积结果，即所求的卷积信号 $f_1(t)*f_2(t)$。

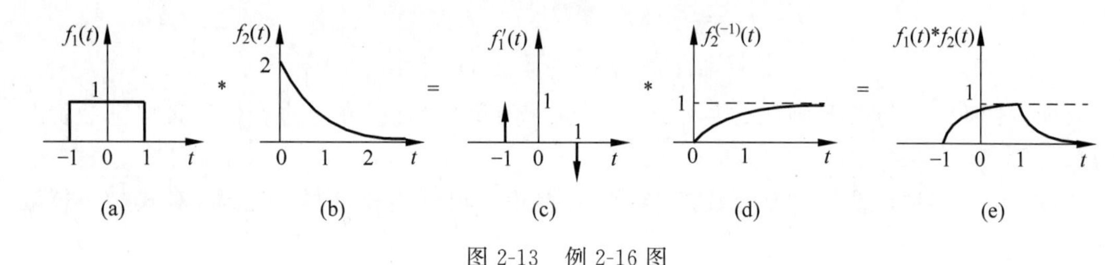

图 2-13 例 2-16 图

例 2-17 计算 $e(t)*h(t)$，其中 $e(t)=G_{-\frac{1}{2},1}(t)$ 和 $h(t)=\frac{t}{2}G_{0,2}(t)$。

解 因为 $h^{(-1)}(t)=\frac{t^2}{4}G_{0,2}(t)+u(t-2)$ 和 $e'(t)=\delta\left(t+\frac{1}{2}\right)-\delta(t-1)$，所以有：

$$e(t)*h(t)=e'(t)*h^{(-1)}(t)=h^{(-1)}\left(t+\frac{1}{2}\right)-h^{(-1)}(t-1)$$

$$=\frac{1}{4}\left(t+\frac{1}{2}\right)^2G_{-\frac{1}{2},\frac{3}{2}}(t)+u\left(t-\frac{3}{2}\right)-\frac{1}{4}(t-1)^2G_{1,3}(t)-u(t-3)$$

$$=\begin{cases}\frac{1}{4}\left(t+\frac{1}{2}\right)^2 & -\frac{1}{2}\leqslant t<1\\ \frac{1}{4}\left(t+\frac{1}{2}\right)^2-\frac{1}{4}(t-1)^2=\frac{3}{4}\left(t-\frac{1}{4}\right) & 1\leqslant t<\frac{3}{2}\\ 1-\frac{1}{4}(t-1)^2 & \frac{3}{2}\leqslant t<3\\ 0 & \text{其他}\end{cases}$$

例 2-18 已知信号 $x_1(t)=[u(t)-u(t-4)]$ 和 $x_2(t)=[u(t)-u(t-2)]$，试求二者

的卷积。

解　此题有多种求解方法，可分别利用卷积的移位性质、微积分性质或者图解法求得，其结果如图 2-14 所示。

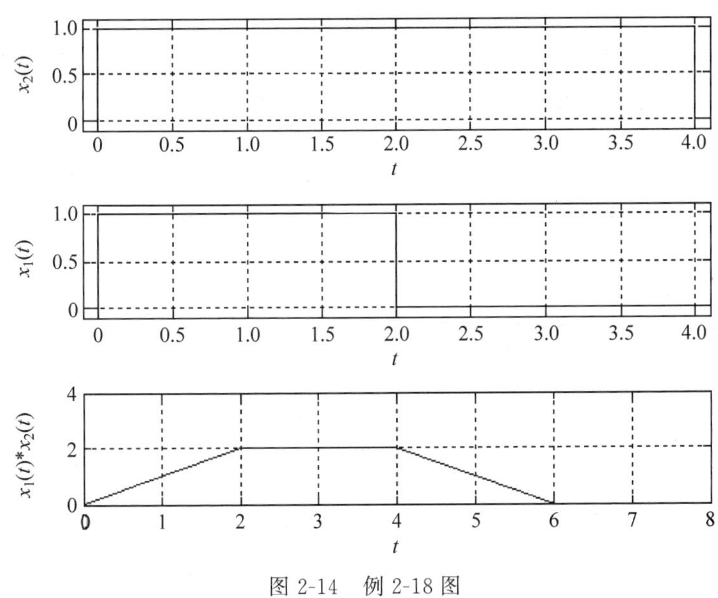

图 2-14　例 2-18 图

下面给出时移方法的求解过程，根据式(2-36)，可知：

$$[u(t)-u(t-4)]*[u(t)-u(t-2)]$$
$$=tu(t)-(t-2)u(t-2)-(t-4)u(t-4)-(t-6)u(t-6)$$

离散序列的卷积和也满足交换律、结合律与分配律，同时与连续信号的卷积类似具有类似的性质，详情见表 2-1。

表 2-1　卷积和的主要性质

性质名称	序列 1	序列 2	卷积和
时移	$f_1[n-n_1]$	$f_2[n-n_1]$	$y[n-n_1-n_2]$
与脉冲序列卷积	$f_1[n]$	$\delta[n-n_0]$	$f_1[n-n_0]$
与阶跃序列卷积	$f_1[n]$	$u[n]$	$y[n]=\sum\limits_{k=-\infty}^{n} f_1[k]$
差分	$f_1[n]$	$f_2[n]$	$\nabla y[n]=\nabla f_1[n]*f_2[n]=f_1[n]*\nabla f_2[n]$ $\Delta y[n]=\Delta f_1[n]*f_2[n]=f_1[n]*\Delta f_2[n]$
累加	$f_1[n]$	$f_2[n]$	$f_1[n]*\sum\limits_{k=-\infty}^{n} f_2[k]=\sum\limits_{k=-\infty}^{n} f_1[k]*f_2[n]=\sum\limits_{k=-\infty}^{n} y[k]$

其中，$y[n]=f_1[n]*f_2[n]$，符号∇表示一阶后向差分，Δ 表示一阶前向差分。

例 2-19　计算卷积 $\alpha^n u[n]*(u[n-1]-u[n-2])$。

解　根据式(2-35)，$\alpha^n u[n]*u[n]=\dfrac{1-\alpha^{n+1}}{1-\alpha}u[n]$，因此有：

$$\alpha^n u[n]*(u[n-1]-u[n-2])=\frac{1-\alpha^n}{1-\alpha}u[n-1]-\frac{1-\alpha^{n-1}}{1-\alpha}u[n-2]$$

此外，对有限长离散序列的卷积和，还有一类特殊的求解方法，称为对位相乘法，此方法实际上是用对位排列运算巧妙地取代翻转平移运算。该方法首先把两序列样本值的右端对齐排列，然后把样本值逐个对应相乘但不要进位，最后把同一列上的乘积值对位求和，就得到卷积和。下面用三个例题说明该方法的求解过程。

例 2-20 求序列 $f_1[n]=2\delta[n]+\delta[n-1]+4\delta[n-2]+\delta[n-3]$ 和 $f_2[n]=3\delta[n]+\delta[n-1]+5\delta[n-2]$ 的卷积和。

解

$$
\begin{array}{rcccccc}
f_1[n]: & & & 2 & 1 & 4 & 1 \\
f_2[n]: & & & & 3 & 1 & 5 \\
 & & & 10 & 5 & 20 & 5 \\
 & & 2 & 1 & 4 & 1 & \\
 & 6 & 3 & 12 & 3 & & \\
f_1[n]*f_2[n]: & 6 & 5 & 23 & 12 & 21 & 5
\end{array}
$$

因此得到卷积后的序列 $6\delta[n]+5[n-1]+23\delta[n-2]+12\delta[n-3]+21[n-4]+5[n-5]$。

例 2-21 计算序列 $f_1[n]=\delta[n]+\delta[n-1]+\delta[n-2]$ 与序列 $f_2[n]=\delta[n-1]+\delta[n-2]$ 的卷积和。

解

$$
\begin{array}{rccccc}
f_1[n]: & & & 1 & 1 & 1 \\
f_2[n]: & & & 0 & 1 & 1 \\
 & & & 1 & 1 & 1 \\
 & & 1 & 1 & 1 & \\
 & 0 & 0 & 0 & & \\
f_1[n]*f_2[n]: & 0 & 1 & 2 & 2 & 1
\end{array}
$$

值得注意的是，该例题中两个序列的起始点不同，卷积和的结果是 $\delta[n-1]+2\delta[n-2]+2\delta[n-3]+[n-4]$，起点是 1，而不是 0。

例 2-22 计算序列 $f_1[n]=\delta[n]+\delta[n-1]+\delta[n-3]$ 与序列 $f_2[n]=\delta[n]+\delta[n-1]+\delta[n-2]$ 的卷积和。

解 本例题中参与卷积运算的序列中有若干信号值为零，使用对位相乘法之前需补零，有：

$$
\begin{array}{rcccccc}
f_1[n]: & & & 1 & 1 & 0 & 1 \\
f_2[n]: & & & & 1 & 1 & 1 \\
 & & & 1 & 1 & 0 & 1 \\
 & & 1 & 1 & 0 & 1 & \\
 & 1 & 1 & 0 & 1 & & \\
f_1[n]*f_2[n]: & 1 & 2 & 2 & 2 & 1 & 1
\end{array}
$$

卷积和的结果是 $\delta[n]+2\delta[n-1]+2\delta[n-2]+2\delta[n-3]+[n-4]+[n-5]$。

有限长离散序列的卷积和还可以通过变换域的方法求解，将在第 5 章进行讲解。

2.3.4 LTI 系统的性质

在第 1 章中，根据给定的系统激励与响应之间的显式表达式判断系统的各类性质。对于一个 LTI 系统，本章引入了系统冲激响应或脉冲响应的描述方法，下面将分别介绍如何以此判断 LTI 系统的记忆性、因果性、可逆性和稳定性。

(1) 记忆性。若系统在任意时刻的响应仅取决于当前时刻的激励，则系统无记忆，因此可以使用系统冲激响应或脉冲响应描述，即满足式(2-50)和式(2-51)，其中 A 为非零常数。

$$h(t)=A\delta(t) \tag{2-50}$$

$$h[n]=A\delta[n] \tag{2-51}$$

(2) 因果性。因果性要求系统的非零响应不能在激励接入之前产生，可以使用冲激响应或者脉冲响应描述，即二者均需要是因果信号，有：

$$h(t)=h(t)u(t) \tag{2-52}$$

$$h[n]=h[n]u[n] \tag{2-53}$$

(3) 可逆性。若 LTI 系统可逆，则原系统与逆系统的级联是恒等系统，即有：

$$h(t)*h_i(t)=\delta(t) \tag{2-54}$$

$$h[n]*h_i[n]=\delta[n] \tag{2-55}$$

例如，一阶累加器的逆系统是一阶后向差分系统，即满足式(2-56)。

$$u[n]*(\delta[n]-\delta[n-1])=\delta[n] \tag{2-56}$$

值得注意的是，一阶后向差分系统不可逆。

(4) 稳定性。此处定义的稳定性是 BIBO 意义上的，即有界输入产生有界输出，关于渐进稳定性的判断请参考相关文献。特别的，对 LTI 系统，由于系统响应可用卷积或卷积和表示，$y(t)=\int_{-\infty}^{+\infty}f(t-\tau)h(\tau)\mathrm{d}\tau$ 和 $y[n]=\sum_{k=-\infty}^{+\infty}f[n-k]h[k]$，当激励信号模的上限为 B 时，有：

$$|y[n]|=\left|\sum_{k=-\infty}^{+\infty}f[n-k]h[k]\right|\leqslant\sum_{k=-\infty}^{+\infty}|f[n-k]||h[k]|$$

$$|y[n]|\leqslant B\sum_{k=-\infty}^{+\infty}|h[k]| \tag{2-57}$$

$$|y(t)|=\left|\int_{-\infty}^{+\infty}f(t-\tau)h(\tau)\mathrm{d}\tau\right|\leqslant\int_{-\infty}^{+\infty}|f(t-\tau)||h(\tau)|\mathrm{d}\tau$$

$$|y(t)|\leqslant B\int_{-\infty}^{+\infty}|h(\tau)|\mathrm{d}\tau \tag{2-58}$$

因此，LTI 系统稳定的条件是 $\sum_{k=-\infty}^{+\infty}|h[k]|<+\infty$ 或 $\int_{-\infty}^{+\infty}|h(\tau)|\mathrm{d}\tau<+\infty$，即离散 LTI 系统的脉冲响应满足绝对可和，连续 LTI 系统的冲激响应满足绝对可积，上述条件即是 LTI 系统稳定的充分条件，也是必要条件，关于必要条件的证明请自行查阅参考文献。

对移动平均系统，其脉冲响应为 $h[n]=\frac{1}{2M+1}\sum_{k=-M}^{M}\delta[n-k]$，该系统是线性时不变的，但是根据脉冲响应，该系统是有记忆、非因果、稳定的系统。

2.3.5 解卷积

在很多信号处理领域，需要解决的问题往往是已知系统的激励和响应求解系统冲激响应(或脉冲响应)，或已知系统响应与系统冲激响应(或脉冲响应)求解激励信号，这两类问题均称为信号处理中的解卷积问题，前者也称为系统辨识。解卷积的典型实例是恢复或者均衡非理想系统的失真，例如一个通过电话线进行通信的高速调制解调器，电话信道的失真限制了信息传输速率的提高，均衡器用来补偿失真的功能，提高信息传输速率，此处均衡器是电话通道的逆系统；多径传输信道的补偿问题也涉及了解卷积；地震信号处理、地质勘探、雷达探测等领域也应用了解卷积。由于连续时间系统的卷积涉及积分，因此下面仅以离散LTI系统解卷积问题给出其时域实现的方法。

已知某LTI因果离散时间系统在因果激励信号 $f[n]$作用下的系统响应为 $y[n]=\sum_{m=0}^{n}f[m]h[n-m]$，其中 $h[n]$是系统的脉冲响应，则该卷积和可以写成矩阵形式：

$$\begin{bmatrix} y(0) \\ y(1) \\ y(2) \\ \cdots \\ y(n) \end{bmatrix} = \begin{bmatrix} h(0) & 0 & 0 & \cdots & 0 \\ h(1) & h(0) & 0 & \cdots & 0 \\ h(2) & h(1) & h(0) & \cdots & 0 \\ \vdots & \vdots & \vdots & \vdots & \vdots \\ h(n) & h(n-1) & h(n-2) & \cdots & h(0) \end{bmatrix} \begin{bmatrix} f(0) \\ f(1) \\ f(2) \\ \cdots \\ f(n) \end{bmatrix} \tag{2-59}$$

将上述矩阵形式进行递推计算，可以得到：

$$f(0)=y(0)/h(0)$$
$$f(1)=[y(1)-f(0)h(1)]/h(0)$$
$$f(2)=[y(2)-f(0)h(2)-f(1)h(1)]/h(0)$$
$$\cdots$$

因此得到

$$f[n]=\left[y[n]-\sum_{m=0}^{n-1}f[m]h[n-m]\right]/h(0) \tag{2-60}$$

类似的，也可以得到如下脉冲响应的计算公式：

$$h[n]=\left[y[n]-\sum_{m=0}^{n-1}h[m]f[n-m]\right]/f(0) \tag{2-61}$$

当分析LTI系统的逆系统时，其本质是原系统脉冲响应与逆系统脉冲响应的卷积和是单位脉冲信号(恒等系统)，即有 $h[n]*h_i[n]=\delta[n]$，因此求其逆系统就是一个解卷积问题。

本章小结

本章重点介绍线性时不变系统的建模和时域分析方法，主要内容如下。

1. 线性时不变系统的描述方法。线性常系数微分方程和差分方程，可通过对实际系统的分析建立描述线性时不变系统的模型。

2. 增量线性系统的概念。增量线性系统的全响应包括零输入响应和零状态响应，且二者是可分离的，均具备线性性质。利用增量线性系统的概念，可以进行系统零输入响应和零状态响应的求解。

3. 线性时不变系统的响应，从不同层面可分为：零状态响应和零输入响应、暂态响应和稳态响应、自由响应和受迫响应、单位冲激响应（或单位脉冲响应）和单位阶跃响应。上述各类响应的基本定义与概念是本章的重点内容。

4. 卷积、卷积和的定义、性质和求解。信号时域卷积或卷积和的引入为线性时不变系统的时域分析介绍了新的方法，即通过系统激励信号与单位冲激响应（单位脉冲响应）的卷积（卷积和）求解系统的零状态响应。

5. 卷积的各类性质有助于其求解，本章介绍了几类常用方法，包括解析法、图解法和性质法。图解法适用于两个有限长且简单信号的卷积；性质法的应用可以大大简化卷积（卷积和）的运算。

6. 根据 LTI 系统冲激响应或脉冲响应可分析其记忆性、可逆性、因果性和稳定性。

7. 复杂系统的冲激响应（或脉冲响应）求解，可通过不同子系统互联的方式进行分析。

习题

2-1　对题 2-1 图所示系统，列出以 $e(t)$ 为激励、$u_C(t)$ 为响应的系统微分方程，说明该电路系统阶次，并求解系统的自然频率。

2-2　题 2-2 图所示电路，$t<0$ 时，开关置于位置“1”，电路已进入稳态；$t=0$ 时，开关位置切换到“2”。已知 $R=1\Omega$、$C=1\text{F}$，求解以下问题。

（1）列出以 $i_s(t)$ 为激励、$v_0(t)$ 为响应的系统微分方程；

（2）求出 0_- 和 0_+ 时刻的初始条件，即 $v_0(0_-)$ 和 $v_0(0_+)$；

（3）当系统激励 $i_s(t)=2u(t)$A 时，使用 MATLAB 求解系统零状态响应、零输入响应，并画出其波形。

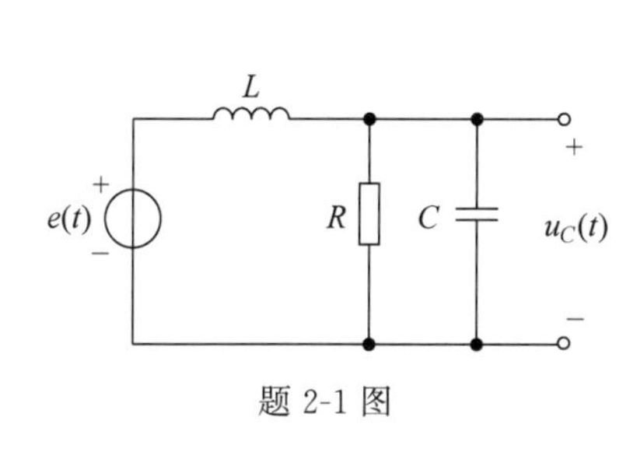

题 2-1 图

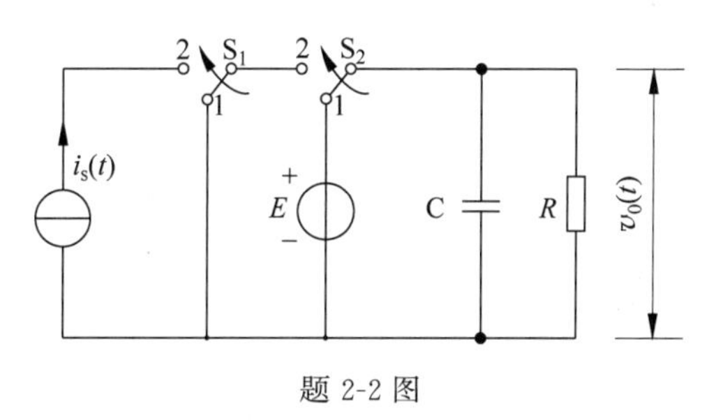

题 2-2 图

2-3　如题 2-3 图所示电路，已知 $R_1=10\Omega$、$R_2=2\Omega$、$C=0.1\text{F}$，系统初始条件为零，列出以 $i_s(t)$ 为激励、$u_C(t)$ 为响应的系统微分方程，并使用 MATLAB 求解当系统激励 $i_s(t)=10u(t)$A 时的零状态响应、系统冲激响应和阶跃响应。

2-4　如题 2-4 图所示电路，已知 $R_1=1\Omega$、$R_2=1\Omega$、$L=1\text{H}$、$C=1\text{F}$、$u_s(t)=2e^{-t}u(t)$V，列出以 $u_s(t)$ 为激励、$u_C(t)$ 为响应的系统微分方程，并使用 MATLAB 求解系统零状态响应、冲激响应、阶跃响应，画出其波形图。

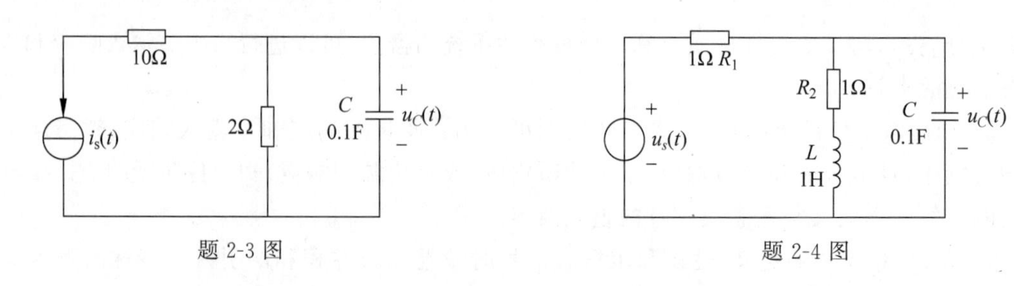

题 2-3 图　　　　题 2-4 图

2-5　某人定期在银行存款，时间间隔为一年，若第 n 年存款为 $f[n]$（激励信号），银行一年期存款利率为 α，列出以本年度存款余额 $y[n]$ 为响应的系统差分方程。

2-6　在第 n 个学期，有 $f[n]$ 个学生登记选修某课程，所需教材的出版社在第 n 个学期共售出 $y[n]$ 本教材。若平均有四分之一学生在学期末出售自己的旧教材，教材的可售出寿命为三个学期（假设每个学生买一本书，且课程每学期均开设），列出以 $f[n]$ 为激励、$y[n]$ 为响应的系统差分方程。

2-7　斐波那契数列是数学家在研究兔子繁殖问题时提出的一个整数序列，其第一个、第二个元素值分别是 $f[1]=1$、$f[2]=1$，后续序列元素是前面两个元素之和。列出描述该问题的差分方程，并使用 MATLAB 求解该系统的响应，说明该响应属于哪类响应，并计算该序列第 50 个元素的值。

2-8　使用 MATLAB 计算并画出下列离散系统的单位脉冲响应和单位阶跃响应。

（1）$y[n]-0.8y[n-1]=f[n]$

（2）$y[n]+\frac{1}{4}y[n-1]-\frac{1}{8}y[n-2]=f[n]-f[n-1]$

（3）$y[n]-y[n-2]=f[n-1]-f[n-2]$

2-9　已知下列离散系统的差分方程、输入激励序列和初始条件，使用 MATLAB 求各系统的零输入响应、零状态响应和全响应，并画出各响应的信号波形。

（1）$y[n]-\frac{1}{2}y[n-1]=f[n]$，$f[n]=\delta[n]$，$y[-1]=0$

（2）$y[n]+3y[n-1]+2y[n-2]=f[n]$，$f[n]=(0.5)^n u[n]$，$y[-1]=-\frac{1}{2}$，$y[-2]=\frac{5}{4}$

（3）$y[n]-5y[n-1]+6y[n-2]=f[n]$，$f[n]=2u[n]$，$y[-1]=-\frac{1}{2}$，$y[-2]=\frac{5}{4}$

2-10　已知某 LTI 系统对 $\delta'(t)$ 的零状态响应为 $3e^{-2t}u(t)$，试求：

（1）系统的冲激响应

（2）系统对激励 $2[u(t)-u(t-2)]$ 产生的零状态响应

2-11　某 LTI 连续时间系统，对激励 $f(t)=2e^{-3t}u(t)$ 的零状态响应是 $r(t)=T\{f(t)\}$，对激励 $f'(t)$ 的零状态响应是 $T\{f'(t)\}=-3r(t)+e^{-2t}u(t)$，试求该系统的冲激响应 $h(t)$。

2-12　已知某 LTI 系统在激励信号 $f_1(t)=e^{-2t}u(t)$ 下的零状态响应为 $y_1(t)$，又已知该系统在激励信号 $f_2(t)=\delta(t)+e^{-t}u(t)$ 下的零状态响应为 $y_2(t)=-2y_1(t)+e^{-2t}u(t)$，试求该系统的单位冲激响应 $h(t)$。（提示：$f_2(t)=f_1'(t)+2f_1(t)$）

2-13　已知有某LTI系统，其起始状态未知，激励为 $f(t)$ 时的全响应为 $(2\mathrm{e}^{-3t}+\sin 2t)u(t)$，激励为 $2f(t)$ 时的全响应为 $(\mathrm{e}^{-3t}+2\sin 2t)u(t)$，试求：

(1) 起始状态不变，当激励为 $f(t-1)$ 时的全响应，并指出零输入响应和零状态响应

(2) 起始状态是原来的两倍，激励为 $2f(t)$ 时的全响应

2-14　已知有某线性时不变离散时间系统，其初始条件为 $y_1[-1]$、$y_2[-1]$；当 $y_1[-1]=1$，$y_2[-1]=0$ 时，零输入响应 $y_{\mathrm{ZI1}}[n]=\left[\left(\frac{1}{2}\right)^n+3\left(\frac{1}{3}\right)^n\right]u[n]$；当 $y_1[-1]=0$，$y_2[-1]=1$ 时，零输入响应 $y_{\mathrm{ZI2}}[n]=\left[2\left(\frac{1}{2}\right)^n+\left(\frac{1}{3}\right)^n\right]u[n]$；当系统激励为 $f[n]$ 时，零状态响应 $y_{\mathrm{ZS}}[n]=\left[2-3\left(\frac{1}{2}\right)^n+\left(\frac{1}{3}\right)^n\right]u[n]$。试求当 $y_1[-1]=2$、$y_2[-1]=3$，且激励为 $2f[n-2]$ 时，系统的全响应。

2-15　考虑某LTI系统，其输入 $f(t)$ 和输出 $y(t)$ 可通过如下方程联系，$y(t)=\int_{-\infty}^{t}\mathrm{e}^{-(t-\tau)}f(\tau-2)\mathrm{d}\tau$，求该系统的单位冲激响应。

2-16　某LTI系统满足微分-积分方程 $r'(t)+5r(t)=\int_{-\infty}^{+\infty}e(\tau)f(t-\tau)\mathrm{d}\tau-e(t)$，其中，$e(t)$ 为该系统的激励信号，$f(t)=\mathrm{e}^{-t}u(t)+3\delta(t)$，试求该系统的冲激响应。

2-17　各信号波形如题2-17图所示，试求下列卷积，并画出波形图。

(1) $f_1(t)*f_2(t)$

(2) $f_1(t)*f_3(t)$

(3) $f_1(t)*f_4(t)$

(4) $f_1(t)*f_2(t)*f_2(t)$

(5) $f_1(t)*[2f_4(t)-f_3(t-3)]$

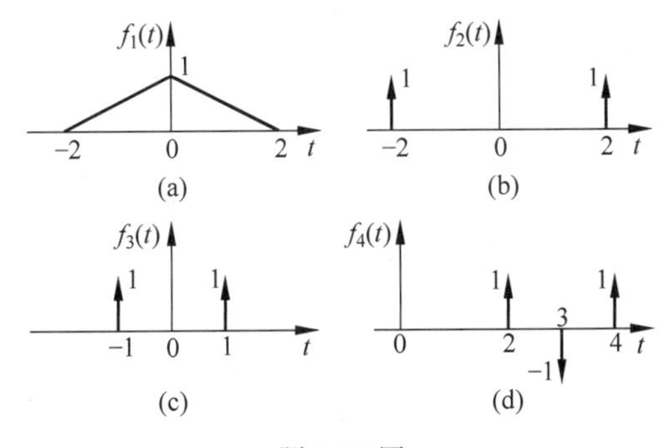

题2-17图

2-18　计算下列卷积，并使用MATLAB求解卷积结果，画出各卷积信号波形。

(1) $\mathrm{e}^{-3t}u(t)*\mathrm{e}^{-5t}u(t)$

(2) $u(t)*\mathrm{e}^{-3t}u(t-1)$

(3) $[u(t)-u(t-1)]*\sum_{n=0}^{+\infty}\delta(t-2n)$

(4) $t^2\mathrm{e}^{-t}u(t)*\delta'(t)$

(5) $[\sin(\pi t)u(t)]*tu(t)*\delta'(t)*\delta'(t)$

(6) $u(t-1)*u(t-1)$

(7) $G_4(t)*G_2(t)$

(8) $[u(t)-u(t-1)]*[u(t)-u(t-1)]$

(9) $\cos(t)u(t) * e^{-2t}u(t)$　　　　(10) $\sin(2\pi t)[u(t)-u(t-1)] * u(t)$

2-19　对题 2-19 图所示的各组信号，计算卷积积分 $f_1(t) * f_2(t)$，并粗略画出 $f_1(t)$ 与 $f_2(t)$ 卷积后得到的波形。

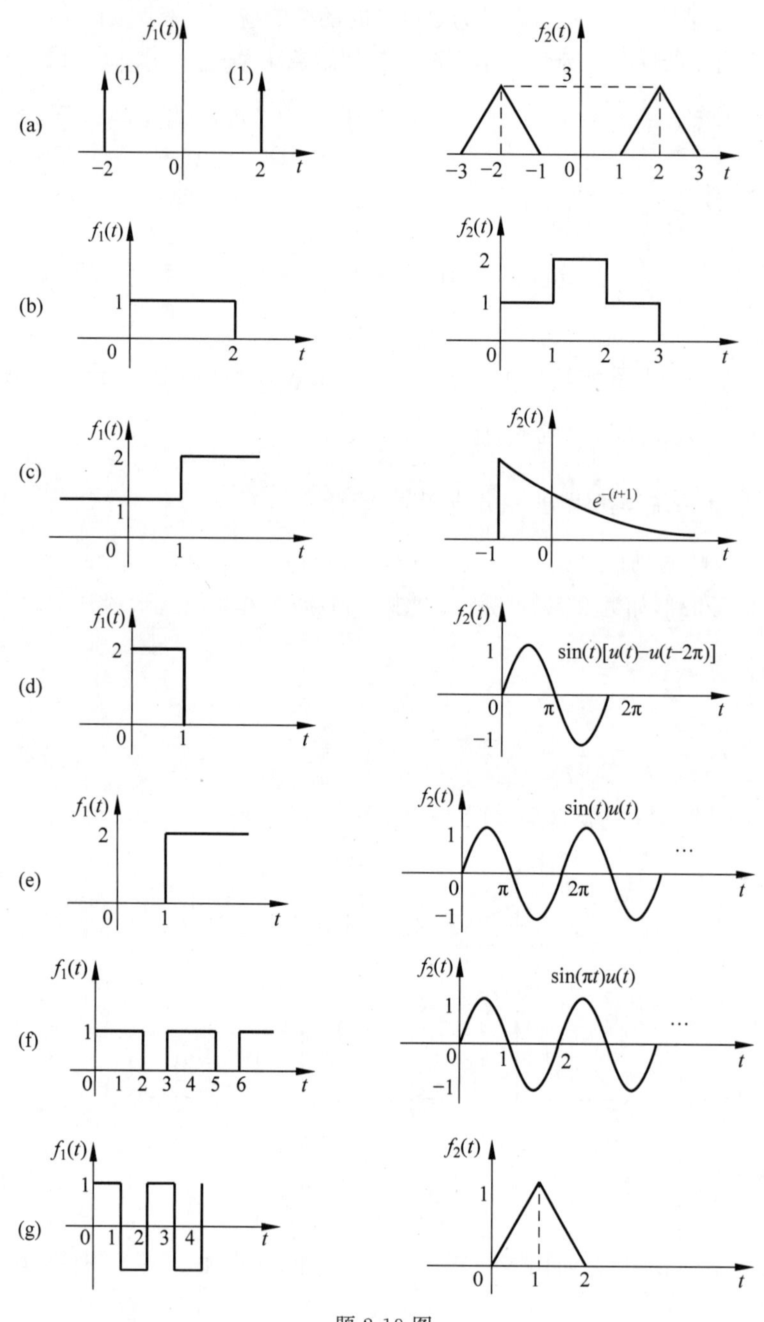

题 2-19 图

2-20　若某线性时不变系统的激励 $f(t)$ 与系统响应 $y(t)$ 之间的关系为 $y(t)=\int_{t-2}^{t} f(\tau)\mathrm{d}\tau$，试求：

(1) 该系统的单位冲激响应。

(2) 判断该系统是否为因果系统、稳定系统。

(3) 画出该冲激响应的偶分量和奇分量。

(4) 若激励 $f(t)=e^{-t}u(t)$，求该激励作用下的系统响应 $y(t)$。

2-21 已知序列 $f_1[n]$ 和 $f_2[n]$ 如题 2-21 图所示，计算两者的卷积和，并使用 MATLAB 求解，画出卷积后序列波形。

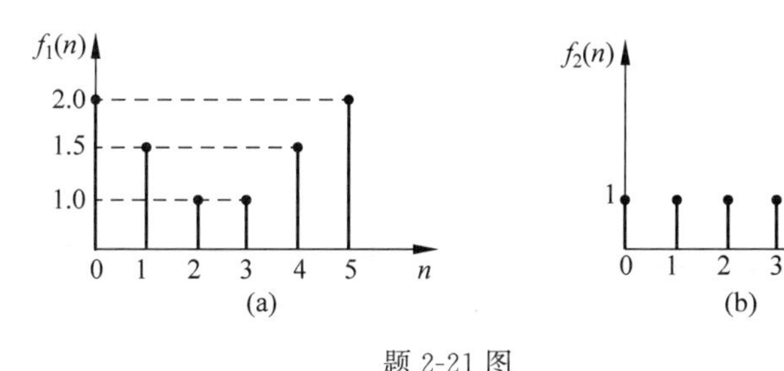

题 2-21 图

2-22 已知各系统的激励 $x[n]$ 和单位脉冲响应 $h[n]$ 的波形如题 2-22 图所示，求其零状态响应，并利用 MATLAB 求解，画出卷积后序列的波形。

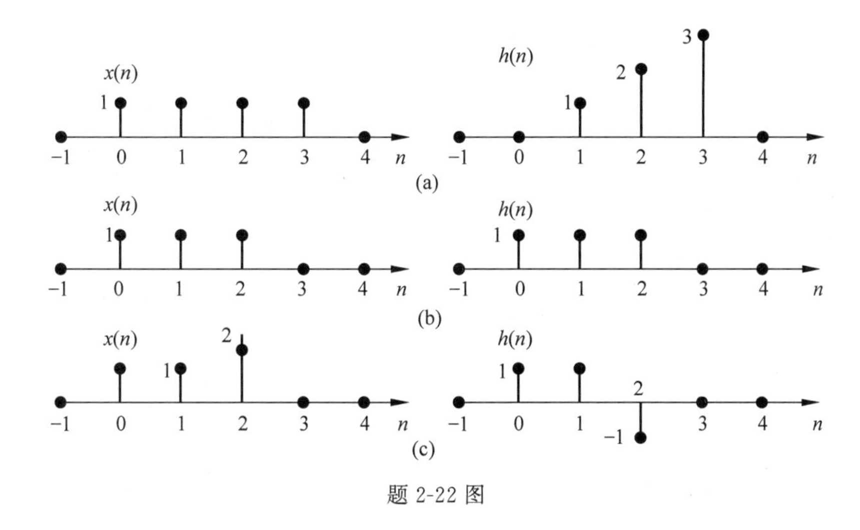

题 2-22 图

2-23 在 MATLAB 中，用自编函数实现有限长序列的卷积和解卷积运算，并使用典型序列进行测试。

2-24 已知离散时间 LTI 系统的单位阶跃响应为 $s[n]=\left[2-\left(\frac{1}{2}\right)^n+\left(-\frac{3}{2}\right)^n\right]u[n]$，试求系统的单位脉冲响应 $h[n]$。

2-25 设离散系统的单位脉冲响应为 $h[n]=\left(\frac{1}{3}\right)^n u[n]$，若输入信号为 $f[n]=\left(\frac{1}{2}\right)^n u[n]$，试求该系统的零状态响应。

2-26 设某离散系统的单位脉冲响应为 $h[n]=a^n u[n]$，$0<a<1$，若输入信号为 $f[n]=u[n]-u[n-6]$，试求该系统的零状态响应。

2-27 数字微分器由下式描述：$y[n]-y[n-1]=x[n]$，该系统的单位脉冲响应为 $u[n]$，试求：

(1) 该系统的单位阶跃响应。

(2) 当激励为 $f[n]=\left(\frac{1}{2}\right)^n u[n-1]$时的系统响应。

2-28 已知 $f_1[n]=\left(\frac{1}{2}\right)^n u[n]$，$f_2[n]=u[n+3]$，$f_3[n]=\delta[n]-\delta[n-1]$，试求 $y[n]=f_1[n]*f_2[n]*f_3[n]$。

2-29 若某离散系统的单位脉冲响应为 $\sum_{k=-\infty}^{n}(-1)^k\delta[k-3]$，判断该系统是否是因果、稳定、可逆系统。若其可逆，试求逆系统的脉冲响应。

2-30 考虑某系统 S，其输入为 $f[n]$，输出为 $y[n]$，这个系统是由系统 S_1 和 S_2 级联后得到的，S_1 和 S_2 的输入-输出关系为：

$$S_1: y_1[n]=2f_1[n]+4f_1[n-1]$$

$$S_2: y_2[n]=f_2[n-2]+\frac{1}{2}f_2[n-3]$$

这里 $f_1[n]$，$f_2[n]$都为输入信号。试求：

(1) 系统 S 的输入-输出关系。

(2) 若 S_1 和 S_2 的级联次序颠倒(即 S_1 在后)，系统 S 的输入-输出关系是否改变。

2-31 使用卷积或卷积和的定义证明下列性质或结论。

(1) 结合律：$[f(t)*h(t)]*g(t)=f(t)*[h(t)*g(t)]$。

(2) 时移性质：令 $y(t)=f(t)*h(t)$，则有 $f(t-t_1)*h(t-t_2)=y(t-t_1-t_2)$。

(3) $u[n]*u[n]=(n+1)u[n]$。

(4) $f[n]*\delta[n-m]=f[n-m]$。

2-32 试证明奇信号与偶信号的卷积是奇信号，两个奇信号或两个偶信号的卷积仍为偶信号。

2-33 试证明卷积的时域尺度性质，即若 $f(t)*g(t)=y(t)$，则 $f(at)*g(at)=\left|\frac{1}{a}\right|y(at)$。

2-34 已知各连续时间线性时不变系统的单位冲激响应如下，判断各系统是否为因果系统、稳定系统，并给出判断理由。

(1) $h(t)=\mathrm{e}^{-2t}u(t-1)$

(2) $h(t)=u(t)-u(t-1)$

(3) $h(t)=\mathrm{e}^{-|t|}$

(4) $h(t)=\mathrm{e}^{2t}u(-t)$

(5) $h(t)=\mathrm{e}^{-4t}u(4-t)$

(6) $h(t)=(\cos 10\pi t)[u(t)-u(t-2)]$

2-35 已知各离散时间线性时不变系统的单位脉冲响应如下，判断各系统是否为因果系统、稳定系统，并给出判断理由。

(1) $h[n]=\left(\frac{1}{3}\right)^{n}u[n-2]$

(2) $h[n]=(n+1)u[n]$

(3) $h[n]=(2)^{-n}u[-n-1]+\left(\frac{6}{5}\right)^{n}u[n]$

(4) $h[n]=(4)^{n}u[-n-2]$

(5) $h[n]=\delta[n]-\delta[n-1]$

(6) $h[n]=\sum_{m=-\infty}^{n-1}\delta[m]$

2-36 题 2-36 图所示的系统由若干子系统组成，各子系统的冲激响应分别为 $h_a(t)=u(t)-u(t-1)$ 和 $h_b(t)=u(t-1)-u(t-2)$，试求总系统的冲激响应 $h(t)$。

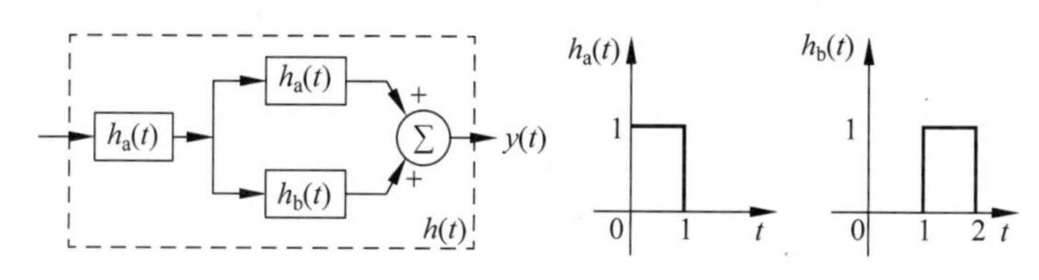

题 2-36 图

2-37 关于有限长信号的卷积或卷积和运算后信号的长度，有以下结论：

(1) 若 $f(t)=0,|t|>T_1$ 和 $h(t)=0,|t|>T_2$，则 $f(t)*h(t)=0,|t|>T_3$，T_3 是某个正数。试用 T_1 和 T_2 表示 T_3；

(2) 若离散时间 LTI 系统输入为 $f[n]$，单位脉冲响应为 $h[n]$。若已知 $h[n]$在 $N_0\leqslant n\leqslant N_1$ 区间以外都是零，而 $f[n]$在 $N_2\leqslant n\leqslant N_3$ 区间以外都是零，那么输出 $y[n]$除了在某一区间 $N_4\leqslant n\leqslant N_5$ 内，其余区间也都是零。试用 N_0、N_1、N_2 和 N_3 求出 N_4 和 N_5。

2-38 判断下列各说法是否正确。

(1) 若 $n<N_1,f[n]=0$ 和 $n<N_2,h[n]=0$，那么 $n<N_1+N_2,f[n]*h[n]=0$；

(2) 若 $y[n]=f[n]*h[n]$，则 $y[n-1]=f[n-1]*h[n-1]$；

(3) 若 $y(t)=f(t)*h(t)$，则 $y(-t)=f(-t)*h(-t)$；

(4) 若 $t>T_1,f(t)=0$ 和 $t>T_2,h(t)=0$，则 $t>T_1+T_2,f(t)*h(t)=0$。

2-39 判断下列有关 LTI 系统的说法是否正确，并陈述理由。

(1) 若 $h(t)$是一个 LTI 系统的单位冲激响应，并且 $h(t)$是周期的且非零，则系统是不稳定的；

(2) 一个因果 LTI 系统的逆系统总是因果的；

(3) 若$|h[n]|\leqslant K$(对每一个 n)，K 为某已知数，则以 $h[n]$作为单位脉冲响应的 LTI 系统是稳定的；

(4) 若一个离散时间 LTI 系统的单位脉冲响应 $h[n]$为有限长，则该系统是稳定的；

(5) 若一个 LTI 系统是因果的，则该系统是稳定的；

(6) 一个非因果的 LTI 系统与一个因果的 LTI 系统级联，必定是非因果的；

(7) 当且仅当一个连续时间 LTI 系统的单位阶跃响应 $s(t)$ 是绝对可积的，即 $\int_{-\infty}^{+\infty}|s(t)|\,dt<\infty$，该系统是稳定的；

(8) 当且仅当一个离散时间 LTI 系统的单位阶跃响应 $s[n]$在 $n<0$ 为零，该系统是因果的。

2-40　考虑一个离散时间系统，其输入 $f[n]$与输出 $y[n]$的关系满足差分方程：

$$y[n]-\frac{1}{2}y[n-1]=f[n]$$

(1) 若该系统满足初始松弛条件，即，若 $n<n_0$，$f[n]=0$，则 $n<n_0$，$y[n]=0$，试证明上述差分方程描述的系统是线性和时不变的；

(2) 若该系统不满足初始松弛条件，使用附加条件 $y[n]=0$，试证明该系统不是因果的。

2-41　已知雷达测距的原理是：从雷达向目标物发射一个射频脉冲波，测量被目标物反射后返回雷达处的回波接收信号的时间延迟，从而确定雷达与目标物之间的距离。假设从雷达向目标物发射单位冲激信号，以确定雷达和目标物之间一个往返的冲激响应。该单位冲激信号将发生时间的延迟和幅度的衰减，故该系统的冲激响应可表示为 $h(t)=a\delta(t-\beta)$。因此，要计算发射脉冲波 $f(t)$的回波接收信号，可以利用 $f(t)$与 $h(t)$卷积，即接收到的信号为 $r(t)=af(t-\beta)$。在描述脉冲波传播的 LTI 系统中，若发射的射频脉冲波为 $f(t)=\sin(\omega_c t)[u(t)-u(t-T_0)]$，试求接收到的信号 $r(t)$。

2-42　将多径传输模型推广到更普遍的情形，假定直接路径和非直接路径之间的延迟是 k 而不是 1，即描述输入-输出关系的差分方程为 $y[n]=f[n]+af[n-k]$。

(1) 试求其逆系统的单位脉冲响应

(2) 判断该系统是否为稳定系统

(3) 判断该系统是否可逆，若是可逆系统，则试求其逆系统的单位脉冲响应

2-43　通信系统中常用的概念是信号的相关。下面分别给出连续信号与离散信号相关的定义以及相关的性质。

(1) 定义连续信号 $x(t)$，$y(t)$ 的相关函数为 $\phi_{xy}(t)=\int_{-\infty}^{+\infty}x(t+\tau)y(\tau)\mathrm{d}\tau$，函数 $\phi_{xx}(t)$ 为信号 $x(t)$ 的自相关函数。试写出信号卷积与相关运算的关系，并说明信号的相关是否符合交换律；

(2) 定义离散信号 $x[n]$，$y[n]$ 的相关函数为 $\phi_{xy}[n]=\sum_{m=-\infty}^{+\infty}x[m+n]y[n]$，函数 $\phi_{xx}[n]$ 为信号 $x[n]$ 的自相关函数，试证明 $\phi_{xy}[n]=\phi_{yx}[-n]$。若 $x[n]=u[n]-u[n-3]$，试求该序列的自相关函数。

第3章

CHAPTER 3

连续时间信号与系统的频域分析

3.1 引言

第 2 章介绍了线性时不变系统的时域分析方法,主要包括时域经典分析方法和卷积法,后者利用系统的线性性与时不变性,引入卷积运算实现系统零状态响应的求解。本章将介绍连续信号与系统的频域分析方法,主要使用傅里叶级数和傅里叶变换实现。

信号与系统频域分析的应用十分广泛,例如语音信号分析与处理、图像的频谱分析、通信、滤波器的设计等。图 3-1 给出某语音信号及预加重信号的时域波形和频谱;图 3-2 是某示例图像及其对数幅度谱和相位谱;图 3-3 是双音频电话机的原理图,键盘上每个按键由两个不同的频率确定,图 3-3(b)、图 3-3(c)分别是每个按键对应的时域波形图与频谱图;图 3-4 是 ECG 信号去噪的示例图。

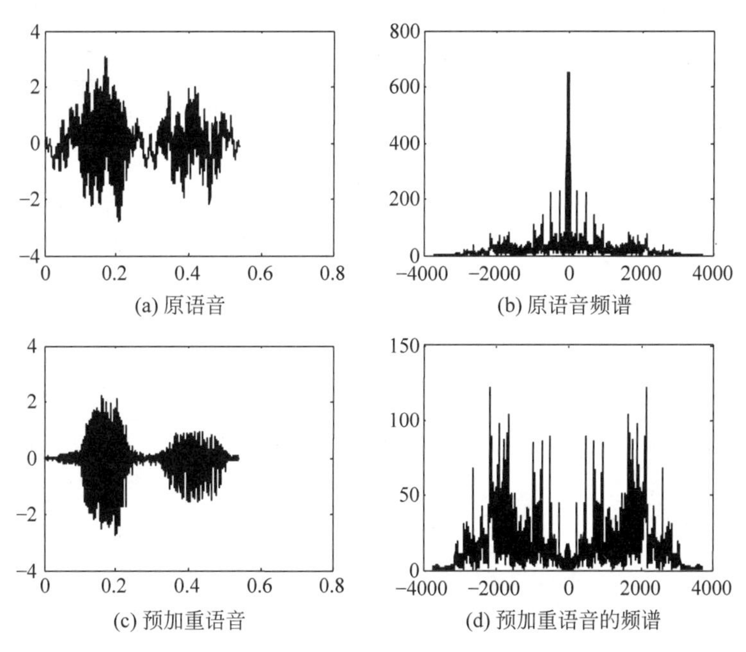

图 3-1　语音信号及预加重信号的时域波形和频谱图

(a) 图像

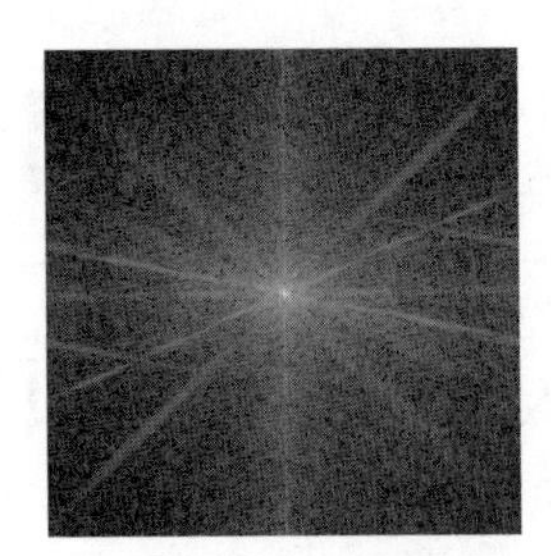

(b) 图像的对数幅度谱

(c) 图像的相位谱

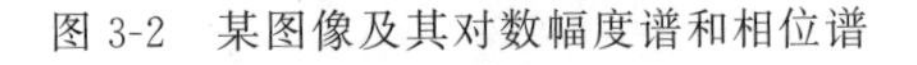

图 3-2　某图像及其对数幅度谱和相位谱

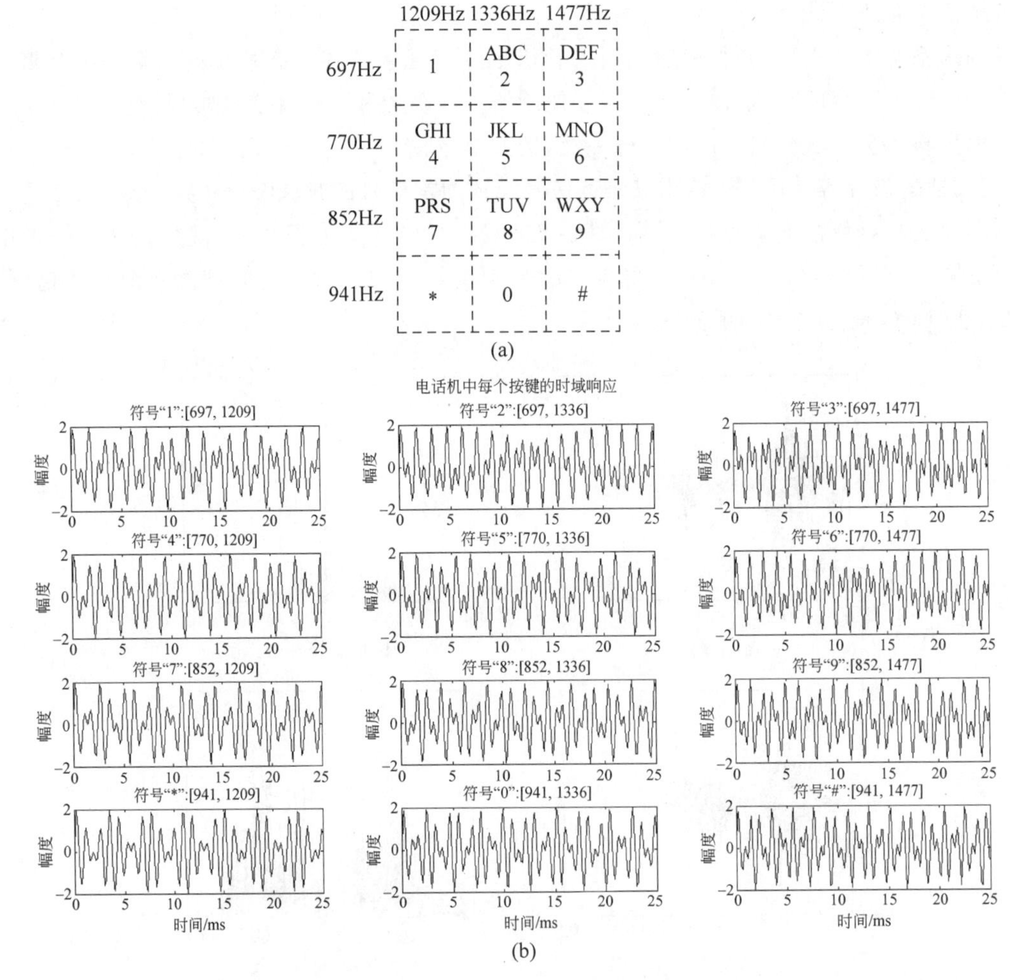

图 3-3　双音频电话机原理图

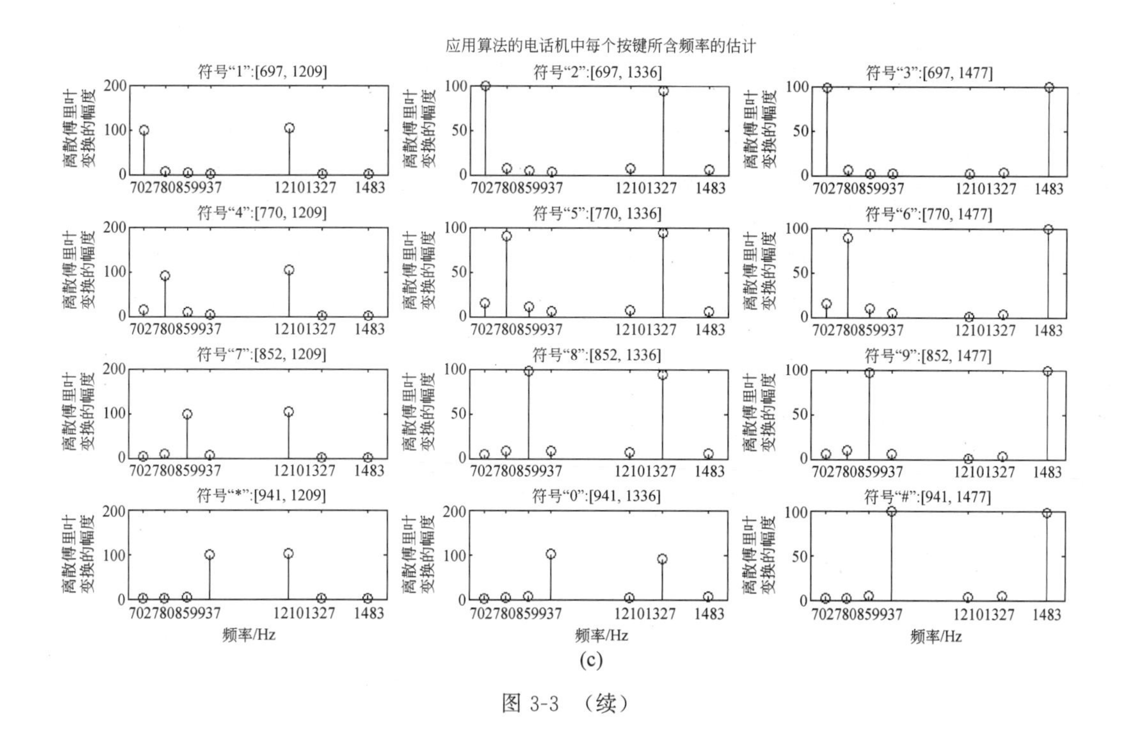

(c)

图 3-3　（续）

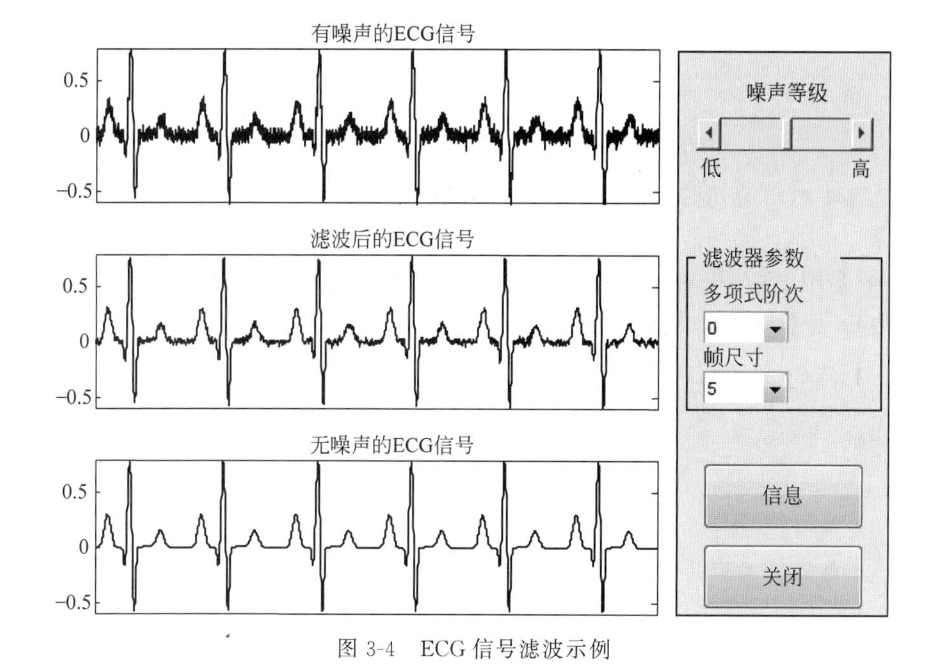

图 3-4　ECG 信号滤波示例

若某信号通过系统后的响应只是在该信号基础上乘以一个常数，则将该信号称为系统的特征函数，加权的常数称为系统的特征值。对 LTI 系统，复指数信号是其特征函数，即：

$$e^{st} \rightarrow H(s)e^{st} \tag{3-1}$$

证明：若 $h(t)$ 是 LTI 系统的冲激响应，则有系统零状态响应是：

$$y(t)=e^{st}*h(t)=\int_{-\infty}^{+\infty}e^{s(t-\tau)}h(\tau)d\tau=e^{st}\int_{-\infty}^{+\infty}h(\tau)e^{-s\tau}d\tau=e^{st}H(s) \tag{3-2}$$

$$H(s)=\int_{-\infty}^{+\infty}h(\tau)e^{-s\tau}d\tau \tag{3-3}$$

其中，常数 $H(s)$是与特征函数相关的特征值，其实质是冲激响应的拉普拉斯变换。

因此，根据系统的线性性和时不变性，以及信号的可分解性，对于 LTI 系统的分析，可先将一般信号分解为复指数信号的加权和，令各复指数信号分别通过 LTI 系统，再求其响应的加权和。因此，本章首先介绍信号的分解方法，再进一步介绍系统的频域分析方法。

微课视频

3.2 傅里叶级数

3.2.1 连续周期信号的傅里叶级数

根据傅里叶级数(Fourier Series，FS)理论，任何满足狄里克雷(Dirichlet)条件[①]的周期连续信号 $f(t)$都可表示为无限多个、频率为基频倍数的复指数信号的加权和，也就是说，若 $f(t)=f(t+kT)$，其中，k 为任意整数，T 为周期，$f_0=\frac{1}{T}$是基波频率，$\omega_0=2\pi f_0=\frac{2\pi}{T}$为基波角频率，则有：

$$f(t)=\sum_{n=-\infty}^{+\infty}F_n e^{jn\omega_0 t} \tag{3-4}$$

$$F_n=\frac{1}{T}\int_T f(t)e^{-jn\omega_0 t}dt \tag{3-5}$$

F_n 为周期信号 $f(t)$的复指数形式的傅里叶级数的系数，可以选择任意完整的一个周期作为积分区间。

式(3-4)是用 FS 分析对周期信号 $f(t)$进行的谐波分解，即用谐波加权和来合成信号 $f(t)$，因此 FS 分析又称为谐波分析。

证明：把式(3-4)的两端乘以 $e^{-jn\omega_0 t}$ 后对 t 在一个周期内积分，有：

$$\int_{t_0}^{t_0+T}f(t)e^{-jn\omega_0 t}dt=\int_{t_0}^{t_0+T}\left[\sum_{m=-\infty}^{+\infty}F_m e^{jm\omega_0 t}\right]e^{-jn\omega_0 t}dt=\sum_{m=-\infty}^{+\infty}F_m\left[\int_{t_0}^{t_0+T}e^{j(m-n)\omega_0 t}dt\right] \tag{3-6}$$

$$\int_{t_0}^{t_0+T}e^{j(m-n)\omega_0 t}dt=\begin{cases}T & m=n\\ 0 & m\neq n\end{cases} \tag{3-7}$$

将式(3-7)代入式(3-6)即可得到式(3-5)。

式(3-5)是指 $e^{jn\omega_0 t}$ 是连续周期信号的正交基函数，因此 FS 分析是一个正交级数展开分析。

根据复指数信号与正弦类信号的关系，上述复指数形式的 FS 展开式还可以写成三角

---

① 对周期信号而言的狄里克雷条件是：函数连续，或在一个周期内仅有有限个第一类间断点；在一个周期内有有限个极值；在一个周期内，函数绝对可积。

函数形式，具体的对应关系如表 3-1 所示。

表 3-1　连续周期信号的傅里叶级数表示

级数形式		展开形式	系数计算方法	相互转换关系
复指数型		$f(t)=\sum_{n=-\infty}^{+\infty}F_n\mathrm{e}^{\mathrm{j}n\omega_0 t}$	$F_n=\frac{1}{T}\int_T f(t)\mathrm{e}^{-\mathrm{j}n\omega_0 t}\mathrm{d}t$	$F_0=c_0=d_0=a_0$ $F_n=\frac{1}{2}(a_n-\mathrm{j}b_n)$
三角函数型	余弦	$f(t)=c_0+\sum_{n=1}^{+\infty}c_n\cos(n\omega_0 t+\theta_n)$	$c_n=\sqrt{a_n^2+b_n^2}$ $\theta_n=\arctan\left(-\frac{b_n}{a_n}\right)$	$\lvert F_n\rvert+\lvert F_{-n}\rvert=c_n, n\geqslant 1$ $\theta_n=\angle F_n$
三角函数型	正、余弦	$f(t)=a_0+\sum_{n=1}^{+\infty}[a_n\cos(n\omega_0 t)+b_n\sin(n\omega_0 t)]$	$a_n=\frac{2}{T}\int_T f(t)\cos(n\omega_0 t)\mathrm{d}t$ $b_n=\frac{2}{T}\int_T f(t)\sin(n\omega_0 t)\mathrm{d}t$ $a_0=\frac{1}{T}\int_T f(t)\mathrm{d}t$	$a_n-\mathrm{j}b_n=c_n\mathrm{e}^{\mathrm{j}\theta_n}=2F_n$ $a_n+\mathrm{j}b_n=c_n\mathrm{e}^{-\mathrm{j}\theta_n}=2F_{-n}$

连续周期信号的 FS 展开式表明，该类信号是由频率为基频整数倍的各谐波分量组合而成的，展开式中各分量的系数 $F_n=\lvert F_n\rvert\mathrm{e}^{\mathrm{j}\varphi_n}$ 是关于 $n\omega_0$ 的函数，因此可分别画出 $\lvert F_n\rvert\sim n\omega_0$、$\varphi_n\sim n\omega_0$ 的对应曲线，即连续周期信号的幅度谱和相位谱，分别表示连续周期信号中的各谐波分量的幅度与相位。连续周期信号的频谱是离散谱，只位于直流分量和各谐波分量处。同理，使用三角函数形式的 FS 展开式，也可分别画出其幅度谱与相位谱，例如余弦形式展开式的频谱为 $c_n=\lvert c_n\rvert\mathrm{e}^{\mathrm{j}\theta_n}$，由于此处 n 取正整数或零，因此对应的幅度谱和相位谱为单边谱，以区别上述的双边谱，二者的对应关系参考表 3-1。

例 3-1　已知信号 $f(t)=2+\cos(\omega_0 t)+0.5\cos\left(2\omega_0 t+\frac{\pi}{4}\right)$，求该连续周期信号复指数形式的 FS 展开式的系数。

解　根据欧拉公式，信号可写为：

$$f(t)=2+\frac{1}{2}(\mathrm{e}^{\mathrm{j}\omega_0 t}+\mathrm{e}^{-\mathrm{j}\omega_0 t})+\frac{1}{4}[\mathrm{e}^{\mathrm{j}(2\omega_0 t+\frac{\pi}{4})}+\mathrm{e}^{-\mathrm{j}(2\omega_0 t+\frac{\pi}{4})}]$$

$$=2+\frac{1}{2}(\mathrm{e}^{\mathrm{j}\omega_0 t}+\mathrm{e}^{-\mathrm{j}\omega_0 t})+\frac{1}{4}\mathrm{e}^{\mathrm{j}\frac{\pi}{4}}\mathrm{e}^{\mathrm{j}2\omega_0 t}+\frac{1}{4}\mathrm{e}^{-\mathrm{j}\frac{\pi}{4}}\mathrm{e}^{-\mathrm{j}2\omega_0 t}$$

因此，该连续周期信号复指数形式的展开式中对应的各谐波分量的系数为：

$$F_0=2,\quad F_{\pm 1}=\frac{1}{2},\quad F_2=\frac{1}{4}\mathrm{e}^{\mathrm{j}\frac{\pi}{4}},\quad F_{-2}=\frac{1}{4}\mathrm{e}^{-\mathrm{j}\frac{\pi}{4}}$$

例 3-2　已知连续周期信号 $\delta_T(t)=\sum_{n=-\infty}^{+\infty}\delta(t-nT)$，求解该信号复指数形式的 FS 展开式。

解　该信号是周期冲激信号，其基波频率为 $\omega_0=\frac{2\pi}{T}$，则根据 FS 的求解公式可以得到

系数 $F_n=\frac{1}{T}\int_{t_0}^{t_0+T}\sum_{m=-\infty}^{+\infty}\delta(t-mT)\mathrm{e}^{-\mathrm{j}n\omega_0 t}\mathrm{d}t=\frac{1}{T}$，因此有：

$$\delta_T(t)=\sum_{n=-\infty}^{+\infty}\delta(t-nT)=\frac{1}{T}\sum_{n=-\infty}^{+\infty}\mathrm{e}^{\mathrm{j}n\omega_0 t} \tag{3-8}$$

由式(3-8)可见，周期冲激信号的频谱是均匀分布的，直流分量以及各谐波分量的幅度一致。

例 3-3 求周期矩形脉冲信号 $f(t)=\sum_{n=-\infty}^{+\infty}EG_\tau(t-nT)$，$\tau<T$ 复指数形式的 FS 展开式。

解 该信号是以矩形脉冲信号 $EG_\tau(t)$ 为基本周期、占空比 $\frac{\tau}{T}<1$ 的周期矩形脉冲信号，其中，基频 $\omega_0=\frac{2\pi}{T}$，应用式(3-5)有：

$$F_n=\frac{1}{T}\int_{-\frac{T}{2}}^{\frac{T}{2}}EG_\tau(t)\mathrm{e}^{-\mathrm{j}n\omega_0 t}\mathrm{d}t=\frac{1}{T}\int_{-\frac{\tau}{2}}^{\frac{\tau}{2}}E\mathrm{e}^{-\mathrm{j}n\omega_0 t}\mathrm{d}t=\frac{E}{T}\frac{\mathrm{e}^{-\mathrm{j}n\omega_0\frac{\tau}{2}}-\mathrm{e}^{\mathrm{j}n\omega_0\frac{\tau}{2}}}{-\mathrm{j}n\omega_0}=\frac{E\tau}{T}\mathrm{Sa}\left(\frac{n\omega_0\tau}{2}\right) \tag{3-9}$$

$$f(t)=\frac{E\tau}{T}\sum_{n=-\infty}^{+\infty}\mathrm{Sa}\left(\frac{n\omega_0\tau}{2}\right)\mathrm{e}^{\mathrm{j}n\omega_0 t}=\frac{E\tau}{T}\sum_{n=-\infty}^{+\infty}\mathrm{Sa}\left(\frac{n\pi\tau}{T}\right)\mathrm{e}^{\mathrm{j}n\omega_0 t}=\frac{E\tau}{T}\left[1+2\sum_{n=1}^{+\infty}\mathrm{Sa}\left(\frac{n\pi\tau}{T}\right)\cos(n\omega_0 t)\right] \tag{3-10}$$

从上述展开式可得，周期矩形脉冲信号的频谱是离散谱，包络是抽样信号，呈递减的趋势，同时，展开式中仅包括直流分量和余弦分量，不包含正弦分量，这与该信号的对称性有关。

需要注意，由多个正弦类信号的线性组合构成的连续时间信号未必是周期信号，只有当其任意两个频率之比互素或者是整数的时候，才是周期的。此时，其基波频率是所有信号频率的最大公约数。例如，信号 $f(t)=6+4\cos\left(\frac{1}{3}t\right)+2\cos\left(\frac{5}{6}t+\frac{\pi}{4}\right)+\cos\left(\frac{7}{6}t+\frac{\pi}{5}\right)$是周期信号，其中三个余弦信号的频率之比为 2∶5∶7，因此其基波频率为 $\omega_0=\frac{1}{6}$；而信号 $f(t)=2\cos\left(\frac{\pi}{3}t\right)+\cos(3t)$不是周期信号。

微课视频

3.2.2 傅里叶级数的对称性

当实信号 $f(t)$满足某对称性时，其 FS 展开式中的有些项就不会出现，使得展开式相对简单。信号对称性分为对整周期而言的偶函数和奇函数，以及对半周期而言的奇谐函数和偶谐函数。

当周期信号 $f(t)$为实偶函数时，其频谱为实偶函数，有 $F_n=F_n^*$，使得 $b_n=0$，因此其 FS 展开式中无正弦项，即实偶信号中不可能含有具有奇对称性的正弦分量。

证明：由于 $f(t)=f^*(t)$且 $f(t)=f(-t)$，有：

$$F_n=\frac{1}{T}\int_T f(t)\mathrm{e}^{-\mathrm{j}n\omega_0 t}\mathrm{d}t=\frac{1}{T}\int_{-\frac{T}{2}}^{\frac{T}{2}}f(t)\mathrm{e}^{-\mathrm{j}n\omega_0 t}\mathrm{d}t=\frac{1}{T}\int_{-\frac{T}{2}}^{\frac{T}{2}}f(t)[\cos(n\omega_0 t)-\mathrm{j}\sin(n\omega_0 t)]\mathrm{d}t$$

$$=\frac{1}{T}\int_{-\frac{T}{2}}^{\frac{T}{2}} f(t)\cos(n\omega_0 t)\mathrm{d}t=\frac{2}{T}\int_{0}^{\frac{T}{2}} f(t)\cos(n\omega_0 t)\mathrm{d}t=\frac{1}{2}a_n$$

即实偶信号的 FS 中 $b_n=0$，不包含正弦项，F_n 是关于 $n\omega_0$ 的实偶函数。

例 3-2、例 3-3 中的两个周期信号均为实偶信号，由 FS 展开式可得，其频谱也是实偶信号。此外，周期对称三角脉冲信号、周期半波余弦脉冲信号、周期全波余弦脉冲信号等都是实偶信号的例子，其傅里叶级数展开式中仅包含余弦项。

同理，当周期信号 $f(t)$ 为实奇函数时，其频谱为虚奇函数，有 $F_n=-F_n^*$，使得 $a_n=0$，因此其 FS 展开式中无直流项，也无余弦项，即实奇信号中不可能含有具有偶对称性的直流和余弦分量。

证明：由于 $f(t)=f^*(t)$ 且 $f(t)=-f(-t)$，有：

$$F_n=\frac{1}{T}\int_T f(t)\mathrm{e}^{-\mathrm{j}n\omega_0 t}\mathrm{d}t=\frac{1}{T}\int_{-\frac{T}{2}}^{\frac{T}{2}} f(t)\mathrm{e}^{-\mathrm{j}n\omega_0 t}\mathrm{d}t=\frac{1}{T}\int_{-\frac{T}{2}}^{\frac{T}{2}} f(t)[\cos(n\omega_0 t)-\mathrm{j}\sin(n\omega_0 t)]\mathrm{d}t$$

$$=-\mathrm{j}\frac{1}{T}\int_{-\frac{T}{2}}^{\frac{T}{2}} f(t)\sin(n\omega_0 t)\mathrm{d}t=-\mathrm{j}\frac{2}{T}\int_{0}^{\frac{T}{2}} f(t)\sin(n\omega_0 t)\mathrm{d}t=-\frac{1}{2}\mathrm{j}b_n$$

即实偶信号的 FS 中 $a_n=0$，不包含余弦项和直流分量，仅包含正弦项，且是关于 $n\omega_0$ 的虚奇函数。

例 3-4 试求如图 3-5 所示的周期锯齿脉冲信号的 FS 展开式。

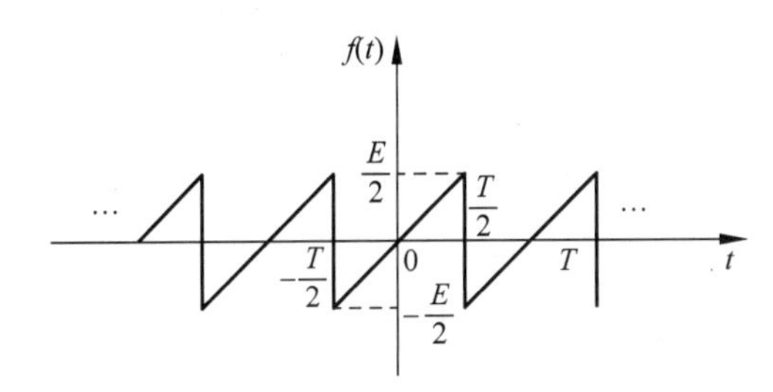

图 3-5 锯齿波函数

解 图 3-5 示出了以锯齿波窗函数 $\frac{Et}{T}G_T(t)$ 为基周期的周期锯齿脉冲信号，由于该信号是实奇函数，因此其傅里叶级数展开式中仅包括正弦项，因此有：

$$b_n=\frac{2}{T}\int_T f(t)\sin(n\omega_0 t)\mathrm{d}t=\frac{2}{T}\int_{-\frac{T}{2}}^{\frac{T}{2}}\frac{Et}{T}G_T(t)\sin(n\omega_0 t)\mathrm{d}t$$

$$=\frac{4E}{T^2}\int_0^{\frac{T}{2}} t\sin(n\omega_0 t)\mathrm{d}t=\frac{E}{n\pi}(-1)^{n+1}$$

$$f(t)=\frac{E}{\pi}\sum_{n=1}^{+\infty}\frac{(-1)^{n+1}}{n}\sin(n\omega_0 t)=\frac{E}{\pi}\left[\sin(\omega_0 t)-\frac{1}{2}\sin(2\omega_0 t)+\frac{1}{3}\sin(3\omega_0 t)-\cdots\right] \tag{3-11}$$

这表明，锯齿脉冲信号只有正弦分量，且谐波幅度呈倒数衰减规律，与周期矩形脉冲信号频谱的衰减规律相同。

若周期信号 $f(t)$ 是实信号，且满足 $f(t)=-f\left(t\pm\frac{T}{2}\right)$，则称该类信号为奇谐信号，这意味着，周期信号 $f(t)$ 无直流分量和偶次谐波分量，仅含有奇次谐波分量。

证明：当信号是实信号，且平移半周期之后与原信号关于时间轴镜像对称，则有：

$$F_n=\frac{1}{T}\int_T f(t)\mathrm{e}^{-\mathrm{j}n\omega_0 t}\mathrm{d}t=\frac{1}{T}\int_0^{\frac{T}{2}} f(t)\mathrm{e}^{-\mathrm{j}n\omega_0 t}\mathrm{d}t+\frac{1}{T}\int_{\frac{T}{2}}^{T} f(t)\mathrm{e}^{-\mathrm{j}n\omega_0 t}\mathrm{d}t$$

$$=\frac{1}{T}\int_0^{\frac{T}{2}} f(t)\mathrm{e}^{-\mathrm{j}n\omega_0 t}\mathrm{d}t-\frac{1}{T}\int_{\frac{T}{2}}^{T} f\left(t-\frac{T}{2}\right)\mathrm{e}^{-\mathrm{j}n\omega_0 t}\mathrm{d}t$$

$$=\frac{1}{T}\int_0^{\frac{T}{2}} f(t)\mathrm{e}^{-\mathrm{j}n\omega_0 t}\mathrm{d}t-\frac{1}{T}\int_0^{\frac{T}{2}} f(u)\mathrm{e}^{-\mathrm{j}n\omega_0\left(u+\frac{T}{2}\right)}\mathrm{d}u$$

$$=\frac{1}{T}\int_0^{\frac{T}{2}} f(t)\mathrm{e}^{-\mathrm{j}n\omega_0 t}\mathrm{d}t-\mathrm{e}^{-\mathrm{j}n\omega_0\frac{T}{2}}\frac{1}{T}\int_0^{\frac{T}{2}} f(u)\mathrm{e}^{-\mathrm{j}n\omega_0 u}\mathrm{d}u$$

$$=\frac{1}{T}\int_0^{\frac{T}{2}} f(t)\mathrm{e}^{-\mathrm{j}n\omega_0 t}\mathrm{d}t-\mathrm{e}^{-\mathrm{j}n\pi}\frac{1}{T}\int_0^{\frac{T}{2}} f(t)\mathrm{e}^{-\mathrm{j}n\omega_0 t}\mathrm{d}t$$

$$=\begin{cases}0 & n=2m\\ \dfrac{2}{T}\displaystyle\int_0^{\frac{T}{2}} f(t)\mathrm{e}^{-\mathrm{j}n\omega_0 t}\mathrm{d}t & n=2m-1\end{cases}$$

例 3-5 试求如图 3-6 所示的周期三角脉冲信号的 FS 展开式。

解 图 3-6 示出了以三角窗函数 $EB_T(t)$为基本周期的周期三角脉冲信号，由波形可知，该信号是实偶信号，根据对称性，其展开式中仅包含余弦项，同时计算得到其直流分量为 $a_0=\frac{1}{T}\int_T f(t)\mathrm{d}t=\frac{E}{2}$。令 $f_1(t)=f(t)-a_0$，即定义 $f_1(t)$ 是原信号去除直流分量后的周期三角脉冲信号，可知该信号是奇谐信号，因此可判断其展开式中仅包括奇次谐波的余弦项。计算可得：

$$f(t)=\frac{E}{2}+\frac{4E}{\pi^2}\sum_{n=1}^{+\infty}\frac{1}{(2m-1)^2}\cos((2m-1)\omega_0 t) \tag{3-12}$$

这表明，三角脉冲信号只有直流分量和奇次余弦分量，且谐波幅度呈平方倒数衰减规律，即比周期矩形脉冲的衰减要快。

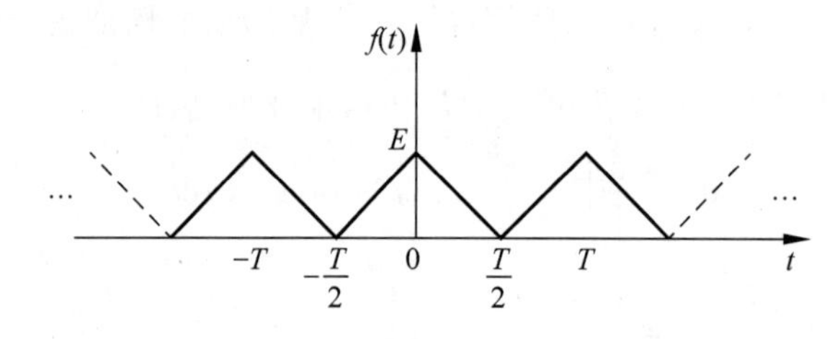

图 3-6 周期三角脉冲信号

同理，若周期信号 $f(t)$满足 $f(t)=f\left(t\pm\frac{T}{2}\right)$，则 $f(t)$无奇次谐波分量，仅含有偶次谐波分量，该类信号称为偶谐信号。需要指出的是，具有偶谐特性的信号周期已经减半，从而使基频加倍，因此不包含奇次谐波分量。证明过程请读者参照奇谐信号的证明。

例 3-6 判断如图 3-7 所示的全波余弦脉冲信号的 FS 展开式中包含哪些分量。

解 图 3-7 示出了以全波余弦窗函数 $E|\cos(\omega_0 t)|G_T(t)$为基本周期的周期全波余弦脉冲信号。显然，该信号是实偶信号，同时也是偶谐信号，因此其傅里叶级数的展开式中应

该包含直流分量和偶次余弦分量。从该信号波形可以看出，其基本周期减半，实质的基波频率加倍，因此不可能含有奇次谐波分量。

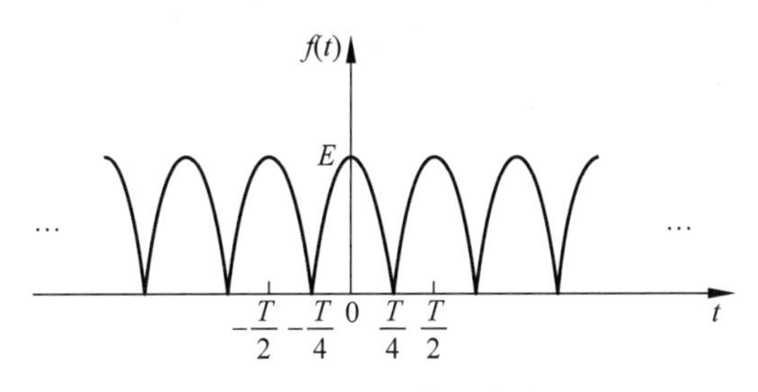

图 3-7 全波余弦脉冲

3.2.3 傅里叶级数的收敛性

根据傅里叶级数理论，一般的连续周期信号是无穷多项复指数信号的加权和。但实际应用中，常用有限项级数取代无穷项级数来近似 $f(t)$，即：

$$f_N(t)=\sum_{n=-N}^{+N}F_n\mathrm{e}^{\mathrm{j}n\omega_0 t} \tag{3-13}$$

其近似误差为：

$$e_N(t)=f(t)-f_N(t)=f(t)-\sum_{n=-N}^{+N}F_n\mathrm{e}^{\mathrm{j}n\omega_0 t} \tag{3-14}$$

并以一个周期内的误差能量作为度量标准：$E_N(t)=\int_T|e_N(t)|^2\mathrm{d}t$

可以证明，当 $F_n=\frac{1}{T}\int_T f(t)\mathrm{e}^{-\mathrm{j}n\omega_0 t}\mathrm{d}t$ 时，误差能量最小。若某信号的傅里叶级数展开式存在，则随着所选项数的增多，该有限项级数将逼近原信号，上述误差的极限趋于零。

多数连续周期信号的傅里叶级数展开式是收敛的。一般的，若信号在一个周期内能量有限，则可以保证其傅里叶级数的收敛性。关于狄里赫利条件的详细叙述请参考其他文献。

此外，周期信号的不连续点附近和有限项级数的起伏部分，其峰值并不会随着项数的增加而下降，存在9%左右的超量。即，随着项数的增加，有限项和的起伏向不连续点处压缩，但是对于任意有限项数，起伏的峰值保持不变，这一现象称为吉伯斯现象。图3-8给出了周期脉冲信号的前1、3、5、7、9、39次谐波分类叠加的结果图，可以看出该信号不连续点处的超量并没有随着项数的增加而减少。

3.2.4 傅里叶级数的性质

微课视频

1. 线性性

若 $f_1(t)$ 和 $f_2(t)$ 均是以 T 为周期的连续时间信号，且其傅里叶级数系数分别为 a_n 和 b_n，则由这两个信号线性组合形成的信号 $f(t)=Af_1(t)+Bf_2(t)$，其傅里叶级数的系数为 $F_n=Aa_n+Bb_n$。该性质可通过FS的定义式直接证明，且可进一步推广到任意多个具有相同周期的信号的线性组合中。

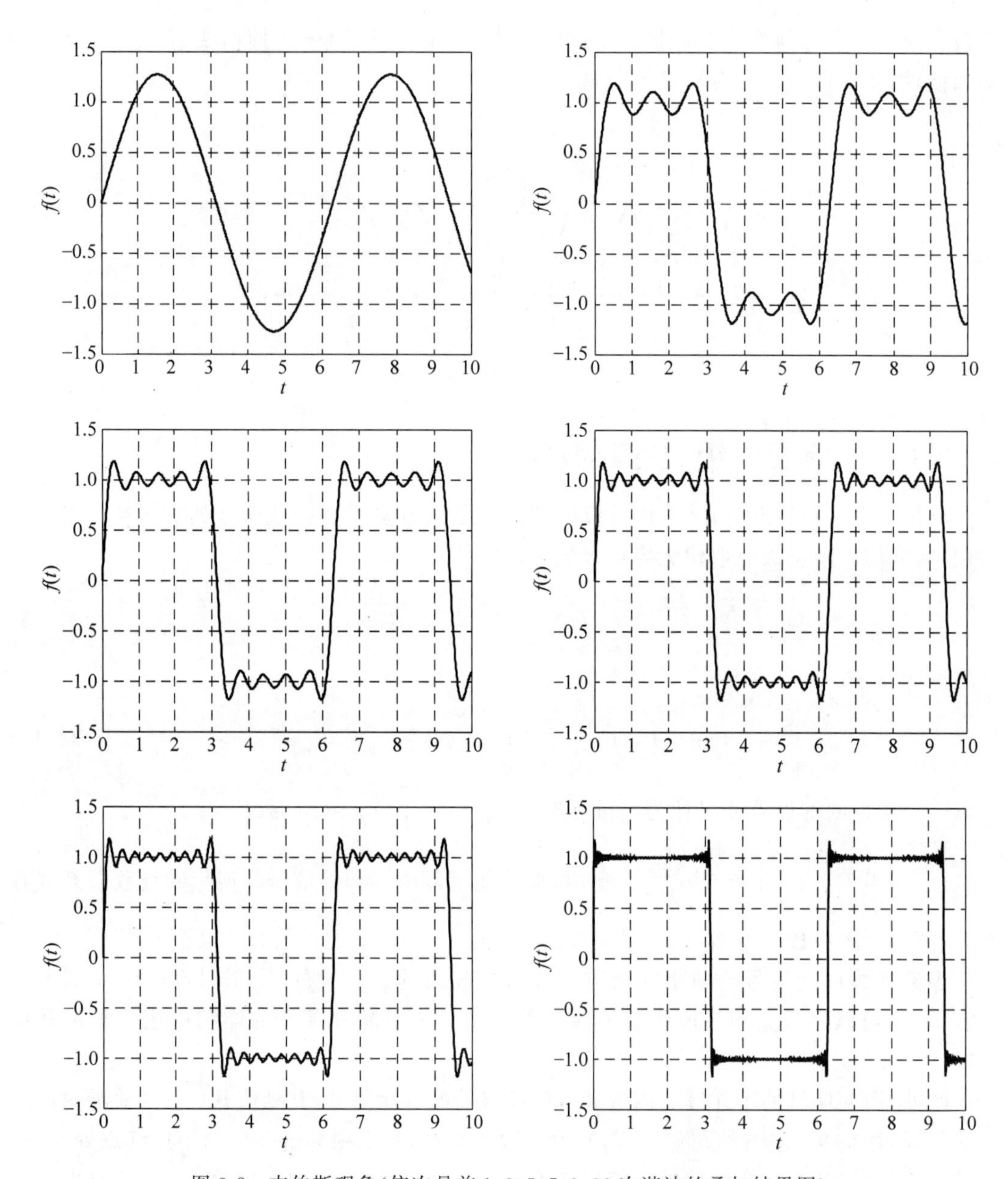

图 3-8　吉伯斯现象(依次是前 1、3、5、7、9、39 次谐波的叠加结果图)

例 3-7　已知连续周期信号 $f(t)=\sum\limits_{n=-\infty}^{+\infty}[\delta(t-2n)-\delta(t-1-2n)]$，试求其傅里叶级数展开式。

解　将已知信号写成两个同周期连续信号 $f_1(t)=\sum\limits_{n=-\infty}^{+\infty}\delta(t-2n)$ 与 $f_2(t)=\sum\limits_{n=-\infty}^{+\infty}\delta(t-1-2n)$ 的线性组合：$f(t)=f_1(t)-f_2(t)$，且 $f_2(t)=f_1(t-1)$，周期 $T=2$，因此基波频率 $\omega_0=\pi$，根据式(3-8)以及后续的 FS 时移性质可知：

$$f_1(t)=\sum_{n=-\infty}^{+\infty}\delta(t-2n)=\sum_{n=-\infty}^{+\infty}\frac{1}{2}e^{jn\pi t}$$

$$f_2(t)=\sum_{n=-\infty}^{+\infty}\delta(t-1-2n)=\sum_{n=-\infty}^{+\infty}\frac{1}{2}e^{-jn\pi}e^{jn\pi t}=\sum_{n=-\infty}^{+\infty}\frac{1}{2}e^{jn\pi(t-1)}$$

因此有：

$$f(t)=\sum_{n=-\infty}^{+\infty}\frac{1}{2}e^{jn\pi t}-\sum_{n=-\infty}^{+\infty}\frac{1}{2}e^{jn\pi(t-1)}=\sum_{n=-\infty}^{+\infty}\frac{1}{2}e^{jn\pi t}(1-e^{-jn\pi})=\begin{cases}0 & n=2m\\ \sum\limits_{n=-\infty}^{+\infty}e^{jn\pi t} & n=2m-1\end{cases}$$

由此可见，该信号是奇谐信号，仅包含奇次谐波分量，没有直流分量，且是实偶信号，因此仅包含余弦项。

2. 时移性质

连续周期信号 $f(t)$ 以 T 为周期，其傅里叶级数系数为 F_n，在时域中平移 t_0 可得到 $y(t)=f(t-t_0)$，该信号周期不变仍为 T，傅里叶级数的系数为 $a_n=e^{-jn\omega_0 t_0}\cdot F_n$。该结论表明，周期信号时移不改变傅里叶级数系数的幅值，仅改变其相位。

证明：

$$a_n=\frac{1}{T}\int_T y(t)e^{-jn\omega_0 t}dt=\frac{1}{T}\int_T f(t-t_0)e^{-jn\omega_0 t}dt=\frac{1}{T}\int_T f(u)e^{-jn\omega_0(u+t_0)}du$$

$$=e^{-jn\omega_0 t_0}\frac{1}{T}\int_T f(u)e^{-jn\omega_0 u}du=e^{-jn\omega_0 t_0}\cdot F_n$$

因此有，$|a_n|=|F_n|$，$\measuredangle a_n=\measuredangle F_n-n\omega_0 t_0$，即时移仅改变 FS 的相位。

例 3-8　已知连续周期信号 $f(t)=\sum\limits_{n=-\infty}^{+\infty}[u(t-2n)-u(t-1-2n)]$，试求其傅里叶级数展开式。

解　根据例 3-3，中心对称的周期脉冲信号的 FS 展开式由式(3-10)计算，令 $f_1(t)=f\left(t+\frac{1}{2}\right)=\sum\limits_{n=-\infty}^{+\infty}\left[u\left(t+\frac{1}{2}-2n\right)-u\left(t-\frac{1}{2}-2n\right)\right]$，则 $f_1(t)$的 FS 展开式为：

$$f_1(t)=\frac{1}{2}\sum_{n=-\infty}^{+\infty}\mathrm{Sa}\left(\frac{n\omega_0}{2}\right)e^{jn\omega_0 t}=\frac{1}{2}\sum_{n=-\infty}^{+\infty}\mathrm{Sa}\left(\frac{n\pi}{2}\right)e^{jn\pi t}$$

再应用 FS 的时移性质得到：

$$f(t)=\frac{1}{2}\sum_{n=-\infty}^{+\infty}\mathrm{Sa}\left(\frac{n\pi}{2}\right)e^{-jn\frac{\pi}{2}}e^{jn\pi t}=\frac{1}{2}\sum_{n=-\infty}^{+\infty}\mathrm{Sa}\left(\frac{n\pi}{2}\right)e^{jn\pi\left(t-\frac{1}{2}\right)}$$

3. 频移性质

连续周期信号 $f(t)$ 以 T 为周期，其傅里叶级数系数为 F_n，则信号 $f(t)e^{jm\omega_0 t}$ 的傅里叶级数系数 $a_n=\int_T f(t)e^{jm\omega_0 t}e^{-jn\omega_0 t}dt=\int_T f(t)e^{-j(n-m)\omega_0 t}dt=F_{n-m}$。

例 3-9　试求如图 3-9 所示的周期半波余弦脉冲信号 $f(t)$的傅里叶级数展开式。

解　该信号是以半波余弦窗函数 $E\cos(\omega_0 t)G_{\frac{T}{2}}(t)$为基本周期、周期为 T 的半波余弦脉冲信号，显然，$f(t)=\cos(\omega_0 t)g(t)$，其中 $g(t)$是占空比为 0.5 的周期矩形脉冲信号。因此，由欧拉公式有：$f(t)=\frac{1}{2}(\mathrm{e}^{\mathrm{j}\omega_0 t}+\mathrm{e}^{-\mathrm{j}\omega_0 t})g(t)$，将式(3-10)代入有：

$$f(t)=\frac{E}{4}\sum_{n=-\infty}^{+\infty}\left[\mathrm{Sa}\left(\frac{(n-1)\pi}{2}\right)+\mathrm{Sa}\left(\frac{(n+1)\pi}{2}\right)\right]\mathrm{e}^{\mathrm{j}n\omega_0 t} \tag{3-15}$$

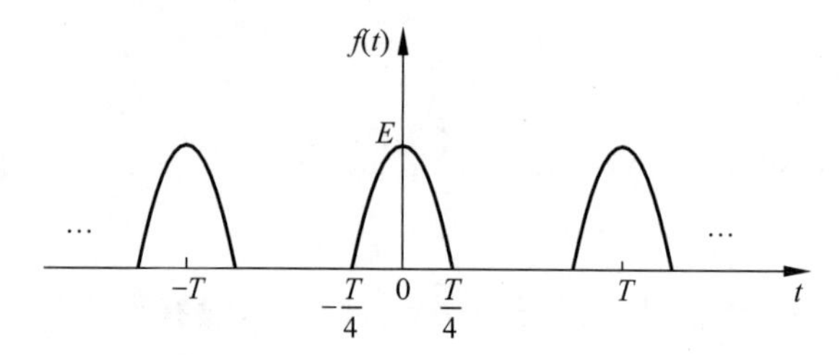

图 3-9 周期半波余弦脉冲信号

4. 尺度性质

连续周期信号 $f(t)$以 T 为周期，其傅里叶级数系数为 F_n，基波频率为 ω_0，则时域压扩信号 $f(at)$，$a>0$ 的傅里叶级数为：

$$b_n=\frac{a}{T}\int_{\frac{T}{a}}f(at)\mathrm{e}^{-\mathrm{j}na\omega_0 t}\,\mathrm{d}t=\frac{a}{T}\int_T\frac{1}{a}f(u)\mathrm{e}^{-\mathrm{j}n\omega_0 u}\,\mathrm{d}u=\frac{1}{T}\int_T f(u)\mathrm{e}^{-\mathrm{j}n\omega_0 u}\,\mathrm{d}u=F_n$$

即时域尺度变化后傅里叶级数不变，但需注意的是，信号时域尺度变化后基波频率也发生了变化，由 ω_0 变为 $a\omega_0$。

5. 时域翻转性质

连续周期信号 $f(t)$以 T 为周期，其傅里叶级数系数为 F_n，基波频率为 ω_0，则其时域翻转信号 $f(-t)$的傅里叶级数为：

$$a_n=\frac{1}{T}\int_T f(-t)\mathrm{e}^{-\mathrm{j}n\omega_0 t}\,\mathrm{d}t=\frac{1}{T}\int_T f(u)\mathrm{e}^{\mathrm{j}n\omega_0 u}\,\mathrm{d}u=F_{-n}$$

由该性质可得，若信号是偶信号，则 $F_{-n}=F_n$，其 FS 系数也是偶信号；若信号是奇信号，则 $F_{-n}=-F_n$，其 FS 系数也是奇信号。

6. 共轭对称性

若连续周期信号 $f(t)$的 FS 系数为 F_n，则其共轭信号 $f^*(t)$的 FS 系数为：

$$a_n=\frac{1}{T}\int_T f^*(t)\mathrm{e}^{-\mathrm{j}n\omega_0 t}\,\mathrm{d}t$$

$$a_n^*=\frac{1}{T}\int_T[f^*(t)\mathrm{e}^{-\mathrm{j}n\omega_0 t}]^*\,\mathrm{d}t=\frac{1}{T}\int_T f(t)\mathrm{e}^{\mathrm{j}n\omega_0 t}\,\mathrm{d}t=F_{-n}$$

$$a_n=F_{-n}^* \tag{3-16}$$

特别的，当信号是实信号时，有：

$$F_{-n}=F_n^* \tag{3-17}$$

可进一步得到结论：

$$|F_n|=|F_{-n}|,\quad \angle F_n=-\angle F_{-n} \tag{3-18}$$

即实周期信号的 FS 系数的幅度是偶函数，相位是奇函数。

7. 帕斯瓦尔定理

$$\frac{1}{T}\int_{T}|x(t)|^{2}\mathrm{d}t=\sum_{n=-\infty}^{\infty}|F_{n}|^{2} \tag{3-19}$$

该式表明，周期信号在一个周期上的平均功率等于所有谐波分量的平均功率之和。

例 3-10　已知对称周期矩形脉冲信号的各参数分别为 $E=1, T=0.25\mathrm{s}, \tau=0.05\mathrm{s}$，求频带$[0,2\pi/\tau]$内各谐波分量的功率之和占信号总平均功率的比例。

解　根据平均功率计算公式有：

$$P=\frac{1}{T}\int_{0}^{T}|f(t)|^{2}\mathrm{d}t=E^{2}\frac{\tau}{T}=\frac{0.05}{0.25}=0.2$$

根据式(3-10)可知，该周期信号的傅里叶级数展开式的系数为：

$$F_{0}=\frac{E\tau}{T},\quad F_{n}=\frac{E\tau}{T}\mathrm{Sa}\left(\frac{n\omega_{0}\tau}{2}\right),\quad \omega_{0}=\frac{2\pi}{T}$$

代入已知条件，得到：

$$\omega_{0}=\frac{2\pi}{T}=\frac{2\pi}{0.25}=8\pi,\quad \frac{2\pi}{\tau}=\frac{2\pi}{0.05}=40\pi,$$

$$\frac{E\tau}{T}=\frac{0.05}{0.25}=\frac{1}{5},\quad \frac{\omega_{0}\tau}{2}=\frac{8\pi\times 0.05}{2}=\frac{\pi}{5}$$

该信号的基波频率为 $2\pi/T=8\pi$，频带$[0,2\pi/\tau]=[0,40\pi]$内共有 5 条谱线，因而各谐波功率之和为：

$$\begin{aligned}P'&=|F_{0}|^{2}+2\{|F_{1}|^{2}+|F_{2}|^{2}+|F_{3}|^{2}+|F_{4}|^{2}\}\\&=\frac{1}{5^{2}}+\frac{2}{5^{2}}\left\{\mathrm{Sa}\left(\frac{\pi}{5}\right)^{2}+\mathrm{Sa}\left(\frac{2\pi}{5}\right)^{2}+\mathrm{Sa}\left(\frac{3\pi}{5}\right)^{2}+\mathrm{Sa}\left(\frac{4\pi}{5}\right)^{2}\right\}\\&=0.1806\end{aligned}$$

因此得到$\frac{P'}{P}=\frac{0.1806}{0.2}\approx 90\%$，结果说明信号的能量集中在主频带内。

除上述性质，连续周期信号傅里叶级数还包括微分、积分等性质，详见表 3-2。

表 3-2　连续时间傅里叶级数的性质

性　质	信　号	傅里叶级数的系数
	$x(t), y(t)$周期均为 T，基波频率为 $\omega_{0}=\frac{2\pi}{T}$	二者的傅里叶级数系数分别为 a_{n} 和 b_{n}
线性	$Ax(t)+By(t)$	$Aa_{n}+Bb_{n}$
时移	$x(t-t_{0})$	$a_{n}\mathrm{e}^{-\mathrm{j}n\omega_{0}t_{0}}$
频移	$x(t)\mathrm{e}^{\mathrm{j}m\omega_{0}t}$	a_{n-m}
共轭及对称性	$x(t)^{*}$	a_{-n}^{*}
	$x(t)=x(t)^{*}$	$a_{n}=a_{-n}^{*}$ $\mathrm{Re}\{a_{n}\}=\mathrm{Re}\{a_{-n}\}$ $\mathrm{Im}\{a_{n}\}=-\mathrm{Im}\{a_{-n}\}$ $\|a_{n}\|=\|a_{-n}\|, \measuredangle a_{n}=-\measuredangle a_{-n}$
尺度	$x(at), a>0$	a_{n}
时域反转	$x(-t)$	a_{-n}

续表

性　质	信　号	傅里叶级数的系数
时域微分	$x'(t)$	$\mathrm{j}n\omega_0 a_n$
时域积分	$x^{(-1)}(t)(a_0=0)$	$\dfrac{a_n}{\mathrm{j}n\omega_0}$
时域卷积	$\int_T x(\tau)y(t-\tau)\mathrm{d}\tau$	Ta_nb_n
时域相乘	$x(t)y(t)$	$\sum\limits_{m=-\infty}^{\infty} a_m b_{n-m}$
帕斯瓦尔定理	$\dfrac{1}{T}\int_T \lvert x(t)\rvert^2\mathrm{d}t$	$\sum\limits_{n=-\infty}^{\infty} \lvert a_n\rvert^2$

微课视频

3.3 傅里叶变换

3.3.1 非周期信号的傅里叶变换

根据傅里叶级数理论,周期信号的频谱是离散谱,分布于直流和各谐波分量处。一般的,非周期信号可视为周期为无穷大的周期信号。例如周期矩形脉冲信号,当其周期趋近于无穷大时,周期信号退化为非周期单脉冲信号,而离散谱将趋近于连续谱。本节重点讲解信号的傅里叶变换及其主要性质,同时介绍傅里叶级数与傅里叶变换的关系。

根据傅里叶变换(Fourier Transformation,FT)理论,任何满足狄里克雷条件的非周期连续信号都可表示为无限多个幅度无穷小、频率连续变化的复正弦信号的叠加,即

$$f(t)=\frac{1}{2\pi}\int_{-\infty}^{+\infty}F(\mathrm{j}\omega)\mathrm{e}^{\mathrm{j}\omega t}\mathrm{d}\omega \tag{3-20}$$

$$F(\mathrm{j}\omega)=\int_{-\infty}^{+\infty}f(t)\mathrm{e}^{-\mathrm{j}\omega t}\mathrm{d}t \tag{3-21}$$

式(3-21)称为傅里叶正变换,式(3-20)称为傅里叶逆变换。$f(t)$,$-\infty<t<+\infty$,和$F(\mathrm{j}\omega)$,$-\infty<\omega<+\infty$,称为傅里叶变换对,记作$f(t)\Leftrightarrow F(\mathrm{j}\omega)$。$f(t)$是信号的时域表示;$F(\mathrm{j}\omega)$是信号的频域表示,它描绘了信号的频谱密度,两者互为映像。

下面证明傅里叶变换的正当性。把式(3-20)的两端乘以$\mathrm{e}^{-\mathrm{j}\omega t}$后对$t$积分,有:

$$\begin{aligned}\int_{-\infty}^{+\infty}f(t)\mathrm{e}^{-\mathrm{j}\omega t}\mathrm{d}t&=\int_{-\infty}^{+\infty}\left(\frac{1}{2\pi}\int_{-\infty}^{+\infty}F(\mathrm{j}u)\mathrm{e}^{\mathrm{j}ut}\mathrm{d}u\right)\mathrm{e}^{-\mathrm{j}\omega t}\mathrm{d}t\\&=\int_{-\infty}^{+\infty}F(\mathrm{j}u)\left(\frac{1}{2\pi}\int_{-\infty}^{+\infty}\mathrm{e}^{\mathrm{j}(u-\omega)t}\mathrm{d}t\right)\mathrm{d}u\\&=\int_{-\infty}^{+\infty}F(\mathrm{j}u)\delta(u-\omega)\mathrm{d}u\\&=F(\mathrm{j}\omega)\end{aligned}$$

这就得到了等式(3-21)。

在此证明过程中,利用了等式(3-22)

$$\frac{1}{2\pi}\int_{-\infty}^{+\infty}\mathrm{e}^{\mathrm{j}\omega t}\mathrm{d}t=\lim_{T\to+\infty}\left[\frac{1}{2\pi}\int_{-T}^{+T}\mathrm{e}^{\mathrm{j}\omega t}\mathrm{d}t\right]=\lim_{T\to+\infty}\left[\frac{T}{\pi}\mathrm{Sa}(T\omega)\right]=\delta(\omega) \tag{3-22}$$

等式 $\frac{1}{2\pi}\int_{-\infty}^{+\infty} e^{j(u-\omega)t}dt = \delta(u-\omega)$ 表明，FT 使用的基函数 $e^{-j\omega t}$ 是正交基函数，因此 FT 是个正交积分变换。

由 FT 的定义式(3-21)可知，其存在的充分条件是 $f(t)$ 为绝对可积函数，即：

$$\int_{-\infty}^{+\infty} |f(t)| dt < +\infty \tag{3-23}$$

借助冲激函数、阶跃函数等奇异函数的概念，可使许多非绝对可积的信号存在 FT，如周期信号、因果斜坡函数等。

特别的，实信号 $f(t)$ 的频谱密度函数为：

$$F(j\omega) = |F(j\omega)| e^{j\varphi(\omega)} \tag{3-24}$$

$F(j\omega)$ 一般为复数，3.3.2 节将会证明，其幅度谱 $|F(j\omega)|$ 为偶函数、相位谱 $\varphi(\omega)$ 为奇函数。因此，式(3-20)可表示为：

$$\begin{aligned} f(t) &= \frac{1}{2\pi}\int_{-\infty}^{+\infty} F(j\omega)e^{j\omega t}d\omega = \frac{1}{2\pi}\int_{-\infty}^{+\infty} |F(j\omega)| e^{j(\omega t+\varphi(\omega))}d\omega \\ &= \frac{1}{\pi}\int_{0}^{+\infty} |F(j\omega)| \cos(\omega t+\varphi(\omega))d\omega \end{aligned} \tag{3-25}$$

因此可以得到傅里叶变换的物理意义：非周期连续信号 $f(t)$ 可表示为无限多个幅度 $\left(|F(j\omega)|\frac{d\omega}{\pi}\right)$ 无穷小、频率 ω 连续变化、相位函数为 $\varphi(\omega)$ 的余弦信号的叠加。正因为每个频率分量的幅度无限小，因此称 $F(j\omega)$ 为信号 $f(t)$ 的频谱密度函数，简称为信号 $f(t)$ 的谱。

3.3.2　典型非周期信号的傅里叶变换

1. 单位冲激信号

把 $f(t)=\delta(t)$ 代入式(3-21)，利用冲激信号的抽样性质，易知冲激信号的 FT 是与频率无关的常数 1(平坦频谱)，即：

$$\delta(t) \Leftrightarrow 1 \tag{3-26}$$

单位冲激信号及其频谱如图 3-10 所示。

2. 单位直流信号

同样地，把频域冲激信号 $F(j\omega)=2\pi\delta(\omega)$ 代入傅里叶逆变换式，利用冲激信号的抽样性质，易知其逆 FT 为单位直流信号 1，即：

$$1 \Leftrightarrow 2\pi\delta(\omega) \tag{3-27}$$

单位直流信号及其频谱如图 3-11 所示。

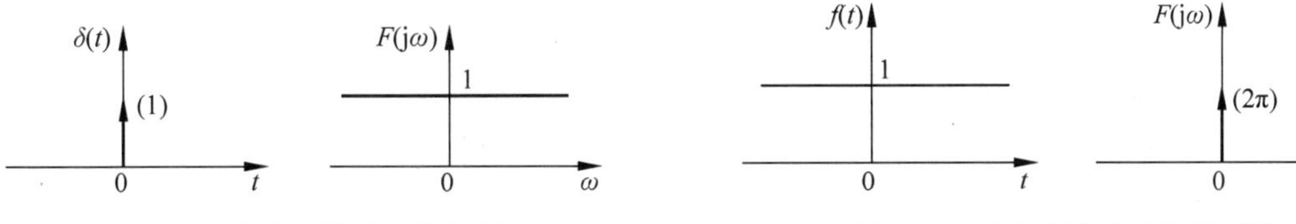

图 3-10　单位冲激信号及其频谱图　　图 3-11　单位直流信号及其频谱

3. 因果指数衰减信号

将因果指数衰减信号 $f(t)=e^{-\sigma t}u(t)$ 代入式(3-21)，有：

$$F(\mathrm{j}\omega)=\int_{0}^{+\infty}\mathrm{e}^{-\sigma t}\,\mathrm{e}^{-\mathrm{j}\omega t}\,\mathrm{d}t=\int_{0}^{+\infty}\mathrm{e}^{-(\sigma+\mathrm{j}\omega)t}\,\mathrm{d}t=\frac{1}{\sigma+\mathrm{j}\omega}$$

$$|F(\mathrm{j}\omega)|=\frac{1}{\sqrt{\sigma^{2}+\omega^{2}}},\quad \varphi(\omega)=-\arctan\left(\frac{\omega}{\sigma}\right) \tag{3-28}$$

因果指数衰减信号及其幅度谱和相位谱如图 3-12 所示。

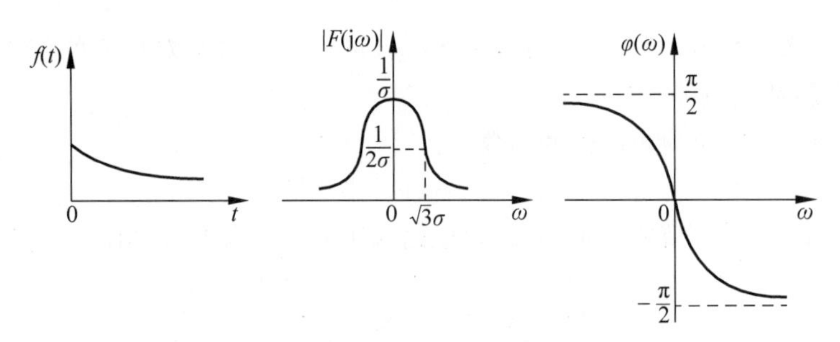

图 3-12　因果指数衰减信号及其幅度谱和相位谱

4. 矩形窗信号

将脉宽为 τ、幅度为 E 的矩形窗信号 $EG_{\tau}(t)=E\left[u\left(t+\frac{\tau}{2}\right)-u\left(t-\frac{\tau}{2}\right)\right]$ 代入式(3-21),有:

$$F(\mathrm{j}\omega)=\int_{-\frac{\tau}{2}}^{+\frac{\tau}{2}}E\,\mathrm{e}^{-\mathrm{j}\omega t}\,\mathrm{d}t=E\tau\,\mathrm{Sa}\left(\frac{\omega\tau}{2}\right) \tag{3-29}$$

即,$EG_{\tau}(t)\Leftrightarrow E\tau\,\mathrm{Sa}\left(\frac{\omega\tau}{2}\right)$,该信号及其频谱如图 3-13 所示。

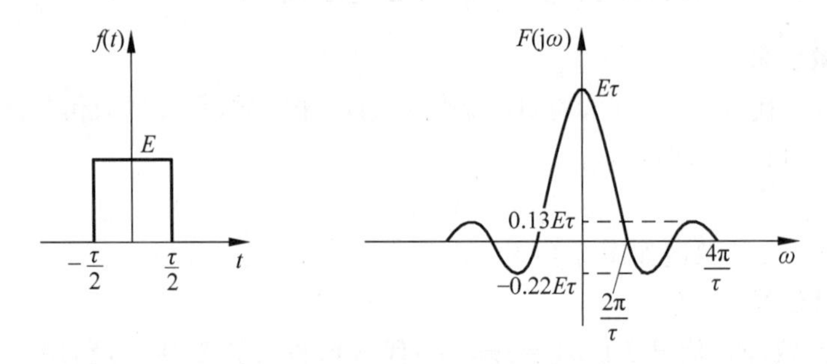

图 3-13　矩形窗信号及其频谱

注意到该信号在时域为实偶信号,其傅里叶变换的谱函数也是实偶信号,其幅度谱为 $\tau\left|E\,\mathrm{Sa}\left(\frac{\omega\tau}{2}\right)\right|$,而相位谱需要满足后续性质中的奇对称性。

微课视频

3.3.3 傅里叶变换的性质

傅里叶变换有许多重要性质,这些性质不仅可用于计算复杂信号的傅里叶变换,而且在理论和工程实践中有十分重要的作用。

1. 线性性

FT 是线性运算,它满足叠加定理。即,若 $f_i(t)\Leftrightarrow F_i(\mathrm{j}\omega)$,$(i=1,2,\cdots,n)$,则有:

$$\sum_{i=1}^{n} a_i f_i(t) \Leftrightarrow \sum_{i=1}^{n} a_i F_i(\mathrm{j}\omega) \tag{3-30}$$

从 FT 的定义直接可证 FT 的线性性成立。它表明傅里叶变换是个可与加权和运算交换的线性运算。

例 3-11 求信号 $f(t)=G_2(t)+2G_4(t)$的傅里叶变换。

解 根据 FT 的线性性和式(3-29)有：$F(\mathrm{j}\omega)=2\mathrm{Sa}(\omega)+8\mathrm{Sa}(2\omega)$。

2. 共轭对称性

已知任意信号及其傅里叶变换对：$f(t)\Leftrightarrow F(\mathrm{j}\omega)$，则其共轭信号的傅里叶变换对为：

$$f^*(t) \Leftrightarrow F^*(-\mathrm{j}\omega) \tag{3-31}$$

证明：根据傅里叶变换的逆变换式有：

$$f^*(t)=\frac{1}{2\pi}\left[\int_{-\infty}^{+\infty} F(\mathrm{j}\omega)\mathrm{e}^{\mathrm{j}\omega t}\mathrm{d}\omega\right]^* = \frac{1}{2\pi}\int_{-\infty}^{+\infty} F^*(\mathrm{j}\omega)\mathrm{e}^{-\mathrm{j}\omega t}\mathrm{d}\omega = \frac{1}{2\pi}\int_{-\infty}^{+\infty} F^*(-\mathrm{j}\omega)\mathrm{e}^{\mathrm{j}\omega t}\mathrm{d}\omega$$

因此得证。同理，该性质也可以用傅里叶正变换式证明。

特别的，对任何实信号 $f(t)$，其频谱有式(3-32)的性质：

$$F(-\mathrm{j}\omega)=F^*(\mathrm{j}\omega) \tag{3-32}$$

证明：考虑到当信号 $f(t)$为实函数时，把式(3-21)的两端取复共轭可以得到：

$$F^*(\mathrm{j}\omega)=\int_{-\infty}^{+\infty} f^*(t)\mathrm{e}^{\mathrm{j}\omega t}\mathrm{d}t=\int_{-\infty}^{+\infty} f(t)\mathrm{e}^{-(-\mathrm{j}\omega)t}\mathrm{d}t=F(-\mathrm{j}\omega)$$

3. 奇/偶对称性

微课视频

奇/偶对称性是共轭对称性的推论。

(1) 对任何实信号 $f(t)$而言，其频谱的实部偶对称，虚部奇对称，幅度谱偶对称，相位谱奇对称。即，若令 $F(\mathrm{j}\omega)=R(\omega)+\mathrm{j}X(\omega)$，则有：

$$\begin{gathered} R(-\omega)=R(\omega), \quad X(-\omega)=-X(\omega), \\ |F(-\mathrm{j}\omega)|=|F(\mathrm{j}\omega)|, \quad \varphi(-\omega)=-\varphi(\omega) \end{gathered} \tag{3-33}$$

(2) 实偶信号的频谱一定是实偶函数，实奇信号的频谱一定是虚奇函数，具体如下。

若实信号 $f(t)$偶对称，即 $f(-t)=f(t)$，则频谱是实函数，即 $F(\mathrm{j}\omega)=R(\omega)$；并且频谱是偶函数，即 $F(-\mathrm{j}\omega)=F(\mathrm{j}\omega)$。

若实信号 $f(t)$奇对称，即 $f(-t)=-f(t)$，则频谱是虚函数，即 $F(\mathrm{j}\omega)=\mathrm{j}X(\omega)$；并且频谱是奇函数，即 $F(-\mathrm{j}\omega)=-F(\mathrm{j}\omega)$。

证明：实际上，我们只需证明实偶信号的频谱一定是实函数，而实奇信号的频谱一定是虚函数。只要此结论成立，后面的结论直接来自实信号的频谱具有的奇偶对称性，即式(3-33)的结论。因此，根据式(3-21)，对实偶信号 $f(t)$，有：

$$\begin{aligned} F(\mathrm{j}\omega) &= \int_{-\infty}^{+\infty} f(t)\mathrm{e}^{-\mathrm{j}\omega t}\mathrm{d}t = \int_{-\infty}^{+\infty} f(t)\cos(\omega t)\mathrm{d}t + \mathrm{j}\int_{-\infty}^{+\infty} f(t)\sin(\omega t)\mathrm{d}t \\ &= 2\int_{0}^{+\infty} f(t)\cos(\omega t)\mathrm{d}t = R(\omega) \end{aligned} \tag{3-34}$$

其中，第二积分项等于零是因为实偶信号 $f(t)$和实奇信号 $\sin(\omega t)$相乘后得到实奇信号，它在对称区间上的积分必等于零。

同理可证，对实奇信号 $f(t)$，有：

$$F(\mathrm{j}\omega)=\mathrm{j}2\int_{0}^{+\infty} f(t)\sin(\omega t)\mathrm{d}t=\mathrm{j}X(\omega) \tag{3-35}$$

(3) 实信号 $f(t)$偶分量 $f_e(t)$的 FT 是 $f(t)$的 FT 的实部，而 $f(t)$奇分量 $f_o(t)$的 FT 是虚数 j 乘以 $f(t)$的 FT 的虚部。即：

$$f_e(t)\Leftrightarrow R(\omega) \quad f_o(t)\Leftrightarrow \mathrm{j}X(\omega) \tag{3-36}$$

由于因果信号的偶分量和奇分量都不可能等于零，因此因果信号的 FT 一定既有实部，也有虚部。即，它不可能是纯实的，也不可能是纯虚的。

上述对称性可有效地用于分析非周期信号的频谱，下面举几例说明。

例 3-12 求双边指数衰减信号 $f(t)=\mathrm{e}^{-\sigma|t|}$ 的频谱。

解 由于双边指数衰减信号$\frac{1}{2}\mathrm{e}^{-\sigma|t|}$是因果指数衰减信号 $\mathrm{e}^{-\sigma t}u(t)$的偶分量，所以使用式(3-36)，有：

$$\mathrm{e}^{-\sigma|t|}\Leftrightarrow 2\mathrm{Re}\left\{\frac{1}{\sigma+\mathrm{j}\omega}\right\}=\frac{2\sigma}{\sigma^2+\omega^2} \tag{3-37}$$

其中，Re{ · }表示取实部运算。双边指数衰减信号及其频谱如图 3-14 所示，可以看出，该信号的频谱是实偶信号。

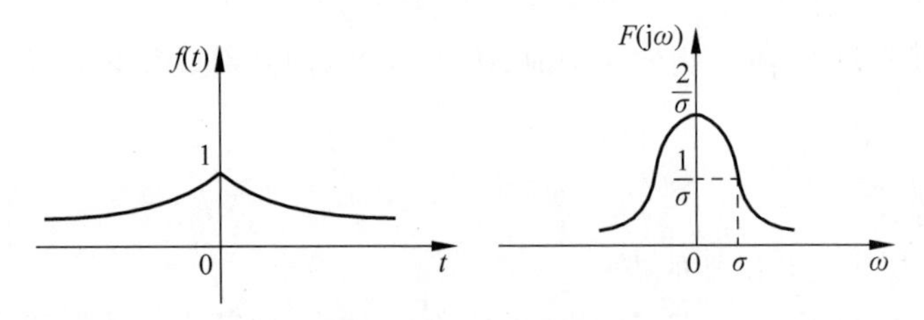

图 3-14 双边指数衰减信号及其频谱

例 3-13 求符号函数 $f(t)=\mathrm{sgn}(t)=u(t)-u(-t)$的频谱。

解 由于符号函数 $\mathrm{sgn}(t)=\lim\limits_{\sigma\to 0}(\mathrm{e}^{-\sigma t}u(t)-\mathrm{e}^{-\sigma(-t)}u(-t))$是因果指数衰减信号 $2\mathrm{e}^{-\sigma t}u(t)$的奇分量在 $\sigma\to 0$ 时的极限，所以使用式(3-36)，有：

$$\mathrm{sgn}(t)\Leftrightarrow 2\lim_{\sigma\to 0}\left[\mathrm{jIm}\left\{\frac{1}{\sigma+\mathrm{j}\omega}\right\}\right]=\lim_{\sigma\to 0}\left[\frac{-2\mathrm{j}\omega}{\sigma^2+\omega^2}\right]=\frac{2}{\mathrm{j}\omega} \tag{3-38}$$

其中，Im{ · }表示取虚部运算。符号函数及其幅度谱和相位谱如图 3-15 所示，可以看出，该信号的频谱是纯虚的。

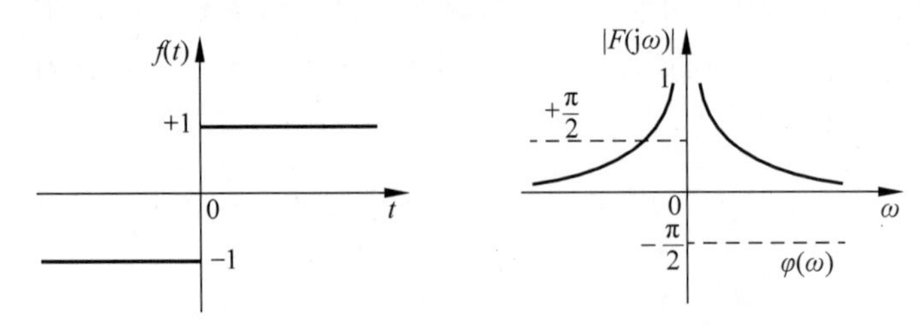

图 3-15 符号函数及其幅度谱和相位谱

例 3-14 求阶跃信号 $f(t)=u(t)$的频谱。

解 由于 $u(t)=\frac{1}{2}(1+\mathrm{sgn}(t))$，即，阶跃信号的偶分量是直流信号$\frac{1}{2}$，奇分量是符号

函数的一半，由式(3-27)和式(3-38)，有：

$$u(t) \Leftrightarrow \pi\delta(\omega) + \frac{1}{\mathrm{j}\omega} \tag{3-39}$$

阶跃信号及其幅度谱如图 3-16 所示。

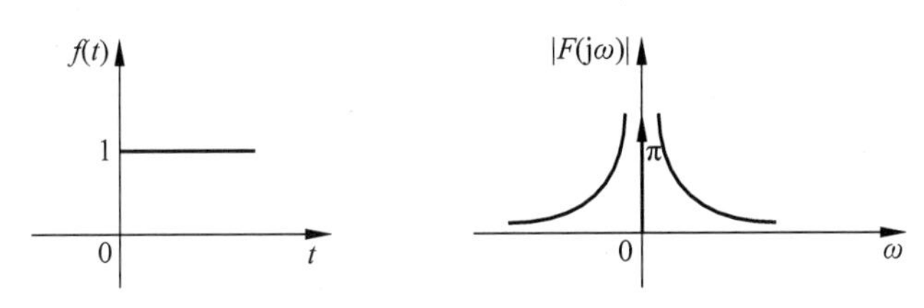

图 3-16 阶跃信号及其频谱

例 3-15 若某实因果信号 $f(t) \Leftrightarrow F(\mathrm{j}\omega) = R(\omega) + \mathrm{j}X(\omega)$，且已知 $\frac{1}{2\pi}\int_{-\infty}^{+\infty} R(\omega)\mathrm{e}^{\mathrm{j}\omega t}\mathrm{d}\omega = 1 - \frac{|t|}{5}$，$|t| \leqslant 5$，求 $f(t)$。

解 根据傅里叶变换的奇偶性质，实信号 $f(t)$ 偶分量 $f_e(t)$ 的 FT 是 $f(t)$ 的 FT 的实部 $R(\omega)$。此处已知信号的偶分量，可知其原信号是其偶分量取因果化的两倍，即，$f(t) = 2\left(1 - \frac{t}{5}\right)$，$0 \leqslant t \leqslant 5$。

4. 时移定理(频域复指数加权)

信号的时域延迟 t_0 对应于频域指数加权 $\mathrm{e}^{-\mathrm{j}\omega t_0}$，即，频域附加线性相位滞后：

$$f(t - t_0) \Leftrightarrow \mathrm{e}^{-\mathrm{j}\omega t_0} F(\mathrm{j}\omega) \tag{3-40}$$

证明：由 FT 定义有：

$$\int_{-\infty}^{+\infty} f(t - t_0)\mathrm{e}^{-\mathrm{j}\omega t}\mathrm{d}t = \mathrm{e}^{-\mathrm{j}\omega t_0}\int_{-\infty}^{+\infty} f(t - t_0)\mathrm{e}^{-\mathrm{j}\omega(t - t_0)}\mathrm{d}t = \mathrm{e}^{-\mathrm{j}\omega t_0} F(\mathrm{j}\omega)$$

时移定理是指，信号的延迟不改变信号的幅度谱，仅在相位谱中引入线性相位滞后项 $-\omega t_0$。

例 3-16 求信号 $\frac{1}{2}[\delta(t + t_0) + \delta(t - t_0)]$ 的傅里叶变换。

解 利用时移定理，有 $\delta(t - t_0) \Leftrightarrow \mathrm{e}^{-\mathrm{j}\omega t_0}$，所以：

$$\frac{1}{2}[\delta(t + t_0) + \delta(t - t_0)] \Leftrightarrow \frac{1}{2}[\mathrm{e}^{\mathrm{j}\omega t_0} + \mathrm{e}^{-\mathrm{j}\omega t_0}] = \cos(\omega t_0) \tag{3-41}$$

同理：

$$\frac{1}{2\mathrm{j}}[\delta(t + t_0) - \delta(t - t_0)] \Leftrightarrow \sin(\omega t_0) \tag{3-42}$$

上述结论是梳状滤波器的实现原理，它们具有周期等于 $\frac{2\pi}{t_0}$ 的周期频谱，并且在其基周期内交替地有带阻特性和带通特性。例如，电视机色差信号的分离中需要用到梳状滤波器。

5. 频移定理(又称时域复指数加权，复调制定理)

信号的频谱搬移 ω_0 对应于时域用复正弦 $\mathrm{e}^{\mathrm{j}\omega_0 t}$ 对信号加权，即：

$$\mathrm{e}^{\mathrm{j}\omega_0 t} f(t) \Leftrightarrow F(\mathrm{j}(\omega - \omega_0)) \tag{3-43}$$

证明：由 FT 定义，有 $\int_{-\infty}^{+\infty} e^{j\omega_0 t} f(t) e^{-j\omega t} dt = \int_{-\infty}^{+\infty} f(t) e^{-j(\omega-\omega_0)t} dt = F(j(\omega-\omega_0))$。

频移定理是指，复正弦 $e^{j\omega_0 t}$ 调制后的信号频谱是将原信号频谱向右搬移 ω_0。

复调制定理的物理实现是双路正交调制，可用于单边带通信。

例 3-17 求正弦信号的频谱。

解 利用频移定理和式(3-27)，有：

$$e^{j\omega_0 t} \Leftrightarrow 2\pi\delta(\omega-\omega_0) \tag{3-44}$$

这使得：

$$\cos(\omega_0 t) \Leftrightarrow \pi[\delta(\omega-\omega_0)+\delta(\omega+\omega_0)] \tag{3-45}$$

$$\sin(\omega_0 t) \Leftrightarrow \frac{\pi}{j}[\delta(\omega-\omega_0)-\delta(\omega+\omega_0)] \tag{3-46}$$

这表明正余弦周期信号在正负频率上各有一根谱线，如图 3-17 所示。

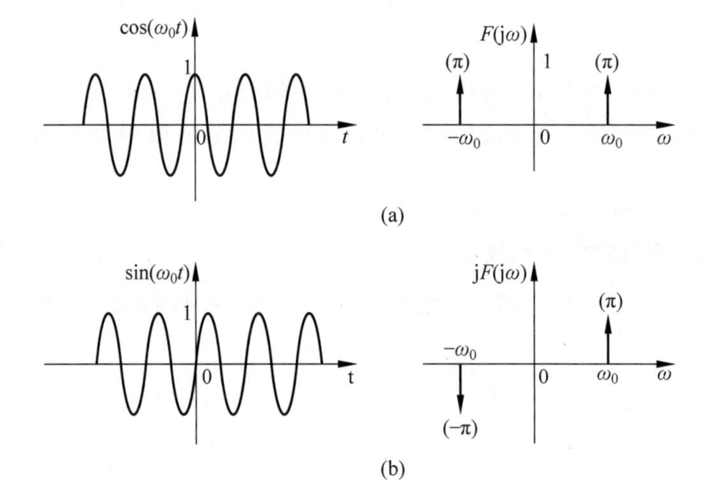

图 3-17 余弦和正弦信号及其频谱

6. 调制定理

用余弦 $\cos(\omega_0 t)$ 调制后的信号频谱，是将原频谱幅度减半后，分别向左和向右搬移 ω_0 单位，如图 3-18 所示。即：

$$\cos(\omega_0 t)f(t) \Leftrightarrow \frac{1}{2}[F(j(\omega-\omega_0))+F(j(\omega+\omega_0))] \tag{3-47}$$

类似地：

$$\sin(\omega_0 t)f(t) \Leftrightarrow \frac{1}{2j}[F(j(\omega-\omega_0))-F(j(\omega+\omega_0))] \tag{3-48}$$

调制定理是前述复调制定理的直接推论。

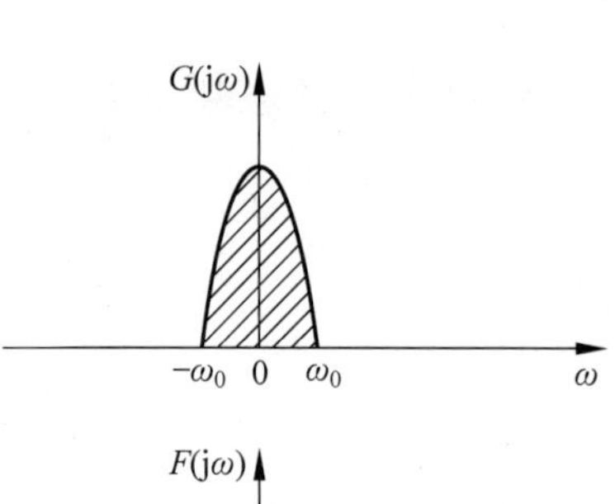

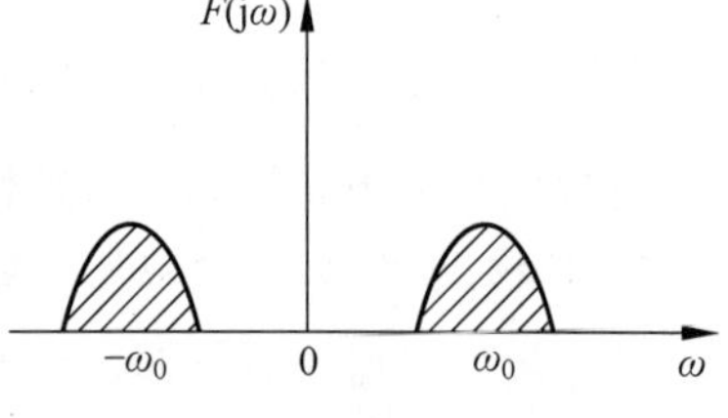

图 3-18 余弦调制定理

图 3-18 给出了余弦调制时的频谱搬移。其中，$G(j\omega)$是被调低频信号的频谱，$F(j\omega)$是相应的已调高

频信号的频谱。调制定理是双边带通信的基础。

例 3-18 求因果正弦信号的频谱。

解 利用调制定理和式(3-39),有:

$$\cos(\omega_0 t)u(t)\Leftrightarrow \frac{\pi}{2}[\delta(\omega-\omega_0)+\delta(\omega+\omega_0)]+\frac{1}{2\mathrm{j}}\left(\frac{1}{\omega-\omega_0}+\frac{1}{\omega+\omega_0}\right) \tag{3-49}$$

$$\sin(\omega_0 t)u(t)\Leftrightarrow \frac{\pi}{2\mathrm{j}}[\delta(\omega-\omega_0)-\delta(\omega+\omega_0)]-\frac{1}{2}\left(\frac{1}{\omega-\omega_0}-\frac{1}{\omega+\omega_0}\right) \tag{3-50}$$

图 3-19 分别示出了因果正弦和余弦信号及其幅度谱。与图 3-18 比较,可以看出因果化对频谱的影响,与图 3-16 所示的阶跃信号频谱相比,可看出正余弦调制对频谱的影响。

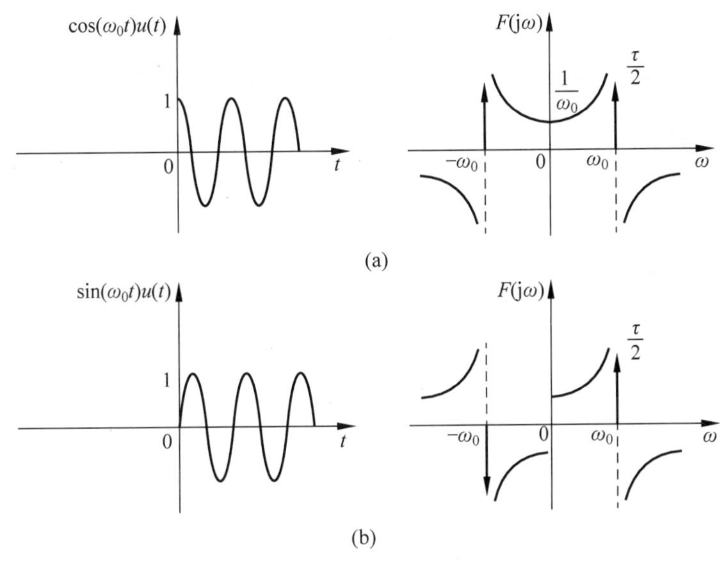

图 3-19 因果正弦和余弦信号及其频谱

例 3-19 求矩形调幅信号(数字通信中的幅度键控,amplitude shift keying,简写为 ASK 信号)的傅里叶变换。

解 利用调制定理和矩形窗函数的频谱易知,ASK 信号及其频谱为:

$$E\cos(\omega_0 t)G_\tau(t)\Leftrightarrow \frac{E\tau}{2}\left[\mathrm{Sa}\left(\frac{(\omega-\omega_0)\tau}{2}\right)+\mathrm{Sa}\left(\frac{(\omega+\omega_0)\tau}{2}\right)\right] \tag{3-51}$$

图 3-20 示出了 ASK 信号及其频谱,可以看出,调制后将原脉冲信号的频谱进行了搬移。

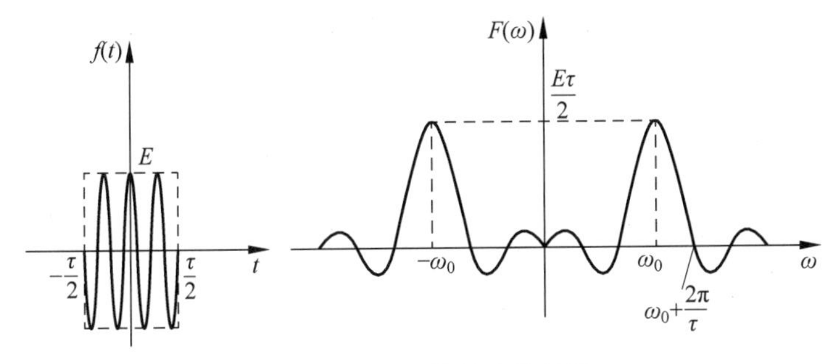

图 3-20 ASK 信号及其频谱

信号的调制与解调是通信中重要的概念，是幅度调制和频分复用的理论基础。

例 3-20 求因果指数衰减正弦信号的傅里叶变换。

解 利用调制定理和式(3-28)，有：

$$\mathrm{e}^{-\alpha t}\cos(\omega_0 t)u(t)\Leftrightarrow \frac{1}{2}\left(\frac{1}{\alpha+\mathrm{j}(\omega-\omega_0)}+\frac{1}{\alpha+\mathrm{j}(\omega+\omega_0)}\right)=\frac{\alpha+\mathrm{j}\omega}{(\alpha+\mathrm{j}\omega)^2+\omega_0^2} \quad (3\text{-}52)$$

$$\mathrm{e}^{-\alpha t}\sin(\omega_0 t)u(t)\Leftrightarrow \frac{\omega_0}{(\alpha+\mathrm{j}\omega)^2+\omega_0^2} \quad (3\text{-}53)$$

图 3-21 示出了因果指数衰减正弦信号及其频谱。

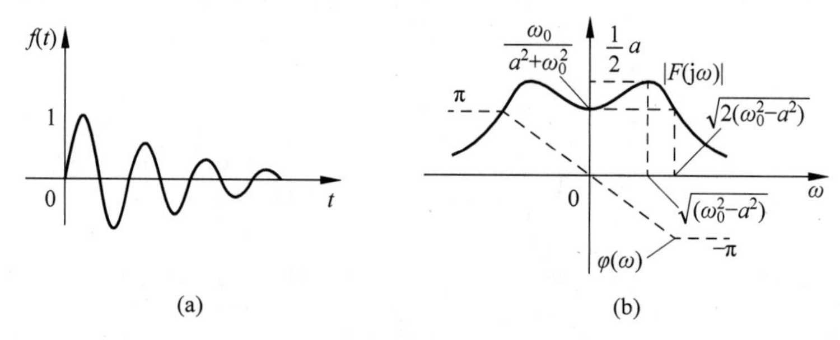

图 3-21 因果指数正弦信号及其频谱

例 3-21 求升余弦脉冲信号 $f(t)=\frac{E}{2}\left[1+\cos\left(\frac{\pi t}{\tau}\right)\right]G_{2\tau}(t)$的傅里叶变换。

解 图 3-22 是 $\tau=10, E=2$ 时升余弦脉冲信号的时域波形，可以看出，该信号可视作余弦信号被脉冲信号加窗的结果。

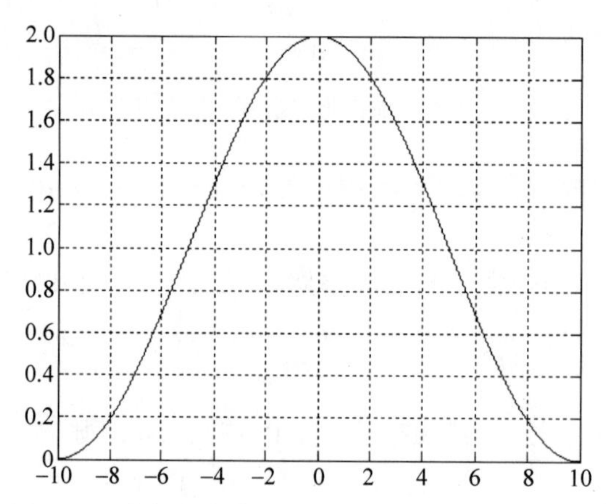

图 3-22 升余弦脉冲信号时域波形图($\tau=10, E=2$)

根据 FT 的调制定理和线性性，升余弦脉冲的 FT 为：

$$F(\mathrm{j}\omega)=E\tau\mathrm{Sa}(\omega\tau)+\frac{E\tau}{2}\mathrm{Sa}\left[\left(\omega-\frac{\pi}{\tau}\right)\tau\right]+\frac{E\tau}{2}\mathrm{Sa}\left[\left(\omega+\frac{\pi}{\tau}\right)\tau\right]$$

$$=\frac{E\sin(\omega\tau)}{\omega\left[1-\left(\frac{\omega\tau}{\pi}\right)^2\right]}=\frac{E\tau\mathrm{Sa}(\omega\tau)}{1-\left(\frac{\omega\tau}{\pi}\right)^2} \quad (3\text{-}54)$$

7. 尺度(Scaling)定理

信号时域压缩/扩展 a 倍相应于频域扩展/压缩 a 倍，即：

$$f(at) \Leftrightarrow \frac{1}{|a|} F\left(\mathrm{j}\,\frac{\omega}{a}\right) \tag{3-55}$$

测不准原理是指，每个信号的时宽一带宽积为常数(此常数与所论信号有关)，因此当它的时宽压缩 a 倍时，频宽就一定要扩展 a 倍，尺度定理就是测不准原理的具体体现。

特殊地，当 $a=-1$ 时，有：

$$f(-t) \Leftrightarrow F(-\mathrm{j}\omega) \tag{3-56}$$

证明：由 FT 的定义，有：

$$\int_{-\infty}^{+\infty} f(at)\mathrm{e}^{-\mathrm{j}\omega t}\,\mathrm{d}t = \begin{cases} \displaystyle\int_{-\infty}^{+\infty} f(x)\mathrm{e}^{-\mathrm{j}\frac{\omega}{a}x}\,\frac{\mathrm{d}x}{a} & a>0 \\ \displaystyle\int_{+\infty}^{-\infty} f(x)\mathrm{e}^{-\mathrm{j}\frac{\omega}{a}x}\,\frac{\mathrm{d}x}{a} & a<0 \end{cases}$$

$$= \frac{1}{|a|} F\left(\mathrm{j}\,\frac{\omega}{a}\right)$$

图 3-23 给出了尺度定理的一个示例，可以发现，若时域中脉冲信号压缩，则其频谱扩展，反之亦然。若定义脉冲信号频谱的第一对过零点之间的频带为其带宽，则无论信号在时域中压缩还是扩展，与脉冲信号的时间宽度的乘积恒为常数。

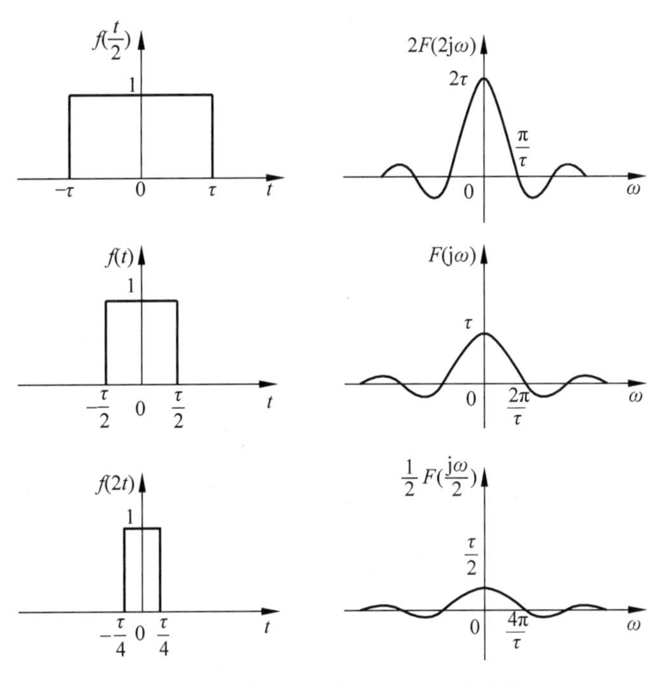

图 3-23 傅里叶变换尺度定理的示例

傅里叶变换性质的尺度定理表现了信号在时域与频域的互换，实际中有很多例子。例如，当播放一盒音乐磁带，若播放速度和录制速度不一致时，人耳听到的效果不同；若播放速度大于录制速度(相当于时间压缩)，则整个音调将会提高(频域扩展，高频分量增加)，特别是快放时，音调提高会非常明显；相反的，若播放速度小于录制速度(相当于时间扩展)，则整个音调将会降低(频域压缩,低频分量增加),此时听到的音乐将会使人感到非常沉闷。再如,当火车高速开过来时,我们也会明显感觉到汽笛声调的变高。此外,在数据通信网的发展过程中,为了得到高速传输速率,必须提高传输媒质的带宽,这也是时域与频域成反比的例子。

例 3-22 已知 $f(t)\Leftrightarrow F(\mathrm{j}\omega)$,求 $f(at-t_0)$和 $f(t_0-at)$的 FT。

解 由时移定理,有 $g\left(t-\frac{t_0}{a}\right)\Leftrightarrow G(\mathrm{j}\omega)\mathrm{e}^{-\mathrm{j}\frac{\omega t_0}{a}}$,其中 $g(t)=f(at)$,并且由尺度定理,有 $G(\mathrm{j}\omega)=\frac{1}{|a|}F\left(\mathrm{j}\frac{\omega}{a}\right)$,因此:

$$f(at-t_0)=g\left(t-\frac{t_0}{a}\right)\Leftrightarrow\frac{1}{|a|}F\left(\mathrm{j}\frac{\omega}{a}\right)\mathrm{e}^{-\mathrm{j}\frac{\omega t_0}{a}} \tag{3-57}$$

再根据式(3-56),有:

$$f(t_0-at)\Leftrightarrow\frac{1}{|a|}F\left(-\mathrm{j}\frac{\omega}{a}\right)\mathrm{e}^{-\mathrm{j}\frac{\omega t_0}{a}} \tag{3-58}$$

8. 时域微分性质

信号在时域微分对应于频域乘以 $\mathrm{j}\omega$,即:

$$f'(t)\Leftrightarrow\mathrm{j}\omega F(\mathrm{j}\omega) \tag{3-59}$$

证明:把式(3-20)对时间变量 t 求导后,有:

$$f'(t)=\frac{1}{2\pi}\int_{-\infty}^{+\infty}\mathrm{j}\omega F(\mathrm{j}\omega)\mathrm{e}^{\mathrm{j}\omega t}\mathrm{d}\omega\Leftrightarrow\mathrm{j}\omega F(\mathrm{j}\omega)$$

推论:

$$f^{(n)}(t)\Leftrightarrow(\mathrm{j}\omega)^nF(\mathrm{j}\omega) \tag{3-60}$$

例 3-23 求 $\delta^{(n)}(t)$的 FT。

由式(3-60),有:

$$\delta^{(n)}(t)\Leftrightarrow(\mathrm{j}\omega)^n \tag{3-61}$$

即:

$$(-\mathrm{j})^n\delta^{(n)}(t)\Leftrightarrow\omega^n \tag{3-62}$$

注意到,冲激信号的 n 阶微分信号是 n 阶微分器的单位冲激响应。

9. 时域积分性质

信号的时域积分对应于频域除以 $\mathrm{j}\omega$ 并加上与 $f(t)$的直流分量相应的频谱 $\pi F(0)\delta(\omega)$,即:

$$f^{(-1)}(t)\Leftrightarrow\frac{F(\mathrm{j}\omega)}{\mathrm{j}\omega}+\pi F(0)\delta(\omega) \tag{3-63}$$

当信号 $f(t)$无直流分量,即 $F(0)=0$ 时,有:

$$f^{(-1)}(t)\Leftrightarrow\frac{F(\mathrm{j}\omega)}{\mathrm{j}\omega} \tag{3-64}$$

需注意,若 $\int_{-\infty}^{t}f'(\tau)\mathrm{d}\tau\neq f(t)$,则无法直接使用积分性质,原因是信号若包含直流信号,则微分后无法还原信号,因此不能直接应用 FT 的积分性质。举例:

$$[1+u(t)]'=\delta(t)\Leftrightarrow1,1+u(t)\Leftrightarrow3\pi\delta(\omega)+\frac{1}{\mathrm{j}\omega}\neq\pi\delta(\omega)+\frac{1}{\mathrm{j}\omega}$$

证明：该性质的证明可以应用后续的时域卷积性质，即，由于 $f(t)=f(t)*\delta(t)$ 和 $u(t)=\delta^{(-1)}(t)$，信号的积分可视作信号通过积分器，有 $f^{(-1)}(t)=f(t)*u(t)$，于是由 FT 的卷积定理，有：

$$f^{(-1)}(t)\Leftrightarrow F(\mathrm{j}\omega)\left[\pi\delta(\omega)+\frac{1}{\mathrm{j}\omega}\right]=\frac{F(\mathrm{j}\omega)}{\mathrm{j}\omega}+\pi F(0)\delta(\omega) \tag{3-65}$$

该性质的证明也可直接利用傅里叶变换的定义，请读者自行证明。

例 3-24 求梯形窗信号 $f(t)=r(t+2)-r(t+1)-r(t-1)+r(t-2)$ 的 FT。

解 由于 $f'(t)=u(t+2)-u(t+1)-u(t-1)+u(t-2)=G_{-2,-1}(t)-G_{1,2}(t)$，其中，一般的矩形窗信号定义为 $G_{a,b}(t)\triangleq u(t-a)-u(t-b)$。由时移性质和式(3-29)可知，$f'(t)$ 的 FT 为 $(\mathrm{e}^{\mathrm{j}\frac{3\omega}{2}}-\mathrm{e}^{-\mathrm{j}\frac{3\omega}{2}})\mathrm{Sa}\left(\frac{\omega}{2}\right)=2\mathrm{j}\sin\left(\frac{3\omega}{2}\right)\mathrm{Sa}\left(\frac{\omega}{2}\right)$，且它在 $\omega=0$ 时取零值，因此使用积分定理后，有 $f(t)\Leftrightarrow\frac{2}{\omega}\sin\left(\frac{3\omega}{2}\right)\mathrm{Sa}\left(\frac{\omega}{2}\right)=3\mathrm{Sa}\left(\frac{3\omega}{2}\right)\mathrm{Sa}\left(\frac{\omega}{2}\right)$ 此例题的求解方法不唯一，还可以用时域卷积性质求解。

傅里叶变换的时域积分性质，多用于待求解信号的微分信号的傅里叶变换容易求解的情况，使用过程中需注意应用条件。

10. 频域微分性质

信号的频域微分对应于时域乘以 $-\mathrm{j}t$，即：

$$-\mathrm{j}tf(t)\Leftrightarrow\frac{\mathrm{d}}{\mathrm{d}\omega}F(\mathrm{j}\omega) \tag{3-66}$$

$$tf(t)\Leftrightarrow\mathrm{j}\frac{\mathrm{d}}{\mathrm{d}\omega}F(\mathrm{j}\omega) \tag{3-67}$$

证明：对傅里叶正变换式求导，有：

$$\frac{\mathrm{d}}{\mathrm{d}\omega}F(\mathrm{j}\omega)=\frac{1}{2\pi}\int_{-\infty}^{+\infty}(-\mathrm{j}tf(t))\mathrm{e}^{-\mathrm{j}\omega t}\mathrm{d}t\Leftrightarrow-\mathrm{j}tf(t)$$

推论：

$$t^n f(t)\Leftrightarrow\left(\mathrm{j}\frac{\mathrm{d}}{\mathrm{d}\omega}\right)^n F(\mathrm{j}\omega) \tag{3-68}$$

其中，$\left(\mathrm{j}\frac{\mathrm{d}}{\mathrm{d}\omega}\right)^n$ 表示把算子 $\mathrm{j}\frac{\mathrm{d}}{\mathrm{d}\omega}$ 运行 n 次，每次先对 ω 求导，然后乘以 j。

例 3-25 求因果幂信号 $t^n u(t)$ 的 FT。

解 由式(3-68)和阶跃信号的傅里叶变换，有：

$$t^n u(t)\Leftrightarrow\left(\mathrm{j}\frac{\mathrm{d}}{\mathrm{d}\omega}\right)^n\left[\pi\delta(\omega)+\frac{1}{\mathrm{j}\omega}\right]=\mathrm{j}^n\pi\delta^{(n)}(\omega)-\frac{(-\mathrm{j})^{n-1}n!}{\omega^{n+1}} \tag{3-69}$$

特殊地，对因果斜坡信号，有：

$$r(t)\Leftrightarrow\mathrm{j}\pi\delta'(\omega)-\frac{1}{\omega^2} \tag{3-70}$$

例 3-26 求因果 t^n 加权的指数衰减信号 $t^n\mathrm{e}^{-\sigma t}u(t)$ 的 FT。

解 由式(3-68)和因果指数衰减信号的傅里叶变换，有：

$$t^n\mathrm{e}^{-\alpha t}u(t)\Leftrightarrow\left(\mathrm{j}\frac{\mathrm{d}}{\mathrm{d}\omega}\right)^n\left[\frac{1}{\sigma+\mathrm{j}\omega}\right]=\frac{n!}{(\alpha+\mathrm{j}\omega)^{n+1}} \tag{3-71}$$

特殊地，有：

$$te^{-\alpha t}u(t) \Leftrightarrow \frac{1}{(\alpha+\mathrm{j}\omega)^2}$$

$$t^2 e^{-\sigma t}u(t) \Leftrightarrow \frac{2}{(\alpha+\mathrm{j}\omega)^3} \tag{3-72}$$

11. 频域积分性质

与时域积分性质相对应，傅里叶变换具备频域的积分性质，即若 $f(t)\Leftrightarrow F(\mathrm{j}\omega)$，则有：

$$-\frac{f(t)}{\mathrm{j}t}+\pi f(0)\delta(t) \Leftrightarrow F^{-1}(\mathrm{j}\omega) \tag{3-73}$$

该性质可以通过后续的对偶性进行证明。

12. 时域卷积定理

两信号的时域卷积信号的傅里叶变换是二者频谱的相乘，即：

$$f_1(t) * f_2(t) \Leftrightarrow F_1(\mathrm{j}\omega)F_2(\mathrm{j}\omega) \tag{3-74}$$

证明：应用傅里叶变换定义计算 $f_1(t) * f_2(t)$的 FT，有：

$$\int_{-\infty}^{+\infty}\left[\int_{-\infty}^{+\infty} f_1(t-\tau)f_2(\tau)\mathrm{d}\tau\right]e^{-\mathrm{j}\omega t}\mathrm{d}t = \int_{-\infty}^{+\infty}\left[\int_{-\infty}^{+\infty} f_2(\tau)e^{-\mathrm{j}\omega\tau}\mathrm{d}\tau\right]f_1(t-\tau)e^{-\mathrm{j}\omega(t-\tau)}\mathrm{d}(t-\tau)$$
$$=F_1(\mathrm{j}\omega)F_2(\mathrm{j}\omega)$$

推论：对于冲激响应为 $h(t)$的 LTI 系统而言，激励 $f(t)$产生的零状态响应为 $y(t)=h(t) * f(t)$，在频域中有：

$$Y(\mathrm{j}\omega)=H(\mathrm{j}\omega)F(\mathrm{j}\omega) \tag{3-75}$$

其中，系统频率响应函数 $H(\mathrm{j}\omega)$是系统冲激响应 $h(t)$的 FT。该推论是系统频域分析以及滤波器理论的基础，也是用 FT 计算卷积的依据。

例 3-27 求底边长为 2τ，高为 τ 的三角窗信号 $\tau B_{2\tau}(t)=[r(t+\tau)-2r(t)+r(t-\tau)]$ 的 FT。

解 由于 $\tau B_{2\tau}(t)=G_\tau(t) * G_\tau(t)$，因此从卷积定理和脉冲信号的傅里叶变换有

$$\tau B_{2\tau}(t) \Leftrightarrow \left(\tau \mathrm{Sa}\left(\frac{\omega\tau}{2}\right)\right)^2 \tag{3-76}$$

图 3-24 示出了三角窗信号及其频谱。与矩形窗的频谱具有负的旁瓣不同，三角窗的频谱只有正的旁瓣，且衰减的更快。

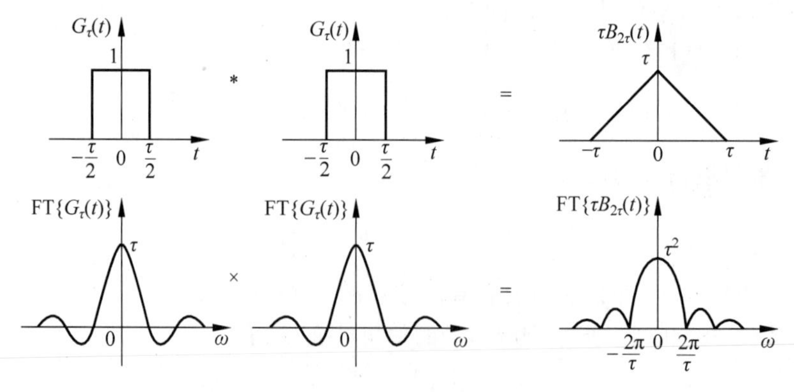

图 3-24 三角窗信号及其频谱

根据上述结论，一般的，可以得到下列常用傅里叶变换对：

$$AG_{\tau}(t) * BG_{\tau}(t) = AB\tau\left(1-\frac{1}{\tau}|t|\right) \Leftrightarrow AB\tau^2 \mathrm{Sa}^2\left(\frac{\omega\tau}{2}\right) \tag{3-77}$$

$$AG_{\tau_1}(t) * BG_{\tau_2}(t) \Leftrightarrow AB\tau_1\tau_2 \mathrm{Sa}\left(\frac{\omega\tau_1}{2}\right)\mathrm{Sa}\left(\frac{\omega\tau_2}{2}\right)(\tau_1 < \tau_2) \tag{3-78}$$

上述结论也可通过傅里叶变换的积分性质进行证明。

13. 频域卷积定理

信号频谱的卷积对应于时域相乘，即：

$$f_1(t)f_2(t) \Leftrightarrow \frac{1}{2\pi}F_1(\mathrm{j}\omega) * F_2(\mathrm{j}\omega) \tag{3-79}$$

证明：

$$\begin{aligned}
&\frac{1}{2\pi}\int_{-\infty}^{+\infty}\left[\frac{1}{2\pi}F_1(\mathrm{j}\omega) * F_2(\mathrm{j}\omega)\right]\mathrm{e}^{\mathrm{j}\omega t}\mathrm{d}\omega \\
&= \frac{1}{2\pi}\int_{-\infty}^{+\infty}\left[\int_{-\infty}^{+\infty}\frac{1}{2\pi}F_1(\mathrm{j}u)F_2(\mathrm{j}(\omega-u))\mathrm{d}u\right]\mathrm{e}^{\mathrm{j}\omega t}\mathrm{d}\omega \\
&= \frac{1}{2\pi}\int_{-\infty}^{+\infty}F_1(\mathrm{j}u)\mathrm{e}^{\mathrm{j}ut}\left[\frac{1}{2\pi}\int_{-\infty}^{+\infty}F_2(\mathrm{j}(\omega-u))\mathrm{e}^{\mathrm{j}(\omega-u)t}\mathrm{d}\omega\right]\mathrm{d}u \\
&= f_2(t) \times \frac{1}{2\pi}\int_{-\infty}^{+\infty}F_1(\mathrm{j}u)\mathrm{e}^{\mathrm{j}ut}\mathrm{d}u = f_1(t) \times f_2(t)
\end{aligned}$$

调制定理是频域卷积定理的特例，此时由于正弦类信号的频谱是冲激信号，因此进行频域卷积的实质是对信号的频谱进行搬移。

例 3-28　求被矩形窗截断后的信号 $f(t)G_{\tau}(t)$的 FT。

解　根据脉冲信号的傅里叶变换和频域卷积定理，有：

$$f(t)G_{\tau}(t) \Leftrightarrow \frac{1}{2\pi}F(\mathrm{j}\omega) * \tau\mathrm{Sa}\left(\frac{\omega\tau}{2}\right) = \frac{\tau}{2\pi}\int_{-\infty}^{+\infty}F(\mathrm{j}(\omega-u))\mathrm{Sa}\left(\frac{u\tau}{2}\right)\mathrm{d}u \tag{3-80}$$

可见，信号在时域中被截断后，相当于在时域中乘以矩形窗信号；而在频域中两信号的频谱进行卷积运算，即原信号频谱卷积矩形窗信号的频谱，因此原频谱被模糊化。例如，余弦信号的原频谱是冲激谱，通信中的 ASK 信号可视为被截断的余弦信号，图 3-20 示出了被矩形窗信号的频谱模糊化的结果。

14. 对偶性

通过上述性质的叙述可知，傅里叶变换在时域和频域中有对应的性质。可以证明，若 $f(t) \Leftrightarrow F(\mathrm{j}\omega)$，则有：

$$F(\mathrm{j}t) \Leftrightarrow 2\pi f(-\omega) \tag{3-81}$$

例如，时域的卷积对应于频域的相乘，反之，频域的卷积对应于时域的相乘；时移性质与频移性质等都是对偶性的表现。

证明：用 $-t$ 置换傅里叶逆变换式中的 t，有 $f(-t)=\frac{1}{2\pi}\int_{-\infty}^{+\infty}F(\mathrm{j}\omega)\mathrm{e}^{\mathrm{j}\omega(-t)}\mathrm{d}\omega$，再把其中的 ω 和 t 互相置换，则有 $f(-\omega)=\frac{1}{2\pi}\int_{-\infty}^{+\infty}F(\mathrm{j}t)\mathrm{e}^{-\mathrm{j}\omega t}\mathrm{d}t$，表明 $2\pi f(-\omega)$是 $F(\mathrm{j}t)$的 FT，即式(3-81)成立。

例 3-29 求抽样信号 $\mathrm{Sa}(\omega_c t)$，$\omega_c>0$ 的 FT。

解 根据 $G_\tau(t)\Leftrightarrow\tau\mathrm{Sa}\left(\frac{\omega\tau}{2}\right)$，用 $2\omega_c$ 替换 τ，由对偶性有：

$$\mathrm{Sa}(\omega_c t)=\frac{1}{2\omega_c}[2\omega_c\mathrm{Sa}(\omega_c t)]\Leftrightarrow\frac{2\pi}{2\omega_c}G_{2\omega_c}(\mathrm{j}\omega)$$

即：

$$\frac{\omega_c}{\pi}\mathrm{Sa}(\omega_c t)\Leftrightarrow G_{2\omega_c}(\mathrm{j}\omega) \tag{3-82}$$

其中，ω_c 是理想低通信号$\frac{\omega_c}{\pi}\mathrm{Sa}(\omega_c t)$的截止频率。

抽样信号及其频谱如图 3-25 所示，表明抽样信号是理想低通滤波器的冲激响应，由于它是非因果无限持续时间信号，因此是物理不可实现的，即，理想低通滤波器是物理不可实现的。

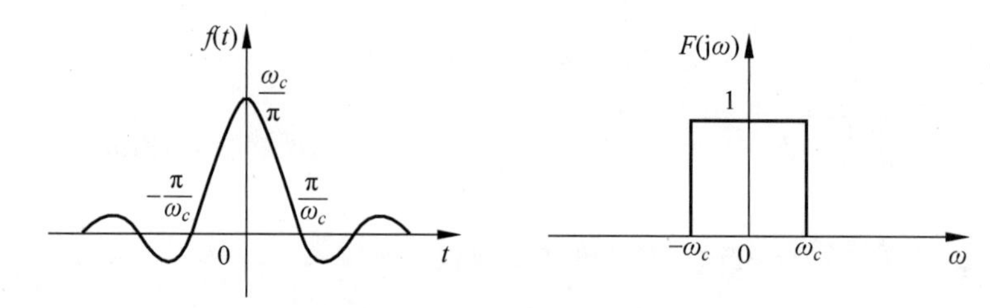

图 3-25 抽样信号及其频谱

15. 帕斯瓦尔定理

与傅里叶级数的性质类似，对非周期连续信号的傅里叶变换，也存在帕斯瓦尔定理，体现了信号能量的守恒。

若 $f(t)\leftrightarrow F(\mathrm{j}\omega)$，则有：

$$\int_{-\infty}^{\infty}|f(t)|^2\mathrm{d}t=\frac{1}{2\pi}\int_{-\infty}^{\infty}|F(\mathrm{j}\omega)|^2\mathrm{d}\omega \tag{3-83}$$

这表明信号的能量既可以在时域求得，也可以在频域求得。由于$|F(\mathrm{j}\omega)|^2$ 表示信号能量在频域的分布，因而称其为“能量谱密度”函数。

例 3-30 计算信号 $f(t)=2\cos(997t)\frac{\sin 5t}{\pi t}$的能量。

解 由于$\frac{\sin 5t}{\pi t}\leftrightarrow \mathrm{G}_{10}(\mathrm{j}\omega)$，因此信号 $f(t)$的傅里叶变换为：

$$2\cos(997t)\frac{\sin 5t}{\pi t}\leftrightarrow\mathrm{G}_{10}(\mathrm{j}(\omega-997))+\mathrm{G}_{10}(\mathrm{j}(\omega+997))$$

$$E=\int_{-\infty}^{\infty}|f(t)|^2\mathrm{d}t=\frac{1}{2\pi}\int_{-\infty}^{\infty}|F(\mathrm{j}\omega)|^2\mathrm{d}\omega=\frac{1}{2\pi}(10+10)=\frac{10}{\pi}$$

表 3-3 给出了重要信号的 FT，表 3-4 综述了 FT 的性质，这些公式应熟记并能灵活应用。其中，采样信号的 FT 及 FT 的时域采样特性和频域采样特性将在 3.3.4 节中给出。

表 3-3　重要傅里叶变换对

信号	时域 $f(t)$	频域 $F(\mathrm{j}\omega)$	信号	时域 $f(t)$	频域 $F(\mathrm{j}\omega)$
冲激	$\delta(t)$	1	直流	1	$2\pi\delta(\omega)$
矩形窗	$G_\tau(t)$	$\tau \mathrm{Sa}\left(\frac{\omega\tau}{2}\right)$	理想低通	$\frac{\omega_c}{\pi}\mathrm{Sa}(\omega_c t)$	$G_{2\omega_c}(\omega)$
阶跃	$u(t)$	$\pi\delta(\omega)+\frac{1}{\mathrm{j}\omega}$	因果指数	$\mathrm{e}^{-\sigma t}u(t)$	$\frac{1}{\sigma+\mathrm{j}\omega}$
符号	$\mathrm{sgn}(t)$	$\frac{2}{\mathrm{j}\omega}$	双边指数	$\mathrm{e}^{-\sigma\|t\|}$	$\frac{2\sigma}{\sigma^2+\omega^2}$
三角窗	$B_\tau(t)$	$\left(\tau \mathrm{Sa}\left(\frac{\omega\tau}{2}\right)\right)^2$	采样	$\sum_{n=-\infty}^{+\infty}\delta(t-nT)$	$\omega_0\sum_{n=-\infty}^{+\infty}\delta(\omega-n\omega_0)$

表 3-4　傅里叶变换的性质

性　质	时域 $f(t)$	频域 $F(\mathrm{j}\omega)$
线性性	$\sum_{i=1}^{n}a_i f_i(t)$	$\sum_{i=1}^{n}a_i F_i(\mathrm{j}\omega)$
共轭对称性	$f^*(t)$	$F^*(-\mathrm{j}\omega)$
对称性	实信号 $f(t)$	实部偶对称，虚部奇对称； 幅度偶对称，相位奇对称
时移	$f(t-t_0)$	$\mathrm{e}^{-\mathrm{j}\omega t_0}F(\mathrm{j}\omega)$
频移	$\mathrm{e}^{\mathrm{j}\omega_0 t}f(t)$	$F(\mathrm{j}(\omega-\omega_0))$
调制	$\cos(\omega_0 t)f(t)$	$\frac{1}{2}[F(\mathrm{j}(\omega-\omega_0))+F(\mathrm{j}(\omega+\omega_0))]$
	$\sin(\omega_0 t)f(t)$	$\frac{1}{2\mathrm{j}}[F(\mathrm{j}(\omega-\omega_0))-F(\mathrm{j}(\omega+\omega_0))]$
尺度性	$f(at)$	$\frac{1}{\|a\|}F\left(\mathrm{j}\frac{\omega}{a}\right)$
	$f(-t)$	$F(-\mathrm{j}\omega)$
时域微分	$f'(t)$	$\mathrm{j}\omega F(\mathrm{j}\omega)$
	$f^{(n)}(t)$	$(\mathrm{j}\omega)^n F(\mathrm{j}\omega)$
时域积分	$f^{(-1)}(t)$	$\frac{F(\mathrm{j}\omega)}{\mathrm{j}\omega}+\pi F(0)\delta(\omega)$
频域微分	$tf(t)$	$\mathrm{j}\frac{\mathrm{d}}{\mathrm{d}\omega}F(\mathrm{j}\omega)$
	$t^n f(t)$	$\left(\mathrm{j}\frac{\mathrm{d}}{\mathrm{d}\omega}\right)^n F(\mathrm{j}\omega)$
频移积分	$-\frac{f(t)}{\mathrm{j}t}+\pi f(0)\delta(t)\Leftrightarrow F^{-1}(\mathrm{j}\omega)$	$F^{(-1)}(\mathrm{j}\omega)$
时域卷积	$f_1(t)*f_2(t)$	$F_1(\mathrm{j}\omega)F_2(\mathrm{j}\omega)$
时域相乘	$f_1(t)f_2(t)$	$\frac{1}{2\pi}F_1(\mathrm{j}\omega)*F_2(\mathrm{j}\omega)$
对偶性	$F(\mathrm{j}t)\Leftrightarrow 2\pi f(-\omega)$	
帕斯瓦尔定理	$\int_{-\infty}^{\infty}\|f(t)\|^2\mathrm{d}t=\frac{1}{2\pi}\int_{-\infty}^{\infty}\|F(\mathrm{j}\omega)\|^2\mathrm{d}\omega$	

3.3.4 傅里叶变换与傅里叶级数的关系

通过上述两节学习可以发现，傅里叶变换与傅里叶级数有密切联系。同时，由于引入了奇异信号，周期信号这类不满足绝对可积的信号，其傅里叶变换也存在。

为引出一般连续周期信号的傅里叶变换，首先研究周期冲激信号的傅里叶变换。

1. 周期冲激信号 $\boldsymbol{\delta_T(t)=\sum\limits_{n=-\infty}^{+\infty}\delta(t-nT)}$ 的 FS 和 FT

信号 $\delta_T(t)=\sum\limits_{n=-\infty}^{+\infty}\delta(t-nT)$ 是周期为 T 的连续周期信号，有式(3-8)的FS展开式，将其进行FT则有：

$$\delta_T(t)=\sum_{n=-\infty}^{+\infty}\delta(t-nT)=\frac{1}{T}\sum_{n=-\infty}^{+\infty}\mathrm{e}^{\mathrm{j}n\omega_0 t}\Leftrightarrow\omega_0\sum_{n=-\infty}^{+\infty}\delta(\omega-n\omega_0)=\omega_0\delta_{\omega_0}(\omega)\tag{3-84}$$

这表明，周期冲激信号的傅里叶变换仍是周期冲激信号，其频域间隔 $\omega_0=\dfrac{2\pi}{T}$。图3-26是冲激信号、周期冲激信号的FS频谱以及FT频谱，可以看出信号在时域中的周期化，对应的频谱是对原频谱的采样。

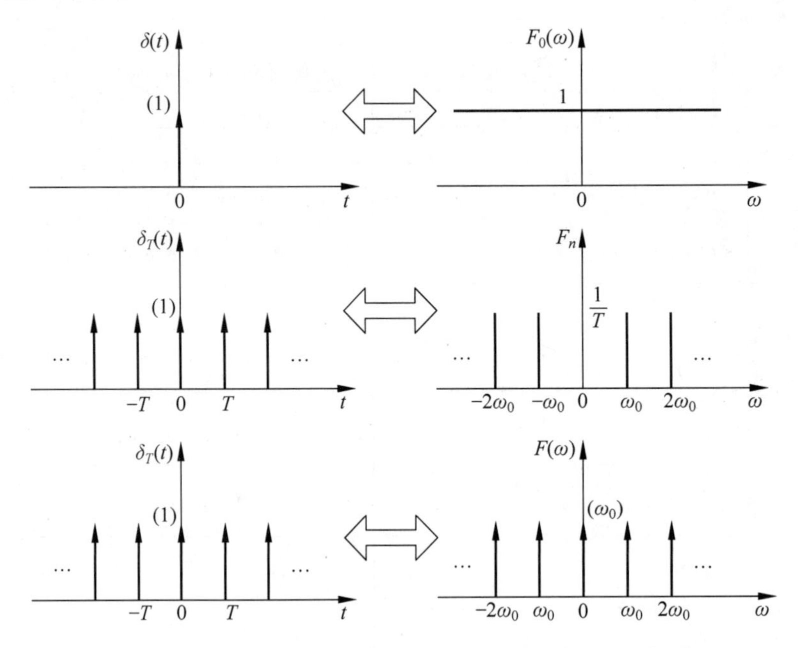

图3-26 冲激信号、周期冲激信号的FS频谱以及FT频谱

2. 一般连续周期信号的FT

显然，周期信号 $f(t)$ 是由其单周期截取得到的非周期信号 $f_0(t)$ 周期延拓构成的，其中：

$$f_0(t)=\begin{cases}f(t) & \forall t\in[t_0,t_0+T]\\ 0 & \forall t\notin[t_0,t_0+T]\end{cases}\tag{3-85}$$

$$f(t)=\sum_{n=-\infty}^{+\infty} f_0(t-nT)=f_0(t)*\sum_{n=-\infty}^{+\infty}\delta(t-nT)=f_0(t)*\delta_T(t) \tag{3-86}$$

利用 FT 的卷积定理有：

$$f(t)\Leftrightarrow F_0(\mathrm{j}\omega)\left[\omega_0\sum_{n=-\infty}^{+\infty}\delta(\omega-n\omega_0)\right]=\sum_{n=-\infty}^{+\infty}\omega_0 F_0(\mathrm{j}n\omega_0)\delta(\omega-n\omega_0) \tag{3-87}$$

另一方面，对该信号先进行 FS 展开，再进行 FT 有：

$$f(t)=\sum_{n=-\infty}^{+\infty} F_n \mathrm{e}^{\mathrm{j}n\omega_0 t}\Leftrightarrow \sum_{n=-\infty}^{+\infty} 2\pi F_n\delta(\omega-n\omega_0) \tag{3-88}$$

对比式(3-87)与式(3-88)，可以得到：

$$F_n=\frac{1}{T}F_0(\mathrm{j}n\omega_0) \tag{3-89}$$

上述分析表明，周期信号 $f(t)$的频谱是离散的，位于基波频率以及其整数倍频率处，且在 $n\omega_0$ 的谱线强度为 $2\pi F_n=\omega_0 F_0(\mathrm{j}n\omega_0)$。式(3-89)也给出了利用信号 $f_0(t)$傅里叶变换计算由其延拓形成的周期信号 $f(t)$傅里叶级数系数的方法，即该系数是对非周期信号连续频谱的等间隔采样。

下面给出使用式(3-89)进行典型周期信号傅里叶级数与傅里叶变换分析的例题，以说明二者之间的联系。

例 3-31　分析以脉冲信号 $EG_\tau(t)$为基周期、占空比$\frac{\tau}{T}<1$ 的周期矩形脉冲信号的傅里叶级数和傅里叶变换。

解　由于 $f_0(t)=EG_\tau(t)\Leftrightarrow F_0(\mathrm{j}\omega)=E\tau\mathrm{Sa}\left(\frac{\omega\tau}{2}\right)$，周期延拓后构成的周期脉冲信号的基频为 $\omega_0=\frac{2\pi}{T}$。因此，由式(3-89)得到 FS 系数为：

$$F_n=\frac{1}{T}F_0(\mathrm{j}n\omega_0)=\frac{E\tau}{T}\mathrm{Sa}\left(\frac{n\omega_0\tau}{2}\right)=\frac{E\tau}{T}\mathrm{Sa}\left(\frac{n\pi\tau}{T}\right)$$

因此，该周期信号的 FS 展开式为：

$$f(t)=\frac{E\tau}{T}\sum_{n=-\infty}^{+\infty}\mathrm{Sa}\left(\frac{n\pi\tau}{T}\right)\mathrm{e}^{\mathrm{j}n\omega_0 t}=\frac{E\tau}{T}\left[1+2\sum_{n=1}^{+\infty}\mathrm{Sa}\left(\frac{n\pi\tau}{T}\right)\cos(n\omega_0 t)\right] \tag{3-90}$$

式(3-90)中应用了该信号是实偶信号的条件，因此求和式中仅包含余弦项。进一步对该信号进行 FT 有：

$$f(t)=\frac{E\tau}{T}\sum_{n=-\infty}^{+\infty}\mathrm{Sa}\left(\frac{n\pi\tau}{T}\right)\mathrm{e}^{\mathrm{j}n\omega_0 t}\Leftrightarrow F(\mathrm{j}\omega)=\frac{2\pi E\tau}{T}\sum_{n=-\infty}^{+\infty}\mathrm{Sa}\left(\frac{n\pi\tau}{T}\right)\delta(\omega-n\omega_0) \tag{3-91}$$

特殊地，当占空比$\frac{\tau}{T}=\frac{1}{2}$时有：

$$f(t)=\frac{E}{2}\sum_{n=-\infty}^{+\infty}\mathrm{Sa}\left(\frac{n\pi}{2}\right)\mathrm{e}^{\mathrm{j}n\omega_0 t}=\frac{E\tau}{T}\left[1+2\sum_{n=1}^{+\infty}\mathrm{Sa}\left(\frac{n\pi}{2}\right)\cos(n\omega_0 t)\right] \tag{3-92}$$

即此时信号仅包含直流和奇次谐波分量，其 FT 为：

$$f(t)=\frac{E}{2}\sum_{n=-\infty}^{+\infty}\mathrm{Sa}\left(\frac{n\pi}{2}\right)\mathrm{e}^{\mathrm{j}n\omega_0 t}\Leftrightarrow F(\mathrm{j}\omega)=\pi E\sum_{n=-\infty}^{+\infty}\mathrm{Sa}\left(\frac{n\pi}{2}\right)\delta(\omega-n\omega_0) \tag{3-93}$$

图 3-27 是周期矩形脉冲信号的 FS 系数和 FT，可看出该信号只有直流分量和奇次余弦分量，且谐波幅度呈倒数衰减规律。

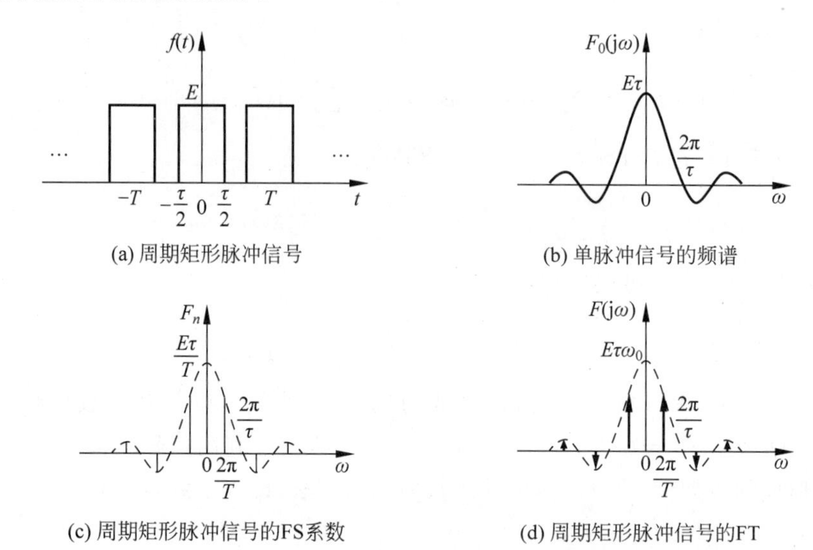

图 3-27 周期矩形脉冲信号的 FS 系数和 FT

例 3-32 求以三角窗函数 $EB_T(t)$ 为基本周期的周期三角脉冲信号 $f(t)=\sum_{n=-\infty}^{+\infty}EB_T(t-nT)$ 的傅里叶变换。

解 由于 $EB_T(t)=\sqrt{\frac{2E}{T}}G_{\frac{T}{2}}(t)*\sqrt{\frac{2E}{T}}G_{\frac{T}{2}}(t)$，根据傅里叶变换的时域卷积性质，该三角窗信号的傅里叶变换为 $EB_T(t)\Leftrightarrow F_0(\mathrm{j}\omega)=\frac{ET}{2}\left(\mathrm{Sa}\left(\frac{\omega T}{4}\right)\right)^2$，因此以该信号为基本周期延拓形成的周期三角脉冲信号的傅里叶级数为：

$$F_n=\frac{1}{T}F_0(\mathrm{j}n\omega_0)=\frac{1}{T}\left[\frac{ET}{2}\left(\mathrm{Sa}\left(\frac{n\omega_0 T}{4}\right)\right)^2\right]$$

$$=\frac{E}{2}\left(\mathrm{Sa}\left(\frac{n\pi}{2}\right)\right)^2=\begin{cases}\dfrac{2E}{(2m-1)^2\pi^2} & n=2m-1\\ 0 & n=2m\end{cases} \tag{3-94}$$

因此其 FS 展开式为：

$$f(t)=\frac{E}{2}\sum_{n=-\infty}^{+\infty}\left(\mathrm{Sa}\left(\frac{n\pi}{2}\right)\right)^2\mathrm{e}^{\mathrm{j}n\omega_0 t} \tag{3-95}$$

这表明，三角脉冲信号只有直流分量和奇次余弦分量，并且谐波幅度呈平方倒数衰减规律，即比方波的衰减速度要快。

对式(3-95)进行 FT 得：

$$f(t)=\frac{E}{2}\sum_{n=-\infty}^{+\infty}\left(\mathrm{Sa}\left(\frac{n\pi}{2}\right)\right)^2\mathrm{e}^{\mathrm{j}n\omega_0 t}\Leftrightarrow F(\mathrm{j}\omega)=\pi E\sum_{n=-\infty}^{+\infty}\left(\mathrm{Sa}\left(\frac{n\pi}{2}\right)\right)^2\delta(\omega-n\omega_0) \tag{3-96}$$

例 3-33 求以 $f_0(t)=\frac{Et}{T}G_T(t)$ 为基本周期的周期锯齿脉冲信号 $f(t)=\sum_{n=-\infty}^{+\infty}\frac{E(t-nT)}{T}G_T(t-nT)$ 的傅里叶变换。

解 图 3-28 示出了周期锯齿脉冲信号，利用 FS 与 FT 的关系，可首先求解 $f_0(t)$ 的傅里叶变换。

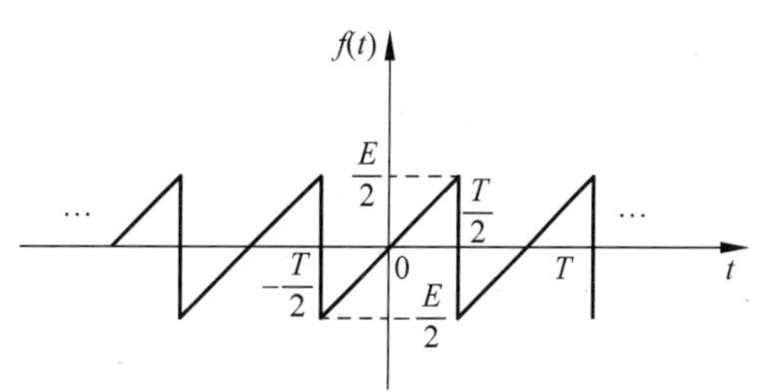

图 3-28 锯齿波函数

$$f_0'(t)=\frac{E}{T}G_T(t)-\frac{E}{2}\left[\delta\left(t+\frac{T}{2}\right)+\delta\left(t-\frac{T}{2}\right)\right]\Leftrightarrow E\mathrm{Sa}\left(\frac{\omega T}{2}\right)-E\cos\left(\frac{\omega T}{2}\right)$$

应用 FT 的时域积分定理，可以得到：

$$F_0(\mathrm{j}\omega)=\frac{E}{\mathrm{j}\omega}\left[\mathrm{Sa}\left(\frac{\omega T}{2}\right)-\cos\left(\frac{\omega T}{2}\right)\right] \tag{3-97}$$

因此有：

$$F_n=\frac{1}{T}F_0(\mathrm{j}n\omega_0)=\frac{E}{T}\left[\frac{1}{\mathrm{j}n\omega_0}\{\mathrm{Sa}(n\pi)-\cos(n\pi)\}\right]=\begin{cases}0 & n=0\\ \frac{(-1)^{n-1}E}{\mathrm{j}2n\pi} & n\neq 0\end{cases} \tag{3-98}$$

故其 FS 展开式为：

$$f(t)=\frac{E}{2\pi}\sum_{\substack{n=-\infty\\ n\neq 0}}^{+\infty}\frac{(-1)^{n-1}}{\mathrm{j}n}\mathrm{e}^{\mathrm{j}n\omega_0 t}=\frac{E}{\pi}\sum_{n=1}^{+\infty}\frac{(-1)^{n-1}}{n}\sin(n\omega_0 t) \tag{3-99}$$

这表明，锯齿脉冲信号只有正弦分量，并且谐波幅度呈倒数衰减规律，与方波的衰减规律相同。

对式(3-99)进行 FT 得：

$$f(t)=\frac{E}{2\pi}\sum_{\substack{n=-\infty\\ n\neq 0}}^{+\infty}\frac{(-1)^{n-1}}{\mathrm{j}n}\mathrm{e}^{\mathrm{j}n\omega_0 t}\Leftrightarrow F(\mathrm{j}\omega)=E\sum_{\substack{n=-\infty\\ n\neq 0}}^{+\infty}\frac{(-1)^{n-1}}{\mathrm{j}n}\delta(\omega-n\omega_0) \tag{3-100}$$

例 3-34 重新考虑例 3-7，求周期信号 $f(t)=\sum_{n=-\infty}^{+\infty}[\delta(t-2n)-\delta(t-1-2n)]$ 的傅里叶级数展开式及傅里叶变换。

解 使用式(3-89)求解周期信号的傅里叶级数。令 $f_0(t)=\delta(t)-\delta(t-1)$，则其傅里叶变换为 $F_0(\mathrm{j}\omega)=1-\mathrm{e}^{-\mathrm{j}\omega}$，因此 $f(t)$ 的傅里叶级数系数为：

$$F_n=\frac{1}{T}F_0(\mathrm{j}\omega)\big|_{\omega=n\omega_0}=\frac{1}{2}(1-\mathrm{e}^{-\mathrm{j}n\omega_0})=\frac{1}{2}(1-\mathrm{e}^{-\mathrm{j}n\pi})=\begin{cases}0 & n=2m\\ 1 & n=2m-1\end{cases} \tag{3-101}$$

$$f(t)=\sum_{n=-\infty}^{+\infty}\frac{1}{2}\mathrm{e}^{\mathrm{j}n\pi t}(1-\mathrm{e}^{-\mathrm{j}n\pi})=\begin{cases}0 & n=2m\\ \sum_{n=-\infty}^{+\infty}\mathrm{e}^{\mathrm{j}n\pi t} & n=2m-1\end{cases} \tag{3-102}$$

$$F(\mathrm{j}\omega)=2\pi\sum_{n=-\infty}^{+\infty}\delta(\omega-n\pi),\quad n=2m-1$$

微课视频

3.4 采样定理

采样定理是联系连续时间信号与离散时间信号的重要桥梁。通过对连续时间信号的时域采样、量化和编码等步骤,可将连续时间信号转换为数字信号,利用数字信号处理器进行处理,之后再转换为连续信号。按照采样实现的不同角度,本节将分别介绍信号的时域采样和频域采样。

3.4.1 信号的时域采样

1. 时域采样信号的傅里叶变换

连续信号 $f(t)$经理想均匀采样后得到的采样信号可表示为:

$$f_s(t)=f(t)\delta_{T_s}(t)=\sum_{n=-\infty}^{+\infty}f(nT_s)\delta(t-nT_s) \tag{3-103}$$

其中,采样频率 $f_s=\frac{1}{T_s}$,T_s 为采样周期(即采样间隔)。

由 FT 的频域卷积定理和式(3-84)可知,采样信号的 FT 为:

$$\begin{aligned}F_s(\mathrm{j}\omega)&=\frac{1}{2\pi}F(\mathrm{j}\omega)*[\omega_s\delta_{\omega_s}(\omega)]=f_sF(\mathrm{j}\omega)*\sum_{n=-\infty}^{+\infty}\delta(\omega-n\omega_s)\\&=f_s\sum_{n=-\infty}^{+\infty}F(\mathrm{j}\omega)*\delta(\omega-n\omega_s)=f_s\sum_{n=-\infty}^{+\infty}F(\mathrm{j}(\omega-n\omega_s))\end{aligned} \tag{3-104}$$

即连续信号的时域采样,对应其频谱的周期化:

$$\sum_{n=-\infty}^{+\infty}f(nT_s)\delta(t-nT_s)\Leftrightarrow f_s\sum_{n=-\infty}^{+\infty}F(\mathrm{j}(\omega-n\omega_s)) \tag{3-105}$$

因此,采样信号的频谱是周期谱。

2. 带限信号的时域采样定理——奈奎斯特(Nyquist)采样定理

当连续信号 $f(t)$是有限带宽信号(如图 3-29(a)所示,其频谱满足带限条件:当$|\omega|>\omega_m$时,$F(\mathrm{j}\omega)=0$,其中,ω_m 为信号的最高频率)时,只要使采样频率不小于信号的奈奎斯特采样频率 $\omega_{Neq}=2\omega_m$ $\left(\text{对应的采样间隔称为奈奎斯特采样间隔 } T_{Neq}=\frac{2\pi}{\omega_{Neq}}\right)$,即 $\omega_s\geqslant 2\omega_m$,则由图 3-29(b)可知,信号频谱只发生周期延拓而成为周期频谱,不发生频域混叠(Alising),此时,该周期频谱的基周期是原信号的频谱;并且由图 3-29(b)可知,只要把采样信号通过截止频率为$\frac{\omega_s}{2}$的理想低通滤波器:

$$h_{LPF}(t)=\mathrm{Sa}\left(\frac{\omega_s t}{2}\right)\Leftrightarrow H_{LPF}(\mathrm{j}\omega)=T_sG_{\omega_s}(\mathrm{j}\omega) \tag{3-106}$$

就可无失真复原原始的连续信号。因为当 $\omega_s\geqslant 2\omega_m$ 时,有:

$$H_{LPF}(\mathrm{j}\omega)F_s(\mathrm{j}\omega)=H_{LPF}(\mathrm{j}\omega)\left[f_s\sum_{n=-\infty}^{+\infty}F(\mathrm{j}(\omega-n\omega_s))\right]=F(\mathrm{j}\omega) \tag{3-107}$$

因此有:

$$f(t)=\mathrm{Sa}\left(\frac{\omega_s t}{2}\right)*\sum_{n=-\infty}^{+\infty}f(nT_s)\delta(t-nT_s)=\sum_{n=-\infty}^{+\infty}f(nT_s)\mathrm{Sa}\left(\frac{\omega_s(t-nT_s)}{2}\right) \tag{3-108}$$

式(3-108)表示，带限信号可以由它的等间隔(此采样间隔要不大于奈奎斯特采样间隔)采样值唯一地无失真复原。相反，如果采样间隔不大于奈奎斯特采样间隔这一条件未被满足，则一定会出现如图 3-29(c)所示的频域混叠，即频谱周期重复后，在叠加时发生重叠频段的频谱混叠，使得不可能由信号的样本值无失真地复原原始信号。图 3-29(d)所示是采样频率正好是奈奎斯特频率时的情况，此情况对应于时域信号的临界采样。上述是奈奎斯特采样定理的内容。以周期冲激信号实现的采样称为理想采样。

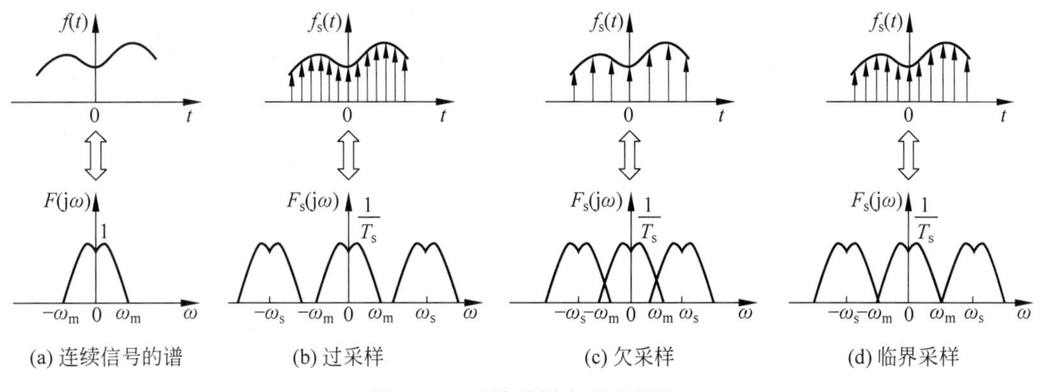

图 3-29　时域采样定理的图示

式(3-108)表明，当采样定理被满足时，带限信号 $f(t)$ 可展开成抽样函数(Sa 函数)的无穷级数，在用幅值等于 $f(nT_s)$ 的 Sa 函数内插后，由信号的离散样本集合 $\{f(nT_s)\}$ 可无失真地复原出原始的被时域采样的信号，如图 3-30 所示。而该信号复原的过程，其实质是将连续时间信号展开成 Sa 函数的无穷级数，级数的系数等于在各个采样时刻的抽样值。

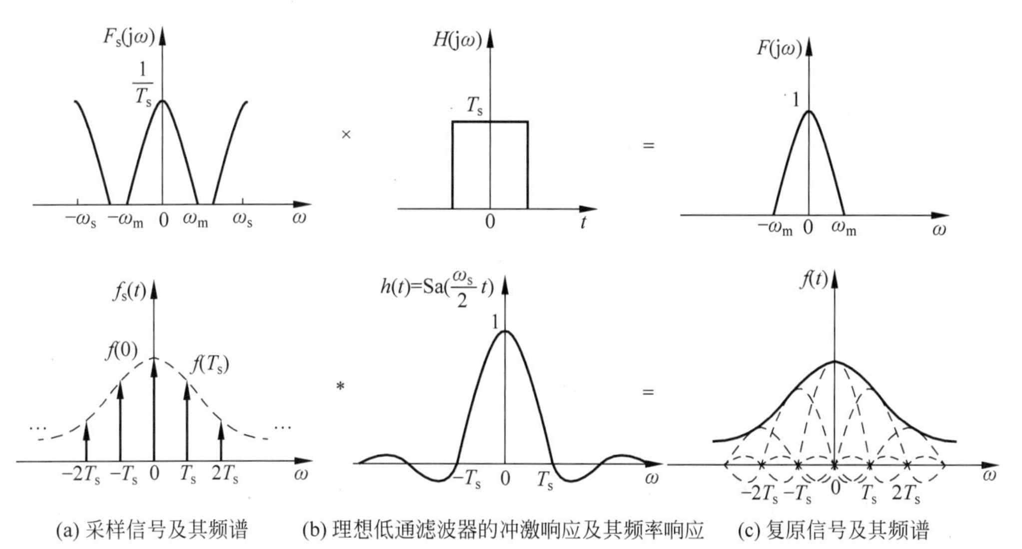

图 3-30　从采样信号无失真复原连续信号

图 3-30 的上半部分和下半部分分别示出了在频域和时域里如何通过理想低通滤波由采样信号复原连续信号。

实际应用中，信号带限的条件难以满足，因此需要将信号先通过抗混叠滤波器(anti-aliasing filter)，变换为带限信号，再对其进行时域采样。同时，值得注意的是，当带限信号的频谱满足$|F(\mathrm{j}\omega_{\mathrm{m}})|\neq 0$时，为避免频谱混叠，采样频率应该严格大于奈奎斯特采样频率。

经过运算后，信号的最高频率可能发生变化，从而导致奈奎斯特采样频率发生变化。例如，两信号相加后，最高频率要取原先的两个最高频率的最大值；相反，两信号卷积后，最高频率要取原先的两个最高频率的最小值；两信号相乘后，会产生频域卷积，使得最高频率要取原先的两个最高频率的和；信号 n 次方后，最高频率要取原先的最高频率的 n 倍；尺度运算 $f(at)$的最高频率要取 $f(t)$的最高频率的$|a|$倍；信号经过调制后，其最高频率是载波频率与信号最高频率之和。

例 3-35 已知带限信号 $f(t)$的最高频率为 100Hz，若对下列信号进行时域采样，求最低采样频率 f_{s}。

(1) $f(3t)$

(2) $f^2(t)$

(3) $f(t)*f(2t)$

(4) $f(t)+f^2(t)$

解 (1) 由于 $f(3t)$是将信号在时域压缩 3 倍，因此频谱扩展 3 倍，使 $f(3t)$的最高频率为 300Hz，这样，由时域采样定理知，$f_{\mathrm{s1}}=600\mathrm{Hz}$。

(2) 由时域相乘定理，使得 $f^2(t)$的频带为 $f(t)$频带的两倍，所以，由时域采样定理知，$f_{\mathrm{s2}}=400\mathrm{Hz}$。

(3) 由与(1)相同的论述知，$f(2t)$的频带也为 $f(t)$频带的两倍；使得信号 $f(t)*f(2t)\Leftrightarrow F(\mathrm{j}\omega)\times\frac{1}{2}F\left(\mathrm{j}\frac{\omega}{2}\right)$的频带与 $f(t)$的频带相同，所以 $f_{\mathrm{s3}}=200\mathrm{Hz}$。

(4) $f^2(t)$的频带为 $f(t)$的两倍，使得 $f(t)+f^2(t)$的频带也为 $f(t)$频带的两倍，所以 $f_{\mathrm{s4}}=400\mathrm{Hz}$。

例 3-36 求信号 $f(t)=\frac{\sin 10t}{t}\cos 1000t$ 的奈奎斯特采样频率 ω_{s}。

解 已知 $10\frac{\sin 10t}{10t}=10\mathrm{Sa}(10t)\Leftrightarrow\pi G_{20}(\omega)$

利用余弦调制性质有：

$$f(t)=\frac{\sin 10t}{t}\cos 1000t\Leftrightarrow\frac{\pi}{2}G_{20}(\omega+1000)+\frac{\pi}{2}G_{20}(\omega-1000)$$

因此该信号的上限频率为 1010rad/s，奈奎斯特采样频率为 2020rad/s。

3. 矩形脉冲采样

理想采样实际上很难实现，实际中一般使用周期脉冲对连续信号进行采样，其中，最常用的是矩形脉冲采样，也称为自然采样。此时，式(3-103)改写为：

$$f_{\mathrm{s}}(t)=f(t)p(t) \tag{3-109}$$

其中，幅度为 E、宽度为 τ、周期为 T_{s} 的周期矩形信号有傅里叶级数展开式：

$$p(t)=\frac{E\tau}{T_s}\sum_{n=-\infty}^{+\infty}\mathrm{Sa}\left(\frac{n\pi\tau}{T_s}\right)\mathrm{e}^{\mathrm{j}n\omega_s t}$$

使得其频谱为 $P(\mathrm{j}\omega)=\sum_{n=-\infty}^{+\infty}\frac{2\pi E\tau}{T_s}\mathrm{Sa}\left(\frac{n\pi\tau}{T_s}\right)\delta(\omega-n\omega_s)$。于是，由频域卷积定理有：

$$F_s(\mathrm{j}\omega)=\frac{1}{2\pi}F(\mathrm{j}\omega)*P(\mathrm{j}\omega)=f_sE\tau\sum_{n=-\infty}^{+\infty}\mathrm{Sa}\left(\frac{n\pi\tau}{T_s}\right)F(\mathrm{j}(\omega-n\omega_s)) \tag{3-110}$$

此时，当 $F_s(\mathrm{j}\omega)$ 周期重复时，幅度以 $\mathrm{Sa}\left(\frac{n\pi\tau}{T_s}\right)$ 衰减，如图 3-31 所示。

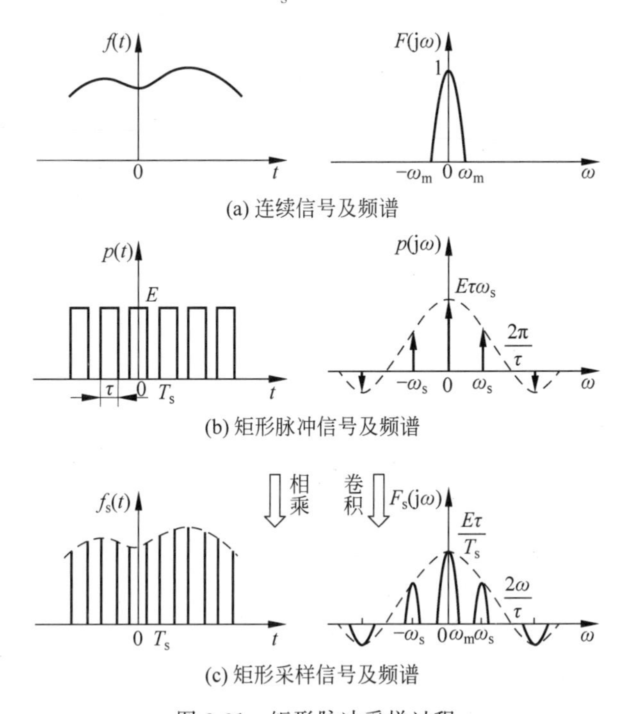

图 3-31　矩形脉冲采样过程

容易理解当采样频率满足采样定理要求时，复原过程仍可用理想低通滤波进行，只要滤波器的幅度为 $\frac{T_s}{E\tau}$。

3.4.2　信号的频域采样

1. 频域采样信号的傅里叶逆变换

连续频谱 $F(\mathrm{j}\omega)$ 经理想均匀采样后得到的采样频谱可表示为：

$$F_s(\mathrm{j}\omega)=F(\mathrm{j}\omega)\delta_{\omega_s}(\omega)=\sum_{n=-\infty}^{+\infty}F(\mathrm{j}n\omega_s)\delta(\omega-n\omega_s) \tag{3-111}$$

其中，ω_s 为频率采样间隔，对应的时域周期为 $T_s=\frac{2\pi}{\omega_s}$。

由 FT 的时域卷积定理和周期冲激信号的傅里叶变换可知，采样频谱逆 FT 为：

$$f_{T_s}(t)=f(t)*\left[\frac{1}{\omega_s}\delta_{T_s}(t)\right]=\frac{1}{\omega_s}\sum_{n=-\infty}^{+\infty}f(t-nT_s) \tag{3-112}$$

其中，已利用了冲激函数的卷积性质，式(3-112)表述了FT频域的采样性质：

$$\frac{1}{\omega_s}\sum_{n=-\infty}^{+\infty} f(t-nT_s) \Leftrightarrow \sum_{n=-\infty}^{+\infty} F(\mathrm{j}n\omega_s)\delta(\omega-n\omega_s) \tag{3-113}$$

即，频域采样引起了时域周期重复与叠加。

2. 时限信号的频域采样定理

当非周期连续信号 $f(t)$ 为有限时宽信号(如图3-32(a)所示，当 $|t|>t_m$ 时，$f(t)=0$，其中，$2t_m$ 为信号的持续时间)时，只要使频率采样间隔 f_s 不大于信号持续时间的倒数，即 $f_s \leqslant \frac{1}{2t_m}$ 或 $T_s \geqslant 2t_m$，则由图3-32(b)可知，非周期信号只发生周期延拓而成为周期连续信号，不发生时域混叠，此时，该周期信号的基周期是原信号；并且只要截取该周期信号的基周期，即把它乘以时宽为 T_s 的矩形窗 $\omega_s G_{T_s}(t)$，就可无失真复原原始信号的连续频谱。因为当 $T_s \geqslant 2t_m$ 时，有：

$$\omega_s G_{T_s}(t) f_{T_s}(t) = \sum_{n=-\infty}^{+\infty} G_{T_s}(t) f(t-nT_s) = f(t) \tag{3-114}$$

$$\mathrm{Sa}\left(\frac{\omega T_s}{2}\right) * \sum_{n=-\infty}^{+\infty} F(\mathrm{j}n\omega_s)\delta(\omega-n\omega_s) = \sum_{n=-\infty}^{+\infty} F(\mathrm{j}n\omega_s)\mathrm{Sa}\left(\frac{T_s(\omega-n\omega_s)}{2}\right) = F(\mathrm{j}\omega) \tag{3-115}$$

式(3-115)表示，时限信号的频谱可以由它的等间隔(频率采样间隔要足够小)采样值唯一地无失真复原。相反，如果频率采样间隔足够小这一条件未被满足，则一定会出现时域混叠，使得不可能由信号频谱的样本值无失真地复原原始信号频谱。这些就是频域采样定理的内容。

根据傅里叶变换的对偶性质，显然频域采样定理与时域采样定理也是对偶的。

需指出的是，周期连续信号的离散谱和傅里叶级数展开实质上就是时限信号用等于基频的频率采样间隔进行等间隔频域采样的结果。

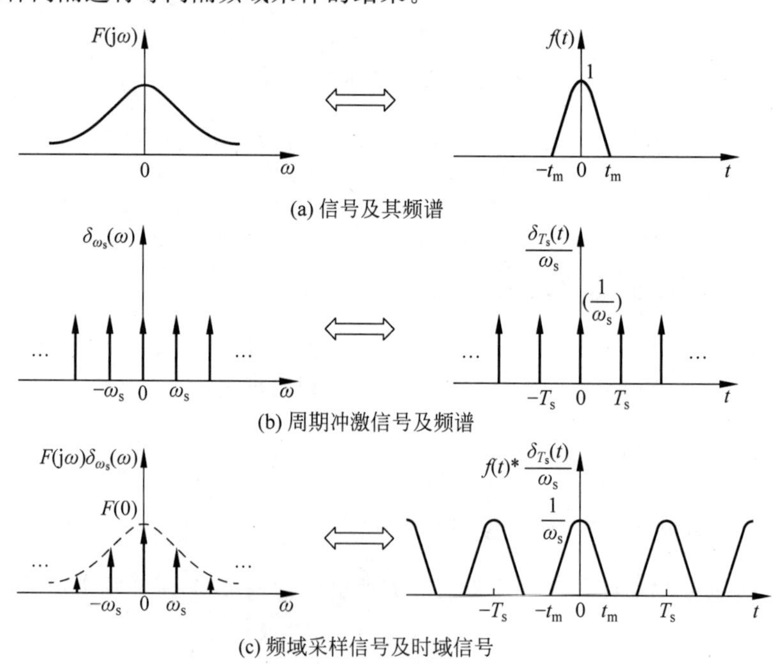

图3-32 频域采样

3.5 连续线性时不变系统的频域分析

连续 LTI 系统的分析除可在时域中实现，还可在频域中实现，其理论基础是傅里叶变换的时域卷积性质。

3.5.1 LTI 系统的频域分析

微课视频

1. 系统传递函数(频率响应)

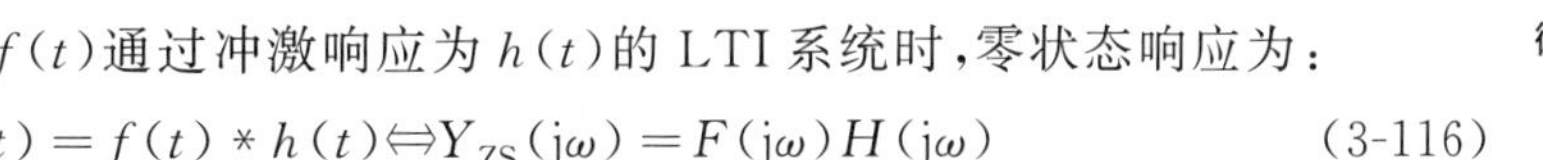

频谱为 $F(\mathrm{j}\omega)$的信号 $f(t)$通过冲激响应为 $h(t)$的 LTI 系统时，零状态响应为：

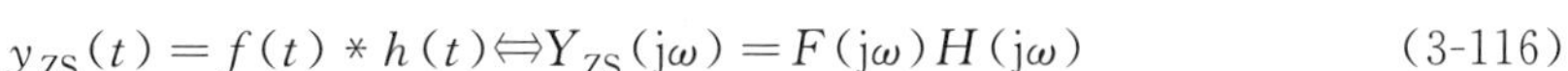

$$y_{\mathrm{ZS}}(t)=f(t)*h(t)\Leftrightarrow Y_{\mathrm{ZS}}(\mathrm{j}\omega)=F(\mathrm{j}\omega)H(\mathrm{j}\omega) \tag{3-116}$$

其中，系统传递函数(又称频率响应或频率特性)$H(\mathrm{j}\omega)$是冲激响应 $h(t)$的 FT。若系统的冲激响应为实信号，则幅度谱是偶函数、相位谱是奇函数。利用上述结论，可根据系统微分方程求解系统的频率响应、冲激响应及零状态响应。

例 3-37 若描述系统的微分方程为 $i''(t)+7i'(t)+10i(t)=e''(t)+6e'(t)+4e(t)$，求其频率响应和冲激响应。

解 设激励为 $e(t)=\delta(t)\Leftrightarrow 1$，取系统微分方程的 FT，利用 FT 的时域微分定理，有：

$$(\mathrm{j}\omega)^2I(\mathrm{j}\omega)+7\mathrm{j}\omega I(\mathrm{j}\omega)+10I(\mathrm{j}\omega)=(\mathrm{j}\omega)^2+6\mathrm{j}\omega+4$$

使得

$$H(\mathrm{j}\omega)=I(\mathrm{j}\omega)=\frac{(\mathrm{j}\omega)^2+6\mathrm{j}\omega+4}{(\mathrm{j}\omega)^2+7\mathrm{j}\omega+10}=1+\frac{1}{3}\left(\frac{1}{\mathrm{j}\omega+5}-\frac{4}{\mathrm{j}\omega+2}\right)\Leftrightarrow$$

$$h(t)=\delta(t)+\frac{1}{3}(\mathrm{e}^{-5t}-4\mathrm{e}^{-2t})u(t)$$

例 3-38 若描述系统的微分方程为 $y''(t)+3y'(t)+2y(t)=2f'(t)+5f(t)$，求系统在输入为 $f(t)=\mathrm{e}^{-3t}u(t)$下的零状态响应。

解 由于 $F(\mathrm{j}\omega)=\dfrac{1}{\mathrm{j}\omega+3}$，取系统微分方程的 FT，并利用 FT 的时域微分定理有：

$$(\mathrm{j}\omega)^2Y(\mathrm{j}\omega)+3\mathrm{j}\omega Y(\mathrm{j}\omega)+2Y(\mathrm{j}\omega)=\frac{2\mathrm{j}\omega+5}{\mathrm{j}\omega+3}$$

这使得系统的零状态响应的频谱为：

$$Y_{\mathrm{ZS}}(\mathrm{j}\omega)=\frac{2\mathrm{j}\omega+5}{(\mathrm{j}\omega+3)[(\mathrm{j}\omega)^2+3\mathrm{j}\omega+2]}=\frac{3/2}{\mathrm{j}\omega+1}-\frac{1}{\mathrm{j}\omega+2}-\frac{1/2}{\mathrm{j}\omega+3}$$

因此系统的零状态响应为：

$$y_{\mathrm{ZS}}(t)=\left[\frac{3}{2}\mathrm{e}^{-t}-\mathrm{e}^{-2t}-\frac{1}{2}\mathrm{e}^{-3t}\right]u(t)$$

2. 周期信号通过 LTI 系统

当激励信号 $f(t)$为连续周期信号时，可先将其进行傅里叶级数展开：

$$f(t)=\sum_{n=-\infty}^{+\infty}F_n\mathrm{e}^{\mathrm{j}n\omega_0t}$$

再应用特征函数的概念和系统的线性性，得到系统响应：

$$y(t)=\sum_{n=-\infty}^{+\infty}H(\mathrm{j}n\omega_0)F_n\mathrm{e}^{\mathrm{j}n\omega_0 t}=\sum_{n=-\infty}^{+\infty}|H(\mathrm{j}n\omega_0)|\mathrm{e}^{\mathrm{j}\varphi(n\omega_0)}F_n\mathrm{e}^{\mathrm{j}n\omega_0 t}$$
$$=\sum_{n=-\infty}^{+\infty}|H(\mathrm{j}n\omega_0)|F_n\mathrm{e}^{\mathrm{j}[n\omega_0 t+\varphi(n\omega_0)]} \tag{3-117}$$

同理,周期信号也可以展开成三角函数形式的傅里叶级数:

$$f(t)=c_0+\sum_{n=1}^{+\infty}c_n\cos(n\omega_0 t+\phi_n)$$

因此通过 LTI 系统的输出为:

$$y(t)=c_0H(0)+\sum_{n=1}^{+\infty}c_n|H(n\omega_0)|\cos(n\omega_0 t+\phi_n+\varphi(n\omega_0)) \tag{3-118}$$

微课视频

3. 正弦类信号通过 LTI 系统

正弦类信号是特殊的周期信号,其频谱是一对冲激谱。因此,当输入 $f(t)=\cos(\omega_0 t)\Leftrightarrow \pi(\delta(\omega+\omega_0)+\delta(\omega-\omega_0))$时,输出频谱为:

$$\begin{aligned}Y(\mathrm{j}\omega)&=\pi H(\mathrm{j}\omega)(\delta(\omega+\omega_0)+\delta(\omega-\omega_0))\\&=\pi(H(-\mathrm{j}\omega_0)\delta(\omega+\omega_0)+H(\mathrm{j}\omega_0)\delta(\omega-\omega_0))\\&=\pi|H(\mathrm{j}\omega_0)|\{\cos(\varphi(\omega_0))[\delta(\omega+\omega_0)+\delta(\omega-\omega_0)]+\\&\quad \mathrm{j}\sin(\varphi(\omega_0))[-\delta(\omega+\omega_0)+\delta(\omega-\omega_0)]\}\end{aligned}$$

使得输出信号为:

$$y(t)=|H(\mathrm{j}\omega_0)|\cos(\omega_0 t+\varphi(\omega_0)) \tag{3-119}$$

这表明,角频率为 ω_0 的余弦信号通过 LTI 系统后,输出信号仍为同一角频率的余弦信号,变化仅在于:信号幅度乘以幅度传递函数(又称幅频特性)$|H(\mathrm{j}\omega)|$在 ω_0 处的值$|H(\mathrm{j}\omega_0)|$,信号相位增加相位传递函数(又称相频特性)$\varphi(\omega)$在 ω_0 处的值 $\varphi(\omega_0)$。这意味着,正弦信号可形状不变地通过 LTI 系统,因此它是 LTI 系统的特征信号。同理,可以证明当激励为 $\sin(\omega_0 t)$时,也有上述结论,即:

$$y(t)=|H(\mathrm{j}\omega_0)|\sin(\omega_0 t+\varphi(\omega_0)) \tag{3-120}$$

4. 因果正弦信号通过 LTI 系统

实际中,激励信号往往是因果的,即在零时刻接入。因此,分析因果正弦类信号及因果周期信号通过 LTI 系统是有意义的。

定理:当因果复正弦信号 $f(t)=\mathrm{e}^{\mathrm{j}\omega_0 t}u(t)$激励 $H(\mathrm{j}\omega)$的 LTI 系统时,系统稳态响应为 $y_{\mathrm{st}}(t)=H(\mathrm{j}\omega_0)\mathrm{e}^{\mathrm{j}\omega_0 t}u(t)$。

证明:显然,当 $H(\mathrm{j}\omega_0)=0$ 时结论成立。若设 $H(\mathrm{j}\omega_0)\neq 0$,此时由复调制定理可知,$F(\mathrm{j}\omega)=U(\mathrm{j}(\omega-\omega_0))$,其中,$U(\mathrm{j}\omega)=\pi\delta(\omega)+\frac{1}{\mathrm{j}\omega}$是阶跃信号 $u(t)$的 FT;并由时域卷积定理可知,输出频谱为:

$$\begin{aligned}Y(\mathrm{j}\omega)&=H(\mathrm{j}\omega)F(\mathrm{j}\omega)=H(\mathrm{j}\omega)U(\mathrm{j}(\omega-\omega_0))\\&=H(\mathrm{j}\omega_0)\pi\delta(\omega-\omega_0)+\frac{H(\mathrm{j}\omega)}{\mathrm{j}(\omega-\omega_0)}\end{aligned}$$

$$=H(\mathrm{j}\omega_0)U(\mathrm{j}(\omega-\omega_0))+\frac{H(\mathrm{j}\omega)-H(\mathrm{j}\omega_0)}{\mathrm{j}(\omega-\omega_0)}$$

使得系统的稳态响应为：

$$Y_{\mathrm{st}}(\mathrm{j}\omega)=H(\mathrm{j}\omega_0)U(\mathrm{j}(\omega-\omega_0))\Leftrightarrow y_{\mathrm{st}}(t)=H(\mathrm{j}\omega_0)\mathrm{e}^{\mathrm{j}\omega_0 t}u(t) \tag{3-121}$$

输出暂态响应的频谱为：

$$Y_{\mathrm{temp}}(\mathrm{j}\omega)=\frac{H(\mathrm{j}\omega)-H(\mathrm{j}\omega_0)}{\mathrm{j}(\omega-\omega_0)} \tag{3-122}$$

显然，暂态响应是系统特征分量的加权和。

推论1：当因果正弦信号 $f(t)=A\sin(\omega_0 t+\theta)u(t)$ 激励 $H(\mathrm{j}\omega)$ 的LTI系统时，系统稳态响应为

$$y_{\mathrm{st}}(t)=A\mid H(\omega_0)\mid\sin(\omega_0 t+\theta+\varphi(\omega_0))u(t) \tag{3-123}$$

5. 因果周期信号通过LTI系统

根据上述定理，可以进一步推导出推论2。

推论2：当因果周期信号 $f(t)=\sum_{n=-\infty}^{+\infty}F_n\mathrm{e}^{\mathrm{j}n\omega_0 t}u(t)$ 激励 $H(\mathrm{j}\omega)$ 的LTI系统时，系统稳态响应为

$$y_{\mathrm{st}}(t)=\sum_{n=-\infty}^{+\infty}F_nH(n\omega_0)\mathrm{e}^{\mathrm{j}n\omega_0 t}u(t) \tag{3-124}$$

用傅里叶级数展开周期信号 $f_T(t)=\sum_{n=-\infty}^{+\infty}F_n\mathrm{e}^{\mathrm{j}n\omega_0 t}$，它经因果化后得到的因果周期信号为 $f(t)=f_T(t)u(t)=\sum_{n=-\infty}^{+\infty}F_n\mathrm{e}^{\mathrm{j}n\omega_0 t}u(t)$，由定理可知推论2成立。

由上述分析可知，用频域分析求解LTI系统的稳态响应十分方便。

恰当选择系统传递函数的滤波特性，就能在抑制输入信号中的某些不想要的频率分量（即杂波和干扰）的同时，增强输入信号中的那些需要输出的信号分量。这就是得到广泛应用的滤波器的原理。

例3-39 已知一低通滤波器的幅度传递函数如图3-33(a)所示，它具有零相移的相频特性，如果输入信号 $f(t)$ 为图3-33(b)所示并且为 $T=1$ 的锯齿波，求输出信号 $y(t)$。

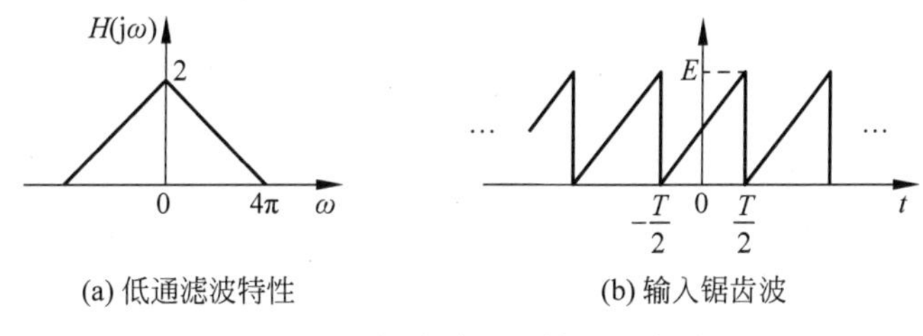

图3-33 锯齿波通过低通滤波器

解 因为 $\omega_0=\frac{2\pi}{T}=2\pi$，由它和图3-33可知，输出信号仅有直流分量和基波分量，且根据该频率响应，基波分量通过系统后与原信号无变化，直流分量放大为原来的2倍。根据图示的波形，该锯齿波的直流分量为 $\frac{E}{2}$。

基波分量的求解方法一：首先根据激励信号的对称性，可知其含有直流分量，且去除直流分量后具有奇对称性，因此其傅里叶级数展开式中仅包含正弦项，可直接利用 $b_n = \frac{2}{T_0}\int_{T_0} f(t)\sin(n\omega_0 t)\mathrm{d}t$ 求解，有 $b_1 = \frac{2}{T_0}\int_{T_0} f(t)\sin(\omega_0 t)\mathrm{d}t = \frac{E}{\pi}$，因此基波分量为$\frac{E}{\pi}\sin(2\pi t)$。

方法二：用傅里叶变换与傅里叶级数的系数关系式。

令 $f_0(t)=\frac{E}{T}t\left[u\left(t+\frac{T}{2}\right)-u\left(t-\frac{T}{2}\right)\right]$，则 $f(t)=\frac{E}{2}+\sum_{n=-\infty}^{+\infty} f_0(t-nT)$，首先求解 $f_0(t)$的傅里叶变换，有 $F_0(\mathrm{j}\omega)=\frac{E}{\mathrm{j}\omega}\left[\mathrm{Sa}\left(\frac{\omega T}{2}\right)-\cos\left(\frac{\omega T}{2}\right)\right]$，因此有：

$$
\begin{aligned}
F_n &= \frac{1}{T}F_0(\mathrm{j}n\omega_0) = \frac{E}{\mathrm{j}n\omega_0}\left[\mathrm{Sa}\left(\frac{n\omega_0 T}{2}\right)-\cos\left(\frac{n\omega_0 T}{2}\right)\right] \\
&= \frac{E}{\mathrm{j}n2\pi}[\mathrm{Sa}(n\pi)-\cos(n\pi)]\ (n\neq 0)
\end{aligned}
$$

$$
F_1 = \frac{E}{\mathrm{j}2\pi}[\mathrm{Sa}(\pi)-\cos(\pi)] = \frac{E}{\mathrm{j}2\pi}
$$

$$
F_{-1} = \frac{E}{-\mathrm{j}2\pi}[\mathrm{Sa}(-\pi)-\cos(-\pi)] = -\frac{E}{\mathrm{j}2\pi}
$$

因此基波分量为

$$
\frac{E}{\mathrm{j}2\pi}\mathrm{e}^{\mathrm{j}2\pi t}-\frac{E}{\mathrm{j}2\pi}\mathrm{e}^{-\mathrm{j}2\pi t}=\frac{E}{\pi}\sin(2\pi t)
$$

根据上述分析，可得系统输出为 $y(t)=E\left[1+\frac{1}{\pi}\sin(2\pi t)\right]$。

例 3-40 已知 $f(t)=\sum_{n=-\infty}^{+\infty}(-1)^n\delta(t-n)$，若该信号通过频率响应为 $H(\mathrm{j}\omega)=[2\pi-|\omega|]\cdot[u(\omega+2\pi)-u(\omega-2\pi)]$ 的线性时不变系统，求其响应。

解 此信号周期为 2、基波频率为 $\omega_0=\pi$。首先将激励进行傅里叶级数展开，可直接利用例 3-34 结论，有：

$$
f(t)=\sum_{n=-\infty}^{+\infty}\frac{1}{2}\mathrm{e}^{\mathrm{j}n\pi t}(1-\mathrm{e}^{-\mathrm{j}n\pi})=\begin{cases}0 & n=2m\\ \sum_{n=-\infty}^{+\infty}\mathrm{e}^{\mathrm{j}n\pi t} & n=2m-1\end{cases}
$$

该信号是偶对称、奇谐函数，其频谱不包含直流分量，同时傅里叶级数展开式中仅包含奇次谐波的余弦部分。

而根据给定的系统频率响应，该系统为低通滤波器，截止频率为 2π，因此该信号通过系统后仅保留基波分量，其他的分量均被去除。根据系统频率响应可知，$H(\pi)=\pi$。

因此该信号通过系统后的输出应该为 $y(t)=a_1\cos(\omega_0 t+\theta_0)\times H(\pi)$，其中 a_1、ω_0、θ_0 分别为激励中基波分量的傅里叶级数分解后的系数、基波频率以及其对应的相位。根据其傅里叶级数展开式，有 $a_1=2$，$\theta_1=0$，因此输出信号为 $y(t)=2\pi\cos(\pi t)$。

3.5.2 LTI 系统频域分析举例

基于傅里叶变换的系统分析方法(即频域分析方法)有很多实际应用，主要包括滤波、信号的调制与解调等。

理想滤波器根据其选频特性可分为四类：低通滤波器、高通滤波器、带通滤波器和带阻滤波器，即其频率特性在一个或几个频段内为常数，其他频段内频率响应为零。其中，允许信号完全通过的频带称为滤波器的通带，将信号完全抑制的频带称为滤波器的阻带，上述四类理想滤波器的频率响应如图 3-34 所示。

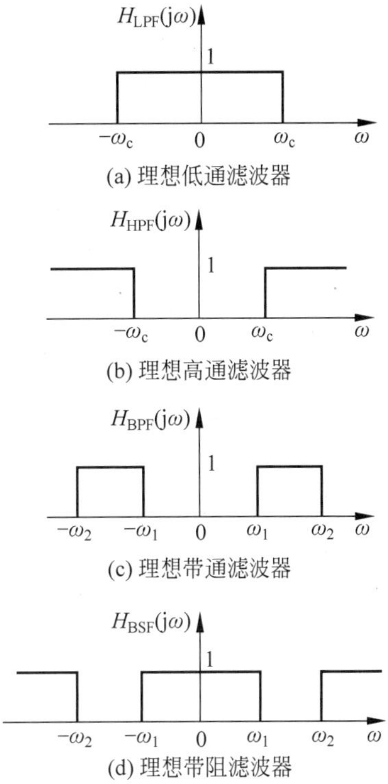

(a) 理想低通滤波器

(b) 理想高通滤波器

(c) 理想带通滤波器

(d) 理想带阻滤波器

图 3-34 四类理想滤波器的频率响应

滤波器的应用广泛。例如，从采样信号恢复原连续信号时，需使用低通滤波器选择原信号的频谱；在经济数据序列分析中，可以设计不同的滤波器用以分析数据的长期或短期变化趋势；在包含噪声的 ECG（electrocardiogram，心电图）或 EEG（Electroencephalogram，脑电图）信号中，可应用滤波器去除噪声；收音机的选频网络是带通滤波器，可实现电台信号的筛选功能；汽车减震系统可视作一个低通滤波器，用以减弱路面不平引起的波动。

此外，通信系统中信号的调制与解调，其理论基础是傅里叶变换的频移性质，是 LTI 系统频域分析的一个重要应用。下面给出几个例子依次说明。

例 3-41 倒频器。

为使通信保密，可使用倒频器（scrambler）对信号进行倒频后发送，再在接收端进行逆倒频。图 3-35(b) 示出了一个倒频系统，如果输入带限信号 $f(t)$ 的频谱 $F(\mathrm{j}\omega)$ 如图 3-35(a) 所示，其最高频率为 ω_m，且已知调制频率 $\omega_0>\omega_m$；图 3-35(b) 中的 HPF 为截止角频率等于 ω_0 的理想高通滤波器 $H_1(\mathrm{j}\omega)=\begin{cases}K_1 & |\omega|\geqslant\omega_0\\ 0 & \text{其他}\end{cases}$，LPF 为截止角频率等于 ω_m 的理想低通滤波器 $H_2(\mathrm{j}\omega)=\begin{cases}K_2 & |\omega|\leqslant\omega_m\\ 0 & \text{其他}\end{cases}$。试画出 $x(t)$ 和 $y(t)$ 的频谱图。

解 由 FT 的调制定理知，$f_1(t)$ 的频谱为：

$$F_1(\mathrm{j}\omega)=\frac{1}{2}F(\mathrm{j}(\omega+\omega_0))+\frac{1}{2}F(\mathrm{j}(\omega-\omega_0))$$

由于 $F(\mathrm{j}\omega)$ 带限于 ω_m，并且 $\omega_0>\omega_m$，所以如图 3-35(c) 所示，$F_1(\mathrm{j}\omega)$ 带限于 $[\omega_0-\omega_m,\omega_0+\omega_m]$。

截止角频率为 ω_0 的 HPF 的高通特性使得其输出 $x(t)$ 的频谱 $X(\mathrm{j}\omega)$ 带限于 $[\omega_0,\omega_0+\omega_m]$，如图 3-35(d) 所示。

再次由 FT 的调制定理知，如图 3-35(e) 所示，$f_2(t)$ 的频谱为：

$$F_2(\mathrm{j}\omega)=\frac{1}{2}X(\mathrm{j}[\omega+(\omega_0+\omega_m)])+\frac{1}{2}X(\mathrm{j}[\omega-(\omega_0+\omega_m)])$$

它带限于 $[0,\omega_m]$（在此区间内，信号频谱 $F(\mathrm{j}\omega)$ 的形状已被倒转）和 $[2\omega_0+\omega_m,2(\omega_0+\omega_m)]$。

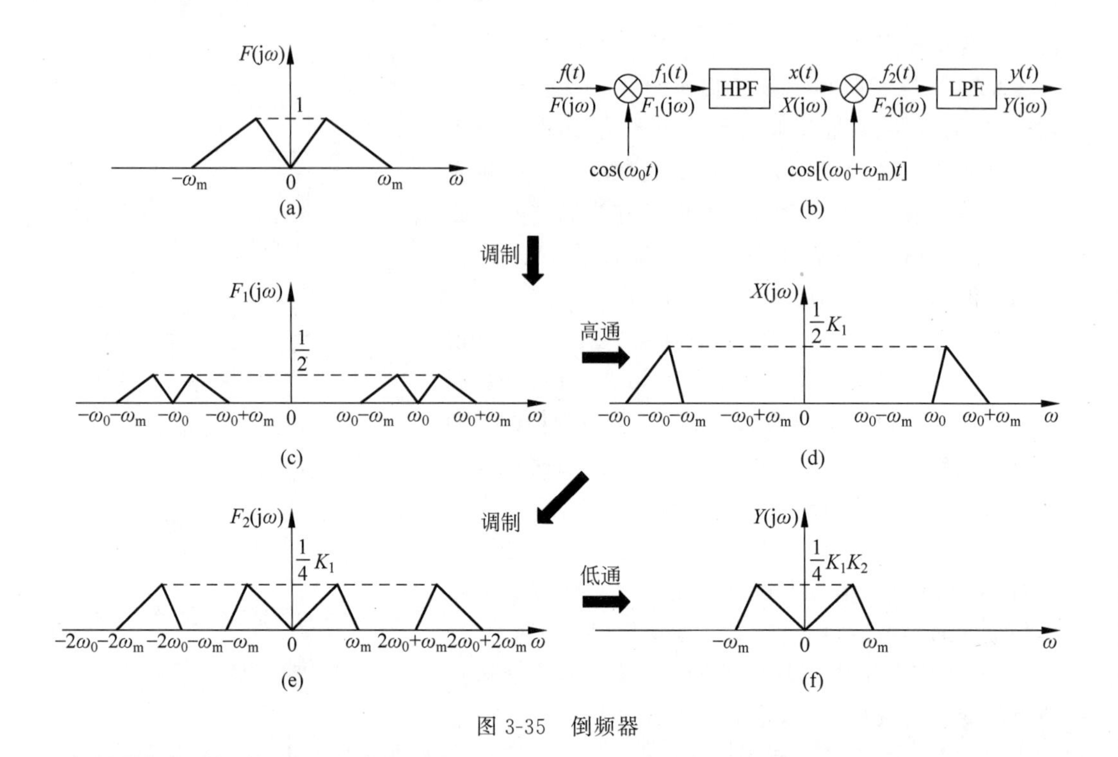

图 3-35 倒频器

经截止角频率等于 ω_m 的 LPF 滤除位于高频段的频谱分量后，就得到如图 3-35(f)所示的 $y(t)$的频谱 $Y(j\omega)$，它是输入信号频谱 $F(j\omega)$的倒转。

例 3-42 单边带调制器。

图 3-36(a)示出了一个单边带调制器，如果输入带限信号 $f(t)$的频谱 $F(j\omega)$如图 3-36(b)所示，其最高频率为 ω_m，且已知调制频率 $\omega_0>\omega_m$；图 3-36(a)中的希尔伯特滤波器 $H(j\omega)=-j\text{sgn}(\omega)$为 90°度相移器。试分析其工作原理，并画出 $y(t)$的频谱图。

解 希尔伯特滤波器的输出 $\hat{f}(t)$的频谱为：

$$\hat{F}(j\omega)=H(j\omega)F(j\omega)=-j\text{sgn}(\omega)F(j\omega)$$

因为 $y(t)=f(t)\cos(\omega_0 t)-\hat{f}(t)\sin(\omega_0 t)$，由调制定理知：

$$\begin{aligned}
Y(j\omega)&=\frac{1}{2}[F(j(\omega+\omega_0))+F(j(\omega-\omega_0))]+\frac{1}{2j}[\hat{F}(j(\omega+\omega_0))-\hat{F}(j(\omega-\omega_0))]\\
&=\frac{1}{2}[F(j(\omega+\omega_0))+F(j(\omega-\omega_0))]-\\
&\quad\frac{1}{2}[\text{sgn}(\omega+\omega_0)F(j(\omega+\omega_0))-\text{sgn}(\omega-\omega_0)F(j(\omega-\omega_0))]\\
&=u(-\omega-\omega_0)F(j(\omega+\omega_0))+u(\omega-\omega_0)F(j(\omega-\omega_0))
\end{aligned}$$

其中利用了事实：$\frac{1}{2}(1\pm\text{sgn}(x))=u(\pm x)$。由于 $\omega_0>\omega_m$，且 $F(j\omega)$带限于 ω_m，所以有如图 3-36(e)所示的输出信号 $y(t)$的频谱图 $Y(j\omega)$，它带限于$[\omega_0,\omega_0+\omega_m]$，是输入信号频谱 $F(j\omega)$的单(上)边带调制谱。

实际上，复信号 $\tilde{f}(t)=f(t)+j\hat{f}(t)$有如图 3-36(c)所示的单边谱：

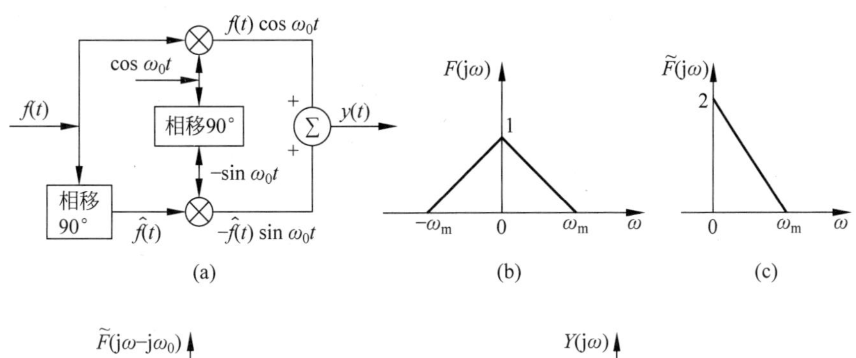

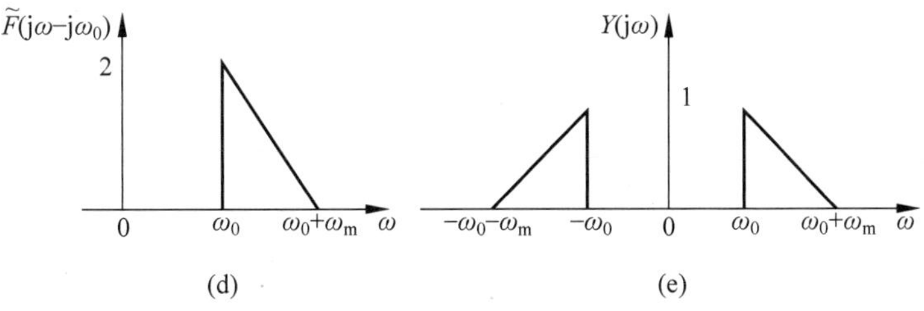

图 3-36 单边带调制器

$$\widetilde{F}(\mathrm{j}\omega)=(1+\operatorname{sgn}(\omega))F(\mathrm{j}\omega)=2u(\omega)F(\mathrm{j}\omega)$$

使得复调制信号 $\tilde{f}(t)\mathrm{e}^{\mathrm{j}\omega_0 t}$ 有如图 3-36(d)所示的单边谱：

$$\widetilde{F}(\mathrm{j}(\omega-\omega_0))=F(\mathrm{j}\omega)=2u(\omega-\omega_0)F(\mathrm{j}(\omega-\omega_0))$$

这样，输出信号 $y(t)=f(t)\cos(\omega_0 t)-\hat{f}(t)\sin(\omega_0 t)=\operatorname{Re}\{\tilde{f}(t)\mathrm{e}^{\mathrm{j}\omega_0 t}\}$ 有如图 3-36(e)所示的单(上)边带调制谱：

$$Y(\mathrm{j}\omega)=u(-\omega-\omega_0)F(\mathrm{j}(\omega+\omega_0))+u(\omega-\omega_0)F(\mathrm{j}(\omega-\omega_0))$$

例 3-43 水温测量补偿系统。

已知水温测量系统的单位阶跃响应为 $g(t)=(1-\mathrm{e}^{-t/2})u(t)$，如图 3-37 所示，试设计一个补偿系统，使得当测量系统的输出作为其输入时，补偿系统的输出等于水温的瞬时温度。

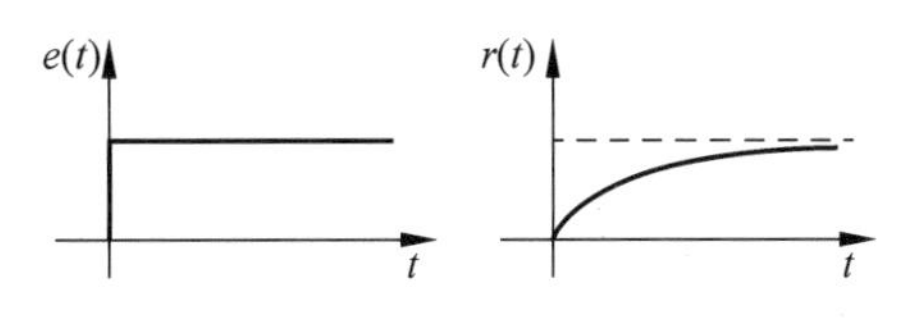

图 3-37 水温测量系统的激励与阶跃响应

解 根据设计的要求，水温测量系统级联补偿系统后，其响应 $r_i(t)$ 与激励 $e(t)$ 相等，即整个系统是一个恒等系统，因此有 $h(t)*h_i(t)=\delta(t)$，其频率响应需满足以下条件：

$$H(\mathrm{j}\omega)H_i(\mathrm{j}\omega)=1$$

$$H_i(\mathrm{j}\omega)=\frac{1}{H(\mathrm{j}\omega)}$$

由 $g(t)=(1-\mathrm{e}^{-t/2})u(t)$ 可知：

$$h(t)=g'(t)=\frac{1}{2}\mathrm{e}^{-t/2}u(t)$$

$$H(\mathrm{j}\omega)=\frac{1/2}{\mathrm{j}\omega+1/2}=\frac{1}{2\mathrm{j}\omega+1}$$

因此得到：

$$H_i(\mathrm{j}\omega)=\frac{1}{H(\mathrm{j}\omega)}=1+2\mathrm{j}\omega$$

$$h_i(t)=\delta(t)+2\delta'(t)$$

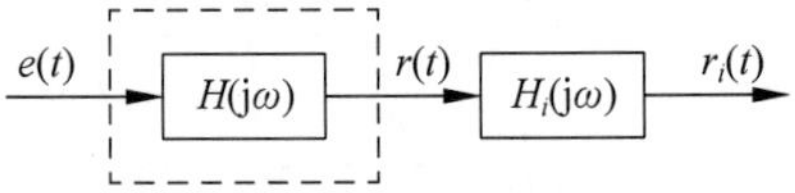

水温测量补偿系统如图 3-38 所示。补偿系统的单位冲激响应中包括冲激信号及其一阶微分，因此这种逆系统在实际中难以真正实现，仅能在一定条件下设计相近的系统。利用补偿系统可以加快水温测量系统的反应时间，但逆系统的加入会增加测量误差。

图 3-38　水温测量补偿系统

3.5.3　电路系统的频域特性分析

应用 FT 可以直接在频域分析线性电路的特性，而无须建立其微分方程，这便于实际电路的分析计算，而且物理意义清晰。

1. 典型元件的阻抗

元件的阻抗 $Z(\mathrm{j}\omega)$定义为其端电压 $u(t)$的频谱 $V(\mathrm{j}\omega)$与流过的电流 $i(t)$的频谱 $I(\mathrm{j}\omega)$的比值，即：

$$Z(\mathrm{j}\omega)=\frac{V(\mathrm{j}\omega)}{I(\mathrm{j}\omega)} \tag{3-125}$$

可以认为，阻抗就是以流过元件的电流为激励、以元件端电压为响应的系统的传递函数。根据此定义，易证：电容 C 的阻抗为$\dfrac{1}{\mathrm{j}\omega C}$，电感 L 的阻抗为 $\mathrm{j}\omega L$，电阻 R 的阻抗为R，如图 3-39 所示。

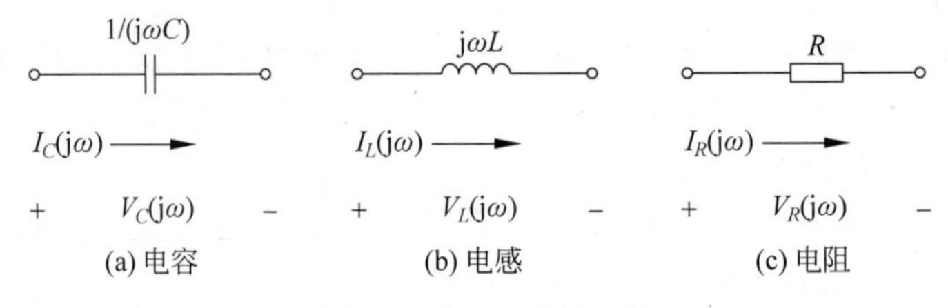

图 3-39　典型元件的阻抗

2. 线性电路的传递函数、幅频特性和相频特性

首先，使用电路中各元器件的频域表示建立频域电路图；然后，使用频域 KCL、KVL 等电路定律建立联立的代数方程组；最后，从中得出所需的系统传递函数，并分析其幅频特性、相频特性等。

下面将用典型例题来说明此分析过程。

例 3-44　计算如图 3-40(a)所示的微分电路、图 3-41(a)所示的积分电路、图 3-42(a)所示的串并联选频电路和图 3-43(a)所示的纯相移网络的传递函数、幅频特性和相频特性。

解　由频域电路图，易有如下分析。

(1) 微分电路的传递函数为 $H(\mathrm{j}\omega)=\dfrac{V_2(\mathrm{j}\omega)}{V_1(\mathrm{j}\omega)}=\dfrac{R}{R+\dfrac{1}{\mathrm{j}\omega C}}=\dfrac{\mathrm{j}\omega/\omega_0}{1+\mathrm{j}\omega/\omega_0}$，其中特征频率

$\omega_0 \triangleq \frac{1}{RC}$；相应的幅频特性为 $|H(\mathrm{j}\omega)|=\frac{\mathrm{j}(\omega/\omega_0)}{\sqrt{1+(\mathrm{j}(\omega/\omega_0))^2}}$，相频特性为 $\phi(\omega)=\frac{\pi}{2}-\arctan\left(\frac{\omega}{\omega_0}\right)$。特殊地，$|H(0)|=0$、$\phi(0)=\frac{\pi}{2}$，$|H(\mathrm{j}\omega_0)|=\frac{1}{\sqrt{2}}$、$\phi(\omega_0)=\frac{\pi}{4}$ 和 $|H(+\infty)|=1$、$\varphi(+\infty)=0$。

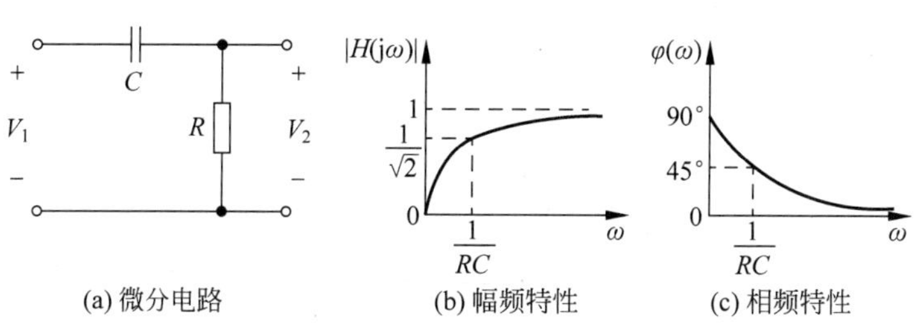

图 3-40 微分电路及其频率特性

图 3-40(b)和图 3-40(c)分别给出了其幅频特性和相频特性。从其幅频特性图可见，微分电路是个高通滤波器，并且 ω_0 为它的截止频率；从其相频特性图可见，相移量始终不小于零，因此它是个相位超前网络，其相位超前量不大于 90°。

(2) 积分电路的传递函数为 $H(\mathrm{j}\omega)=\frac{\frac{1}{\mathrm{j}\omega C}}{R+\frac{1}{\mathrm{j}\omega C}}=\frac{1}{1+\mathrm{j}\omega/\omega_0}$，其中特征频率 $\omega_0 \triangleq \frac{1}{RC}$；相应的幅频特性为 $|H(\mathrm{j}\omega)|=\frac{1}{\sqrt{1+(\mathrm{j}(\omega/\omega_0))^2}}$，相频特性为 $\varphi(\omega)=-\arctan\left(\frac{\omega}{\omega_0}\right)$。特殊地，$|H(0)|=1$、$\varphi(0)=0$，$|H(\mathrm{j}\omega_0)|=\frac{1}{\sqrt{2}}$、$\phi(\omega_0)=-\frac{\pi}{4}$ 和 $|H(+\infty)|=0$、$\phi(+\infty)=-\frac{\pi}{2}$。

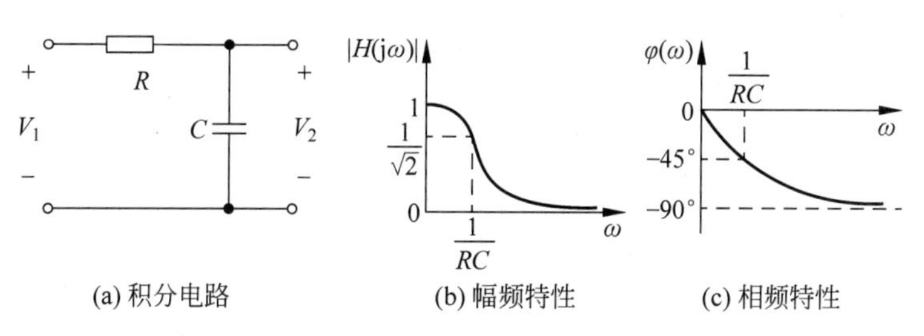

图 3-41 积分电路及其频率特性

图 3-41(b)和图 3-41(c)分别给出了其幅频特性和相频特性。从其幅频特性图可见，积分电路是个低通滤波器，并且 ω_0 为它的截止频率；从其相频特性图可见，相移量始终不大于零，因此它是个相位滞后网络，其相位滞后量不大于 90°。

(3) 图 3-42(a)所示的串并联选频电路的传递函数为 $H(\mathrm{j}\omega)=\frac{\frac{R}{1+\mathrm{j}\omega RC}}{R+\frac{1}{\mathrm{j}\omega C}+\frac{R}{1+\mathrm{j}\omega RC}}=$

$\dfrac{\mathrm{j}x}{1-x^2+\mathrm{j}3x}$，其中，$x=\dfrac{\omega}{\omega_0}$，特征频率 $\omega_0 \triangleq \dfrac{1}{RC}$；相应的幅频特性为 $|H(\mathrm{j}\omega)|=\dfrac{1}{\sqrt{5+(x+x^{-1})^2}}$，相频特性为 $\phi(\omega)=\dfrac{\pi}{2}-\arctan\left(\dfrac{3x}{1-x^2}\right)$。特殊地，$|H(0)|=0$、$\phi(0)=\dfrac{\pi}{2}$，$|H(\mathrm{j}\omega_0)|=\dfrac{1}{3}$、$\phi(\omega_0)=0$ 和 $|H(+\infty)|=0$、$\phi(+\infty)=-\dfrac{\pi}{2}$。

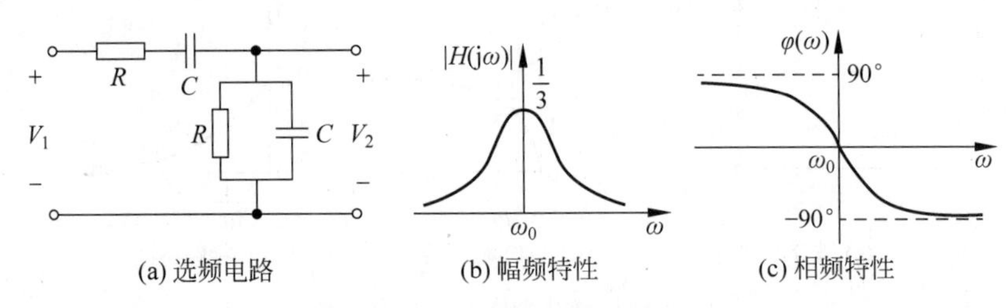

图 3-42　选频电路及其频率特性

图 3-42(b)和图 3-42(c)分别给出了其幅频特性和相频特性。从其幅频特性图可见，该电路是个选频滤波器，并且 ω_0 为它的中心谐振频率；从其相频特性图可见，在中心谐振频率处相移为零，并且是个递减函数。

(4) 纯相移网络的参数满足阻抗匹配约束 $R=\rho=\sqrt{\dfrac{L}{C}}=\sqrt{Z_1Z_2}$，其中，$Z_1=\mathrm{j}\omega L$ 和 $Z_2=\dfrac{1}{\mathrm{j}\omega C}$，即负载阻抗等于 LC 的特性阻抗。此时，从负载往网络看的等效电源的开路电压源为 $U_o(\mathrm{j}\omega)=V_1(\mathrm{j}\omega)\dfrac{Z_2-Z_1}{Z_1+Z_2}$，内阻为 $Z_o=\dfrac{2Z_1Z_2}{Z_1+Z_2}$，所以，系统频率特性为 $H(\mathrm{j}\omega)=\dfrac{U_o(\mathrm{j}\omega)R}{V_1(\mathrm{j}\omega)(Z_o+R)}=\dfrac{(Z_2-Z_1)R}{(Z_1+Z_2)R+2Z_1Z_2}=\dfrac{R-Z_1}{R+Z_1}=\dfrac{\omega_0-\mathrm{j}\omega}{\omega_0+\mathrm{j}\omega}$，相应的幅频特性为 $|H(\mathrm{j}\omega)|=1$，相频特性为 $\varphi(\omega)=-2\arctan\left(\dfrac{\omega}{\omega_0}\right)$，其中，$\omega_0=\dfrac{R}{L}=\dfrac{1}{RC}$。特殊地，$\phi(+\infty)=-\pi$、$\phi(\omega_0)=-\dfrac{\pi}{2}$ 和 $\varphi(0)=0$。

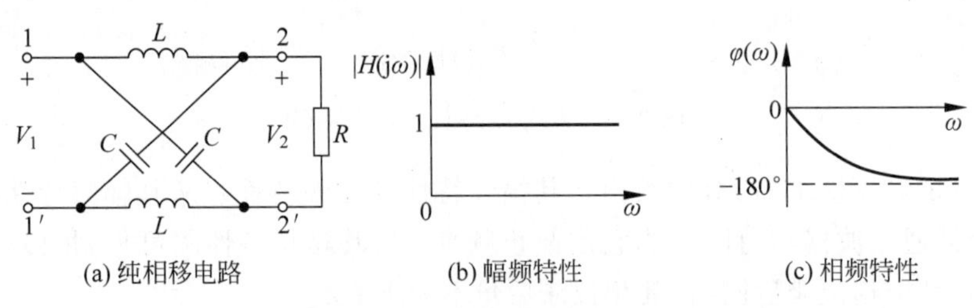

图 3-43　纯相移电路及其频率特性

图 3-43(b)和图 3-43(c)分别给出了其幅频特性和相频特性，表明它是个具有纯相移特性的全通滤波器。

3. 线性电路的响应

用频域分析方法计算线性电路，不仅可确定系统的频域特性，还可建立描述系统的微分方程，进而计算系统的单位冲激响应和零状态响应。下面用例题来说明求解过程。

例 3-45　计算如图 2-2 所示电路的以输入电压 $e(t)$ 为激励、以输入电流 $i(t)$ 为响应的系统传递函数，写出相应的系统微分方程，并计算由激励 $e(t)=4u(t)+2u(-t)$ 产生的零状态响应。

解　该电路的频域零状态等效电路如图 3-44 所示，对它使用 KCL 和 KVL 后有：

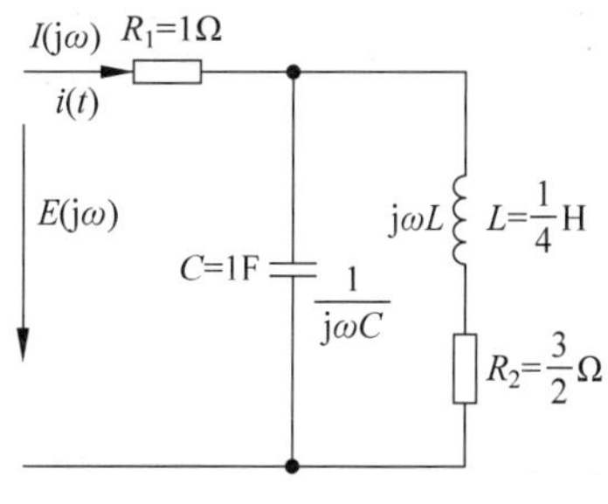

图 3-44　电路的频域等效电路图

$$E(\mathrm{j}\omega)=I(\mathrm{j}\omega)\left[R_1+\frac{\frac{1}{\mathrm{j}\omega C}(R_2+\mathrm{j}\omega L)}{\frac{1}{\mathrm{j}\omega C}+(R_2+\mathrm{j}\omega L)}\right]$$

$$=I(\mathrm{j}\omega)\left[1+\frac{\frac{1}{\mathrm{j}\omega}\left(\frac{3}{2}+\frac{\mathrm{j}\omega}{4}\right)}{\frac{1}{\mathrm{j}\omega}+\left(\frac{3}{2}+\frac{\mathrm{j}\omega}{4}\right)}\right]$$

于是，系统传递函数为：

$$H(\mathrm{j}\omega)=\frac{I(\mathrm{j}\omega)}{E(\mathrm{j}\omega)}=\frac{(\mathrm{j}\omega)^2+6\mathrm{j}\omega+4}{(\mathrm{j}\omega)^2+7\mathrm{j}\omega+10}$$

它实际上是该电路的输入导纳，因此有：

$$(\mathrm{j}\omega)^2I(\mathrm{j}\omega)+7\mathrm{j}\omega I(\mathrm{j}\omega)+10I(\mathrm{j}\omega)=(\mathrm{j}\omega)^2E(\mathrm{j}\omega)+6\mathrm{j}\omega E(\mathrm{j}\omega)+4E(\mathrm{j}\omega)\qquad(3\text{-}126)$$

对该式进行傅里叶逆变换，并利用 FT 的时域微分定理，得到系统微分方程：

$$i''(t)+7i'(t)+10i(t)=e''(t)+6e'(t)+4e(t)$$

依据此微分方程，可使用 FT 计算系统零状态响应。

考虑到激励在零时刻接入，即 $e_+(t)=4u(t)\Leftrightarrow 4\left[\pi\delta(\omega)+\frac{1}{\mathrm{j}\omega}\right]$，代入式(3-126)得到：

$$(\mathrm{j}\omega)^2I(\mathrm{j}\omega)+7\mathrm{j}\omega I(\mathrm{j}\omega)+10I(\mathrm{j}\omega)=[(\mathrm{j}\omega)^2+6\mathrm{j}\omega+4]\times 4\left[\pi\delta(\omega)+\frac{1}{\mathrm{j}\omega}\right]$$

这使得系统的输出频谱为：

$$I(\mathrm{j}\omega)=4\left[\frac{(\mathrm{j}\omega)^2+6\mathrm{j}\omega+4}{\mathrm{j}\omega((\mathrm{j}\omega)^2+7\mathrm{j}\omega+10)}+\frac{4}{10}\pi\delta(\omega)\right]=\frac{8/3}{\mathrm{j}\omega+2}-\frac{4/15}{\mathrm{j}\omega+5}+\frac{8}{5}\left(\pi\delta(\omega)+\frac{1}{\mathrm{j}\omega}\right)$$

取其逆 FT 后，有系统零状态响应：

$$i_{zs}(t)=\left[\frac{8}{3}\mathrm{e}^{-2t}-\frac{4}{15}\mathrm{e}^{-5t}+\frac{8}{5}\right]u(t)$$

众所周知，频域分析对系统稳态响应的分析最有效，这是因为在 $-\infty$ 时刻加入的 $f_-(t)$ 造成的系统响应在观察时刻之后早已稳定。

实际上频域分析也可用来分析系统的暂态响应，下面将举例说明。

因果复正弦信号 $f(t)=\mathrm{e}^{\mathrm{j}\omega_0 t}u(t)$ 激励 $H(\mathrm{j}\omega)$ 的线性电路时，系统稳态响应和暂态响应分别由式(3-121)和式(3-122)给出。因为因果正弦信号和因果周期信号可分解为复正弦信号的加权和，所以可据此计算电路对因果正弦信号和因果周期信号的响应。下面用例题来说明求解线性电路对因果正弦信号的零状态响应过程。

例 3-46　求如图 3-45(a)所示 LR 串联电路以因果正弦电压 $e(t)=\sin(\omega_0 t)u(t)$ 为输

入信号、以回路电流为输出信号的零状态响应。

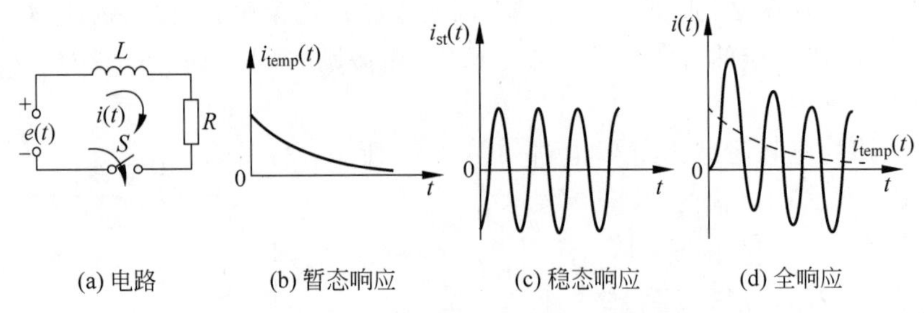

(a) 电路　(b) 暂态响应　(c) 稳态响应　(d) 全响应

图 3-45　因果正弦激励 LR 串联电路的响应

解　易知，该电路的传递函数为：

$$H(j\omega)=\frac{I(j\omega)}{E(j\omega)}=\frac{1}{j\omega L+R}$$

使得$|H(j\omega_0)|=\dfrac{1}{R\sqrt{Q^2+1}}$和$\varphi(\omega_0)=-\arctan(Q)$，其中，$Q=\dfrac{\omega_0 L}{R}$为电感的品质因数；由式(3-121)知，电路的稳态响应为：

$$i_{st}(t)=\frac{1}{R\sqrt{1+Q^2}}\sin(\omega_0 t-\arctan(Q))u(t)$$

由式(3-122)知，电路对 $e^{j\omega_0 t}u(t)$的暂态响应为：

$$\frac{H(j\omega)-H(j\omega_0)}{j(\omega-\omega_0)}=-\frac{1}{(j\omega_0 L+R)\left(j\omega+\dfrac{R}{L}\right)}\Leftrightarrow\frac{-1+jQ}{R(1+Q^2)}e^{-\frac{R}{L}t}u(t)$$

取虚部后，有电路的暂态响应：

$$i_{temp}(t)=\frac{Q}{R(1+Q^2)}e^{-\frac{R}{L}t}u(t)$$

故输出电流为：

$$i(t)=\frac{1}{(1+Q^2)R}\left[\sqrt{1+Q^2}\sin(\omega_0 t-\arctan(Q_0))+Qe^{-\frac{\omega_0 t}{Q_0}}\right]u(t)$$

图 3-45(d)、图 3-45(c)和图 3-45(b)分别给出了该电流及其暂态分量和稳态分量，可以看出，暂态分量指数衰减地逐渐消失。

微课视频

3.6　无失真传输及滤波器分析

3.6.1　无失真传输

在实际应用中，语音信号与图像信号的幅频特性和相频特性对其影响程度不同。一般的，人耳对语音信号的幅度失真敏感，对相位失真相对迟钝；但人眼对图像的相位失真敏感，对幅度失真相对迟钝。在数字通信中，相位失真很重要，因为信道的非线性相位特性会引起脉冲弥散(扩展)，进而导致前后相邻脉冲间的干扰。本节重点介绍系统无失真传输的基本条件。

所谓无失真传输，是指任何信号 $f(t)$ 通过传输系统后，得到的输出 $y(t)$ 只有幅度上的增衰和时间上的延迟，即 $y(t)=Kf(t-t_0)$，其中，增益 K 和延迟时间 t_0 为常数。这意味着，无失真传输系统的冲激响应和频率响应为：

$$h(t)=K\delta(t-t_0)\Leftrightarrow H(\mathrm{j}\omega)=K\mathrm{e}^{-\mathrm{j}\omega t_0}\Rightarrow\begin{cases}|H(\mathrm{j}\omega)|=K\\ \phi(\omega)=-t_0\omega\end{cases}\tag{3-127}$$

故对无失真传输系统，其冲激响应是强度等于 K、延迟了 t_0 时刻的冲激信号，等价地，无失真传输系统具有平坦幅频特性曲线，且其相频特性曲线是斜率等于 $-t_0$ 的过坐标原点的直线，如图 3-46 所示。

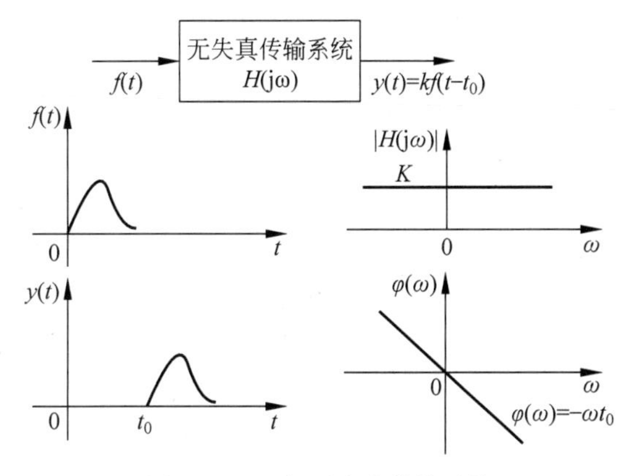

图 3-46　理想无失真传输系统

而具有无限带宽、有平坦幅频特性的理想延迟器是物理上难以实现的，实际上也不必如此苛刻要求。考虑到通过系统的物理信号总是带限于 ω_c 的，因此，为便于实现，可放松要求为：

$$H(\mathrm{j}\omega)=K\mathrm{e}^{-\mathrm{j}\omega t_0}(u(\omega+\omega_c)-u(\omega-\omega_c))\Rightarrow\begin{cases}|H(\mathrm{j}\omega)|=K\\ \phi(\omega)=-t_0\omega\end{cases}\quad|\omega|\leqslant\omega_c\tag{3-128}$$

图 3-47(a)和图 3-47(b)分别给出了其幅频特性和相频特性，它实际上是截止频率为 ω_c、具有线性相位的理想低通滤波器。

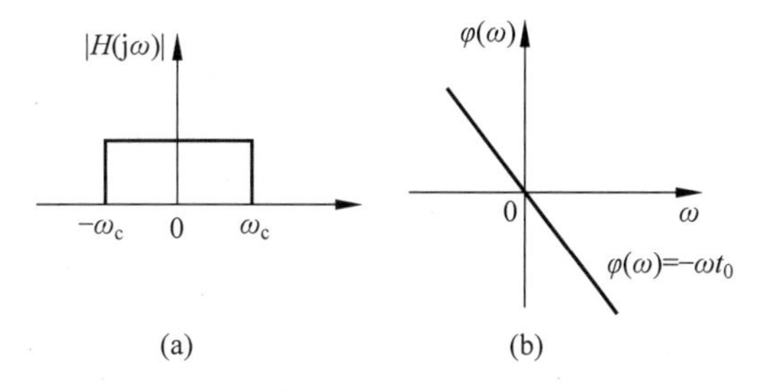

图 3-47　带限理想无失真传输系统

此外，群时延是通信系统的重要概念，定义为：

$$\tau(\omega)=-\frac{\mathrm{d}\{\phi(\omega)\}}{\mathrm{d}\omega}\tag{3-129}$$

若系统是无失真传输系统，则群时延是常数，即信号的延迟时间。

例 3-47 已知某 LTI 系统的频率响应为 $H(\mathrm{j}\omega)=\dfrac{1}{1+\mathrm{j}\omega}$，当系统的激励分别为 $\sin t$、$\sin(2t)$、$\sin(3t)$时，试求其响应，并判断该系统是否为无失真传输系统。

解 根据已知条件，得到系统的幅频与相频特性分别是：$|H(\mathrm{j}\omega)|=\dfrac{1}{\sqrt{1+\omega^2}}$与 $\phi(\omega)=-\arctan\omega$。当系统激励分别是不同频率的正弦信号时，其响应分别为：

$$\sin t \rightarrow |H(\mathrm{j})|\sin(t+\phi(1))=\frac{1}{\sqrt{2}}\sin(t-45^\circ)$$

$$\sin 2t \rightarrow |H(2\mathrm{j})|\sin(t+\phi(2))=\frac{1}{\sqrt{5}}\sin(2t-63^\circ)$$

$$\sin 3t \rightarrow |H(3\mathrm{j})|\sin(t+\phi(3))=\frac{1}{\sqrt{10}}\sin(3t-72^\circ)$$

显然，该系统的幅频特性与相频特性不符合无失真传输的条件，因此信号通过系统传输后发生失真，即不同频率的信号幅度变化不一致、相位也不满足线性相移的条件。

3.6.2 理想低通滤波器和带通滤波器

理想低通滤波器的系统频率响应带限于 ω_c，若该频率小于输入信号的带宽 ω_m，则信号经过低通滤波器后输出信号带宽变窄，即抑制了信号的高频分量。对理想低通滤波器的传递函数进行逆 FT，得到其冲激响应为：

$$h(t)=\frac{\omega_c}{\pi}\mathrm{Sa}(\omega_c(t-t_0)) \tag{3-130}$$

积分后，可得理想低通滤波器的阶跃响应：

$$s(t)=\frac{\omega_c}{\pi}\int_{-\infty}^{t}\frac{\sin[\omega_c(u-t_0)]}{\omega_c(u-t_0)}\mathrm{d}u=\frac{1}{\pi}\int_{-\infty}^{\omega_c(t-t_0)}\frac{\sin x}{x}\mathrm{d}x=\frac{1}{2}+\frac{1}{\pi}\mathrm{Si}(\omega_c(t-t_0)) \tag{3-131}$$

其中，利用了结论 $\dfrac{1}{\pi}\displaystyle\int_{-\infty}^{0}\frac{\sin x}{x}\mathrm{d}x=\frac{1}{2}$，并定义了正弦积分函数：

$$\mathrm{Si}(y)=\int_{0}^{y}\frac{\sin x}{x}\mathrm{d}x \tag{3-132}$$

图 3-48 示出了理想低通滤波器的冲激响应和阶跃响应，图中明显可见跳变信号通过理想低通滤波器时产生的吉布斯现象：若原信号存在不连续点，则通过低通滤波器得到的信号中会出现过冲，该过冲的幅度约为信号跳变值的 9%。

由系统的线性性和时不变性，矩形窗函数 $u(t)-u(t-t_0)$通过延迟时间为 τ 的理想低通滤波器的输出为：

$$s(t)-s(t-t_0)=\frac{1}{\pi}[\mathrm{Si}(\omega_c(t-\tau))-\mathrm{Si}(\omega_c(t-\tau-t_0))] \tag{3-133}$$

其输入输出波形示于图 3-49。可以观察到，矩形脉冲通过理想低通滤波器后产生的失真较严重，也观察到前后沿的吉布斯现象。这是由于具有无限带宽的矩形脉冲在通过理想低通滤波器时，只有低频分量被保留了，而其丰富的高频分量被抑制了。数字通信中，传输系统

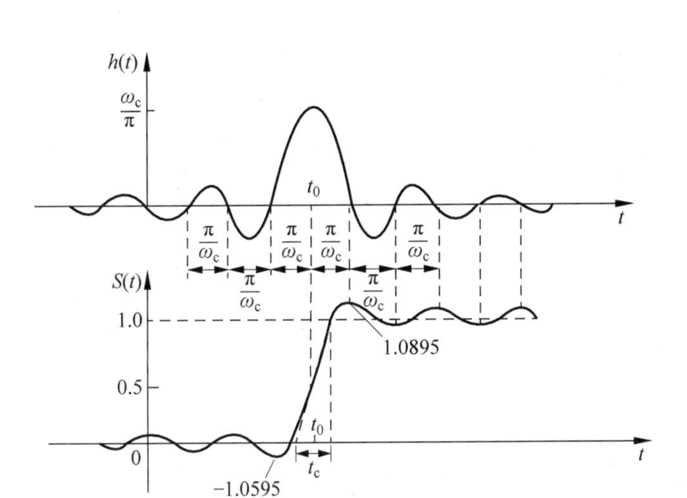

图 3-48　理想低通滤波器的冲激响应和阶跃响应

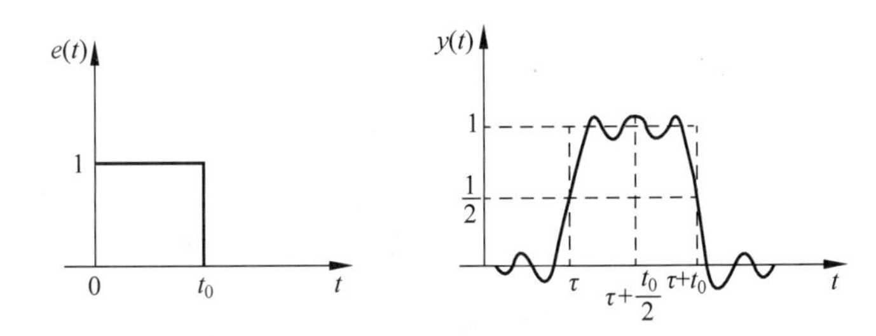

图 3-49　矩形脉冲通过理想低通滤波器

的有限带宽造成了所传输数字脉冲的失真，因此，需在数字中继站对它进行整形和再生。

低通滤波器在通信和电子系统中有着极其广泛的应用。例如，在用 A/D 变换器对模拟信号进行采样之前，需使用具有低通特性的抗混叠滤波器，把输入模拟信号的带宽限制在采样频率的一半之内，来完全避免信号频谱的混叠。又如，根据采样定理，为从采样信号无失真复原原始的模拟信号，必须使用带宽为原模拟信号带宽的理想低通滤波器。下面再以通信系统中的信号调制-解调原理为例说明。

如图 3-50(a)所示，调制过程是用高频载波 $\cos(\omega_0 t)$（其频谱如图 3-50(c)所示）乘以低频信号 $f(t)$（频谱 $F(\mathrm{j}\omega)$ 如图 3-50(b)所示），使得发送的抑制载波双边带调幅信号 $y(t)=f(t)\cos(\omega_0 t)$ 的频谱为 $Y(\mathrm{j}\omega)=\frac{1}{2}[F(\mathrm{j}(\omega+\omega_0))+F(\mathrm{j}(\omega-\omega_0))]$，如图 3-50(d)所示，它有以载频 ω_0 为中心的窄带谱。

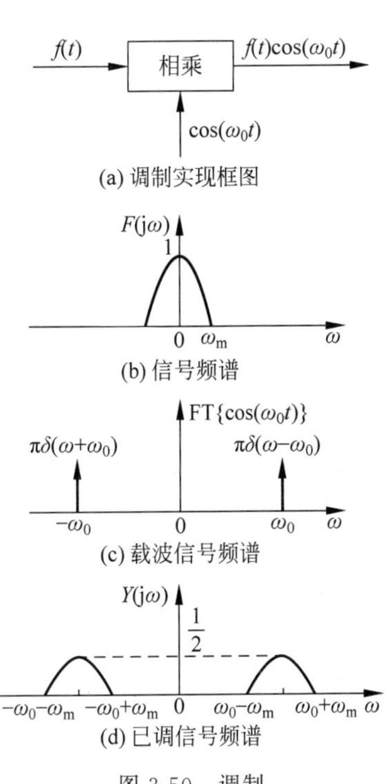

图 3-50　调制

图 3-51(a)示出了同步解调器。如图 3-51(b)所示，

同步解调的过程是用高频载波$\cos(\omega_0 t)$乘以接收信号 $y(t)$,使得解调器的输出信号 $x(t)=y(t)\cos(\omega_0 t)$的频谱为：

$$X(\mathrm{j}\omega)=\frac{1}{2}[Y(\mathrm{j}(\omega+\omega_0))+Y(\mathrm{j}(\omega-\omega_0))]$$
$$=\frac{1}{4}[F(\mathrm{j}(\omega+2\omega_0))+F(\mathrm{j}(\omega-2\omega_0))]+\frac{1}{2}F(\mathrm{j}\omega)$$

它除了有原低频信号的频谱外,还有以两倍载频 $2\omega_0$ 为中心的高频干扰谱。必须使用带宽不小于原低频信号频宽的低通滤波器,才能从解调信号中滤出低频信号。

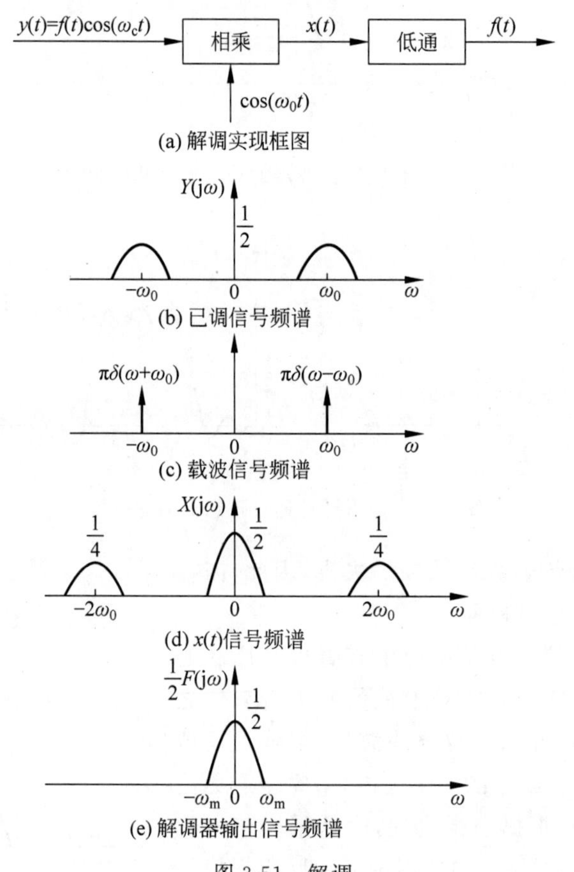

图 3-51　解调

理想带通滤波器是在某个频带内让信号完全通过的一类滤波器。因此,带通滤波器的单位冲激响应是用 $\cos\omega_0 t$ 对理想低通滤波器的冲激响应调制得到的,即：

$$h_{\mathrm{BPF}}(t)=\frac{\omega_c}{\pi}\times\frac{\sin\omega_c(t-t_0)}{\omega_c(t-t_0)}\cos\omega_0 t \tag{3-134}$$

但理想滤波器在实际中无法实现。图 3-52 是可实现的某个带通滤波器电路,根据电路可知,其频率响应、幅频特性与相频特性分别由式(3-135)、式(3-136)、式(3-137)表示,频率特性曲线如图 3-53 所示。

$$H(\mathrm{j}\omega)=\frac{R}{\mathrm{j}\omega L+\dfrac{1}{\mathrm{j}\omega C}+R} \tag{3-135}$$

$$H(\mathrm{j}\omega)=\frac{|\omega RC|}{\sqrt{(1-\omega^2 LC)^2+(\omega RC)^2}} \tag{3-136}$$

$$\phi(\omega)=\arctan\frac{1-\omega^2 LC}{\omega RC} \tag{3-137}$$

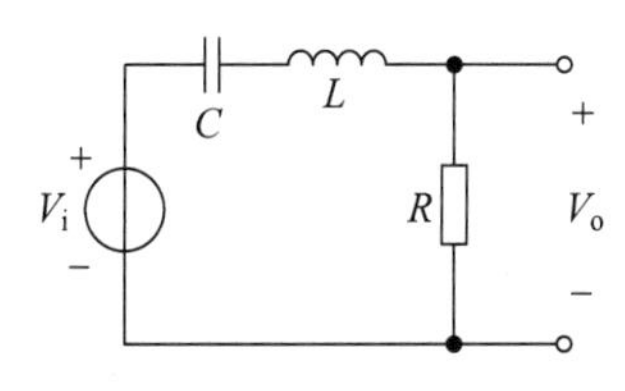

图 3-52　可实现的带通滤波器电路

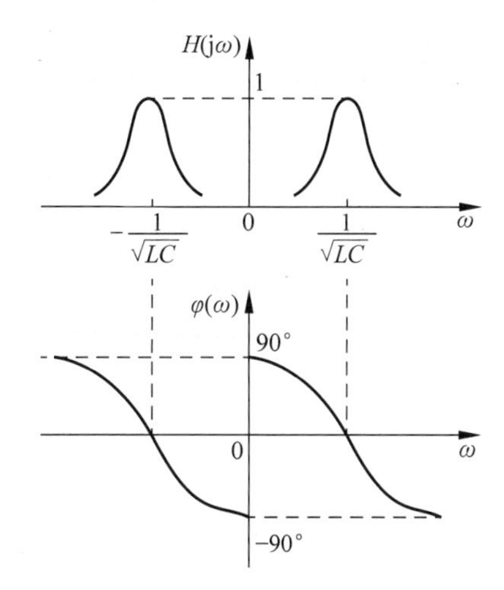

图 3-53　可实现的带通滤波器的频率特性

3.7　系统因果性与希尔伯特特性的对应关系

微课视频

1. 系统因果性的必要条件—佩利-维纳准则

LTI 系统因果性指的是系统冲激响应为因果信号，因果性是系统物理可实现的充要条件。佩利(Paley)和维纳(Wiener)证明了系统物理可实现的必要条件，如下所述。

对于平方可积的系统幅度函数 $\int_{-\infty}^{+\infty}|H(\mathrm{j}\omega)|^2\mathrm{d}\omega<\infty$ 而言，系统物理可实现的必要条件是：

$$\int_{-\infty}^{+\infty}\frac{|\ln|H(\mathrm{j}\omega)||}{1+\omega^2}\mathrm{d}\omega<\infty \tag{3-138}$$

式(3-138)称为佩利-维纳准则。如果系统幅度函数不满足此必要条件，则系统一定是物理不可实现的。显然，如果系统幅度函数在某个频带内恒为零，即 $|H(\mathrm{j}\omega)|=0$，$\forall\omega_-<\omega<\omega_+$，则由于 $\ln|H(\mathrm{j}\omega)|=\infty$，$\forall\omega_-<\omega<\omega_+$，使得 $\int_{-\infty}^{+\infty}\frac{|\ln|H(\mathrm{j}\omega)||}{1+\omega^2}\mathrm{d}\omega\geqslant\int_{\omega_-}^{\omega_+}\frac{|\ln|H(\mathrm{j}\omega)||}{1+\omega^2}\mathrm{d}\omega=\infty$，违反了佩利-维纳准则，这样的系统一定是物理不可实现的。这表明所有理想低通、理想高通、理想带通和理想带阻等理想滤波器都是物理不可实现的。

作为一个典型例子，我们研究高斯滤波器的非因果性。高斯滤波器的幅度函数为 $|H(\mathrm{j}\omega)|=\mathrm{e}^{-\frac{\omega^2}{\sigma_\omega^2}}$，用佩利-维纳准则检验，则有：

$$\int_{-\infty}^{+\infty}\frac{|\ln|H(\mathrm{j}\omega)||}{1+\omega^2}\mathrm{d}\omega=\int_{\omega_-}^{\omega_+}\frac{\left|\ln\exp\left(-\frac{\omega^2}{\sigma_\omega^2}\right)\right|}{1+\omega^2}\mathrm{d}\omega=\frac{1}{\sigma_\omega^2}\int_{-\infty}^{+\infty}\frac{\omega^2}{1+\omega^2}\mathrm{d}\omega=\infty$$

这证明高斯滤波器一定是非因果的，事实上其冲激响应也是一个高斯函数，所以系统是非因果的。

众所周知，有理函数仅有可数个孤立零点，因此它一定满足佩利-维纳准则。由于满足佩利-维纳准则的幅度函数可对应于无限多个相位函数，由此组成的系统函数不一定是因果的，其中只有满足了下面所述的希尔伯特关系的系统函数才是因果的。这表明，佩利-维纳准则是系统函数因果的必要条件，而不是充分条件。

2. 时域因果性与频域希尔伯特性的对应关系

因果系统的冲激响应满足 $h(t)=h(t)u(t)$，使得：

$$H(\mathrm{j}\omega)=R(\mathrm{j}\omega)+\mathrm{j}X(\mathrm{j}\omega)=\frac{1}{2\pi}\left\{[R(\mathrm{j}\omega)+\mathrm{j}X(\mathrm{j}\omega)]*\left[\pi\delta(\omega)+\frac{1}{\mathrm{j}\omega}\right]\right\}$$

从而有：

$$\begin{cases}R(\mathrm{j}\omega)=\dfrac{1}{\pi}X(\mathrm{j}\omega)*\dfrac{1}{\omega}=\dfrac{1}{\pi}\displaystyle\int_{-\infty}^{+\infty}\frac{X(\mathrm{j}\lambda)}{\omega-\lambda}\mathrm{d}\lambda\\ X(\mathrm{j}\omega)=-\dfrac{1}{\pi}R(\mathrm{j}\omega)*\dfrac{1}{\omega}=-\dfrac{1}{\pi}\displaystyle\int_{-\infty}^{+\infty}\frac{R(\mathrm{j}\lambda)}{\omega-\lambda}\mathrm{d}\lambda\end{cases}\tag{3-139}$$

故称因果系统的系统函数具有希尔伯特性，即它的实部和虚部构成一个希尔伯特变换对。

总之，幅度函数满足佩利-维纳准则的系统，当其实部和虚部构成一个希尔伯特变换对时，系统是物理可实现的。

3. 解析信号的时域希尔伯特关系*

具有单边谱的复信号称为解析信号，它不可能是实函数。

根据傅里叶变换的对偶性，由时域因果性和频域希尔伯特性的对应关系易知，单边谱信号（即有因果频谱 $\tilde{F}(\mathrm{j}\omega)=F(\mathrm{j}\omega)u(\omega)$ 的信号）的实部和虚部构成一个希尔伯特变换对，即如果有：

$$\tilde{f}(t)=f(t)+\mathrm{j}\hat{f}(t)\Leftrightarrow\tilde{F}(\mathrm{j}\omega)=F(\mathrm{j}\omega)u(\omega)\tag{3-140}$$

则有：

$$\begin{cases}f(t)=\hat{f}(t)*\dfrac{1}{\pi t}=\dfrac{1}{\pi}\displaystyle\int_{-\infty}^{+\infty}\frac{\hat{f}(\tau)}{t-\tau}\mathrm{d}\tau\\ \hat{f}(t)=-f(t)*\dfrac{1}{\pi t}=-\dfrac{1}{\pi}\displaystyle\int_{-\infty}^{+\infty}\frac{f(\tau)}{t-\tau}\mathrm{d}\tau\end{cases}\tag{3-141}$$

复信号 $\tilde{f}(t)$ 称为与实信号 $f(t)$ 对应的解析信号。用式(3-141)可计算实信号 $f(t)$ 所对应的 $\hat{f}(t)$，并用式(3-140)构成解析信号 $\tilde{f}(t)$。

4. 希尔伯特滤波器*

冲激响应为 $h(t)=\dfrac{1}{\pi t}$ 的滤波器称为希尔伯特滤波器，其系统传递函数为 $H(\mathrm{j}\omega)=-\mathrm{j}\operatorname{sgn}(\omega)$，它是理想的 90°度相移器，使输入信号的所有频率分量都滞后 90°。式(3-141)表明，希尔伯特滤波器可以用来从一个具有双边谱的实信号得到其相应的具有单边谱的解析信号的虚部，从而实现实信号到解析信号的转换。由于解析信号占有的频带仅为普通实信号占有频带的一半，在通信中具有重要的应用：单边带通信。例 3-42 给出了使用希尔伯特滤波器结合复正弦调制实现单边带调制的原理框图。

需要说明的是，理想希尔伯特滤波器是无限带宽的，实际上，我们应当仅要求它在其输入信号的带宽内实现所需的 90°相位滞后即可。另外，与理想低通滤波器相同，理想希尔伯特滤波器也是物理不可实现的。在实践中，我们只能使用滤波器最优逼近理论设计一个物理可实现滤波器，来充分近似所需要的滤波器。

本章小结

本章介绍了连续时间信号通过线性时不变系统的频域分析方法，主要工具为傅里叶级数和傅里叶变换。核心内容包括：

1. 连续时间周期信号的频谱分析，即傅里叶级数分析，将连续周期信号分解为无穷多个谐波分量之和，其频谱为离散谱；

2. 应用傅里叶级数的性质，可简化周期信号的傅里叶级数分析。同时，注意到周期信号若为偶函数、奇函数、奇谐函数或偶谐函数，其傅里叶级数系数具有对应特点。此外，连续周期信号的傅里叶系数与从周期信号单周期截取的非周期信号的傅里叶变换在各谐波频率上的采样值成正比，这是进行傅里叶级数分析的有效途径；

3. 连续非周期信号的傅里叶变换，是把信号分解为无穷多个频率连续变化的复指数信号和，其结果是连续谱。频谱是信号的频域描述，具有明确的物理意义；

4. 傅里叶变换与傅里叶级数具有类似性质，可应用于求解信号的傅里叶变换或逆变换，同时，注意到傅里叶变换性质的时域与频域具有对偶性；

5. 连续线性时不变系统的频域分析，是利用傅里叶变换在频域中分析信号的频谱，以及系统的频率响应，借此分析系统响应。系统频率响应的分析是本章重点，一般分为低通滤波器、高通滤波器、带通滤波器、带阻滤波器和全通滤波器五类；

6. 采样定理是数字信号处理和数字通信的理论基础，本章重点介绍了带限信号采样定理，奈奎斯特采样频率和奈奎斯特采样周期的概念、采样前后信号的频谱，以及如何无失真地复原信号是需要掌握的重要内容。

7. 平坦幅频特性和线性相位特性是无失真传输的条件，选频滤波器，尤其是低通滤波器在通信和电子系统中有十分重要的作用。

习题

3-1　已知某连续时间周期信号 $f(t)=10+5\cos\left(\frac{2\pi}{3}t\right)+4\sin\left(\frac{5\pi}{3}t\right)$，试求基波频率和复指数形式的傅里叶级数展开式，并画出单边和双边的频谱图。

3-2　已知 $f(t)$是基波周期为 T 的实信号，其复指数形式的傅里叶级数系数为 a_k，试证明下列结论。

(1) $a_k=a_{-k}^*$，且 a_0 一定是实数；

(2) 若 $f(t)$为偶函数,则其傅里叶级数系数必为实偶函数;

(3) 若 $f(t)$为奇函数,则其傅里叶级数系数必为虚奇函数,且 $a_0=0$;

(4) $f(t)$偶部的傅里叶级数系数是 $\mathrm{Re}\{a_k\}$;

(5) $f(t)$奇部的傅里叶级数系数是 $\mathrm{jIm}\{a_k\}$。

3-3 当周期信号符合某对称性时,其傅里叶级数系数也有相应特点,试证明下列结论。

(1) 已知 $f(t)$是基波周期为 T 的奇谐信号,即 $f(t)=-f\left(t\pm\frac{T}{2}\right)$,其复指数形式的傅里叶级数系数为 a_k,则有 $a_k=0(k=2n,k\neq 0,n\in\mathrm{N})$;

(2) 已知 $f(t)$是基波周期为 T 的偶谐信号,即 $f(t)=f\left(t\pm\frac{T}{2}\right)$,其复指数形式的傅里叶级数系数为 a_k,则有 $a_k=0(k=2n+1,n\in\mathrm{N})$。

3-4 已知下列连续时间周期信号,试求其基波频率。根据对称性判断傅里叶级数中包含哪些频率分量,并求出傅里叶级数展开式进行验证。

(1) $f(t)=\sum\limits_{n=-\infty}^{+\infty}[\delta(t-2n)-\delta(t-1-2n)]$

(2) $f(t)=\sum\limits_{n=-\infty}^{+\infty}[u(t-4n)-u(t-2-4n)]$

(3) $f(t)=\sum\limits_{n=-\infty}^{+\infty}[u(t+1-4n)-2u(t-4n)+u(t-1-4n)]$

(4) $f(t)=(1-|t|)u(1-|t|)*\sum\limits_{n=-\infty}^{+\infty}\delta(t-4n)$

3-5 试求如题 3-5 图所示各周期信号的傅里叶级数。

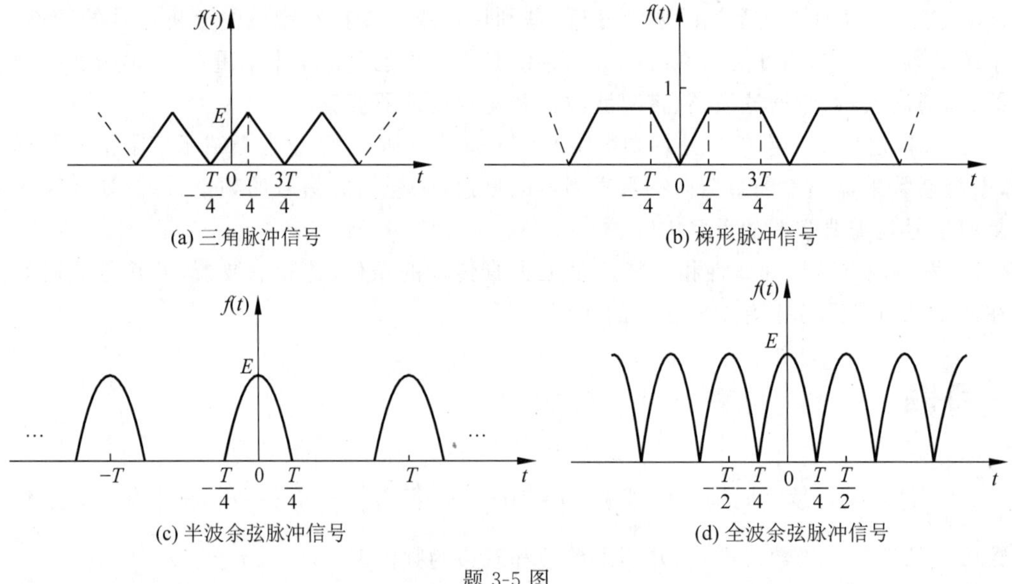

题 3-5 图

3-6 已知某周期连续时间信号 $f(t)$满足以下信息,试确定两个满足这些条件的不同信号。

(1) $f(t)$是实信号且为奇函数；

(2) $f(t)$的周期为 2；

(3) 二次谐波及以上的各谐波分量为零；

(4) $\frac{1}{2}\int_0^2 |f(t)|^2 \mathrm{d}t = 1$。

3-7　已知某连续周期信号 $f(t)$，其傅里叶级数的系数为 F_n，基波周期为 T_0，试求信号 $g(t)=f(t-2)+f(2-t)$的傅里叶级数的系数。

3-8　已知某连续周期信号一个周期内前四分之一的波形如题 3-8 图所示，就下列情况画出一个周期内完整的波形。

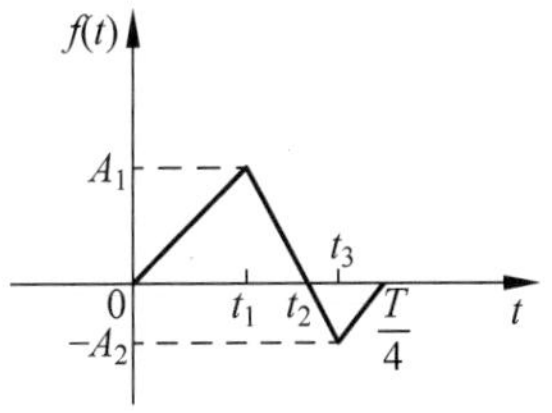

(1) $f(t)$是 t 的偶函数；

(2) $f(t)$是 t 的奇函数；

(3) $f(t)$是 t 的偶函数，且其傅里叶级数只有奇次谐波；

(4) $f(t)$是 t 的偶函数，且其傅里叶级数只有偶次谐波；

(5) $f(t)$是 t 的奇函数，且其傅里叶级数只有奇次谐波；

(6) $f(t)$是 t 的奇函数，且其傅里叶级数只有偶次谐波。

题 3-8 图

3-9　计算下列连续非周期信号的傅里叶变换。

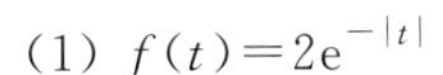

(1) $f(t)=2\mathrm{e}^{-|t|}$

(2) $f(t)=2\mathrm{e}^{-t}\cos(10t)$

(3) $f(t)=t\mathrm{e}^{-5t}u(t)$

(4) $f(t)=\mathrm{sgn}(t^2-9)$

(5) $f(t)=\mathrm{e}^{-\mathrm{j}t}\delta(t-1)$

(6) $f(t)=1+2\cos(t)+3\cos\left(2t-\frac{\pi}{3}\right)$

(7) $f(t)=\mathrm{e}^{-2t}u(t+1)$

(8) $f(t)=u\left(\frac{t}{2}-1\right)$

(9) $f(t)=(2t)u(1-|t|)$

(10) $f(t)=(1-|t|)u(1-|t|)\cos(10\pi t)$

(11) $f(t)=u(1-|t|)[\cos(\pi t)+1]$

(12) $f(t)=\left[\frac{\sin\pi t}{\pi t}\right]\left[\frac{\sin 2\pi(t-1)}{\pi(t-1)}\right]$

(13) $f(t)=\mathrm{Sa}[\pi(t-5)]$

3-10　试求如题 3-10 图所示各信号的频谱。

3-11　已知 $f(t)\Leftrightarrow F(\mathrm{j}\omega)$，使用傅里叶变换的性质计算下列各信号的傅里叶变换。

(1) $tf(2t)$　(2) $(t-2)f(t)$　(3) $(t-2)f(-2t)$　(4) $tf'(t)$

(5) $f(1-t)$　(6) $(1-t)f(1-t)$　(7) $f(2t-5)$

3-12　已知 $f(t)\Leftrightarrow F(\mathrm{j}\omega)$，假设信号频谱 $F(\mathrm{j}\omega)$如题 3-12 图所示，试画出 $f(t)\cos(\omega_0 t)$、$f(t)\mathrm{e}^{\mathrm{j}\omega_0 t}$、$f(t)\cos(\omega_1 t)$的频谱，并注明频谱的边界频率。

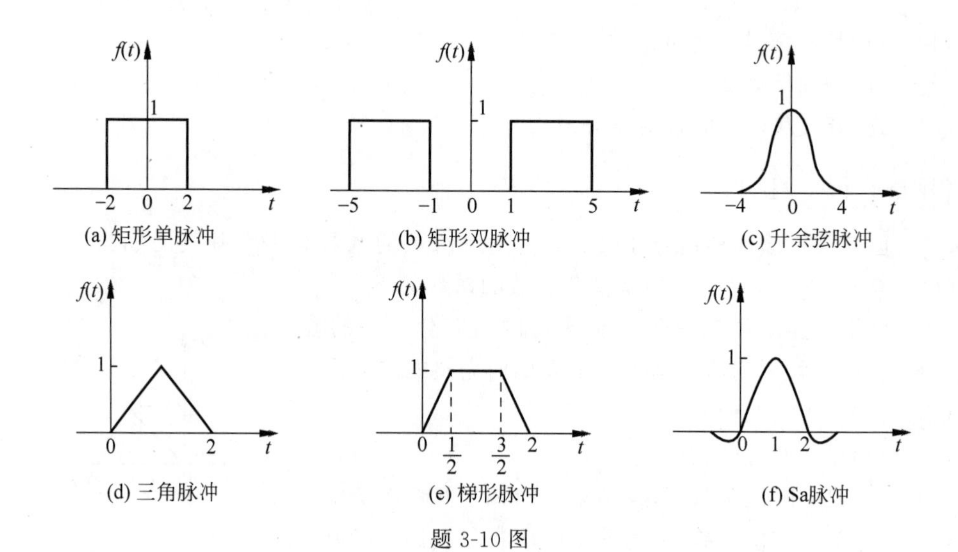

题 3-10 图

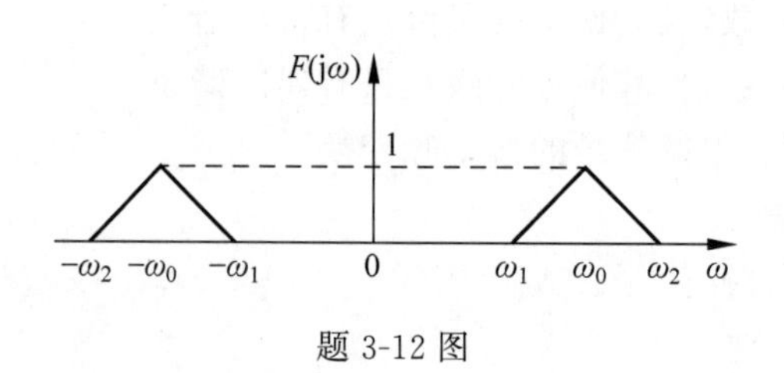

题 3-12 图

3-13　计算下列频谱的傅里叶逆变换。

(1) $F(\mathrm{j}\omega)=u(\omega_0-|\omega|)$

(2) $F(\mathrm{j}\omega)=\delta(\omega+\omega_0)-\delta(\omega-\omega_0)$

(3) $F(\mathrm{j}\omega)=2\cos(3\omega)$

(4) $F(\mathrm{j}\omega)=[u(\omega)-u(\omega-2)]\mathrm{e}^{-\mathrm{j}\omega}$

(5) $F(\mathrm{j}\omega)=\sum_{n=0}^{2}\frac{2\sin\omega}{\omega}\mathrm{e}^{-\mathrm{j}(2n+1)\omega}$

(6) $F(\mathrm{j}\omega)=\frac{2}{1+\omega^2}$

(7) $F(\mathrm{j}\omega)=-\mathrm{j}\operatorname{sgn}(\omega)$

(8) $F(\mathrm{j}\omega)=\frac{\sin 2(\omega+1)}{(\omega+1)}+\frac{\sin 2(\omega-1)}{(\omega-1)}$

(9) $F(\mathrm{j}\omega)=\frac{2\mathrm{j}\omega+1}{(\mathrm{j}\omega)^2+5\mathrm{j}\omega+4}$

(10) $F(\mathrm{j}\omega)=\frac{\mathrm{j}\omega+1}{(\mathrm{j}\omega+2)(\mathrm{j}\omega+3)(\mathrm{j}\omega+4)}$

3-14　试求如题 3-14 图所示各频谱函数的傅里叶逆变换。

3-15　已知信号 $f(t)$的波形如题 3-15 图所示，其傅里叶变换为 $F(\mathrm{j}\omega)$，试求解下列问题。

(1) 相位谱函数

(2) $F(\mathrm{j}0)$

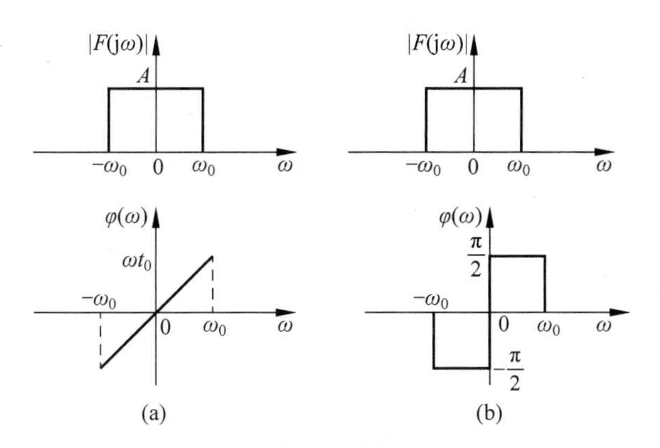

题 3-14 图

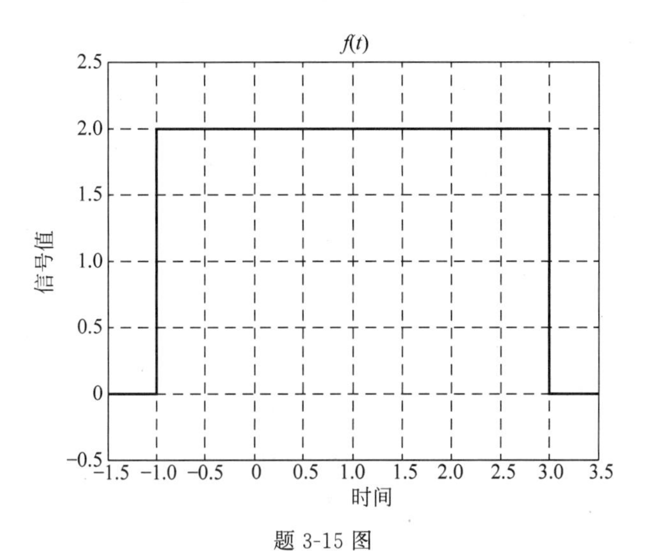

题 3-15 图

(3) $\int_{-\infty}^{+\infty} F(\mathrm{j}\omega)\mathrm{d}\omega$

(4) $\int_{-\infty}^{+\infty} |F(\mathrm{j}\omega)|^2\mathrm{d}\omega$

3-16 当平方器的输入 $f(t)$ 为下列信号时，试求输出信号 $y(t)=f^2(t)$ 的频谱函数。

(1) $f(t)=\dfrac{\sin t}{t}$　　(2) $f(t)=\dfrac{1}{2}+\cos t+\cos(2t)$

3-17 试判断下列说法是否正确，并给出理由。

(1) 一个奇的且为纯虚数的信号总是有一个奇的且为纯虚数的傅里叶变换；

(2) 一个奇的傅里叶变换与一个偶的傅里叶变换的卷积总是奇的。

3-18 设 $f(t)$ 的傅里叶变换为 $F(\mathrm{j}\omega)=\delta(\omega)+\delta(\omega-\pi)+\delta(\omega-5)$，并令 $h(t)=u(t)-u(t-2)$。试判断下列说法是否正确。

(1) $f(t)$ 是周期的；

(2) $f(t)*h(t)$ 是周期的；

(3) 两个非周期信号的卷积有可能是周期的。

3-19　假设给出信号 $f(t)$ 的如下信息，试证明 $f(t)=A\cos(Bt+C)$，并求常数 A、B 和 C。

(1) $f(t)$ 是实信号；

(2) $f(t)$ 是周期的，周期为 6，傅里叶系数为 a_k；

(3) 对于 $k=0$ 和 $k=2$，有 $a_k=0$；

(4) $f(t)=-f(t-3)$；

(5) $\frac{1}{6}\int_{-3}^{+3}|f(t)|^2\mathrm{d}t=\frac{1}{2}$；

(6) a_1 是正实数。

3-20　某 LTI 连续时间系统的频率响应为 $H(\mathrm{j}\omega)=\frac{\sin^2(3\omega)\cos\omega}{\omega^2}$，求该系统的单位冲激响应，并使用 MATLAB 画出该信号的波形图。

3-21　已知某因果 LTI 系统，其频率响应为 $H(\mathrm{j}\omega)=\frac{1}{\mathrm{j}\omega+3}$，对激励 $f(t)$ 的响应为 $y(t)=\mathrm{e}^{-3t}u(t)-\mathrm{e}^{-4t}u(t)$，试求 $f(t)$，并说明该系统是什么类型滤波器，使用 MATLAB 画出其频率响应。

3-22　已知某因果稳定的 LTI 系统，其频率响应为 $H(\mathrm{j}\omega)=\frac{\mathrm{j}\omega+4}{(\mathrm{j}\omega)^2+5\mathrm{j}\omega+6}$。

(1) 写出描述该系统的微分方程；

(2) 求该系统的单位冲激响应；

(3) 使用 MATLAB 画出该系统的频率响应曲线；

(4) 若激励为 $f(t)=\mathrm{e}^{-4t}u(t)$，求其零状态响应。

3-23　某因果 LTI 系统的输入、输出关系由下列方程给出：

$$\frac{\mathrm{d}y(t)}{\mathrm{d}t}+10y(t)=\int_{-\infty}^{+\infty}x(\tau)z(t-\tau)\mathrm{d}\tau-x(t)\text{，式中 } z(t)=\mathrm{e}^{-t}u(t)+3\delta(t)$$

(1) 试求该系统的频率响应，使用 MATLAB 画出其幅频特性和相频特性曲线；

(2) 试求该系统的单位冲激响应，使用 MATLAB 画出其波形图。

3-24　已知并联谐振电路的频率响应为 $H(\mathrm{j}\omega)=\frac{1}{1+\mathrm{j}100\left(\frac{\omega}{\omega_0}-\frac{\omega_0}{\omega}\right)}$，试求电路输入为 $f(t)=10+12\cos(\omega_0 t)+5\cos(3\omega_0 t)$ 时的输出信号，并使用 MATLAB 画出该系统的频率响应，说明该系统是什么类型的滤波器。

3-25　试求输入信号 $f(t)=\cos(2t)$ 通过滤波器 $H(\mathrm{j}\omega)=\frac{2-\mathrm{j}\omega}{2+\mathrm{j}\omega}$ 时的输出信号，并说明该系统是何类滤波器，其频率特性有什么特点。

3-26　滤波器的频率响应如题 3-26 图(a)所示，该系统具有零相频特性。

(1) 试求输入信号为 $f(t)=\frac{\sin(4\pi t)}{\pi t}$ 时的输出信号；

(2) 试求输入信号为题 3-26 图(b)所示的周期锯齿波时的输出信号。

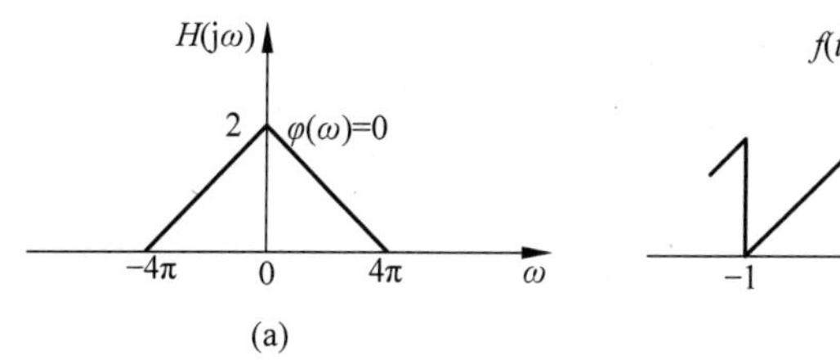

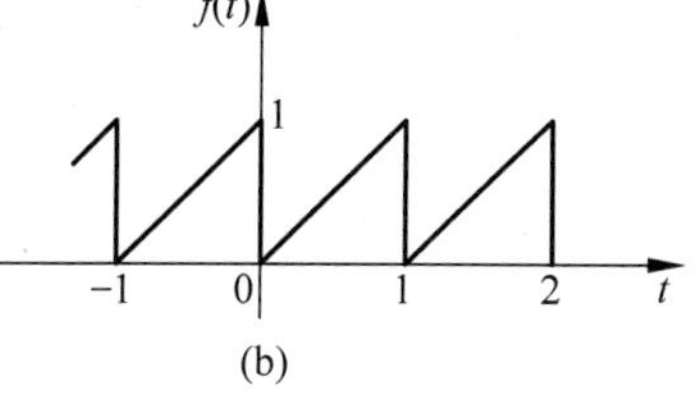

题 3-26 图

3-27　试求输入信号 $f(t)=\sum_{n=-\infty}^{+\infty} 3\mathrm{e}^{-\mathrm{j}n\left(t-\frac{\pi}{2}\right)}$ 通过滤波器 $H(\mathrm{j}\omega)=r\left(1-\frac{|\omega|}{3}\right)$ 时的输出信号，其中 $r(\cdot)$ 为斜坡函数。

3-28　在如题 3-28 图所示的系统中，已知输入信号为 $f(t)=\sum_{n=-\infty}^{+\infty} 3\mathrm{e}^{-\mathrm{j}nt}$，调制信号为 $s(t)=\cos t$，低通滤波器的频率响应为 $H(\mathrm{j}\omega)=\mathrm{e}^{-\mathrm{j}\frac{\pi}{3}\omega}u(1.5-|\omega|)$，试求系统的输出信号。

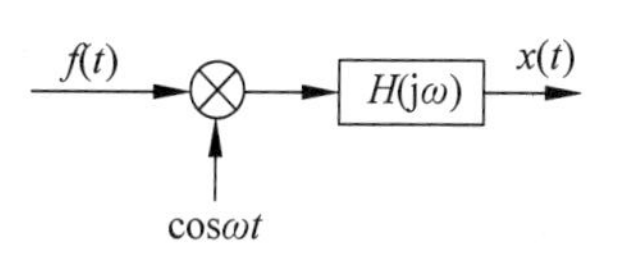

题 3-28 图

3-29　在如题 3-29 图(a)所示的 RC 串联回路中，以如题 3-29 图(b)所示的周期方波作为系统激励，电容器的电压为响应，试求该系统响应，并使用 MATLAB 求解，$R=1\Omega$，$C=1\mathrm{F}$。

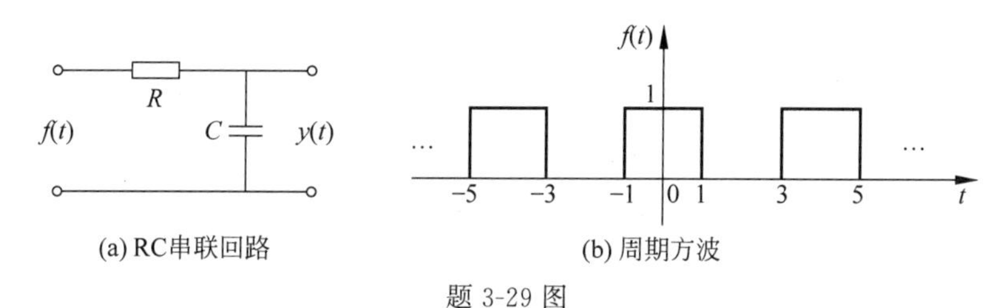

题 3-29 图

3-30　已知系统如题 3-30 图(a)所示，其中，两滤波器的频率响应分别为 $H_1(\mathrm{j}\omega)$ 和 $H_2(\mathrm{j}\omega)$，当输入频谱 $F(\mathrm{j}\omega)$ 如题 3-30 图(b)所示时，试求输出频谱。

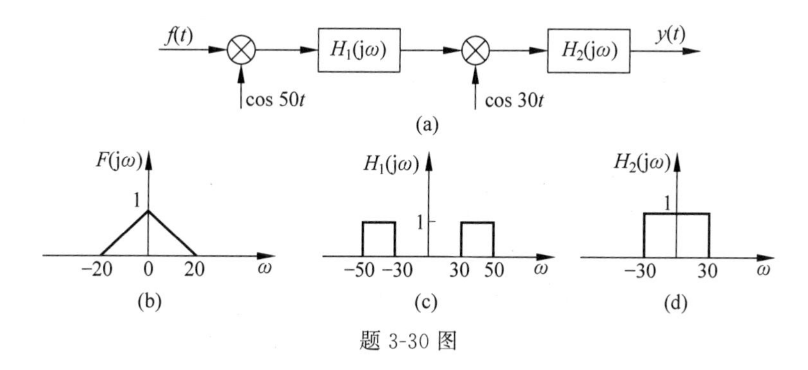

题 3-30 图

3-31　已知系统如题 3-31 图(a)、(b)所示，其中，两滤波器的频率响应分别为 $H_1(\mathrm{j}\omega)$ 和 $H_2(\mathrm{j}\omega)$，当输入频谱 $F(\mathrm{j}\omega)$ 如题 3-31 图(c)所示时，试求 $x(t)$ 和 $y(t)$ 的频谱。

3-32　已知系统如题 3-32 图(a)所示，低通滤波器的传输函数如题 3-32 图(b)所示，$x(t)=\mathrm{Sa}(2\pi t)$，$s(t)=\sum_{n=-\infty}^{\infty}\delta\left(t-\frac{n}{3}\right)$，试求以下问题。

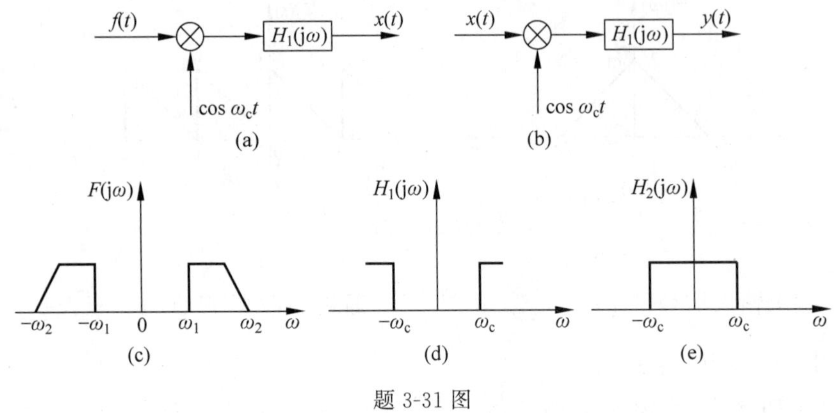

题 3-31 图

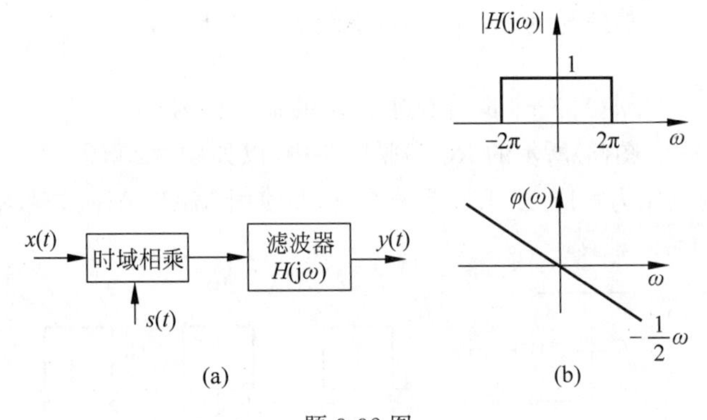

题 3-32 图

(1) 信号 $x(t)$的傅里叶变换 $X(\mathrm{j}\omega)$，并画出其幅频特性图；

(2) 输出信号 $y(t)$，并粗略画出其波形。

3-33 某系统如题 3-33 图所示，且 $H_1(\mathrm{j}\omega)=\begin{cases}3 & |\omega|\leqslant 2\\ 3 & |\omega|>2\end{cases}$，$H_2(\mathrm{j}\omega)=\begin{cases}\mathrm{e}^{-\mathrm{j}2\omega} & |\omega|\geqslant 2\\ 0 & |\omega|<2\end{cases}$。试求出在激励信号 $f(t)=\mathrm{Sa}(t)$作用下，输出信号的频谱。

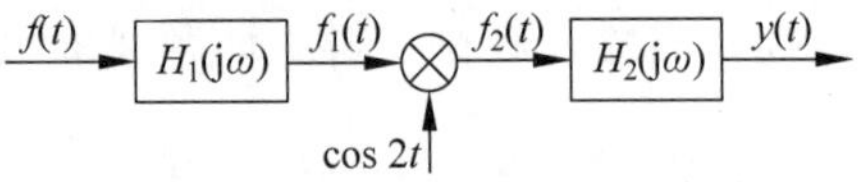

题 3-33 图

3-34 确定下列连续时间信号的奈奎斯特采样频率和奈奎斯特采样间隔。

(1) $\mathrm{Sa}(100t)$

(2) $\mathrm{Sa}^2(100t)$

(3) $\mathrm{Sa}(100t)+\mathrm{Sa}(50t)$

(4) $(1-|t|)u(1-|t|)$

(5) $\mathrm{Sa}(100t) * \mathrm{Sa}(50t)$

(6) $\mathrm{Sa}(100t)\cos(1000t)$

(7) $\mathrm{Sa}(100t)+\mathrm{Sa}(100(t-1))$

3-35 用周期冲激函数 $\delta_{T_s}(t)$对信号 $f(t)=5+2\cos(2000\pi t)+\cos(4000\pi t)$进行采样，试求以下问题。

(1) 若采样频率 $f_s=8000\mathrm{Hz}$，画出 $f(t)$及其采样信号 $f_s(t)$在频率区间(−8kHz，8kHz)的频谱图；

(2) 若采样频率 $f_s=2000\mathrm{Hz}$，画出 $f(t)$及其采样信号 $f_s(t)$在频率区间(−8kHz，

8kHz)的频谱图，与(1)的结果进行对比；

(3) 若把(1)中采样信号 $f_s(t)$ 输入到理想低通滤波器 $H(\mathrm{j}\omega)=\frac{1}{8000}u(3000\pi-|\omega|)$ 中，画出滤波器输出频谱，并求输出信号 $y(t)$；说明如何选择理想低通滤波器的截止频率，可以无失真复原信号。

3-36 对信号 $y(t)=f_1(t)*f_2(t)$ 进行理想采样，已知 $F_1(\mathrm{j}\omega)=0,|\omega|>100\pi$，$F_2(\mathrm{j}\omega)=0,|\omega|>200\pi$，以 $\omega_s=800\pi$ 对其进行采样，试求将采样信号无失真复原的理想低通滤波器的截止频率，并画出采样整个过程信号的频谱。

3-37 在实际采样中，可应用零阶保持进行连续信号的采样，其基本原理是将连续信号通过零阶保持电路，即将采样时刻的信号值保持到下一采样时刻，这与自然采样过程中相邻采样时刻点之间信号与被采样信号幅度保持一致是不同的。零阶保持采样的过程如题 3-37 图所示，即将其等效为理想采样与脉冲形成系统的级联。试分析采样信号的频域与原信号频谱的关系，同时分析复原信号时与理想采样的区别。

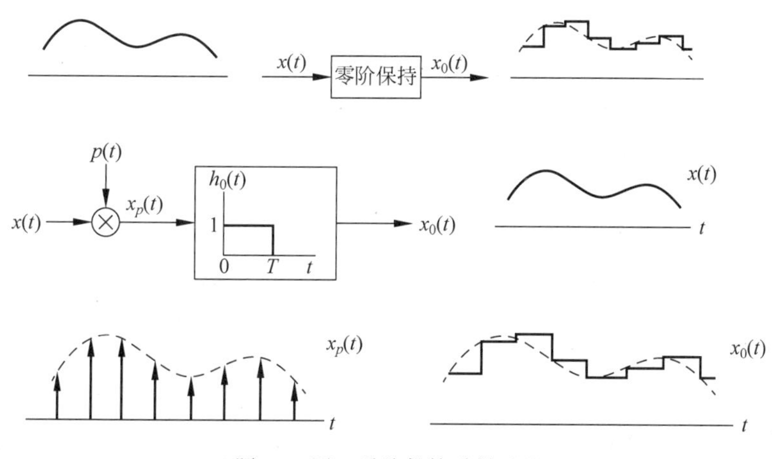

题 3-37 图 零阶保持采样过程

3-38 题 3-38 图给出了通过理想低通滤波器获得高通滤波器的方法，反之亦然。

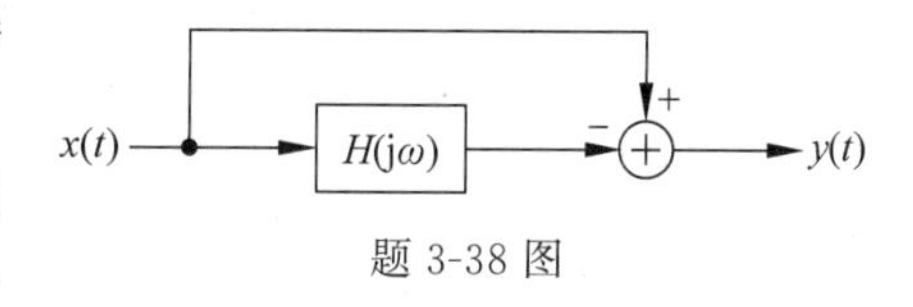

题 3-38 图

(1) 若 $H(\mathrm{j}\omega)$ 是截止频率为 ω_{Lp} 的理想低通滤波器，试证明题 3-38 图所示的系统整体相当于一个理想高通滤波器，求其频率响应和单位冲激响应；

(2) 若 $H(\mathrm{j}\omega)$ 是截止频率为 ω_{Hp} 的理想高通滤波器，试证明题 3-38 图所示的系统整体相当于一个理想低通滤波器，求其频率响应和单位冲激响应。

3-39 由于周期性复指数函数是连续 LTI 系统的特征函数，因此在研究连续时间 LTI 系统时，傅里叶分析方法是很有价值的。请证明：尽管某些 LTI 系统可能有另外的特征函数，但复指数函数是唯一能够成为一切 LTI 系统特征函数的信号。此外，请思考以下问题。

(1) 单位冲激响应为 $h(t)=\delta(t)$ 的 LTI 系统的特征函数与相应的特征值是什么?

(2) 考虑单位冲激响应为 $h(t)=\delta(t-T)$ 的 LTI 系统，试找到一个信号，它不具有 e^{st} 的形式，但却是该系统的特征函数，且特征值为 1。与此类似，试找出两个特征函数，它们的特征值分别是 1/2 和 2，但都不是复指数函数。

(3) 考虑一个稳定的 LTI 系统，其单位冲激响应 $h(t)$ 是实偶函数，试证明 $\cos\omega t$ 和 $\sin\omega t$ 都是该系统的特征函数。

(4) 考虑单位冲激响应为 $h(t)=u(t)$ 的 LTI 系统，假如 $\phi(t)$ 是该系统的特征函数，其特征值为 λ，试找出 $\phi(t)$ 必须满足的微分方程，并求解该微分方程。将此结果，连同(1)～(3)的结果一起就能证明本题一开始所作论述的正确性。

3-40 产生直流电流的一种方法是将交流信号进行全波整流。这就是说，将交流信号 $f(t)$ 通过一个 $y(t)=|f(t)|$ 的系统。

(1) 若 $f(t)=\cos\omega t$，试画出输入、输出波形，以及输入和输出信号的基波周期；

(2) 若 $f(t)=\cos\omega t$，试求输出 $y(t)$ 傅里叶级数系数；

(3) 试求输入信号中的直流分量，以及直流分量的大小。

3-41 考虑一个连续时间因果稳定的 LTI 系统，其关联输入 $f(t)$ 和输出 $y(t)$ 的微分方程是 $\frac{\mathrm{d}y(t)}{\mathrm{d}t}+5y(t)=2f(t)$。试求该滤波器阶跃响应 $s(t)$ 的终值 $s(\infty)$，以及满足 $s(t_0)=s(\infty)\left[1-\frac{1}{\mathrm{e}^2}\right]$ 的 t_0 值。

3-42 在许多滤波应用中，往往不希望滤波器的阶跃响应超过它的终值。例如，在图像处理中，一个线性滤波器阶跃响应中的超量可以在陡峭的边界上产生闪烁，也就是在强度上增加。然而，如果要求滤波器单位冲激响应对全部时间都是正值，就可能消除超量。

试证明：如果一个连续时间 LTI 滤波器的单位冲激响应 $h(t)$ 总大于或等于零，那么该滤波器的阶跃响应就是一个单调非减的函数，因此一定没有超量。

3-43 采样定理是指：一个信号必须要以大于它的带宽两倍的采样率来采样。这就意味着，如果有一个信号 $x(t)$ 其频谱如题 3-43 图所示，那么就必须要用大于上限频率两倍的采样率对其进行采样。然而，因为这个信号的大部分能量集中在一个窄带范围内，因此似乎可以期望用一个小于最高频率两倍的低采样率采样。能量集中于某一频带范围内的信号往往称为带通信号，有各种方法对这样的信号进行采样，一般统称为带通采样技术。

为了研究是否有可能用小于总带宽的采样率对一个带通信号进行采样，考虑题 3-43 图中的系统。假定 $\omega_1>\omega_2-\omega_1$，试求能有 $x_r(t)=x(t)$ 的最大 T 值，以及常数 A、ω_a、ω_b 的值。

3-44 微机电系统加速度计传感器中，若以 M 代表检测块的质量，K 代表弹簧的弹性系数，D 代表阻碍检测块运动的阻尼系数，$f(t)$ 表示由于运动产生的外部加速度，$y(t)$ 表示检测块的位移，则描述该系统的微分方程是 $\frac{\mathrm{d}^2y(t)}{\mathrm{d}^2t}+\frac{D}{M}\frac{\mathrm{d}y(t)}{\mathrm{d}t}+\frac{K}{M}y(t)=f(t)$。令 $\omega_n=\sqrt{\frac{K}{M}}$ 为加速度计的固有频率，$Q=\frac{\sqrt{KM}}{D}$ 为加速度计的品质因数，假设 $\omega_n=10\ 000$，试分别画出当 $Q=2$、$Q=1$ 和 $Q=200$ 三类情况下，系统的频率响应。

3-45 给定信号 $f(t)$，其希尔伯特变换表示为 $\hat{f}(t)$，试证明：$\int_{-\infty}^{+\infty}f(t)\hat{f}(t)\mathrm{d}t=0$ 和 $\int_{-\infty}^{+\infty}f^2(t)\mathrm{d}t=\int_{-\infty}^{+\infty}\hat{f}^2(t)\mathrm{d}t$。

3-46 取样示波器是信号欠采样的一个应用实例。其原理是对频带有限的信号，适当选择取样周期，经过滤波从混叠的取样信号频谱中选出原信号的压缩频谱，从而得到与原信号波形相同但是时域展宽的信号，以便于观测频率较高的信号展宽后的波形。请查阅相关资料，了解取样示波器实现的原理。

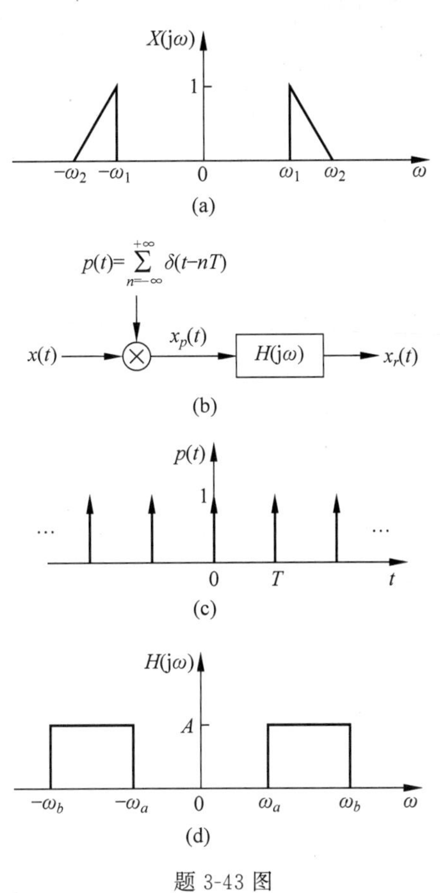

题 3-43 图

第4章 连续时间信号与系统的复频域分析

CHAPTER 4

4.1 拉普拉斯变换

4.1.1 拉普拉斯变换的定义

尽管奇异函数的使用扩大了傅里叶变换的应用范围，仍有不少常见信号不存在傅里叶变换，例如指数增长因果信号。为了进一步扩大傅里叶变换的应用范围，可以先把信号进行恰当的指数衰减，即 $f(t)\mathrm{e}^{-st}$，再对其进行傅里叶变换。这就产生了如下定义的拉普拉斯变换(Laplace Transformation，LT，简称拉氏变换)。

$$F(s)=\int_{-\infty}^{+\infty} f(t)\mathrm{e}^{-st}\,\mathrm{d}t \tag{4-1}$$

拉普拉斯变换是傅里叶变换的推广，使更多的信号可以进行变换，但其物理意义没有傅里叶变换那么明显。

特别的，因果信号 $f(t)$的拉普拉斯变换定义为：

$$F(s)=\int_{0}^{+\infty} f(t)\mathrm{e}^{-st}\,\mathrm{d}t \tag{4-2}$$

其中，$s=\sigma+\mathrm{j}\omega$ 称为复频率，$F(s)$是因果信号 $f(t)$的复频域描述。考虑部分信号在零时刻不连续，因此单边拉普拉斯变换的定义中一般取 0_- 时刻，即：

$$F(s)=\int_{0_-}^{+\infty} f(t)\mathrm{e}^{-st}\,\mathrm{d}t \tag{4-3}$$

此外，单边拉普拉斯变换也可以采用 0_+ 时刻作为积分下限，但后续的性质需做相应的改变。

$F(s)$是指数加权信号 $\mathrm{e}^{-\sigma t}f(t)$的傅里叶变换。因此，求 $F(s)$的傅里叶逆变换，就可得到 $\mathrm{e}^{-\sigma t}f(t)$，即：

$$f(t)=\frac{\mathrm{e}^{\sigma t}}{2\pi}\int_{-\infty}^{+\infty} F(s)\mathrm{e}^{\mathrm{j}\omega t}\,\mathrm{d}\omega=\frac{1}{2\pi\mathrm{j}}\int_{\sigma-\mathrm{j}\infty}^{\sigma+\mathrm{j}\infty} F(s)\mathrm{e}^{st}\,\mathrm{d}s \tag{4-4}$$

该式称为拉普拉斯逆变换。$f(t)$和 $F(s)$称为拉普拉斯变换对，记作 $f(t)\Leftrightarrow F(s)$。

从式(4-4)可见，拉普拉斯变换是把连续信号表示为无限多个幅度无穷小、频率连续变化的指数衰减复正弦信号的叠加(积分)。

下面将分别介绍双边和单边拉普拉斯变换。但由于物理信号都是自接入时刻后才对系统起作用的，并且物理可实现系统必须是因果系统，因此分析因果系统时，常采用单边拉普拉斯变换。

由 LT 的定义式(4-1)易知，其存在的充分条件是 $e^{-\sigma t}f(t)$ 为绝对可积函数，即 $\int_{-\infty}^{+\infty}|e^{-\sigma t}f(t)|\,dt<+\infty$。这使得增长速度不快于指数增长函数的信号都存在 LT。令 LT 收敛的 s 取值范围称为 LT 的收敛域(Region of Convergence，ROC)。

若信号的拉普拉斯变换可写成分式形式，即：

$$F(s)=A\frac{\prod_{i=1}^{M}(s-z_i)}{\prod_{j=1}^{N}(s-p_j)} \tag{4-5}$$

其中 A 为常数，令 $F(s)$ 为 0 的所有 s 的取值定义为 $F(s)$ 的零点，令 $F(s)$ 趋近无穷的所有 s 的取值定义为 $F(s)$ 的极点，因此 z_i 为零点，p_j 为极点。下面例题的分析表明，$F(s)$ 的收敛域与其极点关系紧密。

例 4-1 求下列信号的拉普拉斯变换及其收敛域：

(1) $f(t)=e^{-2t}u(t)$；

(2) $f(t)=-e^{-2t}u(-t)$；

(3) $f(t)=e^{-2|t|}$；

(4) $f(t)=e^{-at}[u(t)-u(t-T)]$，$a>0$。

解 根据拉普拉斯变换的定义有：

(1) $F(s)=\int_{0}^{+\infty}e^{-2t}e^{-st}\,dt=\dfrac{1}{s+2}$，$\mathrm{Re}[s]>-2$；

(2) $F(s)=-\int_{-\infty}^{0}e^{-2t}e^{-st}\,dt=\dfrac{1}{s+2}$，$\mathrm{Re}[s]<-2$；

(3) $F(s)=\int_{-\infty}^{0}e^{2t}e^{-st}\,dt+\int_{0}^{+\infty}e^{-2t}e^{-st}\,dt=\dfrac{1}{s+2}-\dfrac{1}{s-2}$，$-2<\mathrm{Re}[s]<2$；

(4) $F(s)=\int_{0}^{T}e^{-at}e^{-st}\,dt=\int_{0}^{T}e^{-(s+a)t}\,dt=\dfrac{1}{s+a}[1-e^{-(s+a)T}]$，整个 s 平面。

该式的零极点图如图 4-1 所示，其极点为 $p=-a$，零点为 $s=-a+j\dfrac{2\pi}{T}k$，因此零点中的 -2 与极点抵消，该拉普拉斯变换式只有零点，故收敛域为整个 s 平面。

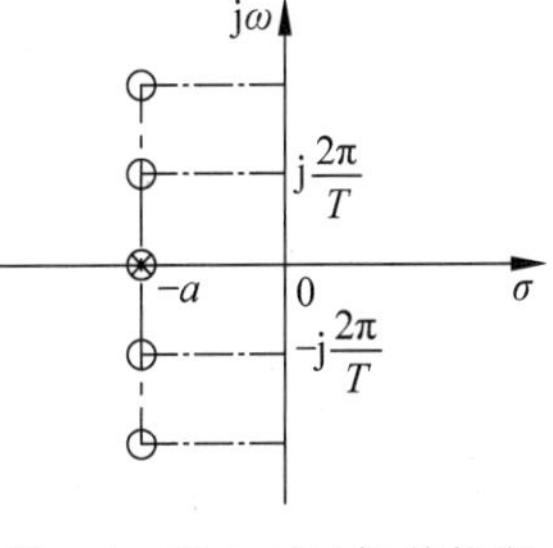

图 4-1 例 4-1(4)拉普拉斯变换的零极点图

该例表明，同样的拉普拉斯变换，当对应不同的收敛域时，其原信号不同，因此双边拉普拉斯变换结合收敛域才能与时域信号一一对应。

此外，不同信号的单边拉普拉斯变换可能相等，只有当信号是因果信号时，其单边拉普拉斯变换与信号才是一一对应。

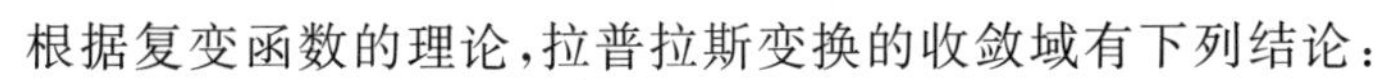

根据复变函数的理论，拉普拉斯变换的收敛域有下列结论：

(1) 收敛域是 s 平面上平行于虚轴的带状区域；

(2) 收敛域中无极点；

(3) 右边信号 $f(t)=f(t)u(t-t_0)$ 的收敛域为 s 平面上以平行于虚轴的某直线为边界

的右半平面，且其边界由最右边的极点决定；

(4) 左边信号 $f(t)=f(t)u(-t-t_0)$ 的收敛域为 s 平面上以平行于虚轴的某直线为边界的左半平面，且其边界由最左边的极点决定；

(5) 双边信号 $f(t)$，$-\infty<t<+\infty$ 若存在拉普拉斯变换，则其收敛域为 s 平面上的带状区域，可以选择任意两个极点之间的区域为其收敛域；

(6) 有限长信号 $f(t)=f(t)[u(t-t_1)-u(t-t_2)]$ 的收敛域为整个 s 平面。

例 4-2 已知 $F(s)=\dfrac{1}{s^2+3s+2}$，求其逆变换。

解 由于 $F(s)=\dfrac{1}{s^2+3s+2}=\dfrac{1}{s+1}-\dfrac{1}{s+2}$，其极点为 -1，-2，因此收敛域可以分为下列三种情况：

(1) ROC：$\mathrm{Re}[s]>-1$，此时信号是右边信号，因此逆变换为 $f(t)=(\mathrm{e}^{-t}-\mathrm{e}^{-2t})u(t)$；

(2) ROC：$\mathrm{Re}[s]<-2$，此时信号是左边信号，因此逆变换为 $f(t)=(\mathrm{e}^{-2t}-\mathrm{e}^{-t})u(-t)$；

(3) ROC：$-2<\mathrm{Re}[s]<-1$，此时信号是双边信号，因此逆变换为 $f(t)=-\mathrm{e}^{-2t}u(t)-\mathrm{e}^{-t}u(-t)$。

4.1.2 典型信号的拉普拉斯变换

1. 单位冲激信号

把 $f(t)=\delta(t)$ 代入式(4-1)，利用冲激的抽样性质，易知冲激信号的 LT 为与复频率 s 无关的常数 1，即：

$$\delta(t)\Leftrightarrow 1,\quad \forall s \tag{4-6}$$

2. 阶跃信号

同样地，把 $f(t)=u(t)$ 代入式(4-1)，并求解积分，易知：

$$u(t)\Leftrightarrow \frac{1}{s},\quad \mathrm{Re}[s]>0 \tag{4-7}$$

3. 因果指数信号

将因果指数信号 $f(t)=\mathrm{e}^{-\alpha t}u(t)$ 代入式(4-1)，有：

$$F(s)=\int_0^{+\infty}\mathrm{e}^{-\alpha t}\mathrm{e}^{-st}\,\mathrm{d}t=\int_0^{+\infty}\mathrm{e}^{-(\alpha+s)t}\,\mathrm{d}t=\frac{1}{s+\alpha},\quad \mathrm{Re}[s]>-\alpha \tag{4-8}$$

因果指数增长信号 $\mathrm{e}^{\alpha t}u(t)$ 及其 LT 的收敛域如图 4-2 的上半部分所示，其收敛域在右半 s 平面的垂直线 $s-\alpha=0$ 的右侧。因果指数衰减信号 $\mathrm{e}^{-\alpha t}u(t)$ 及其 LT 的收敛域如图 4-2 的下半部分所示，其收敛域为左半 s 平面的垂直线 $s+\alpha=0$ 的右侧。

4. 因果矩形窗信号(矩形脉冲信号)

把脉宽为 τ 的因果矩形窗信号 $G_{0,\tau}(t)=u(t)-u(t-\tau)=G\left(t-\dfrac{\tau}{2}\right)$ 代入式(4-1)，有

$$F(s)=\int_0^{\tau}\mathrm{e}^{-st}\,\mathrm{d}t=\frac{1-\mathrm{e}^{-s\tau}}{s}$$

即：

$$G_{0,\tau}(t)\Leftrightarrow\frac{1-\mathrm{e}^{-s\tau}}{s},\quad \forall s \tag{4-9}$$

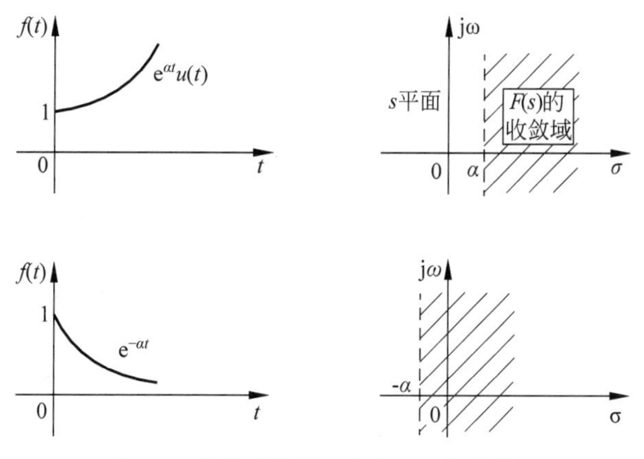

图 4-2　因果指数信号及其 LT 的收敛域

4.2　拉普拉斯变换的性质

微课视频

与傅里叶变换类似，拉普拉斯变换也具备很多性质，下面将分别介绍并给出应用实例。值得注意的是，使用各类性质后，拉普拉斯变换的收敛域会发生变化。

微课视频

1. 线性

LT 是线性运算，它满足叠加原理，即：若 $f_i(t) \Leftrightarrow F_i(s)$，$i=1,2,\cdots,n$，则有：

$$\sum_{i=1}^{n} a_i f_i(t) \Leftrightarrow \sum_{i=1}^{n} a_i F_i(s) \tag{4-10}$$

从 LT 的定义直接可证，LT 的线性性成立，这表明 LT 也是线性变换。需注意，线性运算后收敛域一般为各信号收敛域的交集，即收敛域要缩小；但当叠加引起零点和极点之间的对消时，收敛域反而有可能扩大，例如式(4-9)所示的信号，零点与极点相消，收敛域为整个 s 平面。

2. 时移定理

若 $f(t) \Leftrightarrow F(s)$，则有：

$$f(t-t_0) \Leftrightarrow F(s)\mathrm{e}^{-st_0} \tag{4-11}$$

即时域延迟 t_0 对应于 s 域指数加权 e^{-st_0}。当考虑单边拉普拉斯变换时，有：

$$f(t-t_0)u(t-t_0) \Leftrightarrow \mathrm{e}^{-st_0}F(s) \quad t_0>0 \tag{4-12}$$

时域移位仅导致 s 域乘以 e^{-st_0}，并不改变其收敛域。

证明：由单边 LT 定义，有：

$$\int_{t_0}^{+\infty} f(t-t_0)\mathrm{e}^{-st}\,\mathrm{d}t = \mathrm{e}^{-st_0}\int_{t_0}^{+\infty} f(t-t_0)\mathrm{e}^{-s(t-t_0)}\,\mathrm{d}t = \mathrm{e}^{-st_0}F(s), \quad t_0>0$$

值得注意的是，在讨论单边拉普拉斯变换时，要注意条件 $t_0>0$，即延迟是将信号因果分量 $f_+(t)=f(t)u(t)$ 右移。

例 4-3　求延迟的冲激函数的 LT。

解　利用时延定理有：

$$\delta(t-t_0) \Leftrightarrow \mathrm{e}^{-st_0}, \quad \forall s \tag{4-13}$$

例 4-4 求 $e^{-2t}u(t-1)$的 LT。

解 由于 $e^{-2t}u(t-1)=e^{-2}e^{-2(t-1)}u(t-1)$，且已知 $e^{-2t}u(t)\Leftrightarrow\frac{1}{s+2}$，$\mathrm{Re}[s]>-2$，故有：

$$e^{-2}e^{-2(t-1)}u(t-1)\Leftrightarrow\frac{e^{-(s+2)}}{s+2},\quad \mathrm{Re}[s]>-2$$

3. 复频移定理

复频率搬移 s_0 对应于时域用 e^{s_0t} 加权，即：

$$e^{s_0t}f(t)\Leftrightarrow F(s-s_0)\tag{4-14}$$

显然，LT 的复频移定理是 FT 的复调制定理的推广。

证明：由 LT 定义，有 $\int_{-\infty}^{+\infty}e^{s_0t}f(t)e^{-st}\,dt=\int_{-\infty}^{+\infty}f(t)e^{-(s-s_0)t}\,dt=F(s-s_0)$。

例 4-5 求因果正弦类信号的 LT。

解 利用复频移定理，有：

$$\cos(\omega_0t)u(t)=\frac{1}{2}[e^{j\omega_0t}+e^{-j\omega_0t}]u(t)\Leftrightarrow\frac{s}{s^2+\omega_0^2},\quad \mathrm{Re}[s]>0\tag{4-15}$$

$$\sin(\omega_0t)u(t)=\frac{1}{2j}[e^{j\omega_0t}-e^{-j\omega_0t}]u(t)\Leftrightarrow\frac{\omega_0}{s^2+\omega_0^2},\quad \mathrm{Re}[s]>0\tag{4-16}$$

例 4-6 求因果指数加权正弦信号的 LT。

解 利用复频移定理，有：

$$e^{-\alpha t}\cos(\omega_0t)u(t)\Leftrightarrow\frac{s+\alpha}{(s+\alpha)^2+\omega_0^2},\quad \mathrm{Re}[s]>-\alpha\tag{4-17}$$

$$e^{-\alpha t}\sin(\omega_0t)u(t)\Leftrightarrow\frac{\omega_0}{(s+\alpha)^2+\omega_0^2},\quad \mathrm{Re}[s]>-\alpha\tag{4-18}$$

4. 尺度(Scaling)定理

时域压/扩 a 倍相当于复频域扩/压 a 倍，即：

$$f(at)\Leftrightarrow\frac{1}{|a|}F\left(\frac{s}{a}\right)\tag{4-19}$$

证明：由 LT 的定义，有 $\int_{-\infty}^{+\infty}f(at)e^{-st}\,dt=\int_{-\infty}^{+\infty}f(x)e^{-\frac{s}{a}x}\frac{dx}{|a|}=\frac{1}{|a|}F\left(\frac{s}{a}\right)$。同时可以证明在时域中尺度变化后，其收敛域的边界需要除以 a。

特别的，当 $a=-1$ 时，有：

$$f(-t)\Leftrightarrow F(-s)\tag{4-20}$$

式 4-20 可用于求解信号翻转后的拉普拉斯变换，例如已知 $e^{-\alpha t}u(t)\Leftrightarrow\frac{1}{s+\alpha}$，$\mathrm{Re}[s]>-\alpha(\alpha>0)$，则 $e^{\alpha t}u(-t)\Leftrightarrow-\frac{1}{s-\alpha}$，$\mathrm{Re}[s]<\alpha$。

例 4-7 已知 $f(t)\Leftrightarrow F(s)$，求 $f(at-t_0)u\left(t-\frac{t_0}{a}\right)$，$\forall a>0$ 的单边 LT。

解　由时延定理，有 $g\left(t-\frac{t_0}{a}\right)u\left(t-\frac{t_0}{a}\right)\Leftrightarrow G(s)\mathrm{e}^{-\frac{st_0}{a}}$ 其中 $g(t)=f(at)$，并且由尺度定理，有 $G(s)=\frac{1}{a}F\left(\frac{s}{a}\right)$，这样得到：

$$f(at-t_0)u\left(t-\frac{t_0}{a}\right)=g\left(t-\frac{t_0}{a}\right)u\left(t-\frac{t_0}{a}\right)\Leftrightarrow\frac{1}{a}F\left(\frac{s}{a}\right)\mathrm{e}^{-\frac{st_0}{a}} \tag{4-21}$$

时移定理和尺度定理是上式的两个特例。

5. 时域微分性质

首先探讨一般双边拉普拉斯变换的时域微分性质。若 $f(t)\Leftrightarrow F(s)$，则有：

$$\frac{\mathrm{d}f(t)}{\mathrm{d}t}\Leftrightarrow sF(s) \tag{4-22}$$

证明：由拉普拉斯逆变换的定义式 $f(t)=\frac{1}{2\pi\mathrm{j}}\int_{\sigma-\mathrm{j}\infty}^{\sigma+\mathrm{j}\infty}F(s)\mathrm{e}^{st}\mathrm{d}s$，对其两边求一阶微分，有 $\frac{\mathrm{d}f(t)}{\mathrm{d}t}=\frac{1}{2\pi\mathrm{j}}\int_{\sigma-\mathrm{j}\infty}^{\sigma+\mathrm{j}\infty}F(s)s\mathrm{e}^{st}\mathrm{d}s=\frac{1}{2\pi\mathrm{j}}\int_{\sigma-\mathrm{j}\infty}^{\sigma+\mathrm{j}\infty}[sF(s)]\mathrm{e}^{st}\mathrm{d}s$，因此该性质得证。

进一步推广，有：

$$\frac{\mathrm{d}^n f(t)}{\mathrm{d}t^n}\Leftrightarrow s^nF(s) \tag{4-23}$$

值得注意的是，信号时域微分后，其拉普拉斯变换的收敛域在原收敛域的基础上可能扩大，这是由于变换域中乘以了 s^n 因子，该因子相当于增加了 n 阶零点。

实际分析中的系统往往是因果激励的因果 LTI 系统，因此，利用单边拉普拉斯变换可以方便地分析系统。下面讨论单边拉普拉斯变换的时域微分性质，该性质叙述如下：

$$\frac{\mathrm{d}f(t)}{\mathrm{d}t}\Leftrightarrow sF(s)-f(0_-) \tag{4-24}$$

证明：由单边 LT 的定义，有：

$$\int_{0_-}^{+\infty}f'(t)\mathrm{e}^{-st}\mathrm{d}t=f(t)\mathrm{e}^{-st}\Big|_{0_-}^{+\infty}+s\int_{0_-}^{+\infty}f(t)\mathrm{e}^{-st}\mathrm{d}t=sF(s)-f(0_-)$$

推论：$$\frac{\mathrm{d}^n f(t)}{\mathrm{d}t^n}\Leftrightarrow s^nF(s)-s^{n-1}f(0_-)-s^{n-2}f'(0_-)-\cdots-f^{(n-1)}(0_-) \tag{4-25}$$

若信号是因果的，则该结论与双边拉普拉斯变换的结果一致。

例 4-8　求 $\delta^{(n)}(t)$ 的 LT。

由微分性质，有：

$$\delta^{(n)}(t)\Leftrightarrow s^n \tag{4-26}$$

6. 时域积分性质

下面分别给出双边和单边拉普拉斯变换的时域积分性质。

首先，若 $f(t)\Leftrightarrow F(s)$，则有：

$$f^{(-1)}(t)\Leftrightarrow\frac{F(s)}{s} \tag{4-27}$$

证明：令 $g(t)=f^{(-1)}(t)$，则有 $g'(t)=f(t)$，因此对其应用双边拉普拉斯变换，有 $sG(s)=F(s)$，故得到 $G(s)=\frac{F(s)}{s}$。

而单边拉普拉斯变换的时域积分性质如下：

$$f^{(-1)}(t)u(t) \Leftrightarrow \frac{F(s)}{s}+\frac{f^{(-1)}(0_-)}{s} \tag{4-28}$$

证明：令 $f^{(-1)}(t)=g(t) \Rightarrow f(t)=g'(t)$，根据单边 LT 的时域微分性质，有 $F(s) \Leftrightarrow f(t)u(t)=g'(t)u(t) \Leftrightarrow sG(s)-g(0_-)=sG(s)-f^{(-1)}(0_-)$，所以 $f^{(-1)}(t)u(t)=g(t)u(t) \Leftrightarrow G(s)=\frac{F(s)}{s}+\frac{f^{(-1)}(0_-)}{s}$。当 $f^{(-1)}(0_-)=0$ 时(即 $f^{(-1)}(t)$处于零初始条件时)，式(4-28)简化为 $f^{(-1)}(t)u(t) \Leftrightarrow \frac{F(s)}{s}$。

推论：在零初始条件下，

$$f^{(-n)}(t)u(t) \Leftrightarrow \frac{F(s)}{s^n} \tag{4-29}$$

该性质还可使用拉普拉斯变换的卷积性质进行证明，请读者自行证明。

由于时域积分相当于复频域除以 s，即增加了位于原点的一阶(或高阶)极点，因此收敛域是原收敛域与以虚轴为边界的右半平面的交集。

此外，与傅里叶变换的时域积分性质类似，当 $\int_{-\infty}^{t} f'(\tau)\mathrm{d}\tau \neq f(t)$ 时，无法直接使用时域积分性质求解信号的拉普拉斯变换。

例 4-9 求信号 $tu(t-1)$的单边 LT。

解 由于 $tu(t-1)=(t-1+1)u(t-1)=(t-1)u(t-1)+u(t-1)$，且已知 $u(t) \Leftrightarrow \frac{1}{s}$ 和 $u^{(-1)}(t)=tu(t)$，应用单边 LT 的时域积分性质以及时移性质，可以得到$(t-1)u(t-1)+u(t-1) \Leftrightarrow \frac{\mathrm{e}^{-s}}{s^2}+\frac{\mathrm{e}^{-s}}{s}$。同时，该信号的极点是复平面上的原点，因此其收敛域是以虚轴为边界的右半平面。

例 4-10 求信号 $t^n u(t)$的单边 LT。

解 由于有：

$$t^n u(t)=n!u^{(-n)}(t) \tag{4-30}$$

因此有：

$$t^n u(t) \Leftrightarrow \frac{n!}{s^{n+1}}, \quad \mathrm{Re}[s]>0 \tag{4-31}$$

特殊地，有：

$$tu(t) \Leftrightarrow \frac{1}{s^2}, \quad \mathrm{Re}[s]>0 \tag{4-32}$$

$$t^2 u(t) \Leftrightarrow \frac{2}{s^3}, \quad \mathrm{Re}[s]>0 \tag{4-33}$$

7. 卷积定理

若 $f_1(t) \Leftrightarrow F_1(s)$，$f_2(t) \Leftrightarrow F_2(s)$，则有：

$$f_1(t)*f_2(t) \Leftrightarrow F_1(s)F_2(s) \tag{4-34}$$

该性质说明两连续时间信号时域卷积，其对应的拉普拉斯变换是二者相乘。同时，由于零极点可能相消，因此卷积后信号的收敛域是原收敛域的交集，可能扩大。

特别的，因果信号的时域卷积（单边拉普拉斯变换的时域卷积性质）相应于复频域相乘，即：

$$f_1(t)u(t) * f_2(t)u(t) \Leftrightarrow F_1(s)F_2(s) \tag{4-35}$$

证明：根据单边拉普拉斯变换定义计算 $f_1(t) * f_2(t)$ 的 LT，有：

$$\int_{0_-}^{+\infty}\left[\int_{-\infty}^{+\infty} f_1(t-\tau)u(t-\tau)f_2(\tau)u(\tau)\mathrm{d}\tau\right]\mathrm{e}^{-st}\,\mathrm{d}t$$

$$=\int_{0_-}^{+\infty}\left[\int_{0}^{+\infty} f_1(t-\tau)u(t-\tau)f_2(\tau)\mathrm{d}\tau\right]\mathrm{e}^{-st}\,\mathrm{d}t$$

$$=\int_{0}^{+\infty}\left[\int_{0_-}^{+\infty} f_2(\tau)\mathrm{e}^{-s\tau}\,\mathrm{d}\tau\right]f_1(t-\tau)u(t-\tau)\mathrm{e}^{-s(t-\tau)}\,\mathrm{d}t$$

$$=F_2(s)\int_{0}^{+\infty} f_1(t-\tau)u(t-\tau)\mathrm{e}^{-s(t-\tau)}\,\mathrm{d}t$$

$$=F_1(s)F_2(s)$$

推论：对于冲激响应为 $h(t)$ 的因果 LTI 系统而言，因果激励 $f(t)$ 产生的零状态响应为 $y(t)=h(t) * f(t)$，在 s 域中有：

$$Y(s)=H(s)F(s) \tag{4-36}$$

其中，系统函数 $H(s)$ 是系统冲激响应 $h(t)$ 的 LT。该推论是连续 LTI 系统 s 域分析的基础。

例 4-11　求因果周期信号 $f(t)=f_1(t) * \sum_{n=0}^{+\infty}\delta(t-nT)$ 的 LT，其中，从它截取的第一个周期的非周期因果信号是有限时宽信号 $f_1(t)=f(t)G_{0,T}(t)\Leftrightarrow F_1(s)$。

解　由于 $\sum_{n=0}^{+\infty}\delta(t-nT)\Leftrightarrow\sum_{n=0}^{+\infty}\mathrm{e}^{-nsT}=\dfrac{1}{1-\mathrm{e}^{-sT}}$，$\mathrm{Re}[s]>0$，所以由卷积定理，有：

$$f(t)\Leftrightarrow F(s)=\frac{F_1(s)}{1-\mathrm{e}^{-sT}} \tag{4-37}$$

该信号的收敛域是 $F_1(s)$ 的收敛域和以虚轴为边界的右半平面的交集。该结论可用于求解因果周期信号的拉普拉斯逆变换。

例 4-12　求脉宽为 τ 的因果周期矩形波信号的单边 LT。

解　由于因果周期矩形波 $\sum_{n=0}^{+\infty}[u(t-nT)-u(t-\tau-nT)]$ 是由脉宽为 τ 的非周期矩形波单边延拓形成，因此应用例 4-11 的结论，其拉普拉斯变换为：

$$\frac{1-\mathrm{e}^{-s\tau}}{s(1-\mathrm{e}^{-sT})},\quad \mathrm{Re}[s]>0$$

例 4-13　求因果半波正弦脉冲信号和因果半波余弦脉冲信号的单边 LT。

解　因果半波正弦脉冲信号 $f_s(t)=\sum_{n=0}^{+\infty}f_{s1}(t-nT)$ 是以半波正弦信号 $f_{s1}(t)=\sin(\omega_0 t)G_{0,\frac{T}{2}}(t)$ 为基本周期单边延拓形成的，由于 $\omega_0 T=2\pi$，因此有：

$$f_{s1}(t)=\sin(\omega_0 t)u(t)+\sin\left(\omega_0\left(t-\frac{T}{2}\right)\right)u\left(t-\frac{T}{2}\right)\Leftrightarrow\frac{\omega_0}{s^2+\omega_0^2}(1+\mathrm{e}^{-\frac{sT}{2}}),\quad \mathrm{Re}[s]>0$$

故因果半波正弦脉冲波的 LT 为：

$$\frac{\omega_0}{(s^2+\omega_0^2)(1-\mathrm{e}^{-\frac{sT}{2}})}, \quad \mathrm{Re}[s]>0$$

同理，易知因果半波余弦脉冲信号 $f_c(t)=\cos\omega_0 t u(t)+f_s\left(t-\frac{T}{4}\right)$ 的 LT 为：

$$\frac{s}{(s^2+\omega_0^2)}+\frac{\omega_0\mathrm{e}^{-\frac{sT}{4}}}{(s^2+\omega_0^2)(1-\mathrm{e}^{-\frac{sT}{2}})}, \quad \mathrm{Re}[s]>0$$

8. 复频域微分性质

s 域微分相应于时域乘以 $-t$，即：

$$-tf(t)\Leftrightarrow F'(s), \quad tf(t)\Leftrightarrow -F'(s) \tag{4-38}$$

证明：将拉普拉斯变换定义式两边对 s 求导后，有：

$$F'(s)=\int_{-\infty}^{+\infty}(-tf(t))\mathrm{e}^{-st}\mathrm{d}t\Leftrightarrow -tf(t)$$

通过上述证明易知复频域的微分不改变信号的收敛域。

推论：

$$t^n f(t)\Leftrightarrow(-1)^n F^{(n)}(s) \tag{4-39}$$

例 4-14 求因果幂加权的指数衰减信号 $t^n\mathrm{e}^{-\alpha t}u(t)$ 的 LT。

解 由 $\mathrm{e}^{-\alpha t}u(t)\Leftrightarrow\frac{1}{s+\alpha}$，$\mathrm{Re}[s]>-\alpha$ 以及复频域微分性质得：

$$t^n\mathrm{e}^{-\alpha t}u(t)\Leftrightarrow\frac{n!}{(s+\alpha)^{n+1}}, \quad \mathrm{Re}[s]>-\alpha \tag{4-40}$$

即：

$$\frac{1}{n!}t^n\mathrm{e}^{-\alpha t}u(t)\Leftrightarrow\frac{1}{(s+\alpha)^{n+1}}, \quad \mathrm{Re}[s]>-\alpha \tag{4-41}$$

特殊地，有：

$$t\mathrm{e}^{-\alpha t}u(t)\Leftrightarrow\frac{1}{(s+\alpha)^2}, \quad \mathrm{Re}[s]>-\alpha \tag{4-42}$$

$$t^2\mathrm{e}^{-\alpha t}u(t)\Leftrightarrow\frac{2}{(s+\alpha)^3}, \quad \mathrm{Re}[s]>-\alpha \tag{4-43}$$

上述结论可用于计算 LT 中的重极点部分分式的拉普拉斯逆变换。

例 4-15 求因果指数加权正弦信号 $t^n\mathrm{e}^{-\alpha t}\cos(\omega_0 t)u(t)$ 和 $t^n\mathrm{e}^{-\alpha t}\sin(\omega_0 t)u(t)$ 的 LT。

解 由欧拉公式和复频域微分定理有：

$$t^n\mathrm{e}^{-\alpha t}\cos(\omega_0 t)u(t)\Leftrightarrow\frac{n!}{2}\left[\frac{1}{(s+\alpha-\mathrm{j}\omega_0)^{n+1}}+\frac{1}{(s+\alpha+\mathrm{j}\omega_0)^{n+1}}\right], \quad \mathrm{Re}[s]>-\alpha \tag{4-44}$$

$$t^n\mathrm{e}^{-\alpha t}\sin(\omega_0 t)u(t)\Leftrightarrow\frac{n!}{2\mathrm{j}}\left[\frac{1}{(s+\alpha-\mathrm{j}\omega_0)^{n+1}}-\frac{1}{(s+\alpha+\mathrm{j}\omega_0)^{n+1}}\right], \quad \mathrm{Re}[s]>-\alpha \tag{4-45}$$

特殊地，有：

$$te^{-\alpha t}\cos(\omega_0 t)u(t)\Leftrightarrow \frac{(s+\alpha)^2-\omega_0^2}{[(s+\alpha)^2+\omega_0^2]^2},\quad \mathrm{Re}[s]>-\alpha \tag{4-46}$$

$$te^{-\alpha t}\sin(\omega_0 t)u(t)\Leftrightarrow \frac{2\omega_0(s+\alpha)}{[(s+\alpha)^2+\omega_0^2]^2},\quad \mathrm{Re}[s]>-\alpha \tag{4-47}$$

9. 复频域卷积定理

复频域卷积相应于时域相乘，即：

$$f_1(t)f_2(t)\Leftrightarrow \frac{1}{2\pi \mathrm{j}}F_1(s)*F_2(s) \tag{4-48}$$

该性质的证明类似于时域卷积定理，请读者自行证明。

10. 初值定理

因果信号的初值可用它的 LT 函数计算，即：

$$f(0_+)=\lim_{s\to+\infty} sF(s) \tag{4-49}$$

证明：由单边拉普拉斯变换的时域微分定理知：

$$sF(s)-f(0_-)=\int_{0_-}^{+\infty} f'(t)e^{-st}\mathrm{d}t=\int_{0_-}^{0_+} f'(t)e^{-st}\mathrm{d}t+\int_{0_+}^{+\infty} f'(t)e^{-st}\mathrm{d}t$$

$$=f(0_+)-f(0_-)+\int_{0_+}^{+\infty} f'(t)e^{-st}\mathrm{d}t$$

因此 $\lim\limits_{s\to+\infty} sF(s)=f(0_+)+\lim\limits_{s\to+\infty}\left[\int_{0_+}^{+\infty} f'(t)e^{-st}\mathrm{d}t\right]=f(0_+)$。

这里利用了取 $s\to+\infty$时 $\lim\limits_{s\to+\infty}(e^{-st})=0$，因此使得 $\lim\limits_{s\to+\infty}\left[\int_{0_+}^{+\infty} f'(t)e^{-st}\mathrm{d}t\right]=0$。

需要特别说明的是，使用初值定理的前提是 $F(s)$为真分式，若 $f(t)$中包含冲激信号或者其高阶微分项时，不能直接使用该性质，需要做如下处理：若 $f(t)\Leftrightarrow F(s)=k+F_1(s)$，$F_1(s)$为真分式，则 $f(0_+)=\lim\limits_{s\to+\infty}[sF_1(s)]$。

11. 终值定理

因果信号的终值可用它的 LT 函数计算，即：

$$f(+\infty)=\lim_{s\to 0} sF(s) \tag{4-50}$$

证明：令 $f_+(t)=f(t)u(t)$，则由时域微分定理知，$sF(s)=\int_{0_-}^{+\infty}[f_+(t)]'e^{-st}\mathrm{d}t$，使得 $[sF(s)]|_{s=0}=\int_{0_-}^{+\infty}[f_+(t)]'\mathrm{d}t=\int_{0_-}^{+\infty}\mathrm{d}f_+(t)=f_+(+\infty)-f_+(0_-)=f_+(+\infty)=f(+\infty)$，这就是拉普拉斯变换的终值定理。该性质需在信号存在终值的前提下应用。

例 4-16 已知某因果信号的 LT 为$\dfrac{s+5}{(s+1)(s+3)}$，求该信号的初值和终值。

解 由初值定理和终值定理，易知：

$$f(0_+)=\lim_{s\to+\infty} sF(s)=\lim_{s\to+\infty} s\frac{s+5}{(s+1)(s+3)}=1$$

$$f(+\infty)=\lim_{s\to 0} sF(s)=\lim_{s\to 0} s\frac{s+5}{(s+1)(s+3)}=0$$

例 4-17 已知某信号的 LT 为$\frac{s^2}{s^2+s}$,求该信号的初值。

解 由于该式不是真分式,因此 $F(s)=1-\frac{s}{s^2+s}=1+F_1(s)$,应用初值定理得到

$f(0_+)=\lim\limits_{s\to+\infty} sF_1(s)=\lim\limits_{s\to+\infty} s\left(-\frac{s}{s^2+s}\right)=-1$。

表 4-1 列出了常见函数的拉普拉斯变换表,表 4-2 列出了拉普拉斯变换的主要性质。

表 4-1 常见函数的拉普拉斯变换

$f(t)(t>0)$	$F(s)$
冲激 $\delta(t)$	1
阶跃 $u(t)$	s^{-1}
$e^{-\alpha t}$	$\frac{1}{s+\alpha}$
t^n	$\frac{n!}{s^{n+1}}$
$\sin(\omega_0 t)$	$\frac{\omega_0}{s^2+\omega_0^2}$
$\cos(\omega_0 t)$	$\frac{s}{s^2+\omega_0^2}$
$e^{-\alpha t}\sin(\omega_0 t)$	$\frac{\omega_0}{(s+\alpha)^2+\omega_0^2}$
$e^{-\alpha t}\cos(\omega_0 t)$	$\frac{s+\alpha}{(s+\alpha)^2+\omega_0^2}$
$te^{-\alpha t}$	$\frac{1}{(s+\alpha)^2}$
$t^n e^{-\sigma t}$	$\frac{n!}{(s+\alpha)^{n+1}}$
$te^{-\alpha t}\sin(\omega_0 t)$	$\frac{2\omega_0(s+\alpha)}{[(s+\alpha)^2+\omega_0^2]^2}$
$te^{-\alpha t}\cos(\omega_0 t)$	$\frac{(s+\alpha)^2-\omega_0^2}{[(s+\alpha)^2+\omega_0^2]^2}$

表 4-2 拉普拉斯变换的主要性质

名称	表 达 式
线性	$\sum\limits_{i=1}^{n} a_i f_i(t) \Leftrightarrow \sum\limits_{i=1}^{n} a_i F_i(s)$
时域平移	$f(t-t_0)u(t-t_0) \Leftrightarrow e^{-st_0}F(s)$
s 域平移	$e^{s_0 t}f(t) \Leftrightarrow F(s-s_0)$
尺度变换	$f(at) \Leftrightarrow \frac{1}{\lvert a\rvert}F\left(\frac{s}{a}\right)$
时域微分	$f'(t) \Leftrightarrow sF(s)-f(0_-)$ $f^{(n)}(t)u(t) \Leftrightarrow s^nF(s)-\sum\limits_{k=0}^{n-1} s^{n-1-k}f^{(k)}(0_-)$
时域积分	$f^{(-1)}(t) \Leftrightarrow \frac{F(s)}{s}+\frac{f^{(-1)}(0_-)}{s}$
初值	$f(0_+)=\lim\limits_{s\to+\infty} sF(s)$
终值	$f(+\infty)=\lim\limits_{s\to 0} sF(s)$
时域卷积	$f_1(t) * f_2(t) \Leftrightarrow F_1(s)F_2(s)$
时域相乘	$f_1(t)f_2(t) \Leftrightarrow \frac{1}{2\pi j}F_1(s) * F_2(s)$
s 域微分	$-tf(t) \Leftrightarrow F'(s)$

微课视频

4.3 拉普拉斯逆变换

在进行信号和系统的 s 域分析时,需计算拉普拉斯逆变换。

一般的,$F(s)$可表示为两个关于 s 的实系数多项式之比,即:

$$F(s)=\frac{N(s)}{D(s)}=\frac{\sum\limits_{i=0}^{m} b_i s^i}{\sum\limits_{j=0}^{n} a_j s^j} \tag{4-51}$$

当 $m\geqslant n$ 时,$F(s)$可分解为一个多项式与一个真分式之和,其中,多项式的逆变换容易计算,而真分式的逆变换计算是本节重点讨论对象。所以,可不失一般性地规定 $m<n$。式(4-51)

还可以写成式(4-5)的形式：$F(s)=A\frac{\prod_{i=1}^{M}(s-z_i)}{\prod_{j=1}^{N}(s-p_j)}$，其中，$p_j$ 为 $F(s)$ 的第 j 个极点(pole)，因为 $F(p_j)=\infty$；而 z_i 为 $F(s)$ 的第 i 个零点(zero)，因为 $F(z_i)=0$。

计算拉普拉斯逆变换的主要方法包括部分分式展开法和留数法。本书仅介绍部分分式展开法，关于留数法请参考其他教材。应用部分分式展开法求解拉普拉斯逆变换的步骤是：首先把 $F(s)$ 展开为部分分式之和，然后根据其收敛域逐项计算逆变换，这些项的逆变换之和就是 $F(s)$ 的逆变换。按极点类型，可分为单极点(即 p_j 两两不相同)情况和重极点(即有 k 个极点都等于同一 p_j)情况。

除此之外，还包括因果周期信号和时移信号的逆变换求解。下面主要介绍求解因果信号的拉普拉斯逆变换的方法，一般信号的情况需结合收敛域进行判断，下面例题中不加说明的均认为信号是因果信号。

4.3.1 单极点情况

此处，利用代数学知识，有部分分式展开：

$$F(s)=\sum_{i=1}^{n}\frac{K_i}{s-p_i}\Leftrightarrow f(t)=\sum_{i=1}^{n}K_i e^{p_i t}u(t) \tag{4-52}$$

因为 $p_k\neq p_i,\forall k\neq i$，和 $(s-p_i)F(s)=K_i+\sum_{k=1,k\neq i}^{n}\frac{K_k(s-p_i)}{s-p_k}$，所以部分分式展开系数为

$$K_i=[(s-p_i)F(s)]\Big|_{s=p_i} \tag{4-53}$$

当存在共轭极点时，即当 $p_{i+1}=p_i^*$ 时，$F(s)$ 的实系数性质要求约束 $K_{i+1}=K_i^*$ 必须成立，使得：

$$\frac{K_i}{s-p_i}+\frac{K_i^*}{s-p_i^*}=\frac{2[R_{K_i}(s-\alpha_{pi})-I_{K_i}\omega_{pi}]}{(s-\alpha_{pi})^2+\omega_{pi}^2}\Leftrightarrow 2\mid K_i\mid e^{\alpha_{pi}t}\cos(\omega_{pi}t+\varphi_{K_i})u(t) \tag{4-54}$$

其中，$p_i=\alpha_{pi}+j\omega_{pi}$，$K_i=R_{K_i}+jI_{K_i}=|K_i|e^{j\varphi_{K_i}}$。

例 4-18 已知 $F(s)=\frac{s+5}{s(s+1)(s+3)}$，求 $f(t)$。

解 由式(4-53)可以得到：

$$K_1=[sF(s)]|_{s=0}=\frac{0+5}{(0+1)(0+3)}=\frac{5}{3}$$

$$K_2=[(s+1)F(s)]|_{s=-1}=\frac{-1+5}{(-1)(-1+3)}=-2$$

$$K_3=[(s+3)F(s)]|_{s=-3}=\frac{-3+5}{(-3)(-3+1)}=\frac{1}{3}$$

于是，由式(4-52)得到：

$$f(t)=\left[\frac{5}{3}-2e^{-t}+\frac{1}{3}e^{-3t}\right]u(t)$$

例 4-19 已知 $F(s)=\dfrac{s+2}{s^2+2s+2}=\dfrac{s+2}{(s+1+j)(s+1-j)}$，求 $f(t)$。

解 由式(4-53)可以得到：

$$K_1=[(s+1+j)F(s)]\big|_{s=-1-j}=\frac{-1-j+2}{-1-j+1-j}=\frac{1+j}{2}=\frac{\sqrt{2}}{2}e^{j\frac{\pi}{4}} \text{ 和 } K_2=K_1^*$$

于是，由式(4-52)得到：

$$f(t)=2e^{-t}\frac{\sqrt{2}}{2}\cos\left(-t+\frac{\pi}{4}\right)u(t)=\sqrt{2}\,e^{-t}\cos\left(t-\frac{\pi}{4}\right)u(t)$$

该题还可利用振荡衰减正弦类信号的拉普拉斯变换求解，有：

$$F(s)=\frac{s+2}{s^2+2s+2}=\frac{(s+1)+1}{(s+1)^2+1}$$

由式(4-17)和式(4-18)可得同一结果，即：

$$f(t)=e^{-t}(\cos(t)+\sin(t))u(t)=\sqrt{2}\,e^{-t}\cos\left(t-\frac{\pi}{4}\right)u(t)$$

4.3.2 重极点情况

当有 k 个极点都等于同一 p_i，即当 $p_i=p_{i+1}=\cdots=p_{i+k-1}, k\geqslant 2$ 时，由代数学知识，部分分式展开式中与此有关的项为：

$$F_i(s)=\sum_{m=0}^{k-1}\frac{K_{im}}{(s-p_i)^{k-m}}\Leftrightarrow f_i(t)=\sum_{m=0}^{k-1}\frac{K_{im}t^{k-m-1}}{(k-m-1)!}e^{p_it}u(t) \tag{4-55}$$

因为有：

$$(s-p_i)^kF(s)=(s-p_i)^kF_i(s)+R_i(s)=\sum_{m=0}^{k-1}K_{im}(s-p_i)^m+R_i(s)$$

其中，$R_i(s)=(s-p_i)^k\displaystyle\sum_{q=1,p_q\neq p_i}^{n}\frac{\cdot K_q}{s-p_q}$，使得下式成立：

$$[(s-p_i)^kF(s)]^{(m)}=\sum_{l=m}^{k-1}l(l-1)\cdots(l-m+1)K_{il}(s-p_i)^{l-m}+[R_i(s)]^{(m)},$$

$$m=0,1,\cdots,k-1$$

所以有：

$$K_{im}=\frac{1}{m!}[(s-p_i)^kF(s)]^{(m)}\big|_{s=p_i},\quad m=0,1,2,\cdots,k-1 \tag{4-56}$$

例 4-20 已知 $F(s)=\dfrac{s-2}{s(s+2)^3}$，求 $f(t)$。

解 $F(s)$部分分式分解后，有 $F(s)=\dfrac{K_{10}}{(s+2)^3}+\dfrac{K_{11}}{(s+2)^2}+\dfrac{K_{12}}{s+2}+\dfrac{K_2}{s}$，故得到：

$$F_1(s)=(s+2)^3F(s)=K_{10}+K_{11}(s+2)+K_{12}(s+2)^2+\frac{K_2(s+2)^3}{s}=1-\frac{2}{s}$$

于是求得：

$$K_{10}=[F_1(s)]|_{s=-2}=1-\frac{2}{-2}=2,\quad K_{11}=[F_1'(s)]|_{s=-2}=\frac{2}{(-2)^2}=\frac{1}{2}$$

$$K_{12}=\frac{1}{2}[F_1''(s)]|_{s=-2}=-\frac{2}{(-2)^3}=\frac{1}{4},\quad K_2=[sF(s)]|_{s=-2}=\frac{0-2}{(0+2)^3}=-\frac{1}{4}$$

最终求得 $f(t)=\left[-\frac{1}{4}+\left(\frac{1}{4}+\frac{1}{2}t+t^2\right)e^{-2t}\right]u(t)$。

该题求解还有方法二：首先求解单极点对应的分式系数，然后用凑项的方法求解剩余分式重极点对应的各子式。

由单极点的部分分式展开，有 $K_2=[sF(s)]|_{s=-2}=-\frac{1}{4}$。因此 $F(s)=\frac{s-2}{s(s+2)^3}=F_1(s)-\frac{1}{4s}$，其中 $F_1(s)$ 为重极点对应的部分分式，故得到：

$$F_1(s)=\frac{s-2}{s(s+2)^3}+\frac{1}{4s}=\frac{1}{4(s+2)}+\frac{1}{2(s+2)^2}+\frac{2}{(s+2)^3}$$

所以有：

$$F(s)=\frac{s-2}{s(s+2)^3}=-\frac{1}{4s}+\frac{1}{4(s+2)}+\frac{1}{2(s+2)^2}+\frac{2}{(s+2)^3}$$

将其各项分别求逆变换得

$$f(t)=\left[-\frac{1}{4}+\left(\frac{1}{4}+\frac{1}{2}t+t^2\right)e^{-2t}\right]u(t)。$$

4.3.3 分母有负指数项情况

$$F(s)=\frac{F_1(s)}{1-ae^{-sT}}=\sum_{n=0}^{+\infty}a^n e^{-snT}F_1(s)\Leftrightarrow f(t)=\sum_{n=0}^{+\infty}a^n f_1(t-nT) \tag{4-57}$$

当 $f_1(t)$ 的时宽大于 T 时，$f_1(t)$ 在向右周期延拓并加权求和时会产生时域混叠；当 $f_1(t)$ 为时宽 T 的有限时宽信号时，即 $f_1(t)=f_1(t)[u(t)-u(t-T)]$ 时，不会产生时域混叠；当 $f_1(t)$ 为时宽 T 的有限时宽信号并且 $a=1$ 时，$f(t)$ 是以 $f_1(t)$ 为第一周期的因果周期信号，此时式(4-57)简化为式(4-37)。

例 4-21 已知 $F(s)=\frac{1}{s(1+e^{-2s})}$，求 $f(t)$。

解 由 $F(s)=\frac{1}{s(1+e^{-2s})}=\frac{1-e^{-2s}}{s(1-e^{-4s})}$ 和 $F_1(s)=\frac{1-e^{-2s}}{s}\Leftrightarrow f_1(t)=G_{0,2}(t)$ 可知，$f(t)$ 是以 $f_1(t)$ 为第一周期的因果周期信号，它是周期等于 4 的因果周期方波信号。

4.3.4 时移信号的逆变换

例 4-22 已知 $F(s)=\frac{e^{-2s}}{s^2+3s+2}$，求 $f(t)$。

解 由 $F(s)=\frac{e^{-2s}}{s^2+3s+2}=F_1(s)e^{-2s}$，其中 $F_1(s)=\frac{1}{s+1}+\frac{-1}{s+2}$，得到其逆变换

$f_1(t)=(\mathrm{e}^{-t}-\mathrm{e}^{-2t})u(t)$，因此 $f(t)=f_1(t-2)=[\mathrm{e}^{-(t-2)}-\mathrm{e}^{-2(t-2)}]u(t-2)$。

例 4-23 已知 $F(s)=\dfrac{1-\mathrm{e}^{-2\pi s}}{(s^2+1)(1-\mathrm{e}^{-4\pi s})}$，求 $f(t)$。

解 该式可以写成 $F(s)=F_1(s)\dfrac{1}{(1-\mathrm{e}^{-4\pi s})}$，其中 $F_1(s)=\dfrac{1-\mathrm{e}^{-2\pi s}}{s^2+1}$，若 $f_1(t)\Leftrightarrow F_1(s)$，则 $f(t)$是以 4π 为周期的因果信号。求得 $F_1(s)$的逆变换 $f_1(t)=\sin t[u(t)-u(t-2\pi)]$，因此 $f(t)=\sum\limits_{n=-\infty}^{+\infty} f_1(t-4\pi n)$。

例 4-24 已知 $F(s)=\dfrac{s^3+5s^2+9s+7}{s^2+3s+2}$，求 $f(t)$。

解 观察该 $F(s)$，其分子多项式的阶次高于分母多项式，因此首先用长除法得到真分式部分和多项式部分，即：

$$
\begin{array}{r|l}
 & s+2 \\ \hline
s^2+3s+2 & s^3+5s^2+9s+7 \\
 & s^3+3s^2+2s \\ \hline
 & 2s^2+7s+7 \\
 & 2s^2+6s+4 \\ \hline
 & s+3
\end{array}
$$

因此求得 $F(s)=s+2+\dfrac{s+3}{(s+1)(s+2)}=s+2+F_1(s)$，其中，$F_1(s)=\dfrac{2}{s+1}-\dfrac{1}{s+2}$，故逆变换为 $f(t)=\delta'(t)+2\delta(t)+2\mathrm{e}^{-t}u(t)-\mathrm{e}^{-2t}u(t)$。

微课视频

4.4 线性时不变系统的复频域分析

4.4.1 连续 LTI 系统的 s 域分析

N 阶连续 LTI 系统可用下述常系数线性微分方程描述：

$$\sum_{i=0}^{N} a_i y^{(i)}(t)=\sum_{k=0}^{M} b_k f^{(k)}(t) \tag{4-58}$$

其时域、频域分析的方法已在第二章和第三章中讲述，包括系统的各类响应、系统频率响应等。本节将介绍从复频域分析连续 LTI 系统的一般方法，理论基础是拉普拉斯变换的时域微分性质。

1. 由系统微分方程求解系统函数和冲激响应

使用 LT 可方便地由系统微分方程求解系统函数和冲激响应，其计算步骤是：首先假设系统处于零状态、输入激励为单位冲激，再利用 LT 的时域微分性质对微分方程进行 LT，整理后得到系统函数 $H(s)=\dfrac{Y(s)}{F(s)}$，最后取系统函数的逆 LT 就得到系统冲激响应。下面用典型例题来说明此过程。

例 4-25 描述某连续因果 LTI 系统的微分方程为 $i''(t)+7i'(t)+10i(t)=e''(t)+6e'(t)+4e(t)$，求其系统函数和冲激响应。

解 在 $e(t)=\delta(t)\Leftrightarrow 1$ 且系统处于零状态的假设下，取系统微分方程的 LT，利用 LT

的时域微分定理，有 $s^2I(s)+7sI(s)+10I(s)=s^2+6s+4$，使得：

$$H(s)=I(s)=\frac{s^2+6s+4}{s^2+7s+10}=1+\frac{1}{3}\left(\frac{1}{s+5}-\frac{4}{s+2}\right)\Leftrightarrow h(t)=\delta(t)+\frac{1}{3}(\mathrm{e}^{-5t}-4\mathrm{e}^{-2t})u(t)$$

2. 由系统微分方程求解系统零状态响应

微课视频

具有 $F(s)$ 的信号 $f(t)$ 通过冲激响应为 $h(t)$ 的 LTI 系统时，系统零状态响应为：

$$y(t)=f(t)*h(t)\Leftrightarrow Y(s)=F(s)H(s) \tag{4-59}$$

其中，系统函数 $H(s)$ 是冲激响应 $h(t)$ 的 LT。下面用例题来说明使用 LT 由系统微分方程求解零状态响应的过程。

例 4-26 描述某连续 LTI 系统的微分方程为 $y''(t)+3y'(t)+2y(t)=2f'(t)+5f(t)$，求系统在输入为 $f(t)=\mathrm{e}^{-3t}u(t)$ 时的零状态响应。

解 由于 $F(s)=\frac{1}{s+3}$，取系统微分方程的 LT，并利用 LT 的时域微分定理有：

$$s^2Y(s)+3sY(s)+2Y(s)=\frac{2s+5}{s+3}$$

因此零状态响应的 LT 为：

$$Y_{\mathrm{ZS}}(s)=\frac{2s+5}{(s+3)(s^2+3s+2)}=\frac{3/2}{s+1}-\frac{1}{s+2}-\frac{1/2}{s+3}$$

使得零状态响应为 $y_{\mathrm{zs}}(t)=\left[\frac{3}{2}\mathrm{e}^{-t}-\mathrm{e}^{-2t}-\frac{1}{2}\mathrm{e}^{-3t}\right]u(t)$。

3. 由系统微分方程求解系统零输入响应

下面用例题来说明由系统微分方程求解零输入响应的过程。

例 4-27 描述某连续 LTI 系统的微分方程为 $y''(t)+4y'(t)+3y(t)=f(t)$，求系统在初始条件为 $y(0_-)=1$ 和 $y'(0_-)=1$ 时的零输入响应。

解 在零输入条件下，利用有初始值的时域微分定理，对微分方程两边取 LT，可以得到：

$$s^2Y(s)+4sY(s)+3Y(s)-(s+5)=0$$

这使得系统零输入响应的 LT 及对应的零输入响应为：

$$Y_{\mathrm{ZI}}(s)=\frac{s+5}{s^2+4s+3}=\frac{2}{s+1}-\frac{1}{s+3}\Leftrightarrow y_{\mathrm{zi}}(t)=[2\mathrm{e}^{-t}-\mathrm{e}^{-3t}]u(t)$$

4. 由系统微分方程求解系统零状态响应、零输入响应和全响应

下面用两例来说明由系统微分方程求解零输入响应、零状态响应和全响应的过程。

例 4-28 描述某连续 LTI 系统的微分方程为 $y''(t)+3y'(t)+2y(t)=2f'(t)+5f(t)$，已知初始条件为 $y(0_-)=2$ 和 $y'(0_-)=1$，输入为 $f(t)=\mathrm{e}^{-3t}u(t)$，求系统的零输入响应、零状态响应和全响应。

解 由于 $F(s)=\frac{1}{s+3}$，取系统微分方程的 LT，并利用 LT 的时域微分定理有：

$$s^2Y(s)-2s-1+3sY(s)-6+2Y(s)=\frac{2s+5}{s+3}$$

这使得系统输出的 LT 为 $Y(s)=Y_{\mathrm{ZI}}(s)+Y_{\mathrm{ZS}}(s)$；其中，$Y_{\mathrm{ZS}}(s)=\frac{2s+5}{(s+3)(s^2+3s+2)}=$

$\frac{3/2}{s+1}-\frac{1}{s+2}-\frac{1/2}{s+3}$，使得零状态响应为 $y_{zs}(t)=\left[\frac{3}{2}e^{-t}-e^{-2t}-\frac{1}{2}e^{-3t}\right]u(t)$；并且 $Y_{ZI}(s)=\frac{2s+7}{s^2+3s+2}=\frac{5}{s+1}-\frac{3}{s+2}$，使得零输入响应为 $y_{zi}(t)=[5e^{-t}-3e^{-2t}]u(t)$；这样得到系统全响应 $y(t)=\left[\frac{13}{2}e^{-t}-4e^{-2t}-\frac{1}{2}e^{-3t}\right]u(t)$。

例 4-29 描述某连续 LTI 系统的微分方程为 $i''(t)+7i'(t)+10i(t)=e''(t)+6e'(t)+4e(t)$，求由激励 $u_s(t)=4u(t)+2u(-t)$ 产生的零状态响应、零输入响应和全响应。

解 值得注意的是本题的激励不是因果信号，因此应使用双边 LT。但若使用单边 LT，则需将输入信号分解为直流分量与因果分量的叠加，即输入信号 $u_s(t)=2+2u(t)$。然后计算此系统对直流分量的响应，把它加上用 LT 得出的由因果分量引起的零状态响应，就得到系统的全响应；把它减去用 LT 得出的由输入信号的全因果分量 $u_{s+}(t)=4u(t)$ 引起的零状态响应，就得到系统的零输入响应。因此方法一：

1）全响应的计算

显然由时域经典方法，有 $e_1(t)=2$ 时，$i_1(t)=\frac{4}{5}$。

当系统处于零状态且 $e_2(t)=2u(t)\Leftrightarrow\frac{2}{s}$ 时，取系统微分方程的 LT，并利用 LT 的时域微分性质，有 $s^2I_2(s)+7sI_2(s)+10I_2(s)=\frac{2}{s}[s^2+6s+4]$，这使得：

$$I_2(s)=2\frac{s^2+6s+4}{s(s^2+7s+10)}=\frac{4/3}{s+2}-\frac{2/15}{s+5}+\frac{4}{5s}\Leftrightarrow i_2(t)=\left[\frac{4}{3}e^{-2t}-\frac{2}{15}e^{-5t}+\frac{4}{5}\right]u(t)$$

所以系统全响应为：

$$i(t)=i_1(t)+i_2(t)=\frac{4}{5}+\left[\frac{4}{3}e^{-2t}-\frac{2}{15}e^{-5t}+\frac{4}{5}\right]u(t)$$

特别地，当 $t>0$ 时，系统全响应为 $i(t)=\frac{4}{3}e^{-2t}-\frac{2}{15}e^{-5t}+\frac{8}{5}$。

2）零状态响应的计算

由于系统对输入 $e_2(t)=2u(t)$ 的零状态响应是 $i_2(t)$，所以根据零状态线性，可以得到系统对输入信号的因果分量 $u_{s+}(t)=4u(t)=2e_2(t)$ 的零状态响应，也就是系统的零状态响应 $i_{zs}(t)=2i_2(t)=\left(\frac{8}{3}e^{-2t}-\frac{4}{15}e^{-5t}+\frac{8}{5}\right)u(t)$。

3）零输入响应的计算

最后，有 $i_{zi}(t)=i(t)-i_{zs}(t)=\left[-\frac{4}{3}e^{-2t}+\frac{2}{15}e^{-5t}\right]u(t)$。

可见，用 LT 计算的结果与例 2-1 所述的时域分析得出的结果完全相同，但运算要简便得多；它也与例 3-45 所述的频域分析得出的结果完全相同，但表述要更简单。要注意，在类似本题的情况中，用 LT 求解零输入响应比用 LT 求解全响应还复杂。

方法二：双边拉普拉斯变换求解方法

根据全激励信号 $u_s(t)=4u(t)+2u(-t)$，对其做拉普拉斯变换，有因果和反因果分量的拉普拉斯变换及其收敛域：

$$e_+(t)=4u(t)\Leftrightarrow \frac{4}{s},\quad \mathrm{Re}[s]>0,\quad e_-(t)=2u(-t)\Leftrightarrow -\frac{2}{s},\quad \mathrm{Re}[s]<0$$

由于系统函数在激励接入的零时刻前后不改变，$H(s)=\dfrac{s^2+6s+4}{s^2+7s+10}$，因此得到系统的零状态响应：

$$I_{zs}(s)=E_+(s)H(s)=\frac{s^2+6s+4}{s^2+7s+10}\cdot\frac{4}{s}=\frac{8/3}{s+2}-\frac{4/15}{s+5}+\frac{8}{5s},\quad \mathrm{Re}[s]>0$$

$$\Leftrightarrow i_{zs}(t)=\left[\frac{8}{3}\mathrm{e}^{-2t}-\frac{4}{15}\mathrm{e}^{-5t}+\frac{8}{5}\right]u(t)$$

系统零输入响应：

$$I_{zi}(s)=E_-(s)H(s)=\frac{s^2+6s+4}{s^2+7s+10}\cdot\left(-\frac{2}{s}\right)=-\frac{4/3}{s+2}+\frac{2/15}{s+5}-\frac{4}{5s},\ -2<\mathrm{Re}[s]<0$$

$$\Leftrightarrow i_{zi}(t)=\left[\left(-\frac{4}{3}\mathrm{e}^{-2t}+\frac{2}{15}\mathrm{e}^{-5t}\right)u(t)+\frac{4}{5}u(-t)\right]u(t)=\left(-\frac{4}{3}\mathrm{e}^{-2t}+\frac{2}{15}\mathrm{e}^{-5t}\right)u(t)$$

全响应：

$$i(t)=i_{zi}(t)+i_{zs}(t)=\left(\frac{4}{3}\mathrm{e}^{-2t}-\frac{2}{15}\mathrm{e}^{-5t}+\frac{8}{5}\right)u(t)$$

从上述过程再次说明，LTI 系统零输入响应是零时刻之前的激励在零时刻之后表现出来的系统响应。这类方法也仅能应用于激励接入前后，系统本身不改变的情况；若系统函数改变，则不能直接应用。此外，应用双边拉普拉斯变换时，要特别注明收敛域，并根据收敛域的情况确定逆变换的类型。

5. 系统时域分析和 s 域分析的比较

下面对连续 LTI 系统的时域分析和 s 域分析进行对比，表 4-3 中可清楚看出系统时域分析法和 s 域分析法之间的密切联系，其中涉及的时域分析新方法的结论请参考附录 B。

表 4-3 系统时域分析和 s 域分析的比较

比较项目	时　域	s 域
典型卷积	$\mathrm{e}^{\lambda_1 t}u(t)*\mathrm{e}^{\lambda_2 t}u(t)=\dfrac{\mathrm{e}^{\lambda_n t}-\mathrm{e}^{\lambda_2 t}}{\lambda_1-\lambda_2}u(t)$	$\dfrac{1}{s-\lambda_1}\cdot\dfrac{1}{s-\lambda_2}=\dfrac{1}{\lambda_1-\lambda_2}\left[\dfrac{1}{s-\lambda_1}-\dfrac{1}{s-\lambda_2}\right]$
	$\mathrm{e}^{\lambda t}u(t)*\mathrm{e}^{\lambda t}u(t)=t\mathrm{e}^{\lambda t}u(t)$	$\dfrac{1}{(s-\lambda)^2}=-\dfrac{\mathrm{d}}{\mathrm{d}s}\left(\dfrac{1}{s-\lambda}\right)$
规范化系统	$h_x(t)=\mathrm{e}^{\lambda_1 t}u(t)*\mathrm{e}^{\lambda_2 t}u(t)*\cdots*\mathrm{e}^{\lambda_n t}u(t)$	$H_x(s)=\dfrac{1}{A(s)}=\dfrac{1}{\sum_{i=0}^{n}a_i s^i}=\prod_{i=1}^{n}\dfrac{1}{s-\lambda_i}$
微分定理	$[y'(t)]_+=[y_+(t)]'-y(0_-)\delta(t)$	$[y'(t)]_+\Leftrightarrow sY(s)-y(0_-)$
	$[y''(t)]_+=[y_+(t)]''-y(0_-)\delta'(t)-y'(0_-)\delta(t)$	$[y''(t)]_+\Leftrightarrow s^2Y(s)-sy(0_-)-y'(0_-)$
	$[y^{(n)}(t)]_+=[y_+(t)]^{(n)}-\sum_{k=0}^{n-1}y^{(n-1-k)}(0_-)\delta^{(k)}(t)$	$[y^{(n)}(t)]_+\Leftrightarrow s^nY(s)-\sum_{k=0}^{n-1}s^k y^{(n-1-k)}(0_-)$

续表

比较项目	时 域	s 域
冲激响应	$h(t)=\sum_{i=0}^{n}b_i h_x^{(n-i)}(t)=b(t)*h_x(t)$, 其中 $b(t)=\sum_{i=0}^{n}b_i\delta^{(n-i)}(t)$	$H(s)=B(s)H_x(s)$,其中 $B(s)=\sum_{i=0}^{n}b_i s^{n-i}$
等效零状态激励	$x_{zs}(t)=\sum_{k=0}^{n}b_k f^{(n-k)}(t)=b(t)*f(t)$	$X_{ZS}(s)=B(s)F(s)$
零状态响应	$y_{zs}(t)=x_{zs}(t)*h_x(t)$	$Y_{ZS}(s)=X_{ZS}(s)H_x(s)$
等效零输入激励	$x_{zi}(t)=\sum_{i=0}^{n-1}a_i\sum_{k=0}^{n-1-i}y^{(k)}(0_-)\delta^{(n-1-i-k)}(t)-\sum_{i=0}^{n-1}b_i\sum_{k=0}^{n-1-i}f^{(k)}(0_-)\delta^{(n-1-i-k)}(t)$	$X_{ZI}(s)=\sum_{i=0}^{n-1}a_i\sum_{k=0}^{n-1-i}y^{(k)}(0_-)s^{n-1-i-k}-\sum_{i=0}^{n-1}b_i\sum_{k=0}^{n-1-i}f^{(k)}(0_-)s^{n-1-i-k}$
零输入响应	$y_{zi}(t)=x_{zi}(t)*h_x(t)$	$Y_{ZI}(s)=X_{ZI}(s)H_x(s)$

4.4.2 线性电路的 s 域分析

线性电路系统的分析可以通过建立描述电路的微分方程，进而求解方程实现。此外，还可以在频域或者复频域中实现。本节直接应用 LT 在 s 域分析线性电路，而无须建立其微分方程。

1. 典型元件的 s 域模型

(1) 电容。电容特性是：

$$i_C(t)=Cu'_C(t)\Leftrightarrow I_C(s)=C[sU_C(s)-u_C(0_-)] \tag{4-60}$$

这使得：

$$U_C(s)=\frac{I_C(s)}{sC}+\frac{u_C(0_-)}{s} \tag{4-61}$$

即：

$$I_C(s)=sCU_C(s)-Cu_C(0_-) \tag{4-62}$$

于是得到电容的 s 域模型如图 4-3(a)所示。

(2) 电感。电感特性是：

$$u_L(t)=Li'_L(t)\Leftrightarrow U_L(s)=L(sI_L(s)-i_L(0_-)) \tag{4-63}$$

这使得：

$$I_L(s)=\frac{U_L(s)}{sL}+\frac{i_L(0_-)}{s} \tag{4-64}$$

即：

$$U_L(s)=sLI_L(s)-Li_L(0_-) \tag{4-65}$$

于是得到电感的 s 域模型如图 4-3(b)所示。

(3) 电阻。电阻特性是：

$$u_R(t)=Ri_R(t)\Leftrightarrow U_R(s)=RI_R(s) \tag{4-66}$$

于是得到电阻的 s 域模型如图 4-3(c)所示。

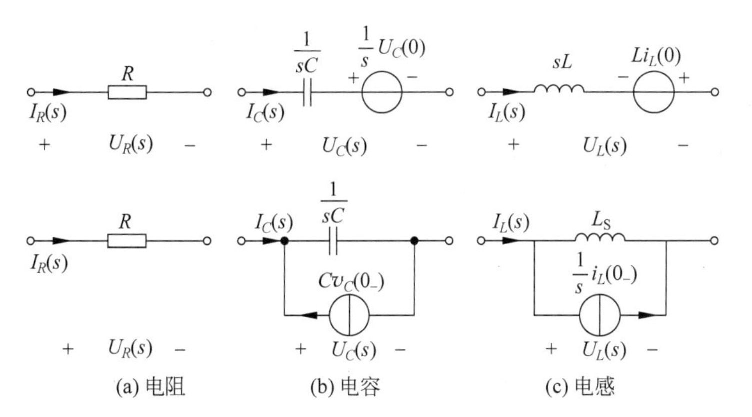

(a) 电阻 (b) 电容 (c) 电感

图 4-3 典型元件的 s 域模型

2. s 域 KCL 定律和 KVL 定律

对有 N_i 个支路的节点 i,KCL 定律为:

$$\sum_{k=1}^{N_i} i_{ik}(t)=0 \Leftrightarrow \sum_{k=1}^{N_i} I_{ik}(s)=0 \tag{4-67}$$

对有 N_i 个支路的回路 i,KVL 定律为:

$$\sum_{k=1}^{N_i} u_{ik}(t)=0 \Leftrightarrow \sum_{k=1}^{N_i} U_{ik}(s)=0 \tag{4-68}$$

3. 线性电路的 s 域分析

分析的基本思路:首先,使用电路中各元器件的 s 域表示建立 s 域电路图;然后,使用 s 域 KCL、KVL 等电路定律建立电路方程组;最后,从中得出所需的系统函数,被关注量的 LT,并进而分析其暂态特性、稳态特性和电路稳定性等。

下面,用典型例题来说明此分析过程。

例 4-30 计算如图 4-4(a)所示的微分电路、图 4-4(b)所示的积分电路、图 4-4(c)所示的纯相移网络的系统函数、冲激响应和阶跃响应。

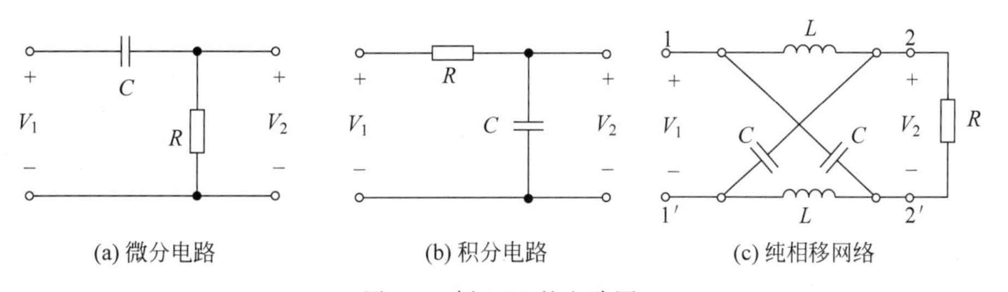

(a) 微分电路 (b) 积分电路 (c) 纯相移网络

图 4-4 例 4-30 的电路图

解 根据各电路的 s 域零状态电路图,分析如下。

(a) 微分电路的系统函数为 $H(s)=\dfrac{V_2(s)}{V_1(s)}=\dfrac{R}{R+\dfrac{1}{sC}}=\dfrac{s}{s+\omega_0}$,对应的冲激响应为 $h(t)=\delta(t)-\omega_0 e^{-\omega_0 t}u(t)$,其中特征参数 $\omega_0 \triangleq \dfrac{1}{RC}$;由于对有界输入产生有界的零状态响应,因此

它是个稳定系统；其阶跃响应为 $S(s)=\dfrac{H(s)}{s}=\dfrac{1}{s+\omega_0}\Leftrightarrow s(t)=\mathrm{e}^{-\omega_0 t}u(t)$。

(b) 积分电路的系统函数和对应的冲激响应为：$H(s)=\dfrac{\dfrac{1}{sC}}{R+\dfrac{1}{sC}}=\dfrac{\omega_0}{s+\omega_0}\Leftrightarrow h(t)=\omega_0\mathrm{e}^{-\omega_0 t}u(t)$；其阶跃响应为 $S(s)=\dfrac{H(s)}{s}=\dfrac{\omega_0}{s(s+\omega_0)}\Leftrightarrow s(t)=(1-\mathrm{e}^{-\omega_0 t})u(t)$；由于对有界输入产生有界的零状态响应，因此它是个稳定系统。

微分电路和积分电路的阶跃响应分别如图 4-5(a)和图 4-5(b)所示。

(c) 纯相移网络的参数满足约束 $R=\rho=\sqrt{\dfrac{L}{C}}=\sqrt{Z_1Z_2}$，其中，$Z_1=sL$ 和 $Z_2=\dfrac{1}{sC}$，即负载阻抗等于 LC 的特性阻抗。此时，如图 4-6 所示，从负载往网络看的等效电源的开路电压源为 $U_o(s)=V_1(s)\dfrac{Z_2-Z_1}{Z_1+Z_2}$，内阻为 $Z_o=\dfrac{2Z_1Z_2}{Z_1+Z_2}$，所以系统函数和对应的冲激响应为：

$$H(s)=\frac{U_o(s)R}{V_1(s)(Z_o+R)}=\frac{(Z_2-Z_1)R}{(Z_1+Z_2)R+2Z_1Z_2}=-\frac{Z_1-R}{Z_1+R}=-\frac{s-\omega_0}{s+\omega_0}$$

$$h(t)=-\delta(t)+2\omega_0\mathrm{e}^{-\omega_0 t}u(t)$$

其阶跃响应为 $S(s)=\dfrac{H(s)}{s}=-\dfrac{s-\omega_0}{s(s+\omega_0)}\Leftrightarrow s(t)=(1-2\mathrm{e}^{-\omega_0 t})u(t)$；由于对有界输入产生有界的零状态响应，因此它是个稳定系统。

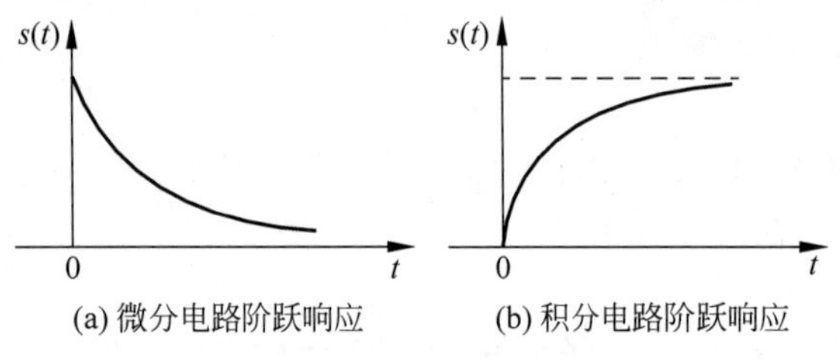

(a) 微分电路阶跃响应　(b) 积分电路阶跃响应

图 4-5　微分与积分电路阶跃响应

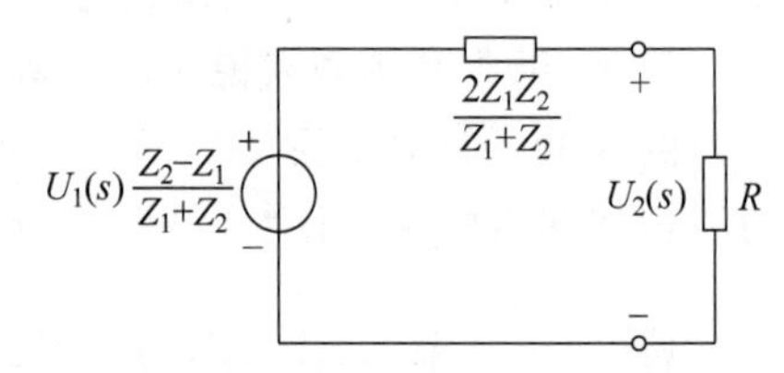

图 4-6　纯相移网络等效电路图

与第 3 章相比可以得到，对稳定的线性电路(及 LTI 系统)而言，系统频率响应和系统函数之间的关系是：

$$H(\mathrm{j}\omega)=H(s)\big|_{s=\mathrm{j}\omega}\tag{4-69}$$

4. 线性电路的全响应

用 s 域分析计算不仅可以确定系统的 s 域特性，还可以直接用于建立描述系统的微分方程，并进而计算系统的零输入响应、零状态响应和全响应。下面用例题来说明求解过程。

例 4-31　计算如图 2-2 所示电路的以输入电压 $e(t)$为激励、以输入电流 $i(t)$为响应系统的系统函数，写出相应的系统微分方程，并计算由激励 $e(t)=4u(t)+2u(-t)$产生的零状态响应、零输入响应和全响应。

解　该电路 s 域的零状态等效电路如图 4-7 所示，由 KCL 和 KVL 有：

$$E(s)=I(s)\left[R_1+\frac{\frac{1}{sC}(R_2+sL)}{\frac{1}{sC}+(R_2+sL)}\right]=I(s)\left[1+\frac{\frac{1}{s}\left(\frac{3}{2}+\frac{s}{4}\right)}{\frac{1}{s}+\left(\frac{3}{2}+\frac{s}{4}\right)}\right]$$

于是得到系统函数：

$$H(s)=\frac{I(s)}{E(s)}=\frac{s^2+6s+4}{s^2+7s+10}$$

它实际上是该电路的 s 域输入导纳函数。将它对角相乘后得到 $s^2I(s)+7sI(s)+10I(s)=s^2E(s)+6sE(s)+4E(s)$，对其取逆 LT，并利用 LT 的时域微分定理，得系统微分方程：

$$i''(t)+7i'(t)+10i(t)=e''(t)+6e'(t)+4e(t)\quad \forall t>0$$

从该微分方程出发，用 LT 求解在所给输入之下的零输入响应、零状态响应的过程见例 4-29。

5. 线性电路对因果正弦信号的零状态响应

用 s 域分析法可方便地计算线性电路对因果正弦信号的零状态响应，下面用例题说明。

例 4-32 求如图 4-8 所示 LR 串联电路以因果正弦电压 $e(t)=\sin(\omega_0 t)u(t)$ 为输入信号、以回路电流为输出信号的零状态响应。

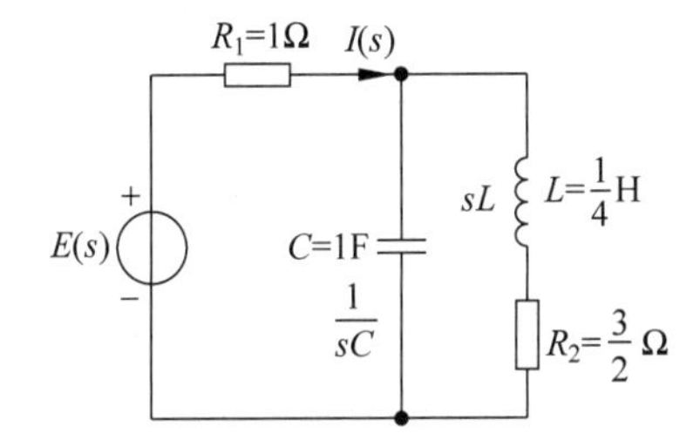

图 4-7 例 4-31 的 s 域等效电路

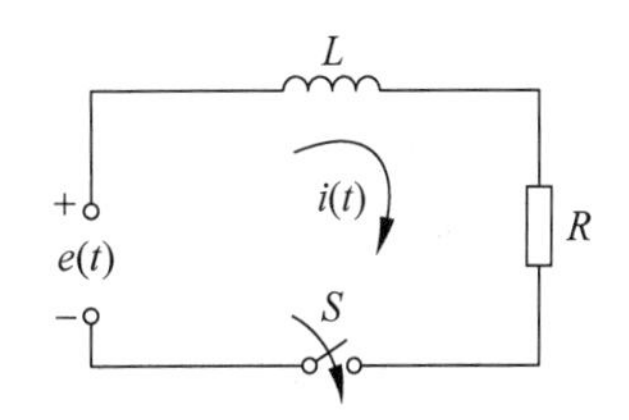

图 4-8 例 4-32 的电路

解 该电路的传递函数为 $H(s)=\frac{I(s)}{E(s)}=\frac{1}{sL+R}$，而激励信号 $e(t)=\sin(\omega_0 t)u(t)\Leftrightarrow E(s)=\frac{\omega_0}{s^2+\omega_0^2}$，这样 $I(s)=E(s)H(s)=\frac{\omega_0}{(s^2+\omega_0^2)(sL+R)}$，取逆 LT 后，有输出电流：

$$i(t)=\frac{1}{1+Q_0^2}\left[\sqrt{1+Q_0^2}\sin(\omega_0 t-\arctan(Q_0))+Q_0\mathrm{e}^{-\frac{\omega_0 t}{Q_0}}\right]u(t)$$

其中，电感品质因数 $Q_0=\frac{\omega_0 L}{R}$。该输出电流的暂态分量为因果指数衰减信号 $i_{\text{temp}}(t)=\frac{Q_0}{1+Q_0^2}\mathrm{e}^{-\frac{\omega_0 t}{Q_0}}u(t)$；稳态分量为因果正弦信号 $i_{st}(t)=\frac{1}{\sqrt{1+Q_0^2}}\sin(\omega_0 t-\arctan(Q_0))u(t)$。

图 4-9 分别示出了该电流的暂态分量、稳态分量和零状态响应的波形，可以看到，暂态分量呈指数衰减地逐渐消失。

6. 线性电路对因果周期脉冲信号的零状态响应

现在介绍用 s 域分析法计算线性电路对因果周期矩形脉冲信号的零状态响应。

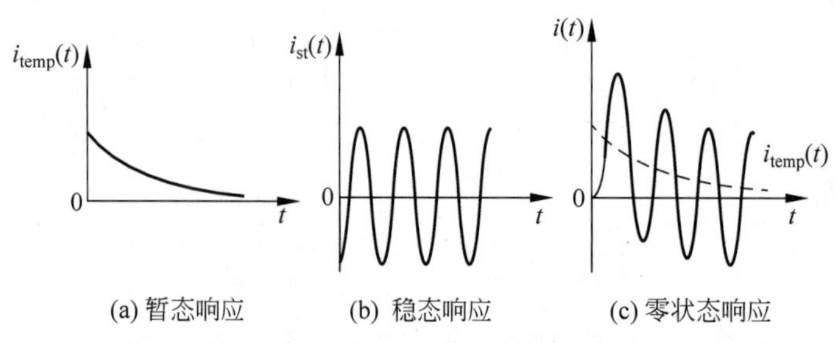

图 4-9 例 4-32 电路的回路电流

例 4-33 设如图 4-10(a)所示 RC 积分电路的输入信号为因果周期矩形脉冲电压 $e(t)=\sum_{n=0}^{+\infty}e_1(t-nT)$，其中 $e_1(t)=u(t)-u(t-\tau)$，求以电容电压为输出信号的零状态响应。

解 因果周期矩形脉冲信号 $e(t)$ 有拉普拉斯变换 $E(s)=\dfrac{1-\mathrm{e}^{-s\tau}}{s(1-\mathrm{e}^{-sT})}$。由 RC 构成的一阶低通滤波器的系统函数为 $H(s)=\dfrac{\alpha}{s+\alpha}$，其中 $\alpha=\dfrac{1}{RC}$。系统零状态响应的 LT 为：

$$Y(s)=\frac{\alpha}{s+\alpha}\cdot\frac{1-\mathrm{e}^{-s\tau}}{s(1-\mathrm{e}^{-sT})}=\left(\frac{1}{s}-\frac{1}{s+\alpha}\right)\frac{1-\mathrm{e}^{-s\tau}}{1-\mathrm{e}^{-sT}}$$

显然，其暂态分量的 LT 为 $Y_{temp}(s)=-\dfrac{k_1}{s+\alpha}$，其中 $k_1=\dfrac{1-\mathrm{e}^{\alpha\tau}}{1-\mathrm{e}^{\alpha T}}=\dfrac{1-\mathrm{e}^{-\alpha\tau}}{1-\mathrm{e}^{-\alpha T}}\mathrm{e}^{-\alpha(T-\tau)}>0$，并且 $k_1\mathrm{e}^{\alpha(T-\tau)}<1$，其逆 LT 给出系统零状态响应的暂态分量 $y_{temp}(t)=-k_1\mathrm{e}^{-\alpha t}u(t)$。把它们代入 $Y_{st}(s)=Y(s)-Y_{temp}(s)$后，有稳态分量的 LT：

$$Y_{st}(s)=\frac{1}{1-\mathrm{e}^{-sT}}\left(\frac{1-\mathrm{e}^{-s\tau}}{s}-\frac{k_2}{s+\alpha}+\frac{\mathrm{e}^{-s\tau}}{s+\alpha}-\frac{k_1\mathrm{e}^{-sT}}{s+\alpha}\right)$$

其中 $k_2=\dfrac{\mathrm{e}^{\alpha T}-\mathrm{e}^{\alpha\tau}}{\mathrm{e}^{\alpha T}-1}=\dfrac{1-\mathrm{e}^{-\alpha(T-\tau)}}{1-\mathrm{e}^{-\alpha T}}=1-k_1>0$。故系统零状态响应的稳态分量为 $y_{st}(t)=\sum_{n=0}^{+\infty}y_{st1}(t-nT)$，其中 $y_{st1}(t)=(1-k_2\mathrm{e}^{-\alpha t})u(t)+(1-\mathrm{e}^{-\alpha(t-\tau)})u(t-\tau)-k_1\mathrm{e}^{-\alpha(t-T)}u(t-T)$，容易验证，它是长为 T 的有限长信号，因此可改写为：

$$y_{st1}(t)=[(1-k_2\mathrm{e}^{-\alpha t})u(t)+(1-\mathrm{e}^{-\alpha(t-\tau)})u(t-\tau)][u(t)-u(t-T)]$$

图 4-10(c)、(d)和(e)分别示出了 $\tau<\dfrac{1}{\alpha}$ 时的系统暂态响应、稳态响应和零状态响应。由图 4-10(e)可见，由于取值为负的指数上升的暂态响应的存在，使得基准输出电平从 0 开始指数式地逐渐向最终电平 k_1 偏移。

例 4-34 如图 4-11 所示电路，求零状态下以电压源为激励、$u_2(t)$为响应的电路系统的零状态响应。

解 首先画出 s 域等效电路模型。由于系统处于零状态，因此有 $u_1(0_-)=0$，$u_2(0_-)=0$，列写出 s 域方程为 $\left(\dfrac{1}{2}+2s+1+3s\right)U_2(s)-\left(\dfrac{1}{2}+2s\right)\dfrac{15}{s}=0$，整理得 $U_2(s)=$

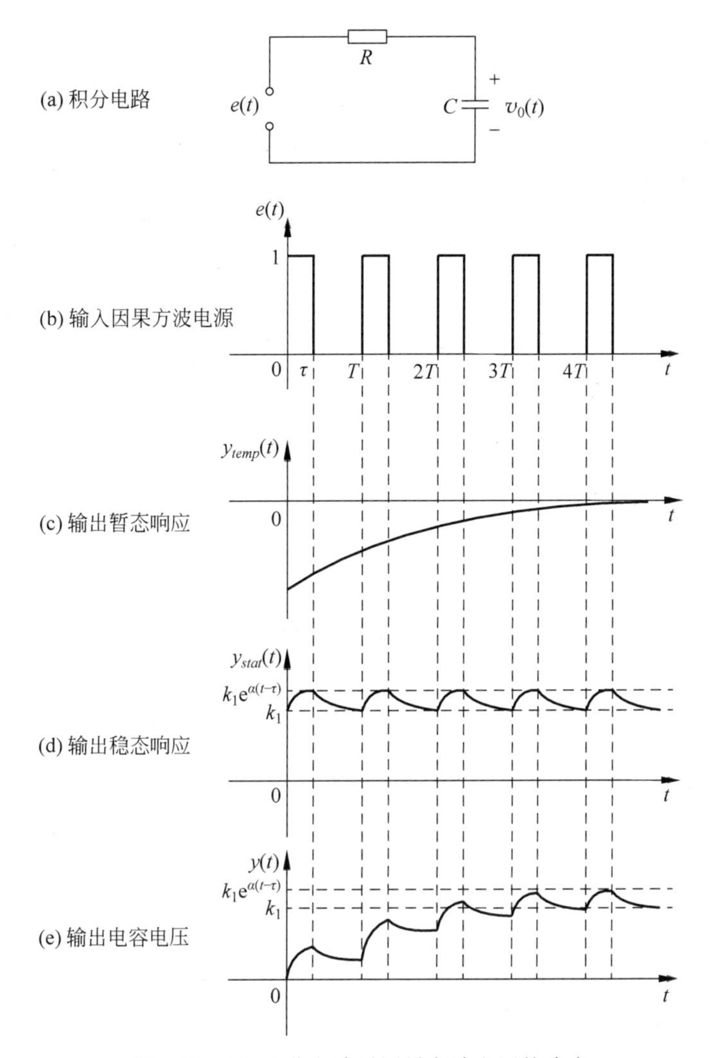

图 4-10　RC积分电路对因果方波电压的响应

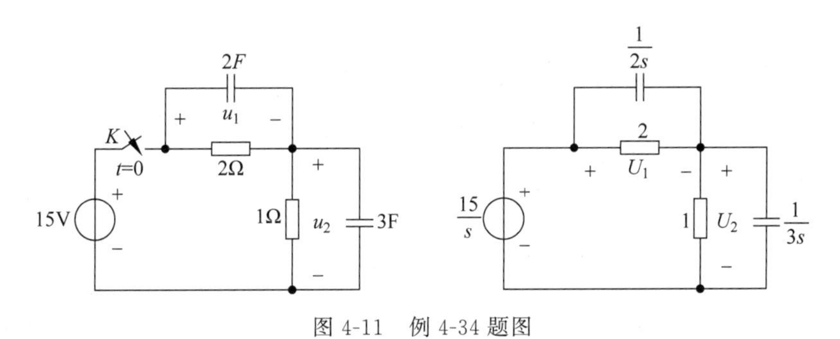

图 4-11　例 4-34 题图

$$\frac{\left(\frac{1}{2}+2s\right)}{\left(\frac{1}{2}+2s+1+3s\right)}\frac{15}{s}, u_2(t)=(5+\mathrm{e}^{-\frac{3t}{10}})u(t)\mathrm{V}。$$

注意到 $u_2(0_+)=6\mathrm{V}$，很明显此电路中 $u_2(0_-)\neq u_2(0_+)$。根据电容的伏安关系特性

得到 $u_C=u_C(t_0)+\dfrac{1}{C}\int_{t_0}^{t} i_c(t)\mathrm{d}t$，零时刻前后有 $u_C(0_+)=u_C(0_-)+\dfrac{1}{C}\int_{0_-}^{0_+} i_c(t)\mathrm{d}t$，即 $u_C(0_+)=u_C(0_-)+\dfrac{Q}{C}$，$Q$ 是电容上的电荷，只有无冲激电流流经电容时，$u_C(0_-)=u_C(0_+)$才成立；反之，电容上的电压可以突变。

例 4-35 如图 4-12 所示电路，求以电压源为激励，$i_1(t)$和 $i_2(t)$为响应的电路系统的全响应。

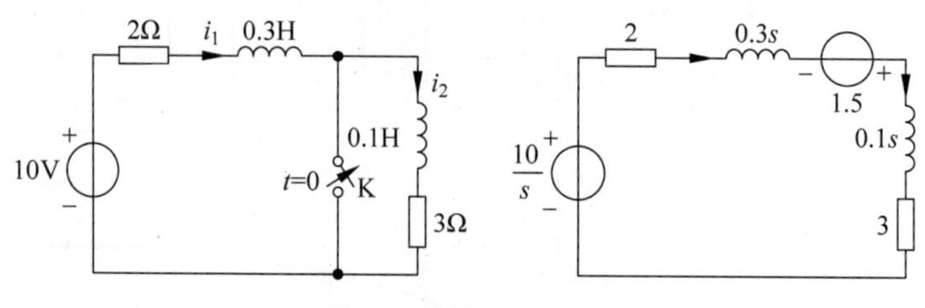

图 4-12 例 4-35 题图

解 根据图示电路，零时刻之前开关 k 闭合，电路稳定，此时有 $i_1(0_-)=5\text{A}$，$i_2(0_-)=0$。零时刻开关 k 闭合，可以画出 s 域电路如图 4-12 所示，因此 s 域响应为：

$$I_1(s)=I_2(s)=\frac{10/s+1.5}{2+0.3s+0.1s+3}=\frac{10/s}{0.4s+5}+\frac{1.5}{0.4s+5}$$

$$I_1(s)=I_2(s)=\frac{10}{s(0.4s+5)}+\frac{1.5}{(0.4s+5)}=\frac{2}{s}+\frac{1.75}{(s+12.5)}$$

$$i_1(t)=i_2(t)=(2+1.75\mathrm{e}^{-12.5t})u(t)\text{A}$$

与例 4-34 类似，$i_1(0_-)\neq i_1(0_+)$，$i_2(0_-)\neq i_2(0_+)$。根据电感的伏安关系特性得到 $i_L=i_L(t_0)+\dfrac{1}{L}\int_{t_0}^{t} u_L(t)\mathrm{d}t$，零时刻前后有 $i_L(0_+)=i_L(0_-)+\dfrac{1}{L}\int_{0_-}^{0_+} u_L(t)\mathrm{d}t$，即 $i_L(0_+)=i_L(0_-)+\dfrac{\Psi}{L}$，$\Psi$ 是电感上的磁链，只有无冲激电压作用于电感时，$i_L(0_-)=i_L(0_+)$才成立；反之，电感上的电流可以突变。

4.4.3 卷积计算的 LT 法

使用 LT 可以方便地计算两个因果信号的卷积，这就是卷积计算的 LT 法，如图 4-13 所示。注意，不经修改，它不适合于计算非因果信号的卷积。下面用例题说明。

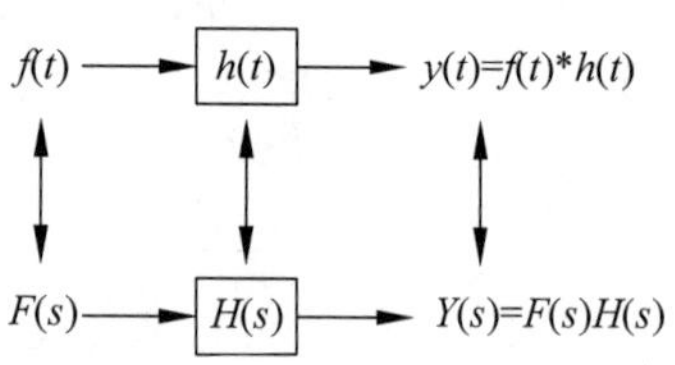

$f(t)$ → $h(t)$ → $y(t)=f(t)*h(t)$

$F(s)$ → $H(s)$ → $Y(s)=F(s)H(s)$

图 4-13 用 LT 计算卷积

例 4-36 用拉普拉斯变换计算卷积 $u(t-3)*\mathrm{e}^{-2t}u(t-1)$。

解 已知 $u(t-3)\Leftrightarrow\dfrac{\mathrm{e}^{-3s}}{s}$ 和 $\mathrm{e}^{-2t}u(t-1)\Leftrightarrow\dfrac{\mathrm{e}^{-2-s}}{s+2}$，使得 $u(t-3)*\mathrm{e}^{-2t}u(t-1)\Leftrightarrow\dfrac{\mathrm{e}^{-2-s}\mathrm{e}^{-3s}}{s(s+2)}=\dfrac{\mathrm{e}^{-2}}{2}\mathrm{e}^{-4s}\left[\dfrac{1}{s}-\dfrac{1}{s+2}\right]$，因此得到 $u(t-3)*\mathrm{e}^{-2t}u(t-1)=\dfrac{\mathrm{e}^{-2}}{2}[1-\mathrm{e}^{-2(t-4)}]u(t-4)$。

例 4-37 计算图 4-14(a)的窗函数与图 4-14(b)的窗函数的卷积。

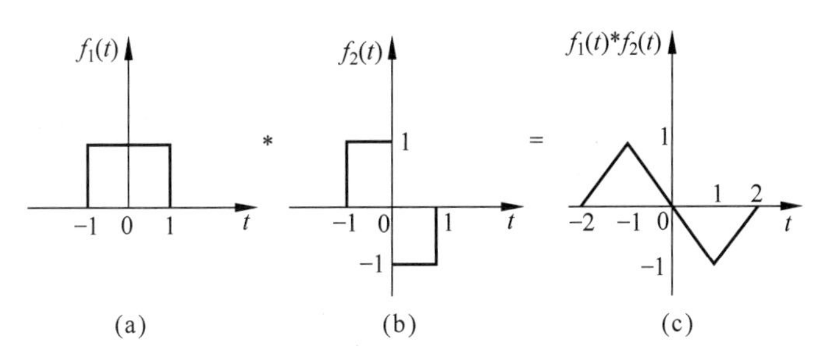

图 4-14 例 4-37 的卷积计算

解 把两信号都向右平移 1,然后取 LT,有 $f_1(t-1)=\tilde{f}_1(t)\Leftrightarrow\tilde{F}_1(s)=\dfrac{1-\mathrm{e}^{-2s}}{s}$ 和 $f_2(t-1)=\tilde{f}_2(t)\Leftrightarrow\tilde{F}_2(s)=\dfrac{1-2\mathrm{e}^{-s}+\mathrm{e}^{-2s}}{s}$,使得:

$$\tilde{F}_1(s)\tilde{F}_2(s)=\frac{1-\mathrm{e}^{-2s}}{s}\cdot\frac{1-2\mathrm{e}^{-s}+\mathrm{e}^{-2s}}{s}=\frac{1-\mathrm{e}^{-4s}-2(\mathrm{e}^{-s}-\mathrm{e}^{-3s})}{s^2}$$

故有:

$$\tilde{f}_1(t)*\tilde{f}_2(t)=r(t)-2r(t-1)+2r(t-3)-r(t-4)$$

使得卷积为:

$$f_1(t)*f_2(t)=r(t+2)-2r(t+1)+2r(t-1)-r(t-2)$$

其波形如图 4-14(c)所示。

显然,借助 LT 计算两个因果信号的卷积比借助 FT 计算来得简便一些,但是计算非因果信号的卷积时,需应用双边拉普拉斯变换,同时注意收敛域。

4.5 系统零极点分布与系统特性

微课视频

4.5.1 系统因果性

由于连续 LTI 因果系统的冲激响应是因果信号,因此其系统函数的收敛域是某右半平面。若系统函数为有理函数,则系统的因果性与系统的收敛域是以最右边的极点为边界的右半平面,二者等价。例如,若 LTI 系统的冲激响应为 $h(t)=5\mathrm{e}^{-2t}u(t)+2\mathrm{e}^{-5t}u(t)$,其系统函数为 $H(s)=5\dfrac{1}{s+2}+2\dfrac{1}{s+5}=\dfrac{7s+29}{(s+2)(s+5)}$,收敛域是 $\mathrm{Re}[s]>-2$。但若系统函数非有理函数,则未必成立。例如,系统函数 $H(s)=\dfrac{\mathrm{e}^s}{s+1}$,$\mathrm{Re}[s]>-1$ 描述的系统冲激响应为 $h(t)=\mathrm{e}^{-(t+1)}u(t+1)$,显然该系统是非因果的。收敛域为某右半平面只能得到冲激响应是右边信号,但未必是因果信号。

4.5.2 系统稳定性

连续 LTI 系统稳定的充要条件是其冲激响应绝对可积,即:

$$\int_{-\infty}^{+\infty}|h(t)|\,\mathrm{d}t<+\infty \tag{4-70}$$

对于因果 LTI 系统的稳定性而言,用冲激响应绝对可积条件$\int_{0}^{+\infty}|h(t)|\mathrm{d}t<+\infty$判断与用冲激响应衰减条件$\lim\limits_{t\to+\infty}h(t)=0$判断给出相同的结果。在 s 域中,系统稳定性可通过分析系统函数的极点分布进行判断。

1. 系统的零极点分布

一般的 n 阶 LTI 系统的微分方程为:

$$\sum_{k=0}^{n}a_k y^{(n-k)}(t)=\sum_{r=0}^{m}b_r f^{(m-r)}(t) \tag{4-71}$$

其中 $a_0=1$,则其系统函数为:

$$H(s)=\frac{b_0 s^m+b_1 s^{m-1}+\cdots+b_{m-1}s+b_m}{s^n+a_1 s^{n-1}+\cdots+a_{n-1}s+a_n} \tag{4-72}$$

该式可表示为:

$$H(s)=\frac{b_0\prod\limits_{j=1}^{m}(s-z_j)}{\prod\limits_{i=1}^{n}(s-p_i)} \tag{4-73}$$

其中,z_j 是系统函数的第 j 个零点,p_i 是系统函数的第 i 个极点。由式(4-73)可以看出,除了一个常数外,零极点分布完全确定了系统函数,可用以描述 LTI 系统。

2. 极点分布对系统稳定性的影响

对系统函数进行部分分式分解,进而根据收敛域求逆变换,则可以得到系统的冲激响应。下面以连续因果 LTI 系统为例,给出结论。

(1) 当系统不含有重极点,即所有极点都为单重极点时,因果 LTI 系统的冲激响应为:

$$H(s)=b_0+\sum_{i=1}^{n}\frac{K_i}{s-p_i}\Leftrightarrow h(t)=b_0\delta(t)+\sum_{i=1}^{n}K_i\mathrm{e}^{p_i t}u(t) \tag{4-74}$$

与实极点 p_i 对应的分量为 $K_i\mathrm{e}^{p_i t}u(t)$,与共轭极点 $p_i=\alpha_i+\mathrm{j}\omega_i$ 和 p_i^* 对应的分量为 $h_i(t)=2|K_i|\mathrm{e}^{\alpha_i t}\cos(\omega_i+\varphi(K_i))u(t)$。因此,当极点都在 s 左半平面时,冲激响应只含有指数衰减函数或指数衰减正弦振荡函数,使得系统一定稳定;反之,只要含有 s 右半平面的极点,则一定有指数增长分量或指数增长正弦振荡分量,使得系统一定不稳定。由于虚轴上的单阶实极点产生阶跃分量,虚轴上的单阶共轭极点产生等幅正弦振荡,因此,如果虚轴上只含有单阶极点并且 s 右半平面不含有任何极点,则系统是临界稳定的。

图 4-15 示出了几种极点分布及其对应的冲激响应模式。

(2) 当系统含有重极点时,对系统冲激响应做如下修正

与 k 重实极点 p_i 对应的分量为:

$$h_i(t)=(K_{i0}t^{k-1}+K_{i1}t^{k-2}+\cdots+K_{i,k-1})\mathrm{e}^{p_i t}u(t) \tag{4-75}$$

与 k 重共轭极点 $p_i=\alpha_i+\mathrm{j}\omega_i$ 和 p_i^* 对应的分量为:

$$h_i(t)=2\mathrm{e}^{\alpha_i t}\sum_{\mathrm{j}=0}^{k-1}|K_{ij}|t^{k-1-\mathrm{j}}\cos(\omega_i+\varphi(K_{ij}))u(t) \tag{4-76}$$

因此,当所有极点(重极点)都在 s 左半平面时,冲激响应只含有多项式加权的指数衰减函数

和多项式加权的指数衰减正弦振荡函数，使得系统一定稳定；反之，若 s 右半平面包含极点或者虚轴包含重极点时，系统冲激响应一定含有指数增长分量，或多项式增长分量，或多项式加权的指数增长分量，或多项式加权的正弦振荡分量，或多项式加权的指数增长正弦振荡分量，使得系统一定不稳定。

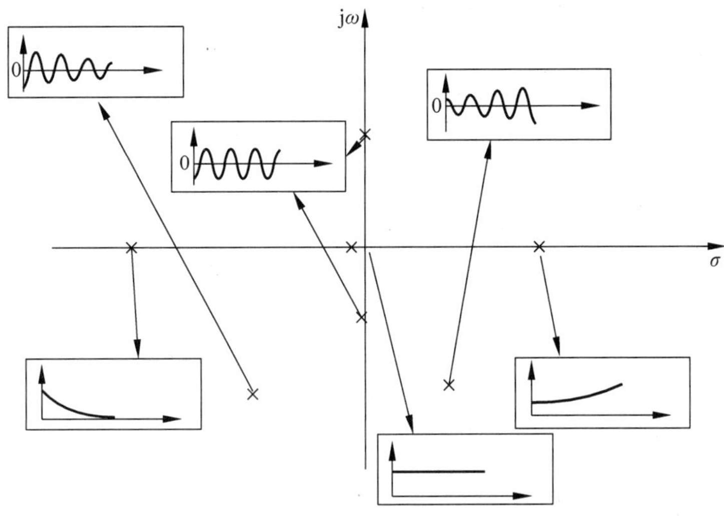

图 4-15 几种极点分布及其对应的冲激响应模式

总之，连续 LTI 因果系统稳定的充要条件是：系统函数的所有极点都在 s 左半平面。当虚轴上没有重极点并且 s 右半平面无极点时，系统临界稳定；当 s 右半平面有极点或虚轴有重极点时，系统不稳定。反过来说，稳定系统的因果条件是所有极点都在 s 左半平面。

进一步可以证明，一般的 LTI 系统稳定性条件是系统函数的收敛域包含虚轴，这是由于冲激响应绝对可积的条件相当于其傅里叶变换收敛，即其拉普拉斯变换在虚轴上是收敛的，因此有上述一般性的结论。

此外，由于系统零点只影响部分分式展开式中各分量的加权系数 K_i，因此它只影响冲激响应各分量的幅度和相位，对系统稳定性无影响。各分量的幅度和相位要受到系统零极点的共同影响。

例 4-38 判断下列系统函数所描述系统的因果性和稳定性。

(1) $H(s)=\dfrac{s+7}{(s+1)(s-1)}$，$\mathrm{Re}[s]>1$；

(2) $H(s)=\dfrac{s+7}{s^2+s+1}$，$\mathrm{Re}[s]>-\dfrac{1}{2}$；

(3) $H(s)=\dfrac{s}{(s+2)(s+3)}$，$-3<\mathrm{Re}[s]<-2$；

(4) $H(s)=\dfrac{s}{(s-2)(s-3)}$，$\mathrm{Re}[s]<2$。

解 根据收敛域和系统的极点可以判断：

(1) 该系统极点分别位于左半平面和右半平面，且收敛域为某右半平面但未包含虚轴，因此系统因果、不稳定；

(2) 该系统极点全部位于 s 左边平面，且收敛域为某右半平面，因此系统因果、稳定；

(3) 该系统极点全部位于 s 左边平面，收敛域为某带状区域且未包含虚轴，因此系统非因果、不稳定；

(4) 该系统极点全部位于 s 右边平面，收敛域为某左半平面且包含虚轴，因此系统非因果、稳定。

值得注意的是，系统 BIBO 稳定性是系统的外部特性，即将系统视为黑箱，仅考察激励与响应的关系。BIBO 稳定无法保证系统内部一定稳定。当 LTI 连续系统处于零状态时，施加一个非零初始条件，其产生的响应随着时间趋于无穷将趋近于零，则该连续系统为渐进稳定系统。渐进稳定性是系统内部稳定的描述，也称为零输入稳定。关于渐进稳定性的详细说明可以参考相关教材。

4.5.3 系统极点和激励极点对系统响应的影响

对连续 LTI 系统有：

$$Y(s)=H(s)F(s)\Leftrightarrow y(t)=h(t)*f(t) \tag{4-77}$$

其中，$H(s)$如式(4-73)所示。激励的 LT 为：

$$F(s)=\frac{d_f\prod_{l=1}^{m_f}(s-z_l)}{\prod_{k=1}^{n_f}(s-p_k)} \tag{4-78}$$

其中，n_f 为 $F(s)$的极点个数，m_f 为其零点个数。

在没有零极点对消的情况下，系统的极点和激励的极点共同组成了响应的极点，使得：

$$Y(s)=\sum_{i=1}^{n}\frac{K_i}{s-p_i}+\sum_{k=1}^{n_f}\frac{K_k}{s-p_k}\Leftrightarrow y(t)=\sum_{i=1}^{n}K_i\mathrm{e}^{p_it}u(t)+\sum_{k=1}^{n_f}K_k\mathrm{e}^{p_kt}u(t) \tag{4-79}$$

响应由两部分组成，前一部分的函数形式由且仅由系统极点决定，称为自由响应，后一部分的函数形式由且仅由激励的极点决定，称为强迫响应。这些响应分量的幅度和相位还受到系统的零极点和激励的零极点的共同影响。

当响应的 LT 出现零极点对消时，例如系统的极点和激励的零点互相对消时，系统的零状态响应中与被抵消的极点对应的自由响应分量将消失。但在系统的零输入响应中，由于激励为零，激励中对消这些极点的零点不再存在，这样这些在零状态响应中消失的自由分量依然会存在。

例 4-39 电路如图 4-16 所示，输入信号 $v_1(t)=10\cos(4t)u(t)$，求输出电压 $v_2(t)$，并指出 $v_2(t)$中的自由响应和强迫响应。

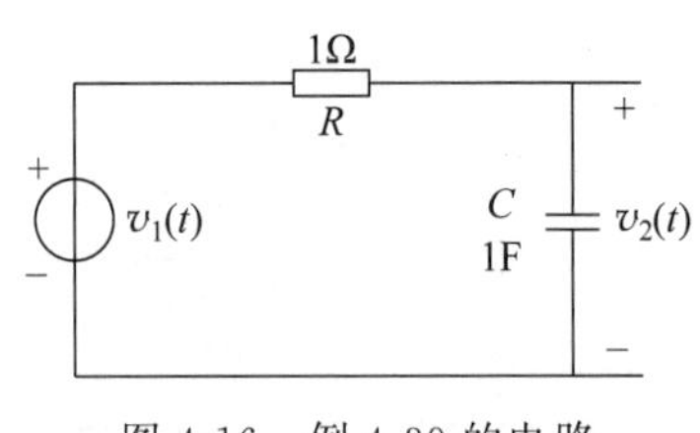

图 4-16 例 4-39 的电路

解 由电路图知，系统函数为：

$$H(s)=\frac{V_2(s)}{V_1(s)}=\frac{\frac{1}{sC}}{R+\frac{1}{sC}}=\frac{1}{1+sRC}=\frac{1}{1+s}$$

而 $v_1(t)$的拉普拉斯变换为 $V_1(s)=\frac{10s}{s^2+16}$，所以输出信号 $v_2(t)$的拉普拉斯变换为：

$$V_2(s)=\frac{10s}{(s^2+16)(s+1)}=\frac{\frac{10}{17}s+\frac{40}{17}\cdot 4}{s^2+16}-\frac{\frac{10}{17}}{s+1}$$

取其逆变换后，有：

$$v_2(t)=\frac{10}{17}(\cos(4t)+4\sin(4t)-\mathrm{e}^{-t})u(t)=\underbrace{-\frac{10}{17}\mathrm{e}^{-t}u(t)}_{\text{自由响应}}+\underbrace{\frac{10}{\sqrt{17}}\cos(4t-76°)u(t)}_{\text{强迫响应}}$$

例 4-40 描述系统的微分方程为 $y''(t)+4y'(t)+3y(t)=f'(t)-f(t)$，已知初始条件为 $y(0_-)=2$ 和 $y'(0_-)=1$，输入为 $f(t)=\delta'(t)+\delta(t)$，求系统的零输入响应、零状态响应和全响应。

解 由于 $F(s)=s+1$，取系统微分方程的 LT，并利用 LT 的时域微分定理有：

$$s^2Y(s)-2s-1+4sY(s)-8+3Y(s)=(s+1)(s-1)$$

这使得系统输出的 LT 为 $Y(s)=Y_{ZI}(s)+Y_{ZS}(s)$，其中 $Y_{ZS}(s)=\frac{(s-1)(s+1)}{(s+3)(s+1)}=\frac{s-1}{s+3}=1-\frac{4}{s+3}$，使得零状态响应为 $y_{zs}(t)=\delta(t)-4\mathrm{e}^{-3t}u(t)$；并且零输入响应的拉普拉斯变换为 $Y_{ZI}(s)=\frac{2s+9}{s^2+4s+3}=\frac{\frac{7}{2}}{s+1}-\frac{\frac{3}{2}}{s+3}$，使得零输入响应为 $y_{zi}(t)=\left[\frac{7}{2}\mathrm{e}^{-t}-\frac{3}{2}\mathrm{e}^{-3t}\right]u(t)$；由此得到系统全响应为 $y(t)=\underbrace{\left(\frac{7}{2}\mathrm{e}^{-t}-\frac{11}{2}\mathrm{e}^{-3t}\right)u(t)}_{\text{自由响应}}+\underbrace{\delta(t)}_{\text{受迫响应}}$。

本例表明，系统极点与激励零点互相对消使得系统零状态响应中相应的自由响应分量 $\mathrm{e}^{-t}u(t)$ 消失，但在系统零输入响应中，该自由分量会依然存在。

4.6 系统频率响应的几何求值

根据系统的幅频特性可将其分为低通、高通、带通、带阻和全通五类滤波器，其中前四类的幅频特性如图 4-17 所示。

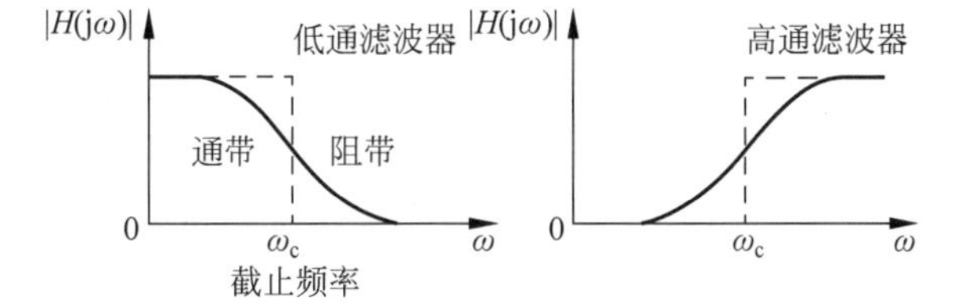

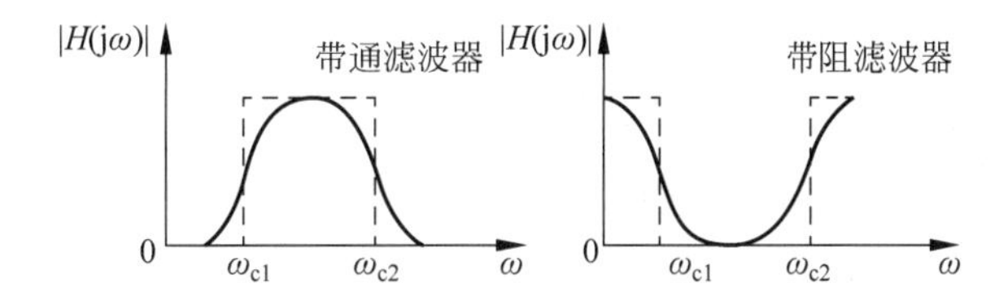

图 4-17 四类常用滤波器的幅频特性图

一般的，连续稳定LTI系统的频率响应是系统函数的特例，即有：

$$H(\mathrm{j}\omega)=H(s)\big|_{s=\mathrm{j}\omega}=K\left.\frac{\prod_{j=1}^{m}(s-z_j)}{\prod_{i=1}^{n}(s-p_i)}\right|_{s=\mathrm{j}\omega}=K\frac{\prod_{j=1}^{m}(\mathrm{j}\omega-z_j)}{\prod_{i=1}^{n}(\mathrm{j}\omega-p_i)} \tag{4-80}$$

可见系统的频率响应 $H(\mathrm{j}\omega)$ 与系统零极点分布密切相关。

令分子中每一项 $\mathrm{j}\omega-z_j=N_j\mathrm{e}^{\mathrm{j}\psi_j}$，分母中每一项 $\mathrm{j}\omega-p_i=M_i\mathrm{e}^{\mathrm{j}\theta_i}$。将 $\mathrm{j}\omega-z_j$ 和 $\mathrm{j}\omega-p_i$ 看作两矢量之差，则随着 $\mathrm{j}\omega$ 矢量位置的变化，这两个差矢量的模（N_j，M_i）和相位（ψ_j，θ_i）也随之变化，因此所有的分子多项式中的差矢量与分母多项式中的差矢量共同决定系统的幅频特性与相频特性，即：

$$H(\mathrm{j}\omega)=K\frac{N_1\mathrm{e}^{\mathrm{j}\psi_1}N_2\mathrm{e}^{\mathrm{j}\psi_2}\cdots N_m\mathrm{e}^{\mathrm{j}\psi_m}}{M_1\mathrm{e}^{\mathrm{j}\theta_1}M_2\mathrm{e}^{\mathrm{j}\theta_2}\cdots M_n\mathrm{e}^{\mathrm{j}\theta_n}}=K\frac{N_1N_2\cdots N_m\mathrm{e}^{\mathrm{j}(\psi_1+\psi_2+\cdots+\psi_m)}}{M_1M_2\cdots M_n\mathrm{e}^{\mathrm{j}(\theta_1+\theta_2+\cdots+\theta_n)}} \tag{4-81}$$

$$|H(\mathrm{j}\omega)|=K\frac{N_1N_2\cdots N_m}{M_1M_2\cdots M_n} \tag{4-82}$$

$$\phi(\omega)=(\psi_1+\psi_2+\cdots\psi_m)-(\theta_1+\theta_2+\cdots+\theta_n) \tag{4-83}$$

根据上述结论，可用几何与代数知识大致判断系统频率响应。

例 4-41 判断下列系统函数描述的连续因果LTI系统的频率特性。

(1) $H(s)=\dfrac{1}{s+2}$；

(2) $H(s)=\dfrac{s}{s+2}$；

(3) $H(s)=\dfrac{s}{s^2+2s+2}$；

(4) $H(s)=\dfrac{s^2+4}{s^2+2s+2}$；

(5) $H(s)=\dfrac{s^2-2s+2}{s^2+2s+2}$。

解 (1) 该系统仅有一个极点，其零极点图如图4-18(a)所示，根据几何法可得，当 ω 在 $0\sim+\infty$ 变化时，分母矢量 $\mathrm{j}\omega+2$ 的模单调递增，因此该系统的幅频特性是单调递减的，当 $\omega\to+\infty$，幅频特性趋近于0；此过程中，分母矢量的相位从0开始单调递增，当 $\omega\to+\infty$，分母矢量的相位趋近于 $\dfrac{\pi}{2}$，因此系统在该区间上的相频特性是由0开始趋近于 $-\dfrac{\pi}{2}$。考虑到该系统是实系统，因此幅频特性是关于 ω 的偶函数，相频特性是关于 ω 的奇函数，图4-18(b)仅给出区间 $[0,+\infty)$ 上的频率响应，区间 $(-\infty,0]$ 上的频率响应可以根据对称性给出。由得到的幅频特性曲线可知，该系统是一阶低通系统。当 $\omega_0=2\mathrm{rad/s}$ 时，有 $|H(\mathrm{j}\omega_0)|=\dfrac{1}{2\sqrt{2}}=\dfrac{1}{\sqrt{2}}|H(\mathrm{j}0)|$，该频率为此一阶低通滤波器的截止频率，而其相位为 $\varphi(\omega_0)=-\dfrac{\pi}{4}$。若系统的极点改变，则低通滤波器的截止频率发生改变。

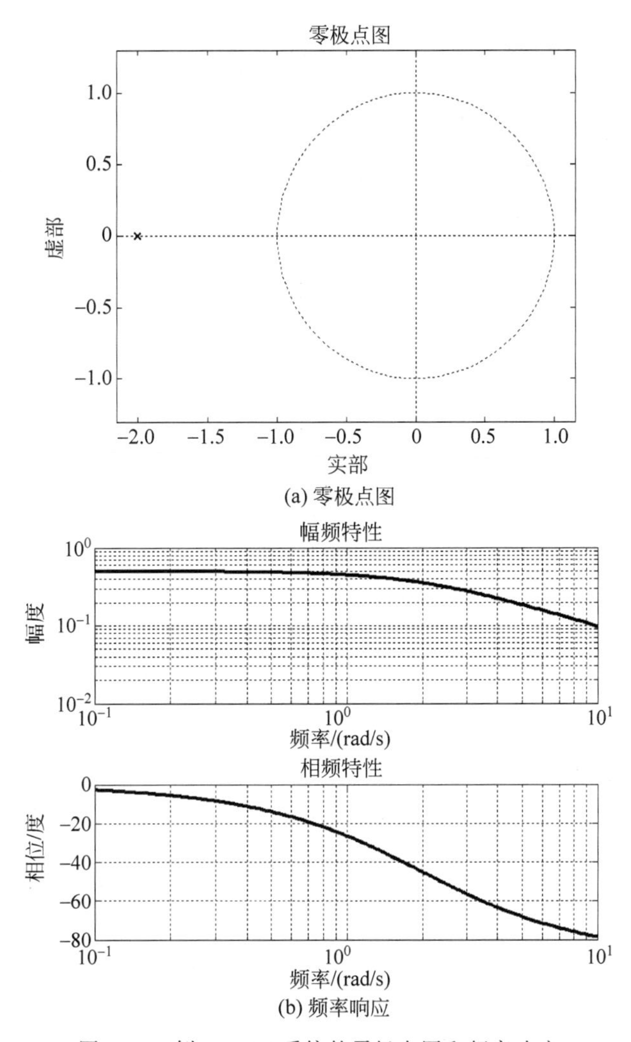

(a) 零极点图

(b) 频率响应

图 4-18 例 4-41(1)系统的零极点图和频率响应

(2) 该系统有一个零点和一个极点,其零极点图如图 4-19(a)所示,根据几何法可得,当 ω 在 $0\sim+\infty$变化时,分子矢量 $\mathrm{j}\omega$ 与分母矢量 $\mathrm{j}\omega+2$ 的模的比值单调递增,且当 $\omega\to+\infty$,幅频特性趋近于 1;此过程中,分子矢量的相位保持为$\frac{\pi}{2}$,分母矢量的相位从 0 开始单调递增,当 $\omega\to+\infty$,分母矢量的相位趋近于$\frac{\pi}{2}$,因此系统在该区间上的相频特性是由$\frac{\pi}{2}$开始趋近于 0。与前面例子相同,系统对称区间上的频率响应可根据对称性给出。因此由幅频特性曲线可知,该系统是一阶高通系统。当 $\omega_0=2\mathrm{rad/s}$ 时,有 $|H(\mathrm{j}\omega_0)|=\frac{1}{\sqrt{2}}$,该频率为此一阶高通滤波器的截止频率,而其相位为 $\varphi(\omega_0)=\frac{\pi}{4}$。

(3) 该系统有一个零点和一对共轭极点,其零极点图如图 4-20(a)所示,根据几何法可得,当 ω 在 $0\sim+\infty$变化时,分子矢量 $\mathrm{j}\omega$ 与两分母矢量 $\mathrm{j}\omega+1+\mathrm{j}$、$\mathrm{j}\omega+1-\mathrm{j}$ 的模都是单调递

增的，但可以求得该比值的极大值；此过程中，分子矢量的相位保持为$\frac{\pi}{2}$，两个分母矢量的相位和从0开始单调递增，当$\omega\to+\infty$，两分母矢量的相位和趋近于π，因此系统在该区间上的相频特性是由$\frac{\pi}{2}$开始趋近于$-\frac{\pi}{2}$。与前面例子相同，系统对称区间上的频率响应可根据对称性给出。因此由幅频特性曲线可知，该系统是二阶带通系统。

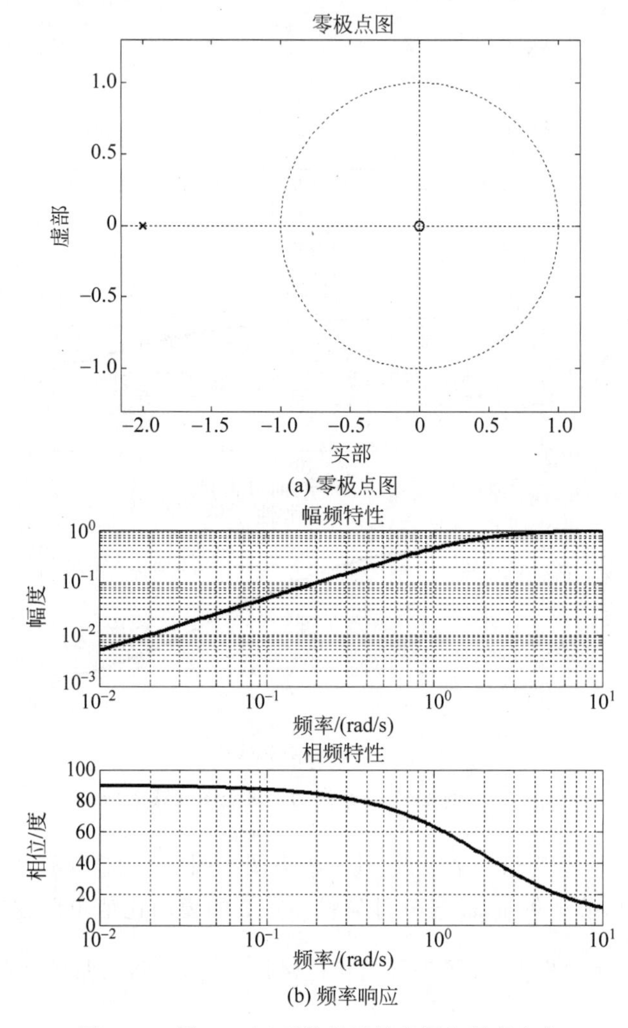

(a) 零极点图

(b) 频率响应

图 4-19　例 4-41(2)系统的零极点图和频率响应

(4) 该系统有一对共轭零点和一对共轭极点，其零极点图如图 4-21(a)所示，与(3)不同的是该例中系统在虚轴上有一对共轭零点，因此当$\omega=z_1$或$\omega=z_2$时，分子矢量为零，因此幅频特性为0。而其余频率处，分子矢量与分母矢量的长度接近，因此由幅频特性曲线可知，该系统是二阶带阻系统。类似的，可以判断其相频特性如图 4-21(b)所示。

(5) 该系统有一对共轭零点和一对共轭极点，其零极点图如图 4-22(a)所示，注意到该系统的零极点是关于虚轴对称的，无论取什么频率，其幅频特性曲线保持不变，因此该系统是全通系统。

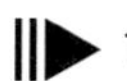

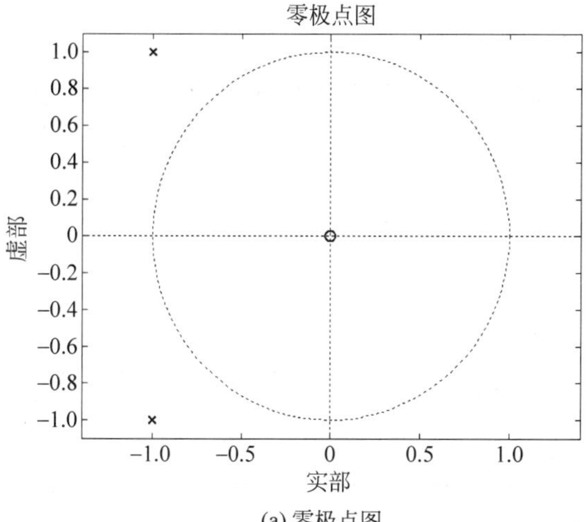

(a) 零极点图

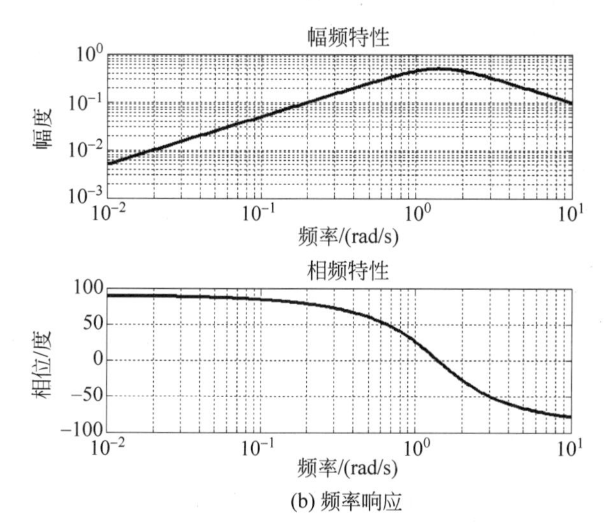

(b) 频率响应

图 4-20 例 4-41(3)系统的零极点图和频率响应

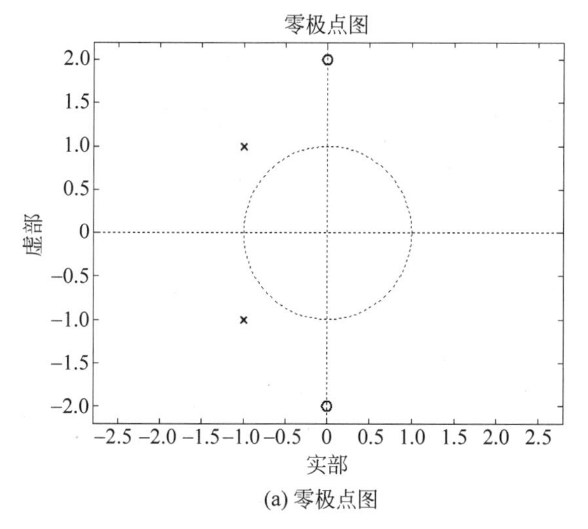

(a) 零极点图

图 4-21 例 4-41(4)系统的零极点图和频率响应

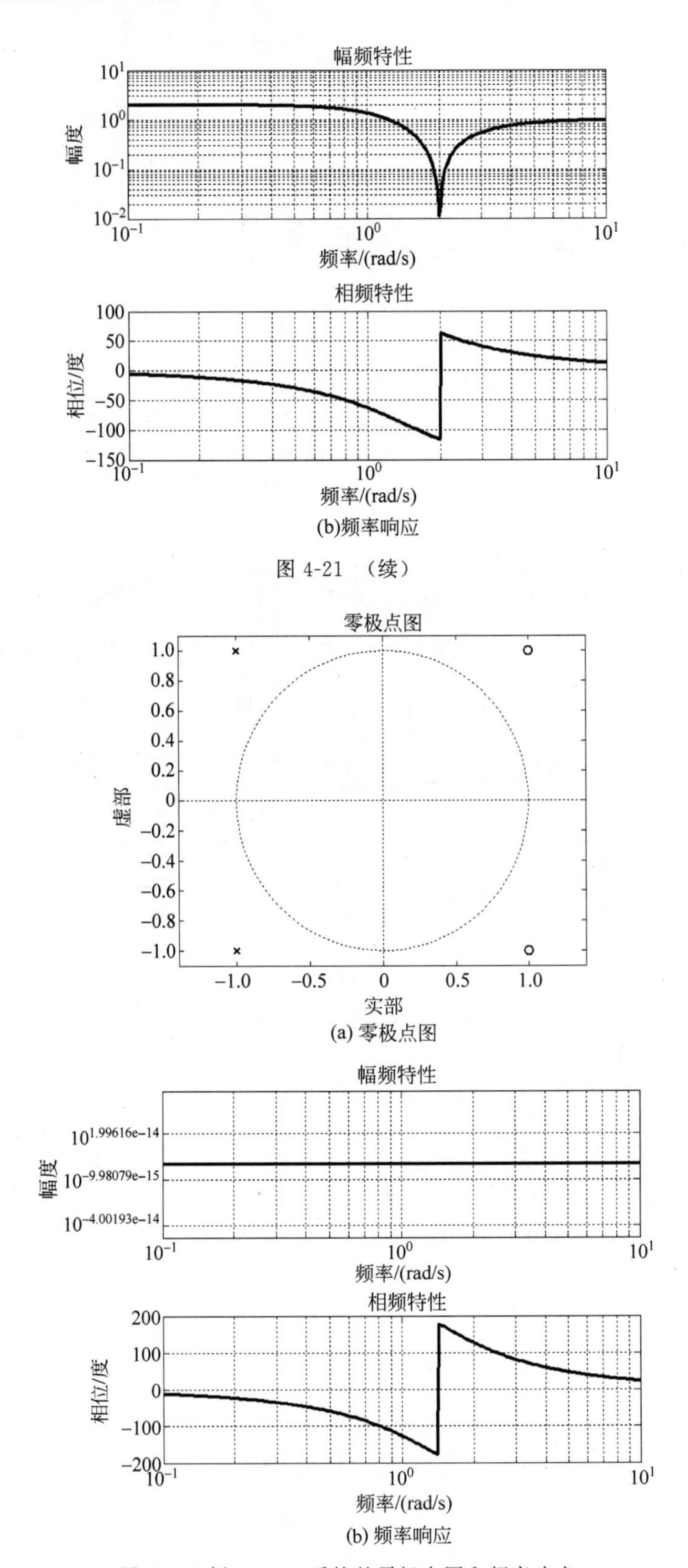

图 4-21 （续）

图 4-22 例 4-41(5)系统的零极点图和频率响应

由以上所述可以发现，系统函数的零极点也是描述 LTI 系统的重要方式，设计滤波器即选择合适的系统零极点以及待定系数。

4.7　连续线性时不变系统的方框图表示

微课视频

4.7.1　系统互联方式

前面几节已经给出了描述连续 LTI 系统的几类方法，即常系数线性微分方程、系统函数、系统函数的零极点图等。由于常系数线性微分方程中包括三类基本运算：加法、乘法和微分，因此若将系统以基本运算单元的互联表示，则有本节的系统方框图表示，例如图 4-23 所示的系统模拟框图。

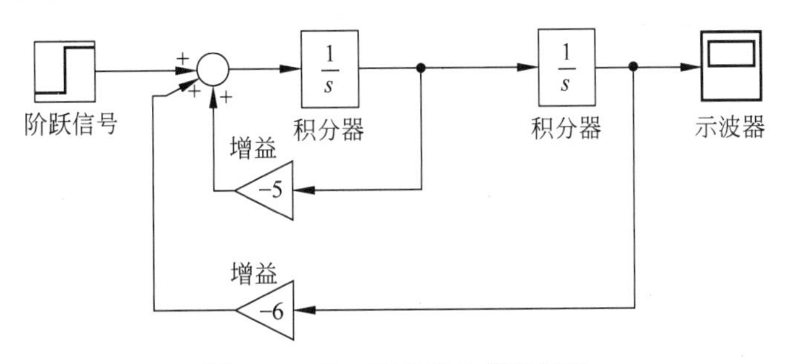

图 4-23　某 LTI 系统的模拟框图

用方框图可以直观地表示系统的输入-输出关系和功能。复杂系统通常由许多子系统互联而成，每个子系统可用其功能方框表示。系统方框图也称为系统实现框图。在复杂系统中，经常用系统函数表示各功能模块，因此用系统函数研究互联系统的特性和功能是常用的技术。

(1) 串联系统。串联系统的系统函数是其子系统的系统函数的乘积，而且与子系统的级联次序无关。

对如图 4-24(a)所示的串联系统，有：

$$H(s)=\frac{Y(s)}{F(s)}=\frac{X(s)H_2(s)}{F(s)}=\frac{F(s)H_1(s)H_2(s)}{F(s)}=H_1(s)H_2(s) \tag{4-84}$$

(2) 并联系统。并联系统的系统函数是其子系统的系统函数之和。

对如图 4-24(b)所示的并联系统，有：

$$H(s)=\frac{Y(s)}{F(s)}=\frac{Y_1(s)+Y_2(s)}{F(s)}=\frac{F(s)H_1(s)+F(s)H_2(s)}{F(s)}=H_1(s)+H_2(s) \tag{4-85}$$

(3) 反馈系统。反馈系统的系统函数等于前向系统函数除以 1 再减去环路系统函数。

对如图 4-24(c)所示的反馈系统，由于：

$$\begin{aligned}Y(s)&=E(s)H_{\mathrm{for}}(s)=[F(s)-Y(s)H_{\mathrm{bac}}(s)]H_{\mathrm{for}}(s)\\&=F(s)H_{\mathrm{for}}(s)-Y(s)H_{\mathrm{bac}}(s)H_{\mathrm{for}}(s)\end{aligned}$$

使得$[1+H_{\mathrm{bac}}(s)H_{\mathrm{for}}(s)]Y(s)=F(s)H_{\mathrm{for}}(s)$，即

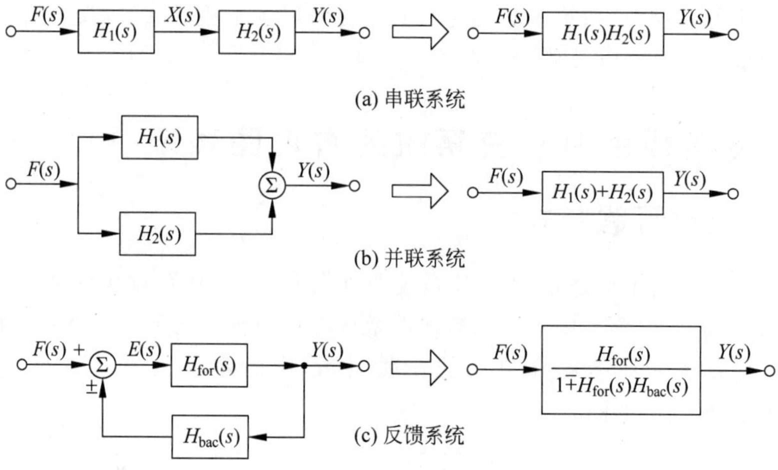

$F(s)$ → $H_1(s)$ → $X(s)$ → $H_2(s)$ → $Y(s)$ ⇒ $F(s)$ → $H_1(s)H_2(s)$ → $Y(s)$

(a) 串联系统

$F(s)$ → $H_1(s)$, $H_2(s)$ → Σ → $Y(s)$ ⇒ $F(s)$ → $H_1(s)+H_2(s)$ → $Y(s)$

(b) 并联系统

$F(s)$ + → Σ → $E(s)$ → $H_{for}(s)$ → $Y(s)$; $H_{bac}(s)$; ± ⇒ $F(s)$ → $\frac{H_{for}(s)}{1\mp H_{for}(s)H_{bac}(s)}$ → $Y(s)$

(c) 反馈系统

图 4-24 串联、并联和反馈系统

$$H(s)=\frac{Y(s)}{F(s)}=\frac{H_{for}(s)}{1+H_{bac}(s)H_{for}(s)} \tag{4-86}$$

其中，$H_{for}(s)$为前向系统函数，$-H_{bac}(s)H_{for}(s)$为环路系统函数。

特殊地，当 $H_{for}(s)=1$ 时，有：

$$H(s)=\frac{1}{1+H_{bac}(s)} \tag{4-87}$$

和当 $H_{bac}(s)=1$ 时，有：

$$H(s)=\frac{H_{for}(s)}{1+H_{for}(s)} \tag{4-88}$$

反馈系统的实际应用很多，例如带有反馈的运算放大电路、控制飞行方向的系统等等。

4.7.2 系统实现

许多物理系统可以用微分方程来数学建模，因此，可以用能完成此微分方程功能的电子系统来模拟相应的物理系统，当然也可以模拟用微分方程描述的数学系统，这称为系统实现。

1. 系统实现的基本部件

系统实现通常由加法器、放大器（或衰减器）和积分器组成，它们的框图符号和功能如图 4-25 所示，其流图表示如图 4-26 所示。

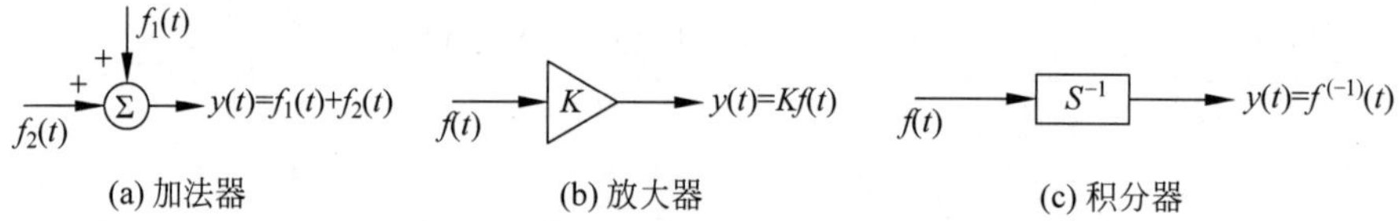

$f_1(t)$, $f_2(t)$ → Σ → $y(t)=f_1(t)+f_2(t)$　$f(t)$ → K → $y(t)=Kf(t)$　$f(t)$ → S^{-1} → $y(t)=f^{(-1)}(t)$

(a) 加法器　(b) 放大器　(c) 积分器

图 4-25 系统实现的基本部件

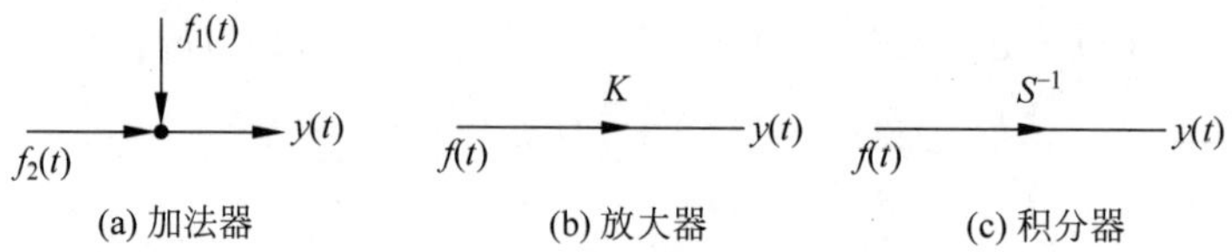

$f_1(t)$, $f_2(t)$ → $y(t)$　$f(t)$ —K→ $y(t)$　$f(t)$ —S^{-1}→ $y(t)$

(a) 加法器　(b) 放大器　(c) 积分器

图 4-26 系统实现基本部件的流图表示

2. 系统的直接型实现

一般的系统函数可写成分子、分母同阶次的有理分式形式(部分项系数可能为零)，有：

$$H(s)=\frac{b_0+b_1s^{-1}+\cdots+b_{n-1}s^{-(n-1)}+b_ns^{-n}}{1+a_1s^{-1}+\cdots+a_{n-1}s^{-(n-1)}+a_ns^{-n}} \tag{4-89}$$

若令 $H_1(s)=\dfrac{1}{1+H_{\text{bac}}(s)}$，其中 $H_{\text{bac}}(s)=a_1s^{-1}+\cdots+a_{n-1}s^{-(n-1)}+a_ns^{-n}$；并令 $X(s)=F(s)H_1(s)$，$H_2(s)=b_0+b_1s^{-1}+\cdots+b_{n-1}s^{-(n-1)}+b_ns^{-n}$，则有 $Y(s)=X(s)H_2(s)$ 和 $x^{(-k)}(t)\Leftrightarrow s^{-k}X(s)$，使得 $H(s)=H_1(s)H_2(s)$，并且：

$$\begin{cases}x(t)=f(t)-a_1x^{(-1)}(t)-\cdots-a_{n-1}x^{(-n+1)}(t)-a_nx^{(-n)}(t)\\ y(t)=b_0x(t)+b_1x^{(-1)}(t)+\cdots+b_{n-1}x^{(-n+1)}(t)+b_nx^{(-n)}(t)\end{cases} \tag{4-90}$$

于是有如图 4-27 所示的系统模拟方框图和如图 4-28 所示的系统流图。

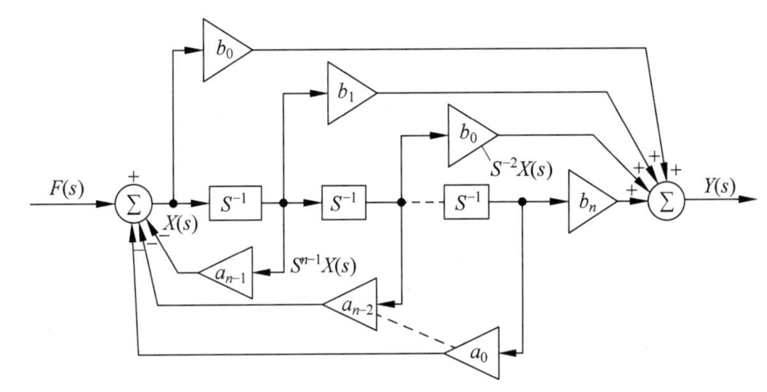

图 4-27　n 阶系统模拟方框图

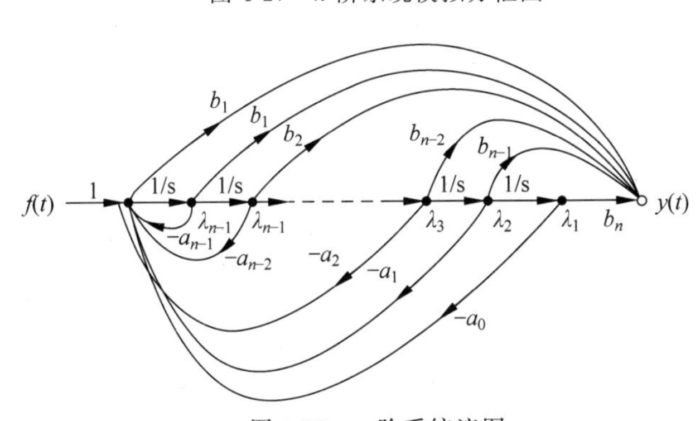

图 4-28　n 阶系统流图

特殊地，图 4-29 和 4-30 分别示出了一般二阶系统和一般一阶系统的系统流图。

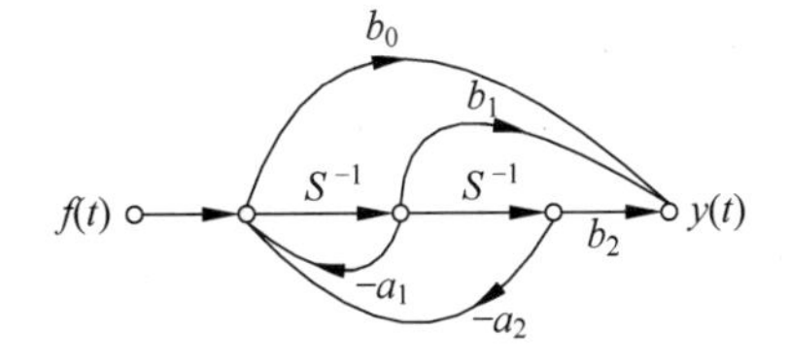

图 4-29　一般二阶系统的系统流图

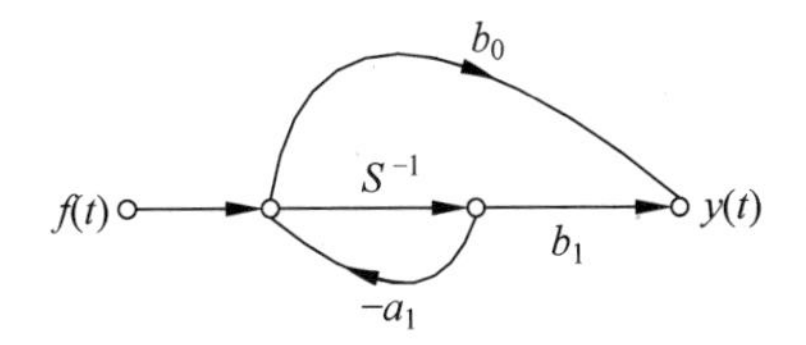

图 4-30　一般一阶系统的系统流图

3. 系统的串联型实现

使用多项式的因式分解定理，n 阶系统的系统函数可改写为：

$$H(s)=c\frac{\prod_{j=1}^{m}(s-z_j)}{\prod_{i=1}^{n}(s-p_i)}=c\prod_{k=1}^{n}H_k(s) \tag{4-91}$$

其中，一阶子系统由一对零极点组成，或仅由一个极点组成，即 $H_k(s)=\frac{s-z_k}{s-p_k}$ 或 $H_k(s)=\frac{1}{s-p_k}$。当零点或极点为复数时，必有共轭零点或极点，两个互相共轭的零极点对可用一个二阶实系统 $H_k(s)=\frac{s^2+b_{k1}s+b_{k2}}{s^2+a_{k1}s+a_{k2}}$ 实现，或共轭极点可用一个二阶实系统 $H_k(s)=\frac{1}{s^2+a_{k1}s+a_{k2}}$ 实现。总之，一个 n 阶系统可用若干个一阶或二阶实系统串联组成。

例 4-42 已知系统函数为 $H(s)=\frac{s+4}{(s+1)(s+2)(s+3)}$，画出以串联结构实现的系统流图。

解 改写系统函数为 $H(s)=\frac{1}{s+1}\cdot\frac{1}{s+2}\left(1+\frac{1}{s+3}\right)$，它由三个子系统 $\frac{1}{s+1}$、$\frac{1}{s+2}$ 和 $1+\frac{1}{s+3}$ 串联组成，其流图如图 4-31 所示。

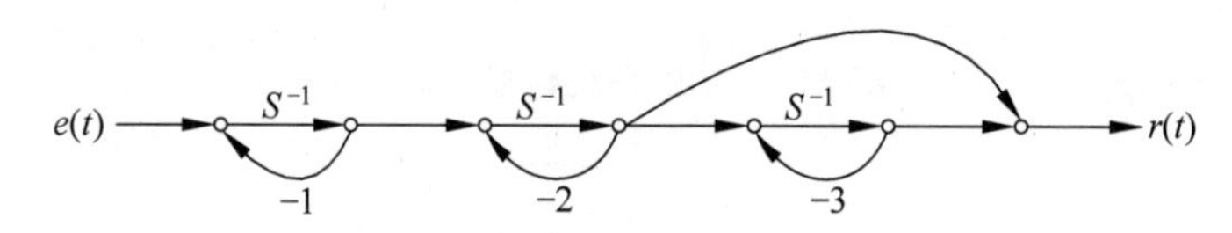

图 4-31 例 4-42 的流图

4. 系统的并联型实现

同样地，由多项式的部分分式分解定理知，当系统节点都是单极点时，n 阶系统的系统函数为：

$$H(s)=b_0+\sum_{i=1}^{n}H_i(s) \tag{4-92}$$

其中，当实极点 p_i 为实数时，子系统 $H_i(s)=\frac{K_i}{s-p_i}$ 可用一个一阶实系统实现；共轭极点对可用一个二阶实系统 $H_k(s)=\frac{K_k}{s-p_k}+\frac{K_k^*}{s-p_k^*}=\frac{b_{k1}s+b_{k2}}{s^2+a_{k1}s+a_{k2}}$ 实现，使得一个 n 阶系统可用若干个一阶或二阶实系统并联组成。

例 4-43 已知系统函数为 $H(s)=\frac{s+4}{s^3+6s^2+11s+6}$，画出以并联结构实现的系统流图。

解 由部分分式分解有：

$$H(s)=\frac{1.5}{s+1}+\frac{-2}{s+2}+\frac{0.5}{s+3}$$

其并联实现的系统流图如图 4-32 所示。

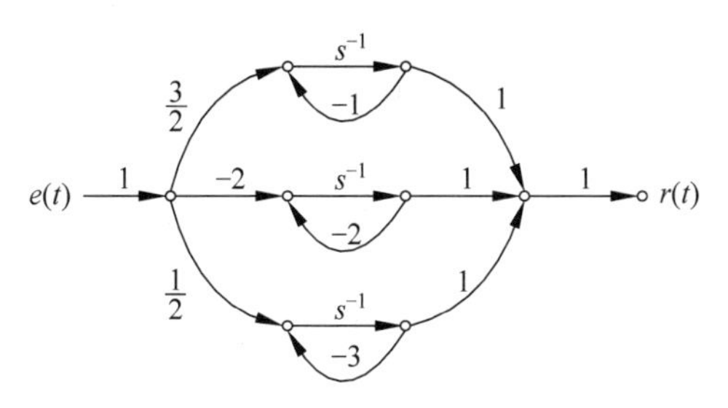

图 4-32 例 4-43 的流图

5. 系统的并串型实现

在有重极点的情况下，部分分式分解可把系统函数分解为低阶子系统的并联，即 $H(s)=b_0+\sum_i H_i(s)$，其中 $H_i(s)$ 为与极点 p_i 相应的子系统，对于单极点而言，有 $H_i(s)=\frac{k_i}{s-p_i}$，而对于 q 重极点而言，有：

$$H_i(s)=\sum_{j=0}^{q-1}\frac{k_{ij}}{(s-p_i)^{q-j}} \tag{4-93}$$

因此整个系统是子系统的并联，但其中与重极点相应的子系统用串联结构实现，这样的实现可以称为并串联型结构。下面用一道典型例题来说明。

例 4-44 已知系统函数为 $H(s)=\frac{s+4}{(s+1)^3(s+2)(s+3)}$，画出并串联型实现的系统流图。

解 由部分分式分解，有：

$$H(s)=\frac{\frac{3}{2}}{(s+1)^3}+\frac{-\frac{4}{7}}{(s+1)^2}+\frac{\frac{15}{8}}{s+1}+\frac{-2}{s+2}+\frac{\frac{1}{8}}{s+3}$$

其流图如图 4-33 所示，它具有并串联结构。

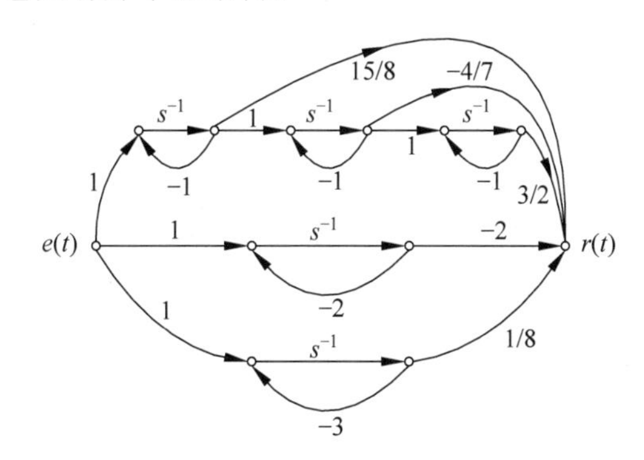

图 4-33 例 4-44 的流图

微课视频

4.8 全通系统和最小相位系统

系统函数取决于零极点分布，根据系统稳定性讨论知，为确保连续因果 LTI 系统稳定，系统函数的所有极点必须位于左半 s 平面，因此稳定系统有频率传递函数：

$$H(\mathrm{j}\omega)=\frac{c\prod_{i=1}^{m}(\mathrm{j}\omega-z_i)}{\prod_{i=1}^{n}(\mathrm{j}\omega-p_i)} \tag{4-94}$$

其中，所有极点均满足 $\mathrm{Re}[p_i]<0$。

4.8.1 全通网络

全通数字滤波器是零点与极点个数相等且零点与极点配对的关于虚轴对称的滤波器，即所有零极点对都满足$(p_i,z_i)=(-\alpha_i+\mathrm{j}\omega_i,\alpha_i+\mathrm{j}\omega_i)$，其中 $\alpha_i>0$，因此它可表示为：

$$H(\mathrm{j}\omega)=A\prod_{i=1}^{M_c}\frac{[\mathrm{j}(\omega-\omega_i)-\alpha_i][\mathrm{j}(\omega+\omega_i)-\alpha_i]}{[\mathrm{j}(\omega-\omega_i)+\alpha_i][\mathrm{j}(\omega+\omega_i)+\alpha_i]}\prod_{i=1}^{M_r}\frac{\alpha_i-\mathrm{j}\omega}{\alpha_i+\mathrm{j}\omega} \tag{4-95}$$

其中，A 为常数，M_r 为由实零极点对组成的一阶全通节的个数，M_c 为四对称的复零极点组构成的二阶全通节的个数。

由图 4-34 可知，由四对称的复零极点组构成的二阶全通滤波节为：

$$\frac{[\mathrm{j}(\omega-\omega_i)-\alpha_i][\mathrm{j}(\omega+\omega_i)-\alpha_i]}{[\mathrm{j}(\omega-\omega_i)+\alpha_i][\mathrm{j}(\omega+\omega_i)+\alpha_i]}=\exp\{\mathrm{j}\varphi_{ci}(\omega)\} \tag{4-96}$$

当 $\omega-\omega_i<0$ 时有相移函数：

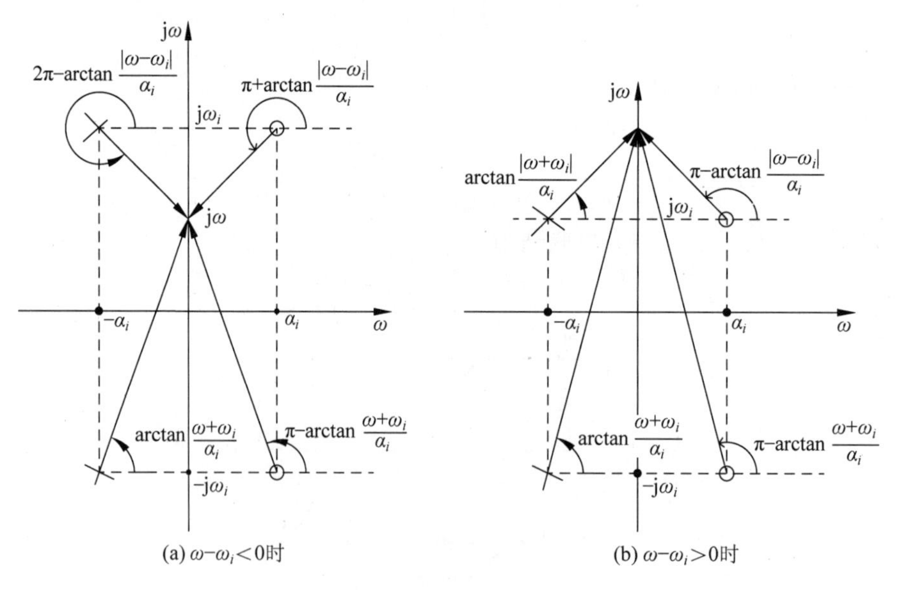

图 4-34 二阶全通节的相移

$$\varphi_{ci}(\mathrm{j}\omega)=2\arctan\left(\frac{|\omega-\omega_i|}{\alpha_i}\right)-2\arctan\left(\frac{\omega+\omega_i}{\alpha_i}\right)<0,\quad \omega>0 \tag{4-97}$$

当 $\omega-\omega_i>0$ 时有相移函数：

$$\varphi_{ci}(\mathrm{j}\omega)=2\pi-2\arctan\left(\frac{|\omega-\omega_i|}{\alpha_i}\right)-2\arctan\left(\frac{\omega+\omega_i}{\alpha_i}\right) \tag{4-98}$$

由式(4-97)和式(4-98)知，相移函数在 $\omega=\omega_i$ 处产生了 2π 的阶跃量。去除此阶跃量，可以得到相应的连续相频特性：

$$\varphi_{ci}(\mathrm{j}\omega)=-2\mathrm{sgn}(\omega-\omega_i)\arctan\left(\frac{|\omega-\omega_i|}{\alpha_i}\right)-2\arctan\left(\frac{\omega+\omega_i}{\alpha_i}\right)<0,\quad \omega>0 \tag{4-99}$$

这意味着，二阶全通滤波器的连续相位函数总是负的。

如图 4-35 所示，由关于虚轴对称零极点对构成的一阶全通滤波节为：

$$\frac{\alpha_i-\mathrm{j}\omega}{\alpha_i+\mathrm{j}\omega}=\exp\{\mathrm{j}\varphi_{ri}(\omega)\},\quad \alpha_i>0 \tag{4-100}$$

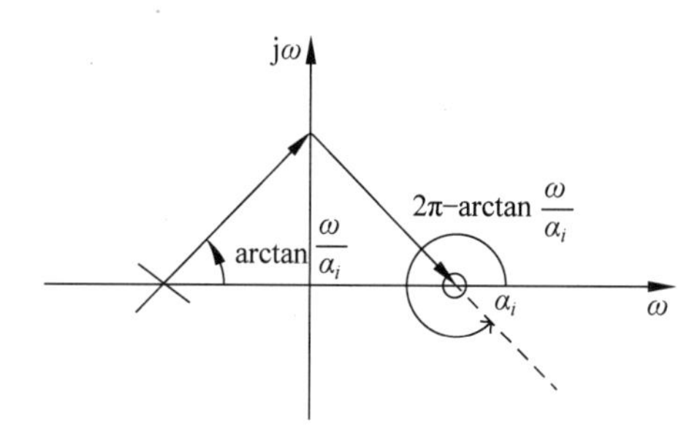

图 4-35　一阶全通节的相移

有相位函数：

$$\varphi_{ri}(\omega)=2\pi-2\arctan\left(\frac{\omega}{\alpha_i}\right) \tag{4-101}$$

由式(4-100)知，相移函数在 $\omega=0$ 处产生了 2π 的阶跃量。去除此阶跃量，可以得到相应的连续相频特性：

$$\varphi_{ri}(\omega)=-2\arctan\left(\frac{\omega}{\alpha_i}\right)<0,\quad \forall\,\omega>0 \tag{4-102}$$

这意味着，一阶全通滤波节连续相位函数总是负的。于是，全通滤波器的连续相位函数为：

$$\varphi(\omega)=\sum_{i=1}^{M_r}\varphi_{ri}(\omega)+\sum_{i=1}^{M_c}\varphi_{ci}(\omega) \tag{4-103}$$

其具有非线性相移特性，并且总是负的。

全通网络是一个有非线性相移特性的系统，是个纯相移网络。全通网络作为相位校正网络，在通信系统中可以用来校正信号传输过程中产生的相位失真。

4.8.2　最小相位系统

连续因果 LTI 系统稳定性要求系统函数的所有极点必须位于左半 s 平面，因此当系统幅频特性确定时，只有零点位置可供选择。

定义所有零点均处于左半 s 平面的因果稳定系统（即所有零极点均位于左半 s 平面的

系统）为最小相位系统。根据此定义易知，最小相位系统是个可逆的因果稳定系统，并且其逆系统仍是一个最小相位系统。因为最小相位系统的零极点变成其逆系统的极零点，使得逆系统的零极点仍然都在左半 s 平面。

显然，非最小相位的因果稳定系统可以由最小相位系统级联一个全通滤波器构成，该全通滤波器的极点为最小相位系统的零点，以此对消原有零点，全通滤波器的零点与其极点关于 s 平面的虚轴对称。由上述讨论可知，对所有的 $\omega\in(0,+\infty)$，全通滤波器的连续相位函数总是非正的。因此，把零点从左半 s 平面映射到右半 s 平面总会使连续相位函数减小，使得被相位负值（即相位滞后）增加，因此最小相位系统实际上是具有最小连续相位滞后特性的系统。更确切地，应称它为最小相位滞后系统，但由于历史原因，习惯上仍然称为最小相位系统。

微课视频

4.9 拉普拉斯变换与傅里叶变换的关系

4.9.1 双边与单边拉普拉斯变换的关系

根据双边与单边拉普拉斯变换的定义可知，二者的区别在于积分区间。不同的信号可以具有相同的拉普拉斯变换，因此进行双边拉普拉斯变换时需给出收敛域。显然，可以认为单边拉普拉斯变换是因果信号或信号因果分量 $f(t)u(t)$ 的双边拉普拉斯变换。

例 4-45 计算(1) $f(t)=u(t)+e^{t}u(-t)$，(2) $f(t)=e^{at}u(t)+e^{bt}u(-t)$ 的双边拉普拉斯变换。

解 根据定义分析如下：

(1) $F(s)=\int_{-\infty}^{+\infty}f(t)e^{-st}\,dt=\int_{-\infty}^{0}e^{(1-s)t}\,dt+\int_{0}^{+\infty}e^{-st}\,dt=\dfrac{1}{1-s}+\dfrac{1}{s}$，$0<\mathrm{Re}[s]<1$；

(2) 当 $b>a$ 时，$F(s)=\int_{-\infty}^{0}e^{(b-s)t}\,dt+\int_{0}^{+\infty}e^{(a-s)t}\,dt=\dfrac{1}{b-s}-\dfrac{1}{a-s}$，$a<\mathrm{Re}[s]<b$。

而当 $b\leqslant a$ 时，收敛域不存在，使得双边拉普拉斯变换也不存在。

例 4-46 计算 $F(s)=\dfrac{1}{1-s}+\dfrac{1}{s}$ 在不同收敛域时对应的原信号。

解 由例 4-45(1)知，当 $0<\mathrm{Re}[s]<1$ 时，$f(t)=u(t)+e^{t}u(-t)$ 为双边信号；当 $\mathrm{Re}[s]>1$ 时，$f(t)=(1-e^{t})u(t)$ 为因果信号；而当 $\mathrm{Re}[s]<0$ 时，$f(t)=(e^{t}-1)u(-t)$ 为反因果信号。

由本例可见，三个不同的收敛域对应三类不同的信号。可以证明，收敛域为右半平面时对应因果信号，收敛域为左半平面时对应反因果信号，而带状收敛域对应双边信号。

显然，对于因果信号而言，双边拉普拉斯变换等同于单边拉普拉斯变换。

4.9.2 拉普拉斯变换和傅里叶变换的对应关系

根据 LT 和 FT 的定义，二者的对应关系如图 4-36 所示。

1. 双边拉普拉斯变换和傅里叶变换的对应关系

比较双边拉普拉斯变换和傅里叶变换的定义，容易看出，FT 是双边 LT 在取 $s=j\omega$ 时的特例，而双边 LT 是取 $e^{-\sigma t}f(t)$ 的 FT，即双边 LT 实际上是非因果信号的广义 FT。

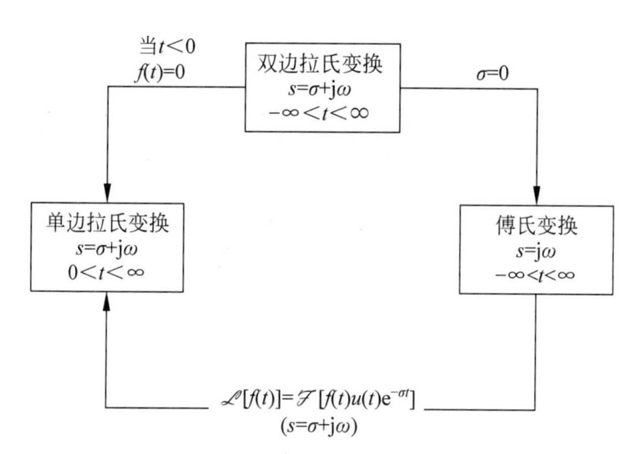

图 4-36 LT 和 FT 的关系

2. 单边拉普拉斯变换和傅里叶变换的对应关系

从定义来看，单边拉普拉斯变换是 $e^{-\sigma t}f(t)u(t)$的傅里叶变换，因此它是因果信号或信号因果分量的广义 FT。对于因果信号而言，其双边 LT 等同于其单边 LT。

根据 LT 的收敛域($\mathrm{Re}[s]>\sigma_0$)，从 LT 计算对应的 FT，要分三种情况讨论：

1) $\sigma_0>0$(收敛边界落于右半 s 平面)

此时，对应的时域信号为因果增长信号，它有单边 LT，却没有 FT。因此切忌盲目地从 LT 计算 FT。

2) $\sigma_0<0$(收敛边界落于左半 s 平面)

此时，对应的时域信号为因果衰减信号，它有单边 LT，也有 FT；并且只要简单地令 $s=j\omega$，就可从 LT 计算相应的 FT。

例 4-47 已知 $e^{-\alpha t}u(t)$和 $e^{-\alpha t}\sin(\omega_0 t)u(t)$的 LT 分别为$\dfrac{1}{s+\alpha}$和$\dfrac{\omega_0}{(s+\alpha)^2+\omega_0^2}$，其中 $\alpha>0$，试计算它们的 FT。

解 由于这两个信号的收敛域边界都是 $\sigma_0=-\alpha<0$，因此，$e^{-\alpha t}u(t)$和 $e^{-\alpha t}\sin(\omega_0 t)u(t)$的 FT 分别为$\dfrac{1}{j\omega+\alpha}$和$\dfrac{\omega_0}{(j\omega+\alpha)^2+\omega_0^2}$。这与直接从信号和 FT 的定义及其性质计算它们 FT 的结果完全相同。

3) $\sigma_0=0$(收敛边界落于 s 平面的虚轴)

此时，对应的时域信号含有因果阶跃信号，或阶跃信号的若干次积分，或因果正弦信号，或多项式增长加权的因果正弦信号。它有单边 LT，也有 FT；但不能简单地通过令 $s=j\omega$ 从 LT 计算相应的 LT。

首先，假设收敛边界落于 s 平面虚轴时，$F(s)$在虚轴上仅有 N 个单极点，则通过部分分式分解，有：

$$F(s)=F_a(s)+\sum_{n=1}^{N}\frac{K_n}{s-j\omega_n}\Leftrightarrow f(t)=f_a(t)+\sum_{n=1}^{N}K_n e^{+j\omega_n t}u(t) \tag{4-104}$$

这使得信号的 FT 为：

$$F(\mathrm{j}\omega)=F_a(\mathrm{j}\omega)+\sum_{n=1}^{N}K_n\delta(\omega-\omega_n)*\left[\pi\delta(\omega)+\frac{1}{\mathrm{j}\omega}\right]$$
$$=F_a(\mathrm{j}\omega)+\sum_{n=1}^{N}\frac{K_n}{\mathrm{j}(\omega-\omega_n)}+\sum_{n=1}^{N}K_n\pi\delta(\omega-\omega_n)$$

使得：

$$F(\mathrm{j}\omega)=F(s)\mid_{s=\mathrm{j}\omega}+\sum_{n=1}^{N}K_n\pi\delta(\omega-\omega_n)\tag{4-105}$$

例 4-48 已知 $\sin(\omega_0 t)u(t)$的 LT 为$\frac{\omega_0}{s^2+\omega_0^2}$，试计算其 FT。

解 利用式(4-105)得到其 FT 为$\frac{\omega_0}{-\omega^2+\omega_0^2}+\mathrm{j}\ \frac{\pi}{2}[\delta(\omega+\omega_0)-\delta(\omega-\omega_0)]$。这与直接从信号和 FT 的定义及其性质计算其 FT 的结果完全相同。

然后，假设 $F(s)$仅在虚轴上的 ω_0 和$-\omega_0$ 处有 k 重极点，即：

$$F(s)=F_a(s)+\frac{K_0}{(s-\mathrm{j}\omega_0)^k}+\frac{K_0^*}{(s+\mathrm{j}\omega_0)^k}\Leftrightarrow$$
$$f(t)=f_a(t)+\frac{t^{k-1}}{(k-1)!}[K_0\mathrm{e}^{\mathrm{j}\omega_0 t}+K_0^*\mathrm{e}^{-\mathrm{j}\omega_0 t}]u(t)$$

其中，利用了：

$$(-t)^{k-1}\mathrm{e}^{\mathrm{j}\omega_0 t}u(t)\Leftrightarrow\left(\frac{1}{s-\mathrm{j}\omega_0}\right)^{(k-1)}=\frac{(-1)^{k-1}(k-1)!}{(s-\mathrm{j}\omega_0)^k}\tag{4-106}$$

于是得到信号的 FT：

$$F(\mathrm{j}\omega)=F(s)\mid_{s=\mathrm{j}\omega}+\frac{\pi\mathrm{j}^{k-1}}{(k-1)!}[K_0\delta^{(k-1)}(\omega-\omega_0)+K_0^*\delta^{(k-1)}(\omega+\omega_0)]\tag{4-107}$$

其中，利用了：

$$(-\mathrm{j}t)^{k-1}\mathrm{e}^{\mathrm{j}\omega_0 t}u(t)\Leftrightarrow\pi\delta^{(k-1)}(\omega-\omega_0)+\frac{(-1)^{k-1}(k-1)!}{\mathrm{j}(\omega-\omega_0)^k}\tag{4-108}$$

当 $\omega_0=0$ 时，式(4-107)简化为：

$$F(\mathrm{j}\omega)=F(s)\mid_{s=\mathrm{j}\omega}+\frac{\pi\mathrm{j}^{k-1}}{(k-1)!}K_0\delta^{(k-1)}(\omega)\tag{4-109}$$

例 4-49 已知 $tu(t)$的 LT 为$\frac{1}{S^2}$，试计算其 FT。

解 利用式(4-109)得到其 FT 为$-\frac{1}{\omega^2}+\mathrm{j}\pi\delta'(\omega)$。这与直接从信号和 FT 的定义及其性质计算其 FT 的结果完全相同。

本章小结

1. 连续时间信号拉普拉斯变换的定义与收敛域的概念。拉普拉斯变换是傅里叶变换的推广，傅里叶变换是拉普拉斯变换的特例。拉普拉斯变换的意义是将信号分解为无穷多个复指数信号的叠加(积分)。只有当信号拉普拉斯变换的收敛域中包含复平面上的虚轴时，其傅里叶变换才存在。连续时间信号的收敛域一般为带状区域或者某半平面；

2. 拉普拉斯变换的性质与傅里叶变换的性质类似，是在复频域中分析信号和系统的基础，同时有助于求解拉普拉斯逆变换；

3. 复频域分析方法可用于分析 LTI 系统的系统函数、计算信号的卷积、反卷积、计算系统的冲激响应、阶跃响应、零输入响应、零状态响应和全响应等；

4. 对电路系统，可通过建立复频域系统模型直接进行分析；

5. 系统函数的零极点分布决定了系统的因果性、稳定性以及系统的频率响应。根据幅频特性的不同，系统可分为低通、高通、带通、带阻和全通滤波器。由系统零极点分布图，可利用几何法判断系统的滤波特性，并求解系统的正弦稳态响应；

6. LTI 系统有直接型、级联型、并联型三类框图实现方法，应用这些方法可有效进行系统模拟；

7. 全通网络的零极点对关于虚轴对称，最小相移网络的零极点全部在 s 左半平面，其对数幅频特性与相频特性构成希尔伯特关系。

习题

4-1 计算下列信号的拉普拉斯变换，并注明收敛域。

(1) $f(t)=(1-e^{-\sigma t})u(t)$

(2) $f(t)=te^{-\sigma t}u(t)$

(3) $f(t)=2e^{-5t}\sin(4\pi t)u(t)$

(4) $f(t)=[\sin(2t)+3\cos(2t)]u(t)$

(5) $f(t)=\left[1+2\cos(t)+3\cos\left(2t-\frac{\pi}{3}\right)\right]u(t)$

(6) $f(t)=te^{-2(t-2)}u(t-1)$

(7) $f(t)=(1-\cos(\alpha t))e^{-\beta t}u(t)$

(8) $f(t)=e^{2t}u(-t)+e^{3t}u(-t)$

(9) $f(t)=(e^{t}-e^{-t})u(t)$

(10) $f(t)=e^{-2t}u(t+1)$

(11) $f(t)=e^{-2|t|}$

(12) $f(t)=\delta(2t)-e^{-t}u(t)$

(13) $f(t)=\delta(3t)+u(3t)$

(14) $f(t)=tu(t)-2(t-1)u(t-1)+(t-2)u(t-2)$

4-2 试求如题 4-2 图所示各信号的拉普拉斯变换。

4-3 已知 $f_1(t)=f_2(t)=u(t-1)-u(t-3)$ 如题 4-3 图(a)所示，试利用拉普拉斯变换的卷积定理证明 $f_1(t)*f_2(t)$ 的结果为如题 4-3 图(b)所示的三角脉冲。

4-4 用拉普拉斯变换的方法计算下列信号的卷积。

(1) $e^{-3t}u(t)*e^{-5t}u(t)$

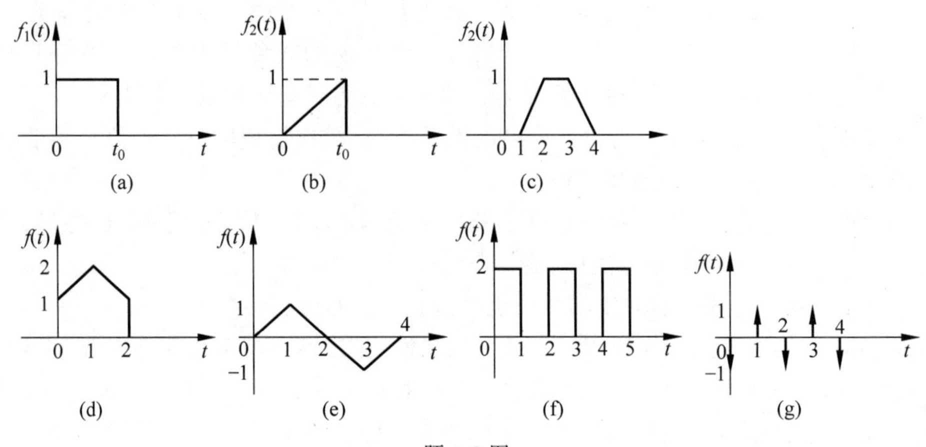

题 4-2 图

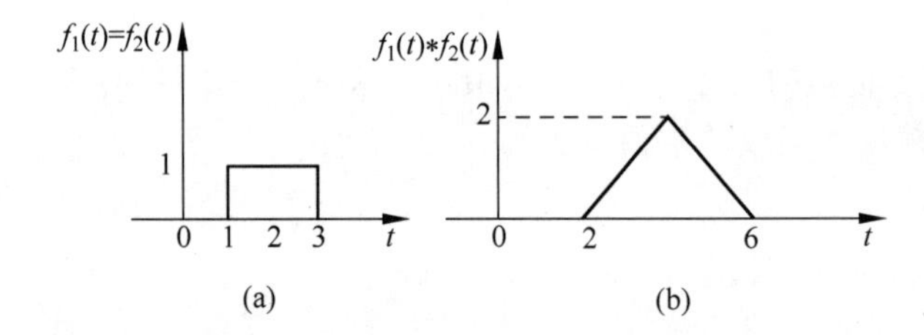

题 4-3 图

(2) $te^{-t}u(t) * \delta'(t)$

(3) $[u(t)-u(t-4)] * \sin(\omega t)u(t)$

(4) $e^{-at}u(t) * \sin(\omega t)u(t)$

(5) $[u(t-1)-u(t-2)] * [u(t)-u(t-4)]$

4-5 试求如题 4-5 图所示因果周期信号的拉普拉斯变换。

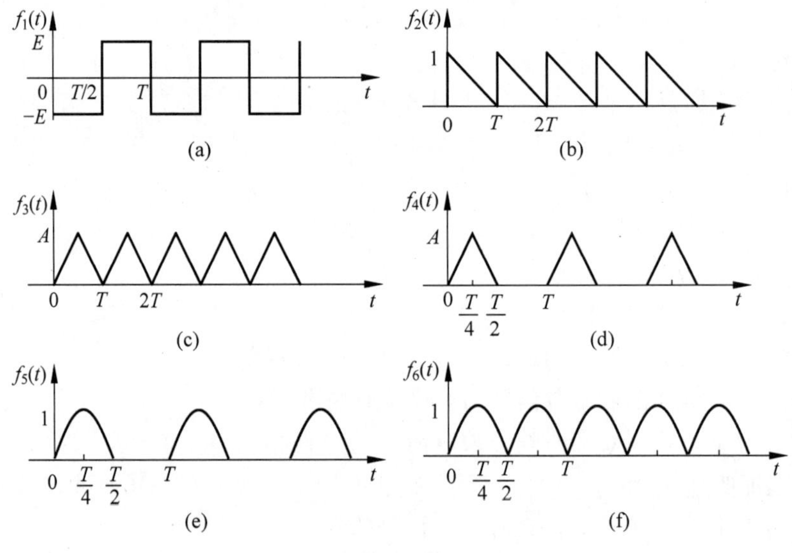

题 4-5 图

4-6　计算下列函数的拉普拉斯逆变换，假设下列信号均为因果信号。

(1) $F(s)=\dfrac{s+1}{s^2+5s+6}$　　(2) $F(s)=\dfrac{1}{s^2+3s+2}$

(3) $F(s)=\dfrac{6}{s(s+6)}$　　(4) $F(s)=\dfrac{4s+2}{(s+3)^2+16}$

(5) $F(s)=\dfrac{2s^2+s+2}{s(s^2+1)}$　　(6) $F(s)=\dfrac{4}{(s+1)(s+2)^2}$

(7) $F(s)=\dfrac{s^3+4s^2+3s+2}{s^2+3s+2}$　　(8) $F(s)=1-e^{-2s}$

(9) $F(s)=\dfrac{1-e^{-s}}{s+2}$　　(10) $F(s)=\dfrac{\pi(1-e^{-2s})}{s^2+\pi^2}$

(11) $F(s)=\dfrac{1-e^{-\frac{s}{2}}}{s(1-e^{-s})}$　　(12) $F(s)=\dfrac{\pi(1-e^{-2s})}{(s^2+\pi^2)(1-e^{-4s})}$

(13) $F(s)=\dfrac{s}{(s^2+\pi^2)(1-e^{-4s})}$　　(14) $F(s)=\dfrac{s}{(s+2)[(s+2)^2+9]}$

4-7　不计算拉普拉斯逆变换，试求题4-6所列各函数所对应的原函数 $f(t)$ 的初值 $f(0_+)$ 和终值 $f(+\infty)$。

4-8　已知某实信号及其拉普拉斯变换 $f(t)\leftrightarrow F(s)$，且满足以下条件，试确定 $F(s)$ 并给出其收敛域。

(1) $F(s)$ 只有两个极点；

(2) $F(s)$ 在有限复平面内没有零点；

(3) $F(s)$ 有一个极点在 $s=-1+j$；

(4) $e^{2t}f(t)$ 不是绝对可积的；

(5) $F(0)=8$。

4-9　已知某信号及其拉普拉斯变换 $f(t)\leftrightarrow F(s)$，试证明下列结论。

(1) 若 $f(t)$ 是偶函数，则 $F(s)=F(-s)$；

(2) 若 $f(t)$ 是奇函数，则 $F(s)=-F(-s)$。

4-10　已知因果采样信号 $f(t)=\sum\limits_{n=0}^{+\infty}e^{-nT}\delta(t-nT)$，其中 $T>0$，试求以下问题。

(1) $F(s)$ 及收敛域；

(2) 画出 $F(s)$ 的零极点图；

(3) 证明 $F(j\omega)$ 是周期的。

4-11　已知连续二阶系统 $H(s)=\dfrac{\omega_0^2}{s(s^2+2\xi\omega_0 s+\omega_0^2)}$，其中 $\omega_0=1$，分别求出当(1) $\xi=0$；(2) $\xi=0.5$；(3) $\xi=1$；(4) $\xi=2$ 时，系统的单位冲激响应 $h(t)$，并使用 MATLAB 画出四类情况下频率响应图和对应的冲激响应波形图。

4-12　已知系统在信号 $f_1(t)=\sin(2t)u(t)$ 激励下的零状态响应为 $y_{zs1}(t)=\dfrac{2}{5}(e^{-t}-\cos 2t)u(t)$，试求在信号 $f_2(t)=e^{-t}u(t)$ 激励下的零状态响应 $y_{zs2}(t)$，并写出描述该系统

的微分方程。

4-13 已知某连续时间 LTI 系统在激励为 $f(t)=2e^{-2t}u(t)$ 时，其零状态响应为 $y_{zs}(t)=(2e^{-2t}-4e^{-t}+8e^{-3t})u(t)$，试求系统的单位冲激响应 $h(t)$，并画出该系统的直接型实现框图。

4-14 已知某 LTI 系统的阶跃响应为 $s(t)=(e^{-t}-e^{-2t})u(t)$，试求该系统对激励 $f(t)=\delta(t-\pi)-\cos(\sqrt{3}t)u(t)$ 的响应。

4-15 已知某增量线性时不变系统对激励 $e_1(t)=u(t)$ 的全响应是 $r_1(t)=2e^{-t}u(t)$，对激励 $e_2(t)=\delta(t)$ 的全响应是 $r_2(t)=\delta(t)$，试分析下列问题。

(1) 描述该系统的微分方程；

(2) 该系统的零输入响应 $r_{zi}(t)$；

(3) 初始条件保持不变时，系统对激励 $f_3(t)=e^{-t}u(t)$ 的全响应 $r_3(t)$；

(4) 该系统的频率响应。

4-16 已知系统 $y''(t)+6y'(t)+5y(t)=f(t)$ 的初始条件为 $y(0_-)=1$ 和 $y'(0_-)=1$，激励 $f(t)=e^{-2t}u(t)$，试求该系统的零输入响应、零状态响应和全响应，分别指出其暂态响应和稳态响应，画出该系统的直接型实现框图、零极点图，并使用 MATLAB 画出其频率响应曲线，说明该系统是什么类型的滤波器。

4-17 已知系统 $H(s)=\dfrac{s}{s^2+4s+5}$，其初始条件为 $y(0_-)=0$ 和 $y'(0_-)=1$，激励 $f(t)=2u(t)-2u(t-2)$，试求该系统的微分方程、系统的零输入响应、零状态响应和全响应，使用 MATLAB 进行系统模拟，并观察其零状态响应的输出波形。

4-18 如题 4-18 图所示电路，$t<0$ 时，开关置于位置“1”，电路已进入稳态；$t=0$ 时，开关位置切换到位置“2”；已知 $R=1\Omega$、$C=1F$、$E=10V(t<0)$，用拉普拉斯变换方法求下列问题。

(1) 该系统 s 域的电路图；

(2) 若 $i_s(t)=2u(t)A$，求该系统的零状态响应、零输入响应和全响应，并指出哪些是暂态响应和稳态响应；

(3) 使用 MATLAB 画出该系统的频率响应。

4-19 如题 4-19 图所示电路，$t=0$ 时，开关 K 闭合，接入直流电压 E，在以下三种情况下分别求 $v(t)$，并画出其波形图。

(1) $R_1C_1=R_2C_2$

(2) $R_1C_1>R_2C_2$

(3) $R_1C_1<R_2C_2$

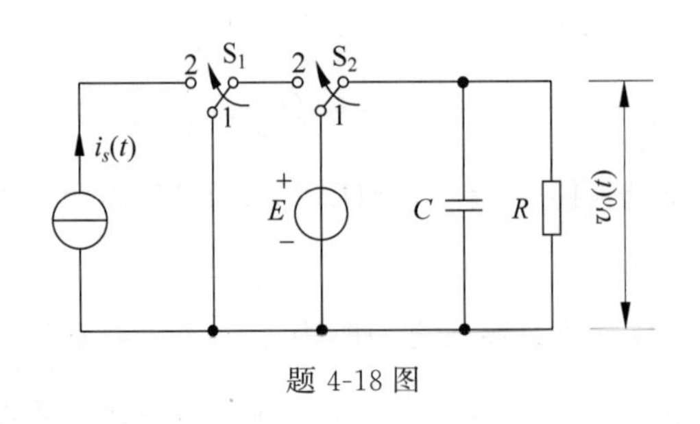

题 4-18 图

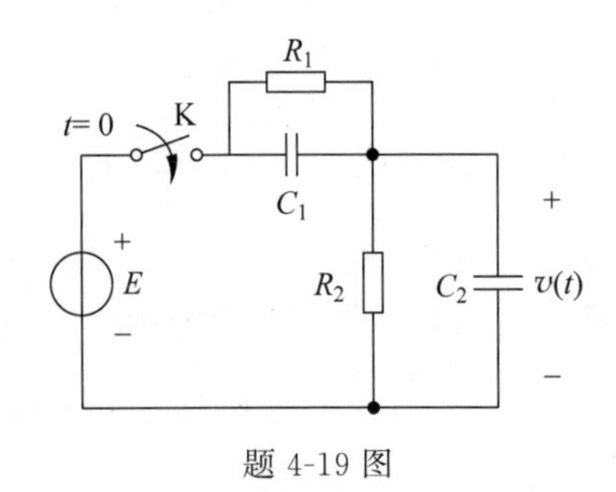

题 4-19 图

4-20　求如题4-20图(a)所示电路中的输出 $i(t)$ 和题4-20图(b)所示电路中的输出 $u_o(t)$ 的零状态响应，其中，两系统的激励 $u(t)$ 均为单位阶跃信号。

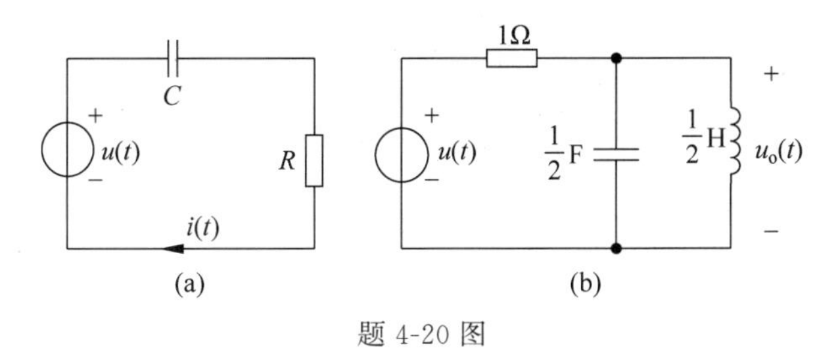

题4-20图

4-21　如题4-21图所示电路，已知 $R=5\Omega$、$C=0.1\text{F}$、$L=2\text{H}$，试用拉普拉斯变换法求在 $u_1(t)$ 作用下的输出电压 $u_2(t)$。

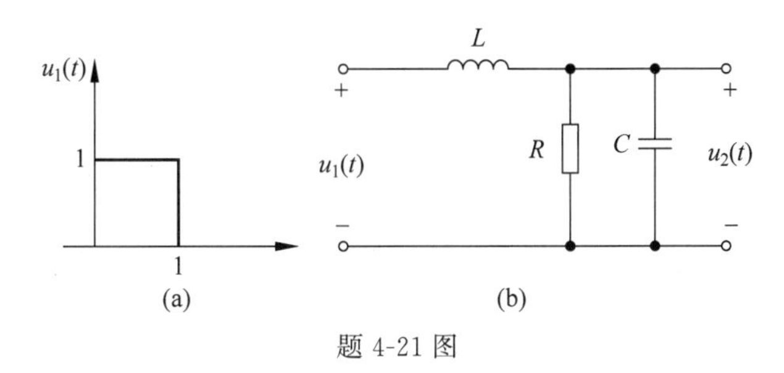

题4-21图

4-22　如题4-22图所示电路的初始状态为零，要求输出满足 $u_2(t)=-[2g'(t)+6g(t)]$，其中 $g(t)=\mathrm{e}^{-t}u(t)$，试用拉普拉斯变换法求其输入信号 $u_1(t)$。

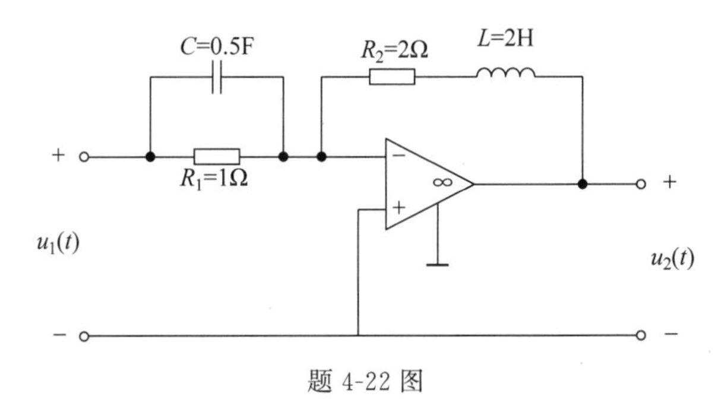

题4-22图

4-23　如题4-23图所示二阶有源滤波器，已知 $R=1\Omega$、$C=1\text{F}$、$K=3$，试求系统函数 $H(s)=\dfrac{U_2(s)}{U_1(s)}$。

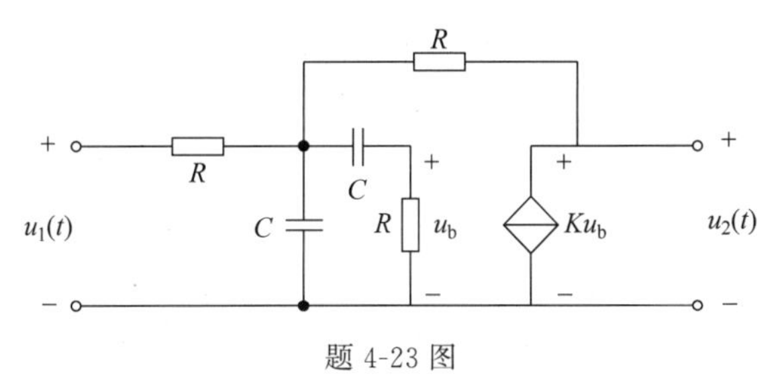

题4-23图

4-24 假设关于一个因果稳定的 LTI 系统给出下列信息，其单位冲激响应为 $h(t)$ 且有理系统函数为 $H(s)$，试确定 $H(s)$ 及其收敛域。

(1) $H(1)=0.2$；

(2) 当输入为 $u(t)$ 时，输出是绝对可积的；

(3) 当输入为 $tu(t)$ 时，输出不是绝对可积的；

(4) 信号 $\mathrm{d}^2h(t)/\mathrm{d}t^2+2\mathrm{d}h(t)/\mathrm{d}t+2h(t)$ 是有限长的；

(5) 系统函数在无穷远处有一个极点。

4-25 已知某因果系统的系统函数 $H(s)$ 零、极点分布如题 4-25 图所示，若冲激响应的初值 $h(0_+)=2$，试说明该系统是否为稳定系统，确定该系统的系统函数 $H(s)$ 和频率特性，并使用 MATLAB 画出其频率响应。

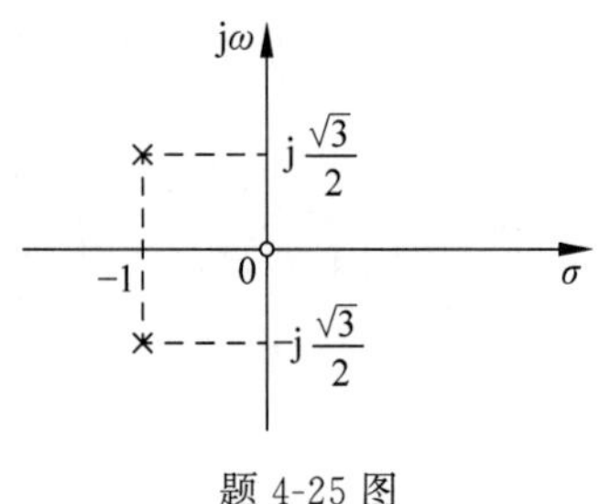

题 4-25 图

4-26 已知某因果系统的系统函数 $H(s)$ 零、极点分布如题 4-26 图所示，且 $H(0)=5$，试求系统函数 $H(s)$，判断该系统是否为最小相位系统。若系统激励为 $f(t)=\cos(\sqrt{3}t)u(t)$ 时，求其对应的正弦稳态响应。

4-27 已知某因果系统的系统函数 $H(s)$ 零、极点分布如题 4-27 图所示，且 $H(0)=\frac{1}{3}$，试求系统函数 $H(s)$、系统冲激响应 $h(t)$ 和阶跃响应 $s(t)$，判断该系统是什么类型的滤波器，并说明原因。

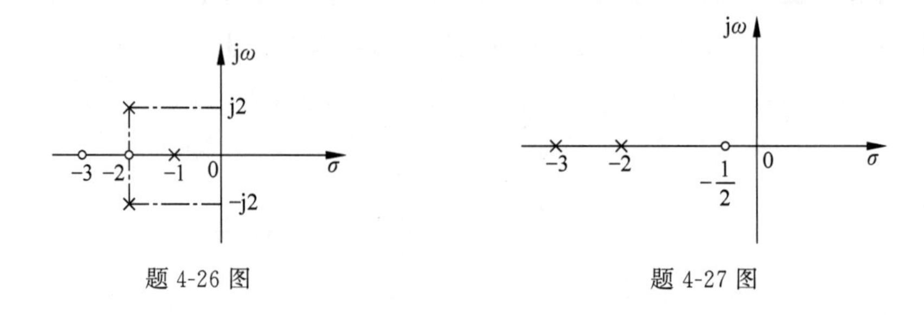

题 4-26 图　　题 4-27 图

4-28 已知某 LTI 连续时间系统的系统函数为 $H(s)=\frac{1}{s^2+3s+2}$，系统激励为 $x(t)=u(t)-u(-t)$，试求下列问题。

(1) 系统的单位冲激响应；

(2) 判断系统是什么类型的滤波器；

(3) 求系统的零输入响应、零状态响应。

4-29 设 $H(s)$ 为某一因果稳定系统的系统函数，该系统的输入是由三项之和组成的，其中之一是一个冲激 $\delta(t)$，其余的则是 $y(t)=\mathrm{e}^{s_0t}$ 的复指数形式，其中 s_0 是复常数。系统的输出是 $y(t)=-6\mathrm{e}^{-t}u(t)+\frac{4}{34}\mathrm{e}^{4t}\cos(3t)+\frac{18}{34}\mathrm{e}^{4t}\sin(3t)+\delta(t)$。试求符合这些条件的系统函数。

4-30 在滤波器设计中，将低通滤波器转换到高通滤波器，或者反之是可行且方便的。

假设 $H(s)$表示原滤波器的转移函数，$G(s)$表示被转换滤波器的转移函数，则二者满足 $G(s)=H\left(\frac{1}{s}\right)$。试求下列问题。

(1) 若 $H(s)=\frac{1}{s+0.5}$，画出二者的幅频特性曲线；

(2) 确定 $H(s)$和 $G(s)$表示的系统微分方程；

(3) 对于一般情况，若 $H(s)$描述的系统微分方程为 $\sum_{k=0}^{N}a_k\frac{\mathrm{d}^k y(t)}{\mathrm{d}t^k}=\sum_{k=0}^{N}b_k\frac{\mathrm{d}^k x(t)}{\mathrm{d}t^k}$，假设方程两边阶次一致，其中部分系数可能为零，求此时的 $H(s)$及 $G(s)$，并写出 $G(s)$描述的系统微分方程。

4-31　模拟传感器系统可用常系数微分方程进行描述，其中，常数由传感器系统的特性确定。例如，某弹簧阻尼器构成的压力传感器，激励为 $x(t)$，响应为 $y(t)$，描述系统的方程为 $a_1\frac{\mathrm{d}y(t)}{\mathrm{d}t}+a_0y(t)=b_0x(t)$，即 $\tau\frac{\mathrm{d}y(t)}{\mathrm{d}t}+y(t)=Kx(t)$，$b_0$、$a_0$、$a_1$ 均是正实数，定义时间常数 $\tau=\frac{a_1}{a_0}$，静态灵敏度 $K=\frac{b_0}{a_0}$。试分析该传感器系统的频率响应以及时间常数对系统的影响。

4-32　给定连续因果系统的系统函数 $H(s)$零极点分布如题 4-32 图所示，试使用 MATLAB 画出系统的幅频特性和相频特性曲线，并说明零极点分布对其频率响应的作用。

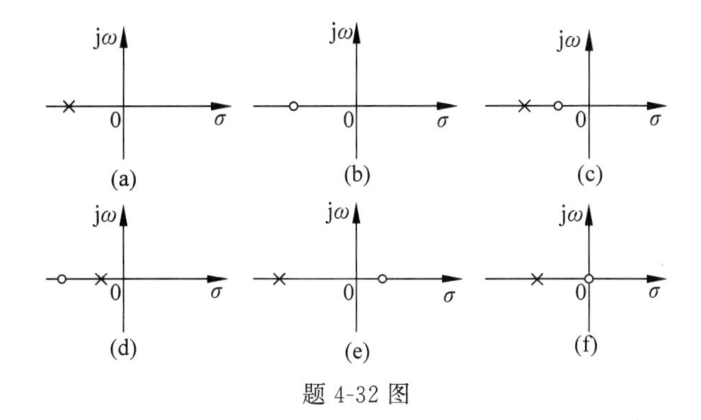

题 4-32 图

4-33　已知连续因果系统的系统函数零极点分布如题 4-33 图所示，试判断系统的稳定性，讨论它们分别是哪种滤波网络(低通、高通、带通、带阻或者全通)。

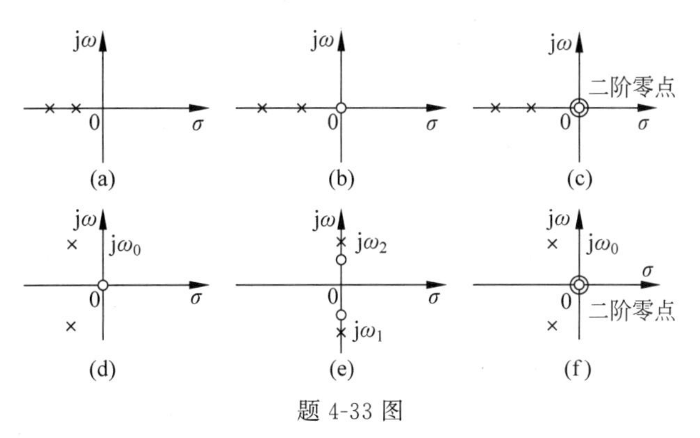

题 4-33 图

4-34　求如题 4-34 图(a)、(b)和(c)所示电路系统的系统函数 $H(s)$ 和零、极点分布，使用 MATLAB 画出其频率响应，并指出各系统为哪种滤波网络。($u_1(t)$ 为系统激励，$u_2(t)$ 为系统响应)

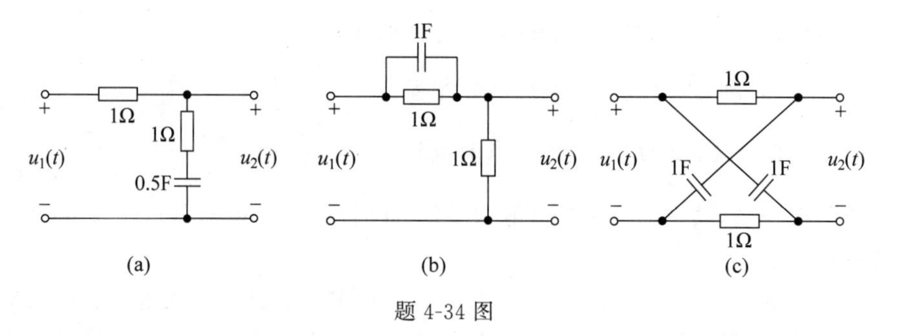

题 4-34 图

4-35　如题 4-35 图所示电路，电路初始储能为零，试求解下列问题。

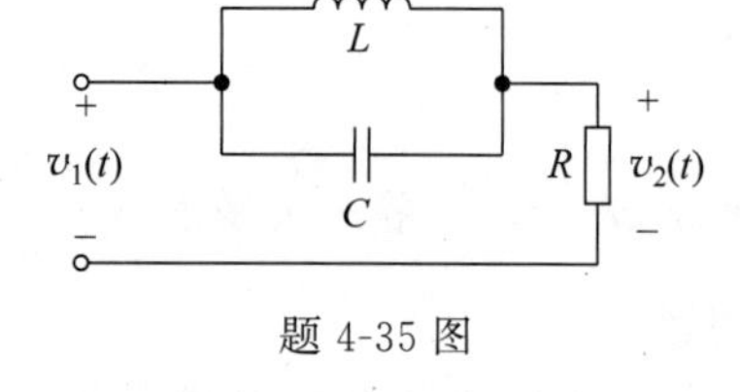

题 4-35 图

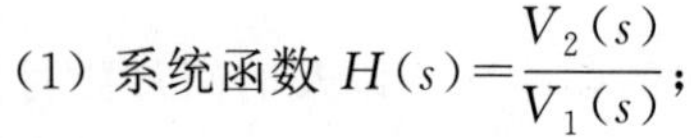

(1) 系统函数 $H(s)=\dfrac{V_2(s)}{V_1(s)}$；

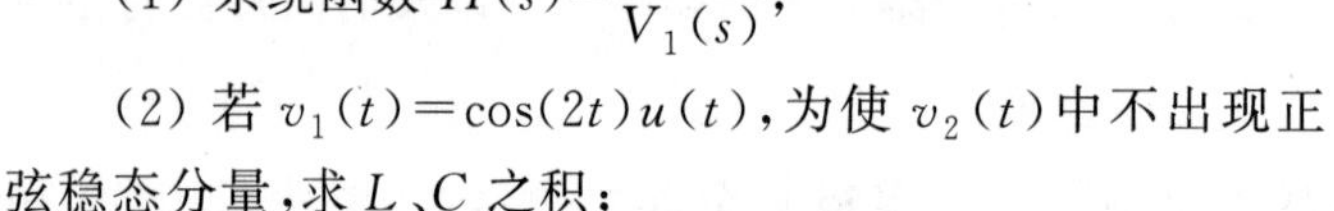

(2) 若 $v_1(t)=\cos(2t)u(t)$，为使 $v_2(t)$ 中不出现正弦稳态分量，求 L、C 之积；

(3) 若 $R=1\Omega, L=1\text{H}$，按(2)条件求 $u_2(t)$。

4-36　已知下列因果系统的系统函数，判断其稳定性，若是稳定系统，使用 MATLAB 画出系统频率响应曲线，说明该系统为何种类型的滤波器，同时说明下列系统哪些是最小相位系统，哪些是全通系统。

(1) $H(s)=\dfrac{s+1}{s^2+8s+16}$

(2) $H(s)=\dfrac{2s-4}{(s+1)(s^2+7s+12)}$

(3) $H(s)=\dfrac{6}{s(s-6)}$

(4) $H(s)=\dfrac{s^2-s+1}{s^2+s+1}$

(5) $H(s)=\dfrac{4}{(s+2)^2+9}$

(6) $H(s)=\dfrac{s^3+4s^2+3s+2}{s^2+3s+2}$

(7) $H(s)=\dfrac{s^2+s+1}{s^2+2s+2}$

4-37　如题 4-37 图所示反馈系统，为使该系统稳定，试求 K 的取值范围。

4-38　如题 4-38 图所示电路系统，假设系统中运算放大器为理想的，试求下列问题。

(1) 系统函数 $H(s)=\dfrac{U_2(s)}{U_1(s)}$；

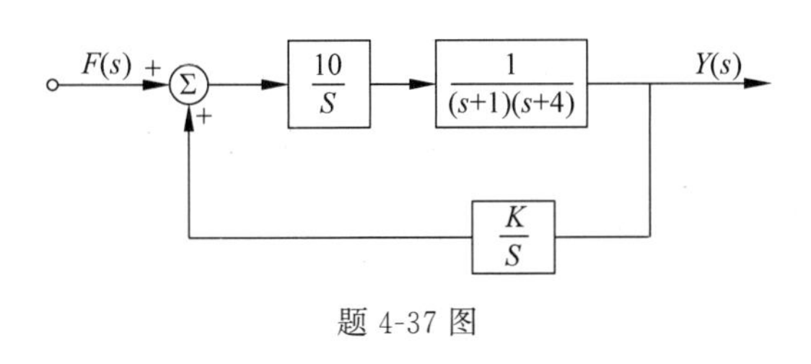

题 4-37 图

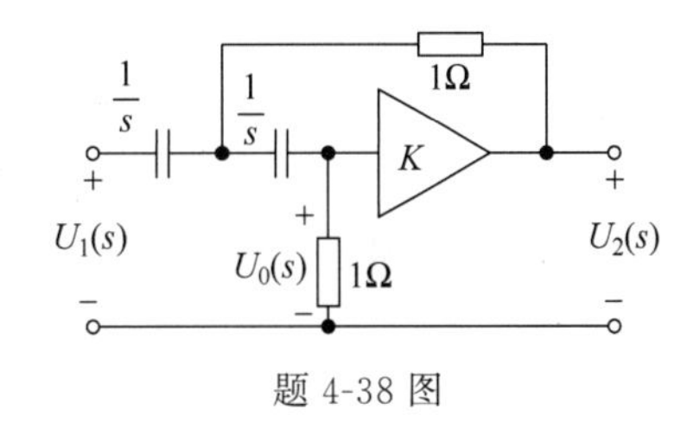

题 4-38 图

(2) 使系统稳定的 K 值范围。

4-39　画出下列连续时间系统的直接型框图、级联型框图和并联型框图，并求解系统单位冲激响应。

(1) $\dfrac{\mathrm{d}y(t)}{\mathrm{d}t}+5y(t)=2\dfrac{\mathrm{d}x(t)}{\mathrm{d}t}$

(2) $\dfrac{\mathrm{d}^2y(t)}{\mathrm{d}t^2}+2\dfrac{\mathrm{d}y(t)}{\mathrm{d}t}+2y(t)=\dfrac{\mathrm{d}x(t)}{\mathrm{d}t}+3x(t)$

(3) $\dfrac{\mathrm{d}^2y(t)}{\mathrm{d}t^2}+7\dfrac{\mathrm{d}y(t)}{\mathrm{d}t}+12y(t)=10x(t)$

(4) $\dfrac{\mathrm{d}^2y(t)}{\mathrm{d}t^2}+11\dfrac{\mathrm{d}y(t)}{\mathrm{d}t}+30y(t)=\dfrac{\mathrm{d}^2x(t)}{\mathrm{d}t^2}+4\dfrac{\mathrm{d}x(t)}{\mathrm{d}t}+3x(t)$

(5) $\dfrac{\mathrm{d}^2y(t)}{\mathrm{d}t^2}+4\dfrac{\mathrm{d}y(t)}{\mathrm{d}t}+4y(t)=\dfrac{\mathrm{d}x(t)}{\mathrm{d}t}$

4-40　设 $h(t)$是一个具有有理系统函数的因果稳定 LTI 系统的单位冲激响应，试判断下列问题。

(1) 能否保证单位冲激响应为 $\mathrm{d}h(t)/\mathrm{d}t$ 的系统是因果和稳定的；

(2) 能否保证单位冲激响应为 $\int_{-\infty}^{t}h(\tau)\mathrm{d}\tau$ 的系统是因果和不稳定的。

4-41　设信号 $y(t)=\mathrm{e}^{-2t}u(t)$是系统函数为 $H(s)=\dfrac{s-1}{s+1}$的因果全通系统的输出，试求下列问题。

(1) 试求两种不同的输入信号 $x(t)$，使其通过系统后的响应信号为 $y(t)$，并画出 $x(t)$的波形；

(2) 若已知 $\int_{-\infty}^{+\infty}|x(t)|\mathrm{d}t<\infty$，求输入 $x(t)$；

(3) 已知存在某个稳定(但不一定因果)的系统，若它以 $y(t)$作输入，则输出为 $x(t)$，问信号 $x(t)$是什么？求这个滤波器的单位冲激响应，并用直接卷积证明 $y(t)*h(t)=x(t)$。

4-42　判断关于 LTI 系统下列每一种说法是否正确，若此说法是正确的，给出一个有力的证据；若不正确，给出一个反例。

(1) 一个稳定的连续时间系统其全部极点必须位于 s 平面的左平面；

(2) 若一个系统函数的极点数多于零点数，而这个系统是因果的，那么其阶跃响应在 $t=0$ 一定连续；

(3) 若一个系统函数的极点数多于零点数，而这个系统不限定是因果的，那么其阶跃响

应在 $t=0$ 可能不连续；

(4) 一个稳定和因果的系统，其系统函数的全部极点和零点都必须在 s 平面的左平面。

4-43 设 $h(t)$ 是一个具有有理系统函数 $H(s)$ 的因果稳定 LTI 系统的单位冲激响应，试证明 $g(t)=\mathrm{Re}\{h(t)\}$ 也是一个因果稳定系统的单位冲激响应。

4-44 已知某连续线性时不变系统为最小相位系统，证明其逆系统也是最小相位系统。

4-45 已知下列因果信号的拉普拉斯变换 $F(s)$，试求对应的傅里叶变换 $F(\mathrm{j}\omega)$。

(1) $F(s)=\dfrac{1}{s}$　　(2) $F(s)=\dfrac{2}{s^2+1}$

(3) $F(s)=\dfrac{s^2+9}{s(s^2+4s+3)}$　　(4) $F(s)=\dfrac{1}{s(s^2+1)}$

(5) $F(s)=\dfrac{s^2+9}{s(s^2+4)}$　　(6) $F(s)=\dfrac{s+3}{(s+4)(s^2+9)}$

第 5 章

CHAPTER 5

离散时间信号与系统的 z 域分析和频域分析

5.1 z 变换

5.1.1 z 变换定义

为了便于理解，我们从双边拉普拉斯变换推导 z 变换。

采样信号及其双边拉普拉斯变换为：

$$f_s(t)=\sum_{n=-\infty}^{+\infty} f(nT)\delta(t-nT)\Leftrightarrow F_s(s)=\sum_{n=-\infty}^{+\infty} f(nT)\mathrm{e}^{-nsT}$$

应用复变量替换 $z=\mathrm{e}^{-sT}$，并用 $f[n]$替换 $f(nT)$后，有 z 变换：

$$F(z)=\sum_{n=-\infty}^{+\infty} f[n]z^{-n} \tag{5-1}$$

根据复变函数理论，对应的 z 逆变换为：

$$f[n]=\frac{1}{2\pi \mathrm{j}}\oint_C F(z)z^{n-1}\mathrm{d}z \tag{5-2}$$

通常，我们记 z 变换对为：

$$f[n]\Leftrightarrow F(z) \tag{5-3}$$

从上述讨论可以看出，采样信号 $f_s(t)$的双边拉普拉斯变换与它所对应样本序列的双边 z 变换之间的关系。

与拉普拉斯变换类似，z 变换收敛的 z 值范围定义为 $F(z)$的收敛域，即使 $F(z)$绝对可和的 z 值范围：

$$\sum_{n=-\infty}^{+\infty} |f[n]z^{-n}|<+\infty \tag{5-4}$$

式(5-1)定义了双边 z 变换，当求和下限取作 0 时，有序列的单边 z 变换：

$$F(z)=\sum_{n=0}^{+\infty} f[n]z^{-n} \tag{5-5}$$

同时，序列 $f[n]$的 z 变换式 $F(z)$，一般可表示为 z 变量的分式形式，即写成 $f[n]=K\frac{\prod_{i=1}^{m}(z-z_i)}{\prod_{j=1}^{n}(z-z_j)}$，其中分子多项式的根称为 $F(z)$的零点，分母多项式的根称为 $F(z)$的

极点。

5.1.2 z 变换的收敛域

容易证明，双边无限长序列的双边 z 变换 $F(z)=\sum_{n=-\infty}^{+\infty} f[n]z^{-n}$ 的收敛域为圆环 $R_{f-}<|z|<R_{f+}$，且收敛域中不包含任何极点；右边序列的 z 变换 $F(z)=\sum_{n=-m}^{+\infty} f[n]z^{-n}$ 的收敛域为某圆的外部(除了无穷远点 $z=\infty$ 之外)，即 $R_{f-}<|z|<\infty$，当它是因果序列时，收敛域还应包括无穷远点 $R_{f-}<|z|$；而左边序列的 z 变换 $F(z)=\sum_{n=-\infty}^{m} f[n]z^{-n}$ 的收敛域为某圆的内部(除了原点 $z=0$ 之外)，即 $0<|z|<R_{f+}$，当它是反因果序列时，$F(z)=\sum_{n=-\infty}^{0} f[n]z^{-n}$ 的收敛域还应包括原点 $|z|<R_{f+}$；有限长序列的 z 变换 $F(z)=\sum_{n=-m_1}^{m_2} f[n]z^{-n}$ 的收敛域至少为除原点和无穷远点之外的全平面，即 $0<|z|<\infty$，当它是因果序列时，$F(z)=\sum_{n=0}^{m_2} f[n]z^{-n}$ 的收敛域还应包括无穷远点 $0<|z|$，而当它是反因果序列时，$F(z)=\sum_{n=-m_1}^{0} f[n]z^{-n}$ 的收敛域还应包括原点 $|z|<\infty$。

表 5-1 综述了不同类型序列的收敛域。

表 5-1　序列类型与 z 变换收敛域的关系

有限长序列			右边序列		左边序列		双边无限长序列
双边	因果	反因果	非因果	因果	非反因果	反因果	
$0<\|z\|<\infty$	$0<\|z\|$	$\|z\|<\infty$	$R_{f-}<\|z\|<\infty$	$R_{f-}<\|z\|$	$0<\|z\|<R_{f+}$	$\|z\|<R_{f+}$	$R_{f-}<\|z\|<R_{f+}$

值得注意的是，同一个 z 变换在具有不同的收敛域时，会对应不同的序列。例如某序列的 z 变换为 $\frac{z}{z-a}+\frac{z}{z-b}$，当收敛域为 $a<b<|z|$ 时，对应因果序列 $(a^n+b^n)u[n]$；当收敛域为 $|z|<a<b$ 时，对应反因果序列 $-(a^n+b^n)u[-n-1]$；而当收敛域为圆环 $a<|z|<b$ 时，对应双边序列 $a^n u[n]-b^n u[-n-1]$。因此，在计算一个序列的 z 变换时，必须同时给出其收敛域。

例 5-1　已知序列 $f[n]=G_N[n]$，求该序列的 z 变换，并标出收敛域。

解

$$G_N[n]=u[n]-u[n-N]\Leftrightarrow\sum_{n=0}^{+\infty}u[n]z^{-n}-\sum_{n=N}^{+\infty}u[n-N]z^{-n}$$

$$=\sum_{n=0}^{N-1}z^{-n}=\frac{1-z^{-N}}{1-z^{-1}}=\frac{1}{z^{N-1}}\cdot\frac{z^N-1}{z-1}$$

从结果可知，该序列 z 变换对应的极点为 $z=1$ 和 $z=0(N-1$ 阶)，零点为满足方程

$z^N=1$ 的解，根据复变函数理论，可知零点有 N 个，且在单位圆上等间隔分布，其中与 $z=1$ 处极点抵消，因此，该 z 变换除了原点处存在 $N-1$ 阶极点外，在 z 平面上解析，因此收敛域为 $|z|>0$。

例 5-2　已知序列 $f[n]=\left(\frac{1}{2}\right)^{|n|}$，求该序列的 z 变换，并标出收敛域。

解　该序列为双边序列，因此有：

$$\left(\frac{1}{2}\right)^{|n|}=\left(\frac{1}{2}\right)^{n}u[n]+\left(\frac{1}{2}\right)^{-n}u[-n-1]\Leftrightarrow\sum_{n=0}^{+\infty}\left(\frac{1}{2}\right)^{n}z^{-n}+\sum_{n=-\infty}^{-1}\left(\frac{1}{2}\right)^{-n}z^{-n}$$

$$=\frac{1}{1-\frac{1}{2}z^{-1}}-\frac{1}{1-2z^{-1}}$$

其收敛域为 $\frac{1}{2}<|z|<2$。

5.1.3　典型序列的 z 变换

1）单位脉冲序列 $\delta[n]$

把 $\delta[n]$代入定义式有：

$$\delta[n]\Leftrightarrow 1 \tag{5-6}$$

同时注意到，脉冲序列的收敛域为整个 z 平面。

2）阶跃序列 $u[n]$

把 $u[n]$代入定义式有：

$$u[n]\Leftrightarrow\sum_{n=0}^{+\infty}z^{-n}=\frac{1}{1-z^{-1}},\quad |z|>1 \tag{5-7}$$

3）指数序列 $a^nu[n]$、$a^nu[-n-1]$

由 z 变换的定义，有：

$$a^nu[n]\Leftrightarrow\sum_{n=0}^{+\infty}a^nz^{-n}=\frac{1}{1-az^{-1}},\quad |z|>|a| \tag{5-8}$$

特殊地，当 $a=e^{j\omega_0}$ 时，有：

$$e^{jn\omega_0}u[n]\Leftrightarrow\frac{1}{1-e^{j\omega_0}z^{-1}},\quad |z|>1 \tag{5-9}$$

因此得到正弦类序列的 z 变换：

$$\sin(n\omega_0)u[n]=\frac{e^{jn\omega_0}-e^{-jn\omega_0}}{2j}u[n]\Leftrightarrow\frac{\sin(\omega_0)z^{-1}}{1-2z^{-1}\cos(\omega_0)+z^{-2}},\quad |z|>1 \tag{5-10}$$

$$\cos(n\omega_0)u[n]=\frac{e^{jn\omega_0}+e^{-jn\omega_0}}{2}u[n]\Leftrightarrow\frac{1-z^{-1}\cos(\omega_0)}{1-2z^{-1}\cos(\omega_0)+z^{-2}},\quad |z|>1 \tag{5-11}$$

类似地，有反因果指数序列：

$$a^nu[-n-1]\Leftrightarrow\sum_{n=-\infty}^{-1}a^nz^{-n}=\sum_{n=1}^{+\infty}(a^{-1}z)^n=\frac{a^{-1}z}{1-a^{-1}z}=-\frac{1}{1-az^{-1}},\quad |z|<|a| \tag{5-12}$$

当 $a=\beta e^{j\omega_0}$ 时，有：

$$\beta^n e^{jn\omega_0}u[n]\Leftrightarrow\frac{1}{1-\beta e^{j\omega_0}z^{-1}},\quad |z|>|\beta| \tag{5-13}$$

当 $a=\beta e^{-j\omega_0}$ 时，有：

$$\beta^n e^{-jn\omega_0}u[n]\Leftrightarrow\frac{1}{1-\beta e^{-j\omega_0}z^{-1}},\quad |z|>|\beta| \tag{5-14}$$

此外，还可以得到指数型正弦类序列的 z 变换：

$$\beta^n\sin(n\omega_0)u[n]\Leftrightarrow\frac{\beta\sin(\omega_0)z^{-1}}{1-2\beta z^{-1}\cos(\omega_0)+\beta^2z^{-2}},\quad |z|>|\beta| \tag{5-15}$$

$$\beta^n\cos(n\omega_0)u[n]\Leftrightarrow\frac{1-z^{-1}\beta\cos(\omega_0)}{1-2\beta z^{-1}\cos(\omega_0)+\beta^2z^{-2}},\quad |z|>|\beta| \tag{5-16}$$

4）斜变序列 $nu[n]$

利用 $\sum_{n=0}^{+\infty}z^{-n}=\frac{1}{1-z^{-1}}$，将该式两边对 z 进行一阶微分有：$\sum_{n=0}^{+\infty}nz^{-n-1}=\frac{z^{-2}}{(1-z^{-1})^2}$，因此有：

$$nu[n]\Leftrightarrow\sum_{n=0}^{+\infty}nz^{-n}=\frac{z^{-1}}{(1-z^{-1})^2},\quad |z|>1 \tag{5-17}$$

微课视频

5.2 z 变换的性质

与拉普拉斯变换类似，z 变换的一系列性质可方便地求解各类序列的 z 变换，同时应用与离散 LTI 系统的分析。

1. 线性性

z 变换是个线性变换，即：

$$a_1f_1[n]+a_2f_2[n]\Leftrightarrow a_1F_1(z)+a_2F_2(z) \tag{5-18}$$

需要注意的是，一般的，有限个序列进行线性加权后，其收敛域是各序列收敛域的交集，但有些情况下，收敛域会扩大。例如，单位脉冲序列是阶跃序列的一阶后向差分，有 $\delta[n]=u[n]-u[n-1]\Leftrightarrow\frac{1}{1-z^{-1}}-\frac{z^{-1}}{1-z^{-1}}=1$，而其收敛域由单位圆外扩大到整个 z 域平面。这是由于线性加权过程中的零极点相消导致的。

例 5-3 求序列 $f[n]=\left(\frac{1}{4}\right)^nu[n]-(2)^nu[-n-1]$ 的 z 变换，并注明收敛域。

解 该序列是双边衰减型序列，根据式(5-8)以及式(5-12)得：

$$f[n]\Leftrightarrow\frac{1}{1-\frac{1}{4}z^{-1}}+\frac{1}{1-2z^{-1}}=\frac{2-\frac{9}{4}z^{-1}}{\left(1-\frac{1}{4}z^{-1}\right)(1-2z^{-1})}。$$

收敛域为 $\frac{1}{4}<|z|<2$，是一个圆环区域，与双边衰减型序列是一致的。

2. 位移性质(延迟特性)

1) 双边 z 变换

显然,对于双边 z 变换,若 $f[n] \Leftrightarrow F(z)$,则 $f[n-m] \Leftrightarrow z^{-m}F(z)$,任意整数 m。同时由该性质可知,序列的移位会导致 $F(z)$在 $z=0$ 和 $z=\infty$处零点和极点的变化。除此之外,若收敛域为圆环区域,则移位后的 z 变换收敛域不变。

2) 单边 z 变换

若对序列 $f[n]$进行单边 z 变换,则要分别讨论左移和右移,有:

$$f[n-m]u[n] \Leftrightarrow z^{-m}F(z) + \sum_{k=1}^{m} f[-k]z^{-(m-k)} \tag{5-19}$$

$$f[n+m]u[n] \Leftrightarrow z^{m}F(z) - \sum_{k=0}^{m-1} f[k]z^{m-k} \tag{5-20}$$

现对式(5-19)证明如下。

根据单边 z 变换的定义,有:

$$\begin{aligned} f[n-m]u[n] \Leftrightarrow \sum_{k=0}^{+\infty} f[k-m]z^{-k} &= \sum_{i=-m}^{+\infty} f[i]z^{-(i+m)} \\ &= \sum_{i=0}^{+\infty} f[i]z^{-(i+m)} + \sum_{i=-m}^{-1} f[i]z^{-(i+m)} \\ &= z^{-m}F(z) + \sum_{k=1}^{m} f[-k]z^{-(m-k)} \end{aligned}$$

特别地,有:

$$\begin{cases} f[n-1] \Leftrightarrow z^{-1}F(z) + f[-1] \\ f[n-2] \Leftrightarrow z^{-2}F(z) + z^{-1}f[-1] + f[-2] \end{cases} \tag{5-21}$$

同理,可以证明式(5-20),且有:

$$\begin{cases} f[n+1] \Leftrightarrow zF(z) - zf[0] \\ f[n+2] \Leftrightarrow z^{2}F(z) - z^{2}f[0] - zf[1] \end{cases} \tag{5-22}$$

利用 z 变换的移位性质,可进行离散 LTI 系统的 z 域分析。

例 5-4 求输入为 $u[n]$的一阶 LTI 离散系统 $y[n]-0.9y[n-1]=0.05u[n]$在初始条件 $y[-1]=-1$ 下的系统响应。

解 对描述该系统的一阶差分方程取单边 z 变换后,有:

$$Y(z) - 0.9[z^{-1}Y(z) - 1] = \frac{0.05}{1-z^{-1}}$$

使得 $Y(z)=Y_{ZI}(z)+Y_{ZS}(z)$,其中,$\begin{cases} Y_{ZI}(z) = \dfrac{-0.9}{1-0.9z^{-1}} \\ Y_{ZS}(z) = \dfrac{1}{1-0.9z^{-1}} \cdot \dfrac{0.05}{1-z^{-1}} = \dfrac{-0.45}{1-0.9z^{-1}} + \dfrac{0.5}{1-z^{-1}} \end{cases}$,

即,由系统初始条件产生的响应是系统的零输入响应,外来激励作用下产生的响应是系统的零状态响应。其中,零输入响应为 $y_{zi}[n]=-0.9^{n+1}u[n]$,零状态响应为 $y_{zs}[n]=0.5(1-0.9^{n+1})u[n]$,系统的全响应为 $y[n]=0.5(1-0.9^{n+1})u[n]-0.9^{n+1}u[n]$。

3. z 域尺度变换(序列指数加权)

若 $f[n]\Leftrightarrow F(z)$,ROC: $R_1<|z|<R_2$,则有:

$$a^n f[n]\Leftrightarrow F\left(\frac{z}{a}\right),\quad \text{ROC}: |a|R_1<|z|<|a|R_2 \tag{5-23}$$

证明: $a^n f[n]\Leftrightarrow \sum_{n=-\infty}^{+\infty} a^n f[n]z^{-n}=\sum_{n=-\infty}^{+\infty} f[n]\left(\frac{z}{a}\right)^{-n}=F\left(\frac{z}{a}\right)$。

这表明,时域指数加权对应于 z 域尺度变换。

该性质可用于不稳定离散系统的稳定化处理,即,通过把单位圆外的极点径向地移向单位圆内,可以使不稳定的离散系统变成稳定系统。

等价地,

$$a^{-n} f[n]\Leftrightarrow F(az),\quad \text{ROC}: \frac{R_1}{|a|}<|z|<\frac{R_2}{|a|} \tag{5-24}$$

特殊地,

$$(-1)^n f[n]\Leftrightarrow F(-z),\quad \text{ROC}: R_1<|z|<R_2 \tag{5-25}$$

例 5-5 求 $\left(\frac{1}{2}\right)^n \cos(n\omega_0)u[n]$ 的 z 变换。

解 由 z 域尺度性质和式(5-11),有:

$$\left(\frac{1}{2}\right)^n \cos(n\omega_0)u[n]\Leftrightarrow \frac{1-\frac{1}{2}z^{-1}\cos(\omega_0)}{1-z^{-1}\cos(\omega_0)+\frac{1}{4}z^{-2}},\quad \text{ROC}: |z|>\frac{1}{2}$$

特别的,当 $a=e^{j\omega_0 n}$ 时,该性质为:

$$e^{j\omega_0 n} f[n]\Leftrightarrow F(e^{-j\omega_0}z),\text{ROC}: R_1<|z|<R_2$$

若 $F(z)$ 的极点为 z_0,则经过时域尺度变换后 $F(e^{-j\omega_0}z)$ 的极点为 $e^{j\omega_0}z_0$,即 z 变换在单位圆上的特性将改变角度 ω_0。

4. 时域翻转性质

若 $f[n]\Leftrightarrow F(z)$,ROC: $R_1<|z|<R_2$,则有:

$$f[-n]\Leftrightarrow F(z^{-1}),\quad \text{ROC}: \frac{1}{R_2}<|z|<\frac{1}{R_1} \tag{5-26}$$

证明: 由 z 变换定义,有 $f[-n]\Leftrightarrow \sum_{n=-\infty}^{+\infty} f[-n]z^{-n} \xlongequal{\text{用 } k \text{ 取代 } -n} \sum_{k=-\infty}^{+\infty} f[k]z^{k}=F(z^{-1})$。

时域翻转性质可用于把反因果序列的 z 变换与对应因果序列的 z 变换联系起来,从而利用已知因果序列的 z 变换公式求解反因果序列的 z 变换。

例 5-6 计算 $(a^n+b^n)u[n]$、$-(a^n+b^n)u[-n-1]$ 和 $a^n u[n]-b^n u[-n-1]$ 的 z 变换,并确定其收敛域,其中 $b>a>0$。

解 由 z 变换的定义可知:

$$a^n u[n]\Leftrightarrow \frac{1}{1-az^{-1}}=\frac{z}{z-a},\quad |z|>a$$

因此有:

$$b^{-n}u[n] \Leftrightarrow \frac{1}{1-b^{-1}z^{-1}}, \quad |z|>b^{-1}$$

进一步可计算得：

$$b^{-n}u[n-1]=b^{-1}b^{-(n-1)}u[n-1] \Leftrightarrow \frac{b^{-1}z^{-1}}{1-b^{-1}z^{-1}}, \quad |z|>b^{-1}$$

由 z 变换的翻转性质得到：

$$b^{n}u[-n-1] \Leftrightarrow \frac{b^{-1}z}{1-b^{-1}z}=\frac{z}{b-z}, \quad |z|<b$$

综上可得：

$$(a^n+b^n)u[n] \Leftrightarrow \frac{z}{z-a}+\frac{z}{z-b}, \quad a<b<|z|$$

$$-(a^n+b^n)u[-n-1] \Leftrightarrow \frac{z}{z-a}+\frac{z}{z-b}, \quad |z|<a<b$$

$$a^n u[n]-b^n u[-n-1] \Leftrightarrow \frac{z}{z-a}+\frac{z}{z-b}, \quad a<|z|<b$$

5. 时域扩展性质

若 $f[n] \Leftrightarrow F(z)$，ROC：$R_1<|z|<R_2$，则时域中对序列 $f[n]$ 的 L（L 为正整数）倍内插 $f[n/L]$ 的 z 变换为：

$$F(z^L), \text{ROC}: R_1^{1/L}<|z|<R_2^{1/L}$$

该性质请读者自行证明。

6. 共轭性质

若 $f[n] \Leftrightarrow F(z)$，ROC：$R_1<|z|<R_2$，则有：

$$f^*[n] \Leftrightarrow F^*(z^*), \quad \text{ROC}: R_1<|z|<R_2$$

证明：$f^*[n] \Leftrightarrow \sum_{n=-\infty}^{+\infty} f^*[n]z^{-n}=\left(\sum_{n=-\infty}^{+\infty} f[n](z^*)^{-n}\right)^*=F^*(z^*)$。

该性质说明，当 $f[n]$ 为实序列时，$F^*(z^*)=F(z)$，因此 $F(z)$ 的零极点是共轭成对存在的。

7. z 域微分性质

若 $f[n] \Leftrightarrow F(z)$，ROC：$R_1<|z|<R_2$，则有：

$$nf[n] \Leftrightarrow -zF'(z), \quad \text{ROC}: R_1<|z|<R_2$$

该性质可以进一步推广到 m 阶 z 域微分：

$$n^m f[n] \Leftrightarrow \left(-z\frac{\mathrm{d}}{\mathrm{d}z}\right)^m F(z) \tag{5-27}$$

例 5-7　计算 $na^n u[n]$ 的 z 变换。

解　根据式(5-8)以及 z 变换的微分性质，有：

$$na^n u[n] \Leftrightarrow -z\left(\frac{1}{1-az^{-1}}\right)'=\frac{az^{-1}}{(1-az^{-1})^2}, \quad |z|>|a| \tag{5-28}$$

8. 卷积性质

若 $f_1[n] \Leftrightarrow F_1(z)$，$|z| \in \text{ROC}_1$，$f_2[n] \Leftrightarrow F_2(z)$，$|z| \in \text{ROC}_2$，则有：

$$f_1[n]*f_2[n] \Leftrightarrow F_1(z)F_2(z), z \in \text{ROC}_1 \cap \text{ROC}_2 \tag{5-29}$$

该性质是指，序列的时域卷积和对应于 z 域相乘，这是用 z 变换方法计算卷积和的基础。特殊地，系统零状态响应的 z 变换等于输入序列的 z 变换乘以系统单位脉冲响应的 z 变换，即：

$$Y_{ZS}(z)=F(z)H(z) \tag{5-30}$$

该性质是离散 LTI 系统 z 域分析的基础。注意到，一般的，卷积后的收敛域是原序列收敛域的交集，但若出现零极点相消的情况，则收敛域会扩大。

证明：由卷积和的定义和双边 z 变换的定义，有：

$$\begin{aligned}f_1[n]*f_2[n]&\Leftrightarrow\sum_{n=-\infty}^{+\infty}\left[\sum_{m=-\infty}^{+\infty}f_1[m]f_2[n-m]\right]z^{-n}\\&=\sum_{m=-\infty}^{+\infty}\left[\sum_{n=-\infty}^{+\infty}f_2[n-m]z^{-(n-m)}\right]f_1[m]z^{-m}\\&=\sum_{m=-\infty}^{+\infty}\left[\sum_{k=-\infty}^{+\infty}f_2[k]z^{-k}\right]f_1[m]z^{-m}\\&=F_1(z)F_2(z)\end{aligned}$$

当 $f_1[n]$ 和 $f_2[n]$ 都是因果序列时，式(5-29)中的 $F_1(z)$ 和 $F_2(z)$ 可直接用单边 z 变换计算。

例 5-8 计算卷积和 $\lambda_1^n u[n]*\lambda_2^n u[n]$，$\lambda_1\neq\lambda_2$。

解 由于 $\lambda_1\neq\lambda_2$，利用卷积性质，有：

$$\begin{aligned}\lambda_1^n u[n]*\lambda_2^n u[n]&\Leftrightarrow\frac{1}{1-\lambda_1 z^{-1}}\cdot\frac{1}{1-\lambda_2 z^{-1}}\\&=\frac{1}{\lambda_1-\lambda_2}\left(\frac{\lambda_1}{1-\lambda_1 z^{-1}}-\frac{\lambda_2}{1-\lambda_2 z^{-1}}\right),\quad |z|>\max(|\lambda_1|,|\lambda_2|)\end{aligned}$$

于是有：

$$\lambda_1^n u[n]*\lambda_2^n u[n]=\frac{\lambda_1^{n+1}-\lambda_2^{n+1}}{\lambda_1-\lambda_2}u[n] \tag{5-31}$$

由于

$$(n+1)a^n u[n]=a^n u[n]*a^n u[n]\Leftrightarrow\frac{1}{(1-az^{-1})^2} \tag{5-32}$$

于是，利用线性性质和卷和定理，例 5-7 有：

$$na^n u[n]=a^n u[n]*a^n u[n]-a^n u[n]\Leftrightarrow\frac{1}{(1-az^{-1})^2}-\frac{1}{1-az^{-1}}$$

即，$na^n u[n]\Leftrightarrow\dfrac{az^{-1}}{(1-az^{-1})^2}$，ROC：$|z|>|a|$。这与利用 z 域微分性质求解的结果一致。

9. 初值定理

若因果序列 $f[n]\Leftrightarrow F(z)$，ROC：$R_1<|z|<R_2$，则

$$f[0]=\lim_{z\to\infty}F(z) \tag{5-33}$$

由于序列是因果序列，因此有 $F(z)=\sum_{n=0}^{+\infty}f[n]z^{-n}$，当 $z\to\infty$ 时，$z^{-n}\to 0$，因此有上述性质。该性质可以不求出序列的逆变换，直接利用 $F(z)$ 判断序列的初值。

10. 终值定理

若 $f[n]\Leftrightarrow F(z)$，ROC：$R_1<|z|<R_2$，且序列是因果序列，则有：

$$\lim_{n\to\infty} f[n]=\lim_{z\to 1}[(z-1)F(z)] \tag{5-34}$$

证明：由于$\mathbb{Z}(f[n+1]-f[n])=zf(z)-zf[0]-f(z)=(z-1)f(z)-zf[0]$，因此：

$$\begin{aligned}\lim_{z\to 1}[(z-1)F(z)]&=f[0]+\lim_{z\to 1}\sum_{n=0}^{\infty}(f[n+1]-f[n])z^{-n}\\&=f[0]+(f[1]-f[0])+(f[2]-f[1])+\cdots=f[\infty]\end{aligned}$$

与初值定理类似，若序列是因果的且终值非无穷大，则可利用 $F(z)$ 直接求解，无须计算其逆变换；若序列不收敛，则不能使用该定理。

设序列 $f_1[n]$和 $f_2[n]$的收敛域分别为 $\mathrm{ROC}_1(R_{11}<|z|<R_{12})$和 $\mathrm{ROC}_2(R_{21}<|z|<R_{22})$，序列 $f[n]$的收敛域为 $\mathrm{ROC}(R_1<|z|<R_2)$，现把 z 变换的常用性质列于表 5-2，供查阅和使用。

表 5-2　z 变换的常用性质

名　称	时域与 z 域对应关系	收　敛　域
线性性	$a_1f_1[n]+a_2f_2[n]\Leftrightarrow a_1F_1(z)+a_2F_2(z)$	$\mathrm{ROC}_1\cap\mathrm{ROC}_2$，可能扩大
位移特性	$f[n-m]u[n]\Leftrightarrow z^{-m}F(z)+\sum_{k=1}^{m}f[-k]z^{-(m-k)}$ $f[n+m]u[n]\Leftrightarrow z^{m}F(z)-\sum_{k=0}^{m-1}f[k]z^{m-k}$ $f[n-m]\Leftrightarrow z^{-m}F(z)$	ROC，0 和无穷远处收敛性可能改变，取决于 m 的值
z 域尺度变换	$a^nf[n]\Leftrightarrow F\left(\frac{z}{a}\right)$	$\lvert a\rvert R_1<\lvert z\rvert<\lvert a\rvert R_2$
时域翻转	$f[-n]\Leftrightarrow F(z^{-1})$	$\frac{1}{R_2}<\lvert z\rvert<\frac{1}{R_1}$
共轭性质	$f^*[n]\Leftrightarrow F^*(z^*)$	ROC
时域扩展	$f[n/L]\Leftrightarrow F(z^L)$	$R_1^{1/L}<\lvert z\rvert<R_2^{1/L}$
z 域微分	$n^mf[n]\Leftrightarrow\left(-z\frac{\mathrm{d}}{\mathrm{d}z}\right)^mF(z)$	ROC
卷积和定理	$f_1[n]*f_2[n]\Leftrightarrow F_1(z)F_2(z)$	$\mathrm{ROC}_1\cap\mathrm{ROC}_2$，可能扩大
复卷积定理	$f_1[n]f_2[n]\Leftrightarrow\frac{1}{2\pi\mathrm{j}}\oint F_1(v)F_2\left(\frac{z}{v}\right)\frac{\mathrm{d}v}{v}$	$R_{11}\cdot R_{21}<\lvert z\rvert<R_{12}\cdot R_{22}$
序列求和	$\sum_{k=0}^{n}f[k]\Leftrightarrow\frac{1}{1-z^{-1}}F(z)$	$\mathrm{ROC}\cap(\lvert z\rvert>1)$
初值定理	$f[0]=\lim_{z\to\infty}F(z)$	
终值定理	$f[\infty]=\lim_{z\to 1}(z-1)F(z)$	

微课视频

5.3 z 逆变换

从 z 变换的定义，应用复变函数理论，可以证明，z 逆变换由以下围道积分给出：

$$f[n]=\frac{1}{2\pi \mathrm{j}}\oint_C F(z)z^{n-1}\mathrm{d}z \tag{5-35}$$

其中，C 是包围 $F(z)z^{n-1}$ 所有极点的逆时针闭合积分路线，通常选择 z 平面收敛域内以原点为中心的圆，如图 5-1 所示。

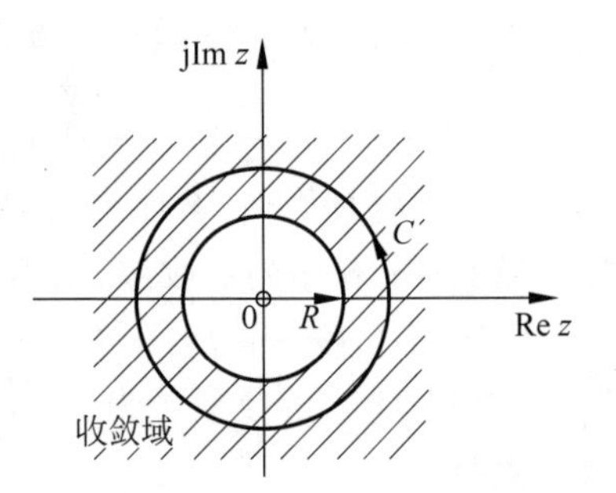

图 5-1　选择 z 平面收敛域内以原点为中心的圆

求 z 逆变换，一般并不进行复杂的围道积分，而是使用长除法、留数法或部分分式展开法，本书仅介绍常用的长除法和部分分式展开法，其他方法请参考相关教材。

1. 长除法

由 z 变换的定义式易知，序列 $f[n]$ 实际上是其 z 变换函数 $F(z)$ 关于 z^{-1} 的幂级数展开式系数，因此，把分式函数 $F(z)$ 的分子、分母多项式都按 z 的降幂次排列后进行长除，就可得到所需序列 $f[n]$。

例 5-9　计算 $F(z)=\dfrac{z}{z^2-2z+1}$ 的 z 逆变换，ROC：$|z|>1$。

解　对上式做如下长除：

$$\begin{array}{r l}
 & z^{-1}+2z^{-2}+3z^{-3}+\cdots \\
z^2-2z+1 \big) & z \\
 & \underline{z-2+z^{-1}} \\
 & 2-z^{-1} \\
 & \underline{2-4z^{-1}+2z^{-2}} \\
 & 3z^{-1}-2z^{-2} \\
 & \underline{3z^{-1}-6z^{-2}+3z^{-3}} \\
 & 4z^{-2}-3z^{-3} \\
 & \vdots
\end{array}$$

即 $F(z)=\sum\limits_{n=0}^{\infty} nz^{-n}$，因此 $f[n]=nu[n]$。

显然，长除法虽然简单，但适用于分母多项式为低阶的情况或求解序列某个时刻的信号值。

2. 部分分式展开法

与拉普拉斯逆变换类似，当序列 $f[n]$ 的 z 变换 $F(z)$ 为 z 的有理函数时，有：

$$\begin{aligned}F(z)=\frac{N(z)}{D(z)}&=\frac{b_0+b_1z^{-1}+\cdots+b_{M-1}z^{-(M-1)}+b_Mz^{-M}}{a_0+a_1z^{-1}+\cdots+a_{N-1}z^{-(N-1)}+a_Nz^{-N}}\\&=\frac{b_0+b_1z^{-1}+\cdots+b_{M-1}z^{-(M-1)}+b_Mz^{-M}}{\prod\limits_{k=1}^{N}(1-p_kz^{-1})}\end{aligned} \tag{5-36}$$

其中，$\{p_k|k=1,2,\cdots,N\}$ 是 $F(z)$ 的极点集合，$a_0=1$。因为很容易计算关于 z^{-1} 多项式的

z 逆变换，因此不失一般性，限定 $F(z)$为关于 z^{-1} 的真分式，即 $M<N$。

与拉普拉斯逆变换中的部分分式分解一样，可以把 $F(z)$进行部分分式分解，具体分析如下。

1）单阶极点情况

此时，所有极点两两不等，有 $F(z)$的部分分式展开及对应的序列 $f[n]$：

$$F(z)=\sum_{k=1}^{N}\frac{K_k}{1-p_kz^{-1}}\Leftrightarrow f[n]=\sum_{k=1}^{N}(K_kp_k^n)u[n] \tag{5-37}$$

其中，各系数为：

$$K_k=[(1-p_kz^{-1})F(z)]\big|_{z^{-1}=p_k^{-1}}=[(z-p_k)\frac{F(z)}{z}]\big|_{z=p_k} \tag{5-38}$$

例 5-10　计算 $F(z)=\dfrac{z^2+z+1}{z^2+3z+2}$，$|z|>2$ 的 z 逆变换。

解　将 $F(z)$分解为 $F(z)=1-z^{-1}F_1(z)$，其中有：

$$F_1(z)=\frac{2+z^{-1}}{(1+z^{-1})(1+2z^{-1})}=\frac{\dfrac{2-1}{1-2}}{1+z^{-1}}+\frac{\dfrac{2-2^{-1}}{1-2^{-1}}}{1+2z^{-1}}\Leftrightarrow[3(-2)^n-(-1)^n]u[n]$$

使得 $f[n]=\delta[n]-[3(-2)^{n-1}-(-1)^{n-1}]u[n-1]$。

我们也可如拉普拉斯逆变换那样，对$\dfrac{F(z)}{z}$进行如下部分分式展开(限制 $M\leqslant N$)：

$$\frac{F(z)}{z}=\frac{b_0z^N+b_1z^{N-1}+\cdots+b_{M-1}z^{N-M+1}+b_Mz^{N-M}}{z(z^N+a_1z^{N-1}+\cdots+a_{N-1}z+a_N)}=\frac{b_0}{z}+\sum_{k=1}^{N}\frac{K_k}{z-p_k} \tag{5-39}$$

其中有：

$$K_k=\left[(z-p_k)\frac{F(z)}{z}\right]\Bigg|_{z=p_k} \tag{5-40}$$

于是有：

$$f[n]=b_0\delta[n]+\sum_{k=1}^{N}(K_kp_k^n)u[n] \tag{5-41}$$

现用此法计算上例，有：

$$\frac{F(z)}{z}=\frac{z^2+z+1}{z(z+1)(z+2)}=\frac{\frac{1}{2}}{z}+\frac{\dfrac{1-1+1}{-(-1+2)}}{z+1}+\frac{\dfrac{4-2+1}{-2(-2+1)}}{z+2}=\frac{\frac{1}{2}}{z}+\frac{-1}{z+1}+\frac{+\frac{3}{2}}{z+2}$$

逆变换后得到：

$$\begin{aligned}f[n]&=\frac{1}{2}\delta[n]+\left[-(-1)^n+\frac{3}{2}(-2)^n\right]u[n]\\&=\left(\frac{1}{2}-1+\frac{3}{2}\right)\delta[n]-[3(-2)^{n-1}-(-1)^{n-1}]u[n-1]\\&=\delta[n]-[3(-2)^{n-1}-(-1)^{n-1}]u[n-1]\end{aligned}$$

与上面等同的计算结果。

2）重极点情况

设 $F(z)$在 $z=p_1$ 处有 m 重极点，如拉普拉斯逆变换那样，先求 $F(z)$的部分分式展开

式中关于重极点 $z=p_1$ 的分项，然后计算相应的 z 逆变换。下面将用例题进行说明。

例 5-11 计算 $F(z)=\dfrac{z}{(z-2)(z-1)^2}$，$|z|>2$ 的 z 逆变换。

解 分解 $F(z)=\dfrac{A_{11}}{(z-1)^2}+\dfrac{A_{12}}{z-1}+\dfrac{A_2}{z-2}$，其中 $A_2=\dfrac{2}{(2-1)^2}=2$；并且由于 $(z-1)^2F(z)=A_{11}+A_{12}(z-1)+\dfrac{A_2(z-1)^2}{z-2}=\dfrac{z}{z-2}$，所以有 $A_{11}=\dfrac{1}{1-2}=-1$ 和 $A_{12}=\dfrac{\mathrm{d}}{\mathrm{d}z}\left(\dfrac{z}{z-2}\right)_{|z=1}=-\dfrac{2}{(1-2)^2}=-2$，使得：

$$f[n]=(2\cdot 2^{n-1}-2-(n-1))u[n-1]=(2^n-(n+1))u[n-1]$$

其中利用了 $nu[n]\Leftrightarrow\dfrac{z^{-1}}{(1-z^{-1})^2}=\dfrac{z}{(z-1)^2}\Rightarrow\dfrac{1}{(z-1)^2}\Leftrightarrow(n-1)u[n-1]$。

微课视频

5.4 离散线性时不变系统的 z 域分析

5.4.1 离散 LTI 系统的各类响应与系统函数

与连续 LTI 系统的 s 域分析类似，可采用 z 域分析方法求解离散 LTI 系统的各类响应以及系统函数。

已知 N 阶离散 LTI 系统的激励为 $f[n]$，响应为 $y[n]$，初始条件为 $\{y(-k),k=1,2,\cdots,N\}$，且描述系统的差分方程如式(5-42)所示：

$$\sum_{i=0}^{N}a_iy[n-i]=\sum_{k=0}^{M}b_kf[n-k] \tag{5-42}$$

则利用 z 变换的时移定理，对上述方程两边同时进行 z 变换有：

(1) 系统零输入响应：

$$y_{zi}[n]\Leftrightarrow Y_{ZI}(z)=-\frac{\sum_{i=0}^{N}a_i\sum_{k=1}^{i}f[-k]z^{-(i-k)}}{\sum_{i=0}^{N}a_iz^{-i}} \tag{5-43}$$

(2) 系统零状态响应：

$$y_{zs}[n]\Leftrightarrow Y_{ZS}(z)=\frac{\sum_{k=0}^{M}b_kz^{-k}}{\sum_{i=0}^{N}a_iz^{-i}}F(z) \tag{5-44}$$

(3) 系统全响应：

$$y[n]\Leftrightarrow Y(z)=\frac{\sum_{k=0}^{M}b_kz^{-k}}{\sum_{i=0}^{N}a_iz^{-i}}F(z)-\frac{\sum_{i=0}^{N}a_i\sum_{k=1}^{i}f[-k]z^{-(i-k)}}{\sum_{i=0}^{N}a_iz^{-i}} \tag{5-45}$$

(4) 系统函数：

正如连续 LTI 系统的系统函数 $H(s)$一样，离散 LTI 系统的系统函数 $H(z)$也是反映系统特征的重要函数，它定义为离散 LTI 系统单位脉冲响应 $h[n]$的 z 变换。由于系统零状态响应 $y[n]$等于输入激励 $f[n]$与系统单位脉冲响应 $h[n]$的卷积和，使得零状态响应的 z 变换等于输入激励的 z 变换乘以系统函数，即：

$$y_{zs}[n]=f[n]*h[n]\Leftrightarrow Y_{ZS}(z)=F(z)H(z) \tag{5-46}$$

于是，有：

$$H(z)=\frac{Y_{ZS}(z)}{F(z)} \tag{5-47}$$

对式(5-42)描述的 N 阶 LTI 离散系统的差分方程取 z 变换后，有：

$$H(z)=\frac{Y_{ZS}(z)}{F(z)}=\frac{\sum_{k=0}^{M}b_k z^{-k}}{\sum_{i=0}^{N}a_i z^{-i}} \tag{5-48}$$

这表明，能用常系数线性差分方程描述的 LTI 离散系统的系统函数是一个 N 阶有理多项式。应用部分分式展开法，可计算相应的系统单位脉冲响应。下面以例题说明上述求解方法。

例 5-12　求输入为 $u[n]$的二阶 LTI 离散系统 $y[n]-2.5y[n-1]+y[n-2]=f[n]$在初始条件 $y[-1]=-1$ 和 $y[-2]=1$ 下的零输入响应、零状态响应和全响应。

解　对描述该系统的二阶差分方程进行单边 z 变换后，有：

$$Y(z)-2.5[z^{-1}Y(z)-1]+[z^{-2}Y(z)-z^{-1}+1]=\frac{1}{1-z^{-1}}$$

使得 $Y(z)=Y_{ZI}(z)+Y_{ZS}(z)$，其中：

$$\begin{cases}Y_{ZI}(z)=\dfrac{z^{-1}-3.5}{1-2.5z^{-1}+z^{-2}}=\dfrac{0.5}{1-0.5z^{-1}}-\dfrac{4}{1-2z^{-1}}\\[2ex] Y_{ZS}(z)=\dfrac{1}{1-2.5z^{-1}+z^{-2}}\cdot\dfrac{1}{1-z^{-1}}=\dfrac{1}{3}\left(\dfrac{1}{1-0.5z^{-1}}+\dfrac{8}{1-2z^{-1}}-\dfrac{6}{1-z^{-1}}\right)\end{cases}$$

于是系统零输入响应为：

$$y_{zi}[n]=(0.5^{n+1}-2^{n+2})u[n]$$

系统零状态响应为：

$$y_{zs}[n]=\frac{1}{3}(0.5^n+2^{n+3}-6)u[n]$$

以及系统全响应为：

$$y[n]=y_{zi}[n]+y_{zs}[n]=\left(\frac{5}{6}\times 0.5^n-\frac{4}{3}\times 2^n-2\right)u[n]$$

例 5-13　求二阶离散系统 $y[n]+0.6y[n-1]-0.16y[n-2]=f[n]+2f[n-1]$的系统函数、单位脉冲响应，以及当输入 $f[n]=0.4^n u[n]$时的零状态响应。

解　在零状态条件下，对描述该系统的二阶差分方程取单边 z 变换后，有：

$$Y(z)+0.6z^{-1}Y(z)-0.16z^{-2}Y(z)=F(z)+2z^{-1}F(z)$$

使得系统函数：

$$H(z)=\frac{Y(z)}{F(z)}=\frac{1+2z^{-1}}{1+0.6z^{-1}-0.16z^{-2}}=\frac{2.2}{1-0.2z^{-1}}-\frac{1.2}{1+0.8z^{-1}}$$

z 逆变换后，有系统单位脉冲响应：

$$h[n]=[11(0.2)^{n+1}-1.2(-0.8)^{n}]u[n]$$

输入激励的 z 变换 $F(z)=\dfrac{1}{1-0.4z^{-1}}$ 使得系统零状态响应的 z 变换为：

$$\begin{aligned}Y_{ZS}(z)&=\frac{2.2}{(1-0.4z^{-1})(1-0.2z^{-1})}-\frac{1.2}{(1-0.4z^{-1})(1+0.8z^{-1})}\\&=\left(\frac{4.4}{1-0.4z^{-1}}-\frac{2.2}{1-0.2z^{-1}}\right)-\left(\frac{0.4}{1-0.4z^{-1}}+\frac{0.8}{1+0.8z^{-1}}\right)\end{aligned}$$

z 逆变换后，有系统零状态响应：

$$y_{zs}[n]=(4(0.4)^{n}-2.2(0.2)^{n}-0.8(-0.8)^{n})u[n]$$

5.4.2 系统零极点分布与系统特性

系统函数的零极点表征了系统的基本特性。通过分析系统函数的零极点分布，可判断系统的脉冲响应、稳定性和因果性等。

1. 零、极点分布和脉冲响应的关系

根据式(5-48)，离散 LTI 系统的系统函数为：

$$H(z)=\frac{\sum_{k=0}^{M}b_k z^{-k}}{\sum_{i=0}^{N}a_i z^{-i}}=\frac{b_0+b_1z^{-1}+\cdots+b_Mz^{-M}}{a_0+a_1z^{-1}+\cdots+a_Nz^{-N}}=\frac{b_0}{a_0}\frac{\prod_{k=1}^{M}(1-z_kz^{-1})}{\prod_{i=1}^{N}(1-p_iz^{-1})}\tag{5-49}$$

其中 z_k 为系统零点，p_i 为系统极点。显然，系统特性取决于系统的零极点分布。

利用部分分式展开法可知，系统函数的每个极点确定了系统脉冲响应的每一个本征分量。图 5-2 示出了 $H(z)$ 的极点位置与 $h[n]$ 的关系。

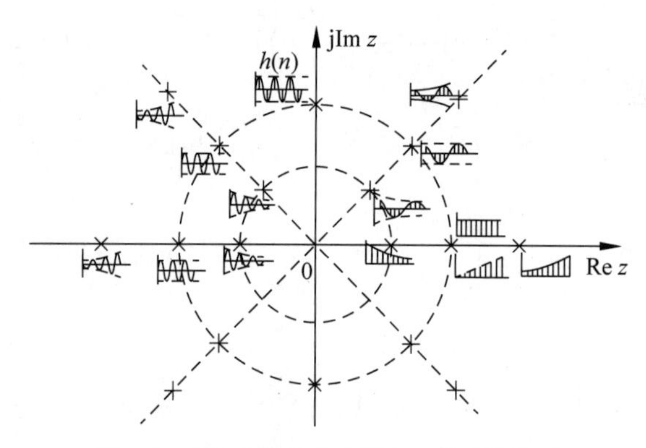

图 5-2 $H(z)$ 的极点位置与 $h[n]$ 的关系

2. 极点与系统稳定性、因果性分析

与连续 LTI 系统相似，离散 LTI 系统的稳定性概念也是建立在 BIBO 意义上的，即，系统稳定的充要条件是系统对任何有界输入都产生有界输出。可以证明，离散 LTI 系统稳定性的充要条件是系统单位脉冲响应绝对可和，即：

$$\sum_{n=-\infty}^{+\infty} |h[n]| < +\infty \tag{5-50}$$

当系统为因果系统时，上述判据改为：

$$\sum_{n=0}^{+\infty} |h[n]| < +\infty \tag{5-51}$$

若系统是因果的 LTI 离散系统，则如下结论成立：

(1) 若 $H(z)$的所有极点都在单位圆内，即对所有的 i 有$|p_i|<1$，则系统稳定；

(2) 若 $H(z)$在单位圆上仅有一阶极点，且其余极点都在单位圆内，则系统临界稳定；

(3) 若 $H(z)$在单位圆上有重极点，或在单位圆外有极点，则系统不稳定。

可见，因果系统的稳定性可通过其系统函数的收敛域是否包含单位圆来判断，包含时系统稳定，否则不稳定。

同理，有结论：反因果系统的稳定性要求系统函数的极点都位于单位圆外，因此，其收敛域包含单位圆。这意味着，反因果系统的稳定性也可以通过其系统函数的收敛域是否包含单位圆来判断，包含时系统稳定，否则不稳定。

同样可证，无因果约束的一般系统的稳定性也可以通过其系统函数的收敛域是否包含单位圆来判断，包含时系统稳定，否则不稳定。

总之，任何离散系统的稳定性都可以通过其系统函数的收敛域是否包含单位圆来判断，包含时系统稳定，否则不稳定。

表 5-3 总结了稳定系统的脉冲响应类型与系统函数收敛域的关系。

表 5-3 稳定系统的脉冲响应类型与系统函数收敛域的关系

收敛域	$R_{f-}<\|z\|<R_{f+}$ 且 $R_{f-}<1<R_{f+}$	$R_{f-}<\|z\|$ 且 $R_{f-}<1$	$\|z\|<R_{f+}$ 且 $1<R_{f+}$
脉冲响应类型	双边	因果	反因果

例 5-14 已知某 LTI 离散系统差分方程为 $y[n]-\frac{7}{4}y[n-1]-\frac{1}{2}y[n-2]=f[n]$，判断其稳定性和因果性。

解 由差分方程可判断其系统函数的极点有 2 和$-\frac{1}{4}$，因此收敛域与对应系统的稳定性和因果性有如下三种情况：

$$\begin{cases} |z|>2 & \text{收敛域不包括单位圆，系统因果且不稳定} \\ |z|<\frac{1}{4} & \text{收敛域不包括单位圆，系统反因果且不稳定} \\ \frac{1}{4}<|z|<2 & \text{收敛域包括单位圆，系统稳定且非因果} \end{cases}$$

上述结果也表明，LTI 系统的稳定性与因果性判据不同，需要根据收敛域及其准则进行判断。

例 5-15 图 5-3 示出了某因果离散反馈控制系统。已知它的正向传输系统为 $G_1(z)=$

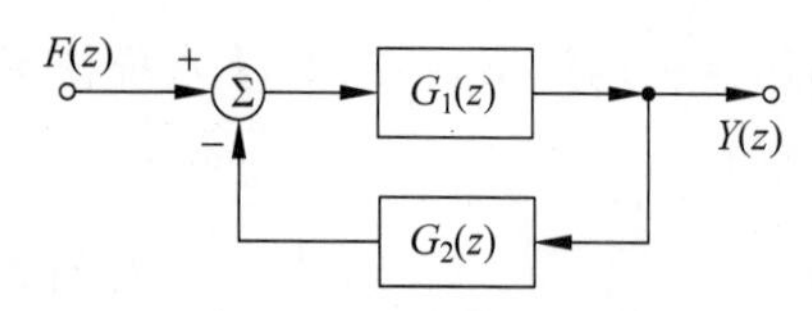

图 5-3　因果离散反馈控制系统

$\dfrac{1}{1-2z^{-1}}$，其反向传输系统为 $G_2(z)=2Kz^{-1}$，求使系统稳定的 K 值范围。

解　该离散闭环系统的系统函数与连续系统的求法相似，即：

$$H(z)=\frac{G_1(z)}{1+G_1(z)G_2(z)}=\frac{\dfrac{1}{1-2z^{-1}}}{1+\dfrac{2Kz^{-1}}{1-2z^{-1}}}$$

$$=\frac{1}{1+2(K-1)z^{-1}}\Rightarrow p=-2(K-1)$$

因此该因果离散系统稳定条件是 $|2(K-1)|<1$，即，当 $0.5<K<1.5$ 时，系统稳定。

值得注意的是，系统 BIBO 稳定性是系统的外部特性，即，将系统视为黑箱，仅考查激励与响应的关系。BIBO 稳定无法保证系统内部一定稳定。与连续 LTI 系统类似，离散 LTI 系统也有渐进稳定性，当 LTI 离散系统处于零状态时，施加一个非零初始条件，其产生的响应随着时间趋近于无穷将趋近于零，则该离散系统为渐进稳定系统。渐进稳定性是系统内部稳定的描述，也称为零输入稳定。关于渐进稳定性的详细说明可以参考相关教材。

5.4.3　离散 LTI 系统的方框图表示（系统模拟）

我们已经看到，N 阶差分方程描述的离散系统的系统函数为式(5-49)给出的 N 阶有理多项式。把它与连续系统的系统函数比较后可以发现，两者具有相同的表示式，差别仅在于离散系统中以一阶延迟单元 z^{-1} 取代连续系统中一阶积分单元 s^{-1}。因此可由式(5-49)得到其最简形式的直接型实现，如图 5-4 所示。

这表明，该系统能用图 5-4 所示的 z 域模拟图实现，这是离散系统的直接型实现。其中，单元 z^{-1} 是单位延迟器。因此离散系统可由延迟器、加法器和乘法器构成。

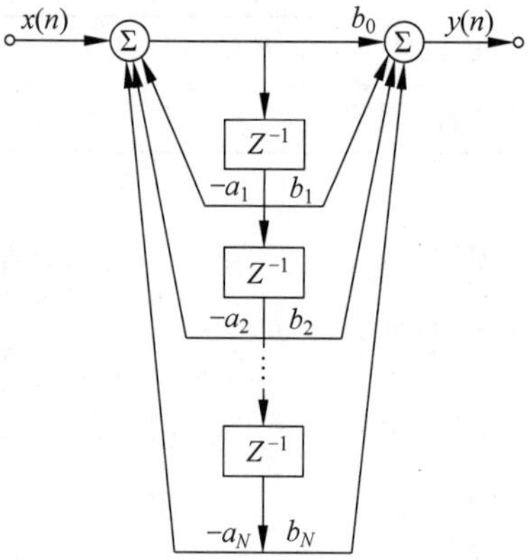

图 5-4　直接型实现

同样地，对系统函数的分子多项式和分母多项式分别进行因式分解，并把共轭的零极点配对、组合，就有：

$$H(z)=b_0\prod_{i=1}^{k}H_i(z) \tag{5-52}$$

$$H_i(z)=\frac{1+b_{i1}z^{-1}+b_{i2}z^{-2}}{1+a_{i1}z^{-1}+a_{i2}z^{-2}}\quad 或\quad H_i(z)=\frac{1+b_{i1}z^{-1}}{1+a_{i1}z^{-1}} \tag{5-53}$$

其中所有系数都是实数。这表明它可用 k 个二阶系统或一阶系统的串联实现，其中，每个由共轭极点因子和共轭零点因子组成的二阶子系统可用 $N=2$ 和 $M=2$ 时图 5-4 给出的直接型系统实现，而由实极点因子和实零点因子组成的一阶子系统可用 $N=1$ 和 $M=1$ 时图 5-4 给出的直接型系统实现。这就是如图 5-5 所示的离散系统串联型实现。

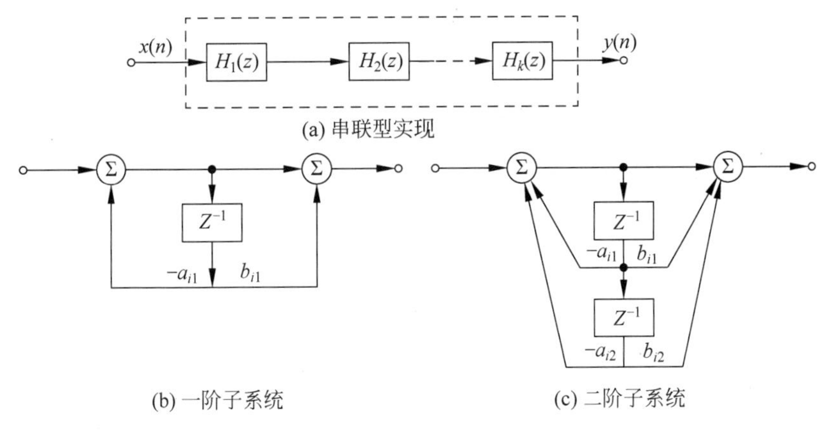

图 5-5　离散系统的串联型实现

利用部分分式展开法把 N 阶系统的系统函数表示为 N 个一阶反馈系统的并联，并把两个系数互相共轭的一阶系统组合成一个二阶系统后，有：

$$H(z)=b_0+\sum_{i=1}^{N_1}H_i(z)+\sum_{i=N_1+1}^{N_2}H_i(z)$$

$$H_i(z)=\begin{cases}\dfrac{K_{i0}}{1+a_{i1}z^{-1}} & i\leqslant N_1\\[2ex]\dfrac{K_{i0}+K_{i1}z^{-1}}{1+a_{i1}z^{-1}+a_{i2}z^{-2}} & i>N_1\end{cases}\tag{5-54}$$

其中所有的系数都是实数。这表明 LTI 离散系统可用一阶系统、二阶系统的并联实现，其中，每个由共轭极点部分分式组成的二阶子系统可用 $N=2$ 和 $M=1$ 时图 5-4 给出的直接型系统实现，而每个由实极点部分分式组成的一阶子系统可用 $N=1$ 和 $M=0$ 时图 5-4 给出的直接型系统实现。这就是如图 5-6 所示的离散系统并联型实现。

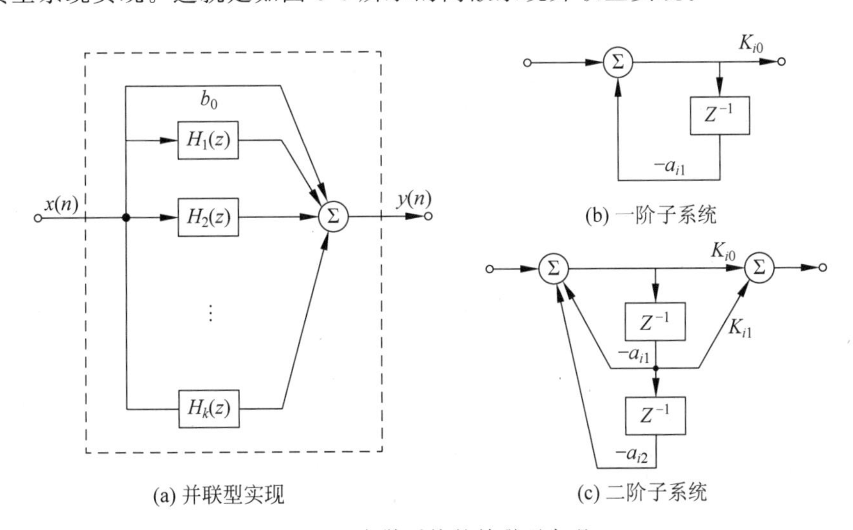

图 5-6　离散系统的并联型实现

例 5-16 求二阶离散系统 $y[n]+0.6y[n-1]-0.16y[n-2]=f[n]+2f[n-1]$的 z 域模拟图。

解 这是 $N=2$ 和 $M=1$ 时二阶实系数系统，其系统函数为 $H(z)=\dfrac{1+2z^{-1}}{1+0.6z^{-1}-0.16z^{-2}}$，因此有如图 5-7 所示的 z 域模拟图。

例 5-17 求 M 阶滑动平均离散系统 $y[n]=\sum_{r=0}^{M}b_r f[n-r]$ 的 z 域模拟图。

解 这是一般系统在 $N=0$ 时的特殊情况，它构成长为 M 的 FIR 数字滤波器。此时反馈系统函数 $H_1(z)=1$，使得系统仅有前馈环节，即 $H(z)=H_2(z)=\sum_{r=0}^{M}b_r z^{-r}$。于是，有图 5-8 所示的系统 z 域模拟图。

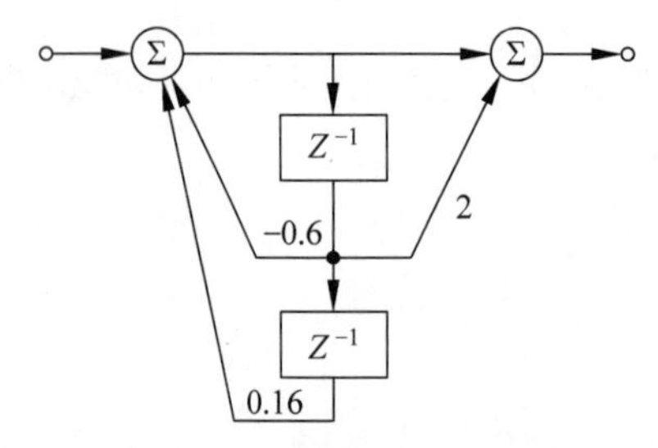

图 5-7 例 5-16 的二阶系统

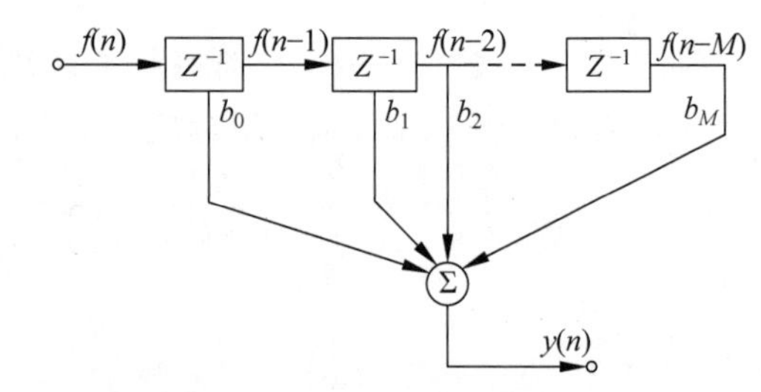

图 5-8 例 5-17 系统的实现

微课视频

5.5 离散时间信号与系统的频域分析

5.5.1 离散时间信号傅里叶变换的定义

离散时间信号 $f[n]$可用 z 反变换表示为：

$$f[n]=\frac{1}{2\pi \mathrm{j}}\oint_C F(z)z^{n-1}\mathrm{d}z \tag{5-55}$$

其中，C 是包围 $F(z)z^{n-1}$ 所有极点的逆时针闭合积分路线，通常选择 z 平面收敛域内以原点为中心的圆。假设 $F(z)z^{n-1}$ 在单位圆上无极点，则选择 C 为单位圆，即 $z=\mathrm{e}^{\mathrm{j}\omega}$，其中 $\omega\in(-\pi,\pi]$，有：

$$f[n]=\frac{1}{2\pi}\int_{-\pi}^{\pi}F(\mathrm{e}^{\mathrm{j}\omega})\mathrm{e}^{\mathrm{j}n\omega}\mathrm{d}\omega \tag{5-56}$$

这表明离散信号 $f[n]$是周期频谱 $F(\mathrm{e}^{\mathrm{j}\omega})$的傅里叶级数展开系数，如图 5-9 所示，即：

$$F(\mathrm{e}^{\mathrm{j}\omega})=\sum_{n=-\infty}^{+\infty}f[n]\mathrm{e}^{-\mathrm{j}n\omega}=\sum_{n=-\infty}^{+\infty}f[n]z^{-n}\Big|_{z=\mathrm{e}^{\mathrm{j}\omega}}=F(z)\Big|_{z=\mathrm{e}^{\mathrm{j}\omega}} \tag{5-57}$$

式(5-57)给出了离散时间信号傅里叶变换(discrete time signal Fourier transform，DTFT)的定义，也表明了：离散时间信号的傅里叶变换(即频谱)$F(\mathrm{e}^{\mathrm{j}\omega})=|F(\mathrm{e}^{\mathrm{j}\omega})|\mathrm{e}^{\mathrm{j}\varphi(\omega)}$就是离散时间信号的 z 变换在单位圆上的取值(如图 5-9 所示)，并且它一定是周期等于 2π 的周期函数(当 $f[n]$是非周期信号时，$F(\mathrm{e}^{\mathrm{j}\omega})$一定是连续的)。这样，离散信号的幅度谱$|F(\mathrm{e}^{\mathrm{j}\omega})|$和相位谱 $\varphi(\omega)$也都是周期等于 2π 的周期函数，因此仅需画出范围为 $\omega\in(-\pi,\pi]$的频谱图即

可。另外，式(5-56)给出了离散时间信号的傅里叶逆变换。

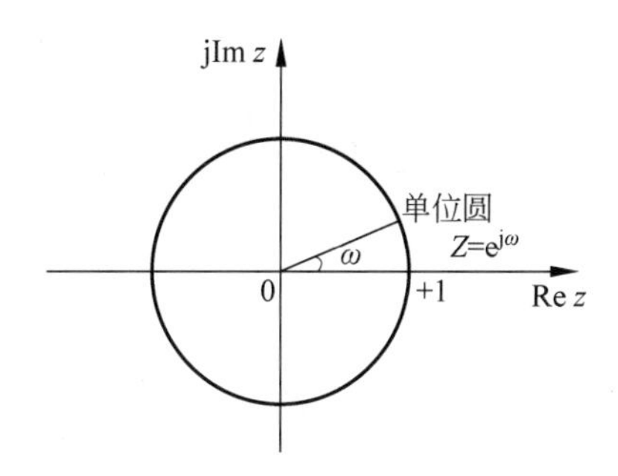

图 5-9　离散时间傅里叶变换与 z 变换的关系

离散信号 $f[n]$与它的傅里叶变换(周期频谱)$F(\mathrm{e}^{\mathrm{j}\omega})$构成了一个傅里叶变换对，记作 $f[n]\Leftrightarrow F(\mathrm{e}^{\mathrm{j}\omega})$。

5.5.2　典型离散信号的傅里叶变换

下面以例题的形式介绍典型离散信号的傅里叶变换。

例 5-18　求单位脉冲信号 $\delta[n]$的傅里叶变换。

解

$$\mathrm{DTFT}\{\delta[n]\}=\sum_{n=-\infty}^{+\infty}\delta[n]\mathrm{e}^{-\mathrm{j}n\omega}=1 \tag{5-58}$$

例 5-19　求离散信号 $a^n u[n]$，$|a|<1$ 的傅里叶变换。

解

$$\mathrm{DTFT}\{a^n u[n]\}=\sum_{n=-\infty}^{+\infty}a^n u[n]\mathrm{e}^{-\mathrm{j}n\omega}=\sum_{n=0}^{+\infty}(a\mathrm{e}^{-\mathrm{j}\omega})^n=\frac{1}{1-a\mathrm{e}^{-\mathrm{j}\omega}} \tag{5-59}$$

例 5-20　求 $G_5[n]=u[n]-u[n-5]$的傅里叶变换。

解　$X(\mathrm{e}^{\mathrm{j}\omega})=\sum\limits_{n=0}^{4}\mathrm{e}^{-\mathrm{j}n\omega}=\mathrm{e}^{-\mathrm{j}2\omega}\dfrac{\sin(2.5\omega)}{\sin(0.5\omega)}$，使得幅度谱为 $|X(\mathrm{e}^{\mathrm{j}\omega})|=\left|\dfrac{\sin(2.5\omega)}{\sin(0.5\omega)}\right|$，相位谱为 $\varphi(\omega)=-2\omega+\pi\mathrm{sgn}\left[\dfrac{\sin(2.5\omega)}{\sin(0.5\omega)}\right]\mathrm{sgn}(\omega)$，如图 5-10 所示。

一般的，对称离散门信号 $u[n+N_1]-u[n-N_1]$的傅里叶变换为：

$$\mathrm{DTFT}\{u[n+N_1]-u[n-N_1]\}=F(\mathrm{e}^{\mathrm{j}\omega})=\sum_{n=-N_1}^{n=N_1}\mathrm{e}^{-\mathrm{j}n\omega}=\frac{\sin\left(\dfrac{2N_1+1}{2}\omega\right)}{\sin\left(\dfrac{1}{2}\omega\right)} \tag{5-60}$$

例 5-21　求 $F(\mathrm{e}^{\mathrm{j}\omega})=u(\omega+W)-u(\omega-W)$，$0<W\leqslant\pi$ 的傅里叶逆变换。

解

$$\begin{aligned}f[n]&=\frac{1}{2\pi}\int_{-\pi}^{\pi}[u(\omega+W)-u(\omega-W)]\mathrm{e}^{\mathrm{j}n\omega}\mathrm{d}\omega\\&=\frac{1}{2\pi}\int_{-W}^{W}\mathrm{e}^{\mathrm{j}n\omega}\mathrm{d}\omega=\frac{W}{\pi}\frac{\sin(Wn)}{Wn}=\frac{W}{\pi}\mathrm{Sa}[Wn]\end{aligned} \tag{5-61}$$

式(5-61)表明，时域中抽样序列所对应的傅里叶变换是周期门信号。

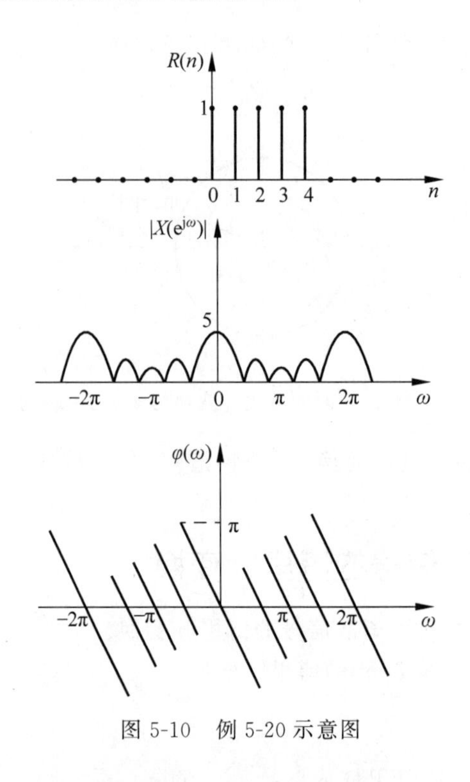

图 5-10 例 5-20 示意图

5.5.3 离散时间信号傅里叶变换的性质

除周期性外,离散时间信号傅里叶变换的其他性质与连续信号傅里叶变换的性质类似,具体见表 5-4,其中 $\mathrm{DTFT}\{f[n]\}=F(\mathrm{e}^{\mathrm{j}\omega})$,$\mathrm{DTFT}\{y[n]\}=Y(\mathrm{e}^{\mathrm{j}\omega})$。关于各性质的证明读者可自行完成或参考其他教材。

表 5-4 离散时间信号傅里叶变换的性质

名 称	时 域	傅里叶变换
周期性	$f[n]$	$F(\mathrm{e}^{\mathrm{j}\omega})=F(\mathrm{e}^{\mathrm{j}(\omega+2\pi n)})$
线性性	$a_1f[n]+a_2y[n]$	$a_1F(\mathrm{e}^{\mathrm{j}\omega})+a_2Y(\mathrm{e}^{\mathrm{j}\omega})$
时移性	$f[n-m]$	$\mathrm{e}^{-\mathrm{j}\omega m}F(\mathrm{e}^{\mathrm{j}\omega})$
频移性	$\mathrm{e}^{\mathrm{j}\omega_0 n}f[n]$	$F(\mathrm{e}^{\mathrm{j}(\omega-\omega_0)})$
时域翻转	$f[-n]$	$F(\mathrm{e}^{-\mathrm{j}\omega})$
共轭性质	$f^*[n]$	$F^*(\mathrm{e}^{-\mathrm{j}\omega})$
时域扩展	$f[n/L]$	$F(\mathrm{e}^{\mathrm{j}L\omega})$
时域差分	$f[n]-f[n-1]$	$(1-\mathrm{e}^{-\mathrm{j}\omega})F(\mathrm{e}^{\mathrm{j}\omega})$
时域累加	$\sum\limits_{k=-\infty}^{n}f[k]$	$\dfrac{F(\mathrm{e}^{\mathrm{j}\omega})}{1-\mathrm{e}^{\mathrm{j}\omega}}+\pi F(\mathrm{e}^{\mathrm{j}0})\sum\limits_{k=-\infty}^{+\infty}\delta(\omega-2\pi k)$
频域微分	$nf[n]$	$\mathrm{j}\dfrac{\mathrm{d}F(\mathrm{e}^{\mathrm{j}\omega})}{\mathrm{d}\omega}$
卷积和定理	$f[n]*y[n]$	$F(\mathrm{e}^{\mathrm{j}\omega})Y(\mathrm{e}^{\mathrm{j}\omega})$
帕斯瓦尔定理	$f[n]$是非周期离散信号	$\sum\limits_{n=-\infty}^{+\infty}\lvert f[n]\rvert^2=\dfrac{1}{2\pi}\int_{2\pi}\lvert F(\mathrm{e}^{\mathrm{j}\omega})\rvert^2\mathrm{d}\omega$

由单位脉冲信号与阶跃信号的关系，应用上述表格中的时域累加性质，可以得到单位阶跃序列的 DTFT：

$$u[n]=\sum_{k=-\infty}^{n}\delta[k]\leftrightarrow\frac{1}{1-\mathrm{e}^{-\mathrm{j}\omega}}+\pi\sum_{k=-\infty}^{+\infty}\delta(\omega-2\pi k) \tag{5-62}$$

注意，离散阶跃序列的谱函数是周期谱，这与连续阶跃信号不同。

同时考虑周期谱函数 $2\pi\sum_{k=-\infty}^{+\infty}\delta(\omega-2\pi k)$ 的逆变换，将其代入 DTFT 逆变换式中得到：

$$2\pi\sum_{k=-\infty}^{+\infty}\delta(\omega-2\pi k)\leftrightarrow 1 \tag{5-63}$$

即，离散直流序列的谱函数是以 2π 为周期的离散谱。

进一步根据欧拉公式以及 DTFT 的频移性质，可以得到离散余弦与正弦序列的 DTFT：

$$\cos(\omega_0 n)=\frac{1}{2}(\mathrm{e}^{\mathrm{j}\omega_0 n}+\mathrm{e}^{-\mathrm{j}\omega_0 n})\leftrightarrow\pi\left[\sum_{k=-\infty}^{+\infty}\delta(\omega-\omega_0-2\pi k)+\sum_{k=-\infty}^{+\infty}\delta(\omega+\omega_0-2\pi k)\right] \tag{5-64}$$

$$\sin(\omega_0 n)=\frac{1}{2\mathrm{j}}(\mathrm{e}^{\mathrm{j}\omega_0 n}-\mathrm{e}^{-\mathrm{j}\omega_0 n})\leftrightarrow\frac{\pi}{\mathrm{j}}\left[\sum_{k=-\infty}^{+\infty}\delta(\omega-\omega_0-2\pi k)-\sum_{k=-\infty}^{+\infty}\delta(\omega+\omega_0-2\pi k)\right] \tag{5-65}$$

表中的卷积和定理，是利用频域方法分析离散 LTI 系统的基础，该内容将在 5.5.4 节进行讨论。

由连续与离散信号的傅里叶变换，将连续与离散信号的频谱对比列于表 5-5 中。

表 5-5　连续信号与离散信号的频谱对比表

信 号 类 型	周 期 信 号	非周期信号
连续信号	离散、非周期谱	连续、非周期谱
离散信号	离散、周期谱	连续、周期谱

5.5.4　离散 LTI 系统的频域分析

本节主要介绍离散 LTI 系统的频域分析方法、频率响应、正弦响应与滤波器。

1. 离散 LTI 系统的频域分析方法

与 z 域分析类似，若描述离散 LTI 系统的差分方程为 $\sum_{i=0}^{N}a_i y[n-i]=\sum_{k=0}^{M}b_k f[n-k]$，则对其两边同时进行 DTFT 可以得到：

$$\left(\sum_{i=0}^{N}a_i\mathrm{e}^{-\mathrm{j}i\omega}\right)Y(\mathrm{e}^{\mathrm{j}\omega})=\left(\sum_{k=0}^{M}b_k\mathrm{e}^{-\mathrm{j}k\omega}\right)F(\mathrm{e}^{\mathrm{j}\omega}) \tag{5-66}$$

上式可改写为：

$$Y(\mathrm{e}^{\mathrm{j}\omega})=\frac{\sum_{k=0}^{M}b_k\mathrm{e}^{-\mathrm{j}k\omega}}{\sum_{i=0}^{N}a_i\mathrm{e}^{-\mathrm{j}i\omega}}F(\mathrm{e}^{\mathrm{j}\omega}) \tag{5-67}$$

对上式进行傅里叶逆变换，则可求解系统的响应。需要指出的是，此处响应是系统的零状态响应。因此，利用傅里叶变换在频域也可实现离散系统的分析。

例 5-22 求二阶因果离散 LTI 系统 $y[n]+\frac{7}{10}y[n-1]+\frac{1}{10}y[n-2]=f[n]$在输入为 $f[n]=\left(\frac{2}{5}\right)^n u[n]$时的零状态响应。

解 对系统的差分方程两边同时进行 DTFT 有：

$$\left(1+\frac{7}{10}\mathrm{e}^{-\mathrm{j}\omega}+\frac{1}{10}\mathrm{e}^{-\mathrm{j}2\omega}\right)Y(\mathrm{e}^{\mathrm{j}\omega})=F(\mathrm{e}^{\mathrm{j}\omega})=\frac{1}{1-\frac{2}{5}\mathrm{e}^{-\mathrm{j}\omega}}$$

即 $Y(\mathrm{e}^{\mathrm{j}\omega})=\frac{1}{1+\frac{7}{10}\mathrm{e}^{-\mathrm{j}\omega}+\frac{1}{10}\mathrm{e}^{-\mathrm{j}2\omega}}\times\frac{1}{1-\frac{2}{5}\mathrm{e}^{-\mathrm{j}\omega}}=\frac{-\frac{2}{9}}{1+\frac{1}{5}\mathrm{e}^{-\mathrm{j}\omega}}+\frac{\frac{25}{27}}{1+\frac{1}{2}\mathrm{e}^{-\mathrm{j}\omega}}+\frac{\frac{8}{27}}{1-\frac{2}{5}\mathrm{e}^{-\mathrm{j}\omega}}$，对其分别进行傅里叶逆变换可以得到系统的零状态响应：

$$y[n]=-\frac{2}{9}\left(-\frac{1}{5}\right)^n u[n]+\frac{25}{27}\left(-\frac{1}{2}\right)^n u[n]+\frac{8}{27}\left(\frac{2}{5}\right)^n u[n]$$

2. 离散 LTI 系统的频率响应

LTI 离散系统的频率响应定义为系统单位脉冲响应的傅里叶变换，同时也可利用式(5-67)得到：

$$H(\mathrm{e}^{\mathrm{j}\omega})=\sum_{n=-\infty}^{+\infty}h[n]\mathrm{e}^{-\mathrm{j}\omega n}=H(z)\big|_{z=\mathrm{e}^{\mathrm{j}\omega}}=|H(\mathrm{e}^{\mathrm{j}\omega})|\mathrm{e}^{\mathrm{j}\varphi(\mathrm{e}^{\mathrm{j}\omega})}=\frac{\sum_{k=0}^{M}b_k\mathrm{e}^{-\mathrm{j}k\omega}}{\sum_{i=0}^{N}a_i\mathrm{e}^{-\mathrm{j}i\omega}} \tag{5-68}$$

其中，$|H(\mathrm{e}^{\mathrm{j}\omega})|$是系统的幅频特性，$\varphi(\mathrm{e}^{\mathrm{j}\omega})$是系统的相频特性。式(5-68)也给出了系统频率响应与系统函数的关系。由于离散时间信号的傅里叶变换是以 2π 为周期的，$2k\pi$ 附近的频率是低频分量，$(2k+1)\pi$ 附近的频率是高频分量，因此，根据系统的幅频特性同样可以将系统分为低通、高通、带通、带阻和全通五类滤波器，分别如图 5-11 所示。

与连续系统类似，由式(5-68)可以看出，离散 LTI 系统的频率响应可通过系统函数的零极点分布应用几何法(见图 5-12)确定。

由 $H(z)=\frac{\prod_{k=1}^{M}(z-z_k)}{k\prod_{r=1}^{N}(z-p_r)}$ 得系统频率响应：

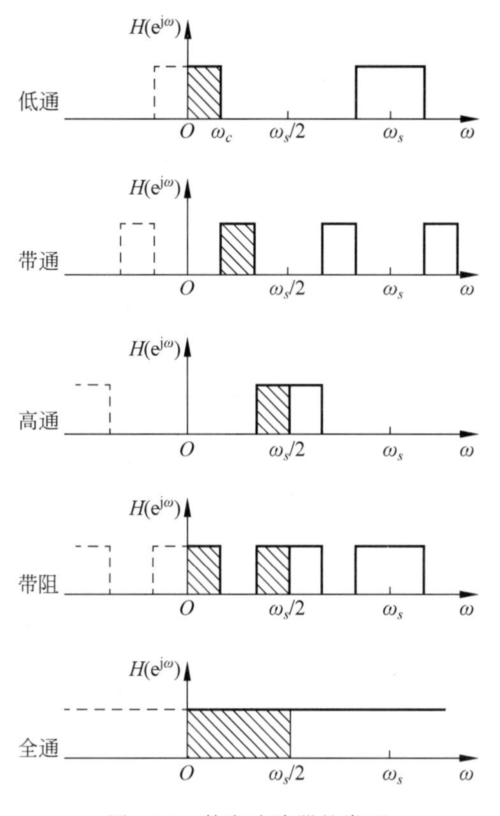

图 5-11 数字滤波器的类型

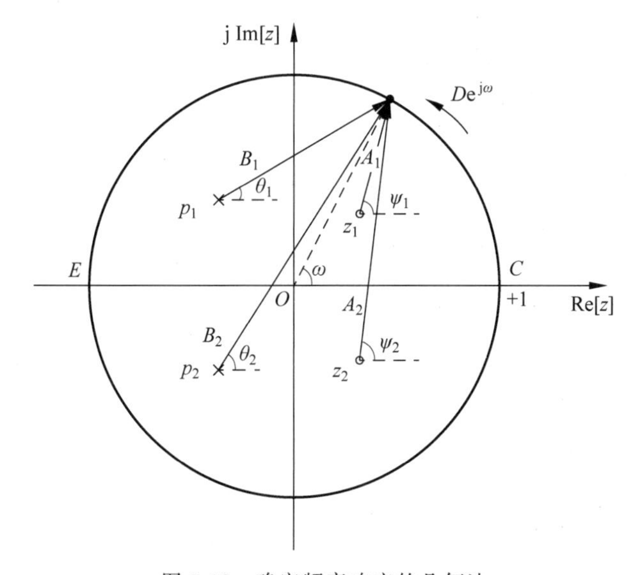

图 5-12 确定频率响应的几何法

$$H(e^{j\omega})=\frac{k\prod_{k=1}^{M}(e^{j\omega}-z_k)}{\prod_{r=1}^{N}(e^{j\omega}-p_r)}=|H(e^{j\omega})|e^{j\varphi(\omega)}$$

令分子矢量与分母矢量分别为 $A_k e^{j\phi_k}=e^{j\omega}-z_k$、$B_r e^{j\theta_r}=e^{j\omega}-p_r$，则幅频特性和相频特性分别为：

$$|H(e^{j\omega})|=\frac{|k|\prod_{k=1}^{M}A_k}{\prod_{r=1}^{N}B_r} \tag{5-69}$$

$$\varphi(\omega)=\sum_{k=1}^{M}\phi_k-\sum_{r=1}^{N}\theta_r \tag{5-70}$$

由 $e^{j\omega}$ 函数的周期性，可知离散 LTI 系统的频率响应是以 2π 为周期的，只要考察单位圆上矢量 $e^{j\omega}$ 与零极点之间构成的差矢量，观测其幅度和相位的变化规律，就可以得到系统的频率响应。

例 5-23 求一阶因果离散 LTI 系统 $y[n]-\frac{1}{4}y[n-1]=f[n]$的频率响应。

解 根据系统差分方程可知系统的零极点分别为 0 和 $\frac{1}{4}$，频率响应为 $H(e^{j\omega})=\frac{1}{1-\frac{1}{4}e^{-j\omega}}$，幅频特性为 $|H(e^{j\omega})|=\frac{1}{\left|1-\frac{1}{4}e^{-j\omega}\right|}$，相频特性为 $\varphi(\omega)=-\arctan\left(\frac{\frac{1}{4}\sin\omega}{1-\frac{1}{4}\cos\omega}\right)$，如图 5-13 所示。

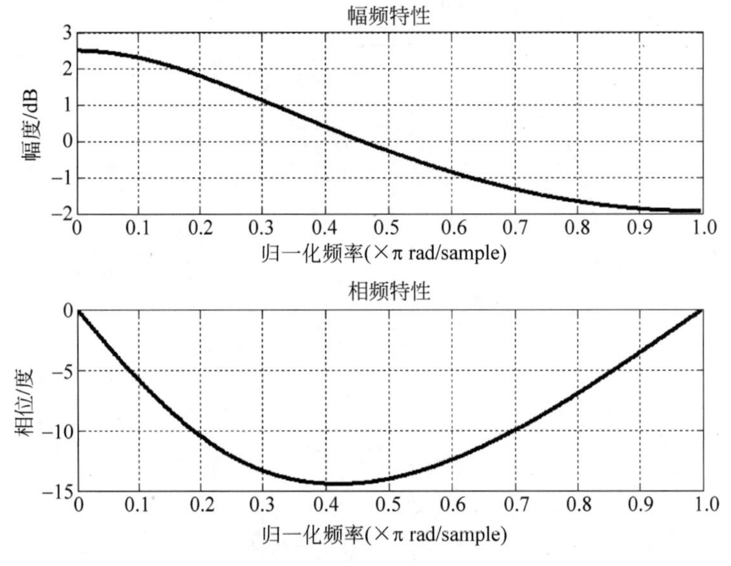

图 5-13 例 5-23 所示系统的频率响应

根据上述幅频响应曲线,可以看出该系统具有低通特性。若将系统的极点改为$-\frac{1}{4}$,则系统的频率响应如图 5-14 所示。分析可知,原系统的脉冲响应为$h[n]=\left(\frac{1}{4}\right)^n u[n]$,极点位置的改变使得脉冲响应变为$g[n]=\left(-\frac{1}{4}\right)^n u[n]=(-1)^n\times h[n]$,此时系统是一阶高通滤波器。

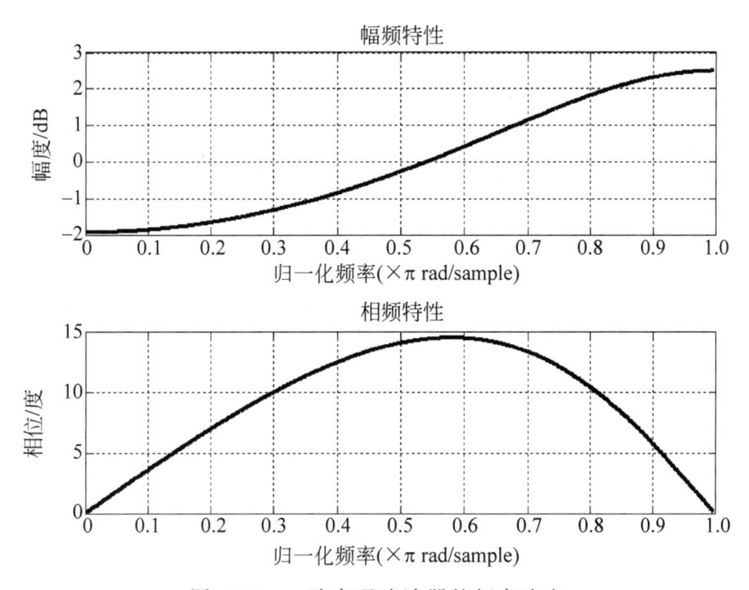

图 5-14　一阶高通滤波器的频率响应

3. 数字滤波器

理想低通滤波器是具有矩形低通特性$H(e^{j\omega})=G_{2\omega_c}(\omega)e^{-j\omega m}$的离散系统,其中,截止频率$0<\omega_c<\pi$。由于$\frac{1}{2\pi}\int_{-\omega_c}^{\omega_c}e^{jn\omega}d\omega=\frac{\sin n\omega_c}{n\pi}=\frac{\omega_c}{\pi}\text{Sa}[n\omega_c]$,使得:

$$\frac{\omega_c}{\pi}\text{Sa}[n\omega_c]\Leftrightarrow G_{2\omega_c}(\omega) \tag{5-71}$$

所以理想低通滤波器的单位脉冲响应是:

$$h[n]=\frac{\omega_c}{\pi}\text{Sa}[\omega_c(n-m)] \tag{5-72}$$

例 5-24　已知理想数字低通滤波器的频率响应为$H(e^{j\omega})=G_{\frac{\pi}{2}}(\omega)$,如图 5-15(a)所示,求其单位脉冲响应$h[n]$。

解　由式(5-71),有$h[n]=\frac{1}{4}\text{Sa}\left[\frac{n\pi}{4}\right]$,如图 5-15(b)所示。理想数字低通滤波器是一个具有无限持续时间单位脉冲响应(Infinite-duration Impulse Response,简写为 IIR)的非因果数字滤波器。而可实现的数字低通滤波器必须把它截断成有限持续时间单位脉冲响应(Finite-duration Impulse Response,简写为 FIR)的数字滤波器,此时实际的频率特性$H_N(e^{j\omega})$是理想频域特性与长为$2N+1$的时窗序列的傅里叶变换的卷积,图 5-15(c)示出

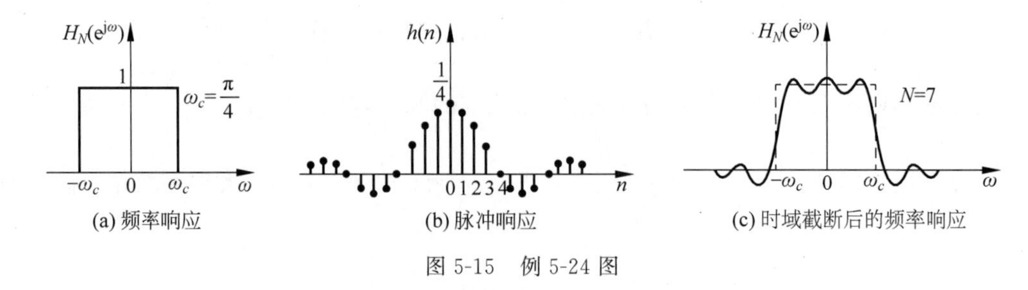

(a) 频率响应　(b) 脉冲响应　(c) 时域截断后的频率响应

图 5-15　例 5-24 图

了 $N=7$ 时的 $H_N(e^{j\omega})$，从中可以看见频域的 Gibbs 现象。

4. 正弦序列通过 LTI 离散系统

与频率响应在连续 LTI 系统中的地位和作用相似，在离散 LTI 系统中也经常要对输入信号的频谱进行处理，因此，有必要研究离散 LTI 系统在离散正弦序列作用下的响应。

首先，我们要证明离散正弦序列是离散 LTI 系统的本征函数，即离散正弦序列可形状不变地通过任何离散 LTI 系统，输出的正弦序列与输入序列仅在幅度和相位上发生变化。

设因果系统的单位脉冲响应为 $h[n]$，输入为 $f[n]=e^{j\omega_0 n}$，则系统零状态响应为：

$$y[n]=f[n]*h[n]=\sum_{k=0}^{+\infty}h[k]f[n-k]$$

$$=\sum_{k=0}^{+\infty}h[k]e^{-jk\omega_0}e^{jn\omega_0}=H(e^{j\omega_0})e^{jn\omega_0} \tag{5-73}$$

显然，当 $f[n]=e^{-jn\omega_0}$ 时，有 $y[n]=H(e^{-j\omega_0})e^{-jn\omega_0}=[H(e^{j\omega_0})e^{jn\omega_0}]^*$。因此，当 $f[n]=\cos(n\omega_0)=\frac{1}{2}[e^{jn\omega_0}+e^{-jn\omega_0}]$时，有：

$$y[n]=\frac{1}{2}\{H(e^{j\omega_0})e^{jn\omega_0}+[H(e^{j\omega_0})e^{jn\omega_0}]^*\}=|H(e^{j\omega_0})|\cos(n\omega_0+\phi(e^{j\omega_0})) \tag{5-74}$$

这表明，离散正弦序列可形状不变地通过任何离散 LTI 系统，输出序列与输入相比，仅改变幅度和相位，其中幅度上乘以系统幅频特性在此离散正弦频率上的取值 $|H(e^{j\omega_0})|$，相移是系统相频特性在此离散正弦频率上的取值 $\phi(e^{j\omega_0})$。

例 5-25　若 5Hz 的正弦加上 50Hz 的工频干扰组成的信号经采样频率等于 250Hz 的采样器采样后，输入数字平滑滤波器，已知该滤波器的输出为 $y[n]=\frac{1}{5}(f[n+2]+f[n+1]+f[n]+f[n-1]+f[n-2])$，试分析它能否滤除工频干扰。

解　取系统方程的 z 变换后，得到系统函数 $H(z)=\frac{z^2+z+1+z^{-1}+z^{-2}}{5}$，使得系统频率特性为 $F(e^{j\omega T})=\frac{e^{j2\omega T}+e^{j\omega T}+1+e^{-j\omega T}+e^{-j2\omega T}}{5}=\frac{\sin\left(\frac{5}{2}\omega T\right)}{5\sin\left(\frac{1}{2}\omega T\right)}$，其中，$\omega T=2\pi\frac{f}{f_s}=\frac{\pi f}{125}$。当 $f=5\text{Hz}$ 时，$F(e^{j\omega T})=\frac{\sin\left(\frac{5}{2}\cdot\frac{5\pi}{125}\right)}{5\sin\left(\frac{1}{2}\cdot\frac{5\pi}{125}\right)}=\frac{\sin\left(\frac{\pi}{10}\right)}{5\sin\left(\frac{\pi}{50}\right)}=0.98408$，即频率为 5Hz 的有

用正弦分量无相移并且几乎无衰减地通过系统；而当 $f=50\text{Hz}$ 时，$F(\mathrm{e}^{\mathrm{j}\omega T})=\dfrac{\sin\left(\frac{5}{2}\cdot\frac{50\pi}{125}\right)}{5\sin\left(\frac{1}{2}\cdot\frac{50\pi}{125}\right)}=\dfrac{\sin(\pi)}{5\sin\left(\frac{\pi}{5}\right)}=0$，即频率为 50Hz 的工频干扰完全被该系统滤除。该例虽然简单，但清晰地说明了通过设计系统频率特性，可以得到所需的数字滤波功能。

5.6　离散全通滤波器和最小相位滤波器

5.6.1　离散全通滤波器

微课视频

全通数字滤波器是零点个数与极点个数相等且零点与极点配对的关于单位圆反演对称的滤波器，即所有零极点对都满足 $z_i=(p_i^*)^{-1}=r_i^{-1}\mathrm{e}^{\mathrm{j}\theta_i}$，其中 $p_i=r_i\mathrm{e}^{\mathrm{j}\theta_i}$，$r_i<1$。因此它可表示为：

$$H_{ap}(z)=A\prod_{i=1}^{N}\frac{z^{-1}-p_i^*}{1-p_iz^{-1}} \tag{5-75}$$

其中，A 为正常数。实际组成时，全通滤波器由 M_r 个实零极点对组成的一阶全通节和 M_c 个复共轭零极点对组成的二阶节串联构成，其中 $M_r+2M_c=N$。其中，一阶全通节：

$$\frac{\mathrm{e}^{-\mathrm{j}\omega}-d_i}{1-d_i\mathrm{e}^{-\mathrm{j}\omega}}=\exp\{\mathrm{j}\varphi_{ri}(\omega)\} \tag{5-76}$$

有相位特性：

$$\varphi_{ri}(\omega)=-\omega-2\arctan\frac{d_i\sin\omega}{1-d_i\cos\omega} \tag{5-77}$$

二阶全通节：

$$\frac{(\mathrm{e}^{-\mathrm{j}\omega}-r_i\mathrm{e}^{-\mathrm{j}\theta_i})(\mathrm{e}^{-\mathrm{j}\omega}-r_i\mathrm{e}^{\mathrm{j}\theta_i})}{(1-r_i\mathrm{e}^{\mathrm{j}\theta_i}\mathrm{e}^{-\mathrm{j}\omega})(1-r_i\mathrm{e}^{-\mathrm{j}\theta_i}\mathrm{e}^{-\mathrm{j}\omega})}=\exp\{\mathrm{j}\varphi_{ci}(\omega)\} \tag{5-78}$$

有相位特性：

$$\varphi_{ci}(\omega)=-2\omega-2\arctan\frac{r_i\sin(\omega-\theta_i)}{1-r_i\cos(\omega-\theta_i)}-2\arctan\frac{r_i\sin(\omega+\theta_i)}{1-r_i\cos(\omega+\theta_i)} \tag{5-79}$$

可见，全通网络是一个总相移量为 $\varphi(\omega)=\sum\limits_{i=1}^{M_r}\varphi_{ri}(\omega)+\sum\limits_{i=1}^{M_c}\varphi_{ci}(\omega)$、且有非线性相移特性的系统，是个纯相移网络。

由式(5-77)和式(5-78)可见，$\varphi_{ri}(0)=0$ 和 $\varphi_{ci}(0)=0$；同时，对所有的 $\omega\in(0,\pi)$，有

$$\varphi'_{ri}(\omega)=-\frac{1-d_i^2}{(1-d_i\cos\omega)^2+(d_i\sin\omega)^2}<0 \tag{5-80}$$

$$\varphi'_{ci}(\omega)=-\left\{\frac{1-r_i^2}{[1-r_i\cos(\omega-\theta_i)]^2+[r_i\sin(\omega-\theta_i)]^2}+\frac{1-r_i^2}{[1-r_i\cos(\omega+\theta_i)]^2+[r_i\sin(\omega+\theta_i)]^2}\right\}<0 \tag{5-81}$$

这意味着，全通滤波器的连续相位函数是递减的，其导数值总是负的。这使得对所有的 $\omega \in (0,\pi)$，有 $\varphi(\omega) < \varphi(0) = 0$，即其连续相位函数总是负的。

5.6.2 最小相位数字滤波器

离散 LTI 因果系统的稳定性要求系统函数的所有极点必须位于 z 平面单位圆内。因此，当系统幅频特性确定时，只有零点位置可供选择。

定义所有零点均处于 z 平面单位圆内的稳定系统(即所有零极点均位于 z 平面单位圆内的系统)为最小相位系统。根据此定义易知，最小相位系统是个可逆的因果稳定系统，并且其逆系统仍是一个最小相位系统。由于最小相位系统的零极点变成其逆系统的极零点，使得逆系统的零极点仍然都在 z 平面单位圆内。

显然，非最小相位的因果稳定系统可以由最小相位滤波器串联一个使零点移到单位圆外的全通滤波器构成，该全通滤波器的极点为最小相位滤波器的零点，以此对消原有零点，全通滤波器的零点与其极点关于单位圆反演对称。由 5.6.1 节讨论可知，$\varphi(0)=0$ 并且对所有的 $\omega \in (0,\pi)$，全通滤波器的连续相位函数总是负的。因此，把零点从单位圆内反射到单位圆外总会使连续相位函数减小，使得相位负值(即相位滞后)增加，因此最小相位系统实际上是具有最小连续相位滞后特性的系统。更确切地，应称它为最小相位滞后系统，但习惯上称为最小相位系统。

同样地，可称具有最小相位特性的信号为最小相位信号。

本章小结

1. z 变换是离散信号的幂级数展开描述，它是分析离散信号与系统的重要工具，其性质和作用类似于连续信号与系统中的拉普拉斯变换。离散信号的收敛域一般为圆环。一般地，可利用部分分式展开方法计算 z 逆变换。

2. 应用 z 变换，可计算离散 LTI 系统的单位脉冲响应、阶跃响应、零输入响应、零状态响应和全响应等。

3. 系统函数的零极点分布决定了系统的因果性、稳定性以及系统的频率响应。根据系统幅频特性的不同，可分为低通、高通、带通、带阻和全通五类数字滤波器。由系统零极点分布图，可利用几何法判断系统的滤波特性，并求解系统的正弦稳态响应。

4. LTI 系统有直接型、串联型、并联型三类框图实现方法，应用这些方法可有效进行系统模拟。

5. 离散时间傅里叶变换具有与连续时间傅里叶变换类似的性质，可应用于离散 LTI 系统的频域分析。

习题

5-1 求下列离散信号的 z 变换，并注明收敛域，画出 z 变换的零极点图。

(1) $f[n]=\left(\frac{1}{2}\right)^n u[n]$

(2) $f[n]=\left(\frac{1}{2}\right)^n u[n]+3^{-n}u[-n-1]$

(3) $f[n]=\delta[n-2]$

(4) $f[n]=3\left[1-\left(\frac{1}{2}\right)^{n+1}\right]u[n]$

(5) $f[n]=(2^{-n}-4^{-n})[u[n+2]-u[n-2]]$

(6) $f[n]=\left(\frac{1}{5}\right)^n u[n-2]$

(7) $f[n]=\left(-\frac{1}{4}\right)^n u[-n-1]$

(8) $f[n]=\delta[n]-\frac{1}{8}\delta[n-3]$

(9) $f[n]=(2)^n[u[n]-u[n-5]]$

(10) $f[n]=(n-3)u[n-3]$

(11) $f[n]=\left(\frac{1}{3}\right)^n \cos\left(\frac{\pi}{5}n\right)u[n]$

5-2　利用 z 变换求下列信号的卷积。

(1) $a^n u[n] * \delta[n-2]$

(2) $2^n u[n] * 3^n u[n]$

(3) $\left(\frac{1}{2}\right)^n u[n] * u[n]$

(4) $(u[n]-u[n-4]) * (u[n]-u[n-4])$

(5) $a^n u[n-1] * u[n]$

(6) $(u[n]-u[n-4]) * \sin\left(\frac{n\pi}{2}\right)$

(7) $\sin\left(\frac{n\pi}{2}\right)u[n] * \sin\left(\frac{n\pi}{2}\right)u[n]$

(8) $\cos(n\pi)u[n] * \left(\frac{1}{2}\right)^n u[n]$

5-3　已知因果序列的 z 变换为 $F(z)$，试分别计算下列原序列的初值，若存在终值，求各序列的终值。

(1) $F(z)=\dfrac{1+\frac{1}{2}z^{-1}}{1-\frac{1}{2}z^{-1}}$

(2) $F(z)=\dfrac{z^{-1}}{1-\frac{3}{4}z^{-1}+\frac{1}{8}z^{-2}}$

(3) $F(z)=\dfrac{z^{-1}}{(1-z^{-1})(1-2z^{-1})}$

(4) $F(z)=\dfrac{z^{-1}-6z^{-2}}{1-z^{-1}-6z^{-2}}$

5-4 根据给定的收敛域,求下列 $F(z)$的逆变换。

(1) $F(z)=\dfrac{1-0.5z^{-1}}{1+0.75z^{-1}+0.125z^{-2}}$,ROC: $|z|>\dfrac{1}{2}$

(2) $F(z)=\dfrac{1-2z^{-1}}{z^{-1}-2}$,ROC: $|z|>2$

(3) $F(z)=\dfrac{2z^{-1}}{(1-z^{-1})(1-2z^{-1})}$,ROC: $1<|z|<2$

(4) $F(z)=\dfrac{3+z^{-1}}{(1-0.2z^{-1})(1+0.4z^{-1})}$,ROC: $|z|<0.2$

(5) $F(z)=\dfrac{z^{-6}}{1+2z^{-1}}$,ROC: $|z|<2$

(6) $F(z)=\dfrac{5z^{-1}}{1-z^{-1}-6z^{-2}}$,ROC: $2<|z|<3$

(7) $F(z)=\dfrac{2z^{-2}}{(1-z^{-1})(1-2z^{-1})^2}$,ROC: $|z|>2$

(8) $F(z)=z^{-1}+2z^{-2}+3z^{-3}+4z^{-4}+5z^{-5}$,ROC: $|z|>0$

(9) $F(z)=\dfrac{1-z^{-10}}{1-z^{-1}}$,ROC: $|z|>1$

5-5 证明下列结论。

(1) 利用 z 变换的性质证明 $u[n]*u[n]=(n+1)u[n]$;

(2) z 变换的初值定理和终值定理;

(3) 利用 z 变换证明卷积的时移性质。

5-6 若 $\mathbb{Z}(f[n])=F(z)$,$\mathbb{Z}(h[n])=H(z)$,证明实序列的相关定理:$\mathbb{Z}\left(\sum\limits_{k=-\infty}^{+\infty}h[k]f[k-n]\right)=H(z)F(z^{-1})$。

5-7 对实序列 $f[n]$,其有理 z 变换为 $F(z)$,证明下列结论。

(1) $F(z)=F^*(z^*)$;

(2) 若 $F(z)$存在复数零点或极点,则一定是共轭成对存在的。

5-8 给出下列关于 z 变换为 $F(z)$的某离散时间信号 $f[n]$的 5 条事实,试求 $F(z)$并给出它的收敛域。

(1) $f[n]$是实的且为右边序列;

(2) $F(z)$只有两个极点;

(3) $F(z)$在原点有二阶零点;

(4) $F(z)$有一个极点在 $z=\dfrac{1}{2}\mathrm{e}^{\mathrm{j}\pi/3}$;

(5) $F(1)=8/3$。

5-9 某离散信号的 z 变换为 $F(z)=\dfrac{1-z^{-1}}{1+\dfrac{1}{2}z^{-1}}$,收敛域为 $|z|>\dfrac{1}{2}$,试确定 $f[0]$、$f[1]$、$f[2]$的值。

5-10　已知对偶序列 $f[n]=f[-n]$，试证明下列结论。

(1) $F(z)=F(z^{-1})$；

(2) 若 $F(z)$ 在 $z=z_0$ 存在一个极点或零点，则 $z=z_0^{-1}$ 也是其极点或零点；

(3) 对信号 $f[n]=\delta[n-2]+2\delta[n-1]+2\delta[n+1]+\delta[n+2]$ 验证上述结果。

5-11　试证明复指数序列是离散 LTI 系统的特征函数，即，当激励为 $f[n]=z^n$ 时，LTI 系统的响应是 $y[n]=H(z)z^n$，其中 $H(z)$ 是系统对应 z^n 的特征值，即系统函数。

5-12　已知下列离散系统的系统函数和收敛域，画出其零极点图，并写出描述系统的差分方程，说明该系统的稳定性与因果性。

(1) $H(z)=\dfrac{1}{1+\frac{1}{2}z^{-1}}$，ROC：$|z|>\dfrac{1}{2}$

(2) $H(z)=\dfrac{1-\frac{1}{2}z^{-1}}{1+\frac{3}{4}z^{-1}+\frac{1}{8}z^{-2}}$，ROC：$|z|<\dfrac{1}{4}$

(3) $H(z)=\dfrac{z^{-2}}{1+5z^{-1}+6z^{-2}}$，ROC：$|z|>3$

(4) $H(z)=\dfrac{10z^{-1}}{1-3z^{-1}+2z^{-2}}$，ROC：$1<|z|<2$

(5) $H(z)=\dfrac{10z^{-1}}{1-\frac{5}{2}z^{-1}+z^{-2}}$，ROC：$\dfrac{1}{2}<|z|<2$

5-13　已知某因果系统的激励为 $f[n]=2\delta[n]-4\delta[n-1]+2\delta[n-2]$，系统函数为 $H(z)=\dfrac{1}{\left(1-\frac{1}{2}z^{-1}\right)\left(1-\frac{1}{3}z^{-1}\right)}$，求系统的差分方程和零状态响应，使用 MATLAB 画出其波形图。

5-14　求因果离散系统 $y[n]-0.7y[n-1]+0.12y[n-2]=2f[n]-f[n-1]$ 的系统函数和单位脉冲响应，若系统初始条件为 $y[-1]=1$、$y[-2]=-1$，求系统的零输入响应，判断该系统的稳定性，并画出系统的直接型实现框图。

5-15　试画出因果离散系统 $y[n]+4y[n-1]+3y[n-2]=4f[n]+f[n-1]$ 的系统串联型、并联型实现框图，并确定其阶跃响应。

5-16　求如题 5-16 图(a)和(b)所示离散系统的差分方程和系统函数 $H(z)$。

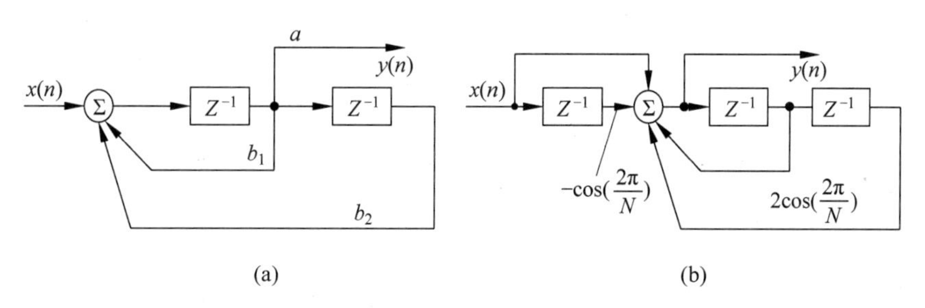

题 5-16 图

5-17 写出如题 5-17 图(a)、(b)、(c)所示因果离散系统的差分方程和系统函数,并求其单位脉冲响应,说明图 5-17(c)中所示系统是否稳定。

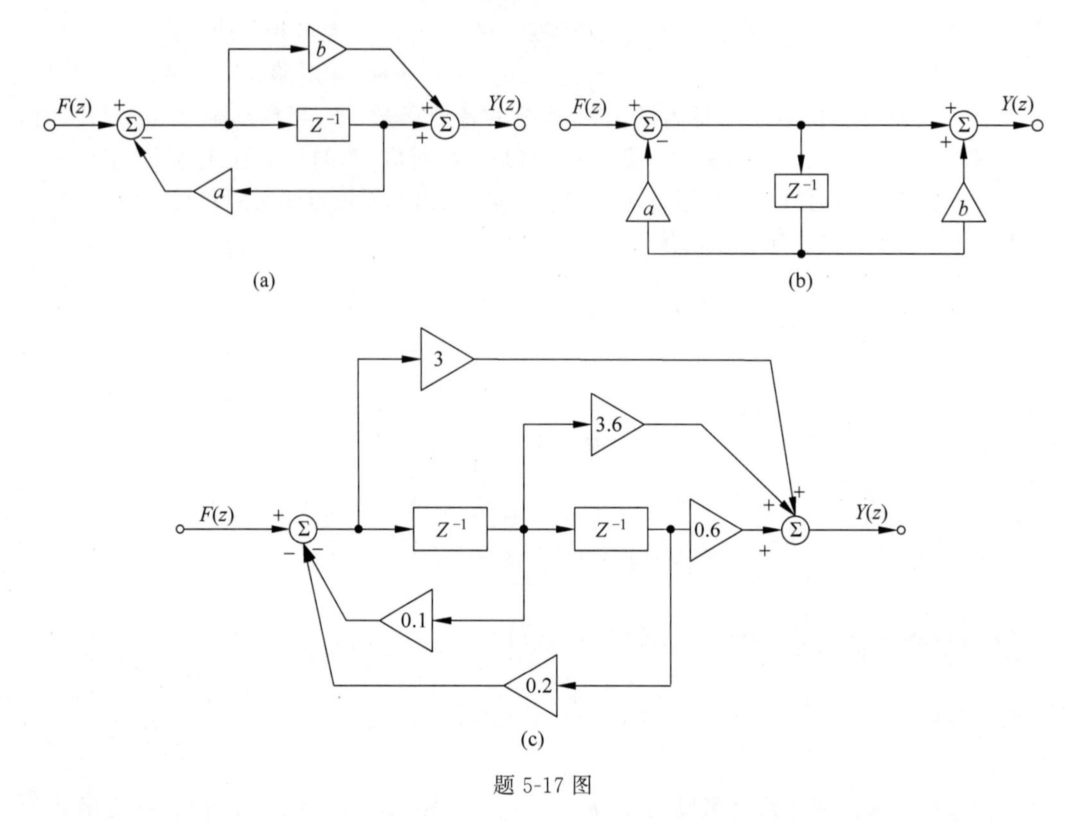

题 5-17 图

5-18 若某因果离散 LTI 系统对激励 $f[n]=\left(\frac{1}{2}\right)^n u[n]-\frac{1}{4}\left(\frac{1}{2}\right)^{n-1} u[n-1]$的零状态响应为 $y[n]=\left(\frac{1}{3}\right)^n u[n]$,求描述系统的差分方程和单位脉冲响应,画出该系统的直接型实现框图,并说明该系统是否为最小相位系统。

5-19 已知某离散时间 LTI 因果系统的零极点图如题 5-19 图所示,且系统单位脉冲响应满足条件 $h[0]=2$,求解下列问题。

(1) 系统函数 $H(z)$;

(2) 系统的单位脉冲响应 $h[n]$,并判断该系统是否稳定;

(3) 系统的差分方程;

(4) 若已知激励为 $f[n]$,且系统的零状态响应为 $y[n]=2^n u[n]$,求激励 $f[n]$;

(5) 当激励为 $f[n]=5\cos(\pi n)u[n]$时,系统的正弦稳态响应;

(6) 判断该系统是什么类型的滤波器。

jIm[z]
Re[z]
2
−0.5
2

题 5-19 图

5-20 求因果离散系统 $y[n]-\frac{1}{3}y[n-1]=f[n]$的单位脉冲响应,判断该系统是否稳定;若系统零状态响应为 $y[n]=3(2^{-n}-3^{-n})u[n]$,求系统输入信号 $f[n]$。使用 MATLAB 画出其频率响应曲线。并判断该系统是否可逆,若可逆,求逆系统的单位脉冲响应。

5-21　已知当因果离散系统激励为 $f[n]=u[n]$时，零状态响应为 $y[n]=2(1-0.5^n)u[n]$，求系统的单位脉冲响应、系统激励为 $f[n]=0.5^n u[n]$时的零状态响应，并判断该系统是否稳定。

5-22　若某均值滤波器为一个二阶 MA 系统 $y[n]=\frac{1}{3}[f[n]+f[n-1]+f[n-2]]$，判断该系统是否稳定，使用 MATLAB 求其幅频特性和相频特性。若已知 $f[n]=\left(\frac{1}{3}\right)^n u[n]$，求系统零状态响应。

5-23　已知某因果离散系统 $H(z)=\frac{1-0.4z^{-1}}{1-0.75z^{-1}+0.125z^{-2}}$，试画出该系统的直接型实现框图，判断系统是否稳定，使用 MATLAB 画出系统的幅频特性和相频特性，并判断该系统是否为离散最小相位系统。

5-24　已知离散时间系统的差分方程为 $y[n]+\frac{1}{5}y[n-1]-\frac{6}{25}y[n-2]=f[n]+f[n-1]$，求该系统的系统函数 $H(z)$，画出系统函数 $H(z)$的零极点图，并求系统的单位脉冲响应 $h[n]$，使用 MATLAB 画出其频率响应图，判断该系统的类型。

5-25　已知离散 LTI 因果系统的系统函数 $H(z)=\frac{1-a^{-1}z^{-1}}{1-az^{-1}}$，$a$ 为实数，试求下列问题。

(1) 假设 $0<a<1$，画出零极点图，指出收敛域；

(2) 证明这个系统是全通系统。

5-26　已知某离散 LTI 系统的脉冲响应如题 5-26 图所示，求该系统的群时延。

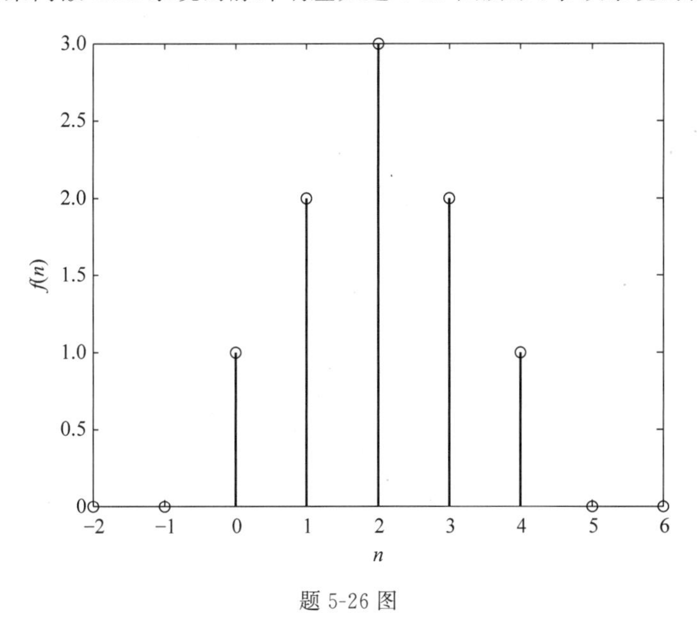

题 5-26 图

5-27　如题 5-27 图所示的离散时间系统，图中系统 s 是一个单位脉冲响应为 $h_{\text{lp}}[n]$的线性时不变系统，试求下列问题。

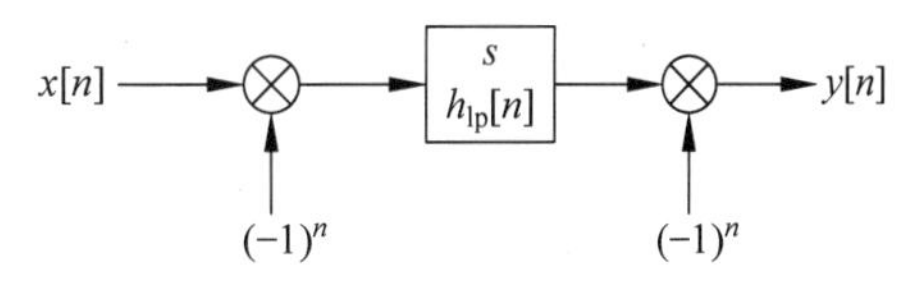

题 5-27 图

(1) 证明整个系统是时不变的；

(2) 若 $h_{lp}[n]$ 是一个低通滤波器，判断由该图实现系统的滤波器类型。

5-28　已知一阶差分系统 $y[n]=f[n]-f[n-1]$，求该系统的频率响应。

5-29　将多径传输模型推广到更普遍的情形，假定直接路径和非直接路径之间的延迟不是 1 而是 k，即描述输入-输出的差分方程为 $y[n]=f[n]+af[n-k]$，试求其逆系统的脉冲响应。

5-30　某弹性球从距离地面 H 米的高度自由下落，到地面后反弹的最高值是前一次的 $\frac{1}{2}$。以 $y[n]$ 表示第 n 次弹起后的最高值，试写出描述该系统的差分方程，假设 $H=2\text{m}$，求解该系统的全响应和单位脉冲响应。

5-31　语音信号处理中，某个描述声道模型的系统函数为 $H(z)=\dfrac{1}{1-\sum\limits_{i=1}^{P}a_i z^{-i}}$，试画出当 $P=8$ 时该系统的实现框图。

5-32　求下列离散信号的离散时间傅里叶变换。

(1) $f[n]=\left(\frac{1}{2}\right)^{n-1}u[n-1]$　　(2) $f[n]=\delta[n]+2\delta[n-1]+3\delta[n-3]$

(3) $f[n]=\delta[n-3]-\delta[n+3]$　　(4) $f[n]=\left[\dfrac{\sin\frac{\pi}{4}n}{\pi n}\right]^2$

(5) $f[n]=(2)^n[u[n]-u[n-5]]$　　(6) $f[n]=u[n-3]-u[n-8]$

(7) $f[n]=\left(\frac{1}{3}\right)^n\cos\left(\frac{\pi}{5}n\right)u[n]$

5-33　已知序列 $f[n]$ 的离散时间傅里叶变换为 $F(e^{j\omega})$，试证明如下结论。

(1) $F(e^{j0})=\sum\limits_{n=-\infty}^{+\infty}f[n]$；　　(2) $f[0]=\frac{1}{2\pi}\int_{2\pi}F(e^{j\omega})d\omega$。

5-34　已知序列如题 5-34 图所示，计算下列问题。

(1) $F(e^{j0})$；　　(2) $\int_{-\pi}^{\pi}|F(e^{j\omega})|^2 d\omega$。

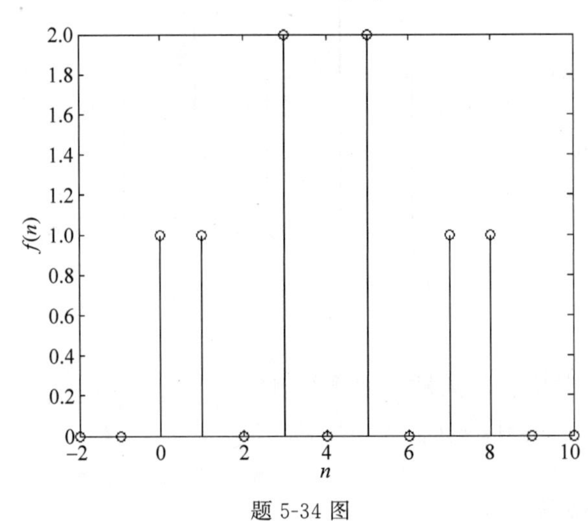

题 5-34 图

第6章 系统的状态变量分析

CHAPTER 6

6.1 引言

微课视频

6.1.1 经典系统分析方法的局限性

经典系统分析方法包括时域法和变换域法，它研究 LTI 系统的冲激响应、阶跃响应、零输入响应和零状态响应等时域特性及系统传递函数、幅频特性、相频特性等频域特性(尤其是频率响应特性)的概念。

但经典的线性系统理论不能揭示系统内部特性，不能有效地处理多输入-多输出系统，也不易推广用于分析时变系统或非线性系统，它仅适用于分析单输入-单输出的线性时不变系统的外部特性，具有相当大的局限性。

6.1.2 状态变量分析理论的重要意义

卡尔曼(Kalman)提出的以状态变量分析为核心的现代系统理论，用描述系统内部特性的状态变量取代了描述系统外部特性的系统函数，这种描述可方便地应用于分析多输入-多输出系统。他进一步提出的系统可控性和可观测性概念完整地揭示了系统内部特性，使系统分析与设计发生了根本性的变革。状态空间法也能成功地应用于分析时变系统或非线性系统，并能方便地使用计算机求解系统。

现代控制理论、电路与系统的计算机辅助分析(Computer Aided Analysis，CAA)和计算机辅助设计(Computer Aided Design，CAD)乃至于人工神经网络理论等都是在状态空间的理论基础上发展起来的。因此，学习和掌握状态空间理论具有十分重要的意义。

6.1.3 基本概念

图 6-1 示出了 RLC 串联谐振电路。如果只关心系统激励 $e(t)$和响应 $u_C(t)$之间的关系，则有系统微分方程描述：

$$u''_C(t)+\frac{R}{L}u'_C(t)+\frac{1}{LC}u_C(t)=\frac{1}{LC}e(t) \tag{6-1}$$

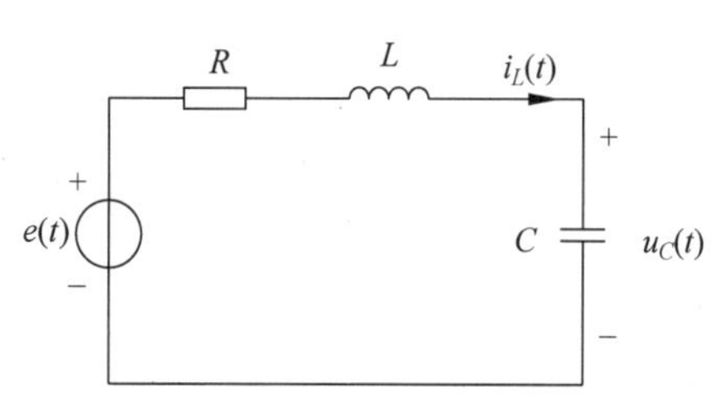

图 6-1 RLC 串联谐振电路

显然，这是一种输入-输出描述法，它只能得到系统输出如何随系统输入变化，而无法了解系统内部发生的变化及由此引起的输出变化，更无法得知如何控制系统内部变化来得到所需的系统输出。

如果需要了解系统内部储能元件的动态特性，则可列出方程：

$$i_C(t)=Cu'_C(t)$$

$$Ri_L(t)+Li'_L(t)+u_C(t)=e(t)$$

将它们改写为：

$$\begin{cases}i'_L(t)=-\dfrac{R}{L}i_L(t)-\dfrac{1}{L}u_C(t)+\dfrac{1}{L}e(t)\\ u'_C(t)=\dfrac{1}{C}i_C(t)\end{cases}\tag{6-2}$$

这是 $i_L(t)$ 和 $u_C(t)$ 作为系统状态变量的一阶微分方程组，我们将这样的关于系统状态变量的一阶微分方程组称为系统状态方程，它描述控制系统状态变化的动力学特性。显然，给定系统状态变量的初始条件和系统激励的变化情况，根据此动力学特性，就可确定系统状态变量的动态变化情况。

为便于系统分析，通常将系统状态方程写成矩阵-矢量形式：

$$\boldsymbol{X}'(t)=\boldsymbol{A}\boldsymbol{X}(t)+\boldsymbol{B}e(t)\tag{6-3}$$

对式(6-2)的系统而言，状态矢量为 $\boldsymbol{X}(t)=\begin{bmatrix}i_L(t)\\ u_C(t)\end{bmatrix}$，系统参数矩阵为 $\boldsymbol{A}=\begin{bmatrix}-\dfrac{R}{L} & -\dfrac{1}{L}\\ \dfrac{1}{C} & 0\end{bmatrix}$ 和 $\boldsymbol{B}=\begin{bmatrix}\dfrac{1}{L}\\ 0\end{bmatrix}$。

系统输出是系统状态变量和系统激励的线性组合，可以用输出方程(6-4)描述

$$r(t)=\boldsymbol{C}\boldsymbol{X}(t)+\boldsymbol{D}e(t)\tag{6-4}$$

本例中，输出变量为 $r(t)=u_C(t)$，系统参数矩阵为 $\boldsymbol{C}=[0\quad 1]$ 和 $\boldsymbol{D}=[0]$。

6.1.4 状态变量分析方法的优点

(1) 便于研究系统内部物理量的动态变化特性；

(2) 与系统复杂程度无关，区别仅在于系统激励矢量和状态矢量的维数不同，无论是单输入单输出(Single Input Single Output，SISO)、单输入多输出(Single Input Multiple Output，SIMO)、多输入单输出(Multiple Input Single Output，MISO)或多输入多输出(Multiple Input Multiple Output，MIMO)，都可用同一形式的状态方程描述；

(3) 适用于时变系统或非线性系统，此时状态方程及/或输出方程是时变的或非线性的；

(4) 状态方程的特性参数鲜明地表征了系统的关键性能，尤其是系统稳定性、系统可控性和系统可观测性；

(5) 为系统的 CAA 或 CAD 提供了有效途径。

6.2　连续时间系统状态变量方程的建立

6.2.1　连续时间系统状态方程的一般形式

一个有 m 维输入、n 维输出的动态系统可一般地表示为矢量一阶非线性时变微分方程，状态方程为：

$$\boldsymbol{X}'(t)=\boldsymbol{f}(\boldsymbol{X}(t),\boldsymbol{e}(t),t) \tag{6-5}$$

输出方程：

$$\boldsymbol{r}(t)=\boldsymbol{h}(\boldsymbol{X}(t),\boldsymbol{e}(t),t) \tag{6-6}$$

其中，k 维状态矢量：

$$\boldsymbol{X}(t)=[x_1(t) \quad x_2(t) \quad \cdots \quad x_k(t)]^{\mathrm{T}}$$

m 维输入矢量：

$$\boldsymbol{e}(t)=[e_1(t) \quad e_2(t) \quad \cdots \quad e_m(t)]^{\mathrm{T}}$$

n 维输出矢量：

$$\boldsymbol{r}(t)=[r_1(t) \quad r_2(t) \quad \cdots \quad r_n(t)]^{\mathrm{T}}$$

k 维非线性时变函数矢量：

$$\boldsymbol{f}(\boldsymbol{X}(t),\boldsymbol{e}(t),t)=[f_1(\boldsymbol{X}(t),\boldsymbol{e}(t),t) \quad f_2(\boldsymbol{X}(t),\boldsymbol{e}(t),t) \quad \cdots \quad f_k(\boldsymbol{X}(t),\boldsymbol{e}(t),t)]^{\mathrm{T}}$$

n 维非线性时变函数矢量：

$$\boldsymbol{h}(\boldsymbol{X}(t),\boldsymbol{e}(t),t)=[h_1(\boldsymbol{X}(t),\boldsymbol{e}(t),t) \quad h_2(\boldsymbol{X}(t),\boldsymbol{e}(t),t) \quad \cdots \quad h_n(\boldsymbol{X}(t),\boldsymbol{e}(t),t)]^{\mathrm{T}}$$

对于线性时不变连续时间系统的特殊情况，状态方程为：

$$\boldsymbol{X}'(t)=\boldsymbol{A}\boldsymbol{X}(t)+\boldsymbol{B}\boldsymbol{e}(t) \tag{6-7}$$

输出方程：

$$\boldsymbol{r}(t)=\boldsymbol{C}\boldsymbol{X}(t)+\boldsymbol{D}\boldsymbol{e}(t) \tag{6-8}$$

其中，$k\times k$ 矩阵：

$$\boldsymbol{A}=\begin{bmatrix} a_{11} & a_{12} & \cdots & a_{1k} \\ a_{21} & a_{22} & \cdots & a_{2k} \\ \vdots & \vdots & \ddots & \vdots \\ a_{k1} & a_{k2} & \cdots & a_{kk} \end{bmatrix}$$

$k\times m$ 矩阵：

$$\boldsymbol{B}=\begin{bmatrix} b_{11} & b_{12} & \cdots & b_{1m} \\ b_{21} & b_{22} & \cdots & b_{2m} \\ \vdots & \vdots & \ddots & \vdots \\ b_{k1} & b_{k2} & \cdots & b_{km} \end{bmatrix}$$

$n\times k$ 矩阵：

$$\boldsymbol{C}=\begin{bmatrix} c_{11} & c_{12} & \cdots & c_{1k} \\ c_{21} & c_{22} & \cdots & c_{2k} \\ \vdots & \vdots & \ddots & \vdots \\ c_{n1} & c_{n2} & \cdots & c_{nk} \end{bmatrix}$$

$n \times m$ 矩阵：

$$\boldsymbol{D}=\begin{bmatrix} d_{11} & d_{12} & \cdots & d_{1m} \\ d_{21} & d_{22} & \cdots & d_{2m} \\ \vdots & \vdots & \ddots & \vdots \\ d_{n1} & d_{n2} & \cdots & d_{nm} \end{bmatrix}$$

由状态方程(6-7)和输出方程(6-8)描述的系统可用如图 6-2 所示的框图实现，其中，矢量积分器的输入为 $\boldsymbol{X}'(t)$，输出为 $\boldsymbol{X}(t)$。

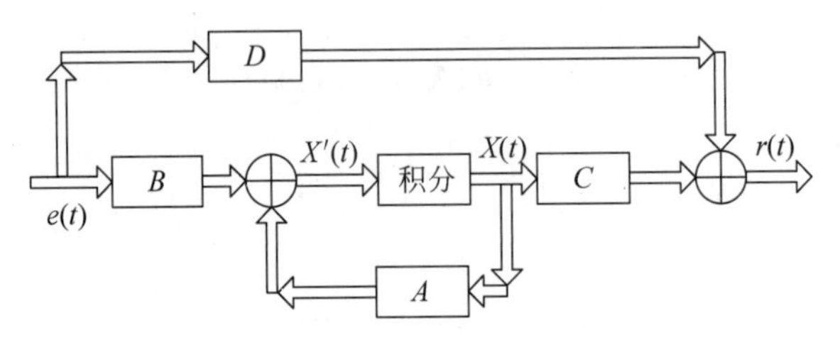

图 6-2　连续系统状态变量实现

连续时间状态变量方程不仅可以描述电路系统，还可以应用于生态控制系统等多个领域。下面分别从电路和系统微分方程两个角度叙述如何建立连续 LTI 系统的状态变量方程和输出方程。

6.2.2　由电路图直接建立状态方程和输出方程

对含有 RLC 的电路，一般选取电容电压和电感电流为状态变量(或它们的可逆线性变换)；对于仅含 LC 的电路，可选取电容电荷和电感磁链为状态变量。注意，为确保矩阵 $\boldsymbol{A}$ 可逆，每个状态变量必须是独立变量。通常，我们首先选取所有电容电压和电感电流为自变量；然后根据 KCL 和 KVL 列写电路方程；最后判断矩阵 $\boldsymbol{A}$ 是否非奇异，若 $\boldsymbol{A}$ 非奇异，则所选变量就是状态变量，否则消去多余自变量，只留下状态变量和输入变量，经整理后就可以得到所需的系统状态方程。

例 6-1　已知如图 6-3 所示电路，列写该系统的状态方程和以 $r(t)$ 为输出的输出方程。

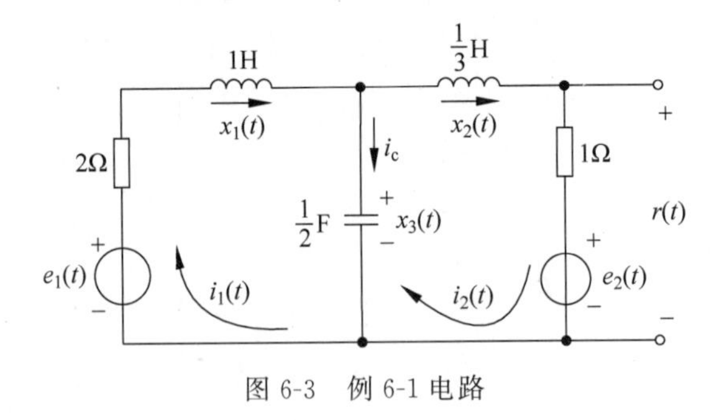

图 6-3　例 6-1 电路

解　根据电路结构，选取状态变量：

$$\boldsymbol{X}(t)=\begin{bmatrix} i_1(t) \\ i_2(t) \\ v_C(t) \end{bmatrix}$$

因此有：

$$\begin{cases}2x_1(t)+x_1'(t)+x_3(t)=e_1(t)\\ \dfrac{1}{3}x_2'(t)+x_2(t)+e_2(t)=x_3(t)\\ \dfrac{1}{2}x_3'(t)+x_2(t)=x_1(t)\end{cases}$$

$$r(t)=x_2(t)+e_2(t)$$

将上述方程写成矩阵矢量形式后，有系统的状态方程和输出方程：

$$\begin{cases}\boldsymbol{X}'(t)=\begin{bmatrix}-2 & 0 & -1\\ 0 & -3 & 3\\ 2 & -2 & 0\end{bmatrix}\boldsymbol{X}(t)+\begin{bmatrix}1 & 0\\ 0 & -3\\ 0 & 0\end{bmatrix}\boldsymbol{e}(t)\\ \boldsymbol{r}(t)=[0\quad 1\quad 0]\boldsymbol{X}(t)+[0\quad 1]\boldsymbol{e}(t)\end{cases}$$

注意，由于矩阵 $\boldsymbol{A}$ 非奇异，且所选状态变量的每个分量确实是独立变量，因此所列方程已无须化简。

6.2.3 由信号流图建立状态方程和输出方程

根据 LTI 系统模拟方法，一般的，由系统微分方程或系统函数可得到其直接型、串联型、并联型或并串型实现的信号流图或系统框图，本节将叙述如何依据信号流图建立其状态方程。

1. 直接型结构

已知系统函数为有理函数：

$$H(s)=\frac{b_0s^n+b_1s^{n-1}+\cdots+b_{n-1}s+b_n}{s^n+a_1s^{n-1}+\cdots+a_{n-1}s+a_n}$$

其直接型实现的信号流图如图 6-4 所示。

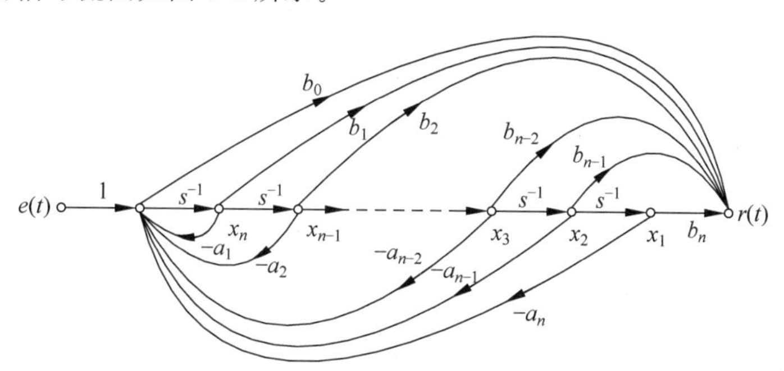

图 6-4　直接型信号流图

在建立状态方程时，我们选取此图中每个积分器的输出为状态变量，因此得：

$$\begin{cases}x_1'(t)=x_2(t)\\ x_2'(t)=x_3(t)\\ \quad\vdots\\ x_{n-1}'(t)=x_n(t)\\ x_n'(t)=e(t)-\sum\limits_{i=1}^{n}a_ix_{n+1-i}(t)\end{cases}\tag{6-9}$$

$$r(t)=b_0x'_n(t)+\sum_{i=1}^{n}b_ix_{n+1-i}(t)=b_0e(t)+\sum_{i=1}^{n}(b_i-b_0a_i)x_{n+1-i}(t)$$

写成矩阵矢量形式后，有状态方程和输出方程：

$$\begin{cases}\boldsymbol{X}'(t)=\begin{bmatrix}0 & 1 & 0 & \cdots & 0\\ 0 & 0 & 1 & \cdots & 0\\ \vdots & \vdots & \vdots & \ddots & \vdots\\ 0 & 0 & 0 & \cdots & 1\\ -a_n & -a_{n-1} & -a_{n-2} & \cdots & -a_1\end{bmatrix}\boldsymbol{X}(t)+\begin{bmatrix}0\\0\\ \vdots\\0\\1\end{bmatrix}e(t)\\ r(t)=[b_n-b_0a_n\quad b_{n-1}-b_0a_{n-1}\quad \cdots\quad b_2-b_0a_2\quad b_1-b_0a_1]\boldsymbol{X}(t)+b_0e(t)\end{cases} \tag{6-10}$$

例 6-2 已知某连续时间系统的系统函数为 $H(s)=\dfrac{s+4}{s^3+6s^2+11s+6}$，画出该系统的直接型实现流图，并写出其状态方程和输出方程。

解 根据系统函数可知其直接型实现的信号流图如图 6-5 所示。由式(6-9)可以得到：

$$\begin{cases}x'_1(t)=x_2(t)\\ x'_2(t)=x_3(t)\\ x'_3(t)=e(t)-6x_1(t)-11x_2(t)-6x_3(t)\end{cases}$$

$$r(t)=4x_1(t)+x_2(t)$$

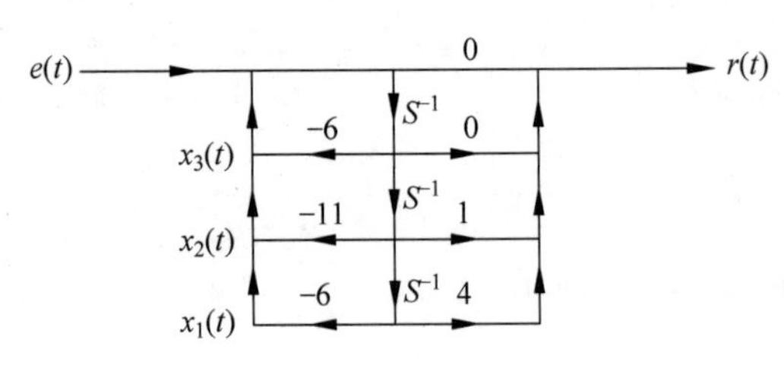

图 6-5 例 6-2 的信号流图

因此，该系统的状态方程和输出方程分别为：

$$\begin{cases}\boldsymbol{X}'(t)=\begin{bmatrix}0 & 1 & 0\\ 0 & 0 & 1\\ -1 & -11 & -6\end{bmatrix}\boldsymbol{X}(t)+\begin{bmatrix}0\\0\\1\end{bmatrix}e(t)\\ r(t)=[4\quad 1\quad 0]\boldsymbol{X}(t)\end{cases}$$

2. 串联型结构

通过部分分式分解和零极点配对，可把系统函数分解为低阶子系统的串联，即 $H(s)=\prod_i H_i(s)$，其中 $H_i(s)=c_i+\dfrac{d_i}{s-p_i}$。此时可令子系统 $H_i(s)$ 的输出为 $y_i(t)$，则其输入为 $y_{i-1}(t)$，且 $y_0(t)=e(t)$ 和 $y_n(t)=r(t)$。可以对每个子系统列出状态方程和输出方程：

$$\begin{cases}x'_i(t)=p_ix_i(t)+d_iy_{i-1}(t)\\ y_i(t)=x_i(t)+c_iy_{i-1}(t)\end{cases}\quad i=1,2,\cdots,n \tag{6-11}$$

从中消去中间变量 $\{y_i(t)\mid i=1,2,\cdots,n-1\}$ 后，就得到所需的状态方程和输出方程。下面用例题说明。

例 6-3　已知系统函数为 $H(s)=\frac{1}{s+1}\cdot\frac{1}{s+2}\left(1+\frac{1}{s+3}\right)$，列写系统状态方程和输出方程。

解　根据系统函数可知其信号流图如图 6-6 所示。由式(6-11)可以得到：

$$\begin{cases}x'_1(t)=-x_1(t)+y_0(t)=-x_1(t)+e(t)\\ y_1(t)=x_1(t)\end{cases}$$

$$\begin{cases}x'_2(t)=-2x_2(t)+y_1(t)=-2x_2(t)+x_1(t)\\ y_2(t)=x_2(t)\end{cases}$$

$$\begin{cases}x'_3(t)=-3x_3(t)+y_2(t)=-3x_3(t)+x_2(t)\\ r(t)=y_3(t)=x_3(t)+y_2(t)=x_3(t)+x_2(t)\end{cases}$$

写成矩阵矢量形式后，有状态方程和输出方程：

$$\begin{cases}\boldsymbol{X}'(t)=\begin{bmatrix}-1 & 0 & 0\\ 1 & -2 & 0\\ 0 & 1 & -3\end{bmatrix}\boldsymbol{X}(t)+\begin{bmatrix}1\\0\\0\end{bmatrix}e(t)\\ r(t)=[0\quad 1\quad 1]\boldsymbol{X}(t)\end{cases}$$

注意，由于消元，该类系统的描述中，矩阵 $\boldsymbol{A}$ 一定是个下三角阵。

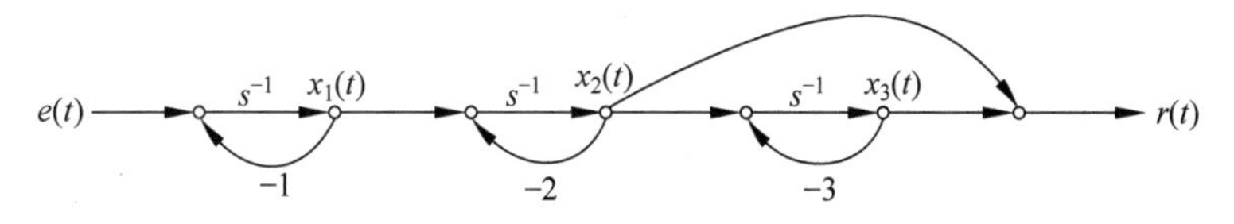

图 6-6　例 6-3 的信号流图

3. 并联型结构

在无重极点的情况下，通过部分分式分解，可把系统函数分解为低阶子系统的并联，即 $H(s)=b_0+\sum_i H_i(s)$，其中 $H_i(s)=\frac{k_i}{s-p_i}$。此时可选取子系统 $H_i(s)$ 的输出为状态变量 $x_i(t)$，则有系统状态方程 $x'_i(t)=p_ix_i(t)+k_ie(t)(i=1,2,\cdots,n)$ 和输出方程 $r(t)=\sum_{i=1}^{n}x_i(t)$，写成矩阵矢量形式后，有状态方程和输出方程：

$$\begin{cases}\boldsymbol{X}'(t)=\begin{bmatrix}p_1 & 0 & \cdots & 0\\ 0 & p_2 & \cdots & 0\\ \vdots & \vdots & \ddots & \vdots\\ 0 & 0 & 0 & p_n\end{bmatrix}\boldsymbol{X}(t)+\begin{bmatrix}k_1\\k_2\\ \vdots\\k_n\end{bmatrix}e(t)\\ r(t)=[1\quad 1\quad \cdots\quad 1]\boldsymbol{X}(t)\end{cases}\tag{6-12}$$

注意，矩阵 $\boldsymbol{A}$ 一定是个对角阵，各状态变量之间互相解偶。

例 6-4　已知系统函数为 $H(s)=\frac{s+4}{s^3+6s^2+11s+6}$，列写以并联型结构实现的系统的状态方程和输出方程。

解 由部分分式分解得知：

$$H(s)=\frac{1.5}{s+1}+\frac{-2}{s+2}+\frac{0.5}{s+3}$$

其信号流图如图 6-7 所示。于是由式(6-12)得到系统状态方程和输出方程：

$$\begin{cases}\boldsymbol{X}'(t)=\begin{bmatrix}-1 & 0 & 0\\ 0 & -2 & 0\\ 0 & 0 & -3\end{bmatrix}\boldsymbol{X}(t)+\begin{bmatrix}1.5\\ -2\\ 0.5\end{bmatrix}e(t)\\ r(t)=[1 \quad 1 \quad 1]\boldsymbol{X}(t)\end{cases}。$$

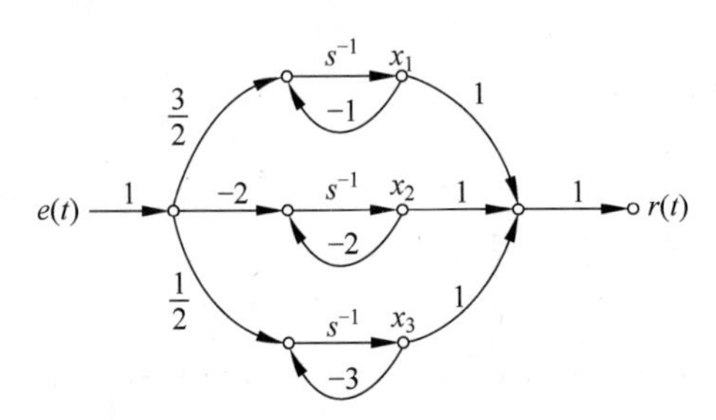

图 6-7 例 6-4 的信号流图

通过上述三个例题可以发现，同一个系统根据其流图的不同形式可写出不同的状态变量方程与输出方程。此外，对系统状态变量的选择不唯一，其状态变量方程与输出方程也随之变化。

4. 并串联型结构

在系统存在重极点情况下，通过部分分式分解，可把系统函数分解为低阶子系统的并联，即 $H(s)=b_0+\sum_i H_i(s)$，其中，$H_i(s)$为与极点 p_i 对应的子系统，对于单极点而言，有 $H_i(s)=\frac{k_i}{s-p_i}$，而对于 q 重极点而言，有：

$$H_i(s)=\sum_{j=0}^{q-1}\frac{k_{ij}}{(s-p_i)^{q-j}} \tag{6-13}$$

因此整个系统是子系统的并联，但其中与重极点对应的子系统用串联结构实现，这样的实现称为并串联型结构。下面，用典型例题来说明如何建立这样的系统状态方程。

例 6-5 已知系统函数为 $H(s)=\frac{s+4}{(s+1)^3(s+2)(s+3)}$，列写以并串联型结构实现的系统的状态方程和输出方程。

解 由部分分式分解得知：

$$H(s)=\frac{\frac{3}{2}}{(s+1)^3}+\frac{-\frac{7}{4}}{(s+1)^2}+\frac{\frac{15}{8}}{s+1}+\frac{-2}{s+2}+\frac{\frac{1}{8}}{s+3}$$

它有如图 6-8 所示的并串联结构。选取积分器输出为状态变量后，有状态方程和输出方程：

$$\begin{cases}\boldsymbol{X}'(t)=\begin{bmatrix}-1 & 1 & 0 & 0 & 0\\ 0 & -1 & 1 & 0 & 0\\ 0 & 0 & -1 & 0 & 0\\ 0 & 0 & 0 & -2 & 0\\ 0 & 0 & 0 & 0 & -3\end{bmatrix}\boldsymbol{X}(t)+\begin{bmatrix}0\\0\\1\\1\\1\end{bmatrix}e(t)\\ r(t)=\begin{bmatrix}\frac{3}{2} & -\frac{7}{4} & \frac{15}{8} & -2 & \frac{1}{8}\end{bmatrix}\boldsymbol{X}(t)\end{cases}$$

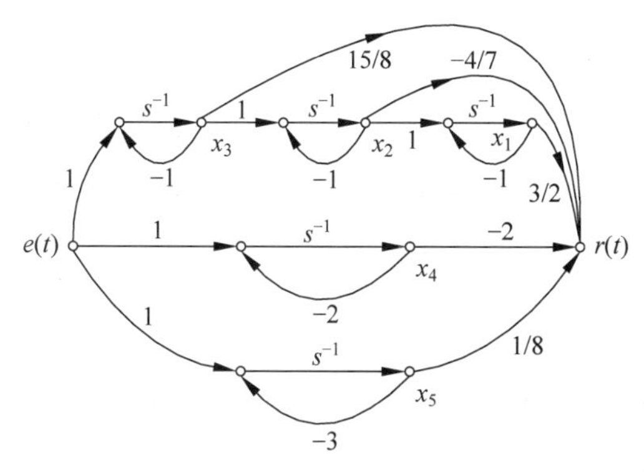

图 6-8　例 6-5 的系统流图

注意，此时矩阵 $\boldsymbol{A}$ 一定是个约当阵。关于约当矩阵的定义请参考矩阵论教材。

6.3　连续时间系统状态变量方程的求解

微课视频

利用状态变量的分析方法建立系统的状态方程和输出方程后，需要求解方程进而得到系统的各类响应和特性，与输入-输出分析法类似，可分别从时域和变换域两个角度进行。

6.3.1　状态转移矩阵及其性质

定义：对于 $k\times k$ 可逆矩阵 $\boldsymbol{A}$，矩阵指数(状态转移矩阵)定义为：

$$\boldsymbol{\Phi}(t)=\mathrm{e}^{\boldsymbol{A}t}=\sum_{k=0}^{+\infty}\frac{1}{k!}\boldsymbol{A}^k t^k \tag{6-14}$$

性质：由此定义和矩阵理论，可以证明它有如下性质。

性质 1：

$$\boldsymbol{\Phi}(t_1+t_2)=\boldsymbol{\Phi}(t_1)\boldsymbol{\Phi}(t_2)=\boldsymbol{\Phi}(t_2)\boldsymbol{\Phi}(t_1) \tag{6-15}$$

性质 2：

$$[\boldsymbol{\Phi}(t)]^{-1}=\boldsymbol{\Phi}(-t) \tag{6-16}$$

推论 1：取 $t_1=-t_2$，并利用性质 1 和 2 可以得到：

$$\boldsymbol{\Phi}(0)=\boldsymbol{I} \tag{6-17}$$

推论 2：

$$[\boldsymbol{\Phi}(t)]^n=\boldsymbol{\Phi}(nt) \tag{6-18}$$

推论 3：

$$\boldsymbol{\Phi}(t_2-t_0)=\boldsymbol{\Phi}(t_2-t_1)\boldsymbol{\Phi}(t_1-t_0)=\boldsymbol{\Phi}(t_1-t_0)\boldsymbol{\Phi}(t_2-t_1) \tag{6-19}$$

性质 3：

$$\frac{\mathrm{d}}{\mathrm{d}t}[\boldsymbol{\Phi}(t)]=\boldsymbol{A}\boldsymbol{\Phi}(t)=\boldsymbol{\Phi}(t)\boldsymbol{A} \tag{6-20}$$

推论 4：

$$\boldsymbol{A}=\boldsymbol{\Phi}'(0) \tag{6-21}$$

推论 4 可用于由$\boldsymbol{\Phi}(t)$计算矩阵$\boldsymbol{A}$。下面用例题说明。

例 6-6 已知$\boldsymbol{\Phi}(t)=\begin{bmatrix}\mathrm{e}^{2t}-t\mathrm{e}^{2t} & -t\mathrm{e}^{2t}\\ t\mathrm{e}^{2t} & \mathrm{e}^{2t}+t\mathrm{e}^{2t}\end{bmatrix}$，求矩阵$\boldsymbol{A}$。

解 由已知得到$\boldsymbol{\Phi}'(t)=\begin{bmatrix}\mathrm{e}^{2t}-2t\mathrm{e}^{2t} & -\mathrm{e}^{2t}-2t\mathrm{e}^{2t}\\ \mathrm{e}^{2t}+2t\mathrm{e}^{2t} & 3\mathrm{e}^{2t}+2t\mathrm{e}^{2t}\end{bmatrix}$，因此根据推论 4，有：

$$\boldsymbol{A}=\boldsymbol{\Phi}'(0)=\begin{bmatrix}1 & -1\\ 1 & 3\end{bmatrix}$$

推论 5：

$$\frac{\mathrm{d}}{\mathrm{d}t}[\boldsymbol{\Phi}(-t)\boldsymbol{X}(t)]=\boldsymbol{\Phi}(-t)\boldsymbol{X}'(t)-\boldsymbol{\Phi}(-t)\boldsymbol{A}\boldsymbol{X}(t) \tag{6-22}$$

物理意义：状态转移矩阵是系统在零输入条件下，系统状态从 0 时刻向 t 时刻转移时的状态加权矩阵，即，当激励$\boldsymbol{e}(t)=0$时，有：

$$\boldsymbol{X}(t)=\boldsymbol{\Phi}(t)\boldsymbol{X}(0)=\mathrm{e}^{\boldsymbol{A}t}\boldsymbol{X}(0),\quad \forall t>0 \tag{6-23}$$

这由式(6-32)取$\boldsymbol{e}(t)=0$的特例给出。

由状态转移矩阵的物理意义，不难理解这些性质和推论的物理含义。

性质 4：状态转移矩阵的拉普拉斯变换是$(s\boldsymbol{I}-\boldsymbol{A})^{-1}$，即：

$$\boldsymbol{\Phi}(t)u(t)\xleftrightarrow{LT}(s\boldsymbol{I}-\boldsymbol{A})^{-1} \tag{6-24}$$

性质 5(凯莱-哈密顿(Cayley-Hamilton)定理)：对于$k\times k$矩阵$\boldsymbol{A}$有：

$$\boldsymbol{\Phi}(t)=\mathrm{e}^{\boldsymbol{A}t}=\sum_{i=0}^{k-1}\alpha_i\boldsymbol{A}^i\boldsymbol{t}^i \tag{6-25}$$

它可用于从矩阵$\boldsymbol{A}$计算$\boldsymbol{\Phi}(t)$，下面仅讨论矩阵$\boldsymbol{A}$的特征值各不相同的情况。

推论 6：对于有各不相同特征值$\{\lambda_i|_{i=1,2,\cdots,k}\}$的$k\times k$可逆矩阵$\boldsymbol{A}$，有：

$$\mathrm{e}^{\lambda_j t}=\sum_{i=0}^{k-1}\alpha_i\lambda_j^i t^i\quad \forall j=1,2,\cdots,k \tag{6-26}$$

这是由于可逆矩阵$\boldsymbol{A}$相似于特征阵$\boldsymbol{\Lambda}$，这样在用特征阵$\boldsymbol{\Lambda}$取代矩阵$\boldsymbol{A}$后，式(6-25)仍然成立，考虑到特征阵$\boldsymbol{\Lambda}$是个对角阵，推论 6 成立。

由矩阵$\boldsymbol{A}$计算$\boldsymbol{\Phi}(t)$的步骤是，首先用代数方程$|\lambda\boldsymbol{I}-\boldsymbol{A}|=0$计算矩阵$\boldsymbol{A}$的各特征值，然后用式(6-26)求解加权系数$\{\alpha_i|_{i=1,2,\cdots,k}\}$(注意，它们是时间 t 的函数)，最后代入式(6-25)计算$\boldsymbol{\Phi}(t)$。

例 6-7 已知$\boldsymbol{A}=\begin{bmatrix}0 & -2\\ 1 & -3\end{bmatrix}$，求状态转移矩阵$\boldsymbol{\Phi}(t)$。

解 由于$|\lambda\boldsymbol{I}-\boldsymbol{A}|=\begin{vmatrix}\lambda & 2\\ -1 & \lambda+3\end{vmatrix}=(\lambda+1)(\lambda+2)=0$，可以得到特征值$\lambda_1=-1$和

$\lambda_1=-2$；于是由式(6-26)，有：

$$\begin{cases} e^{-t}=\alpha_0-\alpha_1 \\ e^{-2t}=\alpha_0-2\alpha_1 \end{cases}$$

因此计算得：

$$\begin{cases} \alpha_0=2e^{-t}-e^{-2t} \\ \alpha_1=e^{-t}-e^{-2t} \end{cases}$$

代入式(6-25)，有：

$$\boldsymbol{\Phi}(t)=\alpha_0\boldsymbol{I}+\alpha_1\boldsymbol{A}=\begin{bmatrix} \alpha_0 & -2\alpha_1 \\ \alpha_1 & \alpha_0-3\alpha_1 \end{bmatrix}=\begin{bmatrix} 2e^{-t}-e^{-2t} & -2e^{-t}+2e^{-2t} \\ e^{-t}-e^{-2t} & -e^{-t}+2e^{-2t} \end{bmatrix}$$

6.3.2　状态方程求解的时域方法

已知状态变量方程 $\boldsymbol{X}'(t)=\boldsymbol{AX}(t)+\boldsymbol{Be}(t)$ 及起始状态矢量 $\boldsymbol{X}(0_-)=[x_1(0_-)x_2(0_-)\cdots x_k(0_-)]$，应用矩阵指数的性质，在状态方程两边同时左乘 $e^{-\boldsymbol{A}t}$，得到：

$$e^{-\boldsymbol{A}t}\boldsymbol{X}'(t)-e^{-\boldsymbol{A}t}\boldsymbol{AX}(t)=e^{-\boldsymbol{A}t}\boldsymbol{Be}(t) \tag{6-27}$$

也就是：

$$[e^{-\boldsymbol{A}t}\boldsymbol{X}(t)]'=e^{-\boldsymbol{A}t}\boldsymbol{Be}(t) \tag{6-28}$$

对式(6-28)积分可以得到：

$$e^{-\boldsymbol{A}t}\boldsymbol{X}(t)-\boldsymbol{X}(0_-)=\int_{0_-}^{t}e^{-\boldsymbol{A}\tau}\boldsymbol{Be}(\tau)d\tau \tag{6-29}$$

然后，两边同时左乘 $e^{\boldsymbol{A}t}$，有：

$$\boldsymbol{X}(t)=e^{\boldsymbol{A}t}\boldsymbol{X}(0_-)+\int_{0_-}^{t}e^{\boldsymbol{A}(t-\tau)}\boldsymbol{Be}(\tau)d\tau=e^{\boldsymbol{A}t}\boldsymbol{X}(0_-)+e^{\boldsymbol{A}t}\boldsymbol{B}*\boldsymbol{e}(t) \tag{6-30}$$

将其代入系统的输出方程得到：

$$\begin{aligned} \boldsymbol{r}(t)&=\boldsymbol{CX}(t)+\boldsymbol{De}(t) \\ &=\boldsymbol{C}e^{\boldsymbol{A}t}\boldsymbol{X}(0_-)+\int_{0_-}^{t}\boldsymbol{C}e^{\boldsymbol{A}(t-\tau)}\boldsymbol{Be}(\tau)d\tau+\boldsymbol{De}(t) \\ &=\underbrace{\boldsymbol{C}e^{\boldsymbol{A}t}\boldsymbol{X}(0_-)}_{\text{零输入响应}}+\underbrace{(\boldsymbol{C}e^{\boldsymbol{A}t}\boldsymbol{B}+\boldsymbol{D}\delta(t))*\boldsymbol{e}(t)}_{\text{零状态响应}} \end{aligned} \tag{6-31}$$

由式(6-31)可知，系统的单位冲激响应为：

$$\boldsymbol{h}(t)=\boldsymbol{C}e^{\boldsymbol{A}t}\boldsymbol{B}+\boldsymbol{D}\delta(t) \tag{6-32}$$

6.3.3　状态方程求解的变换域方法

与系统输入-输出分析方法类似，状态变量方程的求解也可以在变换域进行。对系统的状态变量方程(6-7)与输出方程(6-8)分别应用拉普拉斯变换可得：

$$\begin{cases} s\boldsymbol{X}(s)-\boldsymbol{X}(0_-)=\boldsymbol{AX}(s)+\boldsymbol{BE}(s) \\ \boldsymbol{R}(s)=\boldsymbol{CX}(s)+\boldsymbol{DE}(s) \end{cases} \tag{6-33}$$

因此可得：

$$\begin{cases}\boldsymbol{X}(s)=(s\boldsymbol{I}-\boldsymbol{A})^{-1}\boldsymbol{X}(0_-)+(s\boldsymbol{I}-\boldsymbol{A})^{-1}\boldsymbol{B}\boldsymbol{E}(s)\\ \boldsymbol{R}(s)=\boldsymbol{C}(s\boldsymbol{I}-\boldsymbol{A})^{-1}\boldsymbol{X}(0_-)+(\boldsymbol{C}(s\boldsymbol{I}-\boldsymbol{A})^{-1}\boldsymbol{B}+\boldsymbol{D})\boldsymbol{E}(s)\end{cases}\tag{6-34}$$

将式(6-34)进行拉普拉斯逆变换得：

$$\begin{cases}\boldsymbol{X}(t)=\ell^{-1}[(s\boldsymbol{I}-\boldsymbol{A})^{-1}\boldsymbol{X}(0_-)]+\ell^{-1}[(s\boldsymbol{I}-\boldsymbol{A})^{-1}\boldsymbol{B}]*\ell^{-1}[\boldsymbol{E}(s)]\\ \boldsymbol{r}(t)=\ell^{-1}[\boldsymbol{C}(s\boldsymbol{I}-\boldsymbol{A})^{-1}\boldsymbol{X}(0_-)]+\ell^{-1}[(\boldsymbol{C}(s\boldsymbol{I}-\boldsymbol{A})^{-1}\boldsymbol{B}+\boldsymbol{D})]*\ell^{-1}[\boldsymbol{E}(s)]\end{cases}\tag{6-35}$$

由该式可以看出，应用变换域的方法，需要首先求解$(s\boldsymbol{I}-\boldsymbol{A})^{-1}$。同时，比较式(6-30)和式(6-35)可知，状态转移矩阵 $e^{\boldsymbol{A}t}$ 与$(s\boldsymbol{I}-\boldsymbol{A})^{-1}$ 是拉普拉斯变换对。

此外，根据式(6-35)，得到系统函数：

$$\boldsymbol{H}(s)=\boldsymbol{C}(s\boldsymbol{I}-\boldsymbol{A})^{-1}\boldsymbol{B}+\boldsymbol{D}\tag{6-36}$$

上述结论再次证明了，系统分析的时域方法与变换域方法是统一的。

值得注意的是，上述各式是考虑多激励多响应的一般情况，因此，系统函数矩阵的各元素含义为 $H_{ij}(s)=\left.\dfrac{R_{ij}(s)}{E_j(s)}\right|_{E_k(s)=0,k\neq j}$。当给定的系统为单一输入单一输出时，系统函数矩阵则退化为标量。

例 6-8 在如图 6-9 所示电路中，已知 $e(t)=u(t)$，$r(t)=v_C(t)$。系统初始状态为零。试建立状态方程和输出方程，分别用时域法和 s 域法求解状态变量，并计算系统的输出及系统函数。

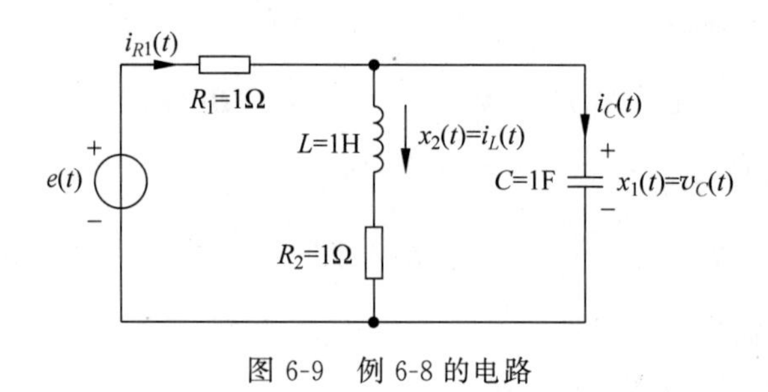

图 6-9 例 6-8 的电路

解 1）建立状态方程

根据电路选择系统的状态变量为：

$$\boldsymbol{X}(t)=\begin{bmatrix}x_1(t)\\x_2(t)\end{bmatrix}=\begin{bmatrix}v_C(t)\\i_L(t)\end{bmatrix}\tag{6-37}$$

列写电路方程：

$$\begin{cases}u(t)-x_1(t)=x_2(t)+x_1'(t)\\ x_1(t)=x_2(t)+x_2'(t)\end{cases}$$

得到系统状态方程：

$$\boldsymbol{X}'(t)=\begin{bmatrix}-1&-1\\1&-1\end{bmatrix}\boldsymbol{X}(t)+\begin{bmatrix}1\\0\end{bmatrix}u(t)$$

因此输出方程为：

$$r(t)=v_C(t)=[1\quad 0]\boldsymbol{X}(t)+[0]u(t)=[1\quad 0]\boldsymbol{X}(t)$$

2）时域法求解

由于$|\lambda\boldsymbol{I}-\boldsymbol{A}|=\begin{vmatrix}\lambda+1 & 1\\ -1 & \lambda+1\end{vmatrix}=(\lambda+1+\mathrm{j})(\lambda+1-\mathrm{j})=0$，因此得到系统的特征值$\lambda_1=-1-\mathrm{j}$和$\lambda_2=-1+\mathrm{j}$；于是由式(6-26)，有：

$$\begin{cases}\mathrm{e}^{-(1+\mathrm{j})t}=\alpha_0-(1+\mathrm{j})\alpha_1\\ \mathrm{e}^{-(1-\mathrm{j})t}=\alpha_0-(1-\mathrm{j})\alpha_1\end{cases}$$

这使得：

$$\begin{cases}\alpha_0=\mathrm{e}^{-t}(\cos t+\sin t)\\ \alpha_1=\mathrm{e}^{-t}\sin t\end{cases}$$

将其代入式(6-25)后，有：

$$\boldsymbol{\Phi}(t)=\alpha_0\boldsymbol{I}+\alpha_1\boldsymbol{A}=\begin{bmatrix}\mathrm{e}^{-t}\cos t & -\mathrm{e}^{-t}\sin t\\ \mathrm{e}^{-t}\sin t & \mathrm{e}^{-t}\cos t\end{bmatrix}$$

得到状态转移矩阵后，考虑到零初始状态，由式(6-30)，有：

$$\boldsymbol{X}(t)=\boldsymbol{\Phi}(t)\boldsymbol{B}*\boldsymbol{e}(t)=\int_{0_-}^{t}\begin{bmatrix}\mathrm{e}^{-\tau}\cos\tau & -\mathrm{e}^{-\tau}\sin\tau\\ \mathrm{e}^{-\tau}\sin\tau & \mathrm{e}^{-\tau}\cos\tau\end{bmatrix}\begin{bmatrix}1\\0\end{bmatrix}\mathrm{d}\tau$$

$$=\begin{bmatrix}\int_{0_-}^{t}\mathrm{e}^{-\tau}\cos\tau\mathrm{d}\tau\\ \int_{0_-}^{t}\mathrm{e}^{-\tau}\sin\tau\mathrm{d}\tau\end{bmatrix}=\begin{bmatrix}\frac{1}{2}(1+\mathrm{e}^{-t}(\sin t-\cos t))\\ \frac{1}{2}(1-\mathrm{e}^{-t}(\sin t+\cos t))\end{bmatrix}$$

因此系统的输出为$r(t)=v_C(t)=\frac{1}{2}(1+\mathrm{e}^{-t}(\sin t-\cos t))u(t)$。

3）s 域法求解

$$(s\boldsymbol{I}-\boldsymbol{A})^{-1}=\begin{bmatrix}s+1 & 1\\ -1 & s+1\end{bmatrix}^{-1}=\frac{1}{(s+1)^2+1}\begin{bmatrix}s+1 & -1\\ 1 & s+1\end{bmatrix}$$

把$(s\boldsymbol{I}-\boldsymbol{A})^{-1}$代入式(6-35)，并考虑到零初始状态后，有 s 域状态矢量：

$$\boldsymbol{X}(s)=(s\boldsymbol{I}-\boldsymbol{A})^{-1}\boldsymbol{B}\boldsymbol{E}(s)=\frac{1}{(s+1)^2+1}\begin{bmatrix}s+1 & -1\\ 1 & s+1\end{bmatrix}\begin{bmatrix}1\\0\end{bmatrix}\frac{1}{s}=\frac{1}{s((s+1)^2+1)}\begin{bmatrix}s+1\\1\end{bmatrix}$$

对其拉普拉斯逆变换后得到系统状态矢量：

$$\boldsymbol{X}(t)=\begin{bmatrix}\frac{1}{2}(1+\mathrm{e}^{-t}(\sin t-\cos t))\\ \frac{1}{2}(1-\mathrm{e}^{-t}(\sin t+\cos t))\end{bmatrix}$$

因此系统输出与上述结论一致。同时，可以计算得到系统函数为：

$$H(s)=\boldsymbol{C}(s\boldsymbol{I}-\boldsymbol{A})^{-1}\boldsymbol{B}+\boldsymbol{D}=[1\quad 0]\times\frac{1}{(s+1)^2+1}\begin{bmatrix}s+1 & -1\\ 1 & s+1\end{bmatrix}\times\begin{bmatrix}1\\0\end{bmatrix}=\frac{s+1}{(s+1)^2+1}$$

该结论与直接应用 s 域分析系统函数方法得到的结论一致，但与输入-输出分析方法不同的是，状态变量分析方法给出了系统内部各分量的变化情况。

6.4 离散时间系统状态变量方程的建立

6.4.1 离散时间系统状态方程的一般形式

一个有 m 维输入、l 维输出的动态离散时间系统可一般地表示为矢量一阶非线性时变差分方程，状态方程为：

$$\boldsymbol{X}[n+1]=\boldsymbol{f}(\boldsymbol{X}[n],\boldsymbol{e}[n],n) \tag{6-38}$$

输出方程：

$$\boldsymbol{r}[n]=\boldsymbol{g}(\boldsymbol{X}[n],\boldsymbol{e}[n],n) \tag{6-39}$$

其中，k 维状态矢量：

$$\boldsymbol{X}[n]=(x_1[n]\quad x_2[n]\quad \cdots \quad x_k[n])^{\mathrm{T}}$$

m 维输入矢量：

$$\boldsymbol{e}[n]=(e_1[n]\quad e_2[n]\quad \cdots \quad e_m[n])^{\mathrm{T}}$$

l 维输出矢量：

$$\boldsymbol{r}[n]=(r_1[n]\quad r_2[n]\quad \cdots \quad r_l[n])^{\mathrm{T}}$$

k 维非线性时变函数矢量：

$$\boldsymbol{f}(\boldsymbol{X}[n],\boldsymbol{e}[n],n)=[f_1(\boldsymbol{X}[n],\boldsymbol{e}[n],n)\quad f_2(\boldsymbol{X}[n],\boldsymbol{e}[n],n)\quad \cdots \quad f_k(\boldsymbol{X}[n],\boldsymbol{e}[n],n)]^{\mathrm{T}}$$

l 维非线性时变函数矢量：

$$\boldsymbol{g}(\boldsymbol{X}[n],\boldsymbol{e}[n],n)=[g_1(\boldsymbol{X}[n],\boldsymbol{e}[n],n)\quad g_2(\boldsymbol{X}[n],\boldsymbol{e}[n],n)\quad \cdots \quad g_l(\boldsymbol{X}[n],\boldsymbol{e}[n],n)]^{\mathrm{T}}$$

对于线性时不变离散时间系统的特殊情况，状态方程为：

$$\boldsymbol{X}[n+1]=\boldsymbol{A}\boldsymbol{X}[n]+\boldsymbol{B}\boldsymbol{e}[n] \tag{6-40}$$

输出方程：

$$\boldsymbol{r}[n]=\boldsymbol{C}\boldsymbol{X}[n]+\boldsymbol{D}\boldsymbol{e}[n] \tag{6-41}$$

其中，$k\times k$ 矩阵：

$$\boldsymbol{A}=\begin{bmatrix} a_{11} & a_{12} & \cdots & a_{1k} \\ a_{21} & a_{22} & \cdots & a_{2k} \\ \vdots & \vdots & \ddots & \vdots \\ a_{k1} & a_{k2} & \cdots & a_{kk} \end{bmatrix}$$

$k\times m$ 矩阵：

$$\boldsymbol{B}=\begin{bmatrix} b_{11} & b_{12} & \cdots & b_{1m} \\ b_{21} & b_{22} & \cdots & b_{2m} \\ \vdots & \vdots & \ddots & \vdots \\ b_{k1} & b_{k2} & \cdots & b_{km} \end{bmatrix}$$

$l\times k$ 矩阵：

$$\boldsymbol{C}=\begin{bmatrix} c_{11} & c_{12} & \cdots & c_{1k} \\ c_{21} & c_{22} & \cdots & c_{2k} \\ \vdots & \vdots & \ddots & \vdots \\ c_{l1} & c_{l2} & \cdots & c_{lk} \end{bmatrix}$$

$l \times m$ 矩阵：

$$\boldsymbol{D}=\begin{bmatrix} d_{11} & d_{12} & \cdots & d_{1m} \\ d_{21} & d_{22} & \cdots & d_{2m} \\ \vdots & \vdots & \ddots & \vdots \\ d_{l1} & d_{l2} & \cdots & d_{lm} \end{bmatrix}$$

由状态方程(6-40)和输出方程(6-41)描述的系统可用如图 6-10 所示的框图表示，其中，矢量延迟器的输入为 $\boldsymbol{X}[n+1]$，输出为 $\boldsymbol{X}[n]$。

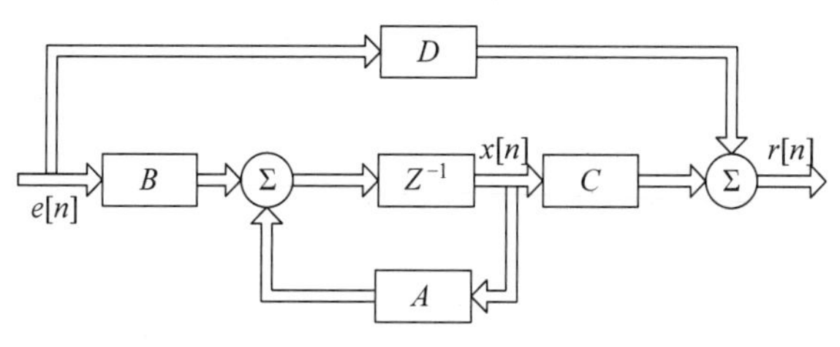

图 6-10 离散系统状态变量实现

6.4.2 由系统输入-输出方程、系统函数或实现框图(信号流图)建立状态方程

1. 直接型结构

系统函数为有理函数 $H(z)=\dfrac{b_0z^N+b_1z^{N-1}+\cdots+b_{N-1}z+b_N}{z^N+a_1z^{N-1}+\cdots+a_{N-1}z+a_N}$ 的 LTI 离散系统有差分方程 $\sum\limits_{i=0}^{N}a_i r[n-i]=\sum\limits_{i=0}^{N}b_i e[n-i]$，其中 $a_0\triangleq 1$。该系统函数可重写为：

$$H(z)=\frac{b_0+b_1z^{-1}+\cdots+b_{N-1}z^{-(N-1)}+b_Nz^{-N}}{1+a_1z^{-1}+\cdots+a_{N-1}z^{-(N-1)}+a_Nz^{-N}} \tag{6-42}$$

于是有如图 6-11 所示的最简实现的直接型实现框图和如图 6-12 所示的信号流图。

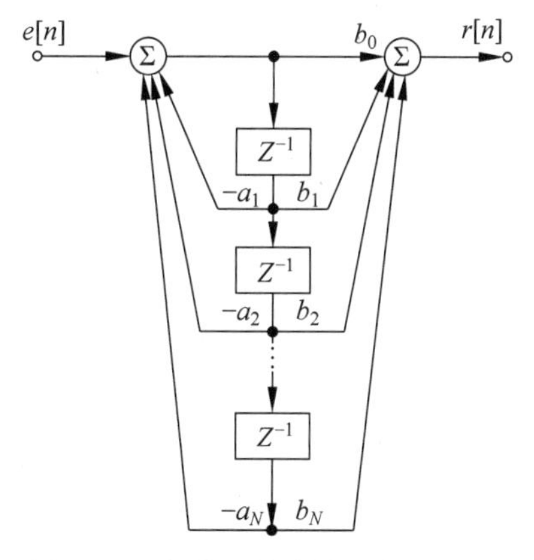

图 6-11 离散系统直接型实现框图

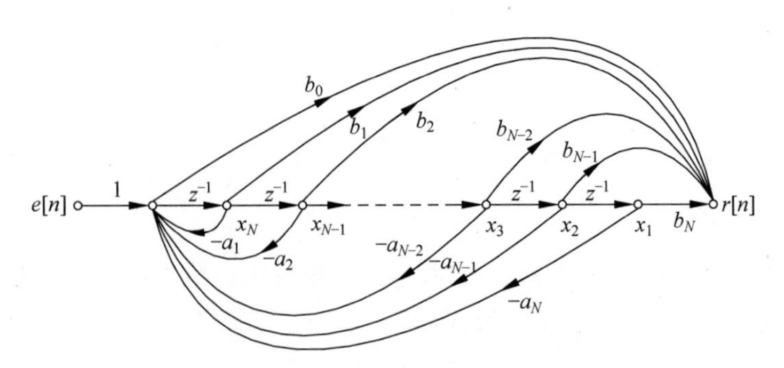

图 6-12 离散系统直接型实现的信号流图

当由离散系统的输入-输出方程、系统函数或实现框图(信号流图)建立状态方程时,一般选取最简实现中每个延迟器的输出为状态变量,这样有:

$$\begin{cases} x_1[n+1]=x_2[n] \\ x_2[n+1]=x_3[n] \\ \quad\quad\vdots \\ x_{N-1}[n+1]=x_N[n] \\ x_N[n+1]=e[n]-\sum\limits_{i=1}^{N}a_i x_{N+1-i}[n] \end{cases}$$

$$r[n]=b_0 x_N[n+1]+\sum_{i=1}^{N}b_i x_{N+1-i}[n]=b_0 e[n]+\sum_{i=1}^{N}(b_i-b_0 a_i)x_{N+1-i}[n] \tag{6-43}$$

写成矩阵矢量形式后,有系统状态方程和输出方程:

$$\begin{cases} \boldsymbol{X}[n+1]=\begin{bmatrix} 0 & 1 & 0 & \cdots & 0 \\ 0 & 0 & 1 & \cdots & 0 \\ \vdots & \vdots & \vdots & \ddots & \vdots \\ 0 & 0 & 0 & \cdots & 1 \\ -a_N & -a_{N-1} & -a_{N-2} & \cdots & -a_1 \end{bmatrix}\boldsymbol{X}[n]+\begin{bmatrix} 0 \\ 0 \\ \vdots \\ 0 \\ 1 \end{bmatrix}e[n] \\ r[n]=\begin{bmatrix} b_N-b_0 a_N & b_{N-1}-b_0 a_{N-1} & \cdots & b_2-b_0 a_2 & b_1-b_0 a_1 \end{bmatrix}\boldsymbol{X}[n]+b_0 e[n] \end{cases} \tag{6-44}$$

由此可见,这与连续系统的状态方程和输出方程的形式类似。

例 6-9 已知系统函数为 $H(z)=\dfrac{z+2}{z+1}\cdot\dfrac{z+1.5}{z+0.5}\cdot\dfrac{z+1.25}{z+0.25}$,列写以直接型实现的系统的状态方程和输出方程。

解 首先将系统函数写成:

$$H(z)=\frac{1+4.75z^{-1}+7.375z^{-2}+3.75z^{-3}}{1+1.75z^{-1}+0.875z^{-2}+0.125z^{-3}}$$

写成矩阵矢量形式后,有状态方程和输出方程:

$$\begin{cases}\boldsymbol{X}[n+1]=\begin{bmatrix}0 & 1 & 0\\ 0 & 0 & 1\\ -0.125 & -0.875 & -1.75\end{bmatrix}\boldsymbol{X}[n]+\begin{bmatrix}0\\0\\1\end{bmatrix}e[n]\\ r[n]=[3.625\quad 6.5\quad 3]\boldsymbol{X}[n]+e[n]\end{cases}$$

2. 串联型结构

通过部分分式分解和零极点配对，可把系统函数分解为低阶子系统的串联，即 $H(z)=\prod_i H_i(z)$，其中 $H_i(z)=c_i+\dfrac{d_i}{z-p_i}$。此时可令子系统 $H_i(z)$ 的输出为 $y_i[n]$，则其输入为 $y_{i-1}[n]$，且 $y_0[n]=e[n]$ 和 $y_N[n]=r[n]$。可以对每个子系统列出状态方程和输出方程：

$$\begin{cases}x_i[n+1]=p_i x_i[n]+d_i y_{i-1}[n]\\ y_i[n]=x_i[n]+c_i y_{i-1}[n]\end{cases}\quad \forall i=1,2,\cdots,N \tag{6-45}$$

该式所示子系统可用如图 6-13 所示的流图实现。根据式(6-45)中 N 个方程，消去中间变量 $\{y_i[n]|i=1,2,\cdots,N-1\}$后，就得到所需的状态方程和输出方程。下面用例题说明。

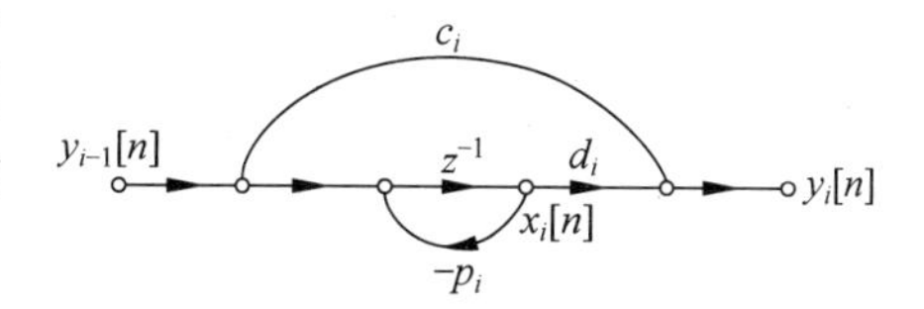

图 6-13　子系统 $H_i(z)$的流图

例 6-10　已知系统函数为 $H(z)=\dfrac{z+2}{z+1}\cdot\dfrac{z+1.5}{z+0.5}\cdot\dfrac{z+1.25}{z+0.25}$，列写串联实现的系统状态方程和输出方程。

解　由式(6-45)可以得到：

$$\begin{cases}x_1[n+1]=-x_1[n]+y_0[n]=-x_1[n]+e[n]\\ y_1[n]=x_1[n]+y_0[n]=x_1[n]+e[n]\end{cases},$$

$$\begin{cases}x_2[n+1]=-0.5x_2[n]+y_1[n]=-0.5x_2[n]+x_1[n]+e[n]\\ y_2[n]=x_2[n]+y_1[n]=x_2[n]+x_1[n]+e[n]\end{cases}$$

$$\begin{cases}x_3[n+1]=-0.25x_3[n]+y_2[n]=-0.25x_3[n]+x_2[n]+x_1[n]+e[n]\\ r[n]=y_3[n]=x_3[n]+y_2[n]=x_3[n]+x_2[n]+x_1[n]+e[n]\end{cases}$$

写成矩阵矢量形式后，有状态方程和输出方程：

$$\begin{cases}\boldsymbol{X}[n+1]=\begin{bmatrix}-1 & 0 & 0\\ 1 & -0.5 & 0\\ 1 & 1 & -0.25\end{bmatrix}\boldsymbol{X}[n]+\begin{bmatrix}1\\1\\1\end{bmatrix}e[n]\\ r[n]=[1\quad 1\quad 1]\boldsymbol{X}[n]+e[n]\end{cases}$$

其信号流图如图 6-14 所示。注意，由于消元，矩阵 $\boldsymbol{A}$ 一定是个下三角阵。

3. 并联型结构

在无重极点情况下，通过部分分式分解，可把系统函数分解为低阶子系统的并联，即：

$$H(z)=b_0+\sum_i H_i(z)$$

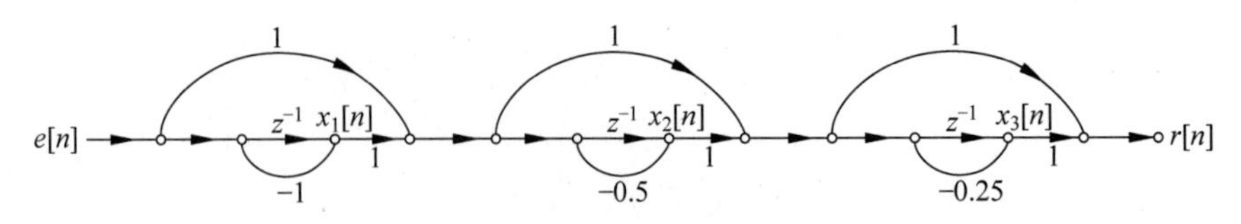

图 6-14　例 6-10 的信号流图

$$H_i(z)=\frac{k_i}{z-p_i} \tag{6-46}$$

此时，我们可选取子系统 $H_i(z)$ 的输出为状态变量 $x_i[n]$，则有系统状态方程：

$$x_i[n+1]=p_i x_i[n]+k_i e[n] \quad \forall i=1,2,\cdots,k \tag{6-47}$$

以及输出方程：

$$r[n]=b_0 e[n]+\sum_{i=1}^{k} x_i[n] \tag{6-48}$$

式(6-46)所示子系统可用如图 6-15 所示的流图实现。

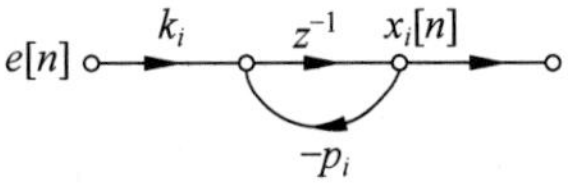

图 6-15　式(6-46)的流图

将式(6-47)和式(6-48)写成矩阵矢量形式后，有：

$$\begin{cases} \boldsymbol{X}[n+1]=\begin{bmatrix} p_1 & 0 & \cdots & 0 \\ 0 & p_2 & \cdots & 0 \\ \vdots & \vdots & \ddots & \vdots \\ 0 & 0 & 0 & p_k \end{bmatrix}\boldsymbol{X}[n]+\begin{bmatrix} k_1 \\ k_2 \\ \vdots \\ k_k \end{bmatrix}e[n] \\ r[n]=[1 \quad 1 \quad \cdots \quad 1]\boldsymbol{X}[n]+b_0 e[n] \end{cases} \tag{6-49}$$

注意，矩阵 $\boldsymbol{A}$ 一定是个对角阵，即各状态变量之间互相解偶。

例 6-11　已知系统函数为 $H(z)=\frac{z+2}{z+1}\cdot\frac{z+1.5}{z+0.5}\cdot\frac{z+1.25}{z+0.25}$，列写以并联结构实现的系统的状态方程和输出方程。

解　由部分分式分解得到 $H(z)=1+\frac{\frac{1}{3}}{z+1}+\frac{-9}{z+0.5}+\frac{\frac{35}{3}}{z+0.25}$，其信号流图如图 6-16 所示。

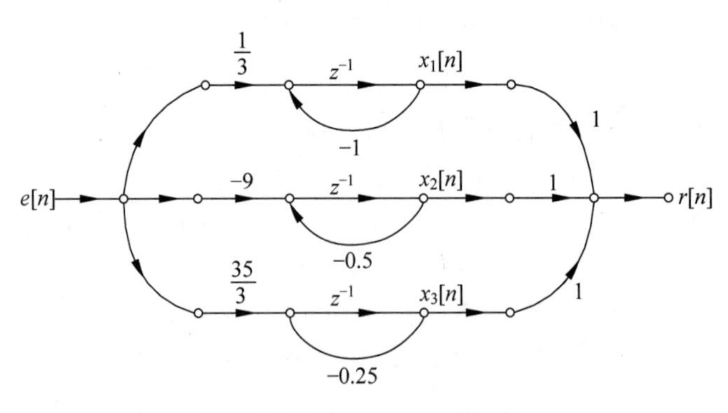

图 6-16　例 6-11 的信号流图

于是由式(6-49)得到系统状态方程和输出方程：

$$\begin{cases} \boldsymbol{X}[n+1]=\begin{bmatrix} -1 & 0 & 0 \\ 0 & -0.5 & 0 \\ 0 & 0 & -0.25 \end{bmatrix}\boldsymbol{X}[n]+\begin{bmatrix} \frac{1}{3} \\ -9 \\ \frac{35}{3} \end{bmatrix}e[n] \\ r[n]=[1 \quad 1 \quad 1]\boldsymbol{X}[n]+e[n] \end{cases}$$

与连续系统类似，离散系统可根据其流图或框图的不同实现形式写出不同的状态变量方程与输出方程。此外，由于系统状态变量的选择不唯一，状态变量方程与输出方程也不唯一。

4. 并串联型结构

在有重极点的情况下，通过部分分式分解，可把系统函数分解为低阶子系统的并联，即 $H(z)=b_0+\sum_i H_i(z)$，其中，$H_i(z)$ 为与极点 p_i 对应的子系统，对于单极点而言，有 $H_i(z)=\dfrac{k_i}{z-p_i}$，而对于 q 重极点而言，有 $H_i(z)=\sum_{j=0}^{q-1}\dfrac{k_{ij}}{(z-p_i)^{q-j}}$。

因此整个系统是子系统的并联，但其中与重极点相应的子系统用串联结构实现，这样的实现称为并串联型结构。下面用典型例题来说明如何建立这样的系统的状态方程。

例 6-12 已知系统函数为 $H(z)=\dfrac{z+1.5}{(z+1)^3(z+0.5)}$，列写并串联型实现的系统的状态方程和输出方程。

解 由部分分式分解得到 $H(z)=\dfrac{-1}{(z+1)^3}+\dfrac{-4}{(z+1)^2}+\dfrac{-8}{z+1}+\dfrac{8}{z+0.5}$，它有如图 6-17 所示的并串联结构。

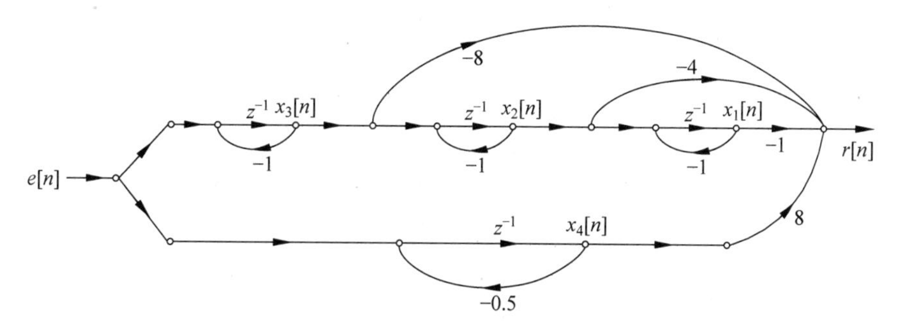

图 6-17 例 6-12 的信号流图

选取延迟器输出为状态变量后，有状态方程和输出方程：

$$\begin{cases} \boldsymbol{X}[n+1]=\begin{bmatrix} -1 & 1 & 0 & 0 \\ 0 & -1 & 1 & 0 \\ 0 & 0 & -1 & 0 \\ 0 & 0 & 0 & -0.5 \end{bmatrix}\boldsymbol{X}[n]+\begin{bmatrix} 0 \\ 0 \\ 1 \\ 1 \end{bmatrix}e[n] \\ r[n]=[-1 \quad -4 \quad -8 \quad 8]\boldsymbol{X}[n] \end{cases}$$

注意，此时矩阵 $\boldsymbol{A}$ 一定是个约当阵。

微课视频

6.5 离散时间系统状态变量方程的求解

6.5.1 状态转移矩阵及其性质

离散时间系统的状态转移矩阵定义为：

$$\boldsymbol{\Phi}(n) \triangleq \boldsymbol{A}^n \tag{6-50}$$

它由与连续系统状态转移矩阵$\boldsymbol{\Phi}(t)$有相似的含义和性质。

性质 1：

$$\boldsymbol{\Phi}[n+m]=\boldsymbol{\Phi}[n]\boldsymbol{\Phi}[m]=\boldsymbol{\Phi}[m]\boldsymbol{\Phi}[n] \tag{6-51}$$

性质 2：

$$[\boldsymbol{\Phi}[n]]^{-1}=\boldsymbol{\Phi}[-n] \tag{6-52}$$

推论 1：取 $m=-n$，并利用性质 1 和 2 可以得到：

$$\boldsymbol{\Phi}[0]=\boldsymbol{I} \tag{6-53}$$

推论 2：

$$[\boldsymbol{\Phi}[m]]^n=\boldsymbol{\Phi}[nm] \tag{6-54}$$

推论 3：

$$\boldsymbol{\Phi}[n-m]=\boldsymbol{\Phi}[n-l]\boldsymbol{\Phi}[l-m]=\boldsymbol{\Phi}[l-m]\boldsymbol{\Phi}[n-l] \tag{6-55}$$

状态转移矩阵的物理意义：状态转移矩阵是零输入条件下，系统状态从 0 时刻向 n 时刻转移时的状态加权矩阵，即，当激励 $\boldsymbol{e}[n]=0$ 时，有：

$$\boldsymbol{X}[n]=\boldsymbol{\Phi}[n]\boldsymbol{X}[0]=\boldsymbol{A}^n\boldsymbol{X}[0],\quad \forall n>0 \tag{6-56}$$

这可以由式(6-60)取 $e[n]=0$ 的特例给出。

由状态转移矩阵的物理意义，不难理解这些性质和推论的物理含义。

性质 3：状态转移矩阵的 z 变换是$(\boldsymbol{I}-z^{-1}\boldsymbol{A})^{-1}$，即：

$$\boldsymbol{\Phi}[n]\overset{zT}{\longleftrightarrow}(\boldsymbol{I}-z^{-1}\boldsymbol{A})^{-1} \tag{6-57}$$

该式可用于以 z 变换法计算$\boldsymbol{\Phi}[n]$。

性质 4(凯莱-哈密顿(Cayley-Hamilton)定理)：对于 $k\times k$ 矩阵 $\boldsymbol{A}$ 有：

$$\boldsymbol{\Phi}[n]=\boldsymbol{A}^n=\sum_{i=0}^{k-1}\alpha_i\boldsymbol{A}^i \tag{6-58}$$

它也可用于由矩阵 $\boldsymbol{A}$ 计算$\boldsymbol{\Phi}[n]$，与式(6-57)不同的是，该式从时域角度求解系统的状态转移矩阵。下面仅讨论矩阵 $\boldsymbol{A}$ 的特征值各不相同情况。

推论 4：对于有各不相同特征值$\{\lambda_i|_{i=1,2,\cdots,k}\}$的 $k\times k$ 矩阵 $\boldsymbol{A}$，有：

$$\lambda_j^n=\sum_{i=0}^{k-1}\alpha_i\lambda_j^i\quad \forall j=1,2,\cdots,k \tag{6-59}$$

这是由于矩阵 $\boldsymbol{A}$ 相似于特征阵$\boldsymbol{\Lambda}$，这样在用特征阵$\boldsymbol{\Lambda}$ 取代矩阵 $\boldsymbol{A}$ 后，式(6-58)仍然成立，考虑到特征阵$\boldsymbol{\Lambda}$ 是个对角阵，推论 4 成立。

因此，由矩阵 $\boldsymbol{A}$ 计算$\boldsymbol{\Phi}[n]$的步骤是，首先用代数方程$|\lambda\boldsymbol{I}-\boldsymbol{A}|=0$ 计算矩阵 $\boldsymbol{A}$ 的各特征值，然后用式(6-59)求解加权系数$\{\alpha_i|_{i=1,2,\cdots,k}\}$(注意，它们是离散时间 n 的函数)，最后

代入式(6-58)计算$\boldsymbol{\Phi}[n]$。

例 6-13 已知 $\boldsymbol{A}=\begin{bmatrix}0 & -2\\1 & -3\end{bmatrix}$，求状态转移矩阵$\boldsymbol{\Phi}[n]$。

解 由$|\lambda\boldsymbol{I}-\boldsymbol{A}|=\begin{vmatrix}\lambda & 2\\-1 & \lambda+3\end{vmatrix}=(\lambda+1)(\lambda+2)=0$，得到特征值$\lambda_1=-1$ 和 $\lambda_1=-2$；于是由式(6-59)，有$\begin{cases}(-1)^n=\alpha_0-\alpha_1\\(-2)^n=\alpha_0-2\alpha_1\end{cases}$，因此有$\begin{cases}\alpha_0=2(-1)^n-(-2)^n\\\alpha_1=(-1)^n-(-2)^n\end{cases}$；将它代入式(6-58)后，有：

$$\boldsymbol{\Phi}[n]=\alpha_0\boldsymbol{I}+\alpha_1\boldsymbol{A}=\begin{bmatrix}\alpha_0 & -2\alpha_1\\\alpha_1 & \alpha_0-3\alpha_1\end{bmatrix}=\begin{bmatrix}2(-1)^n-(-2)^n & -2((-1)^n-(-2)^n)\\(-1)^n-(-2)^n & -(-1)^n+2(-2)^n\end{bmatrix}$$

6.5.2 状态方程求解的时域方法

已知离散系统状态变量方程 $\boldsymbol{X}[n+1]=\boldsymbol{AX}[n]+\boldsymbol{Be}[n]$，且当 $n=n_0$ 时起始状态有$\boldsymbol{X}(n_0)$，此时状态方程为 $\boldsymbol{X}[n_0+1]=\boldsymbol{AX}[n_0]+\boldsymbol{Be}[n_0]$，因此，可以用迭代法依次计算 $n_0+2,n_0+3,\cdots,n$ 时刻的值，并通过数学归纳法得到任意时刻的状态变量：

$$\boldsymbol{X}[n]=\boldsymbol{A}^{n-n_0}\boldsymbol{X}[n_0]+\sum_{i=n_0}^{n-1}\boldsymbol{A}^{n-1-i}\boldsymbol{Be}[i] \tag{6-60}$$

当选择起始时刻为 0 时刻时，式(6-61)可以改写为：

$$\boldsymbol{X}[n]=\underbrace{\boldsymbol{A}^n\boldsymbol{X}[0]u[n]}_{\text{零输入响应}}+\underbrace{\left(\sum_{i=0}^{n-1}\boldsymbol{A}^{n-1-i}\boldsymbol{Be}[i]\right)u[n-1]}_{\text{零状态响应}} \tag{6-61}$$

将该式代入系统的输出方程，有：

$$r[n]=\underbrace{\boldsymbol{CA}^n\boldsymbol{X}[0]u[n]}_{\text{零输入响应}}+\underbrace{\left\{\left(\sum_{i=0}^{n-1}\boldsymbol{CA}^{n-1-i}\boldsymbol{Be}[i]\right)u[n-1]+\boldsymbol{De}[n]\right\}u[n]}_{\text{零状态响应}} \tag{6-62}$$

6.5.3 状态方程求解的变换域方法

对离散系统状态变量方程 $\boldsymbol{X}[n+1]=\boldsymbol{AX}[n]+\boldsymbol{Be}[n]$和输出方程 $\boldsymbol{r}[n]=\boldsymbol{CX}[n]+\boldsymbol{De}[n]$分别进行 z 变换，有：

$$\begin{cases}z\boldsymbol{X}(z)-z\boldsymbol{X}(0)=\boldsymbol{AX}(z)+\boldsymbol{BE}(z)\\\boldsymbol{R}(z)=\boldsymbol{CX}(z)+\boldsymbol{DE}(z)\end{cases} \tag{6-63}$$

因此可得：

$$\begin{cases}\boldsymbol{X}(z)=(z\boldsymbol{I}-\boldsymbol{A})^{-1}z\boldsymbol{X}(0)+(z\boldsymbol{I}-\boldsymbol{A})^{-1}\boldsymbol{BE}(z)\\\boldsymbol{R}(z)=\boldsymbol{C}(z\boldsymbol{I}-\boldsymbol{A})^{-1}z\boldsymbol{X}(0)+\boldsymbol{C}(z\boldsymbol{I}-\boldsymbol{A})^{-1}\boldsymbol{BE}(z)+\boldsymbol{DE}(z)\end{cases} \tag{6-64}$$

将式(6-64)进行 z 逆变换得：

$$\begin{cases}\boldsymbol{X}[n]=\mathcal{Z}^{-1}[(z\boldsymbol{I}-\boldsymbol{A})^{-1}z]\boldsymbol{X}[0]+\mathcal{Z}^{-1}[(z\boldsymbol{I}-\boldsymbol{A})^{-1}\boldsymbol{B}]*\mathcal{Z}^{-1}[\boldsymbol{E}(z)]\\\boldsymbol{r}[n]=\mathcal{Z}^{-1}[\boldsymbol{C}(z\boldsymbol{I}-\boldsymbol{A})^{-1}z]\boldsymbol{X}[0]+\mathcal{Z}^{-1}[\boldsymbol{C}(z\boldsymbol{I}-\boldsymbol{A})^{-1}\boldsymbol{B}+\boldsymbol{D}]*\mathcal{Z}^{-1}[\boldsymbol{E}(z)]\end{cases} \tag{6-65}$$

由式(6-65)可知，离散系统的状态转移矩阵为：

$$\boldsymbol{A}^n=\mathbb{Z}^{-1}[(z\boldsymbol{I}-\boldsymbol{A})^{-1}z]=\mathbb{Z}^{-1}[(\boldsymbol{I}-z^{-1}\boldsymbol{A})^{-1}] \tag{6-66}$$

同时，根据式(6-65)得系统的系统函数矩阵为：

$$\boldsymbol{H}(z)=\boldsymbol{C}(z\boldsymbol{I}-\boldsymbol{A})^{-1}\boldsymbol{B}+\boldsymbol{D} \tag{6-67}$$

当系统为单入单出系统时，式(6-67)的系统函数矩阵退化为标量。

例 6-14 在如图 6-18 所示的离散系统中，已知 $e_1[n]=\delta[n]$和 $e_2[n]=u[n]$，系统初始状态为零。试建立状态方程，并分别用时域法和 z 域法求解。

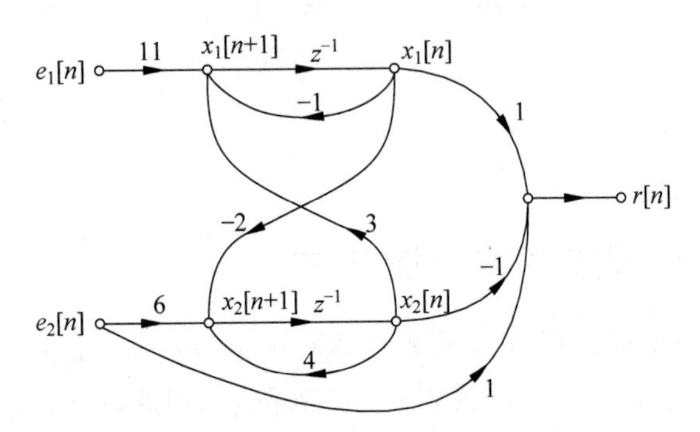

图 6-18 例 6-13 的信号流图

解 1）建立状态方程

如图 6-18 所示，选择延迟器输出为状态变量，于是有：

$$\begin{cases}x_1[n+1]=-x_1[n]+3x_2[n]+11\delta[n]\\ x_2[n+1]=-2x_1[n]+4x_2[n]+6u[n]\end{cases}$$

$$r[n]=x_1[n]-x_2[n]+u[n]$$

可以得到：

$$\begin{cases}\boldsymbol{X}[n+1]=\begin{bmatrix}-1 & 3\\ -2 & 4\end{bmatrix}\boldsymbol{X}[n]+\begin{bmatrix}11 & 0\\ 0 & 6\end{bmatrix}\begin{bmatrix}\delta[n]\\ u[n]\end{bmatrix}\\ r[n]=[1 \quad -1]\,\boldsymbol{X}[n]+[0 \quad 1]\begin{bmatrix}\delta[n]\\ u[n]\end{bmatrix}\end{cases}$$

2）时域法求解

由$|\lambda\boldsymbol{I}-\boldsymbol{A}|=\begin{vmatrix}\lambda+1 & -3\\ 2 & \lambda-4\end{vmatrix}=(\lambda-1)(\lambda-2)=0$，得到特征值 $\lambda_1=1$ 和 $\lambda_2=2$；于是由式(6-59)，有$\begin{cases}1^n=\alpha_0+\alpha_1\\ 2^n=\alpha_0+2\alpha_1\end{cases}$，这使得$\begin{cases}\alpha_0=2-2^n\\ \alpha_1=2^n-1\end{cases}$；将它代入式(6-58)后，有：

$$\boldsymbol{\Phi}[n]=\alpha_0\boldsymbol{I}+\alpha_1\boldsymbol{A}=\begin{bmatrix}3-2^{n+1} & -3+3\cdot 2^n\\ 2-2^{n+1} & -2+3\cdot 2^n\end{bmatrix}u[n]$$

得到状态转移矩阵后，考虑到零初始状态，因此状态变量为：

$$\boldsymbol{X}[n]=u[n-1]\sum_{i=0}^{n-1}\boldsymbol{A}^{n-1-i}\boldsymbol{B}\boldsymbol{e}[i]$$

$$=u[n-1]\left\{\sum_{i=0}^{n-1}\begin{bmatrix}3-2^{n-i} & -3+3\cdot 2^{n-1-i}\\ 2-2^{n-i} & -2+3\cdot 2^{n-1-i}\end{bmatrix}\cdot\begin{bmatrix}11 & 0\\ 0 & 6\end{bmatrix}\begin{bmatrix}\delta[i]\\ u[i]\end{bmatrix}\right\}$$

$$=\begin{bmatrix}7\cdot 2^{n}-18n+15\\ 7\cdot 2^{n}-12n+4\end{bmatrix}u[n-1]$$

最后，代入系统输出方程后，有

$$r[n]=[1\quad -1]\begin{bmatrix}7\cdot 2^{n}-18n+15\\ 7\cdot 2^{n}-12n+4\end{bmatrix}u[n-1]+[0\quad 1]\begin{bmatrix}\delta[n]\\ u[n]\end{bmatrix}$$

$$=(11-6n)u[n-1]+u[n]=\delta[n]+6(2-n)u[n-1]$$

3）z 域法求解

$$(z\boldsymbol{I}-\boldsymbol{A})^{-1}=\begin{bmatrix}z+1 & -3\\ 2 & z-4\end{bmatrix}^{-1}=\frac{1}{(z+1)(z-4)+6}\begin{bmatrix}z-4 & 3\\ -2 & z+1\end{bmatrix}$$

因此状态转移矩阵 $\boldsymbol{A}^{n}$ 为：$\begin{bmatrix}3-2^{n+1} & -3+3\cdot 2^{n}\\ 2-2^{n+1} & -2+3\cdot 2^{n}\end{bmatrix}u[n]$。

应用式(6-64)，并考虑到系统是零初始状态，有 z 域状态矢量：

$$\boldsymbol{X}(z)=(z\boldsymbol{I}-\boldsymbol{A})^{-1}\boldsymbol{BE}(z)$$

$$=\frac{1}{(z+1)(z-4)+6}\begin{bmatrix}z-4 & 3\\ -2 & z+1\end{bmatrix}\begin{bmatrix}11 & 0\\ 0 & 6\end{bmatrix}\begin{bmatrix}1\\ \dfrac{1}{1-z^{-1}}\end{bmatrix}$$

$$=\begin{bmatrix}\dfrac{14z^{-1}}{1-2z^{-1}}+\dfrac{-18z^{-1}}{(1-z^{-1})^{2}}+\dfrac{15z^{-1}}{1-z^{-1}}\\ \dfrac{14z^{-1}}{1-2z^{-1}}+\dfrac{-12z^{-1}}{(1-z^{-1})^{2}}+\dfrac{4z^{-1}}{1-z^{-1}}\end{bmatrix}$$

对其 z 逆变换后，就得到系统状态矢量：

$$\boldsymbol{X}[n]=\begin{bmatrix}7\cdot 2^{n}-18n+15\\ 7\cdot 2^{n}-12n+4\end{bmatrix}u[n-1]$$

这与时域法的计算结果完全相同，将它代入系统输出方程后，就得到与时域法完全相同的系统输出。

6.6　状态变量的线性变换和系统稳定性分析

6.6.1　状态变量的线性变换

1. 线性变换的定义

对于 $k\times k$ 可逆矩阵 $\boldsymbol{P}$，状态变量的线性变换定义为：

$$\hat{\boldsymbol{X}}(t)=\boldsymbol{PX}(t)\tag{6-68}$$

其逆变换为：

$$\boldsymbol{X}(t)=\boldsymbol{P}^{-1}\hat{\boldsymbol{X}}(t) \tag{6-69}$$

其中,我们用上标^表示线性变换后的状态变量。

将状态方程两边左乘变换 $\boldsymbol{P}$,并应用式(6-68)后,得到状态方程:

$$\begin{cases}\hat{\boldsymbol{X}}'(t)=\hat{\boldsymbol{A}}\hat{\boldsymbol{X}}(t)+\hat{\boldsymbol{B}}\boldsymbol{e}(t)\\ \boldsymbol{r}(t)=\hat{\boldsymbol{C}}\hat{\boldsymbol{X}}(t)+\hat{\boldsymbol{D}}\boldsymbol{e}(t)\end{cases} \tag{6-70}$$

$$\begin{cases}\hat{\boldsymbol{A}}=\boldsymbol{PAP}^{-1}\\ \hat{\boldsymbol{B}}=\boldsymbol{PB}\\ \hat{\boldsymbol{C}}=\boldsymbol{CP}^{-1}\\ \hat{\boldsymbol{D}}=\boldsymbol{D}\end{cases} \tag{6-71}$$

2. 线性变换下的系统函数不变性

将式(6-71)给出的各矩阵代入式(6-37)后,得变换后的系统函数:

$$\begin{aligned}\hat{\boldsymbol{H}}(s)&=\hat{\boldsymbol{C}}(s\boldsymbol{I}-\hat{\boldsymbol{A}})^{-1}\hat{\boldsymbol{B}}+\hat{\boldsymbol{D}}=\boldsymbol{CP}^{-1}(s\boldsymbol{I}-\boldsymbol{PAP}^{-1})^{-1}\boldsymbol{PB}+\boldsymbol{D}\\ &=\boldsymbol{C}[(s\boldsymbol{I}-\boldsymbol{PAP}^{-1})\boldsymbol{P}]^{-1}\boldsymbol{PB}+\boldsymbol{D}=\boldsymbol{C}[\boldsymbol{P}^{-1}(s\boldsymbol{I}-\boldsymbol{PAP}^{-1})\boldsymbol{P}]^{-1}\boldsymbol{B}+\boldsymbol{D}\\ &=\boldsymbol{C}(s\boldsymbol{I}-\boldsymbol{A})^{-1}\boldsymbol{B}+\boldsymbol{D}=\boldsymbol{H}(s)\end{aligned} \tag{6-72}$$

这表明,线性变换改变 s 域状态转移矩阵,但不改变系统函数。这意味着,同一个系统函数,可以有无数个系统实现及其对应的状态方程,任何两个等价的实现由两个状态变量之间的线性变换相互联系。

3. 系统解耦——A 矩阵的对角化

在一般情况下矩阵 $\boldsymbol{A}$ 是个非对角阵,使得每个状态变量的演变都会影响其他状态变量的演变,这样的系统是紧耦合系统,分析和控制这样的系统并非易事。

为能更好地分析和控制系统,需要使系统解耦,即要使系统的每个状态变量独立地演变,不受任何其他状态变量的影响。当矩阵 $\boldsymbol{A}$ 可对角化时,这可通过矩阵 $\boldsymbol{A}$ 的对角化过程实现,也就是要选择线性变换阵 $\boldsymbol{P}$,使变换后的矩阵 $\boldsymbol{A}$ 为对角阵:

$$\hat{\boldsymbol{A}}=\boldsymbol{PAP}^{-1}=\boldsymbol{\Lambda}=diag\{\lambda_1,\lambda_2,\cdots,\lambda_k\} \tag{6-73}$$

其中,$\{\lambda_i|_{i=1,2,\cdots,k}\}$是矩阵 $\boldsymbol{A}$ 的特征值,由线性代数的知识可知,满足此要求的相似变换阵是矩阵 $\boldsymbol{A}$ 的特征阵,即 $\boldsymbol{AP}^{-1}=\boldsymbol{P}^{-1}\boldsymbol{\Lambda}$,从而使 $\boldsymbol{AP}_i=\lambda_i\boldsymbol{P}_i$, $\forall i=1,2,\cdots,k$,其中 $\boldsymbol{P}^{-1}=[\boldsymbol{P}_1\quad \boldsymbol{P}_2\quad \cdots\quad \boldsymbol{P}_k]$。

对角化后的系统状态方程为:

$$\begin{cases}\hat{\boldsymbol{X}}'(t)=\boldsymbol{\Lambda}\hat{\boldsymbol{X}}(t)+\hat{\boldsymbol{B}}\boldsymbol{e}(t)\\ \boldsymbol{r}(t)=\hat{\boldsymbol{C}}\hat{\boldsymbol{X}}(t)+\hat{\boldsymbol{D}}\boldsymbol{e}(t)\end{cases} \tag{6-74}$$

因此,解耦后系统的第 i 个状态变量的状态方程为:

$$\hat{x}'_i(t)=\lambda_i\hat{x}_i(t)+\hat{\boldsymbol{B}}_i^{\mathrm{T}}\boldsymbol{e}(t) \tag{6-75}$$

显然这与其他状态变量无关。这里规定 $\hat{\boldsymbol{B}}=[\hat{\boldsymbol{B}}_1\quad \hat{\boldsymbol{B}}_2\quad \cdots\quad \hat{\boldsymbol{B}}_k]^{\mathrm{T}}$,即行矢量 $\hat{\boldsymbol{B}}_i^{\mathrm{T}}$ 为矩阵 $\hat{\boldsymbol{B}}$ 的第 i 行。

例 6-15 把如图 6-19 所示系统的 $\boldsymbol{A}$ 矩阵对角化，并画出对角化后的系统。

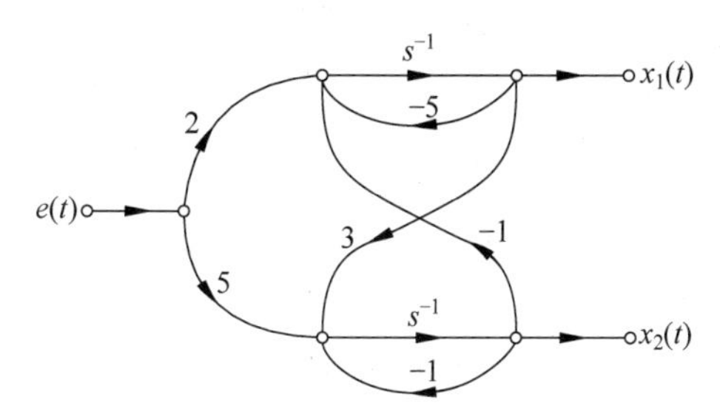

图 6-19 例 6-14 的信号流图

解 显然，如图 6-19 所示系统的状态变量之间是互相耦合的，其状态方程是：

$$\boldsymbol{X}'(t)=\begin{bmatrix}-5 & -1\\ 3 & -1\end{bmatrix}\boldsymbol{X}(t)+\begin{bmatrix}2\\5\end{bmatrix}e(t)$$

为把矩阵 $\boldsymbol{A}$ 对角化，首先计算其特征值和特征矢量矩阵。由 $|\lambda\boldsymbol{I}-\boldsymbol{A}|=\begin{vmatrix}\lambda+5 & 1\\ -3 & \lambda+1\end{vmatrix}=(\lambda+2)(\lambda+4)=0$，得到特征值 $\lambda_1=-2$ 和 $\lambda_2=-4$；将其代入 $\boldsymbol{AP}_i=\lambda_i\boldsymbol{P}_i$，$\forall i=1,2$（其中 $\boldsymbol{P}_i=\begin{bmatrix}1\\p_i\end{bmatrix}$，$\forall i=1,2$）后，有：

$$\begin{bmatrix}-5 & -1\\ 3 & -1\end{bmatrix}\begin{bmatrix}1\\p_1\end{bmatrix}=-2\begin{bmatrix}1\\p_1\end{bmatrix} \quad 和 \quad \begin{bmatrix}-5 & -1\\ 3 & -1\end{bmatrix}\begin{bmatrix}1\\p_2\end{bmatrix}=-4\begin{bmatrix}1\\p_2\end{bmatrix}$$

可以得到 $p_1=-3$ 和 $p_2=-1$。于是有：

$$\boldsymbol{P}^{-1}=[\boldsymbol{P}_1 \quad \boldsymbol{P}_2]=\begin{bmatrix}1 & 1\\ p_1 & p_2\end{bmatrix}=\begin{bmatrix}1 & 1\\ -3 & -1\end{bmatrix},$$

$$\boldsymbol{P}=(\boldsymbol{P}^{-1})^{-1}=\begin{bmatrix}1 & 1\\ -3 & -1\end{bmatrix}^{-1}=\frac{1}{2}\begin{bmatrix}-1 & -1\\ 3 & 1\end{bmatrix}$$

然后计算解耦后系统的参数阵：

$$\hat{\boldsymbol{A}}=\boldsymbol{PAP}^{-1}=\boldsymbol{\Lambda}=\begin{bmatrix}-2 & 0\\ 0 & -4\end{bmatrix}$$

$$\hat{\boldsymbol{B}}=\boldsymbol{PB}=\frac{1}{2}\begin{bmatrix}-1 & -1\\ 3 & 1\end{bmatrix}\begin{bmatrix}2\\5\end{bmatrix}=\frac{1}{2}\begin{bmatrix}-7\\11\end{bmatrix}$$

故有如图 6-20 所示的解耦后系统状态方程：

$$\hat{\boldsymbol{X}}'(t)=\begin{bmatrix}-2 & 0\\ 0 & -4\end{bmatrix}\hat{\boldsymbol{X}}(t)+\frac{1}{2}\begin{bmatrix}-7\\11\end{bmatrix}e(t)$$

它是由两个独立的状态方程组成的联立方程：

$$\begin{cases}\hat{x}_1'(t)=-2\hat{x}_1(t)-\dfrac{7}{2}e(t)\\[2ex] \hat{x}_2'(t)=-4\hat{x}_2(t)+\dfrac{11}{2}e(t)\end{cases}$$

具有状态变量解：

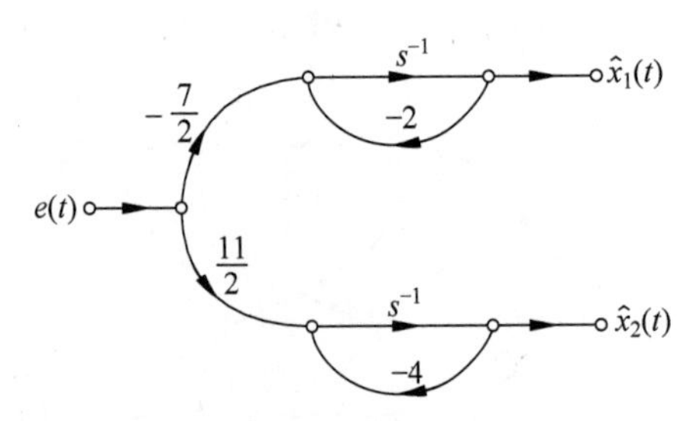

图 6-20 解耦后的信号流图

$$\begin{cases} \hat{x}_1(t) = e^{-2t}\hat{x}_1(0_-) - \frac{7}{2}e^{-2t} * e(t) \\ \hat{x}_2(t) = e^{-4t}\hat{x}_2(0_-) + \frac{11}{2}e^{-4t} * e(t) \end{cases}$$

其中,初始条件为:

$$\begin{bmatrix} \hat{x}_1(0_-) \\ \hat{x}_2(0_-) \end{bmatrix} = \boldsymbol{PX}(0_-) = \frac{1}{2}\begin{bmatrix} -x_1(0_-) - x_2(0_-) \\ 3x_1(0_-) + x_2(0_-) \end{bmatrix}$$

再由它们计算出 $\hat{\boldsymbol{X}}(t)$后,可由 $\begin{bmatrix} x_1(t) \\ x_2(t) \end{bmatrix} = \boldsymbol{P}^{-1}\hat{\boldsymbol{X}}(t) = \begin{bmatrix} \hat{x}_1(t) + \hat{x}_2(t) \\ -3\hat{x}_1(t) - \hat{x}_2(t) \end{bmatrix}$ 计算原状态方程的解 $\boldsymbol{X}(t)$。

综上所述,用矩阵对角化求解状态方程的步骤是:首先计算对角化矩阵 $\boldsymbol{A}$ 的特征矢量阵 $\boldsymbol{P}^{-1}$;然后把原状态方程的各参数阵/矢量变换成解耦的状态方程的参数阵/矢量,并把原状态矢量的初始条件变换成解耦状态变量的初始条件,再分别求解各解耦状态变量;最后把解耦状态变量反变换成原状态变量。

6.6.2 由 A 矩阵的特征值判断系统稳定性

1. 连续 LTI 系统稳定性的判断

把矩阵 $\boldsymbol{A}$ 的特征多项式 $|\lambda\boldsymbol{I}-\boldsymbol{A}| = \prod_{i=1}^{k}(\lambda - \lambda_i) = 0$ 与系统函数 $\boldsymbol{H}(s) = \boldsymbol{C}(s\boldsymbol{I}-\boldsymbol{A})^{-1}\boldsymbol{B} + \boldsymbol{D}$ 相比易知,矩阵 $\boldsymbol{A}$ 的特征值 $\{\lambda_i|_{i=1,2,\cdots,k}\}$ 就是系统的极点。因此,可用矩阵 $\boldsymbol{A}$ 的特征值来判断系统稳定性。状态方程描述的系统稳定的充要条件是:矩阵 $\boldsymbol{A}$ 的特征值的实部小于零,即

$$\mathrm{Re}(\lambda_i) < 0 \quad \forall i = 1,2,\cdots,k \tag{6-76}$$

由于对角化的矩阵 $\boldsymbol{A}$ 的对角元素就是特征值,因此很容易判断解耦系统的稳定性。

例 6-16 分析当 K 满足什么条件时,如图 6-21 所示系统稳定。

解 图 6-21 所示系统的状态方程是

$$\boldsymbol{X}'(t) = \begin{bmatrix} 0 & 1 & 0 \\ -K & -1 & -K \\ 0 & -1 & -4 \end{bmatrix}\boldsymbol{X}(t) + \begin{bmatrix} 0 & 0 \\ 0 & K \\ 1 & 0 \end{bmatrix}\begin{bmatrix} e_1(t) \\ e_2(t) \end{bmatrix}$$

因此系统特征多项式是:

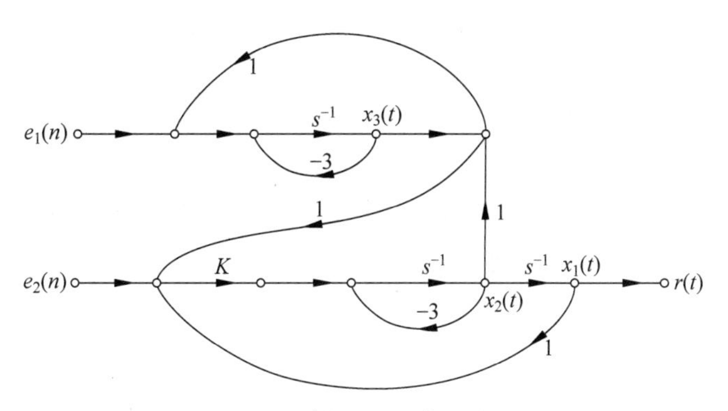

图 6-21　例 6-15 的信号流图

$$|\lambda \boldsymbol{I}-\boldsymbol{A}|=\begin{vmatrix}\lambda & -1 & 0\\ K & \lambda+1 & K\\ 0 & 1 & \lambda+4\end{vmatrix}=\lambda^3+5\lambda^2+4\lambda+4K$$

由罗斯-霍尔维兹准则可知，三阶系统稳定的充要条件是：其特征多项式 $\lambda^3+\alpha\lambda^2+\beta\lambda+\gamma$ 的参数全大于零，并且 $\alpha\beta>\gamma$。根据此准则，该系统稳定的充要条件是：$0<K<5$ 。

2. 离散 LTI 系统稳定性的判断

与连续系统类似，离散 LTI 系统的稳定性判断也可通过判断矩阵 $\boldsymbol{A}$ 的特征根 λ_i 是否全部位于单位圆内进行判断，即当 $|\lambda_i|<1, i=1,2,\cdots,k$ 成立时，系统稳定。

例 6-17　已知某离散 LTI 系统的状态变量方程为：$\begin{cases}\boldsymbol{\lambda}_1[\boldsymbol{n}+1]=2\boldsymbol{\lambda}_1[\boldsymbol{n}]+3\boldsymbol{\lambda}_2[\boldsymbol{n}]+\boldsymbol{e}_2[\boldsymbol{n}]\\ \boldsymbol{\lambda}_2[\boldsymbol{n}+1]=-\boldsymbol{\lambda}_1[\boldsymbol{n}]+\boldsymbol{\lambda}_2[\boldsymbol{n}]+\boldsymbol{e}_1[\boldsymbol{n}]\end{cases}$，试分析该系统的稳定性。

解　根据系统状态方程，矩阵 $\boldsymbol{A}=\begin{bmatrix}2 & 3\\ -1 & 1\end{bmatrix}$，其特征根为：$\lambda_1=\dfrac{3+\mathrm{j}\sqrt{11}}{2}$，$\lambda_2=\dfrac{3-\mathrm{j}\sqrt{11}}{2}$，且两特征根均位于单位圆外，因此该系统不稳定。

本章小结

1. 系统状态是适当选取的一组变量，它在 0_- 时的值可提供确定 $t=0_-$ 时系统状态的最必要信息。若给定系统输入，可以得到 $t>0_-$ 时的系统响应。这些变量称为状态变量，状态矢量是元素为状态变量的矢量。

2. 电网络状态方程的建立：首先选择电容电压和电感电流作为状态变量或电容电荷和电感磁链为状态变量，再应用 KCL 和 KVL 等电路分析的基本理论列出适当形式的状态方程。

3. 连续系统的状态方程也可以由系统微分方程或系统函数得到其直接型、串联型、并联型或并串型实现的信号流图，然后依据流图，选取积分器输出为状态变量，建立其状态方程。不同的系统实现会得到不同的状态方程。

4. 线性 LTI 连续时间系统可表示为状态方程 $\boldsymbol{X}'(t)=\boldsymbol{A}\boldsymbol{X}(t)+\boldsymbol{B}\boldsymbol{e}(t)$ 和输出方程 $\boldsymbol{r}(t)=$

$\boldsymbol{CX}(t)+\boldsymbol{De}(t)$；其时域解为系统状态 $\boldsymbol{X}(t)=\boldsymbol{\Phi}(t)u(t)\boldsymbol{X}(0_-)+\boldsymbol{\Phi}(t)u(t)\boldsymbol{B}*\boldsymbol{e}(t)$，其中，状态转移矩阵 $\boldsymbol{\Phi}(t)\triangleq \mathrm{e}^{\boldsymbol{A}t}$，系统全响应 $\boldsymbol{r}(t)=\boldsymbol{C\Phi}(t)u(t)\boldsymbol{X}(0_-)+[\boldsymbol{C\Phi}(t)u(t)\boldsymbol{B}+\boldsymbol{D}\delta(t)]*\boldsymbol{e}(t)$。

5. 用 $\boldsymbol{A}=\boldsymbol{\Phi}'(0)$ 可以从连续系统状态转移矩阵 $\boldsymbol{\Phi}(t)$ 计算矩阵 $\boldsymbol{A}$。

6. 常用两种基本方法来确定连续时间系统状态转移矩阵 $\boldsymbol{\Phi}(t)$。第一种方法先用 $\boldsymbol{\Phi}(s)=(s\boldsymbol{I}-\boldsymbol{A})^{-1}$ 计算 s 域状态转移矩阵 $\boldsymbol{\Phi}(s)$，再对其进行拉普拉斯逆变换后得到转移矩阵 $\boldsymbol{\Phi}(t)$；第二种方法利用 Cayley-Hamilton 定理求解。

7. 连续系统的状态方程可用拉普拉斯变换法求解。s 域状态矢量 $\boldsymbol{X}(s)=\boldsymbol{\Phi}(s)\boldsymbol{X}(0_-)+\boldsymbol{\Phi}(s)\boldsymbol{BE}(s)$，系统函数 $\boldsymbol{H}(s)=\boldsymbol{C\Phi}(s)\boldsymbol{B}+\boldsymbol{D}$，s 域输出矢量 $\boldsymbol{R}(s)=\boldsymbol{C\Phi}(s)\boldsymbol{X}(0_-)+[\boldsymbol{C\Phi}(s)\boldsymbol{B}+\boldsymbol{D}]\boldsymbol{E}(s)$。

8. 离散系统的状态方程也可以由系统差分方程或系统函数得到其直接型、串联型、并联型或并串型实现的信号流图，然后依据流图，选取延迟器输出为状态变量，建立其状态方程。不同的系统实现会得到不同的状态方程。

9. 线性离散时间系统可表示为状态方程 $\boldsymbol{X}[n+1]=\boldsymbol{AX}[n]+\boldsymbol{Be}[n]$ 和输出方程 $\boldsymbol{r}[n]=\boldsymbol{CX}[n]+\boldsymbol{De}[n]$；其时域解为系统状态 $\boldsymbol{X}[n]=\boldsymbol{\Phi}[n]\boldsymbol{X}[0]u[n]+[\boldsymbol{\Phi}[n]u[n]\boldsymbol{B}]*\boldsymbol{e}[n-1]$，系统响应 $\boldsymbol{r}[n]=\boldsymbol{C\Phi}[n]u[n]\boldsymbol{X}[0]+(\boldsymbol{C\Phi}[n-1]u[n-1]\boldsymbol{B}+\boldsymbol{D}\delta[n])*\boldsymbol{e}[n-1]$，其中，状态转移矩阵 $\boldsymbol{\Phi}[n]\triangleq\boldsymbol{A}^n$。

10. 常用两种基本方法来确定离散时间系统状态转移矩阵 $\boldsymbol{\Phi}[n]$。第一种方法先用 $\boldsymbol{\Phi}(z)=(\boldsymbol{I}-z^{-1}\boldsymbol{A})^{-1}$ 计算 z 域状态转移矩阵 $\boldsymbol{\Phi}(z)$，再反变换后得到转移矩阵 $\boldsymbol{\Phi}[n]$；第二种方法利用 Cayley-Hamilton 定理求解。

11. 离散时间系统的状态方程可以用 z 变换法求解。z 域状态矢量 $\boldsymbol{X}(z)=\boldsymbol{\Phi}(z)\boldsymbol{X}[0]+z^{-1}\boldsymbol{\Phi}(z)\boldsymbol{BE}(z)$，系统函数 $\boldsymbol{H}(z)=z^{-1}\boldsymbol{C\Phi}(z)\boldsymbol{B}+\boldsymbol{D}$，z 域输出矢量 $\boldsymbol{R}(z)=\boldsymbol{C\Phi}(z)\boldsymbol{X}[0]+\boldsymbol{H}(z)\boldsymbol{E}(z)$。

12. 用矩阵对角化求解状态方程的步骤是：首先计算对角化矩阵 $\boldsymbol{A}$ 的特征矢量阵 $\boldsymbol{P}^{-1}$；然后把原状态方程的各参数阵/矢量变换成解耦的状态方程的参数阵/矢量，并把原状态矢量的初始条件变换成解耦状态变量的初始条件，再分别求解各解耦状态变量；最后把解耦状态变量反变换成原状态变量。

13. 可用矩阵 $\boldsymbol{A}$ 的特征值来判断系统稳定性。用状态方程描述的连续 LTI 系统稳定的充要条件是：矩阵 $\boldsymbol{A}$ 的特征值的实部小于零，即 $\mathrm{Re}(\lambda_i)<0 \quad \forall i=1,2,\cdots,k$；用状态方程描述的离散 LTI 系统稳定的充要条件是：矩阵 $\boldsymbol{A}$ 的特征值的模均小于 1，即 $|\lambda_i|<1, i=1,\cdots,k$。

习题

6-1　已知如题 6-1 图所示各电路，选择合适的状态变量，试列写系统的状态方程和输出方程。其中 $v_s(t)$ 与 $i_s(t)$ 是系统的激励信号，$y(t)$ 是系统的响应。

6-2　给定某 LTI 系统微分方程表达式：

$$a\frac{\mathrm{d}^3}{\mathrm{d}t^3}y_1(t)+b\frac{\mathrm{d}^2}{\mathrm{d}t^2}y_1(t)+c\frac{\mathrm{d}}{\mathrm{d}t}y_1(t)+y_1(t)=0$$

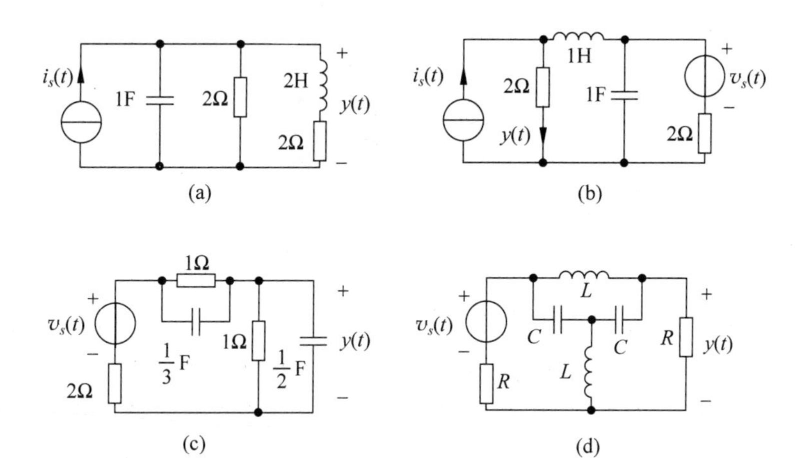

题 6-1 图

选状态变量为：

$$x_1(t)=ay_1(t)$$

$$x_2(t)=a\frac{\mathrm{d}}{\mathrm{d}t}y_1(t)+by_1(t)$$

$$x_3(t)=a\frac{\mathrm{d}^2}{\mathrm{d}t^2}y_1(t)+b\frac{\mathrm{d}}{\mathrm{d}t}y_1(t)+cy_1(t)$$

输出信号为：

$$y(t)=\frac{\mathrm{d}}{\mathrm{d}t}y_1(t)$$

试列写该系统的状态方程和输出方程。

6-3　已知系统的系统函数为 $H(s)=\dfrac{5s+4}{s^3+7s^2+10s}$，试求解下列问题。

（1）分别画出其直接型、并联型和串联型的信号流图；

（2）以积分器的输出为状态变量，列写对应信号流图的状态方程和输出方程。

6-4　已知系统信号流图如题 6-4 图所示，试求解下列问题。

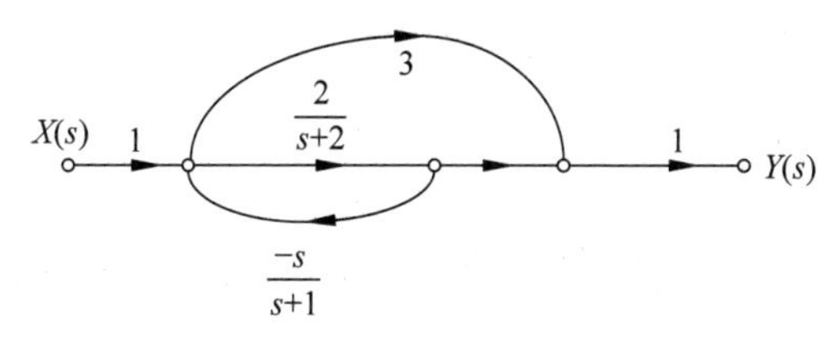

题 6-4 图

（1）试求其系统函数；

（2）分别画出其并联形式和串联形式的信号流图；

（3）以积分器的输出为状态变量，列写对应信号流图的状态方程和输出方程。

6-5　给出信号流图如题 6-5 图所示，试列写状态方程和输出方程。

6-6　研究两类细菌生存竞争的规律，可利用连续时间系统的状态方程进行描述。若两

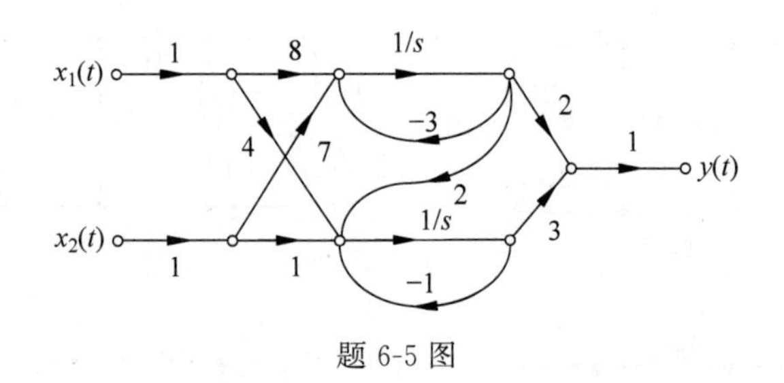

题 6-5 图

类细菌在 t 时刻的数量分别为 $x_1(t)$ 和 $x_2(t)$，其一阶导数反映了细菌繁殖的速率。设 α_{11} 和 α_{22} 表示这两类物种的自身繁殖系数，α_{12} 和 α_{21} 表示这两类物种的竞争系数。考虑到人为加入的药物作用 $e(t)$，且利用 β_1 和 β_2 表示药物的杀伤系数。试建立描述上述系统的状态变量方程。

6-7　已知矩阵 $\boldsymbol{A}$，分别用时域法和变换域法求矩阵指数函数 $\mathrm{e}^{\boldsymbol{A}t}$。

(1) $\boldsymbol{A}=\begin{bmatrix}-1 & 1\\ 0 & -2\end{bmatrix}$　　(2) $\boldsymbol{A}=\begin{bmatrix}-4 & -3\\ 1 & 0\end{bmatrix}$

(3) $\boldsymbol{A}=\begin{bmatrix}0 & 1 & 0\\ 0 & 0 & 1\\ 0 & 1 & 0\end{bmatrix}$　　(4) $\boldsymbol{A}=\begin{bmatrix}2 & 1 & 0\\ 0 & 2 & 1\\ 0 & 0 & 2\end{bmatrix}$

6-8　已知线性时不变系统的状态转移矩阵 $\mathrm{e}^{\boldsymbol{A}t}$，试求相应的矩阵 $\boldsymbol{A}$。

(1) $\mathrm{e}^{\boldsymbol{A}t}=\begin{bmatrix}\mathrm{e}^{-at} & t\mathrm{e}^{-at}\\ 0 & \mathrm{e}^{-at}\end{bmatrix}$

(2) $\mathrm{e}^{\boldsymbol{A}t}=\begin{bmatrix}\mathrm{e}^{-t} & 0 & 0\\ 0 & (1-2t)\mathrm{e}^{-2t} & 4t\mathrm{e}^{-2t}\\ 0 & -t\mathrm{e}^{-2t} & (1+2t)\mathrm{e}^{-2t}\end{bmatrix}$

6-9　已知某连续时间系统状态方程为 $\boldsymbol{x}'(t)=\boldsymbol{A}\boldsymbol{x}(t)+\boldsymbol{B}\boldsymbol{e}(t)$，其中有：

(1) $\boldsymbol{A}=\begin{bmatrix}0 & 2\\ -1 & -3\end{bmatrix}$，$\boldsymbol{B}=\begin{bmatrix}0\\ 1\end{bmatrix}$，$\boldsymbol{e}(t)=u(t)$，$\begin{bmatrix}x_1(0_-)\\ x_2(0_-)\end{bmatrix}=\begin{bmatrix}2\\ 1\end{bmatrix}$

(2) $\boldsymbol{A}=\begin{bmatrix}-5 & -6\\ 1 & 0\end{bmatrix}$，$\boldsymbol{B}=\begin{bmatrix}1\\ 0\end{bmatrix}$，$\boldsymbol{e}(t)=\sin(100t)u(t)$，$\begin{bmatrix}x_1(0_-)\\ x_2(0_-)\end{bmatrix}=\begin{bmatrix}5\\ 4\end{bmatrix}$

(3) $\boldsymbol{A}=\begin{bmatrix}-1 & 1\\ 0 & -2\end{bmatrix}$，$\boldsymbol{B}=\begin{bmatrix}1 & 1\\ 0 & 1\end{bmatrix}$，$\boldsymbol{e}(t)=\begin{bmatrix}u(t)\\ \delta(t)\end{bmatrix}$

分别求状态矢量 $\boldsymbol{x}(t)$，并求系统的零输入响应、零状态响应和全响应，指出各系统的自然频率。

6-10　已知系统的状态方程和输出方程为：

$$\begin{bmatrix}x_1'(t)\\ x_2'(t)\end{bmatrix}=\begin{bmatrix}0 & 1\\ -1 & -2\end{bmatrix}\begin{bmatrix}x_1(t)\\ x_2(t)\end{bmatrix}+\begin{bmatrix}0 & 1\\ 1 & 0\end{bmatrix}\begin{bmatrix}e_1(t)\\ e_2(t)\end{bmatrix}$$

$$y(t)=\begin{bmatrix}1 & 2\\ 4 & 1\\ 1 & 1\end{bmatrix}\begin{bmatrix}x_1(t)\\ x_2(t)\end{bmatrix}+\begin{bmatrix}0 & 0\\ 0 & 0\\ 1 & 1\end{bmatrix}\begin{bmatrix}e_1(t)\\ e_2(t)\end{bmatrix}$$

求系统函数矩阵 $\boldsymbol{H}(s)$。

6-11　已知某 LTI 连续时间系统的状态方程和输出方程为 $\begin{cases}\boldsymbol{x}'(t)=\boldsymbol{A}\boldsymbol{x}(t)+\boldsymbol{B}\boldsymbol{e}(t)\\ \boldsymbol{r}(t)=\boldsymbol{C}\boldsymbol{x}(t)\end{cases}$，其中，$\boldsymbol{A}=\begin{bmatrix}-2 & 2 & -1\\ 0 & -2 & 0\\ 1 & -4 & 0\end{bmatrix}$，$\boldsymbol{B}=\begin{bmatrix}0\\1\\1\end{bmatrix}$，$\boldsymbol{C}=[1\quad 0\quad 0]$，求该系统的系统函数。

6-12　已知某线性时不变系统在零输入条件下，当 $\begin{bmatrix}x_1(0_-)\\ x_2(0_-)\end{bmatrix}=\begin{bmatrix}1\\ -1\end{bmatrix}$ 时，$\boldsymbol{x}(t)=\begin{bmatrix}\mathrm{e}^{-2t}u(t)\\ -\mathrm{e}^{-2t}u(t)\end{bmatrix}$；当 $\begin{bmatrix}x_1(0_-)\\ x_2(0_-)\end{bmatrix}=\begin{bmatrix}2\\ -1\end{bmatrix}$ 时，$\boldsymbol{x}(t)=\begin{bmatrix}2\mathrm{e}^{-t}u(t)\\ -\mathrm{e}^{-t}u(t)\end{bmatrix}$，试求下列问题。

(1) 状态转移矩阵 $\mathrm{e}^{\boldsymbol{A}t}$；

(2) 确定相应的矩阵 $\boldsymbol{A}$。

6-13　给定某连续时间系统的状态方程和初始条件：

$$\begin{bmatrix}x_1'(t)\\ x_2'(t)\end{bmatrix}=\begin{bmatrix}1 & -2\\ 1 & 4\end{bmatrix}\begin{bmatrix}x_1(t)\\ x_2(t)\end{bmatrix},\quad \begin{bmatrix}x_1(0_-)\\ x_2(0_-)\end{bmatrix}=\begin{bmatrix}3\\ 2\end{bmatrix}$$

分别用时域和变换域方法求解该系统。

6-14　离散系统的时域模拟图如题 6-14 图所示，以单位延时器的输出信号 $x_1[n]$、$x_2[n]$ 为状态变量，列写系统的状态方程与输出方程。

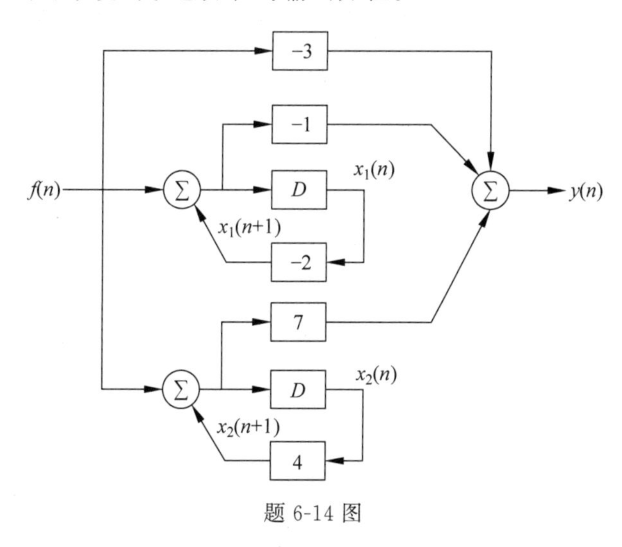

题 6-14 图

6-15　若每年从外地进入某城市的人口是上一年外地人口的 α 倍，离开该市的人口是上一年该市人口的 β 倍，全国每年人口的自然增长率为 γ 倍。建立离散时间系统的状态方程，描述该市和外地人口的动态发展规律。并分析为了预测若干年之后的人口数量，还需知道哪些数据。

6-16　已知某离散系统的系统函数为 $H(z)=\dfrac{z}{2z^2-3z+1}$，写出该系统的状态变量方程，使得矩阵 $\boldsymbol{A}$ 为对角矩阵形式，并画出实现框图。

6-17 某离散时间系统的差分方程 $y[n]-\frac{3}{4}y[n-1]+\frac{1}{8}y[n-2]=x[n]+\frac{1}{2}x[n-1]$，写出该系统的状态方程与输出方程，并求解系统在单位阶跃序列激励下的零状态响应。

6-18 已知某离散系统的状态方程与输出方程：

$$\begin{bmatrix} x_1[n+1] \\ x_2[n+1] \end{bmatrix}=\begin{bmatrix} 0 & 1 \\ -6 & 5 \end{bmatrix}\begin{bmatrix} x_1[n] \\ x_2[n] \end{bmatrix}+\begin{bmatrix} 0 \\ 1 \end{bmatrix}f[n],\quad \begin{bmatrix} y_1[n] \\ y_2[n] \end{bmatrix}=\begin{bmatrix} 1 & 1 \\ 2 & -1 \end{bmatrix}\begin{bmatrix} x_1[n] \\ x_2[n] \end{bmatrix}$$

且系统的初始状态为 $\begin{bmatrix} x_1[0] \\ x_2[0] \end{bmatrix}=\begin{bmatrix} 1 \\ 2 \end{bmatrix}$，试求下列问题。

(1) 状态转移矩阵 $\boldsymbol{\Phi}[n]=\boldsymbol{A}^n$；

(2) 当激励 $f[n]=0$ 时的状态向量 $\boldsymbol{x}[n]$ 和响应向量 $\boldsymbol{y}[n]$。

6-19 已知离散系统的状态方程与输出方程：

$$\begin{bmatrix} x_1[n+1] \\ x_2[n+1] \end{bmatrix}=\begin{bmatrix} -5 & -1 \\ 3 & -1 \end{bmatrix}\begin{bmatrix} x_1[n] \\ x_2[n] \end{bmatrix}+\begin{bmatrix} 2 \\ 5 \end{bmatrix}f[n],\quad y[n]=\begin{bmatrix} 1 & 2 \end{bmatrix}\begin{bmatrix} x_1[n] \\ x_2[n] \end{bmatrix}+f[n]$$

试求下列问题：

(1) 系统的差分方程；

(2) 求解系统函数；

(3) 判断系统的稳定性。

6-20 已知线性时不变离散系统状态方程和输出方程：

$$\boldsymbol{\lambda}[n+1]=\boldsymbol{A}\boldsymbol{\lambda}[n]+\boldsymbol{B}\boldsymbol{x}[n],\quad \boldsymbol{y}[n]=\boldsymbol{C}\boldsymbol{\lambda}[n]+\boldsymbol{D}\boldsymbol{x}[n]$$

其中 $\boldsymbol{A}=\begin{bmatrix} -a & 1 \\ 0 & -b \end{bmatrix}$，$\boldsymbol{B}=\begin{bmatrix} 0 \\ 1 \end{bmatrix}$，$\boldsymbol{C}=\begin{bmatrix} 1 & 0 \\ 0 & 1 \end{bmatrix}$，$\boldsymbol{D}=0$，求系统函数 $H(z)$。

附录A 线性时不变系统时域经典分析方法

APPENDIX A

线性时不变系统的时域经典方法是基于线性常系数微分方程与差分方程求解的一类方法。其基本过程主要包括求方程的齐次解、特解以及由其初始条件确定待定系数。特别的，对于 LTI 离散时间系统，还可以通过时域的递推方法求解系统的各类响应。冲激响应和脉冲响应是描述 LTI 系统的重要信号，其时域分析的基本方法也将在本附录中介绍。下面分别对 LTI 连续和离散系统的时域分析给出详细的步骤。

A.1 LTI 连续时间系统的时域经典分析方法

一般地，常系数线性微分方程描述的线性时不变连续时间系统，可用时域经典方法分析，其核心是对微分方程进行求解从而得到系统的各类响应。除此之外，本节还将介绍系统单位冲激响应的时域经典分析方法。

A.1.1 LTI 连续时间系统时域经典分析方法

LTI 连续时间系统时域经典的分析过程如下：

设 LTI 连续时间系统激励信号为 $f(t)$，系统响应为 $y(t)$，则可用式(A-1)的 n 阶常系数线性微分方程表示系统：

$$\begin{aligned}&a_0\frac{\mathrm{d}^n}{\mathrm{d}t^n}y(t)+a_1\frac{\mathrm{d}^{n-1}}{\mathrm{d}t^{n-1}}y(t)+\cdots+a_{n-1}\frac{\mathrm{d}}{\mathrm{d}t}y(t)+a_ny(t)\\&=b_0\frac{\mathrm{d}^m}{\mathrm{d}t^m}f(t)+b_1\frac{\mathrm{d}^{m-1}}{\mathrm{d}t^{m-1}}f(t)+\cdots+b_{m-1}\frac{\mathrm{d}}{\mathrm{d}t}f(t)+b_mf(t)\end{aligned}\tag{A-1}$$

该微分方程的齐次解即激励 $f(t)$及其各阶导数均为零时的齐次方程解：

$$a_0\frac{\mathrm{d}^n}{\mathrm{d}t^n}y(t)+a_1\frac{\mathrm{d}^{n-1}}{\mathrm{d}t^{n-1}}y(t)+\cdots+a_{n-1}\frac{\mathrm{d}}{\mathrm{d}t}y(t)+a_ny(t)=0\tag{A-2}$$

该微分方程对应的特征方程：

$$a_0\lambda^n+a_1\lambda^{n-1}+\cdots+a_{n-1}\lambda+a_n=0\tag{A-3}$$

对应的 n 个根为微分方程的特征根：$\lambda_1,\lambda_2,\cdots,\lambda_n$。在特征根各不相同(无重根)的情况下有微分方程的齐次解：

$$y_h(t)=A_1\mathrm{e}^{\lambda_1t}+A_2\mathrm{e}^{\lambda_2t}+\cdots+A_n\mathrm{e}^{\lambda_nt}\tag{A-4}$$

其中系数 $A_1,A_2,\cdots,A_n$ 由微分方程的初始条件决定。

若有重根的情况,例如 λ_1 是 k 阶重根,则其对应的齐次解部分将有 k 项组成,其形式为 $(A_1t^{k-1}+A_2t^{k-2}+\cdots+A_{k-1}t+A_k)\mathrm{e}^{\lambda_1 t}$。

系统的特解 $y_p(t)$ 形式与激励信号形式有关,具体的,将激励信号代入微分方程化简后,方程右边函数式称为"自由项",根据自由项的形式选择特解函数式,代入方程后可确定其中的待定系数。具体地,自由项与特解的对应关系为:

$$E(\text{常数}) \to B$$

$$t^p \to B_1t^p + B_2t^{p-1} + \cdots + B_pt + B_{p+1}$$

$$\mathrm{e}^{at} \to B\mathrm{e}^{at}$$

$$\begin{cases}\cos(\omega t)\\ \sin(\omega t)\end{cases} \to B_1\cos(\omega t) + B_2\sin(\omega t)$$

$$\begin{cases}t^p\mathrm{e}^{at}\cos(\omega t)\\ t^p\mathrm{e}^{at}\sin(\omega t)\end{cases} \to \begin{matrix}(B_1t^p + B_2t^{p-1} + \cdots + B_pt + B_{p+1})\mathrm{e}^{at}\cos(\omega t) + \\ (D_1t^p + D_2t^{p-1} + \cdots + D_pt + D_{p+1})\mathrm{e}^{at}\sin(\omega t)\end{matrix}$$

注释:(1) 若激励信号由几种不同激励信号组成,则特解也为其相应的组合;

(2) 若上面特解与齐次解相同,则特解中增加一项:以时间变量倍乘特解。若特征根为 k 重根,则依次倍乘时间变量的 k 次幂、$k-1$ 次幂,……,直到时间变量本身。

将上述方法总结如下,LTI 连续时间系统全响应可划分为齐次解和特解,即:

$$y(t) = y_h(t) + y_p(t) = \sum_{i=1}^{n} A_i\mathrm{e}^{\lambda_i t} + y_p(t) \tag{A-5}$$

其中,齐次解的 n 个待定系数由初始条件决定,当激励在零时刻接入时,系统在零时刻前后的状态可能发生跳变,因此在求解待定系数时需应用系统的初始条件 $y^{(k)}(0_+)(k=0,1,\cdots,n-1)$,将这组条件代入式(A-5)中,有:

$$\begin{aligned}
&y(0_+) = A_1 + A_2 + \cdots + A_n + y_p(0_+)\\
&\frac{\mathrm{d}}{\mathrm{d}t}y(0_+) = A_1\lambda_1 + A_2\lambda_2 + \cdots + A_n\lambda_n + \frac{\mathrm{d}}{\mathrm{d}t}y_p(0_+)\\
&\vdots\\
&\frac{\mathrm{d}^{n-1}}{\mathrm{d}^{n-1}t}y(0_+) = A_1\lambda_1^{n-1} + A_2\lambda_2^{n-1} + \cdots + A_n\lambda_n^{n-1} + \frac{\mathrm{d}^{n-1}}{\mathrm{d}t^{n-1}}y_p(0_+)
\end{aligned} \tag{A-6}$$

因此可以确定全响应中的各项系数,最终得到系统的全响应。

此外,根据第 2 章的分析,系统的全响应还可以划分为零输入响应和零状态响应,利用微分方程的经典分析方法可以分别求解系统的这两类响应,方法分别如下。

零输入响应是描述系统的微分方程 $a_0\frac{\mathrm{d}^n}{\mathrm{d}t^n}y(t)+a_1\frac{\mathrm{d}^{n-1}}{\mathrm{d}t^{n-1}}y(t)+\cdots+a_{n-1}\frac{\mathrm{d}}{\mathrm{d}t}y(t)+a_ny(t)=0$,在已知 $\{y_{zi}(0_+),y'_{zi}(0_+),\cdots,y_{zi}^{n-1}(0_+)\}$ 条件下,对应的齐次解,即系统零输入响应是系统自由响应的一部分,其求解过程与系统全响应的齐次解求解过程类似,只是待定系数需要利用零输入响应的 0_+ 初始条件,而不是系统全响应的 0_+ 初始条件。

系统零状态响应是系统仅在激励信号作用下,且已知 $\{y_{zs}(0_+),y'_{zs}(0_+),\cdots,y_{zs}^{n-1}(0_+)\}$

条件时微分方程的解，即 $y_{zs}(t)=T\{f_+(t);\ 0\}=y(t)|_{X(0)=0}$，其中 $f_+(t)$ 是因果激励。由以上可知，系统零状态响应是系统自由响应（齐次解）的一部分与系统强迫响应之和。

对线性时不变系统，必有：

$$y^k(0_+)=y_{zi}^k(0_+)+y_{zs}^k(0_+),\quad k=0,1,\cdots,n-1 \tag{A-7}$$

系统的全响应、零输入响应和零状态响应的 0_+ 初始条件均可由冲激函数匹配法求解，对特定的电路实例，也可以根据电路结构与元件的伏安关系特性进行判断。

下面通过例题说明时域经典方法的一般分析过程。首先，在例 A-1 中重新研究例 2-1。

例 A-1 求解图 A-1(a)所示电路中以流过电阻 R_1 上的电流 $i(t)$ 为系统响应的电路微分方程。图 A-1(b)示出了带初始条件的等效电路。

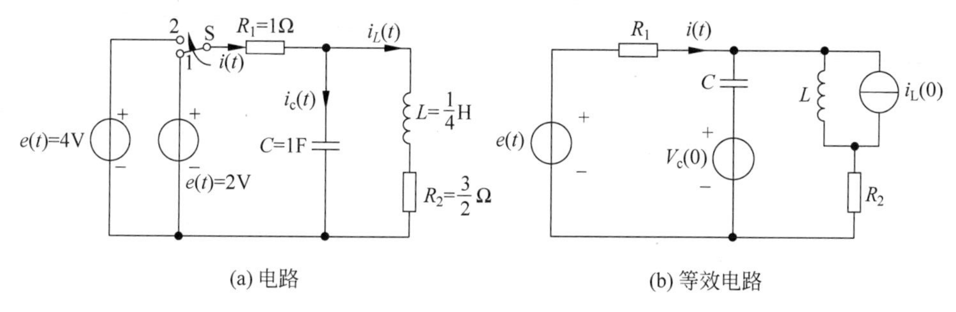

图 A-1 例 A-1 的电路图与等效电路图

解 1）系统全响应求解

根据第 2 章的分析，该电路系统的微分方程及初始条件为：

$$i''(t)+7i'(t)+10i(t)=e''(t)+6e'(t)+4e(t) \tag{A-8}$$

系统全响应在 0_+ 时刻的初始条件为 $i(0_+)=2.8$A 和 $i'(0_+)=-2$A/s，激励信号为 $4u(t)$。根据上述分析，全响应由齐次解 $i_h(t)$ 和特解 $i_p(t)$ 组成，即：

$$i(t)=i_h(t)+i_p(t)$$

其中，特解 $i_p(t)$ 是由输入激励代入微分方程后的自由项决定的，对本例，有：

$$i_p(t)=\frac{8}{5}u(t)\text{A}$$

该微分方程对应的特征方程是 $\lambda^2+7\lambda+10=0$，其特征根为 $\lambda_1=-2$ 和 $\lambda_2=-5$，因此齐次解的形式为：

$$i_h(t)=(C_1\mathrm{e}^{-2t}+C_2\mathrm{e}^{-5t})u(t)$$

全响应为：

$$i(t)=\left(C_1\mathrm{e}^{-2t}+C_2\mathrm{e}^{-5t}+\frac{8}{5}\right)u(t)\text{A}$$

其中，待定常数 C_1 和 C_2 由 0_+ 初始条件 $i(0_+)=2.8$A 和 $i'(0_+)=-2$A/s 确定。代入初始条件后，解得 $C_1=\frac{4}{3}$ 和 $C_2=-\frac{2}{15}$，因此系统全响应是：

$$i(t)=\left(\frac{8}{5}+\frac{4}{3}\mathrm{e}^{-2t}-\frac{2}{15}\mathrm{e}^{-5t}\right)u(t)\text{A}$$

为计算零输入响应和零状态响应，需要各自对应的 0_+ 初始条件。利用叠加原理，可把图 A-1(b)所示的等效电路分解为如图 A-2(a)和图 A-2(b)所示的零输入等效电路（外部电

源 $e(t)=0$ 时)和零状态等效电路(内部电源 $u_C(0)=0$ 和 $i_L(0)=0$ 时),然后分别求解。

2) 系统零输入响应求解

令式(A-8)中的 $e(t)=0$ 后,就得到零输入时的系统微分方程:

$$i''(t)+7i'(t)+10i(t)=0 \tag{A-9}$$

为计算零输入条件下 0_+ 时刻的初始条件,利用电容电压和电感电流不能突变的原理,由图 A-2(a)得零输入响应在 0_+ 时刻初始条件:

$$i_{zi}(0_+)=\frac{-u_C(0_+)}{R_1}=\frac{-1.2}{1}=-1.2\mathrm{A}$$

$$i'_{zi}(0_+)=\frac{-u'_C(0_+)}{R_1}=-\frac{1}{R_1C}[i(0_+)-i_L(0_+)]=-\frac{1}{1}[-1.2-0.8]=2\mathrm{A/s}$$

根据微分方程理论,其求解过程如下:由其特征方程 $\lambda^2+7\lambda+10=0$,得到特征根 $\lambda_1=-2$ 和 $\lambda_2=-5$,这样,零输入响应形式为:

$$i_{zi}(t)=(A_1\mathrm{e}^{\lambda_1 t}+A_2\mathrm{e}^{\lambda_2 t})u(t)=(A_1\mathrm{e}^{-2t}+A_2\mathrm{e}^{-5t})u(t)$$

其中,A_1 和 A_2 是由零输入响应的 0_+ 时刻初始条件确定的待定常数。

考虑到 $i'_{zi}(t)=-(2A_1\mathrm{e}^{-2t}+5A_2\mathrm{e}^{-5t})u(t)$,有:

$$i_{zi}(0_+)=A_1+A_2=-1.2$$

$$i'_{zi}(0_+)=-(2A_1+5A_2)=2$$

故 $A_1=-\frac{4}{3}$,$A_2=\frac{2}{15}$,从而使 $i_{zi}(t)=\left(-\frac{4}{3}\mathrm{e}^{-2t}+\frac{2}{15}\mathrm{e}^{-5t}\right)u(t)$。

3) 系统零状态响应求解

类似地,由图 A-2(b)的零状态等效电路可知,0_+ 时刻的零状态初始条件为 $i_{zs}(0_+)=4\mathrm{A}$ 和 $i'_{zs}(0_+)=-4\mathrm{A/s}$。

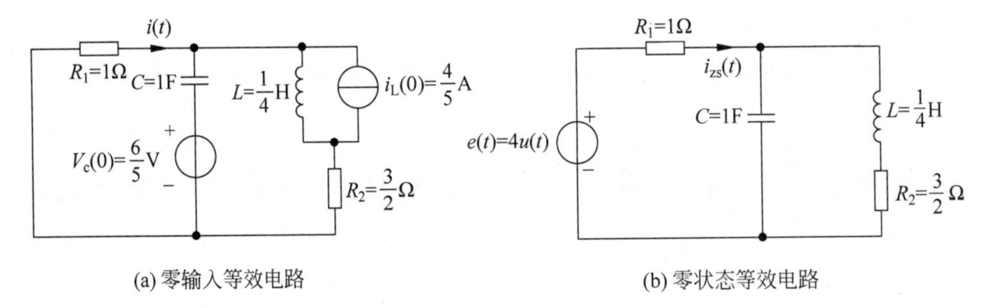

(a) 零输入等效电路　　(b) 零状态等效电路

图 A-2 例 A-1 电路的等效电路

零状态响应 $i_{zs}(t)$ 是方程 $i''(t)+7i'(t)+10i(t)=e''(t)+6e'(t)+4e(t)$ 在 0_+ 初始条件 $i_{zs}(0_+)=4\mathrm{A}$ 和 $i'_{zs}(0_+)=-4\mathrm{A/s}$ 下,由激励 $f(t)=4u(t)$ 产生的响应。它由齐次解 $i_{hg}(t)$ 和特解 $i_{sp}(t)$ 两个分量组成,即 $i_{zs}(t)=i_{hg}(t)+i_{sp}(t)$。其中,特解 $i_{sp}(t)$ 是由输入激励确定的。对本例,有 $i_{sp}(t)=\frac{8}{5}u(t)$。

而齐次解是满足相应齐次方程的解,由 $i_{hg}(t)=(B_1\mathrm{e}^{-2t}+B_2\mathrm{e}^{-5t})u(t)$,得 $i_{zs}(t)=B_1\mathrm{e}^{-2t}+B_2\mathrm{e}^{-5t}+\frac{8}{5}$ 和 $i'_{zs}(t)=-2B_1\mathrm{e}^{-2t}-5B_2\mathrm{e}^{-5t}$。其中,待定常数 B_1 和 B_2 由 0_+ 初

始条件 $i_{zs}(0_+)=4\text{A}$ 和 $i'_{zs}(0_+)=-4\text{A/s}$ 确定。代入初始条件后，有 $B_1+B_2+\frac{8}{5}=4$ 和 $-2B_1-5B_2=-4$，计算得 $B_1=\frac{8}{3}$ 和 $B_2=-\frac{4}{15}$。因此得到 $i_{zs}(t)=\left(\frac{8}{5}+\frac{8}{3}e^{-2t}-\frac{4}{15}e^{-5t}\right)u(t)$。

将零输入响应与零状态响应相加可得到系统的全响应，与直接计算系统全响应是一致的。按照不同的分类准则，将该系统的全响应分为如下形式：

$$i(t)=i_{zi}(t)+i_{zs}(t)=\underbrace{\left(-\frac{4}{3}e^{-2t}+\frac{2}{15}e^{-5t}\right)}_{\text{零输入响应}}+\underbrace{\left(\frac{8}{3}e^{-2t}-\frac{4}{15}e^{-5t}+\frac{8}{5}\right)}_{\text{零状态响应}}$$

$$=\underbrace{\left(\frac{4}{3}e^{-2t}-\frac{2}{15}e^{-5t}\right)}_{\text{自由响应}}+\underbrace{\left(\frac{8}{5}\right)}_{\text{强迫响应}}\qquad \forall t>0$$

$$=\underbrace{\left(\frac{4}{3}e^{-2t}-\frac{2}{15}e^{-5t}\right)}_{\text{暂态响应}}+\underbrace{\left(\frac{8}{5}\right)}_{\text{稳态响应}}$$

此例题表明，系统的全响应可分解为一个自由响应分量和一个强迫响应分量之和，或者一个暂态响应分量和一个稳态响应分量之和。其中，自由响应分量是与系统特征根对应的分量，强迫响应分量是与系统激励对应的分量；稳态响应分量是当 $t\to+\infty$ 时不消失的分量，而 $t\to+\infty$ 时消失的分量称为暂态响应分量。

A.1.2 冲激匹配法

上面例子给出了实际的物理系统，系统全响应在 0_+ 时刻的初始条件是可以根据电路结构和电路元件的伏安关系判断的。但对一般系统，剥离物理意义之后，单纯以常系数微分方程描述时，在仅给出系统全响应 0_- 时刻初始条件以及系统激励的前提下，可采用冲激匹配法求解全响应 0_+ 时刻的初始条件。在外来激励作用下，全响应的初始条件可能发生跳变。下面仍以上述电路为例，说明如何使用该方法。

在求解全响应时，注意到此二阶系统的输入 $u_s(t)$ 的跳变量是 $\Delta e(t)=2u(t)$，它使得 $e'(t)$ 和 $e''(t)$ 在零时刻分别变化 $\Delta e'(t)=2\delta(t)$ 和 $\Delta e''(t)=2\delta'(t)$。显然，为使微分方程的两边在零时刻发生的变化互相匹配，应假设 $i''(t)$ 在零时刻发生的变化是 $\Delta i''(t)=a\delta'(t)+b\delta(t)+c\Delta u(t)$，其中 $\Delta u(t)$ 表示单位跳变函数。将 $\Delta i''(t)$ 积分后，得到 $i'(t)$ 在零时刻发生的变化 $\Delta i'(t)=a\delta(t)+b\Delta u(t)$，其中 $\Delta i'(0)=i'(0_+)-i'(0_-)$；再将 $\Delta i'(0)$ 积分后，得到 $i(t)$ 在零时刻发生的变化 $\Delta i(t)=a\Delta u(t)$，其中 $\Delta i(0)=i(0_+)-i(0_-)$。要说明的是，在积分 $\Delta i''(t)$ 得到 $\Delta i'(t)$ 和积分 $\Delta i'(t)$ 得到 $\Delta i(t)$ 的过程中，都除去了在零时刻不发生变化的连续分量。将 $\Delta i''(t)$、$\Delta i'(0)$ 和 $\Delta i(t)$ 代入式(A-8)中给出的微分方程，并使对应函数的系数值相等，就有 $a=2$ 和 $b=-2$，使得 $\Delta i(t)=2\Delta u(t)$ 和 $\Delta i'(t)=2\delta(t)-2\Delta u(t)$，即 $\Delta i(0)=2$ 和 $\Delta i'(0)=0-2=-2$，其中利用了 $\delta(0_+)=0$。这样就有 $i(0_+)=i(0_-)+\Delta i(0)=0.8+2=2.8\text{A}$ 和 $i'(0)=i'(0_-)+\Delta i'(0_+)=0-2=-2\text{A/s}$。这与通过电路分析得出的结果相同.

需说明的是，本质上，冲激匹配法仅考虑奇异分量对系统初始值突变的影响。同时，由于零输入响应是零时刻之后输入为零时的全响应，零状态响应是初始条件为零的全响应，所以冲激匹配法也可用于计算零输入或零状态响应的 0_+ 时刻初始条件。下面以具体电路说明。

注意到例 A-1 中电路的激励实质为全激励，即从无穷远时刻开始接入，因此，例 A-1 中对零输入响应使用冲激匹配法知，由 $e(0_-)=2$ 至 $e(0_+)=0$ 的输入跳变为 $-2\Delta u(t)$。由前述可知，当 $\Delta e(t)=2\Delta u(t)$ 时，引起输出 $i(t)$ 和 $i'(t)$ 在零时刻的突变分别为 2 和 -2，这样，根据系统的线性，$-2\Delta u(t)$ 的输入跳变就会引起输出 $i(t)$ 和 $i'(t)$ 在零时刻的突变分别为 -2 和 2。这使得切换后的初始条件为：

$$i_{zi}(0_+)=i_{zi}(0_-)-2=-1.2\text{A}$$

$$i'_{zi}(0_+)=i'_{zi}(0_-)+2=2\text{A/s}$$

同理，对零状态响应使用冲激匹配法和系统线性知，由 $e(0_-)=0$ 至 $e(0_+)=4$ 的输入跳变 $4\Delta u(t)$ 引起输出 $i(t)$ 和 $i'(t)$ 在零时刻的突变分别为 4 和 -4。这使得切换后的初始条件为：

$$i_{zs}(0_+)=i_{zs}(0_-)+4=4\text{A}$$

$$i'_{zs}(0_+)=i'_{zs}(0_-)-4=-4\text{A/s}$$

使用冲激匹配法求解 0_+ 时刻初始条件的过程和结果如表 A-1 所示。

表 A-1 从 0_- 初始条件至 0_+ 初始条件的计算

计算类型	$e(0_-)$	$e(0_+)$	$\Delta e(0)$	$i(0_-)$	$i'(0_-)$	$\Delta i(0)$	$\Delta i'(0)$	$i(0_+)$	$i'(0_+)$
全响应	2	4	2	0.8	0	2	-2	2.8	-2
零输入响应	2	0	-2	0.8	0	-2	2	-1.2	2
零状态响应	0	4	4	0	0	4	-4	4	-4

A.1.3 LTI 连续时间系统单位冲激响应的时域经典分析方法

LTI 系统的冲激响应是反映系统特征的重要信号，与系统一一对应，因此其求解与分析十分重要，与系统各类响应的分析类似，也可通过时域经典方法求解该信号。

当 LTI 系统激励为单位冲激时，系统的零状态响应称为单位冲激响应，根据此定义，将微分方程改写为：

$$\begin{aligned}&a_0\frac{\mathrm{d}^n}{\mathrm{d}t^n}h(t)+a_1\frac{\mathrm{d}^{n-1}}{\mathrm{d}t^{n-1}}h(t)+\cdots+a_{n-1}\frac{\mathrm{d}}{\mathrm{d}t}h(t)+a_nh(t)\\&=b_0\frac{\mathrm{d}^m}{\mathrm{d}t^m}\delta(t)+b_1\frac{\mathrm{d}^{m-1}}{\mathrm{d}t^{m-1}}\delta(t)+\cdots+b_{m-1}\frac{\mathrm{d}}{\mathrm{d}t}\delta(t)+b_m\delta(t)\end{aligned}\tag{A-10}$$

此时，冲激响应求解问题就归结为已知起始条件 $h^{(k)}(0_-)=0(k=0,1,\cdots,n-1)$，当激励为 $\delta(t)$ 时求解系统的零状态响应问题，其过程与前面所述完全一致，可通过冲激匹配法判断 $h^{(k)}(0_+)=0(k=0,1,\cdots,n-1)$ 条件进而求解。

此外，由于冲激信号仅在零时刻存在非零信号值，因此该问题还可将激励的作用转换为系统 0_+ 初始条件，从而将冲激响应的求解问题转换为系统零输入响应的求解问题。在此类情况下，若系统的特征根无重根时，由于 $\delta(t)$ 及其各阶导数在 $t\geqslant0_+$ 时均为零，则式(A-10)中右端的自由项全部为零，因此有：

$$h(t)=\left(\sum_{k=1}^{n}A_k\mathrm{e}^{\alpha_k t}\right)u(t)\quad(n>m)\tag{A-11}$$

其中，各项系数由 $h^{(k)}(0_+)(k=0,1,\cdots,n-1)$ 决定；若 $n=m$，则式(A-11)中还需包括 $\delta(t)$；若 $n<m$，则需包括 $\delta(t)$ 及其高阶导数。用此方法对上述例 A-1 有：

$$h''(t)+7h'(t)+10h(t)=\delta''(t)+6\delta'(t)+4\delta(t)\tag{A-12}$$

该系统的特征根是 -2 和 -5，同时方程两边的微分阶次相等，因此根据式(A-11)，本例的冲激响应为 $h(t)=(A_1\mathrm{e}^{-2t}+A_2\mathrm{e}^{-5t})u(t)+C\delta(t)$，其一阶与二阶微分有：

$$\begin{aligned}h'(t)&=-2A_1\mathrm{e}^{-2t}u(t)+A_1\mathrm{e}^{-2t}\delta(t)-5A_2\mathrm{e}^{-5t}u(t)+A_2\mathrm{e}^{-5t}\delta(t)+C\delta'(t)\\&=-2A_1\mathrm{e}^{-2t}u(t)-5A_2\mathrm{e}^{-5t}u(t)+(A_1+A_2)\delta(t)+C\delta'(t)\\h''(t)&=4A_1\mathrm{e}^{-2t}u(t)-2A_1\mathrm{e}^{-2t}\delta(t)+25A_2\mathrm{e}^{-5t}u(t)-5A_2\mathrm{e}^{-5t}\delta(t)+(A_1+A_2)\delta'(t)+C\delta''(t)\\&=4A_1\mathrm{e}^{-2t}u(t)+25A_2\mathrm{e}^{-5t}u(t)+(-2A_1-5A_2)\delta(t)+(A_1+A_2)\delta'(t)+C\delta''(t)\end{aligned}$$

为确定三个待定系数，可将冲激响应代入微分方程，从而避免应用冲激匹配法求解 0_+ 初始条件，计算得 $A_1=-\dfrac{4}{3}$，$A_2=\dfrac{1}{3}$，$C=1$，因此例 A-1 中系统的冲激响应为 $h(t)=\left(-\dfrac{4}{3}\mathrm{e}^{-2t}+\dfrac{1}{3}\mathrm{e}^{-5t}\right)u(t)+\delta(t)$。

上述两类方法均需要确定待定系数，下面利用系统的线性性，给出冲激响应分析的规范化方法。

A.1.4　规范化冲激响应的求解方法

考虑微分方程(A-13)描述的规范化一阶系统的冲激响应，即该系统在零输入条件 $y(0_-)=0$ 下由激励 $f(t)=\delta(t)$ 产生的零状态响应 $h(t)$。

$$y'(t)+\alpha y(t)=f(t)\tag{A-13}$$

它满足方程 $h'(t)+\alpha h(t)=\delta(t)$。由于该系统的特征方程为 $\lambda+\alpha=0$，特征根为 $\lambda=-\alpha$，容易验证，该系统的冲激响应是：

$$h(t)=\mathrm{e}^{\lambda t}u(t)=\mathrm{e}^{-\alpha t}u(t)\tag{A-14}$$

再考虑微分方程(A-15)描述的规范化二阶系统的冲激响应，即该系统在零输入条件 $y(0_-)=0$ 和 $y'(0_-)=0$ 下由激励 $f(t)=\delta(t)$ 产生的零状态响应 $h(t)$。

$$y''(t)+by'(t)+cy(t)=f(t)\tag{A-15}$$

它满足方程：

$$h''(t)+bh'(t)+ch(t)=\delta(t)\tag{A-16}$$

由于该系统的特征方程为 $\lambda^2+b\lambda+c=0$，特征根为 λ_1 和 λ_2，若设 $h_1(t)=\mathrm{e}^{\lambda_1 t}u(t)$ 是一阶系统 $h_1'(t)-\lambda_1 h_1(t)=\delta(t)$ 的冲激响应，则容易验证，方程(A-16)简化为方程 $h'(t)-\lambda_2 h(t)=h_1(t)$，即 $h(t)$ 是该方程描述的一阶系统在输入为 $h_1(t)$ 时的零状态响应。利用系统级联的冲激响应是各子系统冲激响应的卷积得：

$$h(t)=h_2(t)*h_1(t)=(\mathrm{e}^{\lambda_2 t}u(t))*(\mathrm{e}^{\lambda_1 t}u(t))=\begin{cases}\dfrac{\mathrm{e}^{\lambda_1 t}-\mathrm{e}^{\lambda_2 t}}{\lambda_1-\lambda_2}u(t) & \forall\lambda_1\neq\lambda_2\\ t\mathrm{e}^{\lambda_1 t}u(t) & \forall\lambda_1=\lambda_2\end{cases}\tag{A-17}$$

其中，$h_2(t)=e^{\lambda_2 t}u(t)$是一阶系统$h_2'(t)-\lambda_2 h_2(t)=\delta(t)$的冲激响应。

进而，将上述方法推广至n阶规范化系统冲激响应的计算，反复使用以上论述，可计算式(A-18)描述的规范化n阶系统的冲激响应。

$$y^{(n)}(t)+a_1 y^{(n-1)}(t)+\cdots+a_{n-1}y'(t)+a_n y(t)=f(t) \tag{A-18}$$

其冲激响应为：

$$h(t)=h_n(t)*h_{n-1}(t)*\cdots*h_2(t)*h_1(t) \tag{A-19}$$

其中，$h_n(t),h_{n-1}(t),\cdots,h_2(t),h_1(t)$是特征方程$\lambda^n+a_1\lambda^{n-i}+\cdots+a_{n-1}\lambda+a_n=0$的$n$个特征根对应的特征信号，即将$n$阶规范化系统视为$n$个一阶规范化系统的级联。

最后，我们给出一般的n阶系统的冲激响应计算方法，即将微分方程转换成一般的形式。一般的n阶LTI系统可用微分方程表示为：

$$y^{(n)}(t)+a_1 y^{(n-1)}(t)+\cdots+a_{n-1}y'(t)+a_n y(t)=x(t) \tag{A-20}$$

其中

$$x(t)=b_0 f^{(m)}(t)+b_1 f^{(m-1)}(t)+\cdots+b_{m-1}f'(t)+b_m f(t) \tag{A-21}$$

通常$m\leqslant n$，该式表示了一个以$x(t)$为激励、以$y(t)$为响应的规范化n阶系统，由式(A-19)知，该规范化n阶系统的冲激响应为：

$$h_x(t)=h_n(t)*h_{n-1}(t)*\cdots*h_2(t)*h_1(t) \tag{A-22}$$

然后利用零状态线性、微分运算与加权和运算的可交换性可知，以$f(t)$为激励、以$y(t)$为响应的原n阶系统的冲激响应为：

$$h(t)=b_0 h_x^{(m)}(t)+b_1 h_x^{(m-1)}(t)+\cdots+b_{m-1}h_x'(t)+b_m h_x(t) \tag{A-23}$$

应用规范化冲激响应求解方法，重新计算上述电路例题，有方程的特征根为$\lambda_1=-2$和$\lambda_2=-5$，因此对应的规范化二阶系统的冲激响应为$h_x(t)=\left(\dfrac{e^{-2t}-e^{-5t}}{3}\right)u(t)$。根据微分方程，得到原系统的冲激响应：

$$h(t)=h_x''(t)+6h_x'(t)+4h_x(t)=\left(-\frac{4}{3}e^{-2t}+\frac{1}{3}e^{-5t}\right)u(t)+\delta(t)$$

规范化冲激响应的求解可以避免判断系统在零时刻前后的跳变量。

在很多实际系统中，阶跃响应十分重要。可通过时域方法求解阶跃响应，即利用阶跃响应与冲激响应的关系，有：

$$s(t)=h(t)*u(t)=\int_{-\infty}^{t}h(\tau)d\tau \tag{A-24}$$

A.1.5 举例

例 A-2 一阶RC积分电路冲激响应的分析计算。

一阶RC积分电路如图A-3(a)所示，计算以电压源$u_s(t)$为激励信号，以$u_C(t)$为响应信号的系统冲激响应和阶跃响应。

解 由电路结构与元件的伏安关系，有$u_s(t)=Ri_C(t)+u_C(t)=RCu_C'(t)+u_C(t)$，即系统微分方程为$u_C'(t)+\dfrac{1}{RC}u_C(t)=\dfrac{1}{RC}u_s(t)$，该系统的特征方程为$\lambda+\dfrac{1}{RC}=0$，特征根为$\lambda=-\dfrac{1}{RC}$，相应的规范化系统冲激响应为$h_x(t)=e^{-\frac{t}{RC}}u(t)$，将其代入系统微分方程的右

端后，得到原系统的冲激响应 $h(t)=\frac{1}{RC}\mathrm{e}^{-\frac{t}{RC}}u(t)$。将冲激响应积分后得该系统的阶跃响应 $s(t)=(1-\mathrm{e}^{-\frac{t}{RC}})u(t)$。

图 A-3(b)画出了该系统的阶跃响应波形。

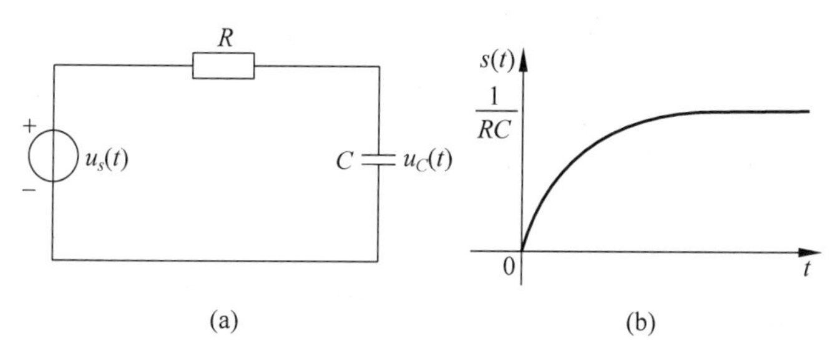

图 A-3　例 A-2 电路及阶跃响应

例 A-3　带加速电容的分压电路的分析计算。

带加速电容的分压电路如图 A-4 所示，计算以电压源 $u_s(t)$ 为激励信号，以 $u_{C2}(t)$ 为响应信号的系统阶跃响应。

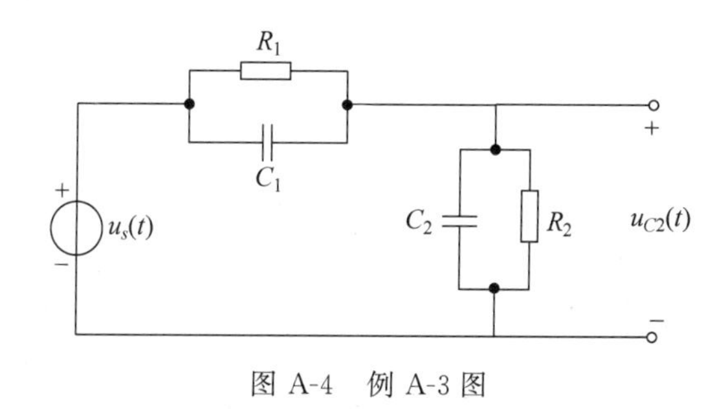

图 A-4　例 A-3 图

解　该电路原本是个电阻分压电路，但由于负载不可避免地并联有分布电容 C_2，造成分压偏离理想效果。为补偿 C_2 的影响，特使用加速电容 C_1，于是有电路图 A-4。首先，对该系统建立微分方程有：

$$C_1(u_s(t)-u_{C2}(t))'+\frac{u_s(t)-u_{C2}(t)}{R_1}=C_2u'_{C2}(t)+\frac{u_{C2}(t)}{R_2}$$

整理后，有系统微分方程：

$$u'_{C2}(t)+\frac{1}{RC}u_{C2}(t)=k_Cu'_s(t)+\frac{k_r}{RC}u_s(t)$$

其中，总电容 $C=C_1+C_2$，总电阻 $R=\frac{R_1R_2}{R_1+R_2}$，电容分压比 $k_c=\frac{C_1}{C_1+C_2}$，电阻分压比 $k_r=\frac{R_2}{R_1+R_2}$。列出微分方程后可以看出，该电路虽然有两个储能元件，其实却是一阶系统。该系统的特征方程为 $\lambda+\frac{1}{RC}=0$，特征根为 $\lambda=-\frac{1}{RC}$，相应的规范化系统的冲激响应为 $h_x(t)=\mathrm{e}^{-\frac{t}{RC}}u(t)$，将其代入系统微分方程的右端后，得原系统的冲激响应：

$$h(t)=k_c h'_x(t)+\frac{k_r}{RC}h_x(t)=k_c\delta(t)+\frac{k_r-k_c}{RC}\mathrm{e}^{-\frac{t}{RC}}u(t)$$

上式积分后得到原系统的阶跃响应 $s(t)=(k_r+(k_c-k_r)\mathrm{e}^{-\frac{t}{RC}})u(t)$。

电容分压比 k_c 和电阻分压比 k_r 之间的大小关系决定了电路的分压效果。当加速电容 C_1 过大使得 $R_1C_1>R_2C_2$ 成立，并进而使得 $k_c>k_r$ 时，电路过补偿，如图 A-5(c)所示；恰当选择加速电容 C_1 使得 $R_1C_1=R_2C_2$ 成立，并进而使 $k_c=k_r$ 成立时，电路理想补偿，如图 A-5(b)所示，此时电路理想分压；当加速电容 C_1 过小使得 $R_1C_1<R_2C_2$ 成立，并进而使 $k_c<k_r$ 成立时，电路欠补偿，如图 A-5(a)所示。

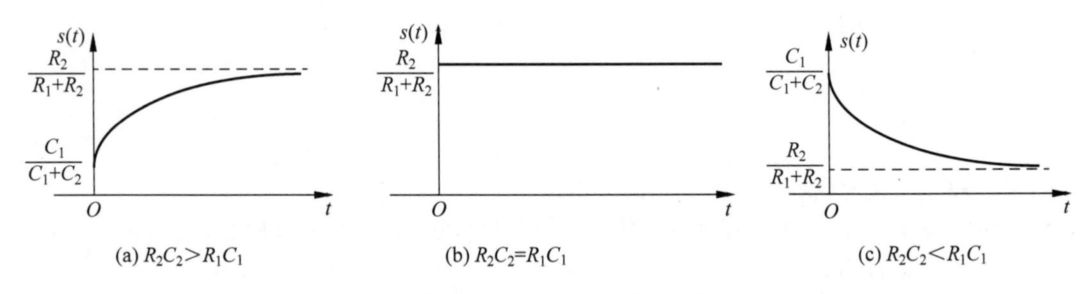

图 A-5 带加速电容的分压电路的阶跃响应

值得强调的是，在理想补偿时，电路的阶跃响应为 $s(t)=k_r u(t)$，并且冲激响应为 $h(t)=k_c\delta(t)=k_r\delta(t)$，此时该电路是个理想的无延迟无失真传输系统。同时还需注意，电容器的电压是突变的，其原因是当外来激励接入时，有冲激电流作用在电容器上，具体请读者自己验证。

A.2 LTI 离散时间系统的时域经典分析方法

A.2.1 LTI 离散时间系统时域经典分析方法

一般的，LTI 离散时间系统由常系数线性差分方程描述：

$$\sum_{i=0}^{N}a_i y[n-i]=\sum_{k=0}^{M}b_k f[n-k] \tag{A-25}$$

一般设 $a_0=1$，系统的输入序列为 $f[n]$，系统的输出序列为 $y[n]$，系统的边界条件为 $Y_0=(y[0]y[1]\cdots y[N-1])^{\mathrm{T}}$。

离散系统与连续系统的分析方法类似，主要包括时域经典方法、时域卷积方法、变换域方法等，本节主要给出时域经典方法。

此外，与连续系统的区别是，离散系统还可应用迭代法进行时域求解。

由系统的差分方程，可以得到：

$$y[n]=-\sum_{i=1}^{N}a_i y[n-i]+\sum_{k=0}^{M}b_k f[n-k] \tag{A-26}$$

可以利用该式作为递推公式，并利用输入序列和已知的系统边界条件求解系统的输出序列。该方法适合计算机实现，容易得到其数值解，但是较难直接给出完整的闭式解。

LTI 离散系统的一般时域分析方法与连续系统的步骤类似，分为求齐次解、求特解和利用初始条件确定待定系数三个步骤，详细分析如下。

当激励 $f[n]$ 及其各移位信号均为零时，描述系统的差分方程的齐次解即系统的齐次解：

$$y[n]+a_1y[n-1]+\cdots+a_{N-1}y[n-(N-1)]+a_Ny[n-N]=0 \qquad \text{(A-27)}$$

该差分方程对应的特征方程为：

$$\lambda^N+a_1\lambda^{N-1}+\cdots+a_{N-1}\lambda+a_N=0 \qquad \text{(A-28)}$$

特征根为 $\lambda_1,\lambda_2,\cdots,\lambda_N$。当特征根各不相同(无重根)时，有差分方程的齐次解：

$$y_h[n]=\left(\sum_{k=1}^{N}A_k\lambda_k^n\right)u[n] \qquad \text{(A-29)}$$

其中系数 $A_1,A_2,\cdots,A_N$ 由差分方程初始条件决定，系统的齐次解即系统的自由响应，信号形式由系统的自然频率决定。

特解的形式由激励序列代入差分方程后的自由项决定，常用自由项与强迫响应的对应关系如表 A-2 所示，待定系数 P_i 由待定系数法确定。系统的特解即系统的强迫响应。

表 A-2　LTI 离散系统强迫响应的形式

自由项	强迫响应形式 $D[n]$	适用情况
n^k	$\sum_{i=0}^{k}P_in^i$	特征根均不等于 1
	$n^r\left[\sum_{i=0}^{k}P_in^i\right]$	有 r 重等于 1 的特征根
λ^n	$P\lambda^n$	λ 不等于特征根
	$P_1n\lambda^n+P_0\lambda^n$	λ 是单重特征根
	$\left[\sum_{i=0}^{r}P_in^i\right]\lambda^n$	λ 是 r 重特征根
$\cos(\omega_0n)$ 或 $\sin(\omega_0n)$	$P_1\cos(\omega_0n)+P_2\sin(\omega_0n)$	所有特征根均不等于 $e^{\pm j\omega_0}$

因此，离散系统全响应为：

$$y[n]=y_h[n]+y_p[n]=\underbrace{\left(\sum_{k=1}^{N}A_k\lambda_k^n\right)u[n]}_{\text{自由响应}}+\underbrace{D[n]}_{\text{强迫响应}} \qquad \text{(A-30)}$$

由已知的边界条件：

$$\begin{cases}y[0]=A_1+A_2+\cdots+A_N+D[0]\\ y[1]=A_1\lambda_1+A_2\lambda_2+\cdots+A_N\lambda_N+D[1]\\ \vdots\\ y[N-1]=A_1\lambda_1^{N-1}+A_2\lambda_2^{N-1}+\cdots+A_N\lambda_N^{N-1}+D[N-1]\end{cases}$$

改写为矩阵形式如下：

$$\begin{bmatrix}y(0)-D(0)\\ y(1)-D(1)\\ \vdots\\ y(N-1)-D(N-1)\end{bmatrix}=\begin{bmatrix}1 & 1 & 1 & 1\\ \lambda_1 & \lambda_2 & & \lambda_N\\ \vdots & \vdots & \vdots & \vdots\\ \lambda_1^{N-1} & \lambda_2^{N-1} & \cdots & \lambda_N^{N-1}\end{bmatrix}\begin{bmatrix}A_1\\ A_2\\ \vdots\\ A_N\end{bmatrix}$$

令 $\boldsymbol{V}=\begin{bmatrix} 1 & 1 & 1 & 1 \\ \lambda_1 & \lambda_2 & & \lambda_N \\ \vdots & \vdots & \vdots & \vdots \\ \lambda_1^{N-1} & \lambda_2^{N-1} & \cdots & \lambda_N^{N-1} \end{bmatrix}$，待定系数为 $\boldsymbol{A}=\boldsymbol{V}^{-1}[\boldsymbol{Y}_0-\boldsymbol{D}_0]$，由此可以确定全响应。

值得注意的是，有时给出的已知边界条件是系统 0 时刻之前的响应值，因为激励信号的加入，不能用这样的边界条件求解全响应中的待定系数，可以利用已知条件得出所需的边界条件；同时可以利用的边界条件并不唯一。

与连续系统一样，离散系统的全响应也可分为零输入响应和零状态响应之和，即有：

$$y[n]=y_{zi}[n]+y_{zs}[n]=\underbrace{\left(\sum_{k=1}^{N}A_{zik}\lambda_k^n\right)u[n]}_{\text{零输入响应}}+\underbrace{\sum_{k=1}^{N}[(A_{zsk}\lambda_k^n)u[n]+D[n]]}_{\text{零状态响应}} \quad \text{(A-31)}$$

由于系统全响应的边界条件符合 $y(k)=y_{zi}[k]+y_{zs}[k]$，$k=0,1,\cdots,N-1$，因此待定系数也符合 $\boldsymbol{A}=\boldsymbol{A}_{ZI}+\boldsymbol{A}_{ZS}$。可以得到时域经典方法求解零输入响应的待定系数为 $\boldsymbol{A}_{ZI}=\boldsymbol{V}^{-1}\boldsymbol{Y}_{ZI}$。

值得注意的是，若已知系统边界条件 $\boldsymbol{Y}_0=(y[0]y[1]\cdots y[N-1])^{\mathrm{T}}$，则需要通过差分方程和该边界条件迭代计算 $(y[-1]y[-2]\cdots y[-N])^{\mathrm{T}}$，并以此作为零输入响应的边界条件求解，即去除系统激励信号对边界条件的影响。

零状态响应由强迫响应和部分自由响应组成，其待定系数由 $\boldsymbol{A}_{ZS}=\boldsymbol{V}^{-1}(\boldsymbol{Y}_{ZS}-\boldsymbol{D})=\boldsymbol{V}^{-1}(\boldsymbol{Y}-\boldsymbol{Y}_{ZI}-\boldsymbol{D})$ 确定。

值得注意的是，差分方程的边界条件不一定由 $\boldsymbol{Y}_0$ 给出，若因果系统以 $(y[-1]y[-2]\cdots y[-N])^{\mathrm{T}}$ 为边界条件，则需要根据激励序列和描述系统的差分方程迭代求解出 $\boldsymbol{Y}_0$，相当于连续时间系统的 0_+ 初始条件，即将激励信号在 0 时刻的影响考虑在内。

A.2.2 LTI 离散时间系统的单位脉冲响应

离散系统的单位脉冲响应是反映系统特性的重要信号，与系统一一对应，可通过时域方法、变换域方法等进行分析求解。同时对离散系统，与系统全响应分析类似，也可通过迭代法计算脉冲响应。

当系统仅在单位脉冲序列的作用下，且初始无储能，则系统的差分方程为：

$$h[n]=-\sum_{i=1}^{N}a_i h[n-i]+\sum_{k=0}^{M}b_k\delta[n-k] \quad \text{(A-32)}$$

由于 $h[-1]=0,h[-2]=0,\cdots,h[-N]=0$，可以利用迭代方法求解，该类方法也适合使用计算机求得数值解，但是很难直接得到其闭式解。

与连续时间系统的单位冲激响应求解类似，可将脉冲激励转化为系统的初始条件，即将求解脉冲响应转换为求解系统的齐次解。

由于系统初始状态为 $h[-1]=0,h[-2]=0,\cdots,h[-N]=0$，脉冲激励信号仅在 0 时刻非零，因此有 $h[0]=b_0\delta[0]=b_0$。

利用边界条件 $h[0]=b_0,h[-1]=0,h[-2]=0,\cdots,h[-N+1]=0$，可递推得到脉冲响应的初始条件 $h[0],h[1],h[2],\cdots,h[N-1]$，利用该组条件可以求得系统在该条件下

的齐次解。

当系统特征根无重根时，有 $h[n]=\left(\sum_{i=1}^{N}A_i\lambda_i^n\right)u[n]$，代入边界条件得：

$$\begin{cases}h[0]=A_1+A_2+\cdots+A_N\\h[1]=A_1\lambda_1+A_2\lambda_1+\cdots+A_N\lambda_1\\\qquad\vdots\\h[N-1]=A_1\lambda_1^{N-1}+A_2\lambda_2^{N-1}+\cdots+A_N\lambda_N^{N-1}\end{cases}$$

令 $\boldsymbol{H}_0=[h[0],h[1],\cdots,h[N-1]]^{\mathrm{T}}$，则待定系数矢量为 $\boldsymbol{A}=\boldsymbol{V}^{-1}\boldsymbol{H}_0$。

进而，根据单位脉冲响应与单位阶跃响应的关系，可以求得：

$$g[n]=\sum_{m=-\infty}^{n}h[m] \tag{A-33}$$

A.2.3 LTI离散时间系统单位脉冲响应的规范化分析方法

与前述连续系统类似，根据系统的线性性和时不变性，离散 LTI 系统的脉冲响应也可通过规范方法求解。规范化系统差分方程为：

$$\sum_{i=0}^{N}a_iy[n-i]=f[n] \tag{A-34}$$

其特征根对应的各一阶系统脉冲响应的卷积和即该系统的脉冲响应，有：

$$h_x[n]=(\lambda_1^nu[n])*(\lambda_2^nu[n])*\cdots*(\lambda_N^nu[n]) \tag{A-35}$$

因此，原系统的脉冲响应是对规范化系统脉冲响应的移位后序列的加权和，有：

$$h[n]=\sum_{k=0}^{M}b_k(h_x[n-k]) \tag{A-36}$$

A.2.4 应用实例

下面以几个实例给出离散 LTI 系统的时域分析方法。

例 A-4 实际的商业银行住房贷款问题。

(1) 设 P 为用户的总借款额，m 为贷款期限，I 为银行每月的贷款利息，若用户每月的还款额数相同，且设为 D，试证明用户每月应还贷款的公式为 $D=\dfrac{I(1+I)^m}{(1+I)^m-1}P$；

(2) 若用户的总借款额为 20 万元，贷款期限为 10 年，银行每月利息为 0.003 45，试求用户平均每月的应还款额。

解 设 $y[n]$是用户在第 n 个月末的欠款余额，$y[n-1]$是用户在第 $n-1$ 个月末的欠款余额，因此用户当前月度的欠款余额是其上月的欠款余额加上月的利息再减去本月的还款，即 $y[n]=y[n-1]+Iy[n-1]-D$。整理后得到描述该系统的差分方程：

$$y[n]-(1+I)y[n-1]=-D$$

该系统是一阶系统，特征根为 $1+I$，因此系统全响应是 $y[n]=C_1(1+I)^n+C_2$，其中特解为 $C_2=\dfrac{D}{I}$，已知初值 $y[0]=P$，因此代入后得到：

$$y[n]=\left(P-\frac{D}{I}\right)(1+I)^n+\frac{D}{I}$$

同时,由于在第 m 个月后用户还完贷款,因此有 $y[m]=0$,即:

$$y[m]=\left(P-\frac{D}{I}\right)(1+I)^m+\frac{D}{I}=0$$

$$D=\frac{I(1+I)^m}{(1+I)^m-1}P$$

将 $P=200\,000$,$m=120$,$I=0.003\,45$ 代入,计算可得每个月用户还款数额为 $D=2038.23$ 元,用户在十年中还给银行本息 244 587.6 元,其中利息为 44 587.6 元。

例 A-5 用迭代法求差分方程 $u_C[n+1]=au_C[n]+bu_s[n]$ 描述的离散系统在初始电压为 $u_C[0]$ 时的零输入响应,其中 $a=1-\frac{1}{RC}$,$b=\frac{1}{RC}$。

解 当激励为零时,该系统可改写为 $u_C[n+1]=au_C[n]$,由此递归公式,得:

$$u_{C,\mathrm{zi}}[n]=(a^n u_C[0])u[n]$$

由此例可见,一阶系统的零输入响应具有因果指数序列形式,其指数的底是系统的特征根,即系统特征方程 $\lambda-a=0$ 的根。

例 A-6 求差分方程 $v[n]-3v[n-1]+v[n-2]=0$ 描述的系统在已知 $v(N)=0$ 和 $v(0)=E$ 时系统的全响应。

解 该系统的全响应即零输入响应。系统的特征方程为 $\lambda^2-3\lambda+1=0$,其特征根为 $\lambda_1=\lambda=\frac{3-\sqrt{5}}{2}$ 和 $\lambda_2=\lambda^{-1}$,使得系统零输入响应的形式为 $v[n]=v_{\mathrm{zi}}[n]=K_1\lambda_1^n+K_2\lambda_2^n=K_1\lambda^n+K_2\lambda^{-n}$,代入到边界条件 $v[N]=0$ 和 $v[0]=E$ 后,有 $v[n]=\frac{1-\lambda^{2(N-n)}}{1-\lambda^{2N}}\lambda^n E$,$0\leqslant n\leqslant N$。注意该响应是有限长序列。

例 A-7 求 $y[n]+\frac{1}{5}y[n-1]+\frac{1}{6}y[n-2]=f[n]-2f[n-1]$ 所示离散系统的单位脉冲响应。

解 应用脉冲响应的规范化求解方法,先计算该系统对应的规范化系统,即 $y[n]+\frac{1}{5}y[n-1]+\frac{1}{6}y[n-2]=f[n]$ 的脉冲响应。由该系统特征根为 $\lambda_1=-\frac{1}{2}$ 和 $\lambda_2=-\frac{1}{3}$,得规范化系统脉冲响应为 $h_x[n]=\left(-\frac{1}{2}\right)^n u[n]*\left(-\frac{1}{3}\right)^n u[n]=6\left[\left(-\frac{1}{3}\right)^{n+1}-\left(-\frac{1}{2}\right)^{n+1}\right]u[n]$。

根据系统的线性性和时不变性,得原系统脉冲响应为 $h[n]=h_x[n]-2h_x[n-1]=6\left[\left(-\frac{1}{3}\right)^{n+1}-\left(-\frac{1}{2}\right)^{n+1}\right]u[n]-12\left[\left(-\frac{1}{3}\right)^n-\left(-\frac{1}{2}\right)^n\right]u[n-1]$。

附录 B 基于因果微分定理和因果移序定理的系统分析新方法

APPENDIX B

LTI 系统的时域经典分析方法是以线性常系数微分方程或差分方程理论为基础的，其求解过程复杂，往往需根据系统激励和方程判断初始条件。针对此问题，我们提出了基于因果微分定理和因果移序定理的新时域分析方法，并将其推广至状态变量分析的方法中。本附录将对提出的系统分析新方法进行总结，按照先连续后离散、先输入-输出分析方法后状态变量分析方法的思路进行，并结合实例介绍该方法在系统时域与变换域分析中的应用，该方法在时域和变换域是统一的。

B.1 因果微分定理及系统分析的时域卷积法

B.1.1 因果微分定理

利用函数乘积的微分性质，容易证明式(B-1)描述的因果微分定理：

$$[y'(t)]_+=[y_+(t)]'-y(0_-)\delta(t) \tag{B-1}$$

其中，$y_+(t)=y(t)u(t)$，$[y'(t)]_+=y'(t)u(t)$。再次应用该定理可得推论：

$$[y''(t)]_+=[y_+(t)]''-y(0_-)\delta'(t)-y'(0_-)\delta(t) \tag{B-2}$$

$$[y^{(n)}(t)]_+=[y_+(t)]^{(n)}-y(0_-)\delta^{(n-1)}(t)-y'(0_-)\delta^{(n-2)}(t)-\cdots-y^{(n-1)}(0_-)\delta(t) \tag{B-3}$$

因果微分定理及其推论叙述了信号各阶导数的因果分量与信号因果分量的各阶导数之间的关系，即它们之差与初始条件有关。

B.1.2 因果输入激励时的连续 LTI 系统时域分析

连续 LTI 系统的零输入响应是系统在初始条件下产生的在零时刻之后的响应，而初始条件的产生是由于系统在零时刻之前接收了激励信号的作用，因此，应用因果微分定理分析系统的响应，可以将初始条件进行转换，具体分析如下。

描述连续 LTI 系统的微分方程一般表示为：

$$y^{(n)}(t)+a_1y^{(n-1)}(t)+\cdots+a_{n-1}y'(t)+a_ny(t)=b_0f^{(n)}(t)+b_1f^{(n-1)}(t)+\cdots+b_{n-1}f'(t)+b_nf(t) \tag{B-4}$$

其中部分系数可能为零。当系统激励为因果信号时，利用因果微分定理及其推论，可以把 0_- 时刻初始条件下的零输入微分方程转化为对应规范化系统在零初始条件和等效激励下的微分方程：

$$y^{(n)}(t)+a_1y^{(n-1)}(t)+\cdots+a_{n-1}y'(t)+a_ny(t)=x_{zi}(t) \tag{B-5}$$

其中，零输入时的等效激励（简称等效零输入激励）为：

$$x_{zi}(t)=\sum_{k=0}^{n-1}y^{(k)}(0_-)\delta^{(n-1-k)}(t)+a_1\sum_{k=0}^{n-2}y^{(k)}(0_-)\delta^{(n-2-k)}(t)+\cdots+a_{n-1}y(0_-)\delta(t) \tag{B-6}$$

此处利用了激励的因果性使得 $f^{(i)}(0_-)\equiv 0,\forall i=0,1,\cdots,n-1$ 的事实。

同样地，可以把零初始条件和因果输入激励下的微分方程转化为对应规范系统在零初始条件和等效激励下的微分方程，有：

$$y^{(n)}(t)+a_1y^{(n-1)}(t)+\cdots+a_{n-1}y'(t)+a_ny(t)=x_{zs}(t) \tag{B-7}$$

其中，零状态时的等效激励（简称等效零状态激励）为：

$$x_{zs}(t)=b_0f_+^{(n)}(t)+b_1f_+^{(n-1)}(t)+\cdots+b_{n-1}f'_+(t)+b_nf_+(t) \tag{B-8}$$

此时 $f_+(t)=f(t)$。

具体地，用时域卷积方法分析已知 0_- 时刻初始条件和因果输入激励时的连续 LTI 系统响应的等效激励法：

(1) 计算该规范化系统的冲激响应 $h_x(t)$；

(2) 计算等效零状态激励 $x_{zs}(t)$，并计算 $h_x(t)$ 与等效零状态激励 $x_{zs}(t)$ 的卷积，得到系统的零状态响应；

(3) 计算等效零输入激励 $x_{zi}(t)$，并计算 $h_x(t)$ 与等效零输入激励 $x_{zi}(t)$ 的卷积，得到系统的零输入响应。

B.1.3 非因果输入激励时的连续 LTI 系统时域分析

因果微分定理更适合求解非因果输入激励的连续 LTI 系统的时域分析。等效零状态激励同上，由于此时 $f_+(t)=f(t)u(t)$，根据因果微分定理，将等效零输入激励修改为：

$$\begin{aligned}x_{zi}(t)=&\sum_{k=0}^{n-1}y^{(k)}(0_-)\delta^{(n-1-k)}(t)+a_1\sum_{k=0}^{n-2}y^{(k)}(0_-)\delta^{(n-2-k)}(t)+\cdots+a_{n-1}y(0_-)\delta(t)-\\&\left[b_0\sum_{k=0}^{n-1}f^{(k)}(0_-)\delta^{(n-1-k)}(t)+b_1\sum_{k=0}^{n-2}f^{(k)}(0_-)\delta^{(n-2-k)}(t)+\cdots+b_{n-1}f(0_-)\delta(t)\right]\end{aligned} \tag{B-9}$$

具体地，用卷积分析已知非因果输入激励时的连续 LTI 系统响应的等效激励法：

(1) 计算该规范化系统的冲激响应 $h_x(t)$；

(2) 计算等效零状态激励 $x_{zs}(t)$，并计算 $h_x(t)$ 与等效零状态激励 $x_{zs}(t)$ 的卷积，得到系统的零状态响应。

(3) 根据微分方程计算 0_- 时刻激励及响应信号的初始条件、等效零输入激励 $x_{zi}(t)$，然后计算 $h_x(t)$ 与等效零输入激励 $x_{zi}(t)$ 的卷积，得到系统的零输入响应。

需要特别指出的是，也可以用 0_+ 时刻初始条件计算等效零输入激励，此时只需把式(B-9)中的所有 0_- 改为 0_+ 即可，即：

$$x_{zi}(t)=\sum_{k=0}^{n-1}y^{(k)}(0_+)\delta^{(n-1-k)}(t)+a_1\sum_{k=0}^{n-2}y^{(k)}(0_+)\delta^{(n-2-k)}(t)+\cdots+a_{n-1}y(0_+)\delta(t)-\left[b_0\sum_{k=0}^{n-1}f^{(k)}(0_+)\delta^{(n-1-k)}(t)+b_1\sum_{k=0}^{n-2}f^{(k)}(0_+)\delta^{(n-2-k)}(t)+\cdots+b_1f(0_+)\delta(t)\right] \tag{B-10}$$

B.1.4 连续LTI系统时域分析的等效激励法

综上所述,连续LTI系统的零输入响应、零状态响应和全响应分别等于规范化系统冲激响应$h_x(t)$与等效零输入激励$x_{zi}(t)$、等效零状态激励$x_{zs}(t)$和等效全激励$x(t)$的卷积,即:

$$\begin{cases}y_{zi}(t)=h_x(t)*x_{zi}(t)\\y_{zs}(t)=h_x(t)*x_{zs}(t)\\y(t)=h_x(t)*x(t)\end{cases} \tag{B-11}$$

其中$x(t)=x_{zi}(t)+x_{zs}(t)$。因此,可把LTI系统等效为等效激励形成器与规范化系统的级联,如图B-1所示。其中,由0_-或0_+时刻的初始条件和冲激信号及其各阶导数共同形成等效零输入激励,由输入信号的因果分量及其各阶导数形成等效零状态激励,由等效零输入激励与等效零状态激励之和形成等效全激励。$\{f_{(0-)}^{(i)}\}$和$\{y_{(0-)}^{(i)}\}$是输入输出的初始状态集合。

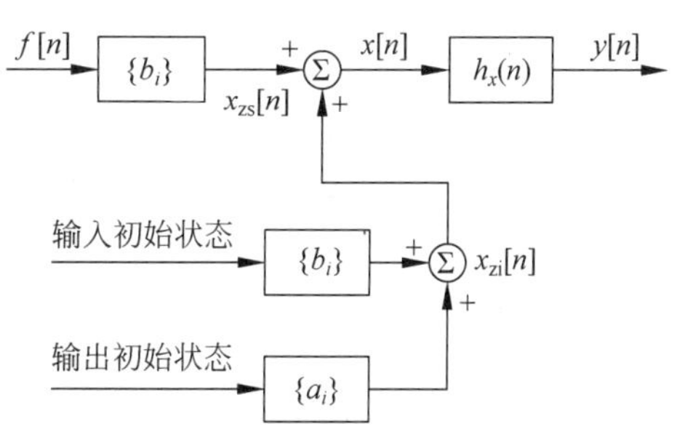

图B-1　连续LTI系统响应的等效图

一般地,等效零输入激励与$\{a_i\}$系数和$\{b_i\}$系数都有关,而等效零状态激励仅与$\{b_i\}$系数有关。

B.1.5 系统响应与冲激响应的关系

第2章中通过引入卷积运算,得到结论:连续LTI的零状态响应是激励信号与系统单位冲激响应的卷积。下面,我们将该结论推广到零输入响应。

由于输入激励信号$f(t)$总可以分解为因果分量$f_+(t)=f(t)u(t)$与反因果分量$f_-(t)=f(t)u(-t)$之和,即$f(t)=f_+(t)+f_-(t)$,因此LTI系统对$f(t)$的响应为这两个分量的零状态响应,即全响应等于零状态响应和零输入响应之和。其中,零状态响应为系统对$f_+(t)$的零状态响应,而零输入响应为系统对$f_-(t)$的零状态响应的因果分量(因为仅对$t>0$时的系统响应感兴趣):

$$\begin{cases}y_{zs}(t)=h(t)*f_+(t)=u(t)\int_0^t h(t-\tau)f(\tau)\mathrm{d}\tau\\y_{zi}(t)=u(t)[h(t)*f_-(t)]=u(t)\int_{-\infty}^0 h(t-\tau)f(\tau)\mathrm{d}\tau\end{cases} \tag{B-12}$$

式(B-12)是指,LTI系统的零状态响应就是系统在零状态条件下对$f_+(t)$的响应,而其零输入响应就是系统在零状态条件下对$f_-(t)$响应的因果分量。

下面针对系统全响应求解的等效激励法和卷积方法,给出两者等价性的证明。

首先将连续LTI系统的微分方程简写为:

$$y(t) * A(t) = x(t) = f(t) * B(t), \quad \forall t > 0 \tag{B-13}$$

其中 $x(t)$ 为系统对应的规范化系统的激励，并且：

$$A(t) = \sum_{i=0}^{n} a_i \delta^{(n-i)}(t) \tag{B-14}$$

$$B(t) = \sum_{i=0}^{n} b_i \delta^{(n-i)}(t) \tag{B-15}$$

于是有：

$$h_x(t) * A(t) = \delta(t) \tag{B-16}$$

$$h_x(t) * B(t) = h(t) \tag{B-17}$$

故系统的零输入响应为：

$$y_{zi}(t) = u(t)[h_x(t) * B(t) * f_-(t)] \tag{B-18}$$

为根据式(B-18)推导出零输入响应的等效激励定义法，需下述的反因果微分定理。与因果微分定理类似，对激励信号的反因果分量进行微分运算可得：

$$[f'(t)]_- = [f_-(t)]' + f(0_-)\delta(t) \tag{B-19}$$

$$[f''(t)]_- = [f_-(t)]'' + f(0_-)\delta'(t) + f'(0_-)\delta(t) \tag{B-20}$$

$$[f^{(n)}(t)]_- = [f_-(t)]^{(n)} + \sum_{i=0}^{n-1} f^{(i)}(0_-)\delta^{(n-1-i)}(t) \tag{B-21}$$

其中，$[f^{(i)}(t)]_- = f^{(i)}(t)u(-t), i = 0, 1, \cdots, n$ 为信号的 i 阶导数的反因果分量，$[f_-(t)]^{(i)}$ 为信号反因果分量的 i 阶导数。

反因果微分定理叙述了信号各阶导数的反因果分量与信号反因果分量的相应阶导数之间的关系，它们之差与系统初始条件有关。

对 $B(t) * f_-(t) = \sum_{i=0}^{n} b_i [f_-(t)]^{(n-i)}$ 使用反因果微分定理后，有：

$$B(t) * f_-(t) = \sum_{i=0}^{n} b_i [f^{(n-i)}(t)]_- - \sum_{i=0}^{n} b_i \sum_{k=0}^{n-i-1} f^{(k)}(0_-)\delta^{(n-i-1-k)}(t) \tag{B-22}$$

$t < 0$ 时的系统微分方程为：

$$\sum_{i=0}^{n} a_i [y^{(n-i)}(t)]_- = \sum_{i=0}^{n} b_i [f^{(n-i)}(t)]_- \tag{B-23}$$

将式(B-23)代入式(B-22)后，有：

$$B(t) * f_-(t) = \sum_{i=0}^{n} a_i [y^{(n-i)}(t)]_- - \sum_{i=0}^{n} b_i \sum_{k=0}^{n-i-1} f^{(k)}(0_-)\delta^{(n-i-1-k)}(t) \tag{B-24}$$

再对 $\sum_{i=0}^{n} a_i [y^{(n-i)}(t)]_-$ 使用反因果微分定理，有：

$$\begin{aligned} B(t) * f_-(t) &= \sum_{i=0}^{n} a_i [y^{(n-i)}(t)]_- - \sum_{i=0}^{n} b_i \sum_{k=0}^{n-i-1} f^{(k)}(0_-)\delta^{(n-i-1-k)}(t) \\ &= \sum_{i=0}^{n} a_i [y_-(t)]^{(n-i)} + \sum_{i=0}^{n} a_i \sum_{k=0}^{n-i-1} y^{(k)}(0_-)\delta^{(n-i-1-k)}(t) - \\ &\quad \sum_{i=0}^{n} b_i \sum_{k=0}^{n-i-1} f^{(k)}(0_-)\delta^{(n-i-1-k)}(t) \end{aligned}$$

$$= A(t) * y_-(t) + x_{zi}(t) \tag{B-25}$$

其中等效零输入激励由式(B-9)给出，将其代入式(B-18)后，有：

$$\begin{aligned} y_{zi}(t) &= u(t)[h_x(t) * \{A(t) * y_-(t) + x_{zi}(t)\}] \\ &= u(t)[\delta(t) * y_-(t)] + h_x(t) * x_{zi}(t) = h_x(t) * x_{zi}(t) \end{aligned} \tag{B-26}$$

其中，利用了 $u(t)[\delta(t) * y_-(t)] = u(t)y_-(t) = 0$。这就证明了零输入响应的等效激励法与卷积法是等价的。

等效激励法适用于求解已知初始条件下的系统零输入响应，而卷积法最适用于求解已知非因果输入(或称为全激励信号)下的系统零输入响应。这意味着，系统初始状态充分记忆了系统输入的反因果分量中含有的有用信息。

为进一步理解该等价性，并说明动态系统中的储能器件如何记忆系统输入的反因果分量中含有的信息，下面再用典型储能元件——电容 C 构成的 LTI 系统作为例子进行说明。

在此系统中，以电容电流 $i_C(t)$ 作为输入、电容电压 $u_C(t)$ 作为输出，由电容的伏安特性，则有 $u_C(t) = \frac{1}{C} i_C^{(-1)}(t) = i_C(t) * h(t)$，其中 $i_C^{(-1)}(t)$ 为电容电流的积分，系统微分方程为 $u_C'(t) = \frac{1}{C} i_C(t)$，系统冲激响应为 $h(t) = \frac{1}{C} u(t)$，对应的规范化系统的冲激响应为 $h_x(t) = u(t)$，系统初始条件为 $u_C(0_-) = \frac{1}{C} i_C^{(-1)}(0_-)$，使得等效零输入激励为 $x_{zi}(t) = u_C(0_-)\delta(t)$，于是由系统零输入响应的两类分析方法分别得到：

$$u_{C,zi}(t) = u(t)\left[\frac{1}{C} u(t) * i_{C,-}(t)\right] = \frac{1}{C} u(t) i_{C,-}^{(-1)}(t) = \frac{1}{C} i_{C,-}^{(-1)}(0_-) u(t) = u_C(0_-) u(t)$$

$$u_{C,zi}(t) = u(t) * x_{zi}(t) = u(t) * u_C(0_-)\delta(t) = u_C(0_-) u(t)$$

可见，两类方法给出了同一个零输入响应，并且电容电压的初值 $u_C(0_-)$ 记忆了 $i_{C,-}(t)$ 中含有的所有有用信息。同理，对电感器也有上述同样的结论。

B.1.6 用等效激励匹配原理由 0_- 时刻的初始条件计算 0_+ 时刻初始条件

在第 2 章中，为确定连续 LTI 系统的自由响应系数，需应用冲激函数匹配法确定系统在 0_+ 时刻的初始条件。而通过上述等效激励法的分析可见，分别用 0_- 时刻和 0_+ 时刻的初始条件，会得到同一个等效零输入激励。因此可利用这两类情况下的冲激函数及其导数的对应项系数相等的原理，从已知的 0_- 时刻初始条件得到 0_+ 时刻初始条件，反之亦然。

具体地，将式(B-9)和式(B-10)相减后有：

$$\sum_{i=0}^{n-1} a_i \sum_{k=0}^{n-1-i} \Delta y^{(k)} \delta^{(n-1-i-k)}(t) = \sum_{i=0}^{n-1} b_i \sum_{k=0}^{n-1-i} \Delta f^{(k)} \delta^{(n-1-i-k)}(t) \tag{B-27}$$

其中，输入状态跳变和输出状态跳变分别为：

$$\begin{aligned} \Delta f^{(k)} &\triangleq f^{(k)}(0_+) - f^{(k)}(0_-) \\ \Delta y^{(k)} &\triangleq y^{(k)}(0_+) - y^{(k)}(0_-) \end{aligned} \tag{B-28}$$

为了使得用 0_- 状态和 0_+ 状态表达的等效零输入激励中的冲激函数及其各阶导数的系数相等，应有：

$$\begin{bmatrix} 1 & a_1 & \cdots & a_{n-1} \\ & 1 & \cdots & a_{n-2} \\ & & \ddots & \vdots \\ & & & 1 \end{bmatrix} \begin{bmatrix} \Delta y^{(n-1)} \\ \Delta y^{(n-2)} \\ \vdots \\ \Delta y^{(0)} \end{bmatrix} = \begin{bmatrix} b_0 & b_1 & \cdots & b_{n-1} \\ & b_0 & \cdots & b_{n-2} \\ & & \ddots & \vdots \\ & & & b_0 \end{bmatrix} \begin{bmatrix} \Delta f^{(n-1)} \\ \Delta f^{(n-2)} \\ \vdots \\ \Delta f^{(0)} \end{bmatrix} \tag{B-29}$$

它表示了由输入状态跳变引起的输出状态跳变。这表达了冲激匹配的本质——为了用 0_- 和 0_+ 两个时刻的初始条件能得到同一个等效零输入激励，应使得用 0_- 状态和 0_+ 状态表达的等效零输入激励中的冲激函数及其各阶导数的系数相等，即相匹配。这给出了冲激匹配法的物理意义。

由式(B-29)，可递归地求解输出状态的跳变，进而求出输出在 0_+ 时刻的状态。实际上：

$$\Delta y^{(0)} = b_0 \Delta f^{(0)}, \quad \Delta y^{(i)} = -\sum_{k=1}^{i} a_k \Delta y^{(i-k)} + \sum_{k=0}^{i} b_k \Delta f^{(i-k)}, \quad \forall i = 1,2,\cdots,n-1 \tag{B-30}$$

综上所述，应用等效零输入激励匹配法计算系统 0_- 到 0_+ 状态跳变的步骤为：

(1) 计算输入状态跳变 $\Delta f^{(i)} = f^{(i)}(0_+) - f^{(i)}(0_-)$，$\forall i=0,1,\cdots,n-1$；

(2) 用式(B-29)递归地计算输出状态跳变；

(3) 计算 0_+ 时刻的输出状态 $y^{(i)}(0_+) = y^{(i)}(0_-) + \Delta y^{(i)}$，$\forall i=0,1,\cdots,n-1$。

下面给出应用提出的系统时域分析新方法求解系统的例子。

例 B-1 分别用卷积法和等效激励法计算如图 2-1 所示电路的以 $i(t)$ 为响应的系统冲激响应、阶跃响应、零状态响应、零输入响应和全响应，并判断系统 0_+ 时刻的初始状态。

解 由第 2 章的分析，该电路的微分方程为：

$$i''(t) + 7i'(t) + 10i(t) = e''(t) + 6e'(t) + 4e(t)$$

1) 卷积法

首先，规范化系统的冲激响应为：

$$h_x(t) = e^{-2t}u(t) * e^{-5t}u(t) = \frac{e^{-2t} - e^{-5t}}{3}u(t)$$

将其代入微分方程右边后，得原系统的冲激响应：

$$h(t) = h''_x(t) + 6h'_x(t) + 4h_x(t) = \delta(t) + \frac{1}{3}(e^{-5t} - 4e^{-2t})u(t)$$

上式经积分后得到原系统的阶跃响应：

$$s(t) = \left(\frac{2}{5} - \frac{1}{15}e^{-5t} + \frac{2}{3}e^{-2t}\right)u(t)$$

系统的零状态响应为：

$$\begin{aligned} i_{zs}(t) &= e_+(t) * h(t) = 4u(t) * \left[\delta(t) + \frac{1}{3}(e^{-5t} - 4e^{-2t})u(t)\right] \\ &= \left(\frac{8}{5} - \frac{4}{15}e^{-5t} + \frac{8}{3}e^{-2t}\right)u(t) \end{aligned}$$

或者，由于 $e_+(t) = 4u(t)$，由零状态线性知，系统的零状态响应为：

$$i_{zs}(t) = 4s(t) = 4\left(\frac{2}{5} - \frac{1}{15}e^{-5t} + \frac{2}{3}e^{-2t}\right)u(t)$$

根据卷积法，系统的零输入响应为：

$$i_{zs}(t)=[e_-(t)*h(t)]u(t)=\left\{2u(-t)*\left[\delta(t)+\frac{1}{3}(e^{-5t}-4e^{-2t})u(t)\right]\right\}u(t)$$

$$=\left\{2u(-t)*\left[\frac{1}{3}(e^{-5t}-4e^{-2t})u(t)\right]\right\}u(t)$$

$$=2\left(\frac{1}{15}e^{-5t}-\frac{2}{3}e^{-2t}\right)u(t)$$

或者，由激励的反因果分量 $e_-(t)=2u(-t)=2-2u(t)$ 产生的系统零输入响应为：

$$i_{zi}(t)=2u(t)\left[\int_0^{+\infty}h(\tau)d\tau-s(t)\right]=2u(t)[s(\infty)-s(t)]=2\left(\frac{1}{15}e^{-5t}-\frac{2}{3}e^{-2t}\right)u(t)$$

这样，系统全响应为 $i(t)=i_{zs}(t)+i_{zi}(t)=\left(\frac{8}{5}-\frac{2}{15}e^{-5t}+\frac{4}{3}e^{-2t}\right)u(t)$。

2）等效激励法

根据上述的规范化系统冲激响应，有：

$$h'_x(t)=\frac{-2e^{-2t}+5e^{-5t}}{3}u(t)$$

$$h_x^{(-1)}(t)=h_x(t)*u(t)=\frac{1}{3}\left[\frac{1-e^{-2t}}{2}-\frac{1-e^{-5t}}{5}\right]u(t)=\left(\frac{1}{10}-\frac{e^{-2t}}{6}+\frac{e^{-5t}}{15}\right)u(t)$$

由 $e_+(t)=4u(t)$ 可知，等效零输入激励和等效零状态激励分别为：

$$x_{zi}(t)=i(0_-)\delta'(t)+i'(0_-)\delta(t)+7i(0_-)\delta(t)-[e(0_-)\delta'(t)+e'(0_-)\delta(t)+6e(0_-)\delta(t)]$$

$$=-\frac{2}{5}[3\delta'(t)+16\delta(t)]$$

$$x_{zs}(t)=e''_+(t)+6e'_+(t)+4e_+(t)=4[\delta'(t)+6\delta(t)+4u(t)]$$

则其零输入响应、零状态响应和全响应分别为：

$$i_{zi}(t)=x_{zi}(t)*h_x(t)=-\frac{2}{5}(3h'_x(t)+16h_x(t))=\left(\frac{2}{15}e^{-5t}-\frac{4}{3}e^{-2t}\right)u(t)$$

$$i_{zs}(t)=x_{zs}(t)*h_x(t)=4(h'_x(t)+6h_x(t)+4h_{x(t)}^{(-1)})=\left(\frac{8}{5}+\frac{8}{3}e^{-2t}-\frac{4}{15}e^{-5t}\right)u(t)$$

$$i(t)=i_{zs}(t)+i_{zi}(t)=\left(\frac{8}{5}-\frac{2}{15}e^{-5t}+\frac{4}{3}e^{-2t}\right)u(t)$$

由此可见，两类不同解法的结果是一致的。

此外，也可从 0_+ 时刻的初始条件（本例中为 $i(0_+)=2.8\text{A}$ 和 $i'(0_+)=-2\text{A/s}$）计算等效零输入激励，此时对激励与相应全部应用 0_+ 时刻的初始条件，有：

$$x_{zi}(t)=i(0_+)\delta'(t)+i'(0_+)\delta(t)+7i(0_+)\delta(t)-[e(0_+)\delta'(t)+e'(0_+)\delta(t)+6e(0_+)\delta(t)]$$

$$=-\frac{2}{5}[3\delta'(t)+16\delta(t)]$$

该结果与上述分析是一致的。

3）判断系统 0_+ 时刻的初始状态

由式(B-30)和系统微分方程知 $\Delta i=\Delta e$，即 $i(0_+)=i(0_-)+\Delta e$；以及 $\Delta i'=-7\Delta i+\Delta e'+6\Delta e=\Delta e'-\Delta e$，即 $i'(0_+)=i'(0_-)+\Delta e'-\Delta e$；其中，$\Delta i=i(0_+)-i(0_-)$，$\Delta e=$

$e(0_+)-e(0_-)$，$\Delta i'=i'(0_+)-i'(0_-)$和$\Delta e'(0)=e'(0_+)-e'(0_-)$。

由于该系统的全激励为$e(t)=2u(-t)+4u(t)$，这样，$e(0_+)=4$和$e(0_-)=2$使得$\Delta e=2$；$e'(0_+)=0$和$e'(0_-)=0$使得$\Delta e'=0$；因此，$\Delta i=2$和$\Delta i'=-2$。

已知0_-时刻的初始条件$i(0_-)=0.8$和$i'(0_-)=0$，因此有$i(0_+)=0.8+2=2.8$和$i'(0_+)=0-2=-2$。

同样的，还可对零输入响应和零状态响应分别计算其0_+时刻的初始状态。

对于零输入响应的计算，其输入$e(t)=2u(-t)$，这样，$e(0_+)=0$和$e(0_-)=2$使得$\Delta e=-2$；$e'(0_+)=0$和$e'(0_-)=0$使得$\Delta e'=0$；因此，$\Delta i=-2$和$\Delta i'=2$。根据已知的0_-时刻零输入响应的初始条件$i(0_-)=0.8$和$i'(0_-)=0$，有$i_{zi}(0_+)=0.8-2=-1.2$和$i'_{zi}(0_+)=0+2=2$。

对于零状态响应的计算，其输入$e(t)=4u(t)$，这样，$e(0_+)=4$和$e(0_-)=0$使得$\Delta e=4$；$e'(0_+)=0$和$e'(0_-)=0$使得$\Delta e'=0$；因此，$\Delta i=4$和$\Delta i'=-4$。根据已知的0_-时刻零状态响应的初始条件$i(0_-)=0$和$i'(0_-)=0$，有$i_{zs}(0_+)=0+4=4$和$i'_{zs}(0_+)=0-4=-4$。

综上可见，它们与用等效电路或用冲激匹配法计算出的结果完全相同。

例 B-2 描述连续 LTI 系统的微分方程为$y''(t)+4y'(t)+3y(t)=f(t)$，其中$f(t)=\mathrm{e}^{-2t}u(t)$，试求系统在初始条件为$y(0_-)=1$和$y'(0_-)=1$时的零输入响应、零状态响应和全响应。

解 微分方程对$t>0$成立，故有$[y''(t)]_+ +4[y'(t)]_+ +3[y(t)]_+ =f(t)$。

由于已知系统0_-时刻的初始条件，因此利用因果微分定理及其推论有：

$$[y_+(t)]''-y(0_-)\delta'(t)-y'(0_-)\delta(t)+4[y_+(t)]'-4y(0_-)\delta(t)+3y_+(t)=f(t)$$

使得等效零输入激励为：

$$x_{zi}(t)=y(0_-)\delta'(t)+[y'(0_-)+4y(0_-)]\delta(t)=\delta'(t)+5\delta(t)$$

等效零状态激励为：

$$x_{zs}(t)=f(t)=\mathrm{e}^{-2t}u(t)$$

求得对应的规范系统冲激响应为：

$$h_x(t)=\mathrm{e}^{-t}u(t)*\mathrm{e}^{-3t}u(t)=\frac{1}{2}[\mathrm{e}^{-t}-\mathrm{e}^{-3t}]u(t)$$

使得系统零输入响应、零状态响应和全响应分别为：

$$y_{zi}(t)=h_x(t)*x_{zi}(t)=h'_x(t)+5h_x(t)=[2\mathrm{e}^{-t}-\mathrm{e}^{-3t}]u(t)$$

$$y_{zs}(t)=h_x(t)*x_{zs}(t)=\frac{1}{2}(\mathrm{e}^{-t}-\mathrm{e}^{-3t})u(t)*\mathrm{e}^{-2t}u(t)=\frac{1}{2}(\mathrm{e}^{-t}-2\mathrm{e}^{-2t}+\mathrm{e}^{-3t})u(t)$$

$$y(t)=y_{zi}(t)+y_{zs}(t)=\frac{1}{2}(5\mathrm{e}^{-t}-2\mathrm{e}^{-2t}-\mathrm{e}^{-3t})u(t)$$

例 B-3 描述连续 LTI 系统的微分方程为$y''(t)+3y'(t)+2y(t)=\mathrm{e}^{-t}u(t)$；已知$y(0_+)=1$和$y'(0_+)=1$，求系统的零输入响应、零状态响应、全响应、自由响应和强迫响应。

解 该系统对应的规范化系统的冲激响应为：

$$h_x(t)=\mathrm{e}^{-t}u(t)*\mathrm{e}^{-2t}u(t)=(\mathrm{e}^{-t}-\mathrm{e}^{-2t})u(t)$$

其一阶微分为：

$$h'_x(t)=(-\mathrm{e}^{-t}+2\mathrm{e}^{-2t})u(t)$$

由于已知系统 0_+ 时刻初始条件，因此该系统的等效零输入激励为：

$$x_{zi}(t)=y(0_+)\delta'(t)+y'(0_+)\delta(t)+3y(0_+)\delta(t)=\delta'(t)+4\delta(t)$$

使得零输入响应为：

$$y_{zi}(t)=x_{zi}(t)*h_x(t)=h'_x(t)+4h_x(t)=(3\mathrm{e}^{-t}-2\mathrm{e}^{-2t})u(t)$$

零状态响应为：

$$y_{zs}(t)=x_{zs}(t)*h_x(t)=\mathrm{e}^{-t}u(t)*(\mathrm{e}^{-t}-\mathrm{e}^{-2t})u(t)=((t-1)\mathrm{e}^{-t}+\mathrm{e}^{-2t})u(t)$$

全响应为：

$$y(t)=y_{zs}(t)+y_{zi}(t)=((t+2)\mathrm{e}^{-t}-\mathrm{e}^{-2t})u(t)$$

根据系统的特征根可知系统的自由响应为：

$$y_{\text{free}}(t)=(2\mathrm{e}^{-t}-\mathrm{e}^{-2t})u(t)$$

系统的强迫响应为：

$$y_{\text{force}}(t)=t\mathrm{e}^{-t}u(t)$$

此外可选做下列习题，熟悉提出的系统分析新方法。

对下列系统，应用提出的时域分析新方法求系统的零输入响应、零状态响应和全响应：

(1) 系统 $y''(t)+2y'(t)+2y(t)=f'(t)$，初始条件为 $y(0_-)=0$ 和 $y'(0_-)=1$，激励 $f(t)=u(t)$；

(2) 系统 $y''(t)+3y'(t)+2y(t)=f''(t)+3f'(t)$，初始条件为 $y(0_-)=1$ 和 $y'(0_-)=2$，激励 $f(t)=\mathrm{e}^{-5t}u(t)$；

(3) 系统 $y''(t)+5y'(t)+6y(t)=f''(t)+4f'(t)+f(t)$，初始条件为 $y(0_+)=-1$ 和 $y'(0_+)=1$，激励 $f(t)=\mathrm{e}^{-t}u(t)$。

B.2　连续 LTI 系统频域分析新方法

目前经典教材中的线性时不变系统频域分析技术往往只进行系统冲激响应和零状态响应的分析计算，对如何使用频域法计算系统零输入响应没有进行清楚的讨论，本节将时域的因果微分定理推广到频域中。本节首先介绍傅里叶变换的因果时域微分性质，进而给出利用该性质分析系统各类响应的两类基本方法，并给出实例，该方法的本质是时域因果微分定理在频域的实现形式。

B.2.1　傅里叶变换的因果时域微分性质

根据第 3 章的分析，连续信号的傅里叶变换的时域微分性质有：

$$f'(t)\Leftrightarrow \mathrm{j}\omega F(\mathrm{j}\omega) \tag{B-31}$$

推广至高阶微分有：

$$f^{(n)}(t)\Leftrightarrow(\mathrm{j}\omega)^n F(\mathrm{j}\omega) \tag{B-32}$$

而根据 B.1.6 节的分析，对任意信号 $f(t)$ 有因果微分定理：

$$[f'(t)]_+=[f_+(t)]'-f(0_-)\delta(t) \tag{B-33}$$

$$[f''(t)]_+=[f_+(t)]''-f(0_-)\delta'(t)-f'(0_-)\delta(t) \tag{B-34}$$

$$[f^{(n)}(t)]_+=[f_+(t)]^{(n)}-\sum_{i=0}^{n-1}f^{(i)}(0_-)\delta^{(n-1-i)}(t) \tag{B-35}$$

其中，$[f^{(n)}(t)]_+=f^{(n)}(t)u(t)$是信号 n 阶导数 $f^{(n)}(t)$的因果分量，$[f_+(t)]^{(n)}$是信号因果分量 $f_+(t)=f(t)u(t)$的 n 阶导数，$\delta(t)$为单位冲激信号。

对式(B-33)～式(B-35)分别应用傅里叶变换，则有傅里叶变换的因果时域微分性质：

$$[f'(t)]_+\Leftrightarrow \mathrm{j}\omega F(\mathrm{j}\omega)-f(0_-) \tag{B-36}$$

$$[f''(t)]_+\Leftrightarrow (\mathrm{j}\omega)^2F(\mathrm{j}\omega)-\mathrm{j}\omega f(0_-)-f'(0_-) \tag{B-37}$$

$$[f^{(n)}(t)]_+\Leftrightarrow (\mathrm{j}\omega)^nF(\mathrm{j}\omega)-\sum_{i=0}^{n-1}f^{(i)}(0_-)(\mathrm{j}\omega)^{(n-1-i)} \tag{B-38}$$

上述即因果微分定理的频域表示式。该性质与非因果时域微分性质的不同之处是，它考虑了初始条件对因果微分的影响，从而将一般的频域系统分析方法进行了推广，使得在频域中分析系统的零输入响应可行。

由 LTI 系统时域分析的卷积理论和傅里叶变换的卷积定理可知，LTI 系统对 $f(t)$的响应的时域表示式及其对应的频域表示式为：

$$y(t)=f(t)*h(t)\Leftrightarrow Y(\mathrm{j}\omega)=F(\mathrm{j}\omega)H(\mathrm{j}\omega) \tag{B-39}$$

其中，$*$ 表示卷积运算，$\Leftrightarrow$表示互为傅里叶变换对，$y(t)\Leftrightarrow Y(\mathrm{j}\omega)$、$f(t)\Leftrightarrow F(\mathrm{j}\omega)$、$h(t)\Leftrightarrow H(\mathrm{j}\omega)$，即系统输出的频谱是其传递函数 $H(\mathrm{j}\omega)$与输入信号频谱的乘积，即将时域的卷积运算转换为相乘运算。利用因果微分定理的频域表达式，可以在频域分析系统的各类响应，特别是系统的零输入响应。与时域分析的卷积法与等效激励法相对应，频域的分析方法有传递函数法和等效激励法。

B.2.2 系统频域分析的传递函数法

对一般的非因果输入信号 $f(t)$进行因果-反因果分解，有 $f(t)=f_+(t)+f_-(t)$，其中，因果分量及其傅里叶变换为 $f_+(t)=f(t)u(t)\Leftrightarrow F_+(\mathrm{j}\omega)$，反因果分量及其傅里叶变换为 $f_-(t)=f(t)u(-t)\Leftrightarrow F_-(\mathrm{j}\omega)$。因此 LTI 系统的全响应及其傅里叶变换为：

$$y(t)=y_{zs}(t)+y_{zi}(t)\Leftrightarrow Y(\mathrm{j}\omega)=Y_{ZS}(\mathrm{j}\omega)+Y_{ZI}(\mathrm{j}\omega) \tag{B-40}$$

其中，根据 B.1 节的分析有零状态响应：

$$y_{zs}(t)=h(t)*f_+(t)\Leftrightarrow Y_{ZS}(\mathrm{j}\omega)=H(\mathrm{j}\omega)F_+(\mathrm{j}\omega) \tag{B-41}$$

和零输入响应：

$$y_{zi}(t)=u(t)[h(t)*f_-(t)]\Leftrightarrow H(\mathrm{j}\omega)F_-(\mathrm{j}\omega) \tag{B-42}$$

若已知系统的频率响应，则可以通过式(B-41)和式(B-42)求解系统的零状态响应和零输入性响应，此方法适合已知系统的描述以及非因果激励信号的情况。

B.2.3 系统频域分析的等效激励法

等效激励法适合于在非零初始条件下分析因果激励的系统响应。此时，若令：

$$\sum_{i=0}^{n}a_i(\mathrm{j}\omega)^{n-i}=A(\mathrm{j}\omega) \tag{B-43}$$

$$\sum_{i=0}^{n} b_i (\mathrm{j}\omega)^{n-i} = B(\mathrm{j}\omega) \tag{B-44}$$

利用傅里叶变换的因果时域微分性质，对系统微分方程 $\sum_{i=0}^{n} a_i y^{(n-i)}(t) = x(t) = \sum_{i=0}^{n} b_i f^{(n-i)}(t)$ 两边取傅里叶变换，则有：

$$A(\mathrm{j}\omega)Y(\mathrm{j}\omega) = X(\mathrm{j}\omega) \tag{B-45}$$

其中，等效激励的傅里叶变换可分解为：

$$X(\mathrm{j}\omega) = X_{\mathrm{zs}}(\mathrm{j}\omega) + X_{\mathrm{zi}}(\mathrm{j}\omega)$$

其零状态分量和零输入分量分别为：

$$X_{\mathrm{zi}}(\mathrm{j}\omega) = \sum_{i=0}^{n-1} a_i \sum_{k=0}^{n-1-i} y^{(k)}(0_-)(\mathrm{j}\omega)^{n-1-i-k} \tag{B-46}$$

$$X_{\mathrm{zs}}(\mathrm{j}\omega) = B(\mathrm{j}\omega)F(\mathrm{j}\omega) \tag{B-47}$$

使得系统全响应谱函数 $Y(\mathrm{j}\omega) = Y_{\mathrm{ZS}}(\mathrm{j}\omega) + Y_{\mathrm{ZI}}(\mathrm{j}\omega)$ 的零状态分量和零输入分量分别为：

$$Y_{\mathrm{ZS}}(\mathrm{j}\omega) = \frac{X_{\mathrm{zs}}(\mathrm{j}\omega)}{A(\mathrm{j}\omega)} \tag{B-48}$$

$$Y_{\mathrm{ZI}}(\mathrm{j}\omega) = \frac{X_{\mathrm{zi}}(\mathrm{j}\omega)}{A(\mathrm{j}\omega)} \tag{B-49}$$

例 B-4　试用上述频域分析的传递函数法求解第 2 章例 2-1，激励为 $u_s(t) = 4u(t) + 2u(-t)$，系统微分方程为 $i''(t) + 7i'(t) + 10i(t) = u_s''(t) + 6u_s'(t) + 4u_s(t)$。

解　由 $u_s(t) = u_{s+}(t) + u_{s-}(t)$ 得到因果分量 $u_{s+}(t) = 4u(t)$ 和反因果分量 $u_{s-}(t) = 2u(-t)$，在零初始条件下，由因果分量产生的系统响应就是系统的零状态响应，由反因果分量产生的系统响应的因果分量就是系统的零输入响应，而由输入信号 $u_s(t)$ 产生的系统响应的因果分量就是系统的全响应。因此，具体分析如下。

（1）当 $u_{s+}(t) \Leftrightarrow 4\left[\pi\delta(\omega) + \dfrac{1}{\mathrm{j}\omega}\right]$ 时，取系统微分方程的傅里叶变换，并利用其时域微分定理，有：

$$[(\mathrm{j}\omega)^2 + 7\mathrm{j}\omega + 10]I(\mathrm{j}\omega) = 4[(\mathrm{j}\omega)^2 + 6\mathrm{j}\omega + 4]\left(\pi\delta(\omega) + \frac{1}{\mathrm{j}\omega}\right)$$

使得系统输出频谱为：

$$I(\mathrm{j}\omega) = 4\left[\frac{(\mathrm{j}\omega)^2 + 6\mathrm{j}\omega + 4}{\mathrm{j}\omega((\mathrm{j}\omega)^2 + 7\mathrm{j}\omega + 10)} + \frac{4}{10}\pi\delta(\omega)\right] = \frac{8/3}{\mathrm{j}\omega + 2} - \frac{4/15}{\mathrm{j}\omega + 5} + \frac{8}{5}\left(\pi\delta(\omega) + \frac{1}{\mathrm{j}\omega}\right)$$

取其傅里叶逆变换后，有系统零状态响应：

$$i_{\mathrm{zs}}(t) = \left[\frac{8}{3}\mathrm{e}^{-2t} - \frac{4}{15}\mathrm{e}^{-5t} + \frac{8}{5}\right]u(t)$$

（2）当 $u_{s-}(t) \Leftrightarrow 2\left[\pi\delta(\omega) - \dfrac{1}{\mathrm{j}\omega}\right]$ 时，取系统微分方程的傅里叶变换，并利用傅里叶变换的时域微分定理，有：

$$[(\mathrm{j}\omega)^2 + 7\mathrm{j}\omega + 10]I(\mathrm{j}\omega) = 2[(\mathrm{j}\omega)^2 + 6\mathrm{j}\omega + 4]\left(\pi\delta(\omega) - \frac{1}{\mathrm{j}\omega}\right)$$

使得系统输出频谱为：

$$I(\mathrm{j}\omega)=2\left[-\frac{(\mathrm{j}\omega)^2+6\mathrm{j}\omega+4}{\mathrm{j}\omega((\mathrm{j}\omega)^2+7\mathrm{j}\omega+10)}+\frac{4}{10}\pi\delta(\omega)\right]=-\frac{4/3}{\mathrm{j}\omega+2}+\frac{2/15}{\mathrm{j}\omega+5}+\frac{4}{5}\left(\pi\delta(\omega)-\frac{1}{\mathrm{j}\omega}\right)$$

取其傅里叶逆变换后，有系统零输入响应：

$$i(t)=\left[-\frac{4}{3}\mathrm{e}^{-2t}+\frac{2}{15}\mathrm{e}^{-5t}\right]u(t)+\frac{4}{5}u(-t)$$

对其因果化后，有 $i_{\mathrm{zi}}(t)=\left[-\frac{4}{3}\mathrm{e}^{-2t}+\frac{2}{15}\mathrm{e}^{-5t}\right]u(t)$。

(3) 全响应可以由 $i(t)=i_{\mathrm{zs}}(t)+i_{\mathrm{zi}}(t)$ 计算，得到 $i(t)=\left[\frac{4}{3}\mathrm{e}^{-2t}-\frac{2}{15}\mathrm{e}^{-5t}+\frac{8}{5}\right]u(t)$。

综上可见，提出的连续 LTI 系统频域分析新方法可以用来分析系统的零输入响应和全响应，其中只涉及傅里叶变换、代数运算和傅里叶逆变换。

下面举例说明如何应用频域分析的等效激励法。

例 B-5 描述系统的微分方程为 $y''(t)+3y'(t)+2y(t)=2f'(t)+5f(t)$，已知初始条件为 $y(0_-)=2$ 和 $y'(0_-)=1$，输入为 $f(t)=\mathrm{e}^{-3t}u(t)$，试用频域法求系统的零输入响应、零状态响应和全响应。

解 由于 $F(\mathrm{j}\omega)=\frac{1}{\mathrm{j}\omega+3}$，取系统微分方程的傅里叶变换，并利用傅里叶变换的因果时域微分性质，有：

$$[(\mathrm{j}\omega)^2Y(\mathrm{j}\omega)-2\mathrm{j}\omega-1]+3[\mathrm{j}\omega Y(\mathrm{j}\omega)-2]+2Y(\mathrm{j}\omega)=\frac{2\mathrm{j}\omega+5}{\mathrm{j}\omega+3}$$

这使得系统输出频谱为：

$$Y(\mathrm{j}\omega)=Y_{\mathrm{ZI}}(\mathrm{j}\omega)+Y_{\mathrm{ZS}}(\mathrm{j}\omega)$$

其中 $Y_{\mathrm{ZS}}(\mathrm{j}\omega)=\frac{2\mathrm{j}\omega+5}{(\mathrm{j}\omega+3)((\mathrm{j}\omega)^2+3\mathrm{j}\omega+2)}=\frac{3/2}{\mathrm{j}\omega+1}-\frac{1}{\mathrm{j}\omega+2}-\frac{1/2}{\mathrm{j}\omega+3}$，使得系统零状态响应为：

$$y_{\mathrm{zs}}(t)=\left[\frac{3}{2}\mathrm{e}^{-t}-\mathrm{e}^{-2t}-\frac{1}{2}\mathrm{e}^{-3t}\right]u(t)$$

并且 $Y_{\mathrm{ZI}}(\mathrm{j}\omega)=\frac{2\mathrm{j}\omega+7}{(\mathrm{j}\omega)^2+3\mathrm{j}\omega+2}=\frac{5}{\mathrm{j}\omega+1}-\frac{3}{\mathrm{j}\omega+2}$，使得系统零输入响应为：

$$y_{\mathrm{zi}}(t)=[5\mathrm{e}^{-t}-3\mathrm{e}^{-2t}]u(t)$$

因此系统全响应是 $y(t)=\left[\frac{13}{2}\mathrm{e}^{-t}-4\mathrm{e}^{-2t}-\frac{1}{2}\mathrm{e}^{-3t}\right]u(t)$。

在系统分析中，傅里叶变换的因果时域微分性质与拉氏变换的因果时域微分性质起到了相同的作用。频域等效激励法就是用拉氏变换解微分方程的技术在 $s=\mathrm{j}\omega$ 时的特例。系统的时域、频域和复频域分析方法是统一的。

B.3 离散系统时域分析新方法

B.3.1 因果移序定理

在时域中求解离散时间系统的响应，即已知式(B-50)的 N 阶系统及初始条件、激励的

因果分量 $f_+[n]=f[n]u[n]$，求解响应的因果分量 $y_+[n]=y[n]u[n]$的过程，其中 $a_0\triangleq 1$，$u[n]$为单位阶跃序列。

$$\sum_{k=0}^{N}a_k y[n-k]=\sum_{r=0}^{M}b_r f[n-r],\quad \forall n\geqslant 0 \tag{B-50}$$

在经典教材中，一般利用求解差分方程的时域方法计算系统的各响应，或应用卷积和方法计算系统的零状态响应，但卷积和方法无法直接求解系统的零输入响应。此外，时域经典方法与 z 域分析方法之间的关系不明确。与前述连续系统类似，我们首先引入离散系统的因果移序定理，进而通过该定理建立时域的离散系统分析新方法，这与 B.1 节的因果微分定理是对应的。

将式(B-50)重写为：

$$\sum_{k=0}^{N}a_k(y[n-k])_+=\sum_{r=0}^{M}b_r(f[n-r])_+ \tag{B-51}$$

其中，$(y[n-k])_+=y[n-k]u[n]$为 $y[n]$右移 k 后序列的因果分量，对输入也作如此规定。这表明式(B-51)并不是关于 $f_+[n]$和 $y_+[n]$的差分方程。因此，必须由式(B-51)导出关于因果输入和因果输出的差分方程，这就需要找出信号移序后的因果分量与信号因果分量的移位序列之间的关系，这由下面的因果移序定理给出。

(1) 序列右移 $m>0$ 位时有：

$$(f[n-m])_+=f_+[n-m]+\sum_{k=1}^{m}f[-k]\delta[n-(m-k)] \tag{B-52}$$

(2) 序列左移 $m>0$ 位时有：

$$(f[n+m])_+=f_+[n+m]-\sum_{k=0}^{m-1}f[k]\delta[n+(m-k)] \tag{B-53}$$

其中 $\delta[n]$为单位脉冲序列。

证明：当序列 $f[n]$右移 m 位时，$f[-k]$移到位置 $m-k$，使得 $f[-m]$至 $f[-1]$移位到 $0\sim m-1$，因此当信号因果化后，这些序列值需补上。特殊地，当 $m=1,2$ 时，因果移序定理有：

$$(f[n-1])_+=f_+[n-1]+f[-1]\delta[n] \tag{B-54}$$

$$(f[n-2])_+=f_+[n-2]+f[-1]\delta[n-1]+f[-2]\delta[n] \tag{B-55}$$

当序列 $f[n]$左移 m 位时，$f[k]$移到位置$-(m-k)$，使得 $f[0]$至 $f[m-1]$移位到$-m\sim-1$，因此当信号因果化后，这些序列值需去除。特殊地，当 $m=1,2$ 时，因果移序定理有：

$$(f[n+1])_+=f_+[n+1]-f[0]\delta[n+1] \tag{B-56}$$

$$(f[n+2])_+=f_+[n+2]-f[0]\delta[n+2]-f[1]\delta[n+1] \tag{B-57}$$

因果移序定理叙述了序列因果分量移位后的序列与原序列移位后的因果分量之间的差异。

利用 $f_+[n-m]\Leftrightarrow z^{-m}F(z)$、$f_+[n+m]\Leftrightarrow z^{m}F(z)$、$\delta[n-(m-k)]\Leftrightarrow z^{-(m-k)}$和 $\delta[n+(m-k)]\Leftrightarrow z^{m-k}$，对式(B-52)至(B-57)分别进行单边 z 变换有：

$$f[n-m]u[n]\Leftrightarrow z^{-m}F(z)+\sum_{k=1}^{m}f[-k]z^{-(m-k)} \tag{B-58}$$

$$f[n+m]u[n] \Leftrightarrow z^m F(z) - \sum_{k=0}^{m-1} f[k] z^{m-k} \tag{B-59}$$

$$f[n-1]u[n] \Leftrightarrow z^{-1}F(z) + f[-1] \tag{B-60}$$

$$f[n-2]u[n] \Leftrightarrow z^{-2}F(z) + z^{-1}f[-1] + f[-2] \tag{B-61}$$

$$f[n+1]u[n] \Leftrightarrow zF(z) - zf[0] \tag{B-62}$$

$$f[n+2]u[n] \Leftrightarrow z^2F(z) - z^2 f[0] - zf[1] \tag{B-63}$$

对于因果序列 $f[n]$，当 $1 \leqslant k \leqslant m$ 时，$f[-k]=0$，使得 $f[n]$ 右移 m 位后，有单边 z 变换：

$$f[n-m]u[n] \Leftrightarrow z^{-m}F(z) \tag{B-64}$$

显然，对于双边 z 变换，若 $f[n] \Leftrightarrow F(z)$，则 $f[n-m] \Leftrightarrow z^{-m}F(z)$，$m$ 为任意整数。

因果移序定理与 z 变换的移位定理是统一的，分别从时域和变换域给出离散 LTI 系统的分析方法。

B.3.2 因果移序定理在离散系统分析中的应用

与连续 LTI 系统时域分析新方法类似，可利用规范化系统以及等效激励的方法从时域求解系统响应。具体的，对式(B-50)应用因果移序定理后有规范化离散时间 LTI 系统：

$$\sum_{k=0}^{N} a_k y_+[n-k] = x[n] \tag{B-65}$$

其中，等效全激励为：

$$x[n] = x_{zi}[n] + x_{zs}[n] \tag{B-66}$$

等效状态激励为：

$$x_{zs}[n] = \sum_{r=0}^{N} b_r f[n-r] \tag{B-67}$$

等效零输入激励为：

$$x_{zi}[n] = \sum_{m=1}^{M} b_m \sum_{k=1}^{m} f[-k]\delta[n-(m-k)] - \sum_{m=1}^{N} a_m \sum_{k=1}^{m} y[-k]\delta[n-(m-k)] \tag{B-68}$$

当输入为因果信号时，式(B-68)简化为：

$$x_{zi}[n] = -\sum_{m=1}^{N} a_m \sum_{k=1}^{m} y[-k]\delta[n-(m-k)] \tag{B-69}$$

上述分析表明，离散 LTI 系统的零输入响应、零状态响应和全响应分别等于由式(B-65)表示的 n 阶规范化系统的单位脉冲响应 $h_x[n]$ 与等效零输入激励 $x_{zi}[n]$、等效零状态激励 $x_{zs}[n]$ 和等效全响应激励 $x[n]$ 的卷积，即：

$$\begin{cases} y_{zi}[n] = h_x[n] * x_{zi}[n] \\ y_{zs}[n] = h_x[n] * x_{zs}[n] \\ y[n] = h_x[n] * x[n] \end{cases} \tag{B-70}$$

因此，可把 LTI 离散系统等效为等效激励形成器与规范化系统的级联，如图 B-2 所示。其中，由输出初始条件形成等效零输入激励 $x_{zi}[n]$，由输入信号及其延迟共同形成等效零

状态激励 $x_{zs}[n]$，$x_{zi}[n]$与 $x_{zs}[n]$之和形成等效全响应激励 $x[n]$。

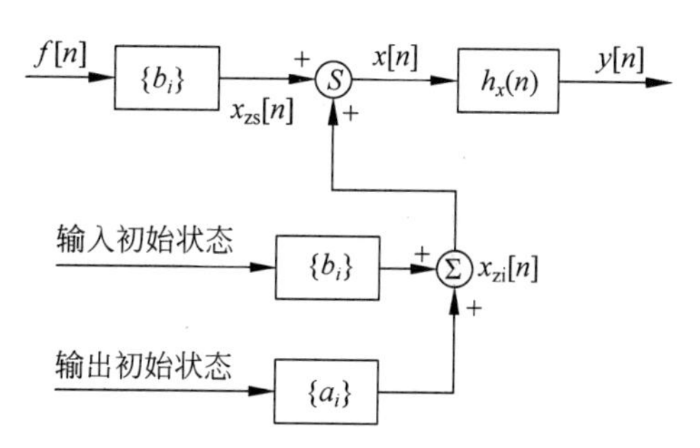

图 B-2 离散 LTI 系统响应的等效图

由式(B-67)和式(B-68)知，等效零输入激励 $x_{zi}[n]$与$\{a_i\}$和$\{b_i\}$系数有关，而等效零状态激励 $x_{zs}[n]$与$\{b_i\}$系数有关。

图 B-2 的 N 阶离散规范化系统的脉冲响应 $h_x[n]$可由式(B-65)的 N 个特征根$\{\lambda_i|_{i=1,2,\cdots,N}\}$计算，下面仅给出特征根没有重根的情况，即整个规范化系统的脉冲响应是各一阶子系统脉冲响应的卷积和，有：

$$h_x[n]=(\lambda_1^n u[n])*(\lambda_2^n u[n])*\cdots*(\lambda_N^n u[n]) \tag{B-71}$$

综上所述，基于因果移序定理的离散系统时域分析等效激励法步骤如下。

(1) 将 $\sum_{k=0}^{N}a_k\lambda^{N-k}=0$ 的 N 个特征根$\{\lambda_i|_{i=1,2,\cdots,N}\}$代入式(B-71)计算规范化系统单位脉冲响应 $h_x[n]$；

(2) 用式(B-67)和式(B-68)或式(B-69)分别计算等效零状态激励 $x_{zs}[n]$和等效零输入激励 $x_{zi}[n]$；

(3) 用式(B-70)计算零状态响应 $y_{zs}[n]$、等效零输入响应 $y_{zi}[n]$以及全响应。

例 B-6 求二阶离散 LTI 系统 $y[n]-2.5y[n-1]+y[n-2]=f[n]$在输入为 $f[n]=u[n]$，初始条件为 $y[-1]=-1$ 和 $y[-2]=1$ 下的零输入响应、零状态响应和全响应。

解 该系统特征根为 $\lambda_1=0.5$ 和 $\lambda_2=2$，因此规范化系统的单位脉冲响应为：

$$h_x[n]=(0.5^n u[n])*(2^n u[n])=\frac{2}{3}(2^{n+1}-0.5^{n+1})u[n]$$

其中利用了：

$$(\lambda_1^n u[n])*(\lambda_2^n u[n])=\frac{\lambda_1^{n+1}-\lambda_2^{n+1}}{\lambda_1-\lambda_2}u[n]$$

由于

$$x_{zi}[n]=-(y[-1]\delta[n-1]+y[-2]\delta[n])+2.5y[-1]\delta[n]=\delta[n-1]-3.5\delta[n]$$

$$x_{zs}[n]=f[n]=u[n]$$

由式(B-70)得到系统的零输入响应、零状态响应和全响应分别为：

$$y_{zi}[n]=h_x[n-1]-3.5h_x[n]=[0.5^{n+1}-2^{n+2}]u[n]$$

$$y_{zs}[n]=u[n]*h_x[n]=\frac{1}{3}(0.5^n+2^{n+3}-6)u[n]$$

$$y[n]=y_{zi}[n]+y_{zs}[n]=\frac{2}{3}(5\cdot 0.5^{n+2}-2^{n+1}-3)u[n]$$

例 B-7 求离散 LTI 系统 $u_C[n+1]=au_C[n]+bu_s[n]$在初始电压为 $u_C(0)$时的零输入响应，其中 $a=1-\frac{1}{RC}$，$b=\frac{1}{RC}$。

解 根据系统方程得特征根为 a，因此规范化系统的单位脉冲响应为 $h_x[n]=a^{n-1}u[n-1]$，由式(B-68)知，等效零输入激励为 $x_{zi}[n]=u_C[0]\delta[n+1]$，于是，由式(B-70)得到系统零输入响应：

$$u_{C,zi}[n]=(a^{n-1}u[n-1])*(u_C[0]\delta[n+1])=a^n u_C[0]u[n]$$

例 B-6 和例 B-7 分别为右移和左移情况下等效零输入激励的计算过程。

类似的，还可以完成下列习题。

(1) 已知离散 LTI 系统 $y[n]+3y[n-1]+2y[n-2]=f[n]-2f[n-1]$，求激励 $f[n]=(0.5)^n u[n]$、初始条件为 $y[-1]=2$ 和 $y[-2]=1$ 下的零输入响应、零状态响应和全响应；

(2) 已知离散 LTI 系统 $y[n]+5y[n-1]+6y[n-2]=f[n]+f[n-1]-f[n-2]$，求激励 $f[n]=u[n]$、初始条件为 $y[-1]=-1$ 和 $y[-2]=3$ 下的零输入响应、零状态响应和全响应。

B.4 因果微分及移序定理在系统状态变量分析中的应用

根据第 6 章的状态变量分析理论，矢量 LTI 系统是标量 LTI 系统的推广，而标量系统也可用状态变量分析方法进行分析。因此，状态变量分析中的时域分析和标量系统的时域分析有着紧密联系。

本节按照先连续后离散的顺序，首先将因果微分定理或因果移序定理推广为矢量表示式，并使用时域分析中的等效激励法求解状态矢量，进而求解系统输出，并给出状态变量分析中的时域计算方法。

B.4.1 因果微分定理在状态变量分析中的推广

若连续一阶标量系统为：

$$x'(t)=\lambda x(t)+e(t),\quad \forall t>0 \tag{B-72}$$

对其使用因果微分定理后有：

$$[x_+(t)]'-x_+(0)\delta(t)=\lambda x_+(t)+e(t) \tag{B-73}$$

应用等效激励法给出系统全响应：

$$x_+(t)=\underbrace{\mathrm{e}^{\lambda t}u(t)x(0_-)}_{x_{zi}(t)}+\underbrace{\mathrm{e}^{\lambda t}u(t)*e_+(t)}_{x_{zs}(t)} \tag{B-74}$$

其中，$x_{zs}(t)$ 和 $x_{zi}(t)$ 分别是该系统的零状态响应和零输入响应。

下面将标量分析推广到矢量分析中，令 n 阶 LTI 连续时间系统的状态方程为：

$$\boldsymbol{X}'(t)=\boldsymbol{A}\boldsymbol{X}(t)+\boldsymbol{B}\boldsymbol{e}(t),\quad \forall t>0 \tag{B-75}$$

输出方程为：

$$\boldsymbol{r}(t)=\boldsymbol{C}\boldsymbol{X}(t)+\boldsymbol{D}\boldsymbol{e}(t) \tag{B-76}$$

其中，$\boldsymbol{A}$ 为非奇异的 $n\times n$ 矩阵。状态方程(B-75)表示一个矢量一阶 LTI 系统。

下面将连续 LTI 系统分析的基本概念及时域分析方法推广至矢量系统中。

1) 矢量信号的卷积

矩阵函数 $\boldsymbol{H}(t)$ 与矢量信号 $\boldsymbol{f}(t)$ 的卷积定义为：

$$\boldsymbol{H}(t)*\boldsymbol{f}(t)=\int_{-\infty}^{+\infty}\boldsymbol{H}(t-\tau)\boldsymbol{f}(\tau)\mathrm{d}\tau \tag{B-77}$$

该式是标量信号卷积 $h(t)*f(t)=\int_{-\infty}^{+\infty}h(t-\tau)f(\tau)\mathrm{d}\tau$ 的推广。

2）矢量系统冲激响应的定义

矢量系统的冲激响应定义为系统在零状态条件下对激励 $\boldsymbol{I}\delta(t)$ 的响应，它是由激励矢量的每个分量依次取 $\delta(t)$（同时其他分量为零）时组成的矢量集合依次激励矢量系统时，得到的系统零状态响应矢量集合构成的矩阵。

3）矢量信号的因果微分定理

因果微分定理同样适用于矢量信号，具体为：

$$[\boldsymbol{X}'(t)]_+=[\boldsymbol{X}_+(t)]'-\boldsymbol{X}(0_-)\delta(t) \tag{B-78}$$

很明显，它是标量表示式 $[x'(t)]_+=[x_+(t)]'-x(0_-)\delta(t)$ 的矢量推广。

4）系统状态变量分析中的等效激励法

将矢量信号的因果微分定理应用于状态方程(B-75)后，有规范化矢量系统：

$$[\boldsymbol{X}_+(t)]'-\boldsymbol{A}\boldsymbol{X}_+(t)=\boldsymbol{e}_X(t) \tag{B-79}$$

其中，等效激励为等效零输入激励 $\boldsymbol{e}_{X,\mathrm{zi}}(t)$ 与等效零状态激励 $\boldsymbol{e}_{X,\mathrm{zs}}(t)$ 之和：

$$\boldsymbol{e}_X(t)=\underbrace{\boldsymbol{X}(0_-)\delta(t)}_{\boldsymbol{e}_{X,\mathrm{zi}}(t)}+\underbrace{\boldsymbol{B}\boldsymbol{e}_+(t)}_{\boldsymbol{e}_{X,\mathrm{zi}}(t)} \tag{B-80}$$

由矩阵理论的结论 $[\mathrm{e}^{\boldsymbol{A}t}]'=\boldsymbol{A}\mathrm{e}^{\boldsymbol{A}t}$ 和 $\mathrm{e}^{\boldsymbol{A}t}|_{t=0}=\boldsymbol{I}$ 及式(B-81)的定义：

$$\boldsymbol{h}_X(t)=\boldsymbol{\Phi}(t)u(t)=\boldsymbol{\Phi}_+(t) \tag{B-81}$$

容易验证，当 $\boldsymbol{e}_X(t)=\boldsymbol{I}\delta(t)$ 时，有 $\boldsymbol{h}'_X(t)-\boldsymbol{A}\boldsymbol{h}_X(t)=\boldsymbol{I}\delta(t)=\boldsymbol{e}_X(t)$ 其中，状态转移矩阵为：

$$\boldsymbol{\Phi}(t)=\mathrm{e}^{\boldsymbol{A}t} \tag{B-82}$$

因果状态转移矩阵 $\boldsymbol{\Phi}_+(t)$ 就是此规范化系统的冲激响应 $\boldsymbol{h}_X(t)$。

因此根据等效激励法知，规范化矢量系统的响应为：

$$\boldsymbol{X}(t)=\boldsymbol{h}_X(t)*\boldsymbol{e}_X(t) \tag{B-83}$$

将式(B-80)和式(B-81)代入式(B-83)后，有：

$$\boldsymbol{X}(t)=\underbrace{\boldsymbol{\Phi}_+(t)\boldsymbol{X}(0_-)}_{X_{\mathrm{zi}}(t)}+\underbrace{\boldsymbol{\Phi}_+(t)*\boldsymbol{B}\boldsymbol{e}_+(t)}_{X_{\mathrm{zs}}(t)} \tag{B-84}$$

其中，$\boldsymbol{X}_{\mathrm{zs}}(t)$ 和 $\boldsymbol{X}_{\mathrm{zi}}(t)$ 分别是状态变量的零状态响应和零输入响应。显然，$\boldsymbol{\Phi}_+(t)\boldsymbol{B}$ 就是状态方程的冲激响应。把式(B-84)代入系统的输出方程(B-76)后，有系统全响应：

$$\boldsymbol{r}(t)=\underbrace{\boldsymbol{C}\boldsymbol{\Phi}_+(t)\boldsymbol{X}(0_-)}_{\text{零输入响应}}+\underbrace{\boldsymbol{h}(t)*\boldsymbol{e}_+(t)}_{\text{零状态响应}} \tag{B-85}$$

其中，系统冲激响应为：

$$\boldsymbol{h}(t)=\boldsymbol{C}\boldsymbol{\Phi}_+(t)\boldsymbol{B}+\boldsymbol{D}\delta(t) \tag{B-86}$$

显然，基于等效激励法的连续系统状态变量分析方法，其时域计算结果与经典方法给出的结果一致，本节给出了更简单的推导过程，其优点是将系统时域分析的等效激励法推广至系统状态变量分析中，从而将这两种分析方法联系起来。

将上述时域结果变换到 s 域即可得到状态变量分析方法的 s 域形式，并可以通过拉普拉斯逆变换求解系统的状态变量和输出变量，其结论与经典分析方法一致。

5）等效激励法与卷积法的等效

与标量系统类似，下面证明等效激励法与卷积法的等效，并将该结论推广到矢量分析中。根据系统的时不变性知，状态方程对所有时刻都有效；而在负无穷大时刻，系统的因果性使得系统一定处于零状态。因此有：

$$\boldsymbol{X}(t)=\boldsymbol{\Phi}_{+}(t)*\boldsymbol{B}\boldsymbol{e}(t),\quad \forall t\in(-\infty,+\infty) \tag{B-87}$$

将激励分解为因果与反因果分量 $\boldsymbol{e}(t)=\boldsymbol{e}_{+}(t)+\boldsymbol{e}_{-}(t)$，其中 $\boldsymbol{e}_{-}(t)=\boldsymbol{e}(t)u(-t)$，代入并将其因果化后，有：

$$\boldsymbol{X}(t)=\underbrace{[\boldsymbol{\Phi}_{+}(t)*\boldsymbol{B}\boldsymbol{e}_{-}(t)]u(t)}_{X_{zi}(t)}+\underbrace{\boldsymbol{\Phi}_{+}(t)*\boldsymbol{B}\boldsymbol{e}_{+}(t)}_{X_{zs}(t)} \tag{B-88}$$

它给出了卷积法的计算公式，它是标量系统时域分析的卷积法在状态变量求解中的推广。式(B-89)表明，如同标量系统时域分析的等效激励法与卷积法等效一样，状态矢量求解的等效激励法与卷积法也等效。

$$\boldsymbol{X}_{zi}(t)=[\boldsymbol{\Phi}_{+}(t)*\boldsymbol{B}\boldsymbol{e}_{-}(t)]u(t)=u(t)\int_{-\infty}^{0_-}\mathrm{e}^{\boldsymbol{A}(t-\tau)}\boldsymbol{B}\boldsymbol{e}(\tau)\mathrm{d}\tau=\boldsymbol{\Phi}_{+}(t)\boldsymbol{X}(0_-) \tag{B-89}$$

此处利用了式(B-90)的结论：

$$\boldsymbol{X}(0_-)=[\boldsymbol{\Phi}_{+}(t)*\boldsymbol{B}\boldsymbol{e}(t)]\big|_{t=0_-}=\int_{-\infty}^{0_-}\mathrm{e}^{-\boldsymbol{A}\tau}\boldsymbol{B}\boldsymbol{e}(\tau)\mathrm{d}\tau \tag{B-90}$$

6）系统输出的初值跳变

描述 n 阶 LTI 系统 $\sum_{i=0}^{n}a_i r^{(n-i)}(t)=\sum_{i=0}^{n}b_i e^{(n-i)}(t)$，$a_0=1$ 的状态方程中各系统矩阵为：

$$\boldsymbol{A}=\begin{bmatrix}-a_1 & 1 & 0 & \cdots & 0\\ -a_2 & 0 & 1 & \cdots & \\ \vdots & \vdots & \vdots & \ddots & \\ -a_{n-1} & 0 & 0 & \cdots & 1\\ -a_n & 0 & 0 & \cdots & 0\end{bmatrix}\quad \boldsymbol{B}=\begin{bmatrix}b_1-b_0a_1\\ b_2-b_0a_2\\ \vdots\\ b_{n-1}-b_0a_{n-1}\\ b_n-b_0a_n\end{bmatrix}\quad \boldsymbol{C}=[1\quad 0\quad \cdots\quad 1]\quad \boldsymbol{D}=b_0$$

由系统状态方程和输出方程可知：

$$\boldsymbol{a}\boldsymbol{R}(t)=\boldsymbol{X}(t)+\boldsymbol{b}\boldsymbol{E}(t)\text{，即 }\boldsymbol{X}(t)=\boldsymbol{a}\boldsymbol{R}(t)-\boldsymbol{b}\boldsymbol{E}(t) \tag{B-91}$$

其中，各矩阵为：

$$\boldsymbol{a}=\begin{bmatrix}1 & & & & \\ a_1 & 1 & & & \\ a_2 & a_1 & 1 & & \\ \vdots & \vdots & \ddots & \ddots & \\ a_{n-1} & a_{n-2} & a_{n-3} & \cdots & 1\end{bmatrix}\quad \boldsymbol{b}=\begin{bmatrix}b_0 & & & & \\ b_1 & b_0 & & & \\ b_2 & b_1 & b_0 & & \\ \vdots & \vdots & \ddots & \ddots & \\ b_{n-1} & b_{n-2} & b_{n-3} & \cdots & b_0\end{bmatrix}\quad \boldsymbol{R}(t)=\begin{bmatrix}r(t)\\ r'(t)\\ \vdots\\ r^{(n-1)}(t)\end{bmatrix}$$

$$\boldsymbol{E}(t)=\begin{bmatrix}e(t)\\ e'(t)\\ \vdots\\ e^{(n-1)}(t)\end{bmatrix}$$

式(B-91)在 $t=0_-$ 时给出了系统 0_- 时刻的状态初值与输入输出的初值之间的关系：

$$\boldsymbol{X}(0_-)=\boldsymbol{aR}(0_-)-\boldsymbol{bE}(0_-) \tag{B-92}$$

当 $t=0_+$ 时，式(B-91)给出了 $\boldsymbol{X}(0+)=\boldsymbol{aR}(0_+)-\boldsymbol{bE}(0_+)$。由于状态变量不会瞬间跳变，故 $\boldsymbol{X}(0+)=\boldsymbol{X}(0_-)$，因此有：

$$\boldsymbol{R}(0_+)=\boldsymbol{a}^{-1}\boldsymbol{b}[\boldsymbol{E}(0_+)-\boldsymbol{E}(0_-)]+\boldsymbol{R}(0_-) \tag{B-93}$$

根据式(B-93)可从输入的初值跳变和 0_- 时刻的输出初值计算 0_+ 时刻的输出初值。

上述基于状态不跳变原理给出的公式与B.1节中介绍的基于等效零输入激励不变原理给出的公式一致。显然，状态不跳变原理给出了冲激匹配法和等效零输入激励不变法的本质。

B.4.2　因果移序定理在状态变量分析中的推广

LTI离散系统的状态方程和输出方程分别为：

$$\boldsymbol{X}[n+1]=\boldsymbol{AX}[n]+\boldsymbol{Be}[n] \tag{B-94}$$

$$\boldsymbol{r}[n]=\boldsymbol{CX}[n]+\boldsymbol{De}[n] \tag{B-95}$$

将因果移序定理应用于式(B-94)，有因果移序定理的状态方程形式：

$$\boldsymbol{X}_+[n+1]-\boldsymbol{AX}_+[n]=\boldsymbol{e}_X[n] \tag{B-96}$$

其中，等效激励矢量为：

$$\boldsymbol{e}_X[n]=\underbrace{\boldsymbol{X}[0]\delta[n+1]}_{\text{零输入分量}}+\underbrace{\boldsymbol{Be}[n]u[n]}_{\text{零状态分量}} \tag{B-97}$$

易知一阶规范化矢量系统式(B-94)的单位脉冲响应为：

$$\boldsymbol{h}_X[n]=\boldsymbol{A}^{n-1}u[n-1] \tag{B-98}$$

由于当 $\boldsymbol{h}_X[n]=\boldsymbol{A}^{n-1}u[n-1]$ 和 $\boldsymbol{e}_X[n]=\boldsymbol{I}\delta[n]$ 时，有 $\boldsymbol{h}_X[n+1]-\boldsymbol{Ah}_X[n]=\boldsymbol{e}_X[n]$，因此式(B-98)是规范化系统对 $\boldsymbol{e}_X[n]=\boldsymbol{I}\delta[n]$ 的响应。

把式(B-97)和式(B-98)代入 $\boldsymbol{X}[n]=\boldsymbol{h}_X[n]*\boldsymbol{e}_X[n]$ 后，有系统状态矢量的时域解：

$$\boldsymbol{X}[n]=\underbrace{\boldsymbol{A}^n\boldsymbol{X}[0]u[n]}_{\text{零输入解}}+\underbrace{[\boldsymbol{A}^{n-1}u[n-1]\boldsymbol{B}]*\boldsymbol{e}[n]}_{\text{零状态解}} \tag{B-99}$$

将其代入式(B-95)后，有系统全响应：

$$\boldsymbol{r}[n]=\underbrace{\boldsymbol{CA}^n u[n]\boldsymbol{X}[0]}_{\text{零输入响应}}+\underbrace{[\boldsymbol{CA}^{n-1}u[n-1]\boldsymbol{B}+\boldsymbol{D}\delta[n]]*\boldsymbol{e}[n]}_{\text{零状态响应}} \tag{B-100}$$

因此系统的单位脉冲响应为：

$$\boldsymbol{h}[n]=\boldsymbol{CA}^{n-1}u[n-1]\boldsymbol{B}+\boldsymbol{D}\delta[n] \tag{B-101}$$

将上述时域结果变换到z域即得到状态变量分析方法的z域形式，并可以通过z逆变换求解系统的状态变量和输出变量，其结论与典型分析方法一致。

附录 C 常用信号卷积表

APPENDIX C

信　　号	卷积结果
$\delta(t-t_0)*f(t)$	$f(t-t_0)$
$u(t-t_0)*f(t)$	$f^{(-1)}(t-t_0)$
$\delta'(t-t_0)*f(t)$	$f'(t-t_0)$
$u(t)*u(t)$	$tu(t)$
$e^{-at}u(t)*e^{-bt}u(t)(a\neq b,a>0,b>0)$	$-\frac{e^{-at}-e^{-bt}}{a-b}u(t)$
$e^{-at}u(t)*e^{-at}u(t)$	$te^{-at}u(t)$
$\delta[n-n_0]*f[n]$	$f[n-n_0]$
$u[n-n_0]*f[n]$	$\sum_{m=-\infty}^{n-n_0} f[m]$
$u[n]*u[n]$	$(n+1)u[n]$
$a^n u[n]*b^n u[n](a\neq b)$	$\frac{a^{n+1}-b^{n+1}}{a-b}u[n]$
$a^n u[n]*a^n u[n]$	$(n+1)a^n u[n]$

附录 D 常用信号傅里叶变换表

APPENDIX D

常用信号傅里叶变换表如表 D-1 和表 D-2 所示。

表 D-1 常用连续时间信号傅里叶变换表

信号	时域 $f(t)$	频域 $F(\mathrm{j}\omega)$	信号	时域 $f(t)$	频域 $F(\mathrm{j}\omega)$
冲激	$\delta(t)$	1	直流	1	$2\pi\delta(\omega)$
矩形窗	$G_\tau(t)$	$\tau\mathrm{Sa}\left(\frac{\omega\tau}{2}\right)$	理想低通	$\frac{\omega_c}{\pi}\mathrm{Sa}(\omega_c t)$	$G_{2\omega_c}(\omega)$
阶跃	$u(t)$	$\pi\delta(\omega)+\frac{1}{\mathrm{j}\omega}$	因果指数	$\mathrm{e}^{-\sigma t}u(t)$	$\frac{1}{\sigma+\mathrm{j}\omega}$
符号	$\mathrm{sgn}(t)$	$\frac{2}{\mathrm{j}\omega}$	双边指数	$\mathrm{e}^{-\sigma\|t\|}$	$\frac{2\sigma}{\sigma^2+\omega^2}$
三角窗	$\tau B_{2\tau}(t)$	$\left(\tau\mathrm{Sa}\left(\frac{\omega\tau}{2}\right)\right)^2$	采样	$\sum_{n=-\infty}^{+\infty}\delta(t-nT)$	$\frac{2\pi}{T}\sum_{n=-\infty}^{+\infty}\delta\left(\omega-n\frac{2\pi}{T}\right)$
正弦	$\sin(\omega_0 t)$	$\mathrm{j}\pi[\delta(\omega+\omega_0)-\delta(\omega-\omega_0)]$	余弦	$\cos(\omega_0 t)$	$\pi[\delta(\omega+\omega_0)+\delta(\omega-\omega_0)]$
冲激信号高阶微分	$\delta^{(n)}(t)$	$(\mathrm{j}\omega)^n$	因果 t^n 加权指数衰减	$t^n\mathrm{e}^{-\alpha t}u(t)$	$\frac{n!}{(\alpha+\mathrm{j}\omega)^{n+1}}$

表 D-2 常用离散时间信号傅里叶变换表

序 列	傅里叶变换
$\delta[n]$	1
$u[n]$	$\frac{1}{1-\mathrm{e}^{-\mathrm{j}\omega}}+\sum_{k=-\infty}^{+\infty}\pi\delta(\omega-2\pi k)$
$u[n]-u[n-N]$	$\frac{1-\mathrm{e}^{-\mathrm{j}N\omega}}{1-\mathrm{e}^{-\mathrm{j}\omega}}$
$a^n u[n]$	$\frac{1}{1-a\mathrm{e}^{-\mathrm{j}\omega}}$
$(n+1)a^n u[n]$	$\frac{1}{(1-a\mathrm{e}^{-\mathrm{j}\omega})^2}$
$\mathrm{e}^{\mathrm{j}\omega_0 n}$	$2\pi\sum_{l=-\infty}^{+\infty}\delta(\omega-\omega_0-2\pi l)$
$\cos[n\omega_0]$	$\pi\sum_{l=-\infty}^{+\infty}\{\delta(\omega-\omega_0-2\pi l)+\delta(\omega+\omega_0-2\pi l)\}$
$\sin[n\omega_0]$	$\frac{\pi}{\mathrm{j}}\sum_{l=-\infty}^{+\infty}\{\delta(\omega-\omega_0-2\pi l)-\delta(\omega+\omega_0-2\pi l)\}$

附录 E

APPENDIX E

常用信号傅里叶级数表

时域 $f(t)$	傅里叶级数展开式
$\delta_T(t)=\sum\limits_{n=-\infty}^{+\infty}\delta(t-nT)$	$\omega_0\sum\limits_{n=-\infty}^{+\infty}\delta(\omega-n\omega_0)=\omega_0\delta_{\omega_0}(\omega)$
$f_{矩形}(t)=\sum\limits_{n=-\infty}^{+\infty}EG_\tau(t-nT),\tau<T$	$\frac{E\tau}{T}\left[1+2\sum\limits_{n=1}^{+\infty}\mathrm{Sa}\left(\frac{n\pi\tau}{T}\right)\cos(n\omega_0 t)\right]$
$f_{方波}(t)=\sum\limits_{n=-\infty}^{+\infty}EG_\tau(t-nT),\tau=\frac{1}{2}T$	$\frac{E}{2}+\frac{2E}{\pi}\sum\limits_{m=1}^{+\infty}\frac{(-1)^{m-1}}{2m-1}\cos((2m-1)\omega_0 t)$
$f_{三角}(t)=\sum\limits_{n=-\infty}^{+\infty}EB_\tau(t-nT),\tau<T$	$\frac{E}{2}+\frac{4E}{\pi^2}\sum\limits_{n=1}^{+\infty}\frac{1}{(2m-1)^2}\cos((2m-1)\omega_0 t)$
$f_{锯齿}(t)=\sum\limits_{n=-\infty}^{+\infty}\frac{Et-nT}{T}G_T(t-nT)$	$\frac{E}{\pi}\sum\limits_{n=1}^{+\infty}\frac{(-1)^{n-1}}{n}\sin(n\omega_0 t)$
$f_{半波}(t)=\sum\limits_{n=-\infty}^{+\infty}E\cos[\omega_0(t-nT)]G_{\frac{T}{2}}(t-nT)$	$\frac{E}{\pi}+\frac{E}{2}\cos(\omega_0 t)+\frac{2E}{\pi}\sum\limits_{m=1}^{+\infty}\frac{(-1)^{m-1}}{4m^2-1}\cos(2m\omega_0 t)$
$f_{全波}(t)=\sum\limits_{n=-\infty}^{+\infty}E\left\|\cos[\omega_0(t-nT)]\right\|G_T(t-nT)$	$\frac{2E}{\pi}\left[1+\sum\limits_{m=1}^{+\infty}(-1)^{m-1}\frac{\cos(2m\omega_0 t)}{4m^2-1}\right]$

注：表中 $\omega_0=\frac{2\pi}{T}$。

附录 F 常用信号的单边拉普拉斯变换表

APPENDIX F

$f(t)(t>0)$	$F(s)$	ROC
$\delta(t)$	1	整个复平面
$u(t)$	s^{-1}	$\sigma>0$
$e^{-\alpha t}$	$\frac{1}{s+\alpha}$	$\sigma>-\alpha$
$G_{0,\tau}(t)$	$\frac{1-e^{-s\tau}}{s}$	整个复平面
$\delta^{(n)}(t)$	s^n	除去无穷大的整个复平面
t^n	$\frac{n!}{s^{n+1}}$	$\sigma>0$
$\sin(\omega_0 t)$	$\frac{\omega_0}{s^2+\omega_0^2}$	$\sigma>0$
$\cos(\omega_0 t)$	$\frac{s}{s^2+\omega_0^2}$	$\sigma>0$
$e^{-\alpha t}\sin(\omega_0 t)$	$\frac{\omega_0}{(s+\alpha)^2+\omega_0^2}$	$\sigma>-\alpha$
$e^{-\alpha t}\cos(\omega_0 t)$	$\frac{s+\alpha}{(s+\alpha)^2+\omega_0^2}$	$\sigma>-\alpha$
$te^{-\alpha t}$	$\frac{1}{(s+\alpha)^2}$	$\sigma>-\alpha$
$t^n e^{-\alpha t}$	$\frac{n!}{(s+\alpha)^{n+1}}$	$\sigma>-\alpha$
$te^{-\alpha t}\sin(\omega_0 t)$	$\frac{2\omega_0(s+\alpha)}{[(s+\alpha)^2+\omega_0^2]^2}$	$\sigma>-\alpha$
$te^{-\alpha t}\cos(\omega_0 t)$	$\frac{(s+\alpha)^2-\omega_0^2}{[(s+\alpha)^2+\omega_0^2]^2}$	$\sigma>-\alpha$
$t^n e^{-\alpha t}\cos(\omega_0 t)u(t)$	$\frac{n!}{2}\left[\frac{1}{(s+\alpha-j\omega_0)^{n+1}}+\frac{1}{(s+\alpha+j\omega_0)^{n+1}}\right]$	$\sigma>-\alpha$
$t^n e^{-\alpha t}\sin(\omega_0 t)u(t)$	$\frac{n!}{2j}\left[\frac{1}{(s+\alpha-j\omega_0)^{n+1}}-\frac{1}{(s+\alpha+j\omega_0)^{n+1}}\right]$	$\sigma>-\alpha$

附录G 常用离散时间信号的z变换表

APPENDIX G

序　　列	z变换	收　敛　域
$\delta[n]$	1	整个 z 平面
$\delta[n-m]$	z^{-m}	$0<\|z\|<\infty$
$u[n]$	$\dfrac{1}{1-z^{-1}}$	$\|z\|>1$
$nu[n]$	$\dfrac{z^{-1}}{(1-z^{-1})^2}$	$\|z\|>1$
$a^n u[n]$	$\dfrac{1}{1-az^{-1}}$	$\|z\|>\|a\|$
$a^n u[-n-1]$	$-\dfrac{1}{1-az^{-1}}$	$\|z\|<\|a\|$
$na^n u[n]$	$\dfrac{az^{-1}}{(1-az^{-1})^2}$	$\|z\|>\|a\|$
$e^{jn\omega_0} u[n]$	$\dfrac{1}{1-e^{j\omega_0} z^{-1}}$	$\|z\|>1$
$\sin(n\omega_0)u[n]$	$\dfrac{\sin(\omega_0)z^{-1}}{1-2z^{-1}\cos(\omega_0)+z^{-2}}$	$\|z\|>1$
$\cos(n\omega_0)u[n]$	$\dfrac{1-z^{-1}\cos(\omega_0)}{1-2z^{-1}\cos(\omega_0)+z^{-2}}$	$\|z\|>1$
$\beta^n\cos(n\omega_0)u[n]$	$\dfrac{1-\beta z^{-1}\cos(\omega_0)}{1-2\beta z^{-1}\cos(\omega_0)+\beta^2 z^{-2}}$	$\|z\|>\|\beta\|$
$\beta^n\sin(n\omega_0)u[n]$	$\dfrac{\beta z^{-1}\sin(\omega_0)}{1-2\beta z^{-1}\cos(\omega_0)+\beta^2 z^{-2}}$	$\|z\|>\|\beta\|$

附录 H

APPENDIX H

常用 MATLAB 指令表

函数名称	功　能
square	生成方波
sawtooth	生成锯齿波
rectpulse	生成矩形脉冲信号
sinc	生成抽样信号
tripuls	生成三角波脉冲信号
zeros	生成零矢量或者矩阵
ones	生成恒 1 矢量或矩阵
dirac	生产狄拉克函数
heaviside	生成阶跃函数
rand	生成均一分布的随机信号
randn	生成高斯随机信号
diric	生成 Dirichlet 函数或周期 sinc 函数
pulstran	生成脉冲串
diff	计算信号差分、近似计算信号微分
conv	计算卷积
deconv	计算解卷积
impulse	计算线性时不变系统的冲激响应
step	计算线性时不变系统的阶跃响应
abs	计算幅度谱
angle	计算相位谱
fft	计算快速傅里叶变换
ifft	计算快速傅里叶逆变换
fft2	二维傅里叶变换
ifft2	二维傅里叶逆变换
fftshift	傅里叶变换频域原点平移至中心位置
dct	离散余弦变换
idct	离散余弦逆变换
dct2	二维离散余弦变换
idct2	二维离散余弦逆变换
fourier	傅里叶积分变换
ifourier	傅里叶积分逆变换

续表

函数名称	功　能
laplace	拉普拉斯变换
ilaplace	拉普拉斯逆变换
ztrans	z 变换
iztrans	z 逆变换
filter	信号滤波
freqs	计算连续系统频率特性
freqz	计算离散系统频率特性
zplane	画零极点图
residue	部分分式展开
residuez	离散部分分式展开
zero	计算系统零点
pole	计算系统极点
lsim	模拟线性时不变系统响应
pzmap	计算线性时不变系统的零极点图
tf	产生传递函数模型
impz	计算单位脉冲响应
tf2ss	转换传递函数至状态空间参数形式
tf2zp	转换零极点增益形式至状态空间参数形式
zp2tf	转换零极点增益形式至传递函数形式
ss	线性时不变系统模型转换到状态空间
ss2tf	转换状态空间模型至传递函数形式
ss2zp	转换状态空间模型至零极点增益形式
hilbert	希尔伯特变换
roots	多项式求解

参考文献

[1] 郑君里,应启珩,杨为理.信号与系统[M].2 版.北京：高等教育出版社,2000.

[2] 郑君里,应启珩,杨为理.信号与系统引论[M].北京：高等教育出版社,2009.

[3] 吴大正.信号与线性系统分析[M].4 版.北京：高等教育出版社,2006.

[4] 管致中,夏恭恪,孟桥.信号与线性系统[M].4 版.北京：高等教育出版社,2005.

[5] 徐守时.信号与系统[M].2 版.北京：清华大学出版社,2016.

[6] 乐正友.信号与系统[M].北京：清华大学出版社,2004.

[7] Kamen E W,Heck B S.信号与系统基础——应用 Web 和 MATLAB[M].2 版(英文影印版).北京：科学出版社,2003.

[8] Mandal M,Asif A.连续与离散时间信号与系统[M].英文版.北京：人民邮电出版社,2010.

[9] Lee E A,Varaiya P.信号与系统的结构和解释[M].英文版.北京：机械工业出版社,2004.

[10] 杨忠根,任蕾,陈红亮.信号与系统[M].北京：电子工业出版社,2009.

[11] 任蕾,薄华,金欣磊,等.信号与系统学习指导及习题精解[M].上海：上海浦江教育出版社,2012.

[12] 乐正友.信号与系统例题分析[M].北京：清华大学出版社,2008.

[13] 谷源涛.信号与系统习题解析[M].3 版.北京：高等教育出版社,2011.

[14] 宋琪,陆三兰.信号与系统辅导与题解[M].武汉：华中科技大学出版社,2012.

[15] 谷源涛,应启珩,郑君里.信号与系统——MATLAB 综合实验[M].北京：高等教育出版社,2008.

[16] 徐利民,舒君,谢优忠.基于 MATLAB 的信号与系统实验教程[M].北京：清华大学出版社,2010.

[17] Oppenheim A V,Willsky A S.信号与系统[M].2 版.刘树棠,译.北京：电子工业出版社,2013.

[18] Oppenheim A V,Willsky A S.信号与系统[M].2 版精编版.刘树棠,译.西安：西安交通大学出版社,2011.

[19] Lathi B P.线性系统与信号[M].刘树棠,等译.西安：西安交通大学出版社,2006.

[20] Haykin S,Veen B V.信号与系统[M].2 版.林秩盛,等译.北京：电子工业出版社,2004.

[21] Hsu H P.信号与系统(全美经典学习指导系列)[M].骆丽,胡健,李哲英,译.北京：科学出版社,2002.

[22] 杨忠根,任蕾,陈红亮.因果微分定理及其应用[J].电气电子教学学报,2009,31(4)：50-52.

[23] 杨忠根,任蕾,陈红亮.零输入响应的两种定义的等效性[J].电气电子教学学报,2009,31(5)：37-40.

[24] 杨忠根,任蕾,陈红亮.时域分析中的等效激励和状态跳变[J].电气电子教学学报,2009,31(6)：32-34.

[25] 杨忠根,任蕾,陈红亮.因果移序定理及其应用[J].电气电子教学学报,2010,32(2)：32-34,90.

[26] 杨忠根,任蕾,陈红亮.基于因果微积分定理讨论时域分析和 s 域分析[J].电气电子教学学报,2010,32(3)：30-32.

[27] 杨忠根,任蕾,陈红亮.系统状态变量分析和系统时域分析的关系[J].电气电子教学学报,2010,32(4)：9-12.

[28] 杨忠根,任蕾,陈红亮.系统频域分析中的等效激励法和传递函数法[J].电气电子教学学报,2010,32(6)：35-37.

[29] 杨忠根,任蕾,陈红亮.因果周期信号通过 LTI 系统的零状态响应[J].电气电子教学学报,2011,33(3)：106-108.

[30] 薄华,任蕾,陈红亮,等.频谱分析中的微分法与微分方程法[J].电气电子教学学报,2011,33(6)：

93-94,97.

[31] 杨忠根,任蕾,陈红亮.连续信号频域分析的教学内容编排方式[J].电气电子教学学报,2010,32(5):73-75.

[32] 任蕾,薄华,金欣磊,等.调制定理与抽样定理的对比教学[J].电气电子教学学报,2011,33(1):98-100.

[33] 任蕾,薄华,金欣磊,等.非因果输入的LTI系统全响应求解方法[J].电气电子教学学报,2011,33(4):44-46.

[34] 任蕾,薄华,金欣磊,等.单位阶跃响应的时域求解方法[J].电气电子教学学报,2012,34(1):32-34.

图书资源支持

感谢您一直以来对清华大学出版社图书的支持和爱护。为了配合本书的使用，本书提供配套的资源，有需求的读者请扫描下方的“书圈”微信公众号二维码，在图书专区下载，也可以拨打电话或发送电子邮件咨询。

如果您在使用本书的过程中遇到了什么问题，或者有相关图书出版计划，也请您发邮件告诉我们，以便我们更好地为您服务。

我们的联系方式：

地　　址：北京市海淀区双清路学研大厦 A 座 701

邮　　编：100084

电　　话：010-83470236　010-83470237

资源下载：http://www.tup.com.cn

客服邮箱：tupjsj@vip.163.com

QQ：2301891038（请写明您的单位和姓名）

教学资源・教学样书・新书信息

人工智能科学与技术
人工智能|电子通信|自动控制

资料下载・样书申请

书圈

用微信扫一扫右边的二维码，即可关注清华大学出版社公众号。